全国工程专业学位研究生教育国家级规划教材

张贤达 周杰 编著

矩阵论及其工程应用

清华大学出版社
北京

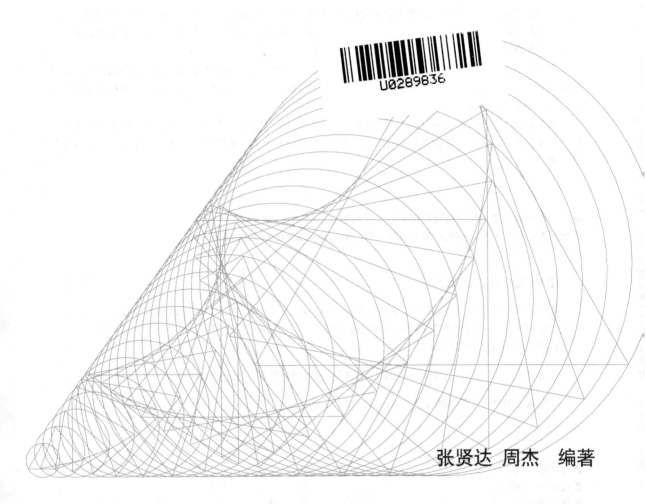

内 容 简 介

本书主要为全国工程硕士研究生学位课程“矩阵论”的教学所编写。针对各工程领域对矩阵论相关内容的实际应用需求，确定了教材编写的基本思想是“强调问题的工程背景、注重基本概念和原理、重点介绍常用的矩阵论方法、淡化理论推导、突出应用案例”。

主要内容包括：代数与矩阵的基本概念、特殊矩阵、矩阵的相似化简与特征分析、奇异值分析、子空间分析、广义逆及矩阵方程求解、矩阵微分与梯度分析等。本书旨在主要介绍：(1)矩阵的基本理论和方法；(2)主要结果的求解思路；(3)矩阵的应用方法及有关应用案例。

本书适用于各相关工程领域的工程硕士研究生学位课程“矩阵论”作教学用书，也可作为工科各专业的大学本科生和研究生矩阵论课程的教学参考用书，还可供从事相关研究和开发工作的工程技术人员自学和参考。

图书在版编目(CIP)数据

矩阵论及其工程应用/张贤达，周杰编著.—北京：清华大学出版社，2015 (2023. 8 重印)
(全国工程专业学位研究生教育国家级规划教材)
ISBN 978-7-302-41035-5

Ⅰ. ①矩…　Ⅱ. ①张… ②周…　Ⅲ. ①矩阵论–研究生–教材　Ⅳ. ①O151.21

中国版本图书馆 CIP 数据核字(2015)第 169173 号

责任编辑：刘　颖
封面设计：何凤霞
责任校对：刘玉霞
责任印制：沈　露

出版发行：清华大学出版社
网　　址：http://www.tup.com.cn, http://www.wqbook.com
地　　址：北京清华大学学研大厦 A 座　　**邮　　编**：100084
社 总 机：010-83470000　　**邮　　购**：010-62786544
投稿与读者服务：010-62776969, c-service@tup.tsinghua.edu.cn
质量反馈：010-62772015, zhiliang@tup.tsinghua.edu.cn
印 装 者：三河市龙大印装有限公司
经　　销：全国新华书店
开　　本：185mm×260mm　　**印　张**：16.75　　**字　数**：406 千字
版　　次：2015 年 9 月第 1 版　　**印　次**：2023 年 8 月第 8 次印刷
定　　价：52.00 元

产品编号：057904-04

前言

随着我国社会和经济发展进入新的时期，高层次工程专业人才的需求越来越大。经过认真研究与分析，全国工程专业学位研究生教育指导委员会提出了工程硕士课程教学改革设想和指导性意见，即旨在提高工程硕士研究生工程应用能力和职业能力，推动工程硕士的课程建设与教学改革，为社会培养更多高素质的应用型人才。针对工程硕士数学课程建设和教学内容改革，教指委也提出了指导性意见，希望工程硕士应具备运用数学方法和计算工具解决工程领域实际问题的能力，要求数学课程教学的改革与创新要紧紧围绕这一核心目标，注重数学在工程中的应用案例教学，加强工程硕士研究生利用数学方法和计算机工具解决实际工程问题的能力培养。

矩阵论作为工程硕士研究生的一门重要的数学课程，在很多工程领域都有着广泛的应用。根据教指委的改革思路和总要求，同时考虑到各相关工程领域课程教学的实际需求，本教材以介绍矩阵论中的基本理论和实用算法为主线，强调问题的工程背景，注重基本概念和原理，重点介绍常用的矩阵论方法和应用，淡化理论推导。这也是本教材与目前已有的其他矩阵论教材之间的最大区别。特别需要说明的是，矩阵理论和方法具有比较强的抽象性，往往使得工程硕士研究生难以理解。为了帮助学生更好地掌握相关的矩阵论方法及其应用，编者在本教材中选入了十多个经典的工程应用例子，从应用背景的介绍出发，引入所选用的矩阵论相关算法，分析了其应用的效果，以有助于读者能够站在应用的角度全面理解矩阵论相关算法的精髓与奥妙，培养工程应用意识，提高解决工程领域实际问题的能力。

教材的主要内容包括：代数与矩阵的基本概念、特殊矩阵、矩阵的相似化简、特征分析、奇异值分析、子空间分析、广义逆及矩阵方程求解、矩阵微分与梯度分析等。本书的主要目的是介绍：(1) 矩阵的基本理论和方法；(2) 主要结果的求解思路；(3) 矩阵的应用方法。建议任课教师在课程讲授中注重实际应用能力的培养，可以结合课程布置 1~2 个大作业或综合训练，以加强理论联系实践，培养学生运用矩阵论解决工程实际问题的能力。

该教材主要是针对全国工程硕士相关工程领域专业学位研究生的矩阵论课程编写的，适用于相关的工程领域包括：机械工程、材料工程、电气工程、电子与通信工程、控制工程、软件工程、建筑与土木工程、水利工程、测绘工程、地质工程、矿业工程、冶金工程、石油工程、纺织工程、轻工技术与工程、交通运输工程、船舶与海洋工程、安全工程、兵器工程、航空工程、农业工程、林业工程、环境工程、化工工程、生物医药工程、食品工程、车辆工程、工业工程、工业设计工程、生物工程、项目管理、物流工程等。同时，该教材也适于作为工科各专业的本科生和研究生的矩阵论课程教学用书或参考教材，还可供从事相关研究工作的工程技术人员参考之用。由于不同高校和不同学科的培养方案有着很大的差别，建议任课教师根据学时安排和学科领域的需求选择相关内容讲授。我们也根据教材各章节内容在主要工程领域中的应用程度，在附录中给出了各章节的重要性分级建议和学时分配建议，供任课教师和选课学时参考。

在本书编写过程中，得到全国工程专业学位研究生教指委的领导和专家的大力支持与资助，特别是教指委副主任陈子辰教授、秘书处高彦芳主任和沈岩副主任提出了很多指导性意见；教指委数学组的专家华中科技大学齐欢教授、解放军信息工程大学韩中庚教授、重庆大学易正俊教授、武汉大学李大美教授等也都对该教材提出了很多建设性意见；各相关工程领域的专家也都从不同的工程领域实际提出了很多好的建议. 在该教材的编写和编辑出版过程中，得到了清华大学出版社理工分社张秋玲社长与刘颖编辑的大力支持和帮助. 在准备应用案例的过程中，清华大学自动化系研究生陈纯杰、朱海洋、雷磊、安邦、肖驰洋、马晨光等给予了很多支持和帮助。在此，编者谨以最诚挚的心情，对所有为该教材的编写出版提供帮助和支持的领导、专家和学者一并表示衷心的感谢。

鉴于编者的水平有限，教材中定有错漏和不当之处，恳请各位专家、同行和热心的读者不吝赐教.

张贤达　周杰　谨识于清华大学

2015 年 5 月

目录

第 1 章　代数与矩阵基础 1

1.1　代数与矩阵的基本概念 1

1.1.1　代数基本概念 1

1.1.2　矩阵与向量 3

1.1.3　矩阵的基本运算 4

1.2　矩阵的初等变换 6

1.2.1　初等行变换与阶梯型矩阵 7

1.2.2　初等行变换的两个应用 9

1.2.3　初等列变换 12

1.3　矩阵的性能指标 13

1.3.1　矩阵的行列式 13

1.3.2　矩阵的二次型 14

1.3.3　矩阵的特征值 14

1.3.4　矩阵的迹 15

1.3.5　矩阵的秩 16

1.4　内积与范数 18

1.4.1　向量的内积与范数 18

1.4.2　矩阵的内积与范数 22

1.5　矩阵和向量的应用案例 23

1.5.1　模式识别与机器学习中向量的相似比较 23

1.5.2　人脸识别的稀疏表示 25

本章小结 26

习题 26

第 2 章　特殊矩阵 29

2.1　置换矩阵、互换矩阵与选择矩阵 29

2.1.1　Hermitian 矩阵 29

2.1.2　置换矩阵与互换矩阵 30

2.1.3　广义置换矩阵与选择矩阵 32

2.1.4　广义置换矩阵在鸡尾酒会问题中的应用案例 33

2.2　正交矩阵与酉矩阵 34

2.3　三角矩阵 36

2.4 Vandermonde 矩阵与 Fourier 矩阵 37
2.4.1 Vandermonde 矩阵 38
2.4.2 Fourier 矩阵 40
2.5 Hadamard 矩阵 41
2.6 Toeplitz 矩阵与 Hankel 矩阵 43
2.6.1 Toeplitz 矩阵 43
2.6.2 Hankel 矩阵 44
本章小结 45
习题 45

第 3 章 矩阵的相似化简与特征分析 48
3.1 特征值分解 48
3.1.1 矩阵的特征值分解 48
3.1.2 特征值的性质 50
3.1.3 特征向量的性质 52
3.1.4 特征值分解的计算 53
3.2 矩阵与矩阵多项式的相似化简 54
3.2.1 矩阵的相似变换 54
3.2.2 矩阵的相似化简 57
3.2.3 矩阵多项式的相似化简 60
3.3 多项式矩阵及相抵化简 63
3.3.1 多项式矩阵与相抵化简的基本理论 64
3.3.2 多项式矩阵的相抵化简方法 66
3.3.3 Jordan 标准型与 Smith 标准型的相互转换 69
3.4 Cayley-Hamilton 定理及其应用 74
3.4.1 Cayley-Hamilton 定理 74
3.4.2 在矩阵函数计算中的应用 75
3.5 特征分析的应用 78
3.5.1 Pisarenko 谐波分解 78
3.5.2 主成分分析 81
3.5.3 基于特征脸的人脸识别 82
3.6 广义特征值分解 87
3.6.1 广义特征值分解及其性质 87
3.6.2 广义特征值分解算法 89
3.6.3 广义特征分析的应用 90
3.6.4 相似变换在广义特征值分解中的应用 92
本章小结 95
习题 95

第 4 章 奇异值分析 100
4.1 数值稳定性与条件数 100
4.2 奇异值分解 102
4.2.1 奇异值分解及其解释 102
4.2.2 奇异值的性质 105
4.2.3 矩阵的低秩逼近 107
4.2.4 奇异值分解的数值计算 108
4.3 乘积奇异值分解 111
4.3.1 乘积奇异值分解问题 111
4.3.2 乘积奇异值分解的精确计算 112
4.4 奇异值分解的工程应用案列 114
4.4.1 静态系统的奇异值分解 114
4.4.2 图像压缩 115
4.4.3 数字水印 119
4.5 广义奇异值分解 123
4.5.1 广义奇异值分解的定义与性质 123
4.5.2 广义奇异值分解的实际算法 125
4.5.3 广义奇异值分解的应用例子 128
本章小结 129
习题 129

第 5 章 子空间分析 131
5.1 子空间的一般理论 131
5.1.1 子空间的基 131
5.1.2 无交连、正交与正交补 133
5.1.3 子空间的正交投影与夹角 135
5.2 列空间、行空间与零空间 137
5.2.1 矩阵的列空间、行空间与零空间 137
5.2.2 子空间基的构造：初等变换法 140
5.2.3 基本空间的标准正交基构造：奇异值分解法 142
5.3 信号子空间与噪声子空间 144
5.4 快速子空间跟踪与分解 147
5.4.1 投影逼近子空间跟踪 147
5.4.2 快速子空间分解 152
5.5 子空间方法的应用 156
5.5.1 多重信号分类 156
5.5.2 子空间白化 157
5.5.3 盲信道估计的子空间方法 158
本章小结 164
习题 164

第 6 章 广义逆与矩阵方程求解 167
6.1 广义逆矩阵 167
6.1.1 满列秩和满行秩矩阵的广义逆矩阵 167
6.1.2 Moore-Penrose 逆矩阵 168
6.2 广义逆矩阵的求取 172
6.2.1 广义逆矩阵与矩阵分解的关系 172
6.2.2 Moore-Penrose 逆矩阵的数值计算 173
6.3 最小二乘方法 175
6.3.1 普通最小二乘方法 176
6.3.2 数据最小二乘 177
6.3.3 Tikhonov 正则化方法 178
6.3.4 交替最小二乘方法 180
6.4 总体最小二乘 184
6.4.1 总体最小二乘问题 184
6.4.2 总体最小二乘解 185
6.4.3 总体最小二乘解的性能 190
6.5 约束总体最小二乘 190
6.5.1 约束总体最小二乘方法 190
6.5.2 最小二乘方法及其推广的比较 192
6.6 稀疏矩阵方程求解 193
6.6.1 L_1 范数最小化 194
6.6.2 贪婪算法 195
6.6.3 同伦算法 197
6.7 三个应用案例 198
6.7.1 恶劣天气下的图像恢复 198
6.7.2 总体最小二乘法在确定地震断层面参数中的应用 202
6.7.3 谐波频率估计 204
本章小结 209
习题 210

第 7 章 矩阵微分与梯度分析 213
7.1 Jacobian 矩阵与梯度矩阵 213
7.1.1 Jacobian 矩阵 213
7.1.2 梯度矩阵 214
7.1.3 梯度计算 215
7.2 一阶实矩阵微分与 Jacobian 矩阵辨识 217
7.2.1 一阶实矩阵微分 217
7.2.2 标量函数的 Jacobian 矩阵辨识 219
7.2.3 矩阵微分的应用举例 226

7.3 实变函数无约束优化的梯度分析 227
7.3.1 单变量函数 $f(x)$ 的平稳点与极值点 228
7.3.2 多变量函数 $f(\boldsymbol{x})$ 的平稳点与极值点 230
7.3.3 多变量函数 $f(\boldsymbol{X})$ 的平稳点与极值点 231
7.3.4 实变函数的梯度分析 233
7.4 平滑凸优化的一阶算法 235
7.4.1 凸集与凸函数 235
7.4.2 无约束凸优化的一阶算法 237
7.5 约束凸优化算法 243
7.5.1 标准约束优化问题 243
7.5.2 极小 - 极大化与极大 - 极小化方法 244
7.5.3 Nesterov 最优梯度法 248
本章小结 250
习题 250

参考文献 252

第 1 章

代数与矩阵基础

很多工程问题都可以通过数学建模转化成线性方程组，而矩阵是描述和求解线性方程组最基本和最常用的数学工具。本章将介绍矩阵的基本数学运算和重要性质。

1.1 代数与矩阵的基本概念

1.1.1 代数基本概念

群、环、域是代数的基本概念，但限于篇幅，不予赘述。这里主要介绍线性空间和线性映射 (线性变换)。

在抽象代数中，域是一种可进行加、减、乘、除四则运算的代数结构。域的概念是数域及四则运算的推广。

首先，引入几个基本符号：P 代表数域，$\mathbb{R}$ 代表实数域，$\mathbb{C}$ 表示复数域，$\mathbb{Z}$ 为整数域。

一个 m 维列向量定义为

$$\boldsymbol{x} = \begin{bmatrix} x_1 \\ x_2 \\ \vdots \\ x_m \end{bmatrix} \tag{1.1.1}$$

若其元素 x_i 取实数，即 $x_i \in \mathbb{R}$，则称其为 m 维实 (数) 向量，并记作 $\boldsymbol{x} \in \mathbb{R}^{m\times 1}$，或者简记为 $\boldsymbol{x} \in \mathbb{R}^m$。类似地，若 $x_i \in \mathbb{C}$，则称其为 m 维复向量，并记作 $\boldsymbol{x} \in \mathbb{C}^m$。

一个 m 维行向量定义为 $\boldsymbol{x} = [x_1, x_2, \cdots, x_m]$，记作 $\boldsymbol{x} \in \mathbb{R}^{1\times m}$ 或 $\boldsymbol{x} \in \mathbb{C}^{1\times m}$。为了书写的方便，常将一个 m 维列向量写成 m 维行向量的转置形式，即 $\boldsymbol{x} = [x_1, x_2, \cdots, x_m]^{\mathrm{T}}$。

一个 $m \times n$ 矩阵定义为

$$\boldsymbol{A} = \begin{bmatrix} a_{11} & a_{12} & \cdots & a_{1n} \\ a_{21} & a_{22} & \cdots & a_{2n} \\ \vdots & \vdots & & \vdots \\ a_{m1} & a_{m2} & \cdots & a_{mn} \end{bmatrix} = [a_{ij}]_{i=1,j=1}^{m,n} \tag{1.1.2}$$

若其元素 $a_{ij} \in \mathbb{R}$，则称其为 $m \times n$ 实矩阵，用符号表示为 $\boldsymbol{A} \in \mathbb{R}^{m\times n}$。类似地，$\boldsymbol{A} \in \mathbb{C}^{m\times n}$ 表示 $\boldsymbol{A}$ 是一个 $m \times n$ 复矩阵。

$m \times n$ 矩阵可以利用其列向量 $\boldsymbol{a}_j = [a_{1j}, a_{2j}, \cdots, a_{mj}]^{\mathrm{T}} (j = 1, 2, \cdots, n)$ 表示为 $\boldsymbol{A} = [\boldsymbol{a}_1, \boldsymbol{a}_2, \cdots, \boldsymbol{a}_n]$。

定义 1.1.1　线性空间是指在一个集合 S 上定义了加法 (且对加法是交换群) 和数乘运算，且数乘满足下列线性规则，即 $\forall \alpha, \beta \in P, \forall x, y \in S$，均有

$$
\begin{aligned}
\alpha(x + y) &= \alpha x + \alpha y \\
(\alpha + \beta)x &= \alpha x + \beta x \\
\alpha(\beta x) &= (\alpha\beta)x
\end{aligned}
$$

例 1.1.1　$\mathbb{R}^n$ 是线性空间，其中“加法”运算定义为

$$\boldsymbol{a} + \boldsymbol{b} = [a_1 + b_1, a_2 + b_2, \cdots, a_n + b_n]^{\mathrm{T}}$$

数乘运算为

$$\lambda \boldsymbol{a} = [\lambda a_1, \lambda a_2, \cdots, \lambda a_n]^{\mathrm{T}}$$

其中 $\boldsymbol{a} = [a_1, a_2, \cdots, a_n]^{\mathrm{T}}$ 和 $\boldsymbol{b} = [b_1, b_2, \cdots, b_n]^{\mathrm{T}}$。

函数有定义域 (domain) 与值域 (range)。定义域是函数自变量所有可取值的集合；值域则是由定义域中一切元素所能产生的所有函数值的集合。

一个 $m \times n$ 矩阵 $\boldsymbol{A} \in \mathbb{C}^{m \times n}$ 所对应的线性变换 $\boldsymbol{x} = \boldsymbol{A}\boldsymbol{y}(\boldsymbol{y} \in \mathbb{C}^n)$ 的值域定义为 $\mathrm{Range}(\boldsymbol{A}) = \{\boldsymbol{x} | \boldsymbol{x} = \boldsymbol{A}\boldsymbol{y}, \boldsymbol{y} \in \mathbb{C}^n\}$，而零空间 (null space) 则是矩阵方程 $\boldsymbol{A}\boldsymbol{v} = \boldsymbol{0}$ 的所有解向量 $\boldsymbol{v}$ 的集合，也称为 $\boldsymbol{A}$ 的核或核空间，常用数学符号表示为 $\mathrm{Null}(\boldsymbol{A}) = \{\boldsymbol{v} \in V : \boldsymbol{A}\boldsymbol{v} = \boldsymbol{0}\}$。值域 $\mathrm{Range}(\boldsymbol{A})$ 也写作 $\mathrm{Span}(\boldsymbol{A})$，或者简记为 $R(\boldsymbol{A})$。

例 1.1.2　给定 $\boldsymbol{A} \in \mathbb{C}^{m \times n}$ ($m \times n$ 复系数矩阵)，则该矩阵的值域 $R(\boldsymbol{A}) = \{\boldsymbol{x} | \boldsymbol{x} = \boldsymbol{A}\boldsymbol{y}, \boldsymbol{y} \in \mathbb{C}^n\}$ 和零空间 $N(\boldsymbol{A}) = \{\boldsymbol{x} | \boldsymbol{A}\boldsymbol{x} = \boldsymbol{0}\}$ 都是线性空间，但 $R(\boldsymbol{A}) \subset \mathbb{C}^m$，而 $N(\boldsymbol{A}) \subset \mathbb{C}^n$。

例 1.1.3　次数 $\leqslant n$ 的复系数多项式的全体 $C_n[\lambda] = \{a | a = a_n\lambda^n + \cdots + a_1\lambda + a_0,\ a_i \in \mathbb{C}\}$ 是线性空间；但次数 $= n$ 的复系数多项式的集合不是线性空间。

思考：最小的线性空间是什么？

S 和 Q 同为线性空间，且 $Q \subset S$，则称 Q 为 S 的 线性子空间。

例 1.1.4　$\boldsymbol{A} \in \mathbb{C}^{m \times n}$，则 $R(\boldsymbol{A})$ 是 $\mathbb{C}^m$ 的子空间，而 $N(\boldsymbol{A})$ 是 $\mathbb{C}^n$ 的子空间。

S 是线性空间，元素组 $\{x_1, x_2, \cdots, x_m\} \subset S$ 是线性相关的，系指存在不全为零的系数 $a_i \in P$，使 $\sum\limits_{i=1}^{m} a_i x_i = 0$。反之，称 $\{x_1, x_2, \cdots, x_m\}$ 是线性无关的。当 $\{x_1, x_2, \cdots, x_m\}$ 线性无关时，$\sum\limits_{i=1}^{m} a_i x_i = 0 \Rightarrow a_i = 0, \quad i = 1, 2, \cdots, m$。

若在线性空间 S 中存在 n 个向量线性无关，而任何 $n + 1$ 个向量均线性相关，则称 S 的维数为 n，记为 $\dim(S) = n$。

S 是域 P 上的线性空间，元素组 $\{x_1, x_2, \cdots, x_n\}$ 称为 S 的一组基，是指：

① $\{x_1, x_2, \cdots, x_n\}$ 线性无关；

② $\mathrm{Span}[x_1, x_2, \cdots, x_n] \overset{\mathrm{def}}{=} \left\{ \sum\limits_{i=1}^{n} a_i x_i, a_i \in P \right\} = S$。

注：若 $\forall x \in S, x = \sum\limits_{i=1}^{n} a_i x_i$，则坐标向量 $\boldsymbol{a} = [a_1, a_2, \cdots, a_n]^{\mathrm{T}}$ 唯一。

因为线性空间也是集合，因此可以定义交集和并集。线性空间之间还可以定义“和”运算以及“直 (接) 和”运算。线性空间的交、并、和、直和四种运算的定义如下：

$$T \cap V = \{\, x |\, x \in T \text{ 且 } x \in V\}$$
$$T \cup V = \{\, x |\, x \in T \text{ 或 } x \in V\}$$
$$T + V = \{\, x |\, x = y + z,\ y \in T,\ z \in V\}$$
$$T \oplus V \text{ 是指 } T + V,\ \text{当 } T \cap V = \{0\}$$

思考：以上哪种集合还是线性空间？

映射 $\sigma: S \to T$ 称为线性映射 (线性算子)，是指它满足

$$\sigma(\boldsymbol{a}+\boldsymbol{b}) = \sigma(\boldsymbol{a}) + \sigma(\boldsymbol{b})$$
$$\sigma(\lambda\boldsymbol{a}) = \lambda\sigma(\boldsymbol{a})$$

1.1.2 矩阵与向量

科学和工程中的很多问题都可以通过数学建模转化成一个线性方程组

$$\left.\begin{aligned} a_{11}x_1 + a_{12}x_2 + \cdots + a_{1n}x_n &= b_1 \\ a_{21}x_1 + a_{22}x_2 + \cdots + a_{2n}x_n &= b_2 \\ &\vdots \\ a_{m1}x_1 + a_{m2}x_2 + \cdots + a_{mn}x_n &= b_m \end{aligned}\right\} \tag{1.1.3}$$

它使用 m 个方程描述 n 个未知量之间的线性关系。

线性方程组 (1.1.3) 的简洁表示形式为

$$\boldsymbol{A}\boldsymbol{x} = \boldsymbol{b} \tag{1.1.4}$$

式中

$$\boldsymbol{A} = \begin{bmatrix} a_{11} & a_{12} & \cdots & a_{1n} \\ a_{21} & a_{22} & \cdots & a_{2n} \\ \vdots & \vdots & & \vdots \\ a_{m1} & a_{m2} & \cdots & a_{mn} \end{bmatrix} = [a_{ij}]_{i=1,j=1}^{m,n} \tag{1.1.5}$$

为 $m \times n$ 矩阵，是一个按照长方阵列排列的实数或复数集合，其中 a_{ij} 表示矩阵 $\boldsymbol{A}$ 的第 i 行、第 j 列元素，简称第 (i,j) 个元素。

在工程问题的数学建模中，矩阵 $\boldsymbol{A}$ 往往是某个物理系统的符号表示。其中，$\boldsymbol{A}$ 代表一线性系统，$\boldsymbol{x}$ 和 $\boldsymbol{b}$ 则分别表示该系统的输入激励 (不可观测) 和输出响应 (可观测)。于是，矩阵方程 $\boldsymbol{A}\boldsymbol{x} = \boldsymbol{b}$ 的求解问题便可叙述为：根据已知的线性系统参数和输出观测值，求未知的输入激励。

当 $m = n$ 时，矩阵 $\boldsymbol{A}$ 称为正方矩阵 (square matrix)；若 $m < n$，则矩阵 $\boldsymbol{A}$ 形象地称为宽矩阵 (broad matrix)；而当 $m > n$ 时，便称矩阵 $\boldsymbol{A}$ 为高矩阵 (tall matrix)。

科学和工程中遇到的向量可分为以下 3 种 [59]：

(1) 物理向量 泛指既有幅值，又有方向的物理量，如速度、加速度、位移等。

(2) 几何向量　是物理向量的可视化表示，常用带方向的 (简称“有向”) 线段表示。这种有向线段称为几何向量。例如，$\boldsymbol{v}=\overrightarrow{AB}$ 表示一有向线段，其起点为 A，终点为 B。

(3) 代数向量　几何向量的代数形式表示。例如，若平面上的几何向量 $\boldsymbol{v}=\overrightarrow{AB}$ 的起点坐标为 $A=(a_1,a_2)$，终点坐标为 $B=(b_1,b_2)$，则该几何向量可以用代数形式表示为 $\boldsymbol{v}=\begin{bmatrix} b_1-a_1 \\ b_2-a_2 \end{bmatrix}$。这种用代数形式表示的几何向量称为代数向量。

根据元素取值种类的不同，代数向量又可分为以下 3 种：

(1) 常数向量　向量的元素全部为实常数或者复常数，例如 $\boldsymbol{a}=[1,5,4]^{\mathrm{T}}$ 等。

(2) 函数向量　向量的元素包含了函数值，例如 $\boldsymbol{x}=[1,x^2,\cdots,x^n]^{\mathrm{T}}$ 等。

(3) 随机向量　向量的元素为随机变量，如 $\boldsymbol{x}(n)=[x_1(n),x_2(n),\cdots,x_m(n)]^{\mathrm{T}}$，其中 $x_1(n),x_2(n),\cdots,x_m(n)$ 是 m 个随机过程或随机信号。

图 1.1.1 归纳了向量的分类。

- 向量
  - 物理向量
  - 代数向量
    - 常数向量
    - 函数向量
    - 随机向量
  - 几何向量

图 1.1.1　向量的分类

工程应用中遇到的往往是物理向量，几何向量是物理向量的可视化表示，而代数向量则可看作是物理向量的运算化工具。

一个 $n\times n$ 正方矩阵 $\boldsymbol{A}$ 的主对角线是指从左上角到右下角沿 $i=j,\ j=1,2,\cdots,n$ 相连接的线段。与主对角线平行的对角线称为次对角线。位于主对角线上的元素称为 $\boldsymbol{A}$ 的对角元素，它们是 $a_{ii},i=1,2,\cdots,n$。

主对角线以外元素全部为零的 $n\times n$ 矩阵称为对角矩阵，记作

$$\boldsymbol{D}=\mathrm{diag}(d_{11},d_{22},\cdots,d_{nn}) \tag{1.1.6}$$

若对角矩阵主对角线元素全部等于 1，则称其为单位矩阵，用符号 $\boldsymbol{I}_{n\times n}$ 示之。所有元素为零的 $m\times n$ 矩阵称为零矩阵，记为 $\boldsymbol{O}_{m\times n}$。

一个全部元素为零的向量称为零向量。为了书写的简洁，单位矩阵、零矩阵和零向量分别表示为 $\boldsymbol{I},\boldsymbol{O}$ 和 $\boldsymbol{0}$。

1.1.3　矩阵的基本运算

矩阵的基本运算包括矩阵的转置、共轭、共轭转置、加法、乘法和求逆。

1. 矩阵的转置

若 $\boldsymbol{A}=[a_{ij}]$ 是一个 $m\times n$ 矩阵，则 $\boldsymbol{A}$ 的转置记作 $\boldsymbol{A}^{\mathrm{T}}$，它是一个 $n\times m$ 矩阵，定义为

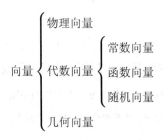

$$\boldsymbol{A}^{\mathrm{T}}=\begin{bmatrix}a_{11} & a_{21} & \cdots & a_{m1}\\ a_{12} & a_{22} & \cdots & a_{m2}\\ \vdots & \vdots & & \vdots\\ a_{1n} & a_{2n} & \cdots & a_{mn}\end{bmatrix} \tag{1.1.7}$$

矩阵 $\boldsymbol{A}$ 的复数共轭 $\boldsymbol{A}^*$ 仍然是一个 $m\times n$ 矩阵，定义为

$$\boldsymbol{A}^{*}=\begin{bmatrix}a_{11}^* & a_{12}^* & \cdots & a_{1n}^*\\ a_{21}^* & a_{22}^* & \cdots & a_{2n}^*\\ \vdots & \vdots & & \vdots\\ a_{m1}^* & a_{m2}^* & \cdots & a_{mn}^*\end{bmatrix} \tag{1.1.8}$$

矩阵 $\boldsymbol{A}$ 的 (复) 共轭转置 $\boldsymbol{A}^{\mathrm{H}}$ 是一个 $n\times m$ 矩阵，定义为

$$\boldsymbol{A}^{\mathrm{H}}=\begin{bmatrix}a_{11}^* & a_{21}^* & \cdots & a_{m1}^*\\ a_{12}^* & a_{22}^* & \cdots & a_{m2}^*\\ \vdots & \vdots & & \vdots\\ a_{1n}^* & a_{2n}^* & \cdots & a_{mn}^*\end{bmatrix} \tag{1.1.9}$$

共轭转置又叫 Hermitian 转置或 Hermitian 共轭。

满足 $\boldsymbol{A}^{\mathrm{T}}=\boldsymbol{A}$ 的正方实矩阵和 $\boldsymbol{A}^{\mathrm{H}}=\boldsymbol{A}$ 的正方复矩阵分别称为对称矩阵和 Hermitian 矩阵 (复共轭对称矩阵)。共轭转置与转置之间存在关系

$$\boldsymbol{A}^{\mathrm{H}}=(\boldsymbol{A}^*)^{\mathrm{T}}=(\boldsymbol{A}^{\mathrm{T}})^* \tag{1.1.10}$$

2. 矩阵的加法与乘法

两个 $m\times n$ 矩阵 $\boldsymbol{A}=[a_{ij}]$ 和 $\boldsymbol{B}=[b_{ij}]$ 之和记作 $\boldsymbol{A}+\boldsymbol{B}$，定义为 $[\boldsymbol{A}+\boldsymbol{B}]_{ij}=a_{ij}+b_{ij}$。矩阵的加法服从下面的运算法则：

(1) 加法交换律 $\boldsymbol{A}+\boldsymbol{B}=\boldsymbol{B}+\boldsymbol{A}$

(2) 加法结合律 $(\boldsymbol{A}+\boldsymbol{B})+\boldsymbol{C}=\boldsymbol{A}+(\boldsymbol{B}+\boldsymbol{C})$

矩阵的乘法分为以下三种：

矩阵与标量的乘法　$m\times n$ 矩阵 $\boldsymbol{A}=[a_{ij}]$ 与标量 α 的乘积的元素定义为 $[\alpha\boldsymbol{A}]_{ij}=\alpha a_{ij}$。

矩阵与向量的乘法　$m\times n$ 矩阵 $\boldsymbol{A}=[a_{ij}]$ 与 $r\times 1$ 向量 $\boldsymbol{x}=[x_1,x_2,\cdots,x_r]^{\mathrm{T}}$ 的乘积 $\boldsymbol{Ax}$ 只有当 $n=r$ 时才存在，它是一个 $m\times 1$ 向量，定义为

$$[\boldsymbol{Ax}]_i=\sum_{j=1}^{n}a_{ij}x_j,\quad i=1,2,\cdots,m$$

两个矩阵的乘法　$m\times n$ 矩阵 $\boldsymbol{A}=[a_{ij}]$ 与 $r\times s$ 矩阵 $\boldsymbol{B}=[b_{ij}]$ 的乘积 $\boldsymbol{AB}$ 只有当 $n=r$ 时才存在，它是一个 $m\times s$ 矩阵，定义为

$$[\boldsymbol{AB}]_{ij}=\sum_{k=1}^{n}a_{ik}b_{kj},\quad i=1,2,\cdots,m;\ j=1,2,\cdots,s$$

矩阵的乘积服从下面的运算法则：

(1) 乘法结合律 若 $\boldsymbol{A}\in\mathbb{C}^{m\times n},\boldsymbol{B}\in\mathbb{C}^{n\times p},\boldsymbol{C}\in\mathbb{C}^{p\times q}$，则 $\boldsymbol{A}(\boldsymbol{BC})=(\boldsymbol{AB})\boldsymbol{C}$。

(2) 乘法左分配律 若 $\boldsymbol{A}$ 和 $\boldsymbol{B}$ 是两个 $m\times n$ 矩阵，且 $\boldsymbol{C}$ 是一个 $n\times p$ 矩阵，则 $(\boldsymbol{A}+\boldsymbol{B})\boldsymbol{C}=\boldsymbol{AC}+\boldsymbol{BC}$。

(3) 乘法右分配律 若 $\boldsymbol{A}$ 是一个 $m\times n$ 矩阵，并且 $\boldsymbol{B}$ 和 $\boldsymbol{C}$ 是两个 $n\times p$ 矩阵，则 $\boldsymbol{A}(\boldsymbol{B}+\boldsymbol{C})=\boldsymbol{AB}+\boldsymbol{AC}$。

(4) 若 α 是一个标量，并且 $\boldsymbol{A}$ 和 $\boldsymbol{B}$ 是两个 $m\times n$ 矩阵，则 $\alpha(\boldsymbol{A}+\boldsymbol{B})=\alpha\boldsymbol{A}+\alpha\boldsymbol{B}$。

注意，矩阵的乘法一般不满足交换律，即 $\boldsymbol{AB}\neq\boldsymbol{BA}$。

3. 矩阵的求逆

矩阵与向量的乘积 $\boldsymbol{Ax}=\boldsymbol{y}$ 可视为向量 $\boldsymbol{x}$ 的线性变换。此时，矩阵 $\boldsymbol{A}$ 称为线性变换矩阵。若 $\boldsymbol{A}$ 为 $n\times n$ 矩阵且向量 $\boldsymbol{y}$ 到 $\boldsymbol{x}$ 的线性逆变换 $\boldsymbol{A}^{-1}$ 存在，则

$$\boldsymbol{x}=\boldsymbol{A}^{-1}\boldsymbol{y} \tag{1.1.11}$$

这相当于原线性变换 $\boldsymbol{Ax}=\boldsymbol{y}$ 两边左乘 $\boldsymbol{A}^{-1}$ 得到的结果 $\boldsymbol{A}^{-1}\boldsymbol{Ax}=\boldsymbol{A}^{-1}\boldsymbol{y}$。因此，线性逆变换 $\boldsymbol{A}^{-1}$ 应该满足 $\boldsymbol{A}^{-1}\boldsymbol{A}=\boldsymbol{I}$ 之关系。另一方面，$\boldsymbol{x}=\boldsymbol{A}^{-1}\boldsymbol{y}$ 也应该是可逆的，即两边左乘 $\boldsymbol{A}$ 后得到的 $\boldsymbol{Ax}=\boldsymbol{AA}^{-1}\boldsymbol{y}$ 应该与原线性变换 $\boldsymbol{Ax}=\boldsymbol{y}$ 一致，故 $\boldsymbol{A}^{-1}$ 还应该满足 $\boldsymbol{AA}^{-1}=\boldsymbol{I}$。

定义 1.1.2 令 $\boldsymbol{A}$ 是一个 $n\times n$ 矩阵。若 $n\times n$ 矩阵 $\boldsymbol{A}^{-1}$ 满足 $\boldsymbol{AA}^{-1}=\boldsymbol{A}^{-1}\boldsymbol{A}=\boldsymbol{I}$，则称矩阵 $\boldsymbol{A}$ 可逆，并称 $\boldsymbol{A}^{-1}$ 是矩阵 $\boldsymbol{A}$ 的逆矩阵。

下面是共轭、转置、共轭转置和逆矩阵的性质。

(1) 矩阵的共轭、转置和共轭转置满足分配律

$$(\boldsymbol{A}+\boldsymbol{B})^*=\boldsymbol{A}^*+\boldsymbol{B}^*,\quad (\boldsymbol{A}+\boldsymbol{B})^{\mathrm{T}}=\boldsymbol{A}^{\mathrm{T}}+\boldsymbol{B}^{\mathrm{T}},\quad (\boldsymbol{A}+\boldsymbol{B})^{\mathrm{H}}=\boldsymbol{A}^{\mathrm{H}}+\boldsymbol{B}^{\mathrm{H}}$$

(2) 矩阵乘积的转置、共轭转置和逆矩阵满足关系式

$$(\boldsymbol{AB})^{\mathrm{T}}=\boldsymbol{B}^{\mathrm{T}}\boldsymbol{A}^{\mathrm{T}},\quad (\boldsymbol{AB})^{\mathrm{H}}=\boldsymbol{B}^{\mathrm{H}}\boldsymbol{A}^{\mathrm{H}}$$
$$(\boldsymbol{AB})^{-1}=\boldsymbol{B}^{-1}\boldsymbol{A}^{-1}\quad (\boldsymbol{A},\boldsymbol{B}\ \text{为可逆的正方矩阵})$$

(3) 共轭、转置和共轭转置等符号均可与求逆符号交换，即有

$$\boldsymbol{A}^{-*}=(\boldsymbol{A}^*)^{-1}=(\boldsymbol{A}^{-1})^*,\quad \boldsymbol{A}^{-\mathrm{T}}=(\boldsymbol{A}^{\mathrm{T}})^{-1}=(\boldsymbol{A}^{-1})^{\mathrm{T}},\quad \boldsymbol{A}^{-\mathrm{H}}=(\boldsymbol{A}^{\mathrm{H}})^{-1}=(\boldsymbol{A}^{-1})^{\mathrm{H}}$$

1.2 矩阵的初等变换

涉及矩阵行与行 (或者列与列) 之间的简单运算称为初等行变换或者初等列变换，二者统称初等变换。在应用中，矩阵的初等运算往往可以解决一些重要问题。例如，只使用初等行运算，就可以解决矩阵方程求解、矩阵求逆和矩阵基本空间的基向量构造等复杂问题。又如，在矩阵的相似变换中，也需要使用矩阵的初等变换。

1.2.1 初等行变换与阶梯型矩阵

定义 1.2.1 令矩阵 $\boldsymbol{A}\in\mathbb{C}^{m\times n}$ 的 m 个行向量分别为 $\boldsymbol{r}_1,\boldsymbol{r}_2,\cdots,\boldsymbol{r}_m$。下列运算称为矩阵 $\boldsymbol{A}$ 的初等行运算 (elementary row operation) 或初等行变换 (elementary row transformation)：

(1) 互换矩阵的任意两行，如 $\boldsymbol{r}_p\leftrightarrow\boldsymbol{r}_q$，称为 I 型初等行变换。

(2) 一行元素同乘一个非零常数 α，如 $\alpha\boldsymbol{r}_p\to\boldsymbol{r}_p$，称为 II 型初等行变换。

(3) 将第 p 行元素同乘一个非零常数 β 后，加给第 q 行，即 $\beta\boldsymbol{r}_p+\boldsymbol{r}_q\to\boldsymbol{r}_q$，称为 III 型初等行变换。

假设矩阵 $\boldsymbol{A}_{m\times n}$ 经过一系列初等行运算，变换成为矩阵 $\boldsymbol{B}_{m\times n}$，则称矩阵 $\boldsymbol{A}$ 和 $\boldsymbol{B}$ 为行等价矩阵 (row equivalent matrix)。

一个非零行最左边的非零元素称为该行的首项元素 (leading entry)。如果首项元素等于 1，便称为首一元素 (leading 1 entry)。

从线性方程组的求解以及基本空间的基向量构造等实际应用出发，往往希望将一个矩阵经过初等行运算之后，变换为阶梯型矩阵。

定义 1.2.2 一个 $m\times n$ 矩阵称为阶梯型 (echelon form) 矩阵，若下列条件都满足：

(1) 全部由零组成的所有行都位于矩阵的底部。

(2) 每一个非零行的首项元素总是出现在上一个非零行的首项元素的右边。

(3) 首项元素下面的同列元素全部为零。

例如，下面是阶梯型矩阵的两个例子：

$$\boldsymbol{A}=\begin{bmatrix}2 & * & *\\0 & 5 & *\\0 & 0 & 3\\0 & 0 & 0\end{bmatrix},\qquad \boldsymbol{A}=\begin{bmatrix}1 & * & *\\0 & 3 & *\\0 & 0 & 0\\0 & 0 & 0\end{bmatrix}$$

式中，$*$ 表示该元素可以为任意值。

定义 1.2.3[59] 阶梯型矩阵 $\boldsymbol{A}$ 称为行简约阶梯型 (row reduced echelon form, RREF)，若 $\boldsymbol{A}$ 的每一非零行的首项元素等于 1 (即为首一元素)，并且每一个首一元素也是它所在列唯一的非零元素。

行简约阶梯型也称行阶梯标准型或 Hermite 标准型。

给定一个 $m\times n$ 矩阵 $\boldsymbol{B}$，下面的算法通过初等行变换将 $\boldsymbol{B}$ 化成行简约阶梯型矩阵。

算法 1.2.1 将 $m\times n$ 矩阵化成行简约阶梯型 [59]

步骤 1 将含有一个非零元素的列设定为最左边的第 1 列。

步骤 2 若需要，将第 1 行与其他行互换，使第 1 个非零列在第 1 行有一个非零元素。

步骤 3 如果第 1 行的首项元素为 a，则将该行的所有元素乘以 $1/a$，以使该行的首项元素等于 1，成为首一元素。

步骤 4 通过初等行变换，将其他行位于第 1 行首一元素下面的全部元素变成 0。

步骤 5 对第 $i=2,3,\cdots,m$ 行依次重复以上步骤，以使每一行的首一元素出现在上一行的首一元素的右边，并使与第 i 行首一元素同列的其他各行元素都变为 0。

定理 1.2.1 任何一个矩阵 $\boldsymbol{A}_{m\times n}$ 都与一个并且唯一的一个行简约阶梯型矩阵是行等价的。

证明 参见文献 [63, Appendix A]。 ■

当矩阵的初等行变换产生一个行阶梯型矩阵时，如果将行阶梯型矩阵进一步简化为行简约阶梯型，则相应的初等行变换将不会改变行阶梯型矩阵各非零行首项元素的位置。也就是说，任何一个矩阵的行阶梯型的首项元素与行简约阶梯型的首一元素总是处于相同的位置。由此可以引出下面的定义。

定义 1.2.4 [63,p.15] 矩阵 $\boldsymbol{A}_{m\times n}$ 的主元位置 (pivot position) 就是矩阵 $\boldsymbol{A}$ 中与其阶梯型的首项元素相对应的位置。矩阵 $\boldsymbol{A}$ 中包含主元位置的每一列都称为 $\boldsymbol{A}$ 的主元列 (pivot column)。

下面的例子说明如何通过初等行运算，将一个矩阵变换为行阶梯型和行简约阶梯型，以及如何判断原矩阵的主元列。

例 1.2.1 已知 3×5 矩阵

$$\boldsymbol{A}=\begin{bmatrix}-3 & 6 & -1 & 1 & -7\\ 1 & -2 & 2 & 3 & -1\\ 2 & -4 & 5 & 8 & -4\end{bmatrix}$$

第 2 行乘 -2，加到第 3 行；并且第 2 行乘 3，加到第 1 行，则

$$\boldsymbol{A}\sim\begin{bmatrix}0 & 0 & 5 & 10 & -10\\ 1 & -2 & 2 & 3 & -1\\ 0 & 0 & 1 & 2 & -2\end{bmatrix}$$

第 1 行乘 $-2/5$，加到第 2 行；同时第 1 行乘 $-1/5$，加到第 3 行，得

$$\boldsymbol{A}\sim\begin{bmatrix}0 & 0 & 5 & 10 & -10\\ 1 & -2 & 0 & -1 & 3\\ 0 & 0 & 0 & 0 & 0\end{bmatrix}$$

交换第 1 行和第 2 行，又得到

$$\boldsymbol{A}\sim\begin{bmatrix}\underline{1} & -2 & 0 & -1 & 3\\ 0 & 0 & \underline{5} & 10 & -10\\ 0 & 0 & 0 & 0 & 0\end{bmatrix}\qquad (\text{阶梯型})$$

下面画横杠的元素所在的位置称为主元位置。因此，矩阵 $\boldsymbol{A}$ 的主元列为第 1 列和第 3 列，即有

$$\begin{bmatrix}-3\\ 1\\ 2\end{bmatrix},\quad \begin{bmatrix}-1\\ 2\\ 5\end{bmatrix}\qquad (\boldsymbol{A}\ \text{的主元列})$$

进一步地，阶梯型矩阵的第 2 行乘以 $1/5$，行阶梯型简化为

$$\boldsymbol{A}\sim\begin{bmatrix}1 & -2 & 0 & -1 & 3\\ 0 & 0 & 1 & 2 & -2\\ 0 & 0 & 0 & 0 & 0\end{bmatrix}\qquad (\text{行简约阶梯型})$$

1.2.2 初等行变换的两个应用

下面介绍初等行变换的两个重要应用：线性方程组求解和矩阵求逆。

1. 线性方程组求解

考察 $n \times n$ 线性方程组 $\boldsymbol{Ax} = \boldsymbol{b}$ 的求解，其中矩阵 $\boldsymbol{A}$ 存在逆矩阵 $\boldsymbol{A}^{-1}$。现在，希望通过初等行变换，得到方程的解 $\boldsymbol{x} = \boldsymbol{A}^{-1}\boldsymbol{b}$。

$n \times n$ 线性方程组 $\boldsymbol{Ax} = \boldsymbol{b}$ 中的 $\boldsymbol{A}$ 和 $\boldsymbol{b}$ 分别称作数据矩阵和数据向量，而 $\boldsymbol{x}$ 称为未知数 (或未知参数) 向量。为了方便讨论线性方程组的求解，常将数据矩阵和数据向量组合成一个 $n \times (n+1)$ 的新矩阵 $\boldsymbol{B} = [\boldsymbol{A}, \boldsymbol{b}]$，并称为线性方程组 $\boldsymbol{Ax} = \boldsymbol{b}$ 的增广矩阵。

注意到线性方程组的解 $\boldsymbol{x} = \boldsymbol{A}^{-1}\boldsymbol{b}$ 也可以写成线性方程组的形式 $\boldsymbol{Ix} = \boldsymbol{A}^{-1}\boldsymbol{b}$，其对应的增广矩阵为 $[\boldsymbol{I}, \boldsymbol{A}^{-1}\boldsymbol{b}]$。于是，我们可以将线性方程组的这一求解过程与它们对应的增广矩阵形式分别书写为

$$\begin{array}{lccc} \text{方程求解} & \boldsymbol{Ax} = \boldsymbol{b} & \xrightarrow{\text{初等行变换}} & \boldsymbol{x} = \boldsymbol{A}^{-1}\boldsymbol{b} \\ \text{增广矩阵} & [\boldsymbol{A}, \boldsymbol{b}] & \xrightarrow{\text{初等行变换}} & [\boldsymbol{I}, \boldsymbol{A}^{-1}\boldsymbol{b}] \end{array}$$

这表明，若对增广矩阵 $[\boldsymbol{A}, \boldsymbol{b}]$ 使用初等行变换，使得左边变成一个 $n \times n$ 单位矩阵，则变换后的增广矩阵的第 $n+1$ 列给出原线性方程组的解 $\boldsymbol{x} = \boldsymbol{A}^{-1}\boldsymbol{b}$。这样一种求解线性方程组的初等行变换方法称为高斯消去 (Gauss elimination) 法或 Gauss-Jordan 消去法。

例 1.2.2 用高斯消去法求解线性方程组

$$\begin{cases} x_1 + x_2 + 2x_3 = 6 \\ 3x_1 + 4x_2 - x_3 = 5 \\ -x_1 + x_2 + x_3 = 2 \end{cases}$$

对其增广矩阵进行初等行变换

$$\begin{bmatrix} 1 & 1 & 2 & 6 \\ 3 & 4 & -1 & 5 \\ -1 & 1 & 1 & 2 \end{bmatrix} \xrightarrow{\text{第 2 行减去第 1 行的 3 倍}} \begin{bmatrix} 1 & 1 & 2 & 6 \\ 0 & 1 & -7 & -13 \\ -1 & 1 & 1 & 2 \end{bmatrix} \xrightarrow{\text{第 1 行加到第 3 行}}$$

$$\begin{bmatrix} 1 & 1 & 2 & 6 \\ 0 & 1 & -7 & -13 \\ 0 & 2 & 3 & 8 \end{bmatrix} \xrightarrow{\text{第 1 行减去第 2 行}} \begin{bmatrix} 1 & 0 & 9 & 19 \\ 0 & 1 & -7 & -13 \\ 0 & 2 & 3 & 8 \end{bmatrix} \xrightarrow{\text{第 3 行减去第 2 行的 2 倍}}$$

$$\begin{bmatrix} 1 & 0 & 9 & 19 \\ 0 & 1 & -7 & -13 \\ 0 & 0 & 17 & 34 \end{bmatrix} \xrightarrow{\text{第 3 行乘以 1/17}} \begin{bmatrix} 1 & 0 & 9 & 19 \\ 0 & 1 & -7 & -13 \\ 0 & 0 & 1 & 2 \end{bmatrix} \xrightarrow{\text{第 1 行减去第 3 行的 9 倍}}$$

$$\begin{bmatrix} 1 & 0 & 0 & 1 \\ 0 & 1 & -7 & -13 \\ 0 & 0 & 1 & 2 \end{bmatrix} \xrightarrow{\text{第 3 行乘以 7 后，再加到第 2 行}} \begin{bmatrix} 1 & 0 & 0 & 1 \\ 0 & 1 & 0 & 1 \\ 0 & 0 & 1 & 2 \end{bmatrix}$$

即通过高斯消去法得到方程组的解为 $x_1 = 1$，$x_2 = 1$ 和 $x_3 = 2$。

初等行变换方法也适用于系数矩阵为 $m \times n$ 矩阵的线性方程组 $\boldsymbol{Ax} = \boldsymbol{b}$ 的求解。此时，需要将增广矩阵化成行简约阶梯型矩阵。具体算法如下。

算法 1.2.2　系数矩阵为 $m \times n$ 矩阵的线性方程组 $\boldsymbol{Ax} = \boldsymbol{b}$ 的求解 [59]

步骤 1　构造增广矩阵 $\boldsymbol{B} = [\boldsymbol{A},\ \boldsymbol{b}]$。

步骤 2　使用算法 1.2.1 将增广矩阵 $\boldsymbol{B}$ 变成行简约阶梯型，它与原增广矩阵等价。

步骤 3　从简化的矩阵得到对应的线性方程组，它与原线性方程组等价。

步骤 4　得到新的线性方程组的通解 (general solution)。

例 1.2.3　考察线性方程组及其增广矩阵

$$\begin{cases} 2x_1 + 2x_2 - x_3 = 1 \\ -2x_1 - 2x_2 + 4x_3 = 1 \\ 2x_1 + 2x_2 + 5x_3 = 5 \\ -2x_1 - 2x_2 - 2x_3 = -3 \end{cases} \quad 和 \quad \boldsymbol{B} = \begin{bmatrix} 2 & 2 & -1 & 1 \\ -2 & -2 & 4 & 1 \\ 2 & 2 & 5 & 5 \\ -2 & -2 & -2 & -3 \end{bmatrix}$$

第 1 行元素乘以 1/2，使第 1 个元素为 1

$$\begin{bmatrix} 2 & 2 & -1 & 1 \\ -2 & -2 & 4 & 1 \\ 2 & 2 & 5 & 5 \\ -2 & -2 & -2 & -3 \end{bmatrix} \rightarrow \begin{bmatrix} 1 & 1 & -\frac{1}{2} & \frac{1}{2} \\ -2 & -2 & 4 & 1 \\ 2 & 2 & 5 & 5 \\ -2 & -2 & -2 & -3 \end{bmatrix}$$

利用初等行变换，使第 $2 \sim 4$ 行的第 1 个元素都变成 0

$$\begin{bmatrix} 1 & 1 & -\frac{1}{2} & \frac{1}{2} \\ -2 & -2 & 4 & 1 \\ 2 & 2 & 5 & 5 \\ -2 & -2 & -2 & -3 \end{bmatrix} \rightarrow \begin{bmatrix} 1 & 1 & -\frac{1}{2} & \frac{1}{2} \\ 0 & 0 & 3 & 2 \\ 0 & 0 & 6 & 4 \\ 0 & 0 & -3 & -2 \end{bmatrix}$$

第 2 行元素乘以 1/3，使得其第 3 列元素等于 1，即有

$$\begin{bmatrix} 1 & 1 & -\frac{1}{2} & \frac{1}{2} \\ 0 & 0 & 3 & 2 \\ 0 & 0 & 6 & 4 \\ 0 & 0 & -3 & -2 \end{bmatrix} \rightarrow \begin{bmatrix} 1 & 1 & -\frac{1}{2} & \frac{1}{2} \\ 0 & 0 & 1 & \frac{2}{3} \\ 0 & 0 & 6 & 4 \\ 0 & 0 & -3 & -2 \end{bmatrix}$$

利用初等行变换，使第 2 行首项元素 1 的上边和下边的元素全部变为 0，得到

$$\begin{bmatrix} 1 & 1 & -\frac{1}{2} & \frac{1}{2} \\ 0 & 0 & 1 & \frac{2}{3} \\ 0 & 0 & 6 & 4 \\ 0 & 0 & -3 & -2 \end{bmatrix} \rightarrow \begin{bmatrix} 1 & 1 & 0 & \frac{5}{6} \\ 0 & 0 & 1 & \frac{2}{3} \\ 0 & 0 & 0 & 0 \\ 0 & 0 & 0 & 0 \end{bmatrix}$$

对应的线性方程组为 $x_1 + x_2 = \frac{5}{6}$ 和 $x_3 = \frac{2}{3}$。该方程组有无穷多组解，其通解为 $x_1 = \frac{5}{6} - x_2, x_3 = \frac{2}{3}$。若 $x_2 = 1$，则得一特解 (particular solution) 为 $x_1 = -\frac{1}{6}, x_2 = 1$ 和 $x_3 = \frac{2}{3}$。

考察齐次线性方程组 (homogeneous linear system of equations)

$$\left.\begin{aligned} a_{11}x_1 + a_{12}x_2 + \cdots + a_{1n}x_n &= 0 \\ a_{21}x_1 + a_{22}x_2 + \cdots + a_{2n}x_n &= 0 \\ &\vdots \\ a_{m1}x_1 + a_{m2}x_2 + \cdots + a_{mn}x_n &= 0 \end{aligned}\right\} \tag{1.2.1}$$

显然，$\boldsymbol{x} = [0, 0, \cdots, 0]^{\mathrm{T}}$ 是任何齐次线性方程组的一个解。零向量解称为平凡解 (trivial solution)。平凡解以外的任何其他解称为非平凡解 (nontrivial solution)。

任何一个复线性方程组 $\boldsymbol{A}_{m\times n}\boldsymbol{x}_{n\times 1} = \boldsymbol{b}_{m\times 1}$ 都可以写为

$$(\boldsymbol{A}_{\mathrm{r}} + \mathrm{j}\,\boldsymbol{A}_{\mathrm{i}})(\boldsymbol{x}_{\mathrm{r}} + \mathrm{j}\,\boldsymbol{x}_{\mathrm{i}}) = \boldsymbol{b}_{\mathrm{r}} + \mathrm{j}\,\boldsymbol{b}_{\mathrm{i}} \tag{1.2.2}$$

式中，$\boldsymbol{A}_{\mathrm{r}}, \boldsymbol{x}_{\mathrm{r}}, \boldsymbol{b}_{\mathrm{r}}$ 和 $\boldsymbol{A}_{\mathrm{i}}, \boldsymbol{x}_{\mathrm{i}}, \boldsymbol{b}_{\mathrm{i}}$ 分别代表 $\boldsymbol{A}, \boldsymbol{x}, \boldsymbol{b}$ 的实部和虚部。展开上式，得

$$\boldsymbol{A}_{\mathrm{r}}\boldsymbol{x}_{\mathrm{r}} - \boldsymbol{A}_{\mathrm{i}}\boldsymbol{x}_{\mathrm{i}} = \boldsymbol{b}_{\mathrm{r}} \tag{1.2.3}$$

$$\boldsymbol{A}_{\mathrm{i}}\boldsymbol{x}_{\mathrm{r}} + \boldsymbol{A}_{\mathrm{r}}\boldsymbol{x}_{\mathrm{i}} = \boldsymbol{b}_{\mathrm{i}} \tag{1.2.4}$$

利用矩阵分块形式，上式可合并为

$$\begin{bmatrix} \boldsymbol{A}_{\mathrm{r}} & -\boldsymbol{A}_{\mathrm{i}} \\ \boldsymbol{A}_{\mathrm{i}} & \boldsymbol{A}_{\mathrm{r}} \end{bmatrix} \begin{bmatrix} \boldsymbol{x}_{\mathrm{r}} \\ \boldsymbol{x}_{\mathrm{i}} \end{bmatrix} = \begin{bmatrix} \boldsymbol{b}_{\mathrm{r}} \\ \boldsymbol{b}_{\mathrm{i}} \end{bmatrix} \tag{1.2.5}$$

于是，含 n 个复未知数的 m 个复方程转变为含 $2n$ 个实未知数的 $2m$ 个实方程。

特别地，若 $m = n$，则有

$$\begin{array}{lccc} \text{复线性方程组求解} & \boldsymbol{A}\boldsymbol{x} = \boldsymbol{b} & \xrightarrow{\text{初等行变换}} & \boldsymbol{x} = \boldsymbol{A}^{-1}\boldsymbol{b} \\ \text{实增广矩阵} & \begin{bmatrix} \boldsymbol{A}_{\mathrm{r}} & -\boldsymbol{A}_{\mathrm{i}} & \boldsymbol{b}_{\mathrm{r}} \\ \boldsymbol{A}_{\mathrm{i}} & \boldsymbol{A}_{\mathrm{r}} & \boldsymbol{b}_{\mathrm{i}} \end{bmatrix} & \xrightarrow{\text{初等行变换}} & \begin{bmatrix} \boldsymbol{I}_n & \boldsymbol{O}_n & \boldsymbol{x}_{\mathrm{r}} \\ \boldsymbol{O}_n & \boldsymbol{I}_n & \boldsymbol{x}_{\mathrm{i}} \end{bmatrix} \end{array}$$

这表明，若将复矩阵 $\boldsymbol{A} \in \mathbb{C}^{n\times n}$ 和复向量 $\boldsymbol{b} \in \mathbb{C}^n$ 排成 $2n \times (2n+1)$ 增广矩阵，并且利用初等行变换将增广矩阵的左边变成 $2n \times 2n$ 单位矩阵，则最右边的 $2n \times 1$ 列向量的上、下一半分别给出复线性方程组的解向量 $\boldsymbol{x}$ 的实部和虚部。

2. 矩阵求逆的高斯消去法

考虑 $n \times n$ 非奇异矩阵 $\boldsymbol{A}$ 的求逆。这个问题也可以建模成一个线性方程组 $\boldsymbol{AX} = \boldsymbol{I}$，因为该方程的解 $\boldsymbol{X} = \boldsymbol{A}^{-1}$ 就是矩阵 $\boldsymbol{A}$ 的逆矩阵。易知，线性方程组 $\boldsymbol{AX} = \boldsymbol{I}$ 的增广矩阵为 $[\boldsymbol{A}, \boldsymbol{I}]$，而其解 $\boldsymbol{X} = \boldsymbol{A}^{-1}$ 或解方程 $\boldsymbol{IX} = \boldsymbol{A}^{-1}$ 的增广矩阵为 $[\boldsymbol{I}, \boldsymbol{A}^{-1}]$。于是，有下面的初等行变换关系

$$\begin{array}{lccc} \text{方程求解} & \boldsymbol{AX} = \boldsymbol{I} & \xrightarrow{\text{初等行变换}} & \boldsymbol{X} = \boldsymbol{A}^{-1} \\ \text{增广矩阵} & [\boldsymbol{A}, \boldsymbol{I}] & \xrightarrow{\text{初等行变换}} & [\boldsymbol{I}, \boldsymbol{A}^{-1}] \end{array}$$

这意味着，我们只要对 $n \times 2n$ 增广矩阵 $[\boldsymbol{A}, \boldsymbol{I}]$ 进行初等行变换，使得其左边一半变成 $n \times n$ 单位矩阵，则其右边另外一半即给出 $n \times n$ 矩阵 $\boldsymbol{A}$ 的逆矩阵 $\boldsymbol{A}^{-1}$。这一初等行变换方法就是矩阵求逆的高斯消去法。

若复矩阵 $\boldsymbol{A} \in \mathbb{C}^{n\times n}$ 非奇异，则求其逆矩阵的问题可以建模成复线性方程组 $(\boldsymbol{A}_{\rm r} + {\rm j}\boldsymbol{A}_{\rm i})(\boldsymbol{X}_{\rm r} + {\rm j}\boldsymbol{X}_{\rm i}) = \boldsymbol{I}$。这一复线性方程组又可以改写为以下形式

$$\begin{bmatrix} \boldsymbol{A}_{\rm r} & -\boldsymbol{A}_{\rm i} \\ \boldsymbol{A}_{\rm i} & \boldsymbol{A}_{\rm r} \end{bmatrix} \begin{bmatrix} \boldsymbol{X}_{\rm r} \\ \boldsymbol{X}_{\rm i} \end{bmatrix} = \begin{bmatrix} \boldsymbol{I}_n \\ \boldsymbol{O}_n \end{bmatrix} \tag{1.2.6}$$

由此立即得初等行变换关系

$$\text{复线性方程组求解} \qquad \boldsymbol{AX} = \boldsymbol{I} \xrightarrow{\text{初等行变换}} \boldsymbol{X} = \boldsymbol{A}^{-1}$$

$$\text{实增广矩阵} \begin{bmatrix} \boldsymbol{A}_{\rm r} & -\boldsymbol{A}_{\rm i} & \boldsymbol{I}_n \\ \boldsymbol{A}_{\rm i} & \boldsymbol{A}_{\rm r} & \boldsymbol{O}_n \end{bmatrix} \xrightarrow{\text{初等行变换}} \begin{bmatrix} \boldsymbol{I}_n & \boldsymbol{O}_n & \boldsymbol{X}_{\rm r} \\ \boldsymbol{O}_n & \boldsymbol{I}_n & \boldsymbol{X}_{\rm i} \end{bmatrix}$$

也就是说，只要对 $2n \times 3n$ 增广矩阵进行初等行变换，使得其左边变成 $2n \times 2n$ 单位矩阵，则其右边 $2n \times n$ 矩阵的上、下一半即分别给出 $n \times n$ 复矩阵 $\boldsymbol{A}$ 的逆矩阵 $\boldsymbol{A}^{-1}$ 的实部和虚部矩阵。

1.2.3 初等列变换

定义 1.2.5 令矩阵 $\boldsymbol{A} \in \mathbb{C}^{m\times n}$ 的 n 个列向量分别为 $\boldsymbol{a}_1, \boldsymbol{a}_2, \cdots, \boldsymbol{a}_n$。下列运算称为矩阵 $\boldsymbol{A}$ 的初等列变换 (elementary column transformation)：

(1) 互换矩阵的任意两列，如 $\boldsymbol{a}_p \leftrightarrow \boldsymbol{a}_q$，称为 I 型初等列变换。

(2) 一列元素同乘一个非零常数 α，如 $\alpha\boldsymbol{a}_p \to \boldsymbol{a}_p$，称为 II 型初等列变换。

注意，初等列变换不包括第 p 列乘以一个非零常数后，加到第 q 列，因为这一运算将改变解向量中第 p 个元素的结构。

若 $m \times n$ 矩阵 $\boldsymbol{A}$ 经过一系列初等列运算，变换成为矩阵 $\boldsymbol{B}$，则称矩阵 $\boldsymbol{A}$ 和 $\boldsymbol{B}$ 为列等价矩阵 (column equivalent matrix)。

值得注意的是，求解线性方程组 $\boldsymbol{Ax} = \boldsymbol{b}$ 时，通常对增广矩阵 $[\boldsymbol{A}, \boldsymbol{b}]$ 进行初等行变换。这一变换对方程的解 $\boldsymbol{x}$ 没有任何影响。然而，初等列变换只适用于数据矩阵 $\boldsymbol{A}$，并且初等列变换将改变方程的解 $\boldsymbol{x}$ 的元素的排列顺序和大小。例如，对于线性方程组

$$\boldsymbol{A}_{m\times n}\boldsymbol{x}_{n\times 1} = [\boldsymbol{a}_1, \boldsymbol{a}_2, \cdots, \boldsymbol{a}_n] \begin{bmatrix} x_1 \\ x_2 \\ \vdots \\ x_n \end{bmatrix} = \sum_{i=1}^{n} \boldsymbol{a}_i x_i = \boldsymbol{b}_{m\times 1} \tag{1.2.7}$$

交换矩阵 $\boldsymbol{A}$ 的两列，例如 $\boldsymbol{a}_p$ 和 $\boldsymbol{a}_q$ 互换时，解向量 $\boldsymbol{x}$ 的元素 x_p 和 x_q 也必须互换位置；$\boldsymbol{A}$ 的第 p 列乘以某个常数 $\alpha \neq 0$，则 $\boldsymbol{x}$ 的第 p 个元素为 x_p/α。这两种现象分别称为解向量元素的排序和幅值的不确定性或模糊性。不过，这两种不确定性在盲信号分离中又是允许的：因为从观测数据 $\boldsymbol{y} = \boldsymbol{Ax}$ 中将混合的信号分离开，是主要目的，而对这些信号的排序并不特别关心。一个分离的信号与原信号相差某个固定的复值因子，从信号的保真角度讲，也是允许的，因为一个波形被放大或者缩小某个尺度，并不影响波形的保真，而且固定的相位差还可以通过信号处理的方法进行补偿。

在多项式矩阵的相抵变换中，常常会同时使用初等行变换和初等列变换，详见第 3 章。

1.3 矩阵的性能指标

一个 $m \times n$ 矩阵包含了 $m \times n$ 个元素。在矩阵的工程应用中，经常希望能够使用一个数或者一个标量来概括一个矩阵的性能。下面介绍评价矩阵性质的几个重要标量指标：矩阵的行列式、二次型、特征值、迹和秩。

1.3.1 矩阵的行列式

一个 $n \times n$ 正方矩阵 $\boldsymbol{A}$ 的行列式记作 $\det(\boldsymbol{A})$ 或 $|\boldsymbol{A}|$，定义为

$$\det(\boldsymbol{A}) = |\boldsymbol{A}| = \begin{vmatrix} a_{11} & a_{12} & \cdots & a_{1n} \\ a_{21} & a_{22} & \cdots & a_{2n} \\ \vdots & \vdots & & \vdots \\ a_{n1} & a_{n2} & \cdots & a_{nn} \end{vmatrix} \tag{1.3.1}$$

若 $\boldsymbol{A}$ 是一标量 a，则其行列式由 $\det(\boldsymbol{A}) = a$ 给出。

令 $\boldsymbol{A}_{ij}$ 是 $n \times n$ 矩阵 $\boldsymbol{A}$ 删去第 i 行和第 j 列之后得到的 $(n-1) \times (n-1)$ 子矩阵，则

$$\det(\boldsymbol{A}) = a_{i1}A_{i1} + a_{i2}A_{i2} + \cdots + a_{in}A_{in} = \sum_{j=1}^{n} a_{ij}(-1)^{i+j}\det(\boldsymbol{A}_{ij}) \tag{1.3.2}$$

或者

$$\det(\boldsymbol{A}) = a_{1j}A_{1j} + a_{2j}A_{2j} + \cdots + a_{nj}A_{nj} = \sum_{i=1}^{n} a_{ij}(-1)^{i+j}\det(\boldsymbol{A}_{ij}) \tag{1.3.3}$$

因此，行列式可以递推计算：n 阶行列式由 $(n-1)$ 阶行列式计算，$(n-1)$ 阶行列式则由 $(n-2)$ 阶行列式计算等。

例 1.3.1 由式 (1.3.2) 得 2×2 矩阵的行列式

$$\det(\boldsymbol{A}) = \det\begin{bmatrix} a_{11} & a_{12} \\ a_{21} & a_{22} \end{bmatrix} = a_{11}A_{11} - a_{12}A_{12} = a_{11}a_{22} - a_{12}a_{21}$$

例 1.3.2 由式 (1.3.2) 及 2×2 矩阵的行列式易知，3×3 矩阵 $\boldsymbol{A}$ 的行列式

$$\begin{aligned} \det(\boldsymbol{A}) = \det\begin{bmatrix} a_{11} & a_{12} & a_{13} \\ a_{21} & a_{22} & a_{23} \\ a_{31} & a_{32} & a_{33} \end{bmatrix} &= a_{11}A_{11} + a_{12}A_{12} + a_{13}A_{13} \\ &= a_{11}(-1)^{1+1}\begin{vmatrix} a_{22} & a_{23} \\ a_{32} & a_{33} \end{vmatrix} + a_{12}(-1)^{1+2}\begin{vmatrix} a_{21} & a_{23} \\ a_{31} & a_{33} \end{vmatrix} + a_{13}(-1)^{1+3}\begin{vmatrix} a_{21} & a_{22} \\ a_{31} & a_{33} \end{vmatrix} \\ &= a_{11}(a_{22}a_{33} - a_{23}a_{32}) - a_{12}(a_{21}a_{33} - a_{23}a_{31}) + a_{13}(a_{21}a_{33} - a_{22}a_{31}) \end{aligned}$$

这一方法称为三阶行列式计算的对角线法。

定义 1.3.1 行列式不等于零的矩阵称为非奇异矩阵。

下面是关于行列式的等式关系：

(1) 单位矩阵的行列式等于 1，即 $\det(\boldsymbol{I})=1$。

(2) 任何一个正方矩阵 $\boldsymbol{A}$ 和它的转置矩阵 $\boldsymbol{A}^{\mathrm{T}}$ 具有相同的行列式，即 $\det(\boldsymbol{A})=\det(\boldsymbol{A}^{\mathrm{T}})$，但 $\det(\boldsymbol{A}^{\mathrm{H}})=[\det(\boldsymbol{A}^{\mathrm{T}})]^*$。

(3) 两个矩阵乘积的行列式等于它们的行列式的乘积，即

$$\det(\boldsymbol{AB})=\det(\boldsymbol{A})\det(\boldsymbol{B}), \qquad \boldsymbol{A},\boldsymbol{B}\in\mathbb{C}^{n\times n} \tag{1.3.4}$$

(4) 给定一个任意的常数 (可以是复数) c，则 $\det(c\boldsymbol{A})=c^n\det(\boldsymbol{A})$。

(5) 若 $\boldsymbol{A}$ 非奇异，则 $\det(\boldsymbol{A}^{-1})=1/\det(\boldsymbol{A})$。

一句话小结：矩阵的行列式主要刻画矩阵的奇异性。

1.3.2 矩阵的二次型

任意一个实对称矩阵或复共轭对称 (即 Hermitian) 矩阵 $\boldsymbol{A}$ 的二次型定义为 $\boldsymbol{x}^{\mathrm{H}}\boldsymbol{A}\boldsymbol{x}$，其中 $\boldsymbol{x}$ 可以是任意的非零复向量。

矩阵的二次型取实数。实数的最基本优点是可以同零比较大小。

令待设计的线性系统用 $m\times n$ 矩阵 $\boldsymbol{A}$ 建模，其输入向量为 $\boldsymbol{x}$，输出信号向量 $\boldsymbol{y}=\boldsymbol{A}\boldsymbol{x}$。为了抑制噪声或者干扰，线性系统的设计常采用最大输出能量准则：使输出能量

$$J(\boldsymbol{x})=|\boldsymbol{y}|^2=|\boldsymbol{A}\boldsymbol{x}|^2=(\boldsymbol{A}\boldsymbol{x})^{\mathrm{H}}\boldsymbol{A}\boldsymbol{x}=\boldsymbol{x}^{\mathrm{H}}\boldsymbol{A}^{\mathrm{H}}\boldsymbol{A}\boldsymbol{x}$$

最大化。此时，目标函数 $J(\boldsymbol{x})=\boldsymbol{x}^{\mathrm{H}}\boldsymbol{B}\boldsymbol{x}$ 即为二次型函数，其中 $\boldsymbol{B}=\boldsymbol{A}^{\mathrm{H}}\boldsymbol{A}$ 为 Hermitian 矩阵。

通常，将大于零的二次型 $\boldsymbol{x}^{\mathrm{H}}\boldsymbol{A}\boldsymbol{x}$ 称为正定的二次型，与之对应的 Hermitian 矩阵则称为正定矩阵。类似地，可以定义 Hermitian 矩阵的半正定性、负定性和半负定性。

定义 1.3.2 一个复共轭对称矩阵 $\boldsymbol{A}$ 称为：

(1) 正定矩阵，记作 $\boldsymbol{A}\succ 0$，若 二次型 $\boldsymbol{x}^{\mathrm{H}}\boldsymbol{A}\boldsymbol{x}>0,\quad \forall\boldsymbol{x}\neq\boldsymbol{0}$;

(2) 半正定矩阵，记作 $\boldsymbol{A}\succeq 0$，若 二次型 $\boldsymbol{x}^{\mathrm{H}}\boldsymbol{A}\boldsymbol{x}\geqslant 0,\quad \forall\boldsymbol{x}\neq\boldsymbol{0}$ (也称非负定的);

(3) 负定矩阵，记作 $\boldsymbol{A}\prec 0$，若 二次型 $\boldsymbol{x}^{\mathrm{H}}\boldsymbol{A}\boldsymbol{x}<0,\quad \forall\boldsymbol{x}\neq\boldsymbol{0}$;

(4) 半负定矩阵，记作 $\boldsymbol{A}\preceq 0$，若 二次型 $\boldsymbol{x}^{\mathrm{H}}\boldsymbol{A}\boldsymbol{x}\leqslant 0,\quad \forall\boldsymbol{x}\neq\boldsymbol{0}$ (也称非正定的);

(5) 不定矩阵，若二次型 $\boldsymbol{x}^{\mathrm{H}}\boldsymbol{A}\boldsymbol{x}$ 既可能取正值，也可能取负值。

一句话小结：矩阵的二次型刻画矩阵的正定性。

1.3.3 矩阵的特征值

一个高保真放大器的输出信号与输入信号的所有频率分量只允许相差一个相同的放大倍数。在数学上，若线性变换 $\mathcal{L}$ 的输出向量与输入向量只相差一个比例因子 λ，即

$$\mathcal{L}\boldsymbol{u}=\lambda\boldsymbol{u}, \quad \boldsymbol{u}\neq\boldsymbol{0} \tag{1.3.5}$$

则称标量 λ 和向量 $\boldsymbol{u}$ 分别是线性变换 $\mathcal{L}$ 的特征值和特征向量。

特别地，当线性变换 $\mathcal{L}=\boldsymbol{A}$ 为 $n\times n$ 矩阵时，式 (1.3.5) 变为

$$\boldsymbol{A}\boldsymbol{u}=\lambda\boldsymbol{u} \tag{1.3.6}$$

称标量 λ 为矩阵 $\boldsymbol{A}$ 的特征值，而 $\boldsymbol{u}$ 称为 $\boldsymbol{A}$ 的与特征值 λ 对应的特征向量。

式 (1.3.6) 是特征值的原始定义公式，它又可以等价写作

$$(\boldsymbol{A}-\lambda\boldsymbol{I})\boldsymbol{u}=\boldsymbol{0} \tag{1.3.7}$$

由于上式对任意非零向量 $\boldsymbol{u}$ 均成立，故线性代数方程式 (1.3.6) 存在非零解 $\boldsymbol{u}\neq\boldsymbol{0}$ 的唯一条件是矩阵 $\boldsymbol{A}-\lambda\boldsymbol{I}$ 的行列式等于零，即

$$\det(\boldsymbol{A}-\lambda\boldsymbol{I})=0 \tag{1.3.8}$$

这是特征值的第二种定义公式，常用作特征值的计算公式。

显然，若矩阵 $\boldsymbol{A}$ 有一个特征值为零，则式 (1.3.8) 简化为 $\det(\boldsymbol{A})=0$。这表明，矩阵只要有一个特征值等于零，则该矩阵一定是奇异矩阵。相反，非奇异矩阵的任何一个特征值都不可能等于零。

矩阵 $\boldsymbol{A}$ 的特征值常用符号 $\text{eig}(\boldsymbol{A})$ 表示。下面列出了特征值的一些基本性质：

(1) 矩阵乘积的特征值 $\text{eig}(\boldsymbol{AB})=\text{eig}(\boldsymbol{BA})$。

(2) 逆矩阵的特征值 $\text{eig}(\boldsymbol{A}^{-1})=1/\text{eig}(\boldsymbol{A})$。

(3) 令 $\boldsymbol{I}$ 为单位矩阵，c 为标量，则

$$\text{eig}(\boldsymbol{I}+c\boldsymbol{A})=1+c\ \text{eig}(\boldsymbol{A}) \tag{1.3.9}$$

$$\text{eig}(\boldsymbol{A}-c\boldsymbol{I})=\text{eig}(\boldsymbol{A})-c \tag{1.3.10}$$

矩阵的正定性和半正定性等都可以用特征值描述：

(1) 正定矩阵　所有特征值取正实数的矩阵。

(2) 半正定矩阵　各个特征值取非负实数的矩阵。

(3) 负定矩阵　全部特征值为负实数的矩阵。

(4) 半负定矩阵　每个特征值取非正实数的矩阵。

(5) 不定矩阵　特征值有些取正实数，另一些取负实数的矩阵。

一句话小结：矩阵的特征值既刻画原矩阵的奇异性，还刻画矩阵的正定性。

之所以称为矩阵的特征值，正是因为它反映了矩阵的奇异性和正定性等重要特征。

1.3.4 矩阵的迹

定义 1.3.3　$n\times n$ 正方矩阵 $\boldsymbol{A}$ 的对角元素之和称为 $\boldsymbol{A}$ 的迹 (trace)，记作 $\text{tr}(\boldsymbol{A})$，即

$$\text{tr}(\boldsymbol{A})=a_{11}+a_{22}+\cdots+a_{nn}=\sum_{i=1}^{n}a_{ii} \tag{1.3.11}$$

在工程应用中，一个具有 m 个信号分量的信号向量 $\boldsymbol{x}(t)=[x_1(t),x_2(t),\cdots,x_m(t)]^{\mathrm{T}}$ 的自相关矩阵 $\boldsymbol{R}_x=\mathrm{E}\{\boldsymbol{x}(t)\boldsymbol{x}^{\mathrm{H}}(t)\}$ 的迹

$$\mathrm{tr}(\boldsymbol{R})=\mathrm{tr}(\mathrm{E}\{\boldsymbol{x}(t)\boldsymbol{x}^{\mathrm{H}}(t)\})=\mathrm{E}\{|x_1(t)|^2\}+\mathrm{E}\{|x_2(t)|^2\}+\cdots+\mathrm{E}\{|x_m(t)|^2\}$$

表示 m 个信号分量的能量之和。

非正方矩阵无迹的定义。下面是矩阵的迹具有的一些基本性质 [68]。

(1) 线性：$\mathrm{tr}(c_1\boldsymbol{A}\pm c_2\boldsymbol{B})=c_1\mathrm{tr}(\boldsymbol{A})\pm c_2\mathrm{tr}(\boldsymbol{B})$。特别地，有 $\mathrm{tr}(\boldsymbol{A}\pm\boldsymbol{B})=\mathrm{tr}(\boldsymbol{A})\pm\mathrm{tr}(\boldsymbol{B})$ 和 $\mathrm{tr}(c\boldsymbol{A})=c\,\mathrm{tr}(\boldsymbol{A})$。

(2) 矩阵 $\boldsymbol{A}$ 的转置、复数共轭和复共轭转置的迹分别为 $\mathrm{tr}(\boldsymbol{A}^{\mathrm{T}})=\mathrm{tr}(\boldsymbol{A}),\mathrm{tr}(\boldsymbol{A}^*)=[\mathrm{tr}(\boldsymbol{A})]^*$ 和 $\mathrm{tr}(\boldsymbol{A}^{\mathrm{H}})=[\mathrm{tr}(\boldsymbol{A})]^*$。

(3) 若 $\boldsymbol{A}\in\mathbb{C}^{m\times n},\boldsymbol{B}\in\mathbb{C}^{n\times m}$，则 $\mathrm{tr}(\boldsymbol{AB})=\mathrm{tr}(\boldsymbol{BA})$。

(4) 若 $\boldsymbol{A}$ 是一个 $m\times n$ 矩阵，则 $\mathrm{tr}(\boldsymbol{A}^{\mathrm{H}}\boldsymbol{A})=0\Longleftrightarrow\boldsymbol{A}=\boldsymbol{O}_{m\times n}$ (零矩阵)。

(5) $\boldsymbol{x}^{\mathrm{H}}\boldsymbol{Ax}=\mathrm{tr}(\boldsymbol{Axx}^{\mathrm{H}})$ 和 $\boldsymbol{y}^{\mathrm{H}}\boldsymbol{x}=\mathrm{tr}(\boldsymbol{xy}^{\mathrm{H}})$。

(6) 矩阵 $\boldsymbol{A}$ 的迹等于该矩阵所有特征值之和，即 $\mathrm{tr}(\boldsymbol{A})=\lambda_1+\lambda_2+\cdots+\lambda_n$。

(7) 分块矩阵的迹满足

$$\mathrm{tr}\begin{bmatrix}\boldsymbol{A} & \boldsymbol{B}\\ \boldsymbol{C} & \boldsymbol{D}\end{bmatrix}=\mathrm{tr}(\boldsymbol{A})+\mathrm{tr}(\boldsymbol{D})$$

式中，$\boldsymbol{A}\in\mathbb{C}^{m\times m},\boldsymbol{B}\in\mathbb{C}^{m\times n},\boldsymbol{C}\in\mathbb{C}^{n\times m},\boldsymbol{D}\in\mathbb{C}^{n\times n}$。

灵活运用迹的等式 $\mathrm{tr}(\boldsymbol{UV})=\mathrm{tr}(\boldsymbol{VU})$，可以得到一些常用的重要结果。例如，矩阵 $\boldsymbol{A}^{\mathrm{H}}\boldsymbol{A}$ 和 $\boldsymbol{AA}^{\mathrm{H}}$ 的迹相等，且有

$$\mathrm{tr}(\boldsymbol{A}^{\mathrm{H}}\boldsymbol{A})=\mathrm{tr}(\boldsymbol{AA}^{\mathrm{H}})=\sum_{i=1}^n\sum_{j=1}^n a_{ij}a_{ij}^*=\sum_{i=1}^n\sum_{j=1}^n|a_{ij}|^2 \tag{1.3.12}$$

又如，在迹的等式 $\mathrm{tr}(\boldsymbol{UV})=\mathrm{tr}(\boldsymbol{VU})$ 中，若分别令 $\boldsymbol{U}=\boldsymbol{A},\boldsymbol{V}=\boldsymbol{BC}$ 和 $\boldsymbol{U}=\boldsymbol{AB}$, $\boldsymbol{V}=\boldsymbol{C}$，则有

$$\mathrm{tr}(\boldsymbol{ABC})=\mathrm{tr}(\boldsymbol{BCA})=\mathrm{tr}(\boldsymbol{CAB}) \tag{1.3.13}$$

类似地，若分别令 $\boldsymbol{U}=\boldsymbol{A},\boldsymbol{V}=\boldsymbol{BCD};\boldsymbol{U}=\boldsymbol{AB},\boldsymbol{V}=\boldsymbol{CD}$ 及 $\boldsymbol{U}=\boldsymbol{ABC},\boldsymbol{V}=\boldsymbol{D}$，又有

$$\mathrm{tr}(\boldsymbol{ABCD})=\mathrm{tr}(\boldsymbol{BCDA})=\mathrm{tr}(\boldsymbol{CDAB})=\mathrm{tr}(\boldsymbol{DABC}) \tag{1.3.14}$$

利用等式 (1.3.13) 还易知，若矩阵 $\boldsymbol{A}$ 与 $\boldsymbol{B}$ 均为 $m\times m$ 矩阵，且 $\boldsymbol{B}$ 非奇异，则

$$\mathrm{tr}(\boldsymbol{BAB}^{-1})=\mathrm{tr}(\boldsymbol{B}^{-1}\boldsymbol{AB})=\mathrm{tr}(\boldsymbol{ABB}^{-1})=\mathrm{tr}(\boldsymbol{A}) \tag{1.3.15}$$

一句话小结：矩阵的迹反映所有特征值之和。

1.3.5 矩阵的秩

一组 m 维向量 $\boldsymbol{u}_i\in\mathbb{C}^m$ 称为线性无关，若 $a_1\boldsymbol{u}_1+a_2\boldsymbol{u}_2+\cdots+a_n\boldsymbol{u}_n=\boldsymbol{0}$ 只有零解 $a_1=a_2=\cdots=a_n=0$。若存在一组不全部为零的系数 $a_1,a_2,\cdots,a_n$ 满足上述方程，则称向量 $\boldsymbol{u}_1,\boldsymbol{u}_2,\cdots,\boldsymbol{u}_n$ 线性相关。

定义 1.3.4 矩阵 $\boldsymbol{A}_{m\times n}$ 的秩定义为该矩阵中线性无关的行或列的数目，记为 $\mathrm{rank}(\boldsymbol{A})$。

根据矩阵 $\boldsymbol{A}$ 的秩的大小，线性方程组可以分为以下 3 种类型:

(1) *适定方程* 若 $m=n$，并且 $\mathrm{rank}(\boldsymbol{A})=n$，即矩阵 $\boldsymbol{A}$ 非奇异，则称线性方程组 $\boldsymbol{Ax}=\boldsymbol{b}$ 为适定 (well-determined) 方程。

(2) *欠定方程* 若独立的方程个数 m 小于独立的未知参数个数 n，则称线性方程组 $\boldsymbol{Ax}=\boldsymbol{b}$ 为欠定 (under-determined) 方程。

(3) *超定方程* 若独立的方程个数 m 大于独立的未知参数个数 n，则称线性方程组 $\boldsymbol{Ax}=\boldsymbol{b}$ 为超定 (over-determined) 方程。

线性方程组 $\boldsymbol{A}_{m\times n}\boldsymbol{x}_{n\times 1}=\boldsymbol{b}_{m\times 1}$ 称为一致方程 (consistent equation)，若它至少有一个 (精确) 解。不存在任何精确解的线性方程组称为非一致方程 (inconsistent equation)。

下面是术语“适定”、“欠定”和“超定”的含义。

适定的含义 独立的方程个数 m 与独立未知参数的个数 n 相同，恰好可以唯一地确定该方程组的解。适定方程 $\boldsymbol{Ax}=\boldsymbol{b}$ 的唯一解由 $\boldsymbol{x}=\boldsymbol{A}^{-1}\boldsymbol{b}$ 给出。适定方程是一致方程。

欠定的含义 独立的方程个数 m 比独立的未知参数的个数 n 少，意味着方程个数不足以确定方程组的唯一解。事实上，这样的方程组存在无穷多组解 $\boldsymbol{x}$。欠定方程也是一致方程。

超定的含义 独立的方程个数 m 超过独立的未知参数的个数 n，对于确定方程组的唯一解显得方程过剩。因此，超定方程 $\boldsymbol{Ax}=\boldsymbol{b}$ 没有使得方程组严格满足的精确解 $\boldsymbol{x}$，只有近似解 $\hat{\boldsymbol{x}}$。超定方程为非一致方程。

根据秩的大小，可以将矩阵分为以下 4 类:

(1) *满秩 (full rank) 矩阵* 秩等于 n 的 $n\times n$ 正方矩阵。满秩矩阵是非奇异矩阵。

(2) *秩亏缺 (rank deficient) 矩阵* $\mathrm{rank}(\boldsymbol{A}_{m\times n})<\min\{m,n\}$ 的长方矩阵。

(3) *满行秩 (full row rank) 矩阵* $\mathrm{rank}(\boldsymbol{A}_{m\times n})=m\,(<n)$ 的“宽”矩阵。

(4) *满列秩 (full column rank) 矩阵* $\mathrm{rank}(\boldsymbol{A}_{m\times n})=n\,(<m)$ 的“高”矩阵。

矩阵的秩具有以下基本性质。

(1) 秩是一个正整数。

(2) 秩等于或小于矩阵的行数或列数。

(3) 若 $\boldsymbol{A}\in\mathbb{C}^{m\times n}$，则 $\mathrm{rank}(\boldsymbol{A}^{\mathrm{H}})=\mathrm{rank}(\boldsymbol{A}^{\mathrm{T}})=\mathrm{rank}(\boldsymbol{A}^{*})=\mathrm{rank}(\boldsymbol{A})$。

(4) 若 $\boldsymbol{A}\in\mathbb{C}^{m\times n}$ 和 $c\neq 0$，则 $\mathrm{rank}(c\boldsymbol{A})=\mathrm{rank}(\boldsymbol{A})$。

(5) 矩阵 $\boldsymbol{B}$ 左乘与 (或) 右乘一个非奇异矩阵后，其秩保持不变，即有：若 $\boldsymbol{A}\in\mathbb{C}^{m\times m}$ 和 $\boldsymbol{C}\in\mathbb{C}^{n\times n}$ 非奇异，则 $\mathrm{rank}(\boldsymbol{AB})=\mathrm{rank}(\boldsymbol{B})=\mathrm{rank}(\boldsymbol{BC})=\mathrm{rank}(\boldsymbol{ABC})$。

(6) $\mathrm{rank}(\boldsymbol{AA}^{\mathrm{T}})=\mathrm{rank}(\boldsymbol{A}^{\mathrm{T}}\boldsymbol{A})=\mathrm{rank}(\boldsymbol{A})$ 和 $\mathrm{rank}(\boldsymbol{AA}^{\mathrm{H}})=\mathrm{rank}(\boldsymbol{A}^{\mathrm{H}}\boldsymbol{A})=\mathrm{rank}(\boldsymbol{A})$。

一句话小结: 矩阵的秩刻画矩阵行与行之间或者列与列之间的线性无关性，从而反映矩阵的满秩性和秩亏缺性。

表 1.3.1 总结了矩阵的这些标量性能指标以及它们所描述的矩阵性能。

表 1.3.1 矩阵的性能指标

性能指标	描述的矩阵性能
二次型	矩阵的正定性与负定性
行列式	矩阵的奇异性
特征值	矩阵的奇异性、正定性和对角元素的结构
迹	矩阵对角元素之和、特征值之和
秩	行 (或列) 之间的线性无关性；线性方程组的适定性

1.4 内积与范数

前面介绍了矩阵的基本运算 (共轭、转置、求逆、加法和乘法等) 及性能指标 (行列式、二次型、特征值、迹和秩) 等。

在实际应用中，我们通常会对一个向量的长度以及两个向量之间的关系感兴趣。这些问题涉及向量的内积与范数。

1.4.1 向量的内积与范数

两个 m 维向量 $\boldsymbol{x}$ 和 $\boldsymbol{y}$ 之间的内积 (inner product) 记为 $\langle\boldsymbol{x},\boldsymbol{y}\rangle$，定义为

$$\langle\boldsymbol{x},\boldsymbol{y}\rangle=\boldsymbol{x}^{\mathrm{H}}\boldsymbol{y}=\sum_{i=1}^{m}x_i^*y_i \tag{1.4.1}$$

例 1.4.1 序列 $\{\mathrm{e}^{\mathrm{j}2\pi fn}\}_{n=0}^{N-1}$ 是一个以单位时间间隔被采样的频率为 f 的正弦波。复正弦波向量 $\boldsymbol{e}_n(f)$ 定义为 $(n+1)\times 1$ 向量，即 $\boldsymbol{e}_n(f)=[1,\mathrm{e}^{\mathrm{j}(\frac{2\pi}{n+1})f},\cdots,\mathrm{e}^{\mathrm{j}(\frac{2\pi}{n+1})nf}]^{\mathrm{T}}$。这样一来，$N$ 个数据样本 $x(n)(n=0,1,\cdots,N-1)$ 的离散 Fourier 变换 (DFT) 就可以用向量的内积表示为

$$X(f)=\sum_{n=0}^{N-1}x(n)\mathrm{e}^{-\mathrm{j}(\frac{2\pi}{N})nf}=\boldsymbol{e}_{N-1}^{\mathrm{H}}\boldsymbol{x}=\langle\boldsymbol{e}_{N-1},\boldsymbol{x}\rangle$$

其中，$\boldsymbol{x}=[x(0),x(1),\cdots,x(N-1)]^{\mathrm{T}}$ 常称为数据向量。

若两个向量之间的夹角为 θ，则该夹角的余弦可以由这两个向量的内积度量：

$$\cos\theta=\frac{\langle\boldsymbol{x},\boldsymbol{y}\rangle}{\sqrt{\langle\boldsymbol{x},\boldsymbol{x}\rangle}\sqrt{\langle\boldsymbol{y},\boldsymbol{y}\rangle}} \tag{1.4.2}$$

内积可以度量两个向量之间的夹角。如果还能够增加关于向量的长度 (size 或 length)、距离 (distance) 和邻域 (neighborhood) 等测度的话，那么向量的应用将更加实用和完美；而向量的范数能够担负这一重任。

(实或复) 向量 $\boldsymbol{x}$ 的最常用的范数为 Euclidean 范数，记作 $\|\boldsymbol{x}\|_{\mathrm{E}}$ 或者 $\|\boldsymbol{x}\|_2$，定义为

$$\|\boldsymbol{x}\|_{\mathrm{E}}=\|\boldsymbol{x}\|_2=\sqrt{|x_1|^2+|x_2|^2+\cdots+|x_m|^2} \tag{1.4.3}$$

它实际上就是向量 $\boldsymbol{x}$ 自身的长度。其中，$|x_i|$ 表示复数 x_i 的模。若 x_i 为实数，则 $|x_i|^2=x_i^2$。

向量的内积与范数之间的关系是

$$\langle \boldsymbol{x}, \boldsymbol{x} \rangle = \boldsymbol{x}^{\mathrm{T}}\boldsymbol{x} = |x_1|^2 + |x_2|^2 + \cdots + |x_m|^2 = \|\boldsymbol{x}\|_2^2 \tag{1.4.4}$$

可见，向量与其自身的内积等于该向量的范数 (或长度) 的平方。

范数还可以度量两个向量之间的距离

$$d(\boldsymbol{x}, \boldsymbol{y}) = \|\boldsymbol{x} - \boldsymbol{y}\|_2 = \sqrt{|x_1 - y_1|^2 + |x_2 - y_2|^2 + \cdots + |x_m - y_m|^2} \tag{1.4.5}$$

以及一个向量的 ϵ 邻域 (其中 $\epsilon > 0$)

$$N_\epsilon(\boldsymbol{x}) = \{\boldsymbol{y} \,|\, \|\boldsymbol{y} - \boldsymbol{x}\|_2 \leqslant \epsilon\} \tag{1.4.6}$$

邻域是最优化理论和方法中的一个重要概念，因为当我们讨论一种优化算法的性能时，局部最优 (在某个邻域最优) 比全局最优 (在所有定义域最优) 更方便进行比较和寻找。

显然，两个向量之间的夹角 θ 也可表示为

$$\cos\theta = \frac{\langle \boldsymbol{x}, \boldsymbol{y} \rangle}{\sqrt{\langle \boldsymbol{x}, \boldsymbol{x} \rangle}\sqrt{\langle \boldsymbol{y}, \boldsymbol{y} \rangle}} = \frac{\langle \boldsymbol{x}, \boldsymbol{y} \rangle}{\|\boldsymbol{x}\|_2 \|\boldsymbol{y}\|_2} \tag{1.4.7}$$

下面分别介绍常数向量、函数向量和随机向量的内积与范数表示。

1. 常数向量的内积与范数

常数向量的内积通常采用典范内积 $\langle \boldsymbol{x}, \boldsymbol{y} \rangle = \boldsymbol{x}^{\mathrm{H}}\boldsymbol{y}$，而常用的向量范数有以下几种：

(1) L_0 范数 (也称 0 范数)

$$\|\boldsymbol{x}\|_0 \stackrel{\text{def}}{=} \text{非零元素的个数} \tag{1.4.8}$$

(2) L_1 范数 (也称和范数或 1 范数)

$$\|\boldsymbol{x}\|_1 \stackrel{\text{def}}{=} \sum_{i=1}^{m} |x_i| = |x_1| + |x_2| + \cdots + |x_m| \tag{1.4.9}$$

(3) L_2 范数 (常称 Euclidean 范数或 Frobenius 范数)

$$\|\boldsymbol{x}\|_2 \stackrel{\text{def}}{=} \left(|x_1|^2 + |x_2|^2 + \cdots + |x_m|^2\right)^{1/2} \tag{1.4.10}$$

(4) L_∞ 范数 (也称无穷范数或极大范数)

$$\|\boldsymbol{x}\|_\infty \stackrel{\text{def}}{=} \max\{|x_1|, |x_2|, \cdots, |x_m|\} \tag{1.4.11}$$

(5) L_p 范数 (也称 Hölder 范数 [62])

$$\|\boldsymbol{x}\|_p \stackrel{\text{def}}{=} \left(\sum_{i=1}^{m} |x_i|^p\right)^{1/p}, \qquad p \geqslant 1 \tag{1.4.12}$$

假定向量 $\boldsymbol{x}$ 和 $\boldsymbol{y}$ 有共同的起点 (即原点 O)，它们的端点分别为 $\boldsymbol{x}$ 和 $\boldsymbol{y}$，则 $\|\boldsymbol{x}-\boldsymbol{y}\|_2$ 度量两个向量 $\boldsymbol{x},\boldsymbol{y}$ 两端点 $\boldsymbol{x},\boldsymbol{y}$ 之间的标准 Euclidean 距离。特别地，非负的标量 $\langle\boldsymbol{x},\boldsymbol{x}\rangle^{1/2}$ 称为向量 $\boldsymbol{x}$ 的 Euclidean 长度。Euclidean 长度为 1 的向量叫做归一化 (或标准化) 向量。

Euclidean 范数是应用最为广泛的向量范数定义。

夹角等于 $\pi/2$ 的两个向量称为正交。

两个常数向量 $\boldsymbol{x}$ 和 $\boldsymbol{y}$，若它们的内积 $\langle\boldsymbol{x},\boldsymbol{y}\rangle=\boldsymbol{x}^{\mathrm{H}}\boldsymbol{y}=0$，则称为正交，记作 $\boldsymbol{x}\perp\boldsymbol{y}$。

2. 函数向量的内积与范数

令变量 t 在区间 $[a,b]$ 内取值，且 $a<b$。若 $\boldsymbol{x}(t)$ 和 $\boldsymbol{y}(t)$ 分别是变量 t 的函数向量，则它们的内积定义为

$$\langle\boldsymbol{x}(t),\boldsymbol{y}(t)\rangle=\int_a^b\boldsymbol{x}^{\mathrm{H}}(t)\boldsymbol{y}(t)\mathrm{d}t \tag{1.4.13}$$

变量 t 可以是时间变量、频率变量或者空间变量。

两个函数向量的夹角 θ 定义为

$$\cos\theta=\frac{\langle\boldsymbol{x},\boldsymbol{y}\rangle}{\sqrt{\langle\boldsymbol{x},\boldsymbol{x}\rangle}\sqrt{\langle\boldsymbol{y},\boldsymbol{y}\rangle}}=\frac{\displaystyle\int_a^b\boldsymbol{x}^{\mathrm{H}}(t)\boldsymbol{y}(t)\mathrm{d}t}{\|\boldsymbol{x}(t)\|\cdot\|\boldsymbol{y}(t)\|} \tag{1.4.14}$$

式中，$\|\boldsymbol{x}(t)\|$ 是函数向量 $\boldsymbol{x}(t)$ 的范数，定义为

$$\|\boldsymbol{x}(t)\|=\left(\int_a^b\boldsymbol{x}^{\mathrm{H}}(t)\boldsymbol{x}(t)\mathrm{d}t\right)^{1/2} \tag{1.4.15}$$

显然，若两个函数向量的内积等于零，即

$$\int_a^b\boldsymbol{x}^{\mathrm{H}}(t)\boldsymbol{y}(t)\mathrm{d}t=0$$

则 $\theta=\pi/2$。此时，称两个函数向量正交，并记作 $\boldsymbol{x}(t)\perp\boldsymbol{y}(t)$。

3. 随机向量的内积与范数

若 $\boldsymbol{x}(\xi)$ 和 $\boldsymbol{y}(\xi)$ 分别是样本变量 ξ 的随机向量，则它们的内积定义为

$$\langle\boldsymbol{x}(\xi),\boldsymbol{y}(\xi)\rangle=\mathrm{E}\{\boldsymbol{x}^{\mathrm{H}}(\xi)\boldsymbol{y}(\xi)\} \tag{1.4.16}$$

其中，样本变量 ξ 可以是时间 t、圆频率 f、角频率 ω 或空间变量 s 等。

随机向量 $\boldsymbol{x}(\xi)$ 的范数 $\|\boldsymbol{x}(\xi)\|$ 的平方定义为

$$\|\boldsymbol{x}(\xi)\|^2=\mathrm{E}\{\boldsymbol{x}^{\mathrm{H}}(\xi)\boldsymbol{x}(\xi)\} \tag{1.4.17}$$

与常数向量和函数向量的情况不同，$m\times 1$ 随机向量 $\boldsymbol{x}(\xi)$ 和 $n\times 1$ 随机向量 $\boldsymbol{y}(\xi)$ 称为正交，若 $\boldsymbol{x}(\xi)$ 的任意元素与 $\boldsymbol{y}(\xi)$ 的任意元素正交。这意味着，两个向量的互协方差矩阵为零矩阵 $\boldsymbol{O}_{m\times n}$，即

$$\mathrm{E}\{\boldsymbol{x}(\xi)\boldsymbol{y}^{\mathrm{H}}(\xi)\}=\boldsymbol{O}_{m\times n} \tag{1.4.18}$$

并记作 $\boldsymbol{x}(\xi)\perp\boldsymbol{y}(\xi)$。

下面从数学定义、几何解释和物理意义三个方面，对常数向量、函数向量和随机向量的正交作一归纳与总结。

(1) 数学定义：两个向量 $\boldsymbol{x}$ 和 $\boldsymbol{y}$ 正交，若内积 $\langle \boldsymbol{x}, \boldsymbol{y} \rangle = \mathrm{E}\{\boldsymbol{x}^{\mathrm{H}}\boldsymbol{y}\} = 0$ (对常数向量和函数向量)，或者它们的外积的数学期望等于零矩阵，即 $\mathrm{E}\{\boldsymbol{x}\boldsymbol{y}^{\mathrm{H}}\} = \boldsymbol{O}$ (对随机向量)。

(2) 几何解释：若两个向量正交，则这两个向量之间的夹角为 90°，并且一个向量到另一个向量的投影等于零。

(3) 物理意义：当两个向量正交时，一个向量将不含另一个向量的任何成分，即这两个向量之间不存在任何相互作用或干扰。

记住这些要点，将有助于在实际中灵活使用向量的正交。

例 1.4.2 在移动通信中，多址通信的理论基础是：若用户之间的信号可以做到正交，则这些用户就可以同享一个发射媒介，否则用户之间将存在相互作用或干扰。以直接序列 – 码分多址 (DS-CDMA) 为例，为了所有用户不仅可以同时进行通信，并且共享整个通信频 (率信) 道，基站给每个用户分配不同的扩频码向量 $\boldsymbol{s}_i = [s_i(1), s_i(2), \cdots, s_i(L)]^{\mathrm{T}}$，其中，$L$ 代表扩频增益。虽然这些扩频码在时间域或者频率域都是重叠的，但由于各个用户的扩频码为伪随机码，彼此正交，故码分多址依靠扩频码向量间的正交可以实现多址通信。

下面比较两个随机向量之间的不同乘积。

1. 两个随机向量的内积

数学定义：$\langle \boldsymbol{x}, \boldsymbol{y} \rangle = \mathrm{E}\{\boldsymbol{x}^{\mathrm{H}}\boldsymbol{y}\}$。

几何解释：两个随机向量夹角的余弦 $\cos\theta = \dfrac{\langle \boldsymbol{x}, \boldsymbol{y} \rangle}{\|\boldsymbol{x}\| \cdot \|\boldsymbol{y}\|}$。

物理意义：内积描述两个向量的相似程度。

(1) $\langle \boldsymbol{x}, \boldsymbol{y} \rangle = \|\boldsymbol{x}\| \cdot \|\boldsymbol{y}\| \Leftrightarrow \theta = 0 \Leftrightarrow \boldsymbol{x}$ 和 $\boldsymbol{y}$ 完全相似。

(2) $\langle \boldsymbol{x}, \boldsymbol{y} \rangle = 0 \Leftrightarrow \theta = \dfrac{\pi}{2} \Leftrightarrow \boldsymbol{x}$ 和 $\boldsymbol{y}$ 正交 (完全不相似)。

(3) $\langle \boldsymbol{x}, \boldsymbol{y} \rangle$ 越小 $\Leftrightarrow$ $\cos\theta$ 越小 $\Leftrightarrow$ $\boldsymbol{x}$ 和 $\boldsymbol{y}$ 的夹角越大 $\Leftrightarrow$ $\boldsymbol{x}$ 和 $\boldsymbol{y}$ 的相似程度越小。反之，$\langle \boldsymbol{x}, \boldsymbol{y} \rangle$ 越大 $\Leftrightarrow$ $\cos\theta$ 越大 $\Leftrightarrow$ $\boldsymbol{x}$ 和 $\boldsymbol{y}$ 的夹角越小 $\Leftrightarrow$ $\boldsymbol{x}$ 和 $\boldsymbol{y}$ 的相似程度越大。

2. 两个随机向量的外积

随机向量 $\boldsymbol{x}(t) = [x_1(t), x_2(t), \cdots, x_m(t)]^{\mathrm{T}}$ 和 $\boldsymbol{y}(t) = [y_1(t), y_2(t), \cdots, y_n(t)]^{\mathrm{T}}$ 的外积记作 $\mathrm{E}\{\boldsymbol{x}(t)\boldsymbol{y}^{\mathrm{H}}(t)\}$，定义为

$$\boldsymbol{C}_{xy} = \mathrm{E}\{\boldsymbol{x}(t)\boldsymbol{y}^{\mathrm{H}}(t)\} = \begin{bmatrix} \mathrm{E}\{x_1(t)y_1^*(t)\} & \mathrm{E}\{x_1(t)y_2^*(t)\} & \cdots & \mathrm{E}\{x_1(t)y_n^*(t)\} \\ \mathrm{E}\{x_2(t)y_1^*(t)\} & \mathrm{E}\{x_2(t)y_2^*(t)\} & \cdots & \mathrm{E}\{x_2(t)y_n^*(t)\} \\ \vdots & \vdots & & \vdots \\ \mathrm{E}\{x_m(t)y_1^*(t)\} & \mathrm{E}\{x_m(t)y_2^*(t)\} & \cdots & \mathrm{E}\{x_m(t)y_n^*(t)\} \end{bmatrix} \in \mathbb{C}^{m\times n}$$

这是 $\boldsymbol{x}(t)$ 和 $\boldsymbol{y}(t)$ 的互协方差矩阵，其元素描述两个向量的分量之间的 (统计) 相关。特别地，自协方差矩阵的迹

$$\mathrm{tr}(\boldsymbol{C}_{xx}) = \mathrm{E}\{|x_1(t)|^2\} + \mathrm{E}\{|x_2(t)|^2\} + \cdots + \mathrm{E}\{|x_m(t)|^2\}$$

表示信号向量 $\boldsymbol{x}(t)$ 的各个信号分量的能量之和。

向量隶属的空间称为向量空间。下面是在矩阵代数里经常用到的几种向量空间。

向量空间：定义了向量的加法和向量的数乘，以向量为元素的集合 $\mathbb{R}^n$ 或 $\mathbb{C}^n$。

内积向量空间：定义了内积 $\langle \boldsymbol{x}, \boldsymbol{y} \rangle$ (向量的乘法) 的向量空间。

赋范向量空间：定义 (或赋予) 了范数 $\|\boldsymbol{x}\|$ 的向量空间，可度量向量的长度、距离以及邻域。

Euclidean 空间：具有 Euclidean 范数 $\|\boldsymbol{x}\|_2$ 的实线性空间。

1.4.2 矩阵的内积与范数

将向量的内积与范数加以推广，即可引出矩阵的内积与范数。

将 $m \times n$ 矩阵的各列依次连接，排列成一个 $mn \times 1$ 向量，即可采用向量的内积和范数定义，得到矩阵的内积和范数。由于这类范数是使用矩阵的元素表示的，故称为元素形式范数。元素形式范数定义为

$$\|\boldsymbol{A}\|_p = \left(\sum_{i=1}^{m} \sum_{j=1}^{n} |a_{ij}|^p \right)^{1/p} \tag{1.4.19}$$

习惯称为矩阵的 p 范数。

以下是三种常用的 p 范数：

(1) L_1 范数 (和范数) ($p = 1$)

$$\|\boldsymbol{A}\|_1 \stackrel{\text{def}}{=} \sum_{i=1}^{m} \sum_{j=1}^{n} |a_{ij}| \tag{1.4.20}$$

(2) Frobenius 范数 ($p = 2$)

$$\|\boldsymbol{A}\|_\text{F} \stackrel{\text{def}}{=} \left(\sum_{i=1}^{m} \sum_{j=1}^{n} |a_{ij}|^2 \right)^{1/2} \tag{1.4.21}$$

(3) 最大范数 (max norm) 即 $p = \infty$ 的 p 范数，定义为

$$\|\boldsymbol{A}\|_\infty = \max_{i=1,2,\cdots,m;\, j=1,2,\cdots,n} \{|a_{ij}|\} \tag{1.4.22}$$

Frobenius 范数可视为向量的 Euclidean 范数对按照矩阵各列依次排列的“拉长向量” $\boldsymbol{x} = [a_{11}, a_{21}, \cdots, a_{m1}, a_{12}, a_{22}, \cdots, a_{m2}, \cdots, a_{1n}, a_{2n}, \cdots, a_{mn}]^\text{T}$ 的推广。矩阵的 Frobenius 范数有时也称 Euclidean 范数或者 L_2 范数。

Frobenius 范数又可写作迹函数的形式

$$\|\boldsymbol{A}\|_\text{F} \stackrel{\text{def}}{=} \langle \boldsymbol{A}, \boldsymbol{A} \rangle^{1/2} = \sqrt{\text{tr}\left(\boldsymbol{A}^\text{H}\boldsymbol{A}\right)} \tag{1.4.23}$$

注意，向量 $\boldsymbol{x}$ 的 L_p 范数 $\|\boldsymbol{x}\|_p$ 相当于该向量的长度。当矩阵 $\boldsymbol{A}$ 作用于长度为 $\|\boldsymbol{x}\|_p$ 的向量 $\boldsymbol{x}$ 时，得到线性变换结果为向量 $\boldsymbol{Ax}$，其长度为 $\|\boldsymbol{Ax}\|_p$。线性变换矩阵 $\boldsymbol{A}$ 可视为一线性放大器算子。因此，比率 $\|\boldsymbol{Ax}\|_p / \|\boldsymbol{x}\|_p$ 提供了线性变换 $\boldsymbol{Ax}$ 相对于 $\boldsymbol{x}$ 的放大倍数，而矩阵

$\boldsymbol{A}$ 的 p 范数 $\|\boldsymbol{A}\|_p$ 是由 $\boldsymbol{A}$ 产生的最大放大倍数。类似地，放大器算子 $\boldsymbol{A}$ 的最小放大倍数由

$$\min|\boldsymbol{A}|_p \stackrel{\text{def}}{=} \min_{\boldsymbol{x}\neq\boldsymbol{0}} \frac{\|\boldsymbol{A}\boldsymbol{x}\|_p}{\|\boldsymbol{x}\|_p} \tag{1.4.24}$$

给出。比率 $\|\boldsymbol{A}\|_p/\min|\boldsymbol{A}|_p$ 描述放大器算子 $\boldsymbol{A}$ 的“动态范围”。

以下是矩阵的内积与范数之间的关系[50]：

(1) Cauchy-Schwartz 不等式

$$|\langle \boldsymbol{A}, \boldsymbol{B}\rangle|^2 \leqslant \|\boldsymbol{A}\|^2\|\boldsymbol{B}\|^2 \tag{1.4.25}$$

等号成立，当且仅当 $\boldsymbol{A} = c\boldsymbol{B}$，其中，$c$ 是某个复常数。

(2) Pathagoras 定理：$\langle \boldsymbol{A}, \boldsymbol{B}\rangle = 0 \;\Rightarrow\; \|\boldsymbol{A}+\boldsymbol{B}\|^2 = \|\boldsymbol{A}\|^2 + \|\boldsymbol{B}\|^2$。

对于 $\boldsymbol{A} \in \mathbb{C}^{m\times n}, \boldsymbol{x} \in \mathbb{C}^n$，有

$$\|\boldsymbol{A}\boldsymbol{x}\|_{\mathrm{F}} \leqslant \|\boldsymbol{A}\|_{\mathrm{F}}\|\boldsymbol{x}\|_{\mathrm{F}}，\text{即 } \|\boldsymbol{A}\boldsymbol{x}\|_2 \leqslant \|\boldsymbol{A}\|_2\|\boldsymbol{x}\|_2.$$

1.5 矩阵和向量的应用案例

矩阵和向量的应用极其广泛，几乎涉及各个工程领域。本节介绍矩阵和向量的几个应用案例。

1.5.1 模式识别与机器学习中向量的相似比较

聚类 (clustering) 和分类 (classification) 是模式识别和机器学习等统计数据分析的重要技术。所谓聚类，就是将一给定的大数据集聚为几个小的子数据集，并且每个子集 (目标类) 的数据要求各自具有共同或者相似的特征。分类则是：将一个 (或者多个) 未知类属的数据或特征向量划分到具有最接近特征的某个已知目标类别中。

实现聚类和分类的主要数学工具为距离测度，常用符号 $D(\boldsymbol{p}\|\boldsymbol{p})$ 表示向量 $\boldsymbol{p}$ 到向量 $\boldsymbol{q}$ 的距离。

两个向量之间的距离称为测度 (metric)，若下列条件均满足：

(1) 非负性和正定性：距离测度是非负的，即 $D(\boldsymbol{p}\|\boldsymbol{g}) \geqslant 0$，等号成立当且仅当向量 $\boldsymbol{p} = \boldsymbol{g}$；

(2) 对称性：$\boldsymbol{p}$ 到 $\boldsymbol{q}$ 的距离与 $\boldsymbol{q}$ 到 $\boldsymbol{p}$ 的距离相等，即 $D(\boldsymbol{p}\|\boldsymbol{g}) = D(\boldsymbol{g}\|\boldsymbol{p})$；

(3) 三角不等式：两点之间的直线距离小于折线距离，即 $D(\boldsymbol{p}\|\boldsymbol{z}) \leqslant D(\boldsymbol{p}\|\boldsymbol{g}) + D(\boldsymbol{g}\|\boldsymbol{z})$。

Euclidean 距离是一种测度，因为容易验证它满足上述三个条件。

在模式识别和机器学习中，原始数据向量通常需要先通过某种变换或处理方法，变成一个低维的向量。由于这种低维向量抽取了原始数据向量的特征，直接用于模式的聚类和分类，故称为“模式向量” (mode vector) 或“特征向量”。例如，云朵的颜色和语调的参数即分别构成天气预报和语音识别的模式或特征向量。

两个向量之间的相似程度的测度简称相似度。聚类或分类的基本准则是：用距离测度，度量两个未知特征向量的相似度或一个未知特征向量与某个已知特征向量之间的相似度。

以模式分类为例子。为简单计，假定已经抽取有 M 个类型的模式向量 $\boldsymbol{s}_1, \boldsymbol{s}_2, \cdots, \boldsymbol{s}_M$。现在的问题是：给定一任意的未知模式向量 $\boldsymbol{x}$，希望判断它归属于 M 类模式中的哪一类。

为此，需要将未知模式向量 $\boldsymbol{x}$ 同 M 个已知模式向量逐一进行比对，判断 $\boldsymbol{x}$ 与其中哪一个样本模式向量最相似，并据此作出模式或信号分类的判断。

常识告诉我们，两个物体相似程度越高，它们之间的相异程度就越低。因此，向量之间的相似度常采用相异度 (dissimilarity) 进行反向度量：相异度越小的两个向量越相似。

令 $D(\boldsymbol{x},\boldsymbol{s}_i)$ 表示未知模式向量 $\boldsymbol{x}$ 和已知模式向量 $\boldsymbol{s}_i$ 之间的相异度。以 $\boldsymbol{x}$ 与 $\boldsymbol{s}_1,\boldsymbol{s}_2$ 的相异度为例，若

$$D(\boldsymbol{x},\boldsymbol{s}_1)\leqslant D(\boldsymbol{x},\boldsymbol{s}_2) \tag{1.5.1}$$

则称未知模式向量 $\boldsymbol{x}$ 与样本模式向量 $\boldsymbol{s}_1$ 更相似。

最简单和最直观的相异度是两个向量之间的 Euclidean 距离。未知模式向量 $\boldsymbol{x}$ 与第 i 个已知模式向量 $\boldsymbol{s}_i$ 之间的 Euclidean 距离记作 $D_{\mathrm{E}}(\boldsymbol{x},\boldsymbol{s}_i)$，定义为

$$D_{\mathrm{E}}(\boldsymbol{x},\boldsymbol{s}_i)=\|\boldsymbol{x}-\boldsymbol{s}_i\|_2=\sqrt{(\boldsymbol{x}-\boldsymbol{s}_i)^{\mathrm{T}}(\boldsymbol{x}-\boldsymbol{s}_i)} \tag{1.5.2}$$

除了满足测度的非负性、对称性和三角不等式之外，Euclidean 距离 $D_{\mathrm{E}}(\boldsymbol{x},\boldsymbol{y})$ 还具有另外一个基本性质：Euclidean 距离等于零的两个向量完全相似，即

$$D_{\mathrm{E}}(\boldsymbol{x},\boldsymbol{y})=0 \iff \boldsymbol{x}=\boldsymbol{y}$$

若

$$D_{\mathrm{E}}(\boldsymbol{x},\boldsymbol{s}_i)=\min_k D_{\mathrm{E}}(\boldsymbol{x},\boldsymbol{s}_k),\quad k=1,2,\cdots,M \tag{1.5.3}$$

则称 $\boldsymbol{s}_i\in\{\boldsymbol{s}_1,\boldsymbol{s}_2,\cdots,\boldsymbol{s}_M\}$ 是到 $\boldsymbol{x}$ 的近邻 (即最近的邻居)。

作为一种广泛使用的分类法，近邻分类 (nearest neighbor classification) 法将未知类型的模式向量 $\boldsymbol{x}$ 归并为它的近邻所属的模式类型。

另一个常用的距离函数为 Mahalanobis 距离，由 Mahalanobis 于 1936 年提出 [71]。向量 $\boldsymbol{x}$ 到其均值向量 $\boldsymbol{\mu}$ 的 Mahalanobis 距离为

$$D_{\mathrm{M}}(\boldsymbol{x},\boldsymbol{\mu})=\sqrt{(\boldsymbol{x}-\boldsymbol{\mu})^{\mathrm{T}}\boldsymbol{C}_x^{-1}(\boldsymbol{x}-\boldsymbol{\mu})} \tag{1.5.4}$$

式中 $\boldsymbol{C}_x=\mathrm{Cov}(\boldsymbol{x},\boldsymbol{x})=\mathrm{E}\{(\boldsymbol{x}-\boldsymbol{\mu})(\boldsymbol{x}-\boldsymbol{\mu})^{\mathrm{T}}\}$ 是向量 $\boldsymbol{x}$ 的自协方差矩阵。

两个向量 $\boldsymbol{x}\in\mathbb{R}^n$ 和 $\boldsymbol{y}\in\mathbb{R}^n$ 之间的 Mahalanobis 距离记作 $D_{\mathrm{M}}(\boldsymbol{x},\boldsymbol{y})$，定义为 [73]

$$D_{\mathrm{M}}(\boldsymbol{x},\boldsymbol{y})=\sqrt{(\boldsymbol{x}-\boldsymbol{y})^{\mathrm{T}}\boldsymbol{C}_{xy}^{-1}(\boldsymbol{x}-\boldsymbol{y})} \tag{1.5.5}$$

其中 $\boldsymbol{C}_{xy}=\mathrm{E}\{(\boldsymbol{x}-\boldsymbol{\mu}_x)(\boldsymbol{y}-\boldsymbol{\mu}_y)^{\mathrm{T}}\}$ 是两个向量 $\boldsymbol{x}$ 与 $\boldsymbol{y}$ 之间的互协方差矩阵，而 $\boldsymbol{\mu}_x$ 和 $\boldsymbol{\mu}_y$ 分别是向量 $\boldsymbol{x}$ 和 $\boldsymbol{y}$ 的均值向量。

若协方差矩阵为单位矩阵，即 $\boldsymbol{C}_{xy}=\boldsymbol{I}$，则 Mahalanobis 距离退化为 Enclidean 距离。如果协方差矩阵取对角矩阵，则相应的 Mahalanobis 距离称为归一化 Enclidean 距离

$$D_{\mathrm{M}}(\boldsymbol{x},\boldsymbol{y})=\sqrt{\sum_{i=1}^{n}\frac{(x_i-y_i)^2}{\sigma_i^2}} \tag{1.5.6}$$

式中，σ_i 是 x_i 和 y_i 在整个样本集合的标准差。

令

$$\boldsymbol{\mu}=\frac{1}{M}\sum_{i=1}^{M}\boldsymbol{s}_i,\quad \boldsymbol{C}=\sum_{i=1}^{M}\sum_{j=1}^{M}(\boldsymbol{s}_i-\boldsymbol{\mu})(\boldsymbol{s}_j-\boldsymbol{\mu})^{\mathrm{T}} \tag{1.5.7}$$

分别为 M 个已知模式向量 $\boldsymbol{s}_i$ 的样本均值向量和样本互协方差矩阵。于是，未知模式向量 $\boldsymbol{x}$ 到已知模式向量 $\boldsymbol{s}_i$ 之间的 Mahalanobis 距离定义为

$$D_{\mathrm{M}}(\boldsymbol{x},\boldsymbol{s}_i)=\sqrt{(\boldsymbol{x}-\boldsymbol{s}_i)^{\mathrm{T}}\boldsymbol{C}^{-1}(\boldsymbol{x}-\boldsymbol{s}_i)} \tag{1.5.8}$$

根据近邻分类法，若

$$D_{\mathrm{M}}(\boldsymbol{x},\boldsymbol{s}_i)=\min_{k} D_{\mathrm{M}}(\boldsymbol{x},\boldsymbol{s}_k),\quad k=1,2,\cdots,M \tag{1.5.9}$$

则将未知模式向量 $\boldsymbol{x}$ 归为 $\boldsymbol{s}_i$ 所属的模式类型。

向量之间的相异度的测度不一定局限于距离函数。两个向量所夹锐角的余弦函数

$$D(\boldsymbol{x},\boldsymbol{s}_i)=\cos(\theta_i)=\frac{\boldsymbol{x}^{\mathrm{T}}\boldsymbol{s}_i}{\|\boldsymbol{x}\|_2\|\boldsymbol{s}_i\|_2} \tag{1.5.10}$$

也是相异度的一种有效测度。若 $\cos(\theta_i)<\cos(\theta_j),\forall j\neq i$ 成立，则认为未知模式向量 $\boldsymbol{x}$ 与样本模式向量 $\boldsymbol{s}_i$ 最相似。式 (1.5.10) 的变型

$$D(\boldsymbol{x},\boldsymbol{s}_i)=\frac{\boldsymbol{x}^{\mathrm{T}}\boldsymbol{s}_i}{\boldsymbol{x}^{\mathrm{T}}\boldsymbol{x}+\boldsymbol{s}_i^{\mathrm{T}}\boldsymbol{s}_i+\boldsymbol{x}^{\mathrm{T}}\boldsymbol{s}_i} \tag{1.5.11}$$

称为 Tanimoto 测度 [115]，它广泛应用于信息恢复、疾病分类、动物和植物分类等。

1.5.2 人脸识别的稀疏表示

一个含有大多数零元素的向量或矩阵称为稀疏向量 (sparse vector) 或稀疏矩阵 (sparse matrix)。

使用少量基本信号的线性组合表示一目标信号，称为信号的稀疏表示。稀疏表示是信号处理、通信、信息论、计算机视觉、机器学习和模式识别等领域近几年的研究和应用热点。

考虑人脸识别问题：假定共有 c 类目标 (人)，每类目标的脸部的每一幅训练图像的矩阵表示结果已经向量化，表示成 m 维列向量 (其中 $m=R_1\times R_2$ 为一幅图像的采样样本数目，例如 $m=512\times 512$)，并且每个列向量的元素都已经归一化，使得每个列向量的 Euclidean 范数等于 1。于是，第 i 类目标的脸部在不同照度下拍摄的 N_i 个训练图像即可表示成 $m\times N_i$ 数据矩阵 $\boldsymbol{D}_i=[\boldsymbol{d}_{i,1},\boldsymbol{d}_{i,2},\cdots,\boldsymbol{d}_{i,N_i}]\in\mathbb{R}^{m\times N_i}$。为了保证人脸识别的分辨率，假定每一个训练集 $\boldsymbol{D}_i$ 都比较大，则第 i 个实验对象在另一照度下拍摄的新图像 $\boldsymbol{y}$ 即可以表示成已知训练图像的一线性组合 $\boldsymbol{y}\approx\boldsymbol{D}_i\boldsymbol{\alpha}_i$，其中 $\boldsymbol{\alpha}_i\in\mathbb{R}^{N_i}$ 为系数向量，决定未知人脸的目标类别 i。问题是：在实际应用中，往往不知道新的实验样本的具体目标属性，因而线性方程组 $\boldsymbol{y}\approx\boldsymbol{D}_i\boldsymbol{\alpha}_i$ 无法直接得到，导致系数向量 $\boldsymbol{\alpha}_i$ 无法求解获得。

如果我们大致知道或者猜测到新的测试样本是 c 类目标中的某类目标的信号，就可以将这 c 类目标的训练集合写成一个训练数据矩阵

$$\boldsymbol{D}=[\boldsymbol{D}_1,\cdots,\boldsymbol{D}_c]=[\boldsymbol{d}_{1,1},\boldsymbol{d}_{1,2},\cdots,\boldsymbol{d}_{1,N_1},\cdots,\boldsymbol{d}_{c,1},\boldsymbol{d}_{c,2},\cdots,\boldsymbol{d}_{c,N_c}]\in\mathbb{R}^{m\times N} \tag{1.5.12}$$

其中 $N = \sum_{i=1}^{c} N_i$ 表示所有 c 类目标的训练图像的总个数。于是，待识别的人脸图像 $\boldsymbol{y}$ 可以表示成线性组合

$$\boldsymbol{y} = \boldsymbol{D}\boldsymbol{\alpha}_0 = [\boldsymbol{d}_{1,1}, \cdots, \boldsymbol{d}_{1,N_1}, \cdots, \boldsymbol{d}_{c,1} \cdots, \boldsymbol{d}_{c,N_c}] \begin{bmatrix} \boldsymbol{0}_{N_1} \\ \vdots \\ \boldsymbol{0}_{N_{i-1}} \\ \boldsymbol{\alpha}_i \\ \boldsymbol{0}_{N_{i+1}} \\ \vdots \\ \boldsymbol{0}_{N_c} \end{bmatrix} \tag{1.5.13}$$

其中 $\boldsymbol{0}_{N_k}(k = 1, \cdots, i-1, i+1, \cdots, c)$ 为 N_k 维零向量，并且 $\boldsymbol{\alpha}_0$ 是一个稀疏向量。

这样一来，人脸识别便变成一个线性方程组的求解问题或者线性求逆问题：已知数据向量 $\boldsymbol{y}$ 和数据矩阵 $\boldsymbol{D}$，求线性方程组 $\boldsymbol{y} = \boldsymbol{D}\boldsymbol{\alpha}$ 的稀疏解向量 $\boldsymbol{\alpha}_0$。

需要注意的是：通常 $m < N$，故 $\boldsymbol{y} = \boldsymbol{D}\boldsymbol{\alpha}_0$ 为欠定的线性方程组，它存在无穷多个解。其中，最稀疏的解向量 $\boldsymbol{\alpha}_0$ (它只有 $\boldsymbol{\alpha}_i$ 非零，其他部分全部为零) 才是我们感兴趣的解。

由于解向量必须是稀疏向量，故人脸识别问题可以描述成一个约束优化问题：在 $\boldsymbol{y} = \boldsymbol{D}\boldsymbol{\alpha}_0$ 的约束条件下，使解向量的 L_0 范数 (非零元素的个数) 最小化：

$$\min \|\boldsymbol{\alpha}_0\|_0 \quad \text{subject to } \boldsymbol{y} = \boldsymbol{D}\boldsymbol{\alpha}_0 \tag{1.5.14}$$

式中，subject to 表示“约束为”。有些文献则使用 such that (使得，满足) 表示约束条件，或者直接使用两者共用的缩略符号“s.t.”。本书统一采用 subject to。

本章小结

本章主要介绍了代数与矩阵的基础知识:

(1) 矩阵的基本运算;

(2) 矩阵的初等行变换及其应用;

(3) 矩阵的性能指标 (行列式、二次型、特征值、迹和秩);

(4) 向量和矩阵的内积与范数。

最后，作为向量和矩阵的应用举例，重点介绍了模式识别与机器学习中向量的相似比较，以及人脸识别的稀疏表示。

习　　题

1.1　题图 1.1 画出了某城市 6 个交通枢纽的交通网络图 [60]。其中，节点表示交通枢纽的编号，数字表示在交通高峰期每小时驶入和驶出某个交通枢纽的车辆数。

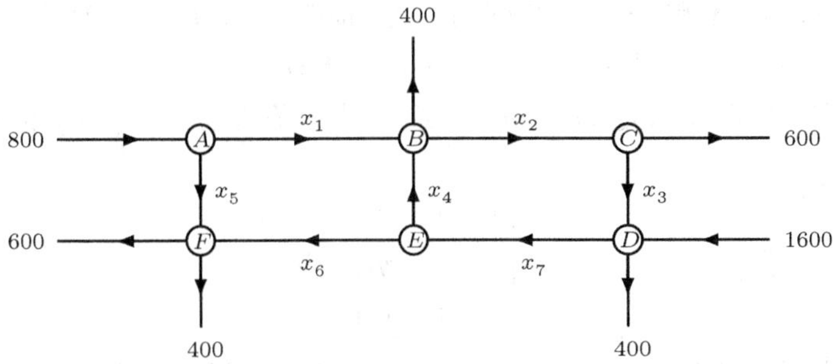

题图 1.1 交通网络图

写出表示交通网络图各个交通枢纽的交通流量的线性方程组，并求解该线性方程组。

1.2 题图 1.2 画出了一电路，求各个支路电流满足的线性方程组。

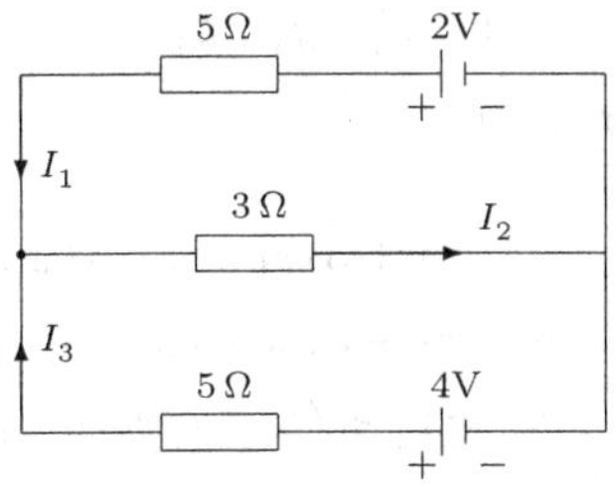

题图 1.2 电路图

1.3 [65] 矩阵的秩在工程控制系统的设计中起着重要的作用。一个离散时间的控制系统的状态空间模型包括了差分方程

$$\boldsymbol{x}_{k+1} = \boldsymbol{A}\boldsymbol{x}_k + \boldsymbol{B}\boldsymbol{u}_k, \quad k = 0, 1, \cdots$$

式中，$\boldsymbol{A} \in \mathbb{R}^{n\times n}, \boldsymbol{B} \in \mathbb{R}^{n\times m}$，并且 $\boldsymbol{x}_k \in \mathbb{R}^n$ 为描述系统在 k 时刻状态的向量，简称状态向量；而 $\boldsymbol{u}_k \in \mathbb{R}^m$ 为系统在 k 时刻的输入或控制向量。矩阵对 $(\boldsymbol{A}, \boldsymbol{B})$ 称为可控的，若

$$\text{rank}\left([\boldsymbol{B}, \boldsymbol{AB}, \boldsymbol{A}^2\boldsymbol{B}, \cdots, \boldsymbol{A}^{n-1}\boldsymbol{B}]\right) = n$$

若 $(\boldsymbol{A}, \boldsymbol{B})$ 是可控的，则最多用 n 步即可将系统控制到任意一个指定的状态 $\boldsymbol{x}$。试确定以下矩阵对是否可控：

(1) $\boldsymbol{A} = \begin{bmatrix} 0.9 & 1 & 0 \\ 0 & -0.9 & 0 \\ 0 & 0 & 0.5 \end{bmatrix}, \ \boldsymbol{B} = \begin{bmatrix} 0 \\ 1 \\ 1 \end{bmatrix}$；

(2) $\boldsymbol{A} = \begin{bmatrix} 0.8 & -0.3 & 0 \\ 0.2 & 0.5 & 1 \\ 0 & 0 & -0.5 \end{bmatrix}, \ \boldsymbol{B} = \begin{bmatrix} 1 \\ 1 \\ 0 \end{bmatrix}$。

1.4 证明矩阵加法的结合律 $(\boldsymbol{A} + \boldsymbol{B}) + \boldsymbol{C} = \boldsymbol{A} + (\boldsymbol{B} + \boldsymbol{C})$ 和矩阵乘法的右分配律 $(\boldsymbol{A} + \boldsymbol{B})\boldsymbol{C} = \boldsymbol{AC} + \boldsymbol{BC}$。

1.5 设正方矩阵 $\boldsymbol{A}$ 和 $\boldsymbol{B}$ 具有相同的维数，证明 $\mathrm{tr}(\boldsymbol{AB}) = \mathrm{tr}(\boldsymbol{BA})$。

1.6 证明 $\boldsymbol{x}^{\mathrm{T}}\boldsymbol{Ax} = \mathrm{tr}(\boldsymbol{x}^{\mathrm{T}}\boldsymbol{Ax})$ 和 $\boldsymbol{x}^{\mathrm{T}}\boldsymbol{Ax} = \mathrm{tr}(\boldsymbol{Axx}^{\mathrm{T}})$。

1.7 直线方程可以表示为 $ax + by = -1$。证明一条通过点 (x_1, y_1) 和 (x_2, y_2) 的直线方程为

$$\begin{vmatrix} 1 & x & y \\ 1 & x_1 & y_1 \\ 1 & x_2 & y_2 \end{vmatrix} = 0$$

1.8 平面方程可以表示为 $ax + by + cz = -1$。证明：通过三点 $(x_i, y_i, z_i)\,(i = 1, 2, 3)$ 的平面方程由下式决定

$$\begin{vmatrix} 1 & x & y & z \\ 1 & x_1 & y_1 & z_1 \\ 1 & x_2 & y_2 & z_2 \\ 1 & x_3 & y_3 & z_3 \end{vmatrix} = 0$$

1.9 当 α 取何值时，线性方程组

$$\begin{cases} (\alpha+3)x_1 + x_2 + 2x_3 = \alpha \\ 3(\alpha+1)x_1 + \alpha x_2 + (\alpha+3)x_3 = 3 \\ \alpha x_1 + (\alpha-1)x_2 + x_3 = \alpha \end{cases}$$

有唯一解、无解和无穷多解。当线性方程组有无穷多解时，求出它的通解。

1.10 验证向量组

$$A = \left\{ \begin{bmatrix} 1 \\ 0 \\ 1 \\ 2 \end{bmatrix}, \begin{bmatrix} -1 \\ 1 \\ 1 \\ 0 \end{bmatrix}, \begin{bmatrix} -1 \\ -2 \\ 1 \\ 0 \end{bmatrix} \right\}$$

是一组正交向量。

1.11 证明 $\det(\boldsymbol{I} + \boldsymbol{uv}^{\mathrm{T}}) = 1 + \boldsymbol{u}^{\mathrm{T}}\boldsymbol{v}$。

1.12 证明 $\mathrm{tr}(\boldsymbol{ABC}) = \mathrm{tr}(\boldsymbol{BCA}) = \mathrm{tr}(\boldsymbol{CAB})$。

1.13 令矩阵 $\boldsymbol{A}$ 的特征值为 λ_i，证明 $\mathrm{eig}(\boldsymbol{I} + c\boldsymbol{A}) = 1 + c\lambda_i$ 和 $\mathrm{eig}(\boldsymbol{A} - c\boldsymbol{I}) = \lambda_i - c$。

第 2 章

特殊矩阵

在工程应用或者工程问题的求解中，经常会遇到元素存在某些特殊结构关系的矩阵——特殊矩阵。

2.1 置换矩阵、互换矩阵与选择矩阵

本节介绍几种最基本的特殊矩阵。

2.1.1 Hermitian 矩阵

一个满足 $\boldsymbol{A}=\boldsymbol{A}^{\mathrm{T}}$ 的实值矩阵称为对称矩阵。

一个正方的复值矩阵 $\boldsymbol{A}=[a_{ij}]\in\mathbb{C}^{n\times n}$ 称为复共轭对称矩阵或 Hermitian 矩阵，若 $\boldsymbol{A}=\boldsymbol{A}^{\mathrm{H}}$，即其元素是复共轭对称的：$a_{ij}=a_{ji}^*$。例如，复观测信号向量 $\boldsymbol{x}(t)=[x_1(t),x_2(t),\cdots,x_n(t)]^{\mathrm{T}}$ 的自协方差矩阵 $\boldsymbol{C}_{xx}=\mathrm{E}\{\boldsymbol{x}(t)\boldsymbol{x}^{\mathrm{H}}(t)\}$ 就是一个典型的 Hermitian 矩阵。

Hermitian 矩阵具有以下重要性质：

(1) 对所有 $n\times n$ 复矩阵 $\boldsymbol{A}$，矩阵 $\boldsymbol{A}+\boldsymbol{A}^{\mathrm{H}},\boldsymbol{A}\boldsymbol{A}^{\mathrm{H}}$ 和 $\boldsymbol{A}^{\mathrm{H}}\boldsymbol{A}$ 均是 Hermitian 矩阵。

(2) 若 $\boldsymbol{A}$ 是 Hermitian 矩阵，则矩阵幂 $\boldsymbol{A}^k$ 对所有 $k=1,2,\cdots$ 都是 Hermitian 矩阵。

(3) 若 Hermitian 矩阵 $\boldsymbol{A}$ 非奇异，则其逆矩阵 $\boldsymbol{A}^{-1}$ 也是 Hermitian 矩阵。

(4) 若 $\boldsymbol{A}$ 和 $\boldsymbol{B}$ 是 Hermitian 矩阵，则 $\alpha\boldsymbol{A}+\beta\boldsymbol{B}$ (α 和 β 为任意非零实数) 是 Hermitian 矩阵。

(5) 若 $\boldsymbol{A}$ 和 $\boldsymbol{B}$ 为 Hermitian 矩阵，则 $\boldsymbol{A}\boldsymbol{B}+\boldsymbol{B}\boldsymbol{A}$ 和 $\mathrm{j}(\boldsymbol{A}\boldsymbol{B}-\boldsymbol{B}\boldsymbol{A})$ 也是 Hermitian 矩阵。

Hermitian 矩阵的正定性判据：一个 $n\times n$ Hermitian 矩阵 $\boldsymbol{A}$ 是正定的，当且仅当它满足以下任何一个条件：

(1) 二次型函数 $\boldsymbol{x}^{\mathrm{H}}\boldsymbol{A}\boldsymbol{x}>0,\ \forall\boldsymbol{x}\neq\boldsymbol{0}$。

(2) 矩阵 $\boldsymbol{A}$ 的所有特征值都大于零。

(3) 存在一个非奇异的 $n\times n$ 矩阵 $\boldsymbol{R}$，使得 $\boldsymbol{A}=\boldsymbol{R}^{\mathrm{H}}\boldsymbol{R}$。

(4) 对任意非奇异的 $n\times n$ 矩阵 $\boldsymbol{P}$，使得 $\boldsymbol{P}^{\mathrm{H}}\boldsymbol{A}\boldsymbol{P}$ 是正定矩阵。

最简单的 Hermitian 矩阵莫过于单位矩阵 $\boldsymbol{I}=[\boldsymbol{e}_1,\boldsymbol{e}_2,\cdots,\boldsymbol{e}_n]$，其中 $\boldsymbol{e}_i$ 为 n 维基本向量，其第 i 个元素为 1，其余元素皆等于 0。

与单位矩阵密切相关的矩阵有置换矩阵、交换矩阵、互换矩阵和移位矩阵。这四种矩阵都只由 0 和 1 组成，并且每行和每列都只有一个非零元素 1，只是非零元素 1 所处的位置不同而已。

2.1.2　置换矩阵与互换矩阵

一个正方矩阵称为置换矩阵 (permutation matrix)，若它的每一行和每一列有一个且仅有一个非零元素 1。

例 2.1.1　给定一个 5×4 矩阵

$$\boldsymbol{A} = \begin{bmatrix} a_{11} & a_{12} & a_{13} & a_{14} \\ a_{21} & a_{22} & a_{23} & a_{24} \\ a_{31} & a_{32} & a_{33} & a_{34} \\ a_{41} & a_{42} & a_{43} & a_{44} \\ a_{51} & a_{52} & a_{53} & a_{54} \end{bmatrix}$$

若令置换矩阵

$$\boldsymbol{P}_4 = \begin{bmatrix} 0 & 0 & 0 & 1 \\ 1 & 0 & 0 & 0 \\ 0 & 1 & 0 & 0 \\ 0 & 0 & 1 & 0 \end{bmatrix}, \qquad \boldsymbol{P}_5 = \begin{bmatrix} 0 & 0 & 0 & 0 & 1 \\ 0 & 0 & 1 & 0 & 0 \\ 0 & 1 & 0 & 0 & 0 \\ 0 & 0 & 0 & 1 & 0 \\ 1 & 0 & 0 & 0 & 0 \end{bmatrix}$$

则有

$$\boldsymbol{A}\boldsymbol{P}_4 = \begin{bmatrix} a_{12} & a_{13} & a_{14} & a_{11} \\ a_{22} & a_{23} & a_{24} & a_{21} \\ a_{32} & a_{33} & a_{34} & a_{31} \\ a_{42} & a_{43} & a_{44} & a_{41} \\ a_{52} & a_{53} & a_{54} & a_{51} \end{bmatrix}, \qquad \boldsymbol{P}_5\boldsymbol{A} = \begin{bmatrix} a_{51} & a_{52} & a_{53} & a_{54} \\ a_{31} & a_{32} & a_{33} & a_{34} \\ a_{21} & a_{22} & a_{23} & a_{24} \\ a_{41} & a_{42} & a_{43} & a_{44} \\ a_{11} & a_{12} & a_{13} & a_{14} \end{bmatrix}$$

也就是说，用置换矩阵 $\boldsymbol{P}_4$ 右 (边) 乘矩阵 $\boldsymbol{A}$，相当于对矩阵 $\boldsymbol{A}$ 的列进行重新排列；而用置换矩阵 $\boldsymbol{P}_5$ 左 (边) 乘矩阵 $\boldsymbol{A}$，相当于将 $\boldsymbol{A}$ 的行进行重新排列。行或者列的位置被置换矩阵“置换”，新的排列顺序由置换矩阵的结构所决定。

置换矩阵 $\boldsymbol{P}$ 有下列性质 [13]：

(1) 置换矩阵的转置 $(\boldsymbol{P}_{m\times n})^{\mathrm{T}} = \boldsymbol{P}_{n\times m}$ 为另一置换矩阵。

(2) 置换矩阵是正交矩阵，满足 $\boldsymbol{P}^{\mathrm{T}}\boldsymbol{P} = \boldsymbol{P}\boldsymbol{P}^{\mathrm{T}} = \boldsymbol{I}$。

(3) 置换矩阵的转置等于原矩阵的逆矩阵，即 $\boldsymbol{P}^{\mathrm{T}} = \boldsymbol{P}^{-1}$。因为 $\boldsymbol{P}^{\mathrm{T}}\boldsymbol{P} = \boldsymbol{P}\boldsymbol{P}^{\mathrm{T}} = \boldsymbol{I}$。

q 个 $p \times 1$ 基本向量 $\boldsymbol{e}_1, \boldsymbol{e}_2, \cdots, \boldsymbol{e}_q$ 的随意排列均生成 $p \times q$ 置换矩阵。如果是有规则的排列，则置换矩阵变为几种特殊形式的置换矩阵，如单位矩阵。

又如，在交叉对角线 (从右上角到左下角的连线) 上具有元素 1，而所有其他元素全等于零的置换矩阵称为互换矩阵 (exchange matrix)，常用符号 $\boldsymbol{J}$ 表示，定义为

$$\boldsymbol{J}=\begin{bmatrix}0 & & 1\\ & \begin{matrix} & 1\\ \cdot^{\cdot^{\cdot}} & \end{matrix} & \\ 1 & & 0\end{bmatrix} \tag{2.1.1}$$

互换矩阵又称反射矩阵 (reflection matrix) 或后向单位矩阵 (bachward identity matrix)，因为互换矩阵可以看作基本向量的反向排列 $[\boldsymbol{e}_n,\boldsymbol{e}_{n-1},\cdots,\boldsymbol{e}_1]$。

通过左乘和右乘，互换矩阵 $\boldsymbol{J}$ 可以将一矩阵的行或列的顺序反转 (互换)。这就是术语"互换矩阵"的含义。具体说来，用 $m\times m$ 互换矩阵 $\boldsymbol{J}_m$ 左乘 $m\times n$ 矩阵 $\boldsymbol{A}=[a_{ij}]$，将使 $\boldsymbol{A}$ 的行的顺序反转 (相对于中心水平轴互换行的位置)

$$\boldsymbol{J}_m\boldsymbol{A}=\begin{bmatrix}a_{m1} & a_{m2} & \cdots & a_{mn}\\ \vdots & \vdots & & \vdots\\ a_{21} & a_{22} & \cdots & a_{2n}\\ a_{11} & a_{12} & \cdots & a_{1n}\end{bmatrix} \tag{2.1.2}$$

用 $\boldsymbol{J}_n$ 右乘 $m\times n$ 矩阵 $\boldsymbol{A}$，则使 $\boldsymbol{A}$ 的列序反转 (相对于中心垂直轴相互交换列的位置)，即

$$\boldsymbol{A}\boldsymbol{J}_n=\begin{bmatrix}a_{1n} & \cdots & a_{12} & a_{11}\\ a_{2n} & \cdots & a_{22} & a_{21}\\ \vdots & & \vdots & \vdots\\ a_{mn} & \cdots & a_{m2} & a_{m1}\end{bmatrix} \tag{2.1.3}$$

互换矩阵为对称矩阵，即有 $\boldsymbol{J}^{\mathrm{T}}=\boldsymbol{J}$。

MATLAB 函数 flipud(A) 和 fliplr(A) 分别将矩阵 $\boldsymbol{A}$ 的行和列的顺序翻转，即 $\boldsymbol{JA}=$ flipud(A) 和 $\boldsymbol{AJ}=$ fliplr(A)。

类似地，$\boldsymbol{Jc}$ 将使列向量 $\boldsymbol{c}$ 的元素顺序反转，而 $\boldsymbol{c}^{\mathrm{T}}\boldsymbol{J}$ 则使行向量 $\boldsymbol{c}^{\mathrm{T}}$ 的元素顺序反转。

$n\times n$ 移位矩阵 (shift matrix) 定义为

$$\boldsymbol{P}=\begin{bmatrix}0 & 1 & 0 & \cdots & 0\\ 0 & 0 & 1 & \cdots & 0\\ \vdots & \vdots & \vdots & \ddots & \vdots\\ 0 & 0 & 0 & \cdots & 1\\ 1 & 0 & 0 & \cdots & 0\end{bmatrix} \tag{2.1.4}$$

换言之，移位矩阵的元素 $p_{i,i+1}=1\,(1\leqslant i\leqslant n-1)$，$p_{n1}=1$，其余皆为零。显然，移位矩阵可以用基本向量表示为 $\boldsymbol{P}=[\boldsymbol{e}_n,\boldsymbol{e}_1,\cdots,\boldsymbol{e}_{n-1}]$。

移位矩阵乃是因其能够使别的矩阵的首行或者最后一列移动位置而得名。例如，对一个 $m\times n$ 矩阵 $\boldsymbol{A}=[a_{ij}]$，若左乘 $m\times m$ 移位矩阵 $\boldsymbol{P}_m$，则

$$\boldsymbol{P}_m\boldsymbol{A}=\begin{bmatrix} a_{21} & a_{22} & \cdots & a_{2n} \\ \vdots & \vdots & & \vdots \\ a_{m1} & a_{m2} & \cdots & a_{mn} \\ a_{11} & a_{12} & \cdots & a_{1n} \end{bmatrix}$$

相当于将矩阵 $\boldsymbol{A}$ 的第 1 行移位到第 m 行下面。类似地，若右乘 $n\times n$ 移位矩阵 $\boldsymbol{P}_n$，则

$$\boldsymbol{A}\boldsymbol{P}_n=\begin{bmatrix} a_{1n} & a_{11} & \cdots & a_{1,n-1} \\ a_{2n} & a_{21} & \cdots & a_{2,n-1} \\ \vdots & \vdots & & \vdots \\ a_{mn} & a_{m1} & \cdots & a_{m,n-1} \end{bmatrix}$$

相当于将矩阵 $\boldsymbol{A}$ 的第 n 列移位到第 1 列前面。

2.1.3　广义置换矩阵与选择矩阵

一个正方矩阵称为广义置换矩阵 (generalized permutation matrix)，简称 g 矩阵，若其每行和每列有一个并且仅有一个非零元素。

一个广义置换矩阵可以分解为一个置换矩阵和一个非奇异的对角矩阵之积，即有

$$\boldsymbol{G}=\boldsymbol{P}\boldsymbol{D} \tag{2.1.5}$$

式中，$\boldsymbol{D}$ 为非奇异的对角矩阵。例如

$$\boldsymbol{G}=\begin{bmatrix} 0 & 0 & 0 & 0 & \alpha \\ 0 & 0 & \beta & 0 & 0 \\ 0 & \gamma & 0 & 0 & 0 \\ 0 & 0 & 0 & \lambda & 0 \\ \rho & 0 & 0 & 0 & 0 \end{bmatrix}=\begin{bmatrix} 0 & 0 & 0 & 0 & 1 \\ 0 & 0 & 1 & 0 & 0 \\ 0 & 1 & 0 & 0 & 0 \\ 0 & 0 & 0 & 1 & 0 \\ 1 & 0 & 0 & 0 & 0 \end{bmatrix}\begin{bmatrix} \rho & & & & 0 \\ & \gamma & & & \\ & & \beta & & \\ & & & \lambda & \\ 0 & & & & \alpha \end{bmatrix}$$

顾名思义，选择矩阵 (selective matrix) 是一种可以对某个给定矩阵的某些行或者某些列进行选择的矩阵。以 $m\times N$ 矩阵

$$\boldsymbol{X}=\begin{bmatrix} x_1(1) & x_1(2) & \cdots & x_1(N) \\ x_2(1) & x_2(2) & \cdots & x_2(N) \\ \vdots & \vdots & & \vdots \\ x_m(1) & x_m(2) & \cdots & x_m(N) \end{bmatrix}$$

为例。令

$$\boldsymbol{J}_1=[\boldsymbol{I}_{m-1},\boldsymbol{0}_{m-1}],\qquad \boldsymbol{J}_2=[\boldsymbol{0}_{m-1},\boldsymbol{I}_{m-1}]$$

是两个 $(m-1)\times m$ 矩阵，式中，$\boldsymbol{I}_{m-1}$ 和 $\boldsymbol{0}_{m-1}$ 分别是 $(m-1)\times(m-1)$ 单位矩阵和 $(m-1)\times 1$

零向量。直接计算得

$$\boldsymbol{J}_1\boldsymbol{X} = \begin{bmatrix} x_1(1) & x_1(2) & \cdots & x_1(N) \\ x_2(1) & x_2(2) & \cdots & x_2(N) \\ \vdots & \vdots & & \vdots \\ x_{m-1}(1) & x_{m-1}(2) & \cdots & x_{m-1}(N) \end{bmatrix}$$

$$\boldsymbol{J}_2\boldsymbol{X} = \begin{bmatrix} x_2(1) & x_2(2) & \cdots & x_2(N) \\ x_3(1) & x_3(2) & \cdots & x_3(N) \\ \vdots & \vdots & & \vdots \\ x_m(1) & x_m(2) & \cdots & x_m(N) \end{bmatrix}$$

即是说，矩阵 $\boldsymbol{J}_1\boldsymbol{X}$ 选择的是原矩阵 $\boldsymbol{X}$ 的前 $m-1$ 行，而矩阵 $\boldsymbol{J}_2\boldsymbol{X}$ 选择出原矩阵 $\boldsymbol{X}$ 的后 $m-1$ 行。

类似地，若令

$$\boldsymbol{J}_1 = \begin{bmatrix} \boldsymbol{I}_{N-1} \\ \boldsymbol{0}_{N-1} \end{bmatrix}, \qquad \boldsymbol{J}_2 = \begin{bmatrix} \boldsymbol{0}_{N-1} \\ \boldsymbol{I}_{N-1} \end{bmatrix}$$

是两个 $N \times (N-1)$ 矩阵，则

$$\boldsymbol{X}\boldsymbol{J}_1 = \begin{bmatrix} x_1(1) & x_1(2) & \cdots & x_1(N-1) \\ x_2(1) & x_2(2) & \cdots & x_2(N-1) \\ \vdots & \vdots & & \vdots \\ x_m(1) & x_m(2) & \cdots & x_m(N-1) \end{bmatrix}$$

$$\boldsymbol{X}\boldsymbol{J}_2 = \begin{bmatrix} x_1(2) & x_1(3) & \cdots & x_1(N) \\ x_2(2) & x_2(3) & \cdots & x_2(N) \\ \vdots & \vdots & & \vdots \\ x_m(2) & x_m(3) & \cdots & x_m(N) \end{bmatrix}$$

分别选择原矩阵 $\boldsymbol{X}$ 的前 $N-1$ 列和后 $N-1$ 列。

2.1.4 广义置换矩阵在鸡尾酒会问题中的应用案例

1. 工程问题

鸡尾酒会问题：n 个人在酒会上交谈，用 m 个传感器观测得到 m 维的数据向量 $\boldsymbol{x}(t) = [x_1(t), x_2(t), \cdots, x_m(t)]^{\mathrm{T}}$，其中 $x_i(t)$ 表示第 i 个传感器在 t 时刻的观测数据。能否通过观测数据向量 $\boldsymbol{x}(t)$ 将 n 个人的语音信号分离出来？

2. 数学建模

令 $\boldsymbol{s}(t) = [s_1(t), s_2(t), \cdots, s_n(t)]^{\mathrm{T}}$ 表示 n 维的源信号向量，其中 $s_j(t)$ 表示第 j 个人的语音信号。若 n 维源信号向量 $\boldsymbol{s}(t)$ 经过无线信道的线性混合，被传感器观测，则 m 维观测数据向量 $\boldsymbol{x}(t)$ 可以用线性方程组

$$\boldsymbol{x}(t)=\boldsymbol{A}\boldsymbol{s}(t) \quad \text{或} \quad x_i(t)=\sum_{j=1}^{n} a_{ij}s_j(t), \quad i=1,2,\cdots,m \tag{2.1.6}$$

数学建模。其中，混合矩阵 $\boldsymbol{A}$ 的元素 a_{ij} 表示第 j 个人的语音信号到达第 i 个传感器所经历信道的混合系数。

3. 数学问题

只有观测数据向量 $\boldsymbol{x}(t)$ 已知，而混合矩阵 $\boldsymbol{A}$ 未知，能否通过求解盲线性方程组 $\boldsymbol{x}(t)=\boldsymbol{A}\boldsymbol{s}(t)$ 得到混合矩阵 $\boldsymbol{A}$ 与/或源信号向量 $\boldsymbol{s}(t)$？这类问题在工程中称为盲信号分离 (blind signal separation) 问题。

4. 线性方程组求解思路

令混合矩阵 $\boldsymbol{A}=[\boldsymbol{a}_1,\boldsymbol{a}_2,\cdots,\boldsymbol{a}_n]$，则盲信号混合的线性方程组 $\boldsymbol{x}(t)=\boldsymbol{A}\boldsymbol{s}(t)$ 可以等价写作

$$\boldsymbol{x}(t)=\boldsymbol{A}\boldsymbol{s}(t)=\sum_{j=1}^{n}\boldsymbol{a}_j s_j(t)=\sum_{j=1}^{n}\frac{\boldsymbol{a}_j}{\alpha_j}\cdot\alpha_j s_j(t) \tag{2.1.7}$$

由此可以看出，盲信号混合方程存在两种不确定性或模糊性：(1) 混合矩阵 $\boldsymbol{A}$ 的列向量和源信号的排序的不确定性，因为同时对换列向量 $\boldsymbol{a}_j\leftrightarrow\boldsymbol{a}_k$ 和源信号 $s_j(t)\leftrightarrow s_k(t)$，观测数据向量保持不变；(2) 列向量和源信号的尺度的不确定性，因为列向量 $\boldsymbol{a}_j$ 除以一个非零的因子 α_j，同时源信号 $s_j(t)$ 乘以一个相同的因子，观测数据向量也保持不变。这说明，盲信号混合方程可以使用广义置换矩阵 $\boldsymbol{G}$ 进一步等价写作

$$\boldsymbol{x}(t)=(\boldsymbol{G}\boldsymbol{A})\boldsymbol{G}\boldsymbol{s}(t)=(\boldsymbol{G}\boldsymbol{A})\hat{\boldsymbol{s}}(t) \tag{2.1.8}$$

其中，$\boldsymbol{G}\boldsymbol{A}$ 和 $\hat{\boldsymbol{s}}(t)=\boldsymbol{G}\boldsymbol{s}(t)$ 分别表示混合矩阵和源信号向量的排序不确定性以及尺度不确定性。

由于混合矩阵 $\boldsymbol{A}$ 未知而导致盲线性方程组 $\boldsymbol{x}(t)=\boldsymbol{A}\boldsymbol{s}(t)$ 无法直接求解，故转而求解等价的盲线性方程组 $\boldsymbol{x}(t)=(\boldsymbol{G}\boldsymbol{A})\hat{\boldsymbol{s}}(t)$ 的解

$$\hat{\boldsymbol{s}}(t)=(\boldsymbol{G}\boldsymbol{A})^{\dagger}\boldsymbol{x}(t) \tag{2.1.9}$$

关于盲线性方程组的具体求解方法，将在第 6 章详细讨论。

5. 可行性分析

盲线性方程组 $\boldsymbol{x}(t)=(\boldsymbol{G}\boldsymbol{A})\hat{\boldsymbol{s}}(t)$ 的解 $\hat{\boldsymbol{s}}(t)=(\boldsymbol{G}\boldsymbol{A})^{\dagger}\boldsymbol{x}(t)$ 存在两种不确定性：(1) 分离信号的排列次序与源信号的排序可能不一致；(2) 分离的某个信号与对应的源信号相差一个固定的复值因子 (固定的幅度放大或缩小，以及固定的初始相位差)。然而，这两种不确定性在工程应用中是允许的，因为它们与盲信号分离的两个本质任务并不矛盾：(1) 解向量 $\hat{\boldsymbol{s}}(t)=(\boldsymbol{G}\boldsymbol{A})^{\dagger}\boldsymbol{x}(t)$ 已经达到了信号分离之目的，而源信号的排序原本就是未知的，在鸡尾酒会中源信号的排序往往处于变化之中；(2) 一个固定倍数的放大或缩小，不影响分离信号与源信号之间的“高保真度”，而初始相位差则可以通过有关信号处理方法加以补偿。

2.2　正交矩阵与酉矩阵

向量 $\boldsymbol{x}_1,\boldsymbol{x}_2,\cdots,\boldsymbol{x}_k\in\mathbb{C}^n$ 组成一正交组，若 $\boldsymbol{x}_i^{\mathrm{H}}\boldsymbol{x}_j=0,\ 1\leqslant i<j\leqslant k$。此外，若向量还是归一化的，即 $\|\boldsymbol{x}\|_2^2=\boldsymbol{x}_i^{\mathrm{H}}\boldsymbol{x}_i=1,\ i=1,2,\cdots,k$，则该正交组称为标准正交组。

定理 2.2.1 一组正交的非零向量是线性无关的。

证明 假设 $\{\boldsymbol{x}_1,\boldsymbol{x}_2,\cdots,\boldsymbol{x}_k\}$ 是一正交组，并假定 $\mathbf{0}=\alpha_1\boldsymbol{x}_1+\alpha_2\boldsymbol{x}_2+\cdots+\alpha_k\boldsymbol{x}_k$。于是有

$$0=\mathbf{0}^{\mathrm{H}}\mathbf{0}=\sum_{i=1}^{k}\sum_{j=1}^{k}\alpha_i^*\alpha_j\boldsymbol{x}_i^{\mathrm{H}}\boldsymbol{x}_j=\sum_{i=1}^{k}|\alpha_i|^2\boldsymbol{x}_i^{\mathrm{H}}\boldsymbol{x}_i$$

由于向量是正交的，且 $\boldsymbol{x}_i^{\mathrm{H}}\boldsymbol{x}_i>0$，故 $\sum_{i=1}^{k}|\alpha_i|^2\boldsymbol{x}_i^{\mathrm{H}}\boldsymbol{x}_i=0$ 的条件是所有 $|\alpha_i|^2=0$ 即所有 $\alpha_i=0$，从而 $\{\boldsymbol{x}_1,\boldsymbol{x}_2,\cdots,\boldsymbol{x}_k\}$ 是线性无关的。 ■

一实的正方矩阵 $\boldsymbol{Q}\in\mathbb{R}^{n\times n}$ 称为正交矩阵，若

$$\boldsymbol{Q}\boldsymbol{Q}^{\mathrm{T}}=\boldsymbol{Q}^{\mathrm{T}}\boldsymbol{Q}=\boldsymbol{I} \tag{2.2.1}$$

一复值正方矩阵 $\boldsymbol{U}\in\mathbb{C}^{n\times n}$ 称为酉矩阵，若

$$\boldsymbol{U}\boldsymbol{U}^{\mathrm{H}}=\boldsymbol{U}^{\mathrm{H}}\boldsymbol{U}=\boldsymbol{I} \tag{2.2.2}$$

实矩阵 $\boldsymbol{Q}_{m\times n}$ 称为半正交矩阵 (semi-orthogonal matrix)，若它只满足 $\boldsymbol{Q}\boldsymbol{Q}^{\mathrm{T}}=\boldsymbol{I}_m$ 或者 $\boldsymbol{Q}^{\mathrm{T}}\boldsymbol{Q}=\boldsymbol{I}_n$。类似地，复矩阵 $\boldsymbol{U}_{m\times n}$ 称为仿酉矩阵 (para-unitary matrix)，若它只满足 $\boldsymbol{U}\boldsymbol{U}^{\mathrm{H}}=\boldsymbol{I}_m$ 或者 $\boldsymbol{U}^{\mathrm{H}}\boldsymbol{U}=\boldsymbol{I}_n$。

表 2.2.1 归纳出了实向量、实矩阵与复向量、复矩阵之间的性质比较。

表 2.2.1 实向量、实矩阵与复向量、复矩阵的性质比较

实向量、实矩阵	复向量、复矩阵
范数 $\lVert\boldsymbol{x}\rVert=\sqrt{x_1^2+x_2^2+\cdots+x_n^2}$	范数 $\lVert\boldsymbol{x}\rVert=\sqrt{\lvert x_1\rvert^2+\lvert x_2\rvert^2+\cdots+\lvert x_n\rvert^2}$
转置 $\boldsymbol{A}^{\mathrm{T}}=[a_{ji}]$，$(\boldsymbol{AB})^{\mathrm{T}}=\boldsymbol{B}^{\mathrm{T}}\boldsymbol{A}^{\mathrm{T}}$	共轭转置 $\boldsymbol{A}^{\mathrm{H}}=[a_{ji}^*]$，$(\boldsymbol{AB})^{\mathrm{H}}=\boldsymbol{B}^{\mathrm{H}}\boldsymbol{A}^{\mathrm{H}}$
内积 $\langle\boldsymbol{x},\boldsymbol{y}\rangle=\boldsymbol{x}^{\mathrm{T}}\boldsymbol{y}$	内积 $\langle\boldsymbol{x},\boldsymbol{y}\rangle=\boldsymbol{x}^{\mathrm{H}}\boldsymbol{y}$
正交性 $\boldsymbol{x}^{\mathrm{T}}\boldsymbol{y}=0$	正交性 $\boldsymbol{x}^{\mathrm{H}}\boldsymbol{y}=0$
对称矩阵 $\boldsymbol{A}^{\mathrm{T}}=\boldsymbol{A}$	Hermitian 矩阵 $\boldsymbol{A}^{\mathrm{H}}=\boldsymbol{A}$
正交矩阵 $\boldsymbol{Q}^{\mathrm{T}}=\boldsymbol{Q}^{-1}$	酉矩阵 $\boldsymbol{U}^{\mathrm{H}}=\boldsymbol{U}^{-1}$
特征值分解 $\boldsymbol{A}=\boldsymbol{Q\Sigma Q}^{\mathrm{T}}=\boldsymbol{Q\Sigma Q}^{-1}$	特征值分解 $\boldsymbol{A}=\boldsymbol{U\Sigma U}^{\mathrm{H}}=\boldsymbol{U\Sigma U}^{-1}$
范数的正交不变性 $\lVert\boldsymbol{Qx}\rVert=\lVert\boldsymbol{x}\rVert$	范数的酉不变性 $\lVert\boldsymbol{Ux}\rVert=\lVert\boldsymbol{x}\rVert$
内积的正交不变性 $\langle\boldsymbol{Qx},\boldsymbol{Qy}\rangle=\langle\boldsymbol{x},\boldsymbol{y}\rangle$	内积的酉不变性 $\langle\boldsymbol{Ux},\boldsymbol{Uy}\rangle=\langle\boldsymbol{x},\boldsymbol{y}\rangle$

令 $\boldsymbol{U}$ 为酉矩阵，一个满足条件 $\boldsymbol{B}=\boldsymbol{U}^{\mathrm{H}}\boldsymbol{AU}$ 的矩阵 $\boldsymbol{B}\in\mathbb{C}^{n\times n}$ 被称为与 $\boldsymbol{A}\in\mathbb{C}^{n\times n}$ 酉等价。如果 $\boldsymbol{U}$ 取实数 (因而是实正交的)，则称 $\boldsymbol{B}$ 与 $\boldsymbol{A}$ 正交等价。

下面汇总了酉矩阵的有用性质[70]：

(1) $\boldsymbol{A}_{m\times m}$ 为酉矩阵 $\Leftrightarrow$ $\boldsymbol{A}$ 的列是标准正交的向量。

(2) $\boldsymbol{A}_{m\times m}$ 为酉矩阵 $\Leftrightarrow$ $\boldsymbol{A}$ 的行是标准正交的向量。

(3) $\boldsymbol{A}_{m\times m}$ 为实矩阵时，$\boldsymbol{A}$ 为酉矩阵 $\Leftrightarrow$ $\boldsymbol{A}$ 为正交矩阵。

(4) $\boldsymbol{A}_{m\times m}$ 为酉矩阵 $\Leftrightarrow$ $\boldsymbol{A}\boldsymbol{A}^{\mathrm{H}}=\boldsymbol{A}^{\mathrm{H}}\boldsymbol{A}=\boldsymbol{I}_m$

$\Leftrightarrow$ $\boldsymbol{A}^{\mathrm{T}}$ 为酉矩阵

$\Leftrightarrow$ $\boldsymbol{A}^{\mathrm{H}}$ 为酉矩阵

$\Leftrightarrow$ $\boldsymbol{A}^*$ 为酉矩阵

$\Leftrightarrow$ $\boldsymbol{A}^{-1}$ 为酉矩阵

$\Leftrightarrow$ $\boldsymbol{A}^i$ 为酉矩阵，$i=1,2,\cdots$

(5) $\boldsymbol{A}_{m\times m},\boldsymbol{B}_{m\times m}$ 为酉矩阵 $\Rightarrow$ $\boldsymbol{AB}$ 为酉矩阵。

(6) 酉矩阵的行列式的模等于 1，即 $|\det(\boldsymbol{A})|=1$。

(7) 酉矩阵是满秩矩阵，即它的秩和阶数相等。

(8) 酉矩阵的特征值的模等于 1，即 $|\lambda|=1$。

酉矩阵和正交矩阵是梯度分析与最优化、奇异值分析、特征分析、子空间分析与跟踪、投影分析中被广泛使用的特殊矩阵。

2.3　三角矩阵

满足条件 $a_{ij}=0,\ i>j$ 的正方矩阵 $\boldsymbol{U}=[u_{ij}]$ 称为上三角矩阵 (upper triangular matrix)，其一般形式为

$$\boldsymbol{U}=\begin{bmatrix} u_{11} & u_{12} & \cdots & u_{1n} \\ 0 & u_{22} & \cdots & u_{2n} \\ \vdots & \vdots & \ddots & \vdots \\ 0 & 0 & \cdots & u_{nn} \end{bmatrix}$$

满足条件 $l_{ij}=0,\ i<j$ 的正方矩阵 $\boldsymbol{L}=[l_{ij}]$ 称为下三角矩阵 (lower triangular matrix)，其一般形式为

$$\boldsymbol{L}=\begin{bmatrix} l_{11} & 0 & \cdots & 0 \\ l_{12} & l_{22} & \cdots & 0 \\ \vdots & \vdots & \ddots & \vdots \\ l_{n1} & l_{n2} & \cdots & l_{nn} \end{bmatrix}$$

将有关三角矩阵的定义加以归纳，一个正方矩阵 $\boldsymbol{A}=[a_{ij}]$ 称为：

(1) 下三角矩阵，若　$a_{ij}=0\ (i<j)$;

(2) 严格下三角矩阵，若　$a_{ij}=0\ (i\leqslant j)$;

(3) 单位下三角矩阵，若　$a_{ij}=0\ (i<j),\ a_{ii}=1\ (\forall\ i)$;

(4) 上三角矩阵，若　$a_{ij}=0\ (i>j)$;

(5) 严格上三角矩阵，若　$a_{ij}=0\ (i\geqslant j)$;

(6) 单位上三角矩阵，若　$a_{ij}=0\ (i>j),\ a_{ii}=1\ (\forall\ i)$。

下面列举上三角矩阵的性质：

(1) 上三角矩阵之积为上三角矩阵，即若 $\boldsymbol{U}_1,\boldsymbol{U}_2,\cdots,\boldsymbol{U}_k$ 各为上三角矩阵，则 $\boldsymbol{U}=\boldsymbol{U}_1\boldsymbol{U}_2\cdots\boldsymbol{U}_k$ 为上三角矩阵。

(2) 上三角矩阵 $\boldsymbol{U}=[u_{ij}]$ 的行列式等于对角线元素之积，即

$$\det(\boldsymbol{U})=u_{11}u_{22}\cdots u_{nn}=\prod_{i=1}^{n}u_{ii}$$

(3) 上三角矩阵的逆矩阵为上三角矩阵。

(4) 正定 Hermitian 矩阵 $\boldsymbol{A}$ 可以分解为 $\boldsymbol{A}=\boldsymbol{T}^{\mathrm{H}}\boldsymbol{D}\boldsymbol{T}$，其中，$\boldsymbol{T}$ 为单位上三角复矩阵，$\boldsymbol{D}$ 为实对角矩阵。

下三角矩阵的性质如下：

(1) 下三角矩阵之积为下三角矩阵，即若 $\boldsymbol{L}_1,\boldsymbol{L}_2,\cdots,\boldsymbol{L}_k$ 各为下三角矩阵，则 $\boldsymbol{L}=\boldsymbol{L}_1\boldsymbol{L}_2\cdots\boldsymbol{L}_k$ 为下三角矩阵。

(2) 下三角矩阵的行列式等于对角线元素之积，即

$$\det(\boldsymbol{L})=l_{11}l_{22}\cdots l_{nn}=\prod_{i=1}^{n}l_{ii}$$

(3) 下三角矩阵的逆矩阵为下三角矩阵。

(4) 一个正定矩阵 $\boldsymbol{A}_{n\times n}$ 能够分解为下三角矩阵 $\boldsymbol{L}_{n\times n}$ 与其转置之积，即 $\boldsymbol{A}=\boldsymbol{L}\boldsymbol{L}^{\mathrm{T}}$。这一分解称为矩阵 $\boldsymbol{A}$ 的 Cholesky 分解。

有时称满足 $\boldsymbol{A}=\boldsymbol{L}\boldsymbol{L}^{\mathrm{T}}$ 的下三角矩阵 $\boldsymbol{L}$ 为矩阵 $\boldsymbol{A}$ 的平方根。更一般地，满足

$$\boldsymbol{B}^2=\boldsymbol{A} \tag{2.3.1}$$

的矩阵 $\boldsymbol{B}$ 称为 $\boldsymbol{A}$ 的平方根，记作 $\boldsymbol{A}^{1/2}$。注意，一个正方矩阵 $\boldsymbol{A}$ 的平方根不一定是唯一的。

若对角线或者交叉对角线上的矩阵是可逆的，则分块三角矩阵的求逆公式为

$$\begin{bmatrix}\boldsymbol{A} & \boldsymbol{O}\\ \boldsymbol{B} & \boldsymbol{C}\end{bmatrix}^{-1}=\begin{bmatrix}\boldsymbol{A}^{-1} & \boldsymbol{O}\\ -\boldsymbol{C}^{-1}\boldsymbol{B}\boldsymbol{A}^{-1} & \boldsymbol{C}^{-1}\end{bmatrix} \tag{2.3.2}$$

$$\begin{bmatrix}\boldsymbol{A} & \boldsymbol{B}\\ \boldsymbol{C} & \boldsymbol{O}\end{bmatrix}^{-1}=\begin{bmatrix}\boldsymbol{O} & \boldsymbol{C}^{-1}\\ \boldsymbol{B}^{-1} & -\boldsymbol{B}^{-1}\boldsymbol{A}\boldsymbol{C}^{-1}\end{bmatrix} \tag{2.3.3}$$

$$\begin{bmatrix}\boldsymbol{A} & \boldsymbol{B}\\ \boldsymbol{O} & \boldsymbol{C}\end{bmatrix}^{-1}=\begin{bmatrix}\boldsymbol{A}^{-1} & -\boldsymbol{A}^{-1}\boldsymbol{B}\boldsymbol{C}^{-1}\\ \boldsymbol{O} & \boldsymbol{C}^{-1}\end{bmatrix} \tag{2.3.4}$$

2.4 Vandermonde 矩阵与 Fourier 矩阵

在工程应用问题中，经常遇到每行元素组成一个等比序列的特殊矩阵，它们是 Vandermonde 矩阵和 Fourier 矩阵。事实上，Fourier 矩阵是 Vandermonde 矩阵的一个特例。

2.4.1 Vandermonde 矩阵

Vandermonde 矩阵取形式

$$\boldsymbol{A}=\begin{bmatrix}1 & x_1 & x_1^2 & \cdots & x_1^{N-1}\\ 1 & x_2 & x_2^2 & \cdots & x_2^{N-1}\\ \vdots & \vdots & \vdots & & \vdots\\ 1 & x_n & x_n^2 & \cdots & x_n^{N-1}\end{bmatrix} \tag{2.4.1}$$

或

$$\boldsymbol{A}=\begin{bmatrix}1 & 1 & \cdots & 1\\ x_1 & x_2 & \cdots & x_n\\ x_1^2 & x_2^2 & \cdots & x_n^2\\ \vdots & \vdots & & \vdots\\ x_1^{N-1} & x_2^{N-1} & \cdots & x_n^{N-1}\end{bmatrix} \tag{2.4.2}$$

即矩阵每行 (或列) 的元素组成一个等比序列。

Vandermonde 矩阵的一个突出性质是：n 个参数 $x_1,x_2,\cdots,x_n$ 不相同时，Vandermonde 矩阵一定是行满秩的，因为它的各个列 (或行) 线性无关。

在信号处理中经常遇到是复 Vandermonde 矩阵。

例 2.4.1 (*扩展 Prony 方法*)　在谐波恢复的扩展 Prony 方法中，信号模型假定是一组 p 个指数函数的叠加，这组指数函数有任意的辐值、相位、频率和阻尼因子。于是，离散时间的数学模型

$$\hat{x}_n=\sum_{i=0}^{p} b_i z_i^n,\qquad n=0,1,\cdots,N-1 \tag{2.4.3}$$

被用作拟合观测数据 $x_0,x_1,\cdots,x_{N-1}$ 的数学模型。通常，b_i 和 z_i 假定为复数，并且

$$b_i=A_i\exp(\mathrm{j}\,\theta_i),\quad z_i=\exp[(\alpha_i+\mathrm{j}\,2\pi f_i)\Delta t]$$

其中，A_i 是辐值，θ_i 是相位 (rad)，α_i 为阻尼因子，f_i 为振荡频率 (Hz)，Δt 代表采样间隔 (s)。式 (2.4.3) 的矩阵形式是

$$\boldsymbol{\Phi b}=\hat{\boldsymbol{x}}$$

式中，$\boldsymbol{b}=[b_0,b_1,\cdots,b_p]^{\mathrm{T}}$，$\hat{\boldsymbol{x}}=[\hat{x}_0,\hat{x}_1,\cdots,\hat{x}_{N-1}]^{\mathrm{T}}$，而 $\boldsymbol{\Phi}$ 是一复 Vandermonde 矩阵

$$\boldsymbol{\Phi}=\begin{bmatrix}1 & 1 & 1 & \cdots & 1\\ z_1 & z_2 & z_3 & \cdots & z_p\\ z_1^2 & z_2^2 & z_3^2 & \cdots & z_p^2\\ \vdots & \vdots & \vdots & & \vdots\\ z_1^{N-1} & z_2^{N-1} & z_3^{N-1} & \cdots & z_p^{N-1}\end{bmatrix} \tag{2.4.4}$$

使平方误差 $\epsilon = \sum_{n=0}^{N-1} |x_n - \hat{x}_n|^2$ 最小，便得到最小二乘解

$$\boldsymbol{b} = [\boldsymbol{\Phi}^{\mathrm{H}}\boldsymbol{\Phi}]^{-1}\boldsymbol{\Phi}^{\mathrm{H}}\hat{\boldsymbol{x}} \tag{2.4.5}$$

容易证明，式 (2.4.5) 中的 $\boldsymbol{\Phi}^{\mathrm{H}}\boldsymbol{\Phi}$ 的计算可以大大简化，使得无须作 Vandermonde 矩阵的乘法运算，就能够直接利用

$$\boldsymbol{\Phi}^{\mathrm{H}}\boldsymbol{\Phi} = \begin{bmatrix} \gamma_{11} & \gamma_{12} & \cdots & \gamma_{1p} \\ \gamma_{21} & \gamma_{22} & \cdots & \gamma_{2p} \\ \vdots & \vdots & & \vdots \\ \gamma_{p1} & \gamma_{p2} & \cdots & \gamma_{pp} \end{bmatrix} \tag{2.4.6}$$

计算出 $\boldsymbol{\Phi}^{\mathrm{H}}\boldsymbol{\Phi}$，其中

$$\gamma_{ij} = \frac{(z_i^* z_j)^N - 1}{z_i^* z_j - 1} \tag{2.4.7}$$

信号处理中另外一种与式 (2.4.4) 类似的 Vandermonde 矩阵为

$$\boldsymbol{\Phi} = \begin{bmatrix} 1 & 1 & \cdots & 1 \\ \mathrm{e}^{\lambda_1} & \mathrm{e}^{\lambda_2} & \cdots & \mathrm{e}^{\lambda_d} \\ \vdots & \vdots & & \vdots \\ \mathrm{e}^{\lambda_1(N-1)} & \mathrm{e}^{\lambda_2(N-1)} & \cdots & \mathrm{e}^{\lambda_d(N-1)} \end{bmatrix} \tag{2.4.8}$$

在一些工程应用 (例如信号重构、系统辨识和其他一些信号处理问题) 中，需要对 Vandermonde 矩阵求逆。

$n \times n$ 复 Vandermonde 矩阵

$$\boldsymbol{A} = \begin{bmatrix} 1 & 1 & \cdots & 1 \\ a_1 & a_2 & \cdots & a_n \\ \vdots & \vdots & & \vdots \\ a_1^{n-1} & a_2^{n-1} & \cdots & a_n^{n-1} \end{bmatrix}, \qquad a_k \in \mathbb{C} \tag{2.4.9}$$

的逆矩阵由下式给出 [77]

$$\boldsymbol{A}^{-1} = \begin{bmatrix} \dfrac{\sigma_{n-1}(a_2,a_3,\cdots,a_n)}{\prod\limits_{k=2}^{n}(a_k-a_1)} & -\dfrac{\sigma_{n-2}(a_2,a_3,\cdots,a_n)}{\prod\limits_{k=2}^{n}(a_k-a_1)} & \cdots & \dfrac{(-1)^{n+1}}{\prod\limits_{k=2}^{n}(a_k-a_1)} \\ -\dfrac{\sigma_{n-1}(a_1,a_3,\cdots,a_n)}{(a_2-a_1)\prod\limits_{k=3}^{n}(a_k-a_2)} & \dfrac{\sigma_{n-2}(a_1,a_3,\cdots,a_n)}{(a_2-a_1)\prod\limits_{k=3}^{n}(a_k-a_2)} & \cdots & \dfrac{(-1)^{n+2}}{(a_2-a_1)\prod\limits_{k=3}^{n}(a_k-a_2)} \\ \vdots & \vdots & & \vdots \\ \dfrac{\sigma_{n-1}(a_1,a_2,\cdots,a_{n-1})}{(-1)^{n+1}\prod\limits_{k=1}^{n-1}(a_n-a_k)} & \dfrac{\sigma_{n-2}(a_1,a_2,\cdots,a_{n-1})}{(-1)^{n+2}\prod\limits_{k=1}^{n-1}(a_n-a_k)} & \cdots & \dfrac{1}{\prod\limits_{k=1}^{n-1}(a_n-a_k)} \end{bmatrix} \tag{2.4.10}$$

式中

$$\sigma_1(a_1,a_2,\cdots,a_k)=a_1+a_2+\cdots+a_k$$
$$\sigma_2(a_1,a_2,\cdots,a_k)=a_1a_2+\cdots+a_1a_k+a_2a_3+\cdots+a_2a_k+\cdots+a_{k-1}a_k$$
$$\vdots$$
$$\sigma_k(a_1,a_2,\cdots,a_k)=a_1a_2\cdots a_k$$

2.4.2 Fourier 矩阵

离散时间信号 $x_0,x_1,\cdots,x_{N-1}$ 的 Fourier 变换称为信号的离散 Fourier 变换 (DFT) 或频谱，定义为

$$X_k=\sum_{n=0}^{N-1}x_n\mathrm{e}^{-\mathrm{j}\,2\pi nk/N}=\sum_{n=0}^{N-1}x_nw^{nk},\quad k=0,1,\cdots,N-1 \tag{2.4.11}$$

式中，$w=\mathrm{e}^{-\mathrm{j}\,2\pi/N}$。离散 Fourier 变换的矩阵表示形式为

$$\begin{bmatrix}X_0\\X_1\\\vdots\\X_{N-1}\end{bmatrix}=\begin{bmatrix}1&1&\cdots&1\\1&w&\cdots&w^{N-1}\\\vdots&\vdots&&\vdots\\1&w^{N-1}&\cdots&w^{(N-1)(N-1)}\end{bmatrix}\begin{bmatrix}x_0\\x_1\\\vdots\\x_{N-1}\end{bmatrix} \tag{2.4.12}$$

或简记作

$$\hat{\boldsymbol{x}}=\boldsymbol{F}\boldsymbol{x} \tag{2.4.13}$$

式中，$\boldsymbol{x}=[x_0,x_1,\cdots,x_{N-1}]^{\mathrm{T}}$ 和 $\hat{\boldsymbol{x}}=[X_0,X_1,\cdots,X_{N-1}]^{\mathrm{T}}$ 分别是离散时间信号向量和频谱向量，而

$$\boldsymbol{F}=\begin{bmatrix}1&1&\cdots&1\\1&w&\cdots&w^{N-1}\\\vdots&\vdots&&\vdots\\1&w^{N-1}&\cdots&w^{(N-1)(N-1)}\end{bmatrix} \tag{2.4.14}$$

称为 Fourier 矩阵，其 (i,k) 元素为 $F(i,k)=w^{(i-1)(k-1)}$。

显然，Fourier 矩阵为 $N\times N$ Vandermonde 矩阵，具有特殊结构：每一行和每一列的元素都分别组成各自的等比序列。

式 (2.4.13) 表明，一个离散时间信号向量的离散 Fourier 变换可以用矩阵 $\boldsymbol{F}$ 表示，故称矩阵 $\boldsymbol{F}$ 为 Fourier 矩阵。

根据定义容易验证 $\boldsymbol{F}^{\mathrm{H}}\boldsymbol{F}=\boldsymbol{F}\boldsymbol{F}^{\mathrm{H}}=N\boldsymbol{I}$。注意到 Fourier 矩阵是一个 $N\times N$ 特殊 Vandermonde 矩阵，它是非奇异的。于是，由 $\boldsymbol{F}^{\mathrm{H}}\boldsymbol{F}=N\boldsymbol{I}$ 知，Fourier 矩阵的逆矩阵

$$\boldsymbol{F}^{-1}=\frac{1}{N}\boldsymbol{F}^{\mathrm{H}}=\frac{1}{N}\boldsymbol{F}^{*} \tag{2.4.15}$$

因此，由式 (2.4.13) 立即有

$$\boldsymbol{x}=\boldsymbol{F}^{-1}\hat{\boldsymbol{x}}=\frac{1}{N}\boldsymbol{F}^{*}\hat{\boldsymbol{x}} \tag{2.4.16}$$

或写作

$$\begin{bmatrix} x_0 \\ x_1 \\ \vdots \\ x_{N-1} \end{bmatrix} = \frac{1}{N} \begin{bmatrix} 1 & 1 & \cdots & 1 \\ 1 & w^* & \cdots & (w^{N-1})^* \\ \vdots & \vdots & & \vdots \\ 1 & (w^{N-1})^* & \cdots & (w^{(N-1)(N-1)})^* \end{bmatrix} \begin{bmatrix} X_0 \\ X_1 \\ \vdots \\ X_{N-1} \end{bmatrix} \tag{2.4.17}$$

即有

$$x_n = \frac{1}{N} \sum_{k=0}^{N-1} X_k \mathrm{e}^{\mathrm{j}2\pi nk/N}, \quad n = 0, 1, \cdots, N-1 \tag{2.4.18}$$

这恰好就是离散 Fourier 逆变换的公式。

n 阶 Fourier 矩阵具有以下基本性质：

(1) Fourier 矩阵为对称矩阵，即 $\boldsymbol{F}^{\mathrm{T}} = \boldsymbol{F}$。

(2) Fourier 矩阵的逆矩阵 $\boldsymbol{F}^{-1} = \frac{1}{N}\boldsymbol{F}^*$。

(3) $\boldsymbol{F}^4 = \boldsymbol{I}$。

2.5 Hadamard 矩阵

Hadamard 矩阵是在通信、信息论和信号处理中一种重要的特殊矩阵。

定义 2.5.1 $\boldsymbol{H}_n \in \mathbb{R}^{n \times n}$ 称为 Hadamard 矩阵，若它的所有元素取 $+1$ 或者 -1，且

$$\boldsymbol{H}_n \boldsymbol{H}_n^{\mathrm{T}} = \boldsymbol{H}_n^{\mathrm{T}} \boldsymbol{H}_n = n\boldsymbol{I}_n \tag{2.5.1}$$

Hadamard 矩阵具有以下基本性质：

(1) 只有当 $n = 2$ 或者 n 是 4 的整数倍时，Hadamard 矩阵才存在。

(2) $\frac{1}{\sqrt{n}}\boldsymbol{H}_n$ 为标准正交矩阵，即满足 $(\frac{1}{\sqrt{n}}\boldsymbol{H}_n)^{\mathrm{T}}(\frac{1}{\sqrt{n}}\boldsymbol{H}_n) = (\frac{1}{\sqrt{n}}\boldsymbol{H}_n)(\frac{1}{\sqrt{n}}\boldsymbol{H}_n)^{\mathrm{T}} = \boldsymbol{I}$。

(3) $n \times n$ Hadamard 矩阵 $\boldsymbol{H}_n$ 的行列式 $\det(\boldsymbol{H}_n) = n^{n/2}$。

观察知，用 -1 乘 Hadamard 矩阵的任意一行或者任意一列的元素，得到的结果仍然为一 Hadamard 矩阵。于是，可以得到第 1 列和第 1 行的所有元素为 $+1$ 的 Hadamard 矩阵，称为规范化 Hadamard 矩阵。

令 $n = 2^k$，$k = 1, 2, \cdots$，则规范化的标准正交 Hadamard 矩阵具有通用构造公式

$$\bar{\boldsymbol{H}}_n = \frac{1}{\sqrt{2}} \begin{bmatrix} \bar{\boldsymbol{H}}_{n/2} & \bar{\boldsymbol{H}}_{n/2} \\ \bar{\boldsymbol{H}}_{n/2} & -\bar{\boldsymbol{H}}_{n/2} \end{bmatrix} \tag{2.5.2}$$

其中

$$\bar{\boldsymbol{H}}_2 = \frac{1}{\sqrt{2}} \begin{bmatrix} 1 & 1 \\ 1 & -1 \end{bmatrix} \tag{2.5.3}$$

例 2.5.1 当 $n=2^3=8$ 时，Hadamard 矩阵为

$$\boldsymbol{H}_8=\begin{bmatrix} 1 & 1 & 1 & 1 & 1 & 1 & 1 & 1\\ 1 & -1 & 1 & -1 & 1 & -1 & 1 & -1\\ 1 & 1 & -1 & -1 & 1 & 1 & -1 & -1\\ 1 & -1 & -1 & 1 & 1 & -1 & -1 & 1\\ 1 & 1 & 1 & 1 & -1 & -1 & -1 & -1\\ 1 & -1 & 1 & -1 & -1 & 1 & -1 & 1\\ 1 & 1 & -1 & -1 & -1 & -1 & 1 & 1\\ 1 & -1 & -1 & 1 & -1 & 1 & 1 & -1 \end{bmatrix} \tag{2.5.4}$$

图 2.5.1 分别画出了 Hadamard 矩阵 $\boldsymbol{H}_8$ 的第 1~8 行的波形函数 $\phi_0(t),\phi_1(t),\cdots,\phi_7(t)$。

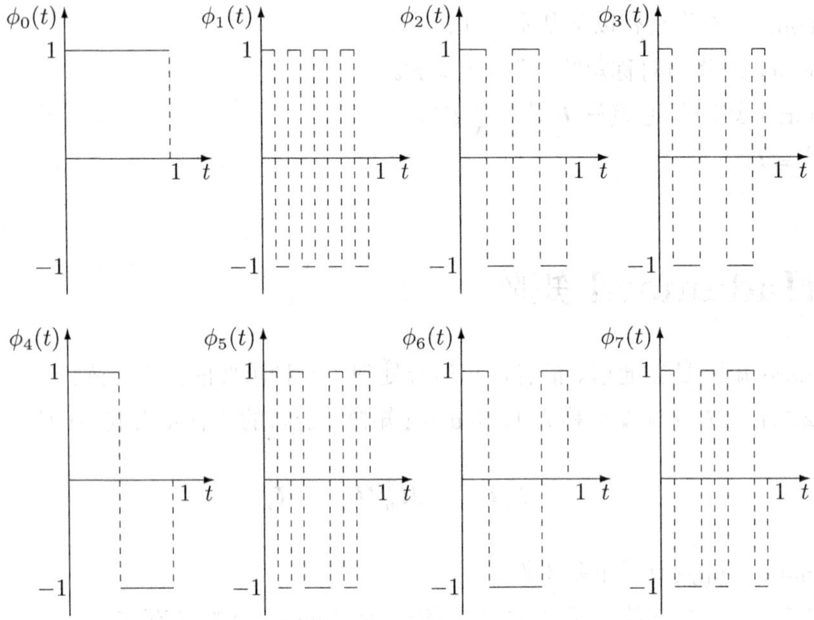

图 2.5.1 Hadamard 矩阵每行的波形

由图 2.5.1 容易看出，$\phi_0(t),\phi_1(t),\cdots,\phi_7(t)$ 这 8 个矩形脉冲函数相互正交，即

$$\int_0^1 \phi_i(t)\phi_j(t)\mathrm{d}t=\begin{cases}1, & i=j\\ 0, & i\neq j\end{cases} \tag{2.5.5}$$

使用 Hadamard 矩阵 $\boldsymbol{H}$ 的线性变换 $\boldsymbol{Y}=\boldsymbol{H}\boldsymbol{X}$ 称为矩阵 $\boldsymbol{X}$ 的 Hadamard 变换。由于 Hadamard 矩阵是规范化的标准正交矩阵，并且元素只取 +1 或 −1，故 Hadamard 矩阵是唯一只使用加法和减法的标准正交变换。Hadamard 矩阵的典型应用有：

(1) 在移动通信中用作编码，得到的码称为 Hadamard 码 (或称 Walsh-Hadamard 码)。

(2) Hadamard 矩阵的行向量可以用来仿真码分多址中各个用户的扩频波形向量。

2.6 Toeplitz 矩阵与 Hankel 矩阵

Toeplitz 矩阵和 Hankel 矩阵是工程中会遇到的另外两种特殊矩阵。

2.6.1 Toeplitz 矩阵

任何一条对角线的元素取相同值的特殊矩阵

$$\boldsymbol{A}=\begin{bmatrix} a_0 & a_{-1} & a_{-2} & \cdots & a_{-n} \\ a_1 & a_0 & a_{-1} & \cdots & a_{-n+1} \\ a_2 & a_1 & a_0 & \ddots & \vdots \\ \vdots & \vdots & \ddots & \ddots & a_{-1} \\ a_n & a_{n-1} & \cdots & a_1 & a_0 \end{bmatrix}=[a_{i-j}]_{i,j=0}^{n} \tag{2.6.1}$$

称为 Toeplitz 矩阵。显然，一个 $(n+1)\times(n+1)$ Toeplitz 矩阵由其第一行元素 $a_0,a_{-1},\cdots,a_{-n}$ 和第一列元素 $a_0,a_1,\cdots,a_n$ 完全确定。

最常见的 Toeplitz 矩阵为对称 Toeplitz 矩阵 $\boldsymbol{A}=[a_{|i-j|}]_{i,j=0}^{n}$，即其元素还满足对称关系 $a_{-i}=a_i(i=1,2,\cdots,n)$。可见，对称 Toeplitz 矩阵仅由其第 1 行元素就可以完全描述。因此，常将 $(n+1)\times(n+1)$ 对称 Toeplitz 矩阵 $\boldsymbol{A}$ 简记作 $\boldsymbol{A}=\mathrm{Toep}[a_0,a_1,\cdots,a_n]$。

元素满足复共轭对称关系 $a_{-i}=a_i^*$ 的复 Toeplitz 矩阵

$$\boldsymbol{A}=\begin{bmatrix} a_0 & a_1^* & a_2^* & \cdots & a_n^* \\ a_1 & a_0 & a_1^* & \cdots & a_{n-1}^* \\ a_2 & a_1 & a_0 & \ddots & \vdots \\ \vdots & \vdots & \ddots & \ddots & a_1^* \\ a_n & a_{n-1} & \cdots & a_1 & a_0 \end{bmatrix} \tag{2.6.2}$$

称为 Hermitian Toeplitz 矩阵。

Toeplitz 矩阵具有以下性质 [102]：

(1) Toeplitz 矩阵的线性组合仍然为 Toeplitz 矩阵。

(2) 若 Toeplitz 矩阵 $\boldsymbol{A}$ 的元素 $a_{ij}=a_{|i-j|}$，则 $\boldsymbol{A}$ 为对称 Toeplitz 矩阵。

(3) Toeplitz 矩阵 $\boldsymbol{A}$ 的转置 $\boldsymbol{A}^{\mathrm{T}}$ 仍然为 Toeplitz 矩阵。

(4) Toeplitz 矩阵的元素相对于交叉对角线对称。

例 2.6.1 在时间序列分析与功率谱估计中，经常需要求解 Yule-Walker 方程

$$\begin{bmatrix} R(0) & R(-1) & \cdots & R(-m) \\ R(1) & R(0) & \cdots & R(-m+1) \\ \vdots & \vdots & \ddots & \vdots \\ R(m) & R(m-1) & \cdots & R(0) \end{bmatrix}\begin{bmatrix} 1 \\ a_1^{(m)} \\ \vdots \\ a_m^{(m)} \end{bmatrix}=\begin{bmatrix} E_m \\ 0 \\ \vdots \\ 0 \end{bmatrix} \tag{2.6.3}$$

式中，$R(i) = \mathrm{E}\{x(n)x^*(n-i)\}$ 是观测信号 $x(n)$ 的自相关函数，$a_i^{(m)}$ 表示 m 阶预测误差滤波器的第 i 个系数，而

$$E_m = \sum_{i=0}^{m} a_i^{(m)} R(-i) \tag{2.6.4}$$

是 m 阶预测误差滤波器的误差输出功率。

Yule-Walker 方程式 (2.6.3) 为 Toeplitz 线性方程组，因为自相关矩阵为 $(m+1)\times(m+1)$ Toeplitz 矩阵。

Toeplitz 线性方程组 (2.6.3) 可以利用经典 Levinson 递推公式

$$a_i^{(m)} = a_i^{(m-1)} + \beta_m a_{m-i}^{*(m-1)}, \quad i = 0, 1, \cdots, m-1 \tag{2.6.5}$$

$$\beta_m = a_m^{(m)} \tag{2.6.6}$$

$$E_m = (1 - |\beta_m|^2) E_{m-1} \tag{2.6.7}$$

求解，其计算复杂度为 $O(m^2)$。

通常，随着阶次 m 的增加，误差输出功率 E_m 将逐渐减小。当 E_m 不再明显减小时，最小的 m 值即为预测误差滤波器的最优阶次。

比经典 Levinson 递推更快的算法是利用快速 Fourier 变换 (FFT) 求解 Toeplitz 线性方程组，这类算法只需要 $O(m\log_2 m)$ 的计算复杂度，例如 Kumar 算法 [56] 和 Davis 算法 [21] 等。特别地，文献 [15] 中求解 Toeplitz 线性方程组的共轭梯度算法只需要 $O(m\log_{10} m)$ 的计算复杂度。

2.6.2 Hankel 矩阵

与 Toepolitz 矩阵的各个对角线上的元素分别取相同值不同，每一条交叉对角线上具有相同元素的矩阵

$$\boldsymbol{A} = \begin{bmatrix} a_0 & a_1 & a_2 & \cdots & a_n \\ a_1 & a_2 & a_3 & \cdots & a_{n+1} \\ a_2 & a_3 & a_4 & \cdots & a_{n+2} \\ \vdots & \vdots & \vdots & & \vdots \\ a_n & a_{n+1} & a_{n+2} & \cdots & a_{2n} \end{bmatrix} \tag{2.6.8}$$

称为 Hankel 矩阵。显然，只要序列 $a_0, a_1, \cdots, a_{2n-1}, a_{2n}$ 给定，Hankel 矩阵的一般项就由 $a_{ij} = a_{i+j-2}$ 规定。

Hankel 矩阵与 Toeplitz 矩阵之间存在以下关系：

(1) Hankel 矩阵 $\boldsymbol{H}$ 右乘互换矩阵 $\boldsymbol{J}$ 得到的矩阵 $\boldsymbol{HJ} = \boldsymbol{T}$ 为 Toeplitz 矩阵，即

$$\begin{bmatrix} a_0 & a_1 & \cdots & a_n \\ a_1 & a_2 & \cdots & a_{n+1} \\ \vdots & \vdots & \ddots & \vdots \\ a_n & a_{n+1} & \cdots & a_{2n} \end{bmatrix} \begin{bmatrix} 0 & & & 1 \\ & & 1 & \\ & \iddots & & \\ 1 & & & 0 \end{bmatrix} = \begin{bmatrix} a_n & a_{n-1} & \cdots & a_0 \\ a_{n+1} & a_n & \cdots & a_1 \\ \vdots & \vdots & \ddots & \vdots \\ a_{2n} & a_{2n-1} & \cdots & a_n \end{bmatrix} \tag{2.6.9}$$

(2) Toeplitz 矩阵 $\boldsymbol{T}$ 右乘互换矩阵 $\boldsymbol{J}$ 得到的矩阵 $\boldsymbol{TJ}=\boldsymbol{H}$ 为 Hankel 矩阵，即

$$\begin{bmatrix} a_n & a_{n-1} & \cdots & a_0 \\ a_{n+1} & a_n & \cdots & a_1 \\ \vdots & \vdots & \ddots & \vdots \\ a_{2n} & a_{2n-1} & \cdots & a_n \end{bmatrix}\begin{bmatrix} 0 & & & 1 \\ & & 1 & \\ & \iddots & & \\ 1 & & & 0 \end{bmatrix}=\begin{bmatrix} a_0 & a_1 & \cdots & a_n \\ a_1 & a_2 & \cdots & a_{n+1} \\ \vdots & \vdots & \ddots & \vdots \\ a_n & a_{n+1} & \cdots & a_{2n} \end{bmatrix} \tag{2.6.10}$$

本章小结

本章结合工程应用，介绍了一些常用的特殊矩阵。这些特殊矩阵可以分为以下两大类型。

(1) 运算型特殊矩阵：在矩阵的计算和分析中常用的工具型特殊矩阵，如 Hermitian 矩阵、置换矩阵、互换矩阵、选择矩阵、正交矩阵、酉矩阵与三角矩阵等。

(2) 应用型特殊矩阵：与工程应用密切相关的特殊矩阵，如 Vandermonde 矩阵、Fourier 矩阵、Hadamard 矩阵、Toeplitz 矩阵与 Hankel 矩阵。

作为工程应用的举例，重点介绍了广义置换矩阵在鸡尾酒会问题中的应用案例。

习　　题

2.1　给定 $m\times n$ 矩阵 $\boldsymbol{A}_{m\times n}=[a_{ij}]$，写出该矩阵同时被 $m\times m$ 互换矩阵 $\boldsymbol{J}_m$ 左乘和被 $n\times n$ 互换矩阵 $\boldsymbol{J}_n$ 右乘 $\boldsymbol{J}_m\boldsymbol{A}_{m\times n}\boldsymbol{J}_n$ 的结果。

2.2　令 $\boldsymbol{A},\boldsymbol{S}$ 为 $n\times n$ 矩阵，且 $\boldsymbol{S}$ 非奇异。

(1) 证明 $(\boldsymbol{S}^{-1}\boldsymbol{AS})^2=\boldsymbol{S}^{-1}\boldsymbol{A}^2\boldsymbol{S}$ 和 $(\boldsymbol{S}^{-1}\boldsymbol{AS})^3=\boldsymbol{S}^{-1}\boldsymbol{A}^3\boldsymbol{S}$。

(2) 利用数学归纳法证明 $(\boldsymbol{S}^{-1}\boldsymbol{AS})^k=\boldsymbol{S}^{-1}\boldsymbol{A}^k\boldsymbol{S}$，其中，$k$ 为正整数。

2.3　给定 $n+1$ 个不同的数 $x_0,x_1,\cdots,x_n$ 和任意 $n+1$ 个数的集合 $\{y_0,y_1,\cdots,y_n\}$，则存在一个唯一的多项式 $p(x)=a_0+a_1x+a_2x^2+\cdots+a_nx^n$，使得 $p(x_0)=y_0,p(x_1)=y_1,\cdots,p(x_n)=y_n$。求 $a_0,a_1,\cdots,a_n$ 的表达式。

2.4[60, p.101]　第 i 行和第 j 列元素为 $1/(i+j-1)$ 的 $n\times n$ 矩阵称为 Hilbert 矩阵。令 $\boldsymbol{A}$ 是一个 6×6 Hilbert 矩阵，并且

$$\boldsymbol{b}=[1,2,1,1.414,1,2]^{\mathrm{T}},\qquad \boldsymbol{b}+\Delta\boldsymbol{b}=[1,2,1,1.4142,1,2]^{\mathrm{T}}$$

试用 MATLAB 求解线性方程组 $\boldsymbol{Ax}_1=\boldsymbol{b}$ 和 $\boldsymbol{Ax}_2=\boldsymbol{b}+\Delta\boldsymbol{b}$，并比较 $\boldsymbol{x}_1$ 和 $\boldsymbol{x}_2$。为什么尽管向量 $\boldsymbol{b}$ 的扰动很小，$\boldsymbol{x}_1$ 和 $\boldsymbol{x}_2$ 却相差很大？

2.5　一个 n 阶 Helmert 矩阵 $\boldsymbol{H}_n$ 的第 1 行为 $n^{-1/2}\boldsymbol{1}_n^{\mathrm{T}}$，其他 $n-1$ 行具有分块形式 [112, p.71]

$$\frac{1}{\sqrt{\lambda_i}}\left[\boldsymbol{1}_i^{\mathrm{T}},-i,\boldsymbol{0}_{n-i-1}^{\mathrm{T}}\right],\quad \lambda_i=i(i+1),\ i=1,2,\cdots,n-1$$

式中，$\mathbf{1}_i^{\mathrm{T}}$ 和 $\mathbf{0}_i^{\mathrm{T}}$ 分别表示元素全部为 1 和 0 的 i 维行向量。例如

$$\boldsymbol{H}_4=\begin{bmatrix}1/\sqrt{4} & 1/\sqrt{4} & 1/\sqrt{4} & 1/\sqrt{4}\\ 1/\sqrt{2} & -1/\sqrt{2} & 0 & 0\\ 1/\sqrt{6} & 1/\sqrt{6} & -2/\sqrt{6} & 0\\ 1/\sqrt{12} & 1/\sqrt{12} & 1/\sqrt{12} & -3\sqrt{12}\end{bmatrix}$$

将 n 阶 Helmert 矩阵分块为

$$\boldsymbol{H}=\begin{bmatrix}\boldsymbol{h}^{\mathrm{T}}\\ \boldsymbol{K}\end{bmatrix}$$

式中，$\boldsymbol{h}=n^{-1/2}\mathbf{1}^{-1/2}$，而 $\boldsymbol{K}$ 表示 $\boldsymbol{H}$ 的最后 $n-1$ 行。

(1) 证明：$\boldsymbol{H}\boldsymbol{H}^{\mathrm{T}}=\boldsymbol{I}_n$。

(2) 对于 n 维列向量 $\boldsymbol{x}$，证明 $n^{-1}\bar{x}_n^2=\boldsymbol{x}^{\mathrm{T}}\boldsymbol{h}^{\mathrm{T}}\boldsymbol{h}\boldsymbol{x}$，其中 $\bar{x}_n=\frac{1}{n}\sum_{i=1}^{n}x_i$；并证明

$$S_n=\sum_{i=1}^{n}\left(x_i-\sum_{k=1}^{n}x_k/n\right)^2$$

可以表示为 $S_n=\boldsymbol{x}^{\mathrm{T}}\boldsymbol{K}^{\mathrm{T}}\boldsymbol{K}\boldsymbol{x}$。

(3) 推导递推公式

$$S_n=S_{n-1}+(1-1/n)(\bar{x}_{n-1}-x_n)$$

式中，$\bar{x}_{n-1}=\frac{1}{n-1}\sum_{i=1}^{n-1}x_i$。

2.6　令 $\boldsymbol{P}$ 是一个 $n\times n$ 置换矩阵，证明：存在一个正整数 k，使得 $\boldsymbol{P}^k=\boldsymbol{I}$。（提示：考虑矩阵序列 $\boldsymbol{P},\boldsymbol{P}^2,\boldsymbol{P}^3,\cdots$。）

2.7　假定 $\boldsymbol{P}$ 和 $\boldsymbol{Q}$ 是两个 $n\times n$ 置换矩阵，证明：$\boldsymbol{PQ}$ 也是一个 $n\times n$ 置换矩阵。

2.8　证明：对于每一个矩阵 $\boldsymbol{A}$，都存在一个三角矩阵 $\boldsymbol{T}$，使得 $\boldsymbol{TA}$ 为酉矩阵。

2.9　令 $\boldsymbol{A}$ 是一个给定的矩阵。证明：可以找到一个主对角线上的元素取 ±1 的矩阵 $\boldsymbol{J}$，使得 $\boldsymbol{JA}+\boldsymbol{I}$ 非奇异。

2.10　证明：若 $\boldsymbol{H}=\boldsymbol{A}+\mathrm{j}\,\boldsymbol{B}$ 为 Hermitian 矩阵，且 $\boldsymbol{A}$ 非奇异，则行列式的绝对值的平方

$$|\det(\boldsymbol{H})|^2=|\boldsymbol{A}|^2|\boldsymbol{I}+\boldsymbol{A}^{-1}\boldsymbol{B}\boldsymbol{A}^{-1}\boldsymbol{B}|$$

2.11 [6,p.68]　矩阵 $\boldsymbol{A}=[a_{ij}](i,j=1,2,3,4)$ 称为 Lorentz 矩阵，若变换 $\boldsymbol{x}=\boldsymbol{A}\boldsymbol{y}$ 使得二次型 $Q(\boldsymbol{x})=\boldsymbol{x}^{\mathrm{T}}\boldsymbol{A}\boldsymbol{x}=x_1^2-x_2^2-x_3^2-x_4^2$ 不变，即 $Q(\boldsymbol{x})=Q(\boldsymbol{y})$。证明：两个 Lorentz 矩阵的乘积仍然为 Lorentz 矩阵。

2.12 [6,p.265]　$n\times n$ 矩阵 $\boldsymbol{M}$ 称为 Markov 矩阵，若其元素满足条件 $m_{ij}\geqslant 0,\ \sum_{i=1}^{n}m_{ij}=1,\ j=1,2,\cdots,n$。假定 $\boldsymbol{P}$ 和 $\boldsymbol{Q}$ 均为 Markov 矩阵，证明：

(1) 对于常数 $0\leqslant\lambda\leqslant1$，矩阵 $\lambda\boldsymbol{P}+(1-\lambda)\boldsymbol{Q}$ 是 Markov 矩阵。

(2) 矩阵乘积 $\boldsymbol{PQ}$ 也为 Markov 矩阵。

2.13 [6,p.265] 一个 $n \times 1$ 向量 $\boldsymbol{x}$ 称为概率向量 (probability vector)，若其元素满足与概率公式类似的条件 $x_i \geqslant 0$ 和 $\sum\limits_{i=1}^{n} x_i = 1$。证明：若 $\boldsymbol{x}$ 为概率向量，则矩阵 $\boldsymbol{M}$ 是 Markov 矩阵，当且仅当 $\boldsymbol{Mx}$ 是概率向量。

2.14 满足 $\boldsymbol{A}\boldsymbol{A}^{\mathrm{H}} = \boldsymbol{A}^{\mathrm{H}}\boldsymbol{A}$ 的正方矩阵 $\boldsymbol{A}$ 称为正规矩阵。证明：若 $\boldsymbol{A}$ 为正规矩阵，则 $\boldsymbol{A} - \lambda\boldsymbol{I}$ 也为正规矩阵。

2.15 满足条件 $\boldsymbol{AB} = \boldsymbol{BA}$ 的矩阵 $\boldsymbol{A}$ 和 $\boldsymbol{B}$ 称为可交换矩阵 (commute matrix)。证明：若 $\boldsymbol{A}$ 和 $\boldsymbol{B}$ 可交换，则 $\boldsymbol{A}^{\mathrm{H}}$ 和 $\boldsymbol{B}$ 可交换的条件是 $\boldsymbol{A}$ 为正规矩阵。

第 3 章

矩阵的相似化简与特征分析

对一个已知的量确定描述其特征的坐标系，称为特征分析 (eigen-analysis)。特征分析在数学和工程应用中都具有重要的实际意义。本章将重点介绍矩阵的特征计算 (相似化简)、特征分析及其典型应用。

3.1 特征值分解

特征值分解既是一个理论上非常有意义的问题，在工程中又具有广泛的应用。

3.1.1 矩阵的特征值分解

定义 3.1.1 若非零向量 $\boldsymbol{u}$ 作为线性算子 $\mathcal{L}$ 的输入时，所产生的输出与输入相同 (顶多相差一个常数因子 λ)，即

$$\mathcal{L}[\boldsymbol{u}] = \lambda \boldsymbol{u}, \quad \boldsymbol{u} \neq \boldsymbol{0} \tag{3.1.1}$$

则称向量 $\boldsymbol{u}$ 是线性算子 $\mathcal{L}$ 的特征向量，称标量 λ 为线性算子 $\mathcal{L}$ 的特征值。

工程应用中最常用的线性算子或线性变换当属线性时不变系统，其一连串的输入为向量，对应的输出也为向量形式。由上述定义知，若将每一个特征向量 $\boldsymbol{u}$ 视为线性时不变系统的输入，那么与每一个特征向量对应的特征值 λ 就相当于线性系统 $\mathcal{L}$ 输入该特征向量时的增益。由于只有当特征向量 $\boldsymbol{u}$ 作线性系统 $\mathcal{L}$ 的输入时，系统的输出才具有与输入相同 (除相差一个倍数因子外) 这一重要特征，所以特征向量 (eigenvector) 可以看作是表征系统特征的向量，其英文名又叫 characteristic vector。这就是从线性系统的观点，给出的特征向量的物理解释。

一个线性变换 $\boldsymbol{w} = \mathcal{L}(\boldsymbol{x})$ 若能够表示为 $\boldsymbol{w} = \boldsymbol{A}\boldsymbol{x}$，则称 $\boldsymbol{A}$ 是线性变换的标准矩阵 (standard matrix)。显然，如果 $\boldsymbol{A}$ 是线性变换的标准矩阵，则线性变换的特征值问题的表达式 (3.1.1) 可以写作

$$\boldsymbol{A}\boldsymbol{u} = \lambda \boldsymbol{u}, \qquad \boldsymbol{u} \neq \boldsymbol{0} \tag{3.1.2}$$

这样的标量 λ 称为矩阵 $\boldsymbol{A}$ 的特征值 (eigenvalue)，向量 $\boldsymbol{u}$ 称为与 λ 对应的特征向量 (eigenvector)。式 (3.1.2) 有时也被称为特征值 – 特征向量方程式。

$m \times m$ 矩阵 $\boldsymbol{A} \in \mathbb{C}^{m\times m}$ 共有 m 个特征值 $\lambda_1, \lambda_2, \cdots, \lambda_m$ 和 m 个对应的特征向量 $\boldsymbol{u}_1, \boldsymbol{u}_2, \cdots, \boldsymbol{u}_m$。

若令 $\boldsymbol{U} = [\boldsymbol{u}_1, \boldsymbol{u}_2, \cdots, \boldsymbol{u}_m]^{\mathrm{T}}$ 代表特征向量矩阵，则式 (3.1.2) 可写作

$$\boldsymbol{A}[\boldsymbol{u}_1, \boldsymbol{u}_2, \cdots, \boldsymbol{u}_m] = [\lambda_1\boldsymbol{u}_1, \lambda_2\boldsymbol{u}_2, \cdots, \lambda_m\boldsymbol{u}_m] \quad \Leftrightarrow \quad \boldsymbol{AU} = \boldsymbol{U\Sigma} \tag{3.1.3}$$

式中 $\boldsymbol{\Sigma} = \mathrm{diag}(\lambda_1, \lambda_2, \cdots, \lambda_m)$ 为 $m \times m$ 对角矩阵。

若 $\boldsymbol{U}$ 是非奇异矩阵，则 $\boldsymbol{AU} = \boldsymbol{U\Sigma}$ 可以等价写作

$$\boldsymbol{U}^{-1}\boldsymbol{AU} = \boldsymbol{\Sigma} \tag{3.1.4}$$

特别地，若 $\boldsymbol{A}$ 是一个 Hermitian 矩阵，则 $\boldsymbol{A}$ 的特征值和特征向量矩阵 $\boldsymbol{U}$ 有以下重要特征：

(1) 由式 (3.1.2) 知，$\boldsymbol{A}^{\mathrm{H}}\boldsymbol{u} = \lambda^*\boldsymbol{u}$ 及 $\boldsymbol{A}^{\mathrm{H}} = \boldsymbol{A}$ 意味着特征值 $\lambda^* = \lambda$，即 Hermitian 矩阵的所有特征值为实数。就是说，Hermitian 矩阵的特征值矩阵 $\boldsymbol{\Sigma}$ 是一个实 (值) 对角矩阵。

(2) 由式 (3.1.4) 及 $\boldsymbol{\Sigma}$ 为实对角矩阵知

$$(\boldsymbol{U}^{-1}\boldsymbol{AU})^{\mathrm{H}} = \boldsymbol{U}^{\mathrm{H}}\boldsymbol{A}^{\mathrm{H}}(\boldsymbol{U}^{-1})^{\mathrm{H}} = \boldsymbol{U}^{\mathrm{H}}\boldsymbol{A}(\boldsymbol{U}^{-1})^{\mathrm{H}} = \boldsymbol{\Sigma}$$

与 $\boldsymbol{U}^{-1}\boldsymbol{AU} = \boldsymbol{\Sigma}$ 比较，立即得 $\boldsymbol{U}^{-1} = \boldsymbol{U}^{\mathrm{H}}$。即是说，Hermitian 矩阵的特征向量矩阵 $\boldsymbol{U}$ 为 Hermitian 矩阵。

综合以上讨论，与 Hermitian 矩阵 $\boldsymbol{A}^{\mathrm{H}} = \boldsymbol{A}$ 对应的公式 (3.1.4) 可以表示为

$$\boldsymbol{U}^{\mathrm{H}}\boldsymbol{AU} = \boldsymbol{\Sigma} \quad \text{或者} \quad \boldsymbol{A} = \boldsymbol{U\Sigma U}^{\mathrm{H}} \tag{3.1.5}$$

式 (3.1.5) 称为 Hermitian 矩阵 $\boldsymbol{A}$ 的特征值分解。注意，满足式 (3.1.5) 的特征向量矩阵 $\boldsymbol{U}$ 不是唯一的。为了保证 Hermitian 矩阵的特征值分解的唯一性，通常会对特征值和特征向量作如下约束：

(1) 特征值按照非递增次序排列，即 $\lambda_1 \geqslant \lambda_2 \geqslant \cdots \geqslant \lambda_m$。

(2) 特征向量矩阵为酉矩阵，即 $\boldsymbol{UU}^{\mathrm{H}} = \boldsymbol{U}^{\mathrm{H}}\boldsymbol{U} = \boldsymbol{I}$。

有必要强调指出 Hermitian 矩阵与非 Hermitian 矩阵的分解之间的区别：

(1) 特征值 – 特征向量方程式 (3.1.2) 适合于所有正方的矩阵，无论是 Hermitian 矩阵抑或是非 Hermitian 矩阵。式 (3.1.2) 是对角分解公式 (3.1.4) 和特征值分解公式 (3.1.5) 共同的基础。

(2) 式 (3.1.4) 是矩阵的对角分解，适合于 Hermitian 矩阵和非 Hermitian 矩阵，但只适合于可对角化的非 Hemitian 矩阵。

(3) 特征值分解公式 (3.1.5) 只适合 Hermitian 矩阵，不适合于任何一个非 Hermitian 矩阵。特征值分解是对角分解的一种特例。

由于特征值 λ_i 和特征向量 $\boldsymbol{u}_i$ 经常成对出现，因此常将 $(\lambda_i, \boldsymbol{u}_i)$ 称为矩阵 $\boldsymbol{A}$ 的特征对 (eigenpair)。虽然特征值可以取零值，但是特征向量不可以是零向量。

若矩阵 $\boldsymbol{A}_{n\times n}$ 是一个一般的复矩阵，并且 λ 是其特征值，则满足

$$(\boldsymbol{A} - \lambda\boldsymbol{I})\boldsymbol{v} = \boldsymbol{0} \quad \text{或} \quad \boldsymbol{Av} = \lambda\boldsymbol{v} \tag{3.1.6}$$

的向量 $\boldsymbol{v}$ 称为 $\boldsymbol{A}$ 与特征值 λ 对应的右特征向量，而满足

$$\boldsymbol{u}^{\mathrm{H}}(\boldsymbol{A}-\lambda\boldsymbol{I})=\boldsymbol{0}^{\mathrm{T}} \quad \text{或} \quad \boldsymbol{u}^{\mathrm{H}}\boldsymbol{A}=\lambda\boldsymbol{u}^{\mathrm{H}} \tag{3.1.7}$$

的向量 $\boldsymbol{u}$ 称为 $\boldsymbol{A}$ 与特征值 λ 对应的左特征向量。

若矩阵 $\boldsymbol{A}$ 为 Hermitian 矩阵，则由于其所有特征值为实数，立即知 $\boldsymbol{v}=\boldsymbol{u}$，即 Hermitian 矩阵的左和右特征向量相同。

特征值和特征向量在特征分析中起着关键的作用，因此在进入特征分析之前，有必要先讨论特征值和特征向量的性质。

3.1.2 特征值的性质

需要注意的是，即使矩阵 $\boldsymbol{A}$ 是实矩阵，其特征值也可能是复的。以 Givens 旋转矩阵

$$\boldsymbol{A}=\begin{bmatrix}\cos\theta & -\sin\theta\\ \sin\theta & \cos\theta\end{bmatrix}$$

为例，其特征方程

$$\det(\boldsymbol{A}-\lambda\boldsymbol{I})=\begin{vmatrix}\cos\theta-\lambda & -\sin\theta\\ \sin\theta & \cos\theta-\lambda\end{vmatrix}=(\cos\theta-\lambda)^2+\sin^2\theta=0$$

然而，若 θ 不是 π 的整数倍，则 $\sin^2\theta>0$。此时，特征方程不可能有 λ 的实根，即 Givens 旋转矩阵的两个特征值均为复数，与它们对应的特征向量也是复向量。

下面是特征值的一些基本性质。

性质 1 矩阵 $\boldsymbol{A}$ 奇异，当且仅当至少有一个特征值 $\lambda=0$。

性质 2 矩阵 $\boldsymbol{A}$ 和 $\boldsymbol{A}^{\mathrm{T}}$ 具有相同的特征值。

性质 3 若 λ 是 $n\times n$ 矩阵 $\boldsymbol{A}$ 的特征值，则有

(1) λ^k 是矩阵 $\boldsymbol{A}^k$ 的特征值。

(2) 若 $\boldsymbol{A}$ 非奇异，则 $\boldsymbol{A}^{-1}$ 具有特征值 $1/\lambda$。

(3) 矩阵 $\boldsymbol{A}+\sigma^2\boldsymbol{I}$ 的特征值为 $\lambda+\sigma^2$。

在进行特征值分解时，我们会很自然地产生一个问题：计算得到的特征值对数据的观测误差与 (或) 计算误差敏感吗？即其数值稳定性如何？

评价特征值数值稳定性的指标称为特征值的条件数 (condition number)。

定义 3.1.2 [109, p.93] 任意一个矩阵 $\boldsymbol{A}$ 的单个特征值 λ 的条件数定义为

$$\mathrm{cond}(\lambda)=\frac{1}{\cos\theta(\boldsymbol{u},\boldsymbol{v})} \tag{3.1.8}$$

式中，$\theta(\boldsymbol{u},\boldsymbol{v})$ 表示与特征值 λ 对应的左特征向量 $\boldsymbol{u}$ 和右特征向量 $\boldsymbol{v}$ 之间的夹角 (锐角)。

一个特征值的条件数越大，则这个特征值的数值稳定性越差，即当观测误差或者计算误差稍有扰动时，计算得到的特征值有可能变化很大。

例 3.1.1 [109, p.93] 考虑矩阵

$$\boldsymbol{A}=\begin{bmatrix} -149 & -50 & -154 \\ 537 & 180 & 546 \\ -27 & -9 & -25 \end{bmatrix}$$

其特征值为 $\{1,2,3\}$。与特征值 $\lambda=1$ 对应的左和右特征向量分别为

$$\boldsymbol{u}=\begin{bmatrix} 0.6810 \\ 0.2253 \\ 0.6967 \end{bmatrix} \quad \text{和} \quad \boldsymbol{v}=\begin{bmatrix} 0.3162 \\ -0.9487 \\ 0.0000 \end{bmatrix}$$

相应的条件数 $\text{cond}(\lambda_1)\approx 603.64$。这说明矩阵元素 0.01 数量级的扰动将引起特征值 λ_1 最大 6 倍的变化。例如，元素 a_{11} 从 -149.00 扰动到 -149.01 时，矩阵 $\boldsymbol{A}$ 的特征值将变为

$$\{0.2287, 3.2878, 2.4735\}$$

与真实特征值 $\{1,2,3\}$ 相差很明显。

一个 $m\times m$ 矩阵 (不一定是 Hermitian 矩阵) $\boldsymbol{A}$ 的特征值具有广泛的性质，详见下面的汇总 [51]。

(1) $m\times m$ 矩阵 $\boldsymbol{A}$ 共有 m 个特征值，其中，多重特征值按照其多重度计数。

(2) 若非对称的实矩阵 $\boldsymbol{A}$ 存在复特征值与 (或) 复特征向量，则它们一定分别以复共轭对的形式出现。

(3) 若 $\boldsymbol{A}$ 是实对称矩阵或 Hermitian 矩阵，则其所有特征值都是实数。

(4) 关于对角矩阵与三角矩阵的特征值：

① 若 $\boldsymbol{A}=\text{diag}(a_{11},a_{22},\cdots,a_{mm})$，则其特征值为 $a_{11},a_{22},\cdots,a_{mm}$。

② 若 $\boldsymbol{A}$ 为三角矩阵，则其对角元素是所有的特征值。

(5) 对一个 $m\times m$ 矩阵 $\boldsymbol{A}$：

① 若 λ 是 $\boldsymbol{A}$ 的特征值，则 λ 也是 $\boldsymbol{A}^{\mathrm{T}}$ 的特征值。

② 若 λ 是 $\boldsymbol{A}$ 的特征值，则 λ^* 是 $\boldsymbol{A}^{\mathrm{H}}$ 的特征值。

③ 若 λ 是 $\boldsymbol{A}$ 的特征值，则 $\lambda+\sigma^2$ 是 $\boldsymbol{A}+\sigma^2\boldsymbol{I}$ 的特征值。

④ 若 λ 是矩阵 $\boldsymbol{A}$ 的特征值，则 $1/\lambda$ 是逆矩阵 $\boldsymbol{A}^{-1}$ 的特征值。

(6) 幂等矩阵 $\boldsymbol{A}^2=\boldsymbol{A}$ 的所有特征值取 0 或者 1。

(7) 若 $\boldsymbol{A}$ 是实正交矩阵，则其所有特征值位于单位圆上。

(8) 特征值与矩阵奇异性的关系：

① 若 $\boldsymbol{A}$ 奇异，则它至少有一个特征值为 0。

② 若 $\boldsymbol{A}$ 非奇异，则它所有的特征值非零。

(9) 特征值与迹的关系：矩阵 $\boldsymbol{A}$ 的特征值之和等于该矩阵的迹，即 $\sum_{i=1}^{m}\lambda_i=\text{tr}(\boldsymbol{A})$。

(10) 一个 Hermitian 矩阵 $\boldsymbol{A}$ 是正定 (或半正定) 的，当且仅当它的特征值是正 (或者非负) 的。

(11) 特征值与行列式的关系：矩阵 $\boldsymbol{A}$ 所有特征值的乘积等于该矩阵的行列式，即 $\prod\limits_{i=1}^{m}\lambda_i = \det(\boldsymbol{A}) = |\boldsymbol{A}|$。

(12) 特征值与秩的关系：

① 若 $m\times m$ 矩阵 $\boldsymbol{A}$ 有 r 个非零特征值，则 $\text{rank}(\boldsymbol{A})\geqslant r$。

② 若 0 是 $m\times m$ 矩阵 $\boldsymbol{A}$ 的无多重的特征值，则 $\text{rank}(\boldsymbol{A}) = m-1$。

③ 若 $\text{rank}(\boldsymbol{A}-\lambda\boldsymbol{I})\leqslant m-1$，则 λ 是矩阵 $\boldsymbol{A}$ 的特征值。

(13) Cayley-Hamilton 定理：若 $\lambda_1,\lambda_2,\cdots,\lambda_m$ 是 $m\times m$ 矩阵 $\boldsymbol{A}$ 的特征值，则

$$\prod_{i=1}^{m}(\boldsymbol{A}-\lambda_i\boldsymbol{I}) = \boldsymbol{0}$$

(14) 随机向量 $\boldsymbol{x}(t) = [x_1(t), x_2(t),\cdots,x_m(t)]^{\text{T}}$ 的相关矩阵 $\boldsymbol{R} = \text{E}\{\boldsymbol{x}(t)\boldsymbol{x}^{\text{H}}(t)\}$ 的特征值以信号的最大功率 $P_{\max} = \max\limits_{i}\text{E}\{|x_i(t)|^2\}$ 和最小功率 $P_{\min} = \min\limits_{i}\text{E}\{|x_i(t)|^2\}$ 为界，即有

$$P_{\min}\leqslant\lambda_i\leqslant P_{\max} \tag{3.1.9}$$

(15) 关于 $m\times n$ $(n\geqslant m)$ 矩阵 $\boldsymbol{A}$ 与 $n\times m$ 矩阵 $\boldsymbol{B}$ 乘积的特征值：

① 若 λ 是矩阵乘积 $\boldsymbol{AB}$ 的特征值，则 λ 也是 $\boldsymbol{BA}$ 的特征值。

② 若 $\lambda\neq 0$ 是矩阵乘积 $\boldsymbol{BA}$ 的特征值，则 λ 也是 $\boldsymbol{AB}$ 的特征值。

③ 若 $\lambda_1,\lambda_2,\cdots,\lambda_m$ 是矩阵乘积 $\boldsymbol{AB}$ 的特征值，则矩阵乘积 $\boldsymbol{BA}$ 的 n 个特征值为 $\lambda_1,\lambda_2,\cdots,\lambda_m,0,\cdots,0$。

(16) 若矩阵 $\boldsymbol{A}$ 的特征值为 λ，则多项式 $f(x) = c_0x^m + c_1x^{m-1}+\cdots+c_{m-1}x+c_m$ 的矩阵多项式 $f(\boldsymbol{A}) = c_0\boldsymbol{A}^m + c_1\boldsymbol{A}^{m-1}+\cdots+c_{m-1}\boldsymbol{A}+c_m\boldsymbol{I}$ 的特征值为

$$f(\lambda) = c_0\lambda^m + c_1\lambda^{m-1}+\cdots+c_{m-1}\lambda+c_m \tag{3.1.10}$$

(17) 若矩阵 $\boldsymbol{A}$ 的特征值为 λ，则矩阵指数函数 $\text{e}^{\boldsymbol{A}}$ 的特征值为 e^{λ}。

3.1.3 特征向量的性质

命题 3.1.1[60] 令 $\boldsymbol{u}_1,\boldsymbol{u}_2,\cdots,\boldsymbol{u}_k$ 是 $n\times n$ 矩阵 $\boldsymbol{A}$ 与不同特征值 $\lambda_1,\lambda_2,\cdots,\lambda_k$ 相对应的特征向量，即

$$\boldsymbol{A}\boldsymbol{u}_i = \lambda_i\boldsymbol{u}_i,\quad i=1,2,\cdots,k;\ k\leqslant n \tag{3.1.11}$$

$$\lambda_i\neq\lambda_j,\quad i\neq j;\ 1\leqslant i,j\leqslant k \tag{3.1.12}$$

则这 k 个特征向量的集合 $\{\boldsymbol{u}_1,\boldsymbol{u}_2,\cdots,\boldsymbol{u}_k\}$ 是一个线性无关集合。

若 $k=n$，则命题 3.1.1 的结果为下列推论。

推论 3.1.1 令 $\boldsymbol{A}$ 是一个 $m\times m$ 矩阵。若 $\boldsymbol{A}$ 具有不同的 m 个特征值，则 $\boldsymbol{A}$ 具有 m 个线性无关的特征向量。

另一方面，从式 (3.1.2) 容易看出，一个特征向量乘以任一非零的标量后，仍然满足式 (3.1.2)，即还是特征向量。为了避免特征向量的多值性，通常定义特征向量总是具有单位内积 (或者单位范数)，即约定 $\boldsymbol{u}^{\text{H}}\boldsymbol{u} = 1$。

命题 3.1.2 若 $(\lambda, \boldsymbol{u})$ 是 $m\times m$ 实矩阵 $\boldsymbol{A}$ 的特征对，则 $(\lambda^*, \boldsymbol{u}^*)$ 也是实矩阵 $\boldsymbol{A}$ 的特征对。换言之，若实矩阵存在复特征值与/或复特征向量，则它们一定分别以复共轭对的形式出现。

特征值 λ 与特征向量 $\boldsymbol{u}$ 组成的特征对 $(\lambda, \boldsymbol{u})$ 具有的性质可概括如下[51]：

(1) 若 $(\lambda, \boldsymbol{u})$ 是矩阵 $\boldsymbol{A}$ 的特征对，则 $(c\lambda, \boldsymbol{u})$ 是矩阵 $c\boldsymbol{A}$ 的特征对，其中，常数 $c\neq 0$。

(2) 若 $(\lambda, \boldsymbol{u})$ 是矩阵 $\boldsymbol{A}$ 的特征对，则 $(\lambda, c\boldsymbol{u})$ 也是矩阵 $\boldsymbol{A}$ 的一个特征对，其中，c 为非零的常数。

(3) 若 $(\lambda_i, \boldsymbol{u}_i)$ 和 $(\lambda_j, \boldsymbol{u}_j)$ 分别是矩阵 $\boldsymbol{A}$ 的特征对，并且 $\lambda_i\neq\lambda_j$，则特征向量 $\boldsymbol{u}_i$ 与 $\boldsymbol{u}_j$ 线性无关。

(4) Hermitian 矩阵与不同特征值对应的特征向量相互正交，即有 $\boldsymbol{u}_i^{\mathrm{H}}\boldsymbol{u}_j=0$，若 $\lambda_i\neq\lambda_j$。

(5) 若 $m\times m$ 矩阵 $\boldsymbol{A}$ 具有 m 个不同的特征值，则所有 m 个特征向量线性无关。

(6) 若 $(\lambda, \boldsymbol{u})$ 是矩阵 $\boldsymbol{A}$ 的特征对，并且 $\alpha_0, \alpha_1, \cdots, \alpha_p$ 为复常数，则 $f(\lambda)=\alpha_0+\alpha_1\lambda+\cdots+\alpha_p\lambda^p$ 是矩阵多项式 $f(\boldsymbol{A})=\alpha_0\boldsymbol{I}+\alpha_1\boldsymbol{A}+\cdots+\alpha_p\boldsymbol{A}^p$ 的特征值，对应的特征向量仍然为 $\boldsymbol{u}$。

(7) 若 $(\lambda, \boldsymbol{u})$ 是矩阵 $\boldsymbol{A}$ 的特征对，则 $(\lambda^k, \boldsymbol{u})$ 是矩阵 $\boldsymbol{A}^k$ 的特征对。

(8) 若 $(\lambda, \boldsymbol{u})$ 是矩阵 $\boldsymbol{A}$ 的特征对，则 $(\mathrm{e}^{\lambda}, \boldsymbol{u})$ 是矩阵指数函数 $\mathrm{e}^{\boldsymbol{A}}$ 的特征对。

3.1.4 特征值分解的计算

特征值问题表达式 (3.1.2) 意味着，使用 $m\times m$ 矩阵 $\boldsymbol{A}$ 对向量 $\boldsymbol{u}$ 所作的线性变换 $\boldsymbol{Au}$ 不改变向量 $\boldsymbol{u}$ 的方向。因此，线性变换 $\boldsymbol{Au}$ 是一种“保持方向不变”的映射。为了确定向量 $\boldsymbol{u}$，不妨将式 (3.1.2) 改写作

$$(\lambda\boldsymbol{I}-\boldsymbol{A})\boldsymbol{u}=\boldsymbol{0} \tag{3.1.13}$$

由于上式对任意向量 $\boldsymbol{u}$ 均应该成立，故式 (3.1.13) 存在非零解 $\boldsymbol{u}\neq\boldsymbol{0}$ 的唯一条件是矩阵 $\boldsymbol{A}-\lambda\boldsymbol{I}$ 的行列式等于零，即

$$|\lambda\boldsymbol{I}-\boldsymbol{A}|=0 \tag{3.1.14}$$

分别称 $\lambda\boldsymbol{I}-\boldsymbol{A}$ 为特征矩阵 (characteristic matrix)，行列式 $|\lambda\boldsymbol{I}-\boldsymbol{A}|$ 为特征行列式，方程 $|\lambda\boldsymbol{I}-\boldsymbol{A}|=0$ 为特征方程。

应当指出，有可能多个特征值取相同的值。同一特征值重复的次数称为特征值的多重度 (multiplicity)。例如，$m\times m$ 单位矩阵的 m 个特征值均等于 1，其多重度为 m。

观察式 (3.1.14)，很容易直接得出下面的重要结果：若特征值问题具有非零解 $\boldsymbol{x}\neq\boldsymbol{0}$，则标量 λ 必然使 $n\times n$ 特征矩阵 $\lambda\boldsymbol{I}-\boldsymbol{A}$ 奇异。因此，特征值问题的求解由以下两步组成：

(1) 特征值计算　求出特征方程 $|\lambda\boldsymbol{I}-\boldsymbol{A}|=0$ 的 m 个解 $\lambda_1, \lambda_2, \cdots, \lambda_m$，得到矩阵 $\boldsymbol{A}$ 的全部特征值；

(2) 特征向量计算　求解与每一个不同特征值对应的矩阵方程 $\boldsymbol{Ax}=\lambda\boldsymbol{x}$，非零解向量 $\boldsymbol{x}$ 即为与该特征值对应的特征向量。

一个自然会问的重要问题是：是否每一个矩阵 $\boldsymbol{A}\in\mathbb{C}^{m\times m}$ 都可以进行特征值分解 $\boldsymbol{U}^{\mathrm{H}}\boldsymbol{AU}=\boldsymbol{\Sigma}=\mathrm{diag}(\lambda_1, \lambda_2, \cdots, \lambda_m)$？这个问题又可等价叙述为：是否任何一个正方矩阵 $\boldsymbol{A}$ 都可以对角化？这个问题的答案与下节将讨论的矩阵的相似变换密切相关。

3.2 矩阵与矩阵多项式的相似化简

矩阵的特征值分解需要对矩阵进行对角化。然而，有很多矩阵是不可对角化的。问题是，在很多应用中，又需要将矩阵尽可能化简。在这些应用中，矩阵的相似化简是一种很自然的选择。

矩阵的相似化简的标准形式称为 Jordan 标准型。因此，矩阵相似化简的核心问题是如何得到 Jordan 标准型矩阵。

Jordan 标准型的求取有两种不同的思路：(1) 数字矩阵 (只由数字组成的矩阵) 本身的直接相似化简；(2) 先对数字矩阵对应的多项式矩阵进行相抵化简，然后将相抵化简的 Smith 标准型转换为原数字矩阵相似化简的 Jordan 标准型。本节讨论第一种思路的实现，下节介绍基于第二种思路的相似化简。

3.2.1 矩阵的相似变换

矩阵相似化简的理论基础与数学工具是矩阵的相似变换。

令 $\boldsymbol{S} \in \mathbb{C}^{m\times m}$ 为非奇异矩阵，用它对矩阵 $\boldsymbol{A} \in \mathbb{C}^{m\times m}$ 进行线性变换

$$\boldsymbol{B} = \boldsymbol{S}^{-1}\boldsymbol{A}\boldsymbol{S} \tag{3.2.1}$$

设线性变换 $\boldsymbol{B}$ 的特征值为 λ，对应的特征向量为 $\boldsymbol{y}$，即

$$\boldsymbol{B}\boldsymbol{y} = \lambda\boldsymbol{y} \tag{3.2.2}$$

将式 (3.2.1) 代入式 (3.2.2)，即有 $\boldsymbol{S}^{-1}\boldsymbol{A}\boldsymbol{S}\boldsymbol{y} = \lambda\boldsymbol{y}$ 或 $\boldsymbol{A}(\boldsymbol{S}\boldsymbol{y}) = \lambda(\boldsymbol{S}\boldsymbol{y})$。若令 $\boldsymbol{x} = \boldsymbol{S}\boldsymbol{y}$ 或 $\boldsymbol{y} = \boldsymbol{S}^{-1}\boldsymbol{x}$，则立即有

$$\boldsymbol{A}\boldsymbol{x} = \lambda\boldsymbol{x} \tag{3.2.3}$$

比较式 (3.2.2) 和式 (3.2.3) 知，矩阵 $\boldsymbol{A}$ 和 $\boldsymbol{B} = \boldsymbol{S}^{-1}\boldsymbol{A}\boldsymbol{S}$ 具有相同的特征值，并且矩阵 $\boldsymbol{B}$ 的特征向量 $\boldsymbol{y}$ 是矩阵 $\boldsymbol{A}$ 的特征向量 $\boldsymbol{x}$ 的线性变换，即 $\boldsymbol{y} = \boldsymbol{S}^{-1}\boldsymbol{x}$。由于矩阵 $\boldsymbol{A}$ 和 $\boldsymbol{B} = \boldsymbol{S}^{-1}\boldsymbol{A}\boldsymbol{S}$ 的特征值相同，特征向量存在线性变换的关系，所以称这两个矩阵“相似”。

定义 3.2.1　矩阵 $\boldsymbol{B} \in \mathbb{C}^{m\times m}$ 称为矩阵 $\boldsymbol{A} \in \mathbb{C}^{m\times m}$ 的相似矩阵，若存在一非奇异矩阵 $\boldsymbol{S} \in \mathbb{C}^{m\times m}$ 使得 $\boldsymbol{B} = \boldsymbol{S}^{-1}\boldsymbol{A}\boldsymbol{S}$。此时，线性变换 $\boldsymbol{A} \mapsto \boldsymbol{S}^{-1}\boldsymbol{A}\boldsymbol{S}$ 称为矩阵 $\boldsymbol{A}$ 的相似变换。

“$\boldsymbol{B}$ 相似于 $\boldsymbol{A}$” 用符号记作 $\boldsymbol{B} \sim \boldsymbol{A}$。

相似矩阵具有以下基本性质：

(1) 自反性　$\boldsymbol{A} \sim \boldsymbol{A}$，即任一矩阵与它自己相似。

(2) 对称性　若 $\boldsymbol{A}$ 相似于 $\boldsymbol{B}$，则 $\boldsymbol{B}$ 也相似于 $\boldsymbol{A}$。

(3) 传递性　若 $\boldsymbol{A}$ 相似于 $\boldsymbol{B}$，并且 $\boldsymbol{B}$ 同时相似于 $\boldsymbol{C}$，则 $\boldsymbol{A}$ 相似于 $\boldsymbol{C}$，即 $\boldsymbol{A} \sim \boldsymbol{C}$。

相似矩阵具有以下重要性质：

(1) 相似矩阵 $\boldsymbol{B} \sim \boldsymbol{A}$ 具有相同的行列式，即 $|\boldsymbol{B}| = |\boldsymbol{A}|$。

(2) 若矩阵 $\boldsymbol{S}^{-1}\boldsymbol{A}\boldsymbol{S} = \boldsymbol{T}$ (上三角矩阵)，则 $\boldsymbol{T}$ 的对角元素给出矩阵 $\boldsymbol{A}$ 的特征值 λ_i。

(3) 两个相似矩阵具有完全相同的特征值。

(4) 相似矩阵 $\boldsymbol{B} = \boldsymbol{S}^{-1}\boldsymbol{A}\boldsymbol{S}$ 意味着 $\boldsymbol{B}^2 = \boldsymbol{S}^{-1}\boldsymbol{A}\boldsymbol{S}\boldsymbol{S}^{-1}\boldsymbol{A}\boldsymbol{S} = \boldsymbol{S}^{-1}\boldsymbol{A}^2\boldsymbol{S}$，从而有 $\boldsymbol{B}^k = \boldsymbol{S}^{-1}\boldsymbol{A}^k\boldsymbol{S}$。也就是说，若 $\boldsymbol{B} \sim \boldsymbol{A}$，则 $\boldsymbol{B}^k \sim \boldsymbol{A}^k$。这一性质称为相似矩阵的幂性质。

(5) 若矩阵 $\boldsymbol{B} = \boldsymbol{S}^{-1}\boldsymbol{A}\boldsymbol{S}$ 和 $\boldsymbol{A}$ 均可逆，则 $\boldsymbol{B}^{-1} = \boldsymbol{S}^{-1}\boldsymbol{A}^{-1}\boldsymbol{S}$，即当两个矩阵相似时，它们的逆矩阵也相似。

在相似变换中最重要的是酉相似变换。如果矩阵 $\boldsymbol{A}$ 经过酉矩阵相似变换为 $\boldsymbol{B}$，则称 $\boldsymbol{A}$ 和 $\boldsymbol{B}$ 是酉相似的。例如，若 Hermitian 矩阵 $\boldsymbol{A}$ 经过酉矩阵 $\boldsymbol{U}^{-1} = \boldsymbol{U}^{\mathrm{H}}$ 相似变换为对角矩阵 $\boldsymbol{\Sigma}$，即有 $\boldsymbol{\Sigma} = \boldsymbol{U}^{\mathrm{H}}\boldsymbol{A}\boldsymbol{U}$，则根据相似矩阵的重要性质 (4) 知，Hermitian 矩阵 $\boldsymbol{A}$ 与酉相似的对角矩阵 $\boldsymbol{\Sigma}$ 具有相同的特征值，这正是 Hermitian 矩阵 $\boldsymbol{A}^{\mathrm{H}} = \boldsymbol{A}$ 的特征值分解 $\boldsymbol{A} = \boldsymbol{U}\boldsymbol{\Sigma}\boldsymbol{U}^{\mathrm{H}}$ 的理论基础。

下面通过一个例子说明如何分步求出一个 $m \times m$ 矩阵 $\boldsymbol{A}$ 的特征值、对应的特征向量和对角化。

例 3.2.1 已知一个 3×3 实矩阵

$$\boldsymbol{A} = \begin{bmatrix} 1 & 1 & 1 \\ 0 & 3 & 3 \\ -2 & 1 & 1 \end{bmatrix}$$

是非对称的一般矩阵。直接计算知，特征多项式

$$|\lambda \boldsymbol{I} - \boldsymbol{A}| = \begin{vmatrix} \lambda - 1 & -1 & -1 \\ 0 & \lambda - 3 & -3 \\ 2 & -1 & \lambda - 1 \end{vmatrix} = \lambda(\lambda - 2)(\lambda - 3)$$

求解特征方程 $|\lambda \boldsymbol{I} - \boldsymbol{A}| = 0$ 得到矩阵 $\boldsymbol{A}$ 的 3 个特征值 $\lambda = 0, 2, 3$。

(1) 对于特征值 $\lambda = 0$，有 $(0\boldsymbol{I} - \boldsymbol{A})\boldsymbol{x} = \boldsymbol{0}$，即有

$$\begin{cases} x_1 + x_2 + x_3 = 0 \\ 3x_2 + 3x_3 = 0 \\ 2x_1 - x_2 - x_3 = 0 \end{cases}$$

其解为 $x_1 = 0$ 和 $x_2 = -x_3$，其中，x_3 任意。因此，与特征值 $\lambda = 0$ 对应的特征向量为

$$\boldsymbol{x} = \begin{bmatrix} 0 \\ -a \\ a \end{bmatrix} = a \begin{bmatrix} 0 \\ -1 \\ 1 \end{bmatrix}, \quad a \neq 0$$

取 $a = 1$，得特征向量为 $\boldsymbol{x}_1 = [0, -1, 1]^{\mathrm{T}}$。

(2) 对于特征值 $\lambda = 2$，有 $(2\boldsymbol{I} - \boldsymbol{A})\boldsymbol{x} = \boldsymbol{0}$，即

$$\begin{cases} x_1 - x_2 - x_3 = 0 \\ x_2 + 3x_3 = 0 \\ 2x_1 - x_2 + x_3 = 0 \end{cases}$$

其解为 $x_1=-2x_3, x_2=-3x_3$，其中，x_3 任意。因此，与特征值 $\lambda=2$ 对应的特征向量为

$$\boldsymbol{x}=\begin{bmatrix}-2a\\-3a\\a\end{bmatrix}=a\begin{bmatrix}-2\\-3\\1\end{bmatrix},\quad a\neq 0$$

取 $a=1$，得特征向量为 $\boldsymbol{x}_2=[-2,\ -3,\ 1]^{\mathrm{T}}$。

(3) 类似地，与 $\lambda=3$ 对应的特征向量为 $\boldsymbol{x}_3=[1,\ 2,\ 0]^{\mathrm{T}}$。三个特征向量组成矩阵

$$\boldsymbol{P}=\begin{bmatrix}0&-2&1\\-1&-3&2\\1&1&0\end{bmatrix}$$

其逆矩阵为

$$\boldsymbol{P}^{-1}=\begin{bmatrix}1&-0.5&0.5\\-1&0.5&0.5\\-1&1.0&1.0\end{bmatrix}$$

于是，矩阵 $\boldsymbol{A}$ 的对角化结果为

$$\begin{aligned}\boldsymbol{P}^{-1}\boldsymbol{AP}&=\begin{bmatrix}1&-0.5&0.5\\-1&0.5&0.5\\-1&1.0&1.0\end{bmatrix}\begin{bmatrix}1&1&1\\0&3&3\\-2&1&1\end{bmatrix}\begin{bmatrix}0&-2&1\\-1&-3&2\\1&1&0\end{bmatrix}\\&=\begin{bmatrix}1&-0.5&0.5\\-1&0.5&0.5\\-1&1.0&1.0\end{bmatrix}\begin{bmatrix}0&-4&3\\0&-6&6\\0&2&0\end{bmatrix}\\&=\begin{bmatrix}0&0&0\\0&2&0\\0&0&3\end{bmatrix}\end{aligned}$$

它恰好就是由矩阵 $\boldsymbol{A}$ 的三个不同特征值 $0,2,3$ 构成的对角矩阵。

定义 3.2.2 一个 $m\times m$ 实矩阵 $\boldsymbol{A}$ 若与一个对角矩阵相似，则称矩阵 $\boldsymbol{A}$ 是可对角化的 (diagonalizable)。

下面的定理给出了矩阵 $\boldsymbol{A}\in\mathbb{C}^{m\times m}$ 可对角化的充分必要条件。

定理 3.2.1 一个 $m\times m$ 矩阵 $\boldsymbol{A}$ 是可对角化的，当且仅当 $\boldsymbol{A}$ 具有 m 个线性无关的特征向量。

由于 $m\times m$ 矩阵有 m 个不同的特征值时，其 m 个特征向量线性无关，故有以下推论。

推论 3.2.1 若 $m\times m$ 矩阵 $\boldsymbol{A}$ 有 m 个不同的特征值，则 $\boldsymbol{A}$ 是可对角化的。

推论 3.2.1 并不意味一个具有多重特征值的矩阵就一定不能对角化。事实上，即使矩阵 $\boldsymbol{A}$ 具有多重根，它仍然有可能是可对角化的，因为 $\boldsymbol{A}$ 的 m 个特征向量仍然有可能是线性无关的。下面的定理给出了矩阵的所有特征向量线性无关的充分必要条件，从而也是一个矩阵可对角化的充分必要条件。这一定理常被称为可对角化定理 (diagonability theorem)。

定理 3.2.2[112,p.307] 若矩阵 $\boldsymbol{A} \in \mathbb{C}^{m\times m}$ 的特征值 λ_k 具有代数多重度 d_k，$k=1,2,\cdots,p$，并且 $\sum_{k=1}^{p} d_k = m$，则矩阵 $\boldsymbol{A}$ 具有 m 个线性无关的特征向量，当且仅当 $\text{rank}(\boldsymbol{A}-\lambda_k\boldsymbol{I}) = m-d_k, k=1,2,\cdots,p$。此时，$\boldsymbol{AU}=\boldsymbol{U\Sigma}$ 中的矩阵 $\boldsymbol{U}$ 是非奇异的，而且 $\boldsymbol{A}$ 可对角化为 $\boldsymbol{U}^{-1}\boldsymbol{AU}=\boldsymbol{\Sigma}$。

3.2.2 矩阵的相似化简

一个具有多重特征值、不可对角化的矩阵 $\boldsymbol{A} \in \mathbb{C}^{m\times m}$ 可以相似化简为 Jordan 标准型 (Jordan canonical form)。

假定矩阵 $\boldsymbol{A}$ 具有 d 个互异的特征值，并且特征值 λ_i 的多重度为 m_i，即有 $m_1+m_2+\cdots+m_d=m$。Jordan 标准型取形式

$$\boldsymbol{J}=\begin{bmatrix}\boldsymbol{J}_1 & & \boldsymbol{O}\\ & \ddots & \\ \boldsymbol{O} & & \boldsymbol{J}_p\end{bmatrix} \tag{3.2.4}$$

式中，$\boldsymbol{J}_i(i=1,2,\cdots,p)$ 称为 Jordan 块，其中 Jordan 块的总个数 p 大于或等于互异特征值的个数 d，因为一个多重度为 m_i 的特征值有可能对应多个 Jordan 块。

与多重度为 1 的特征值 λ_i 对应的 Jordan 块为 1 阶 Jordan 块，它是一个 1×1 Jordan 块 $\boldsymbol{J}_{1\times 1}=\lambda_i$。一个 k 阶 Jordan 块定义为

$$\boldsymbol{J}_{k\times k}=\begin{bmatrix}\lambda & 1 & & 0\\ & \lambda & \ddots & \\ & & \ddots & 1\\ 0 & & & \lambda\end{bmatrix}\in\mathbb{C}^{k\times k} \tag{3.2.5}$$

主对角线的 k 个元素全部为特征值 λ，主对角线右边的次对角线的 $k-1$ 个元素全部为 1，其他元素均等于 0。例如，2 阶和 3 阶 Jordan 块分别为

$$\boldsymbol{J}_{2\times 2}=\begin{bmatrix}\lambda & 1\\ 0 & \lambda\end{bmatrix},\quad \boldsymbol{J}_{3\times 3}=\begin{bmatrix}\lambda & 1 & 0\\ 0 & \lambda & 1\\ 0 & 0 & \lambda\end{bmatrix}$$

如果一个 3×3 矩阵 $\boldsymbol{A}$ 具有一个多重度为 3 的特征值 λ_0，则矩阵 $\boldsymbol{A}$ 的 Jordan 标准型就有以下三种可能形式：

$$\boldsymbol{J}=\begin{bmatrix}\boldsymbol{J}_{1\times 1} & 0 & 0\\ 0 & \boldsymbol{J}_{1\times 1} & 0\\ 0 & 0 & \boldsymbol{J}_{1\times 1}\end{bmatrix}=\begin{bmatrix}\lambda_0 & 0 & 0\\ 0 & \lambda_0 & 0\\ 0 & 0 & \lambda_0\end{bmatrix}$$

$$\boldsymbol{J}=\begin{bmatrix}\boldsymbol{J}_{1\times 1} & \boldsymbol{0}\\ \boldsymbol{0} & \boldsymbol{J}_{2\times 2}\end{bmatrix}=\begin{bmatrix}\lambda_0 & 0 & 0\\ 0 & \lambda_0 & 1\\ 0 & 0 & \lambda_0\end{bmatrix}$$

$$\boldsymbol{J}=\boldsymbol{J}_{3\times 3}=\begin{bmatrix}\lambda_0 & 1 & 0\\ 0 & \lambda_0 & 1\\ 0 & 0 & \lambda_0\end{bmatrix}$$

Jordan 块排列顺序不同的 Jordan 标准型被视为同一个 Jordan 标准型。例如上述第二种 Jordan 标准型也可以排列为

$$\boldsymbol{J}=\begin{bmatrix}\boldsymbol{J}_{2\times 2} & \boldsymbol{0}\\ \boldsymbol{0} & \boldsymbol{J}_{1\times 1}\end{bmatrix}=\begin{bmatrix}\lambda_0 & 1 & 0\\ 0 & \lambda_0 & 0\\ 0 & 0 & \lambda_0\end{bmatrix}$$

在实际应用中，一个不可对角化的 $m\times m$ 矩阵往往存在某些多重特征值。关键问题是，一个多重度为 n 的特征值究竟对应几个 Jordan 块，每个 Jordan 块的阶数又是如何分布的？

算法 3.2.1 (Jordan 块的个数及阶数确定)

(1) Jordan 块阶次大于 1 (即 $\geqslant 2$) 的个数 $=\text{rank}(\lambda_i\boldsymbol{I}-\boldsymbol{A})-\text{rank}(\lambda_i\boldsymbol{I}-\boldsymbol{A})^2$。

(2) Jordan 块阶次大于 2 (即 $\geqslant 3$) 的个数 $=\text{rank}(\lambda_i\boldsymbol{I}-\boldsymbol{A})^2-\text{rank}(\lambda_i\boldsymbol{I}-\boldsymbol{A})^3$。

(3) Jordan 块阶次大于 3 (即 $\geqslant 4$) 的个数 $=\text{rank}(\lambda_i\boldsymbol{I}-\boldsymbol{A})^3-\text{rank}(\lambda_i\boldsymbol{I}-\boldsymbol{A})^4$。

(4) 与特征值 λ_i 对应的 Jordan 块阶次之和等于 λ_i 的多重度。

例 3.2.2　求 3×3 矩阵

$$\boldsymbol{A}=\begin{bmatrix}1 & 0 & 4\\ 2 & -1 & 4\\ -1 & 0 & -3\end{bmatrix}\tag{3.2.6}$$

的 Jordan 标准型。

由特征行列式

$$|\lambda\boldsymbol{I}-\boldsymbol{A}|=\begin{vmatrix}\lambda-1 & 0 & -4\\ -2 & \lambda+1 & -4\\ 1 & 0 & \lambda+3\end{vmatrix}=(\lambda+1)^3=0$$

得矩阵 $\boldsymbol{A}$ 的特征值 $\lambda=-1$，多重度为 3。

由于当 $\lambda=-1$ 时

$$\lambda\boldsymbol{I}-\boldsymbol{A}=\begin{bmatrix}-2 & 0 & -4\\ -2 & 0 & -4\\ 1 & 0 & 2\end{bmatrix},\quad (\lambda\boldsymbol{I}-\boldsymbol{A})^2=\begin{bmatrix}0 & 0 & 0\\ 0 & 0 & 0\\ 0 & 0 & 0\end{bmatrix}$$

故 Jordan 块阶次 $\geqslant 2$ 的个数 $\text{rank}(\lambda\boldsymbol{I}-\boldsymbol{A})-\text{rank}(\lambda\boldsymbol{I}-\boldsymbol{A})^2=1-0=1$，即有一个 Jordan 块的阶次 $\geqslant 2$。又因为 $\text{rank}(\lambda\boldsymbol{I}-\boldsymbol{A})^2-\text{rank}(\lambda\boldsymbol{I}-\boldsymbol{A})^3=0-0=0$，故没有 Jordan 块的阶次会等于 3。于是，三重特征值 -1 对应为 2 个 Jordan 块，其中 1 个 Jordan 的阶次为 2，另一个 Jordan 块阶次为 1。换言之，已知矩阵 $\boldsymbol{A}$ 的 Jordan 标准型为

$$\boldsymbol{J}=\begin{bmatrix}\boldsymbol{J}_{1\times 1} & \boldsymbol{0}\\ \boldsymbol{0} & \boldsymbol{J}_{2\times 2}\end{bmatrix}=\begin{bmatrix}-1 & 0 & 0\\ 0 & -1 & 1\\ 0 & 0 & -1\end{bmatrix}$$

矩阵 $\boldsymbol{A} \in \mathbb{C}^{m\times m}$ 的 Jordan 标准型也可以利用矩阵的相似化简直接求出，其算法如下。

算法 3.2.2 矩阵的相似化简

步骤 1 通过求解特征行列式 $|\lambda\boldsymbol{I}-\boldsymbol{A}|$ 的根，得到 $m\times m$ 矩阵 $\boldsymbol{A}$ 的全部 m 个特征值 (包括多重的特征值)。令不同特征值 $\lambda_i(i=1,2,\cdots,d)$ 的多重度 (包括多重度 1) 为 m_i，即 $m_1+m_2+\cdots+m_d=m$，并将多重度从小到大进行排列。

步骤 2 利用相似变换公式 $\boldsymbol{AP}=\boldsymbol{PJ}$ 求出与具有多重度 m_i 的多重特征值对应的 m_i 个相似变换向量。具体计算公式为

$$\left.\begin{aligned}\boldsymbol{A}\boldsymbol{p}_{i1}&=\lambda_i\boldsymbol{p}_{i1}\\ \boldsymbol{A}\boldsymbol{p}_{i2}&=\boldsymbol{p}_{i1}+\lambda_i\boldsymbol{p}_{i2}\\ &\vdots\\ \boldsymbol{A}\boldsymbol{p}_{im_i}&=\boldsymbol{p}_{im_{i-1}}+\lambda_i\boldsymbol{p}_{im_i}\end{aligned}\right\}\tag{3.2.7}$$

其中，$i=1,2,\cdots,d$。

步骤 3 按照多重度的排列顺序，将 m 个相似变换向量依次排列，组成相似变换矩阵 $\boldsymbol{P}$。然后，计算相似变换矩阵的逆矩阵 $\boldsymbol{P}^{-1}$。

步骤 4 计算矩阵的相似化简的 Jordan 标准型

$$\boldsymbol{P}^{-1}\boldsymbol{AP}=\boldsymbol{J}\tag{3.2.8}$$

例 3.2.3 使用相似化简求例 3.2.2 所给矩阵的 Jordan 标准型。

利用 $|\lambda\boldsymbol{I}-\boldsymbol{A}|=0$ 求出特征值 $\lambda=-1$，多重度为 3。

由式 (3.2.7) 的第 1 式求 3×3 相似变换矩阵 $\boldsymbol{P}$ 的第 1 列，有

$$\begin{bmatrix}1&0&4\\2&-1&4\\-1&0&-3\end{bmatrix}\begin{bmatrix}p_{11}\\p_{21}\\p_{31}\end{bmatrix}=-\begin{bmatrix}p_{11}\\p_{21}\\p_{31}\end{bmatrix}$$

由此得 $p_{11}=-p_{31}$ 以及 p_{21} 任意。取 $p_{11}=p_{31}=0$ 和 $p_{21}=1$。

又由式 (3.2.7) 的第 2 式即

$$\begin{bmatrix}1&0&4\\2&-1&4\\-1&0&-3\end{bmatrix}\begin{bmatrix}p_{12}\\p_{22}\\p_{32}\end{bmatrix}=\begin{bmatrix}0\\1\\0\end{bmatrix}-\begin{bmatrix}p_{12}\\p_{22}\\p_{32}\end{bmatrix}$$

有 $p_{12}=-2p_{32}$ 及 p_{22} 任意。取 $p_{12}=2, p_{22}=2, p_{32}=-1$。

类似地，由

$$\begin{bmatrix}1&0&4\\2&-1&4\\-1&0&-3\end{bmatrix}\begin{bmatrix}p_{13}\\p_{23}\\p_{33}\end{bmatrix}=\begin{bmatrix}2\\2\\-1\end{bmatrix}-\begin{bmatrix}p_{13}\\p_{23}\\p_{33}\end{bmatrix}$$

得 $p_{13}+2p_{33}=1$ 及 p_{32} 任意。取 $p_{13}=1, p_{23}=0, p_{33}=0$。由此得相似变换矩阵及其逆矩阵

$$\boldsymbol{P}=\begin{bmatrix}0 & 2 & 1\\ 1 & 2 & 0\\ 0 & -1 & 0\end{bmatrix},\quad \boldsymbol{P}^{-1}=\begin{bmatrix}0 & 1 & 2\\ 0 & 0 & -1\\ 1 & 0 & 2\end{bmatrix} \tag{3.2.9}$$

矩阵 $\boldsymbol{A}$ 的相似化简结果为 Jordan 标准型矩阵

$$\boldsymbol{J}=\boldsymbol{P}^{-1}\boldsymbol{A}\boldsymbol{P}=\begin{bmatrix}-1 & 0 & 0\\ 0 & -1 & 1\\ 0 & 0 & -1\end{bmatrix} \tag{3.2.10}$$

上述典型例子表明，当存在多重特征值时，不能随便臆断与之对应的 Jordan 标准型块矩阵就一定取式 (3.2.5) 的形式。

3.2.3 矩阵多项式的相似化简

考虑多项式

$$f(x)=a_nx^n+a_{n-1}x^{n-1}+\cdots+a_1x+a_0 \tag{3.2.11}$$

当 $a_n\neq 0$ 时，称 n 为多项式 $f(x)$ 的阶数。一个 n 阶多项式称为首一多项式 (monic polynomial)，若 x^n 的系数等于 1。

给定矩阵 $\boldsymbol{A}\in\mathbb{C}^{m\times m}$ 和多项式函数 $f(x)$，称

$$f(\boldsymbol{A})=a_n\boldsymbol{A}^n+a_{n-1}\boldsymbol{A}^{n-1}+\cdots+a_1\boldsymbol{A}+a_0\boldsymbol{I} \tag{3.2.12}$$

为 $\boldsymbol{A}$ 的 n 次矩阵多项式。

令特征多项式 $p(\lambda)=|\lambda\boldsymbol{I}-\boldsymbol{A}|$ 具有 d 个不同根，它们给出矩阵 $\boldsymbol{A}$ 的特征值 $\lambda_1,\lambda_2,\cdots,\lambda_d$，特征值 λ_i 的多重度为 m_i，即 $m_1+m_2+\cdots+m_d=m$。

若矩阵 $\boldsymbol{A}$ 的 Jordan 标准型矩阵为 $\boldsymbol{J}$，即

$$\boldsymbol{A}=\boldsymbol{P}\boldsymbol{J}\boldsymbol{P}^{-1}=\boldsymbol{P}\mathrm{diag}(\boldsymbol{J}_1(\lambda_1),\boldsymbol{J}_2(\lambda_2),\cdots,\boldsymbol{J}_d(\lambda_d))\boldsymbol{P}^{-1} \tag{3.2.13}$$

则有

$$\begin{aligned}f(\boldsymbol{A})&=a_n\boldsymbol{A}^n+a_{n-1}\boldsymbol{A}^{n-1}+\cdots+a_1\boldsymbol{A}+a_0\boldsymbol{I}\\ &=a_n(\boldsymbol{P}\boldsymbol{J}\boldsymbol{P}^{-1})^n+a_{n-1}(\boldsymbol{P}\boldsymbol{J}\boldsymbol{P}^{-1})^{n-1}+\cdots+a_1(\boldsymbol{P}\boldsymbol{J}\boldsymbol{P}^{-1})+a_0\boldsymbol{I}\\ &=\boldsymbol{P}(a_n\boldsymbol{J}^n+a_{n-1}\boldsymbol{J}^{n-1}+\cdots+a_1\boldsymbol{J}+a_0\boldsymbol{I})\boldsymbol{P}^{-1}\\ &=\boldsymbol{P}f(\boldsymbol{J})\boldsymbol{P}^{-1}\end{aligned} \tag{3.2.14}$$

称为矩阵多项式 $f(\boldsymbol{A})$ 的相似化简，其中

$$
\begin{aligned}
f(\boldsymbol{J}) &= a_n\boldsymbol{J}^n + a_{n-1}\boldsymbol{J}^{n-1} + \cdots + a_1\boldsymbol{J} + a_0\boldsymbol{I} \\
&= a_n\begin{bmatrix} \boldsymbol{J}_1 & & \boldsymbol{O} \\ & \ddots & \\ \boldsymbol{O} & & \boldsymbol{J}_p \end{bmatrix}^n + \cdots + a_1\begin{bmatrix} \boldsymbol{J}_1 & & \boldsymbol{O} \\ & \ddots & \\ \boldsymbol{O} & & \boldsymbol{J}_d \end{bmatrix} + a_0\begin{bmatrix} \boldsymbol{I}_1 & & \boldsymbol{O} \\ & \ddots & \\ \boldsymbol{O} & & \boldsymbol{I}_d \end{bmatrix} \\
&= \mathrm{diag}(a_n\boldsymbol{J}_1^n + \cdots + a_1\boldsymbol{J}_1 + a_0\boldsymbol{I}_1, \cdots, a_n\boldsymbol{J}_d^n + \cdots + a_1\boldsymbol{J}_d + a_0\boldsymbol{I}_d) \\
&= \mathrm{diag}(f(\boldsymbol{J}_1), f(\boldsymbol{J}_2), \cdots, f(\boldsymbol{J}_d))
\end{aligned} \tag{3.2.15}
$$

将式 (3.2.15) 代入式 (3.2.14)，立即有

$$
f(\boldsymbol{A}) = \boldsymbol{P}\mathrm{diag}(f(\boldsymbol{J}_1), f(\boldsymbol{J}_2), \cdots, f(\boldsymbol{J}_d))\boldsymbol{P}^{-1} \tag{3.2.16}
$$

式中，$f(\boldsymbol{J}_i)$ 称为矩阵函数 $f(\boldsymbol{A})$ 的 Jordan 表示，定义为

$$
f(\boldsymbol{J}_i) = \begin{bmatrix} f(\lambda_i) & f'(\lambda_i) & \frac{1}{2!}f''(\lambda) & \cdots & \frac{1}{(m_i-1)!}f^{(m_i-1)}(\lambda_i) \\ & f(\lambda_i) & f'(\lambda_i) & \cdots & \frac{1}{(m_i-2)!}f^{(m_i-2)}(\lambda_i) \\ & & \ddots & \ddots & \vdots \\ & & & f(\lambda_i) & f'(\lambda_i) \\ 0 & & & & f(\lambda_i) \end{bmatrix} \in \mathbb{C}^{m_i\times m_i} \tag{3.2.17}
$$

其中，$f^{(k)}(x) = \frac{\mathrm{d}^k f(x)}{\mathrm{d}x^k}$ 为函数 $f(x)$ 的 k 阶导数。

式 (3.2.16) 是在 $f(\boldsymbol{A})$ 为式 (3.2.12) 表示的矩阵多项式情况下推导得到的。然而，利用 $(\boldsymbol{PAP}^{-1})^k = \boldsymbol{PJ}^k\boldsymbol{P}^{-1}$，容易验证，式 (3.2.16) 也适用于其他几种常用矩阵函数：

(1) 矩阵幂函数

$$
f(\boldsymbol{A}) = \boldsymbol{A}^K = \boldsymbol{PJ}^K\boldsymbol{P}^{-1} = \boldsymbol{P}f(\boldsymbol{J})\boldsymbol{P}^{-1}
$$

此时，$f(x) = x^K$。

(2) 矩阵指数

$$
f(\boldsymbol{A}) = \mathrm{e}^{\boldsymbol{A}} \overset{\mathrm{def}}{=} \sum_{n=0}^{\infty}\frac{1}{n!}\boldsymbol{A}^n = \boldsymbol{P}\left(\sum_{n=0}^{\infty}\frac{1}{n!}\boldsymbol{J}^n\right)\boldsymbol{P}^{-1} = \boldsymbol{P}f(\boldsymbol{J})\boldsymbol{P}^{-1}
$$

$$
f(\boldsymbol{A}) = \mathrm{e}^{-\boldsymbol{A}} \overset{\mathrm{def}}{=} \sum_{n=0}^{\infty}\frac{1}{n!}(-1)^n\boldsymbol{A}^n = \boldsymbol{P}\left(\sum_{n=0}^{\infty}\frac{1}{n!}(-1)^n\boldsymbol{J}^n\right)\boldsymbol{P}^{-1} = \boldsymbol{P}f(\boldsymbol{J})\boldsymbol{P}^{-1}
$$

此时，矩阵函数 $f_1(\boldsymbol{A}) = \mathrm{e}^{\boldsymbol{A}}$ 和 $f_2(\boldsymbol{A}) = \mathrm{e}^{-\boldsymbol{A}}$ 的标量函数分别是 $f_1(x) = \mathrm{e}^x$ 和 $f_2(x) = \mathrm{e}^{-x}$。

(3) 矩阵指数函数

$$
f(\boldsymbol{A}) = \mathrm{e}^{\boldsymbol{A}t} \overset{\mathrm{def}}{=} \sum_{n=0}^{\infty}\frac{1}{n!}\boldsymbol{A}^n t^n = \boldsymbol{P}\left(\sum_{n=0}^{\infty}\frac{1}{n!}\boldsymbol{J}^n t^n\right)\boldsymbol{P}^{-1} = \boldsymbol{P}f(\boldsymbol{J})\boldsymbol{P}^{-1}
$$

$$
f(\boldsymbol{A}) = \mathrm{e}^{-\boldsymbol{A}t} \overset{\mathrm{def}}{=} \sum_{n=0}^{\infty}\frac{1}{n!}(-1)^n\boldsymbol{A}^n t^n = \boldsymbol{P}\left(\sum_{n=0}^{\infty}\frac{1}{n!}(-1)^n\boldsymbol{J}^n t^n\right)\boldsymbol{P}^{-1} = \boldsymbol{P}f(\boldsymbol{J})\boldsymbol{P}^{-1}
$$

式中，矩阵指数函数 $f_1(\boldsymbol{A}) = \mathrm{e}^{\boldsymbol{A}t}$ 和 $f_2(\boldsymbol{A}) = \mathrm{e}^{-\boldsymbol{A}t}$ 的标量指数函数分别为 $f_1(x) = \mathrm{e}^{xt}$ 和 $f_2(x) = \mathrm{e}^{-xt}$。

(4) 对数函数

$$f(\boldsymbol{A}) \stackrel{\text{def}}{=} \ln(\boldsymbol{I}+\boldsymbol{A}) = \sum_{n=1}^{\infty} \frac{(-1)^{n-1}}{n}\boldsymbol{A}^n = \boldsymbol{P}\left(\sum_{n=1}^{\infty} \frac{(-1)^{n-1}}{n}\boldsymbol{A}^n\right)\boldsymbol{P}^{-1} = \boldsymbol{P}f(\boldsymbol{J})\boldsymbol{P}^{-1}$$

(5) 正弦函数和余弦函数

$$f(\boldsymbol{A}) \stackrel{\text{def}}{=} \sin(\boldsymbol{A}) = \sum_{n=0}^{\infty} \frac{(-1)^n}{(2n+1)!}\boldsymbol{A}^{2n+1} = \boldsymbol{P}\left(\sum_{n=0}^{\infty} \frac{(-1)^n}{(2n+1)!}\boldsymbol{J}^{2n+1}\right)\boldsymbol{P}^{-1} = \boldsymbol{P}f(\boldsymbol{J})\boldsymbol{P}^{-1}$$

$$f(\boldsymbol{A}) \stackrel{\text{def}}{=} \cos(\boldsymbol{A}) = \sum_{n=0}^{\infty} \frac{(-1)^n}{(2n)!}\boldsymbol{A}^{2n} = \boldsymbol{P}\left(\sum_{n=0}^{\infty} \frac{(-1)^n}{(2n)!}\boldsymbol{J}^{2n}\right)\boldsymbol{P}^{-1} = \boldsymbol{P}f(\boldsymbol{J})\boldsymbol{P}^{-1}$$

下面举例说明利用式 (3.2.16) 及式 (3.2.17) 计算矩阵函数的方法。

考虑与例 3.2.2 相同的矩阵

$$\boldsymbol{A} = \begin{bmatrix} 1 & 0 & 4 \\ 2 & -1 & 4 \\ -1 & 0 & -3 \end{bmatrix}$$

由例 3.2.2 求出矩阵 $\boldsymbol{A}$ 的 Jordan 相似变换矩阵、逆矩阵及 Jordan 标准型矩阵

$$\boldsymbol{P} = \begin{bmatrix} 0 & 2 & 1 \\ 1 & 2 & 0 \\ 0 & -1 & 0 \end{bmatrix}, \quad \boldsymbol{P}^{-1} = \begin{bmatrix} 0 & 1 & 2 \\ 0 & 0 & -1 \\ 1 & 0 & 2 \end{bmatrix}$$

$$\boldsymbol{J} = \boldsymbol{P}^{-1}\boldsymbol{A}\boldsymbol{P} = \begin{bmatrix} -1 & 0 & 0 \\ 0 & -1 & 1 \\ 0 & 0 & -1 \end{bmatrix}$$

容易得到矩阵多项式

$$\begin{aligned} f(\boldsymbol{A}) &= \boldsymbol{P}f(\boldsymbol{J})\boldsymbol{P}^{-1} \\ &= \begin{bmatrix} 0 & 2 & 1 \\ 1 & 2 & 0 \\ 0 & -1 & 0 \end{bmatrix} \begin{bmatrix} f(-1) & 0 & 0 \\ 0 & f(-1) & f'(-1) \\ 0 & 0 & f(-1) \end{bmatrix} \begin{bmatrix} 0 & 1 & 2 \\ 0 & 0 & -1 \\ 1 & 0 & 2 \end{bmatrix} \\ &= \begin{bmatrix} f(-1)+2f'(-1) & 0 & 4f'(-1) \\ 2f'(-1) & f(-1) & 4f'(-1) \\ -f'(-1) & 0 & f(-1)-2f'(-1) \end{bmatrix} \end{aligned} \tag{3.2.18}$$

(1) 计算矩阵多项式 $f(\boldsymbol{A}) = \boldsymbol{A}^4 - 3\boldsymbol{A}^3 + \boldsymbol{A} - \boldsymbol{I}$

对应的多项式函数为 $f(x) = x^4 - 3x^3 + x - 1$，其一阶导数 $f'(x) = 4x^3 - 9x^2 + 1$。于是，与三重特征值 $\lambda = -1$ 对应的多项式函数 $f(-1) = 5$ 及一阶导数值 $f'(-1) = -12$。将

$f(-1)=5$ 及 $f'(-1)=-12$ 代入式 (3.2.18)，得

$$f(\boldsymbol{A})=\begin{bmatrix}-19 & 0 & -48\\ -24 & 5 & -48\\ 12 & 0 & 29\end{bmatrix}$$

(2) 计算矩阵幂 $f(\boldsymbol{A})=\boldsymbol{A}^{1000}$

与矩阵幂 $f(\boldsymbol{A})=\boldsymbol{A}^{1000}$ 对应的多项式函数为 $f(x)=x^{1000}$，其一阶导数 $f'(x)=1000x^{999}$。将 $f(-1)=1$ 及 $f'(-1)=-1000$ 代入式 (3.2.18)，易得

$$\boldsymbol{A}^{1000}=\begin{bmatrix}-1999 & 0 & -4000\\ -2000 & 1 & -4000\\ 1000 & 0 & 2001\end{bmatrix}$$

(3) 计算矩阵指数函数 $f(\boldsymbol{A})=\mathrm{e}^{\boldsymbol{A}}$

由多项式函数 $f(x)=\mathrm{e}^x$ 及 $f'(x)=\mathrm{e}^x$ 有 $f(-1)=\mathrm{e}^{-1}$ 和 $f'(-1)=\mathrm{e}^{-1}$。由这两个值及式 (3.2.18) 立即得

$$\mathrm{e}^{\boldsymbol{A}}=\begin{bmatrix}3\mathrm{e}^{-1} & 0 & 4\mathrm{e}^{-1}\\ 2\mathrm{e}^{-1} & \mathrm{e}^{-1} & 4\mathrm{e}^{-1}\\ -\mathrm{e}^{-1} & 0 & -\mathrm{e}^{-1}\end{bmatrix}$$

(4) 计算矩阵指数函数 $f(\boldsymbol{A})=\mathrm{e}^{\boldsymbol{A}t}$

由多项式函数 $f(x)=\mathrm{e}^{xt}$ 和 $f'(x)=t\mathrm{e}^{xt}$ 知 $f(-1)=\mathrm{e}^{-t}$, $f'(-1)=t\mathrm{e}^{-t}$。将这两个值代入式 (3.2.18)，则有

$$\mathrm{e}^{\boldsymbol{A}t}=\begin{bmatrix}\mathrm{e}^{-t}+2t\mathrm{e}^{-t} & 0 & 4t\mathrm{e}^{-t}\\ 2t\mathrm{e}^{-t} & \mathrm{e}^{-t} & 4t\mathrm{e}^{-t}\\ -t\mathrm{e}^{-t} & 0 & \mathrm{e}^{-t}-2t\mathrm{e}^{-t}\end{bmatrix}$$

(5) 计算矩阵三角函数 $\sin\boldsymbol{A}$

此时，多项式函数 $f(x)=\sin x$，其一阶导数 $f'(x)=\cos x$。将 $f(-1)=\sin(-1)$ 和 $f'(-1)=\cos(-1)$ 代入式 (3.2.18)，直接得

$$\sin\boldsymbol{A}=\begin{bmatrix}\sin(-1)+2\cos(-1) & 0 & 4\cos(-1)\\ 2\cos(-1) & \sin(-1) & 4\cos(-1)\\ -\cos(-1) & 0 & \sin(-1)-2\cos(-1)\end{bmatrix}$$

3.3 多项式矩阵及相抵化简

上节介绍的矩阵多项式及其相似化简可以计算矩阵幂及矩阵函数，但是 Jordan 标准型矩阵的确定需要 3 个关键步骤：

(1) 求解特征方程 $|\lambda\boldsymbol{I}-\boldsymbol{A}|=0$，以得到所有特征值 (包括多重特征值)；

(2) 求解特征值 – 特征向量方程 $\boldsymbol{A}\boldsymbol{u}=\lambda\boldsymbol{u}$，以确定与各个特征值对应的特征向量 $\boldsymbol{u}$，并构造相似变换矩阵 $\boldsymbol{P}$。

(3) 求相似变换矩阵的逆矩阵 $\boldsymbol{P}^{-1}$。

本节介绍求矩阵 $\boldsymbol{A}\in\mathbb{C}^{m\times m}$ 的 Jordan 标准型的第二种思路的实现。这种思路的基本出发点是：将数字矩阵 $\boldsymbol{A}$ 的相似化简转变成多项式矩阵 $\lambda\boldsymbol{I}-\boldsymbol{A}$ 的相抵化简，再由多项式矩阵化简的 Smith 标准型转变成数字矩阵相似化简的 Jordan 标准型。这种方法可以完全避免特征方程 $|\lambda\boldsymbol{I}-\boldsymbol{A}|=0$ 的求解、相似变换矩阵及其逆矩阵的求取。

3.3.1　多项式矩阵与相抵化简的基本理论

多项式矩阵是与矩阵多项式不同的一种矩阵表示。

定义 3.3.1　以变元 λ 的多项式为元素的矩阵 $\boldsymbol{A}(\lambda)=[a_{ij}(\lambda)]_{m\times n}$ 称为多项式矩阵。

记 $\mathbb{R}[\lambda]^{m\times n}$ 为 $m\times n$ 实系数多项式矩阵全体，$\mathbb{C}[\lambda]^{m\times n}$ 为 $m\times n$ 复系数多项式矩阵全体。容易验证，$\mathbb{C}[\lambda]^{m\times n}$ 和 $\mathbb{R}[\lambda]^{m\times n}$ 分别为复数域 $\mathbb{C}$ 和实数域 $\mathbb{R}$ 上的线性空间。

多项式矩阵与矩阵多项式是两个不同的概念：矩阵多项式 $f(\boldsymbol{A})=a_n\boldsymbol{A}^n+a_{n-1}\boldsymbol{A}^{n-1}+\cdots+a_1\boldsymbol{A}+a_0\boldsymbol{I}$ 是以矩阵 $\boldsymbol{A}$ 为变元的多项式；而多项式矩阵 $\boldsymbol{A}(\lambda)$ 则是以 λ 的多项式为元素 $a_{ij}(\lambda)$ 的矩阵。

多项式矩阵 $\boldsymbol{A}(\lambda)$ 可以看成为系数矩阵或者数字矩阵的多项式，N 称为多项式矩阵 $\boldsymbol{A}(\lambda)$ 的次数，记为 $N=\deg[\boldsymbol{A}(\lambda)]$。

定义 3.3.2　令 $\boldsymbol{A}(\lambda)\in\mathbb{C}[\lambda]^{m\times n}$，则 r 称为多项式矩阵 $\boldsymbol{A}(\lambda)$ 的秩，并记为 $r=\mathrm{rank}[\boldsymbol{A}(\lambda)]$，是指 $\boldsymbol{A}(\lambda)$ 的任何 $k\geqslant r+1$ 阶子式均等于零，而 $\boldsymbol{A}(\lambda)$ 至少存在一个 r 阶子式是 $\mathbb{C}[\lambda]$ 中的非零多项式。

特别地，若 $m=\mathrm{rank}[\boldsymbol{A}(\lambda)]$，则称 m 阶多项式矩阵 $\boldsymbol{A}(\lambda)\in\mathbb{C}[\lambda]^{m\times m}$ 是满秩的，或是非奇异的。

定义 3.3.3　令 $\boldsymbol{A}(\lambda)\in\mathbb{C}[\lambda]^{m\times m}$。若存在另一个多项式矩阵 $\boldsymbol{B}(\lambda)\in\mathbb{C}[\lambda]^{m\times m}$，使得 $\boldsymbol{A}(\lambda)\boldsymbol{B}(\lambda)=\boldsymbol{B}(\lambda)\boldsymbol{A}(\lambda)=\boldsymbol{I}_{m\times m}$，则称多项式矩阵 $\boldsymbol{A}(\lambda)$ 是可逆的，并称 $\boldsymbol{B}(\lambda)$ 是多项式矩阵 $\boldsymbol{A}(\lambda)$ 的逆矩阵，记为 $\boldsymbol{B}(\lambda)=\boldsymbol{A}^{-1}(\lambda)$。

数字矩阵的非奇异和可逆是两个等价的概念。与之不同，多项式矩阵的非奇异与可逆是两个不同的概念：非奇异比可逆的定义弱，一个非奇异的多项式矩阵不一定是可逆的，但一个可逆的多项式矩阵一定是非奇异的。

矩阵 $\boldsymbol{A}\in\mathbb{C}^{m\times m}$ 通过相似变换，可以化简为 Jordan 标准型 $\boldsymbol{J}$。一个自然会问的问题是，多项式矩阵 $\boldsymbol{A}(\lambda)\in\mathbb{C}[\lambda]^{m\times m}$ 也能够进行类似的化简吗？答案是：通过初等变换，多项式矩阵 $\boldsymbol{A}(\lambda)$ 可以化简为 Smith 标准型 $\boldsymbol{S}(\lambda)$。

定义 3.3.4　$\mathbb{C}[\lambda]^{m\times m}$ 中有三类初等矩阵，它们分别是

Ⅰ型初等矩阵 $\boldsymbol{K}_i(\alpha)=[\boldsymbol{e}_1,\cdots,\boldsymbol{e}_{i-1},\alpha\boldsymbol{e}_i,\boldsymbol{e}_{i+1},\cdots,\boldsymbol{e}_m],\alpha\in\mathbb{C},\alpha\neq 0$

Ⅱ型初等矩阵 $\boldsymbol{K}_{ij}=[\boldsymbol{e}_1,\cdots,\boldsymbol{e}_{i-1},\boldsymbol{e}_j,\boldsymbol{e}_{i+1},\cdots,\boldsymbol{e}_{j-1},\boldsymbol{e}_i,\boldsymbol{e}_{j+1},\cdots,\boldsymbol{e}_m]$

Ⅲ型初等矩阵 $\boldsymbol{K}_{ij}[\alpha(\lambda)]=[\boldsymbol{e}_1,\cdots,\boldsymbol{e}_i,\cdots,\boldsymbol{e}_{j-1},\boldsymbol{e}_j+\alpha(\lambda)\boldsymbol{e}_i,\cdots,\boldsymbol{e}_m],\ \alpha(\lambda)\in\mathbb{C}[\lambda]$

多项式矩阵 $\boldsymbol{A}(\lambda)\in\mathbb{C}[\lambda]^{m\times m}$ 左乘初等矩阵相当于对 $\boldsymbol{A}(\lambda)$ 作行初等变换，右乘初等矩阵相当于作列初等变换。

经过初等变换得到的多项式矩阵称为原多项式矩阵的等价多项式矩阵。

定义 3.3.5 多项式矩阵$\boldsymbol{A}(\lambda),\boldsymbol{B}(\lambda)\in\mathbb{C}[\lambda]^{m\times n}$ 称为等价，记为 $\boldsymbol{A}(\lambda)\cong\boldsymbol{B}(\lambda)$，系指存在初等矩阵 $\boldsymbol{M}_1(\lambda),\boldsymbol{M}_2(\lambda),\cdots,\boldsymbol{M}_s(\lambda)\in\mathbb{C}[\lambda]^{m\times m}$ 和 $\boldsymbol{N}_1(\lambda),\boldsymbol{N}_2(\lambda),\cdots,\boldsymbol{N}_t(\lambda)\in\mathbb{C}[\lambda]^{n\times n}$，使

$$\boldsymbol{B}(\lambda)=\boldsymbol{M}_s(\lambda)\cdots\boldsymbol{M}_2(\lambda)\boldsymbol{M}_1(\lambda)\boldsymbol{A}(\lambda)\boldsymbol{N}_1(\lambda)\boldsymbol{N}_2(\lambda)\cdots\boldsymbol{N}_t(\lambda)\tag{3.3.1}$$

换言之，多项式矩阵 $\boldsymbol{A}(\lambda)$ 经过若干次初等行变换和初等列变换得到的多项式矩阵 $\boldsymbol{B}(\lambda)$ 是与 $\boldsymbol{A}(\lambda)$ 等价的矩阵。

容易证明，等价矩阵具有以下性质。

(1) 反身性：任何多项式矩阵 $\boldsymbol{A}(\lambda)$ 都与自身等价，即 $\boldsymbol{A}(\lambda)\cong\boldsymbol{A}(\lambda)$。

(2) 对称性：$\boldsymbol{B}(\lambda)\cong\boldsymbol{A}(\lambda)\ \Leftrightarrow\ \boldsymbol{A}(\lambda)\cong\boldsymbol{B}(\lambda)$ 等价。

(3) 传递性：若 $\boldsymbol{C}(\lambda)\cong\boldsymbol{B}(\lambda)$，并且 $\boldsymbol{B}(\lambda)\cong\boldsymbol{A}(\lambda)$，则 $\boldsymbol{C}(\lambda)\cong\boldsymbol{A}(\lambda)$。

定义 3.3.6 若多项式矩阵 $\boldsymbol{A}(\lambda)\in\mathbb{C}[\lambda]^{m\times n}$ 的秩 $\mathrm{rank}[\boldsymbol{A}(\lambda)]=r$，则对自然数 $j\leqslant r$，多项式矩阵 $\boldsymbol{A}(\lambda)$ 中必有非零 j 阶子式。所有非零 j 阶子式的最大 (首一) 公因式 $d_j(\lambda)$ 称为多项式矩阵 $\boldsymbol{A}(\lambda)$ 的 j 阶行列式因子。

定理 3.3.1 若多项式矩阵 $\boldsymbol{A}(\lambda)\in\mathbb{C}[\lambda]^{m\times n}$ 的秩 $\mathrm{rank}[\boldsymbol{A}(\lambda)]=r$，则其各阶行列式因子 $d_j(\lambda)(1\leqslant j\leqslant r)$ 满足 $d_{j-1}(\lambda)|d_j(\lambda),1\leqslant j\leqslant r$，其中 $d_0(\lambda)=1$。

上述定理中的 i 阶行列式因子 $d_i(\lambda)\,(i=1,2,\cdots,r)$ 均是首项系数为 1 的多项式 (即首一多项式)，并且 $d_i(\lambda)|d_{i-1}(\lambda)$ 表示 $d_i(\lambda)$ 可以被 $d_{i-1}(\lambda)$ 整除。

定义 3.3.7 若多项式矩阵 $\boldsymbol{A}(\lambda)\in\mathbb{C}[\lambda]^{m\times n}$ 的秩 $\mathrm{rank}[\boldsymbol{A}(\lambda)]=r$，则 $\boldsymbol{A}(\lambda)$ 的不变因子定义为 $\sigma_i(\lambda)=d_i(\lambda)/d_{i-1}(\lambda),1\leqslant i\leqslant r$。

定理 3.3.2 设在多项式矩阵全体 $\mathbb{C}[\lambda]^{m\times n}$ 中 $\boldsymbol{A}(\lambda)\cong\boldsymbol{B}(\lambda)$，并且 $r=\mathrm{rank}[\boldsymbol{A}(\lambda)]$。若 $d_k(\lambda),\hat{d}_k(\lambda)$ 分别表示 $\boldsymbol{A}(\lambda)$ 和 $\boldsymbol{B}(\lambda)$ 的 k 阶行列式因子，并且 $\sigma_i(\lambda)$ 和 $\hat{\sigma}_i(\lambda)$ 分别是 $\boldsymbol{A}(\lambda)$ 和 $\boldsymbol{B}(\lambda)$ 的 i 阶不变因子，则下列结果为真：

(1) 等价多项式矩阵具有相同的秩，即 $\mathrm{rank}[\boldsymbol{A}(\lambda)]=\mathrm{rank}[\boldsymbol{B}(\lambda)]$。

(2) 等价多项式矩阵具有相同的 k 阶行列式因子，即 $d_k(\lambda)=\hat{d}_k(\lambda),\ 1\leqslant k\leqslant r$。

(3) 等价多项式矩阵具有相同的 i 阶不变因子，即 $\sigma_i(\lambda)=\hat{\sigma}_i(\lambda),\ 1\leqslant i\leqslant r$。

思考：设 $\boldsymbol{A}(\lambda)=\mathrm{diag}[\varphi_1(\lambda),\varphi_2(\lambda),\cdots,\varphi_n(\lambda)]$，其中各 φ_i 两两互质。多项式矩阵 $\boldsymbol{A}(\lambda)$ 的各阶行列式因子和不变因子是什么？

多项式矩阵的等价也称相抵 (balance)。将一个多项式矩阵变成另一个更简单的多项式矩阵的化简称为相抵化简或者等价化简。多项式矩阵的相抵化简的标准形式称为 Smith 标准型。

定理 3.3.3 (Smith 标准型定理) 若多项式矩阵 $\boldsymbol{A}(\lambda)\in\mathbb{C}[\lambda]^{m\times n}$ 的秩 $\mathrm{rank}[\boldsymbol{A}(\lambda)]=r$，则 $\boldsymbol{A}(\lambda)$ 与 Smith 标准型 $\boldsymbol{S}(\lambda)$ 等价：

$$\boldsymbol{A}(\lambda)\cong\boldsymbol{S}(\lambda)=\mathrm{diag}[\sigma_1(\lambda),\sigma_2(\lambda),\cdots,\sigma_r(\lambda),0,\cdots,0]\tag{3.3.2}$$

其中，不变因子 $\sigma_i(\lambda)|\sigma_{i+1}(\lambda),1\leqslant i\leqslant r-1$。

推论 3.3.1 若 $\boldsymbol{S}(\lambda)=\mathrm{diag}[\sigma_1(\lambda),\sigma_2(\lambda),\cdots,\sigma_r(\lambda),0,\cdots,0]$ 是多项式矩阵 $\boldsymbol{A}(\lambda)\in\mathbb{C}[\lambda]^{m\times n}$ 的 Smith 标准型，则 $\sigma_1(\lambda),\sigma_2(\lambda),\cdots,\sigma_r(\lambda)$ 是 $\boldsymbol{A}(\lambda)$ 的各阶不变因子，并且不变因子乘积 $\sigma_1(\lambda)\sigma_2(\lambda)\cdots\sigma_k(\lambda)$ 是 $\boldsymbol{A}(\lambda)$ 的 k 阶行列式因子。特别地，所有不变因子的乘积与 $\boldsymbol{A}(\lambda)$ 的行列式相等。

推论 3.3.2　多项式矩阵 $\boldsymbol{A}(\lambda) \in \mathbb{C}[\lambda]^{m\times n}$ 的 Smith 标准型是唯一的。

推论 3.3.3　若 $\boldsymbol{A}(\lambda) \in \mathbb{C}[\lambda]^{m\times n}$ 和 $\boldsymbol{B}(\lambda) \in \mathbb{C}[\lambda]^{m\times n}$ 的行列式因子或不变因子对应相同，则 $\boldsymbol{A}(\lambda)$ 和 $\boldsymbol{B}(\lambda)$ 等价。

思考：令

$$\boldsymbol{A} = \begin{bmatrix} 0 & \cdots & 0 & -\pi_0 \\ & & & -\pi_1 \\ & \boldsymbol{I}_{m-1} & & \vdots \\ & & & -\pi_{m-1} \end{bmatrix}$$

多项式矩阵 $\lambda\boldsymbol{I} - \boldsymbol{A}$ 的 Smith 标准型是什么？

多项式矩阵 $\boldsymbol{A}(\lambda)$ 的 Smith 标准型 $\boldsymbol{S}(\lambda) = \mathrm{diag}(d_1(\lambda), d_2(\lambda), \cdots, d_r(\lambda), 0, \cdots, 0)$ 是唯一的，故其 r 个对角元素均是唯一确定的。这意味着，对于一个给定的多项式矩阵，各阶不变因子都是固定不变的因式。这就是不变因子的含义所在。

3.3.2　多项式矩阵的相抵化简方法

上一小节叙述了相抵化简的有关理论，本小节介绍多项式矩阵的相抵化简方法。多项式矩阵相抵化简为 Smith 标准型的直接方法是初等变换方法。

例 3.3.1　已知多项式矩阵

$$\boldsymbol{A}(\lambda) = \begin{bmatrix} \lambda+1 & 2 & -6 \\ 1 & \lambda & -3 \\ 1 & 1 & \lambda-4 \end{bmatrix}$$

求其 Smith 标准型。

对 $\boldsymbol{A}(\lambda)$ 进行初等变换

$$\begin{aligned} \boldsymbol{A}(\lambda) &= \begin{bmatrix} \lambda+1 & 2 & -6 \\ 1 & \lambda & -3 \\ 1 & 1 & \lambda-4 \end{bmatrix} \to \begin{bmatrix} \lambda-1 & 0 & -2\lambda+2 \\ 1 & \lambda & -3 \\ 1 & 1 & \lambda-4 \end{bmatrix} \to \begin{bmatrix} \lambda-1 & 0 & 0 \\ 1 & \lambda & -1 \\ 1 & 1 & \lambda-2 \end{bmatrix} \\ &\to \begin{bmatrix} \lambda-1 & 0 & 0 \\ 0 & \lambda-1 & -\lambda+1 \\ 1 & 1 & \lambda-2 \end{bmatrix} \to \begin{bmatrix} \lambda-1 & 0 & 0 \\ 0 & \lambda-1 & 0 \\ 1 & 1 & \lambda-1 \end{bmatrix} \\ &\to \begin{bmatrix} \lambda-1 & 0 & 0 \\ 0 & \lambda-1 & 0 \\ \lambda-1 & \lambda-1 & (\lambda-1)^2 \end{bmatrix} \to \begin{bmatrix} \lambda-1 & 0 & 0 \\ 0 & \lambda-1 & 0 \\ 0 & 0 & (\lambda-1)^2 \end{bmatrix} = \boldsymbol{B}(\lambda) \end{aligned}$$

矩阵 $\boldsymbol{B}(\lambda)$ 不是 Smith 标准型，因为 $|\boldsymbol{B}(\lambda)| = (\lambda-1)^4$ 是 λ 的四阶多项式，而 $|\boldsymbol{A}(\lambda)|$ 明显是 λ 的三阶多项式。由于 b_{11}, b_{22}, b_{33} 均含有一阶因式 $(\lambda-1)$，故矩阵 $\boldsymbol{B}(\lambda)$ 的第 1 行可以除以一阶因式 $(\lambda-1)$，经过这一次初等变换后，等价矩阵 $\boldsymbol{B}(\lambda) \cong \boldsymbol{A}(\lambda)$ 便进一步等价为

$$\boldsymbol{A}(\lambda) \cong \begin{bmatrix} 1 & 0 & 0 \\ 0 & \lambda-1 & 0 \\ 0 & 0 & (\lambda-1)^2 \end{bmatrix}$$

这就是多项式矩阵 $\lambda\boldsymbol{I}-\boldsymbol{A}$ 的 Smith 标准型。

一个多项式矩阵 $\boldsymbol{A}(\lambda)$ 化简为 Smith 标准型的初等变换方法的主要缺点是：初等变换需要一定的技巧，不易编程，有时比较麻烦。与之相比，不变因子法更加简便和易于编程实现。

抽取多项式矩阵的任意 k 行和 k 列，组成一个方阵，该方阵的行列式称为多项式矩阵的一个 k 阶子式。各阶子式的个数如下：

(1) m 阶矩阵共有 $\mathrm{C}_m^1\times\mathrm{C}_m^1=m^2$ 个 1 阶子式。

(2) m 阶矩阵共有 $\mathrm{C}_m^2\times\mathrm{C}_m^2$ 个 2 阶子式。

(3) 更一般地，m 阶矩阵共有 $\mathrm{C}_m^k\times\mathrm{C}_m^k=\left[\frac{m(m-1)\cdots(m-k+1)}{2\cdot 3\cdots k}\right]^2$ 个 k 阶子式。

(4) m 阶矩阵只有 $\mathrm{C}_m^m=1$ 个 m 阶子式。

例如，多项式矩阵

$$\boldsymbol{A}(\lambda)-\begin{bmatrix}\lambda & 0 & 1\\ \lambda^2+1 & \lambda & 0\\ \lambda-1 & -\lambda & \lambda+1\end{bmatrix}$$

的各阶子式如下：

1 阶子式　9 个；1 阶非零子式：7 个；

2 阶子式　$\mathrm{C}_3^2\times\mathrm{C}_3^2=9$ 个，全部为非零二阶子式；

3 阶子式　1 个，为 $|\boldsymbol{A}(\lambda)|=0$。

例 3.3.2　考虑与例 3.3.1 相同的多项式矩阵

$$\lambda\boldsymbol{I}-\boldsymbol{A}=\begin{bmatrix}\lambda+1 & 2 & -6\\ 1 & \lambda & -3\\ 1 & 1 & \lambda-4\end{bmatrix}$$

(1) 每个元素都构成一个 1 阶子式，它们的公因式为 1，即一阶行列式因子 $d_1(\lambda)=1$。

(2) 2 阶子式共 9 个，分别是

$$\begin{vmatrix}\lambda+1 & 2\\ 1 & \lambda\end{vmatrix}=(\lambda-1)(\lambda+2),\quad \begin{vmatrix}\lambda+1 & -6\\ 1 & -3\end{vmatrix}=-3(\lambda-1),\quad \begin{vmatrix}2 & -6\\ \lambda & -3\end{vmatrix}=6(\lambda-1)$$

$$\begin{vmatrix}\lambda+1 & 2\\ 1 & 1\end{vmatrix}=\lambda-1,\quad \begin{vmatrix}\lambda+1 & -6\\ 1 & \lambda-4\end{vmatrix}=(\lambda-1)(\lambda-2),\quad \begin{vmatrix}2 & -6\\ 1 & \lambda-4\end{vmatrix}=2(\lambda-1)$$

$$\begin{vmatrix}1 & \lambda\\ 1 & 1\end{vmatrix}=-(\lambda-1),\quad \begin{vmatrix}1 & -3\\ 1 & \lambda-4\end{vmatrix}=\lambda-1,\quad \begin{vmatrix}\lambda & -3\\ 1 & \lambda-4\end{vmatrix}=(\lambda-1)(\lambda-3)$$

最大公因式为 $\lambda-1$，故二阶行列式因子 $d_2(\lambda)=\lambda-1$。

(3) 3 阶子式只有

$$\begin{vmatrix}\lambda+1 & 2 & -6\\ 1 & \lambda & -3\\ 1 & 1 & \lambda-4\end{vmatrix}=(\lambda-1)^3$$

由此得三阶行列式因子 $d_3(\lambda)=(\lambda-1)^3$。

由上述结果容易求出各阶不变因子为

$$\sigma_1(\lambda)=\frac{d_1(\lambda)}{d_0(\lambda)}=1,\quad \sigma_2(\lambda)=\frac{d_2(\lambda)}{d_1(\lambda)}=\lambda-1,\quad \sigma_3(\lambda)=\frac{d_3(\lambda)}{d_2(\lambda)}=(\lambda-1)^2$$

由此得多项式矩阵 $\lambda\boldsymbol{I}-\boldsymbol{A}$ 的 Smith 标准型矩阵

$$\boldsymbol{S}(\lambda)=\begin{bmatrix}1 & 0 & 0\\ 0 & \lambda-1 & 0\\ 0 & 0 & (\lambda-1)^2\end{bmatrix}$$

例 3.3.3　多项式矩阵

$$\begin{bmatrix}\lambda-1 & 0 & -4\\ -2 & \lambda+1 & -4\\ 1 & 0 & \lambda+3\end{bmatrix}$$

的各阶子式及行列式因子如下：

(1) 1 阶非零子式共 7 个，最大公因式为 1，即一阶行列式因子 $d_1(\lambda)=1$。

(2) 2 阶子式有 9 个，其中非零子式为 7 个，它们的最大公因式是 $\lambda+1$，故 $d_2(\lambda)=\lambda+1$。

(3) 三阶子式

$$\begin{vmatrix}\lambda-1 & 0 & -4\\ -2 & \lambda+1 & -4\\ 1 & 0 & \lambda+3\end{vmatrix}=(\lambda+1)^3$$

的最大公因子即是 3 阶行列式因子 $d_3(\lambda)=(\lambda+1)^3$。

于是，各阶不变因子分别为

$$\sigma_1(\lambda)=\frac{d_1(\lambda)}{d_0(\lambda)}=1,\quad \sigma_2(\lambda)=\frac{d_2(\lambda)}{d_1(\lambda)}=\lambda+1,\quad \sigma_3(\lambda)=\frac{d_3(\lambda)}{d_2(\lambda)}=(\lambda+1)^2$$

由此得 Smith 标准型

$$\lambda\boldsymbol{I}-\boldsymbol{A}\cong\boldsymbol{S}(\lambda)=\begin{bmatrix}1 & 0 & 0\\ 0 & \lambda+1 & 0\\ 0 & 0 & (\lambda+1)^2\end{bmatrix}$$

例 3.3.4　已知多项式矩阵

$$\boldsymbol{A}(\lambda)=\begin{bmatrix}0 & \lambda(\lambda-1) & 0\\ \lambda & 0 & \lambda+1\\ 0 & 0 & -\lambda+1\end{bmatrix}$$

求其 Smith 标准型。

(1) 1 阶非零子式共有 4 个：

$$|\lambda(\lambda-1)|=\lambda-1,\quad |\lambda|=\lambda,\quad |\lambda+1|=\lambda+1,\quad |-\lambda+1|=-\lambda+1$$

故 1 阶行列式因子 $d_1(\lambda)=1$。

(2) 2 阶非零子式有 3 个，分别是

$$\begin{vmatrix} 0 & \lambda(\lambda-1) \\ \lambda & 0 \end{vmatrix} = -\lambda^2(\lambda-1), \quad \begin{vmatrix} \lambda(\lambda-1) & 0 \\ 0 & \lambda+1 \end{vmatrix} = \lambda(\lambda-1)(\lambda+1), \quad \begin{vmatrix} \lambda & \lambda+1 \\ 0 & -\lambda+2 \end{vmatrix} = -\lambda(\lambda-2)$$

最大公因式为 λ，即 2 阶行列式因子 $d_2(\lambda)=\lambda$。

(3) 3 阶行列式

$$\begin{vmatrix} 0 & \lambda(\lambda-1) & 0 \\ \lambda & 0 & \lambda+1 \\ 0 & 0 & -\lambda+1 \end{vmatrix} = \lambda^2(\lambda-1)(\lambda-2)$$

直接给出 3 阶行列式因子 $d_3(\lambda)=\lambda^2(\lambda-1)(\lambda-2)$。

于是，得各阶不变因子如下：

$$\sigma_1(\lambda)=\frac{d_1(\lambda)}{d_0(\lambda)}=1, \quad \sigma_2(\lambda)=\frac{d_2(\lambda)}{d_1(\lambda)}=\lambda, \quad \sigma_3(\lambda)=\frac{d_3(\lambda)}{d_2(\lambda)}=\lambda(\lambda-1)(\lambda-2)$$

因此，λ 矩阵 $\boldsymbol{A}(\lambda)$ 的 Smith 标准型

$$\boldsymbol{S}(\lambda)=\begin{bmatrix} 1 & 0 & 0 \\ 0 & \lambda & 0 \\ 0 & 0 & \lambda(\lambda-1)(\lambda-2) \end{bmatrix}$$

3.3.3 Jordan 标准型与 Smith 标准型的相互转换

前面分别介绍了数字矩阵的相似化简和多项式矩阵的相抵化简。很自然地，一个感兴趣的问题是：相似化简和相抵化简之间的关系。

不包含任何变元、全部以数值为元素的矩阵称为数字矩阵。通过线性变换

$$\boldsymbol{A}(\lambda)=\lambda\boldsymbol{I}-\boldsymbol{A}=\begin{bmatrix} \lambda-a_{11} & -a_{12} & \cdots & -a_{1m} \\ -a_{21} & \lambda-a_{22} & \cdots & -a_{2m} \\ \vdots & \vdots & \ddots & \vdots \\ -a_{m1} & -a_{m2} & \cdots & \lambda-a_{mm} \end{bmatrix} \tag{3.3.3}$$

很容易将数字矩阵 $\boldsymbol{A}$ 变成多项式矩阵 $\boldsymbol{A}(\lambda)$。

在自动控制和系统工程等中，多项式矩阵 $\lambda\boldsymbol{I}-\boldsymbol{A}$ 常称为数字矩阵 $\boldsymbol{A}$ 的 λ 矩阵。

定理 3.3.4 令 $\mathbb{P}$ 表示实数或者复数域，$\boldsymbol{A},\boldsymbol{B}\in\mathbb{P}^{n\times n}$，则下列叙述等价：

(1) 数字矩阵相似 $\boldsymbol{A}\sim\boldsymbol{B}$。

(2) λ 矩阵等价 $(\lambda\boldsymbol{I}-\boldsymbol{A})\cong(\lambda\boldsymbol{I}-\boldsymbol{B})$。

这一定理建立了数字矩阵 $\boldsymbol{A}$ 的 Jordan 标准型 $\boldsymbol{J}$ 与 λ 矩阵 $\lambda\boldsymbol{I}-\boldsymbol{A}$ 的 Smith 标准型之间的关系。

需要注意的是，如果多项式矩阵不是 λ 矩阵，即 $\boldsymbol{A}(\lambda)\neq(\lambda\boldsymbol{I}-\boldsymbol{A}),\boldsymbol{B}(\lambda)\neq(\lambda\boldsymbol{I}-\boldsymbol{B})$，则定理 3.3.4 不再成立：数字矩阵相似 $\boldsymbol{A}\sim\boldsymbol{B}$ 并不意味着一般多项式矩阵等价 $\boldsymbol{A}(\lambda)\cong\boldsymbol{B}(\lambda)$。

假定数字矩阵 $\boldsymbol{A}$ 的 Jordan 标准型为 $\boldsymbol{J}$，即 $\boldsymbol{A} \sim \boldsymbol{J}$。于是，根据定理 3.3.4 知

$$\lambda \boldsymbol{I} - \boldsymbol{A} \cong \lambda \boldsymbol{I} - \boldsymbol{J} \tag{3.3.4}$$

如果 λ 矩阵 $\lambda \boldsymbol{I} - \boldsymbol{A}$ 的 Smith 标准型为 $\boldsymbol{S}(\lambda)$，即有

$$\lambda \boldsymbol{I} - \boldsymbol{A} \cong \boldsymbol{S}(\lambda) \tag{3.3.5}$$

由式 (3.3.4)、式 (3.3.5) 及等价矩阵的传递性，立即得

$$\boldsymbol{S}(\lambda) \cong \lambda \boldsymbol{I} - \boldsymbol{J} \tag{3.3.6}$$

这就是数字矩阵 $\boldsymbol{A}$ 的 Jordan 标准型 $\boldsymbol{J}$ 与 λ 矩阵 $\lambda \boldsymbol{I} - \boldsymbol{A}$ 的 Smith 标准型 $\boldsymbol{S}(\lambda)$ 之间的关系式。

令数字矩阵 $\boldsymbol{A} \in \mathbb{C}^{m \times m}$ 的 Jordan 标准型由 p 个 Jordan 块组成，即

$$\boldsymbol{J} = \mathrm{diag}(\boldsymbol{J}_1, \boldsymbol{J}_2, \cdots, \boldsymbol{J}_p) \tag{3.3.7}$$

其中，Jordan 块 $\boldsymbol{J}_i \in \mathbb{C}^{n_i \times n_i}$，并且 $n_1 + n_2 + \cdots + n_p = m$。

根据式 (3.3.6) 知，λ 矩阵 $\boldsymbol{A}(\lambda) = \lambda \boldsymbol{I} - \boldsymbol{J}$ 的 Smith 标准型 $\boldsymbol{S}(\lambda)$ 也应该有 p 个 Smith 块:

$$\boldsymbol{S}(\lambda) = \mathrm{diag}[\boldsymbol{S}_1(\lambda), \boldsymbol{S}_2(\lambda), \cdots, \boldsymbol{S}_p(\lambda)] \tag{3.3.8}$$

式中，Smith 块 $\boldsymbol{S}_i(\lambda) \in \mathbb{C}[\lambda]^{n_i \times n_i}$ 与 Jordan 块 $\boldsymbol{J}_i$ 具有相同的维数 $n_i \times n_i$。

于是，Jordan 标准型和 Smith 标准型之间的转换关系变成了与同一个特征值 λ_i 对应的 Jordan 块和 Smith 块之间的转换关系。

1. 由 Jordan 块求 Smith 块

问题的提法是：已知数字矩阵 $\boldsymbol{A}$ 的 Jordan 块 $\boldsymbol{J}_i, i = 1, 2, \cdots, p$，求 λ 矩阵 $\lambda \boldsymbol{I} - \boldsymbol{A}$ 的 Smith 块 $\boldsymbol{S}_i(\lambda), i = 1, 2, \cdots, p$。

下面根据特征值的多重度，讨论 Jordan 块与 Smith 块之间的对应关系。

1 阶 Jordan 块对应于单重特征值：$\boldsymbol{J}_1 = \lambda_0$。由式 (3.3.6) 立即得

$$\boldsymbol{S}_1(\lambda) \cong \lambda - \lambda_0 \Rightarrow \boldsymbol{S}_1(\lambda) = \lambda - \lambda_0$$

2 阶 Jordan 块对应的特征值有两种可能：两个相同的单重特征值和一个二重特征值：

$$\boldsymbol{J}_{21} = \begin{bmatrix} \lambda_0 & 0 \\ 0 & \lambda_0 \end{bmatrix}, \quad \boldsymbol{J}_{21} = \begin{bmatrix} \lambda_0 & 1 \\ 0 & \lambda_0 \end{bmatrix}$$

于是，由式 (3.3.6) 分别有

$$\boldsymbol{S}_{21}(\lambda) \cong \lambda \boldsymbol{I}_2 - \boldsymbol{J}_{21} = \begin{bmatrix} \lambda - \lambda_0 & 0 \\ 0 & \lambda - \lambda_0 \end{bmatrix}$$

$$\boldsymbol{S}_{22}(\lambda) \cong \lambda \boldsymbol{I}_2 - \boldsymbol{J}_{22} = \begin{bmatrix} \lambda - \lambda_0 & -1 \\ 0 & \lambda - \lambda_0 \end{bmatrix} \cong \begin{bmatrix} 1 & 0 \\ 0 & (\lambda - \lambda_0)^2 \end{bmatrix}$$

这是因为 $\lambda \boldsymbol{I}_2 - \boldsymbol{J}_{22}$ 的不变因子 $\sigma_1(\lambda) = 1, \sigma_2(\lambda) = (\lambda - \lambda_0)^2$。

3 阶 Jordan 块对应的特征值有三种可能：(1) 三个相同的单重特征值；(2) 一个单重特征值和一个二重特征值；(3) 一个三重特征值。分别是

$$\boldsymbol{J}_{31}=\begin{bmatrix}\lambda_0 & 0 & 0\\ 0 & \lambda_0 & 0\\ 0 & 0 & \lambda_0\end{bmatrix},\quad \boldsymbol{J}_{32}=\begin{bmatrix}\lambda_0 & 0 & 0\\ 0 & \lambda_0 & 1\\ 0 & 0 & \lambda_0\end{bmatrix},\quad \boldsymbol{J}_{33}=\begin{bmatrix}\lambda_0 & 1 & 0\\ 0 & \lambda_0 & 1\\ 0 & 0 & \lambda_0\end{bmatrix}$$

由式 (3.3.6) 分别得

$$\boldsymbol{S}_{31}(\lambda)\cong\lambda\boldsymbol{I}_3-\boldsymbol{J}_{31}=\begin{bmatrix}\lambda-\lambda_0 & 0 & 0\\ 0 & \lambda-\lambda_0 & 0\\ 0 & 0 & \lambda-\lambda_0\end{bmatrix}$$

$$\boldsymbol{S}_{32}(\lambda)\cong\lambda\boldsymbol{I}_3-\boldsymbol{J}_{32}=\begin{bmatrix}\lambda-\lambda_0 & 0 & 0\\ 0 & \lambda-\lambda_0 & -1\\ 0 & 0 & \lambda-\lambda_0\end{bmatrix}\cong\begin{bmatrix}1 & 0 & 0\\ 0 & \lambda-\lambda_0 & 0\\ 0 & 0 & (\lambda-\lambda_0)^2\end{bmatrix}$$

$$\boldsymbol{S}_{33}(\lambda)\cong\lambda\boldsymbol{I}_3-\boldsymbol{J}_{33}=\begin{bmatrix}\lambda-\lambda_0 & -1 & 0\\ 0 & \lambda-\lambda_0 & -1\\ 0 & 0 & \lambda-\lambda_0\end{bmatrix}\cong\begin{bmatrix}1 & 0 & 0\\ 0 & 1 & 0\\ 0 & 0 & (\lambda-\lambda_0)^3\end{bmatrix}$$

因为 $\lambda\boldsymbol{I}_3-\boldsymbol{J}_{32}$ 的不变因子 $\sigma_1=1,\sigma_2=\lambda-\lambda_0,\sigma_3=(\lambda-\lambda_0)^2$，而 $\lambda\boldsymbol{I}_3-\boldsymbol{J}_{33}$ 的不变因子 $\sigma_1=1,\sigma_2=1,\sigma_3=(\lambda-\lambda_0)^3$。

显然，$\boldsymbol{J}_{21}$ 和 $\boldsymbol{J}_{31}$ 本质上分别是两个和三个相同的单重特征值的 Jordan 块，它们分别等同于由两个和三个 1 阶 Jordan 块 $\boldsymbol{J}_1$ 组成，实质上属于单重特征值这一类型。

综合以上分析知，对于同一个数字矩阵，由于 Jordan 标准型和 Smith 标准型分别都是唯一确定的，故具有单重特征值、二重特征值和三重特征值的 Jordan 块和 Smith 块有下列对应关系：

$$\boldsymbol{J}_1=\lambda_0\Leftrightarrow\boldsymbol{S}_1(\lambda)=\lambda-\lambda_0 \tag{3.3.9}$$

$$\boldsymbol{J}_2=\begin{bmatrix}\lambda_0 & 1\\ 0 & \lambda_0\end{bmatrix}\Leftrightarrow\boldsymbol{S}_2(\lambda)=\begin{bmatrix}1 & 0\\ 0 & (\lambda-\lambda_0)^2\end{bmatrix} \tag{3.3.10}$$

$$\boldsymbol{J}_3=\begin{bmatrix}\lambda_0 & 0 & 0\\ 0 & \lambda_0 & 1\\ 0 & 0 & \lambda_0\end{bmatrix}\Leftrightarrow\boldsymbol{S}_3(\lambda)=\begin{bmatrix}1 & 0 & 0\\ 0 & \lambda-\lambda_0 & 0\\ 0 & 0 & (\lambda-\lambda_0)^2\end{bmatrix} \tag{3.3.11}$$

$$\boldsymbol{J}_3=\begin{bmatrix}\lambda_0 & 1 & 0\\ 0 & \lambda_0 & 1\\ 0 & 0 & \lambda_0\end{bmatrix}\Leftrightarrow\boldsymbol{S}_3(\lambda)=\begin{bmatrix}1 & 0 & 0\\ 0 & 1 & 0\\ 0 & 0 & (\lambda-\lambda_0)^3\end{bmatrix} \tag{3.3.12}$$

2. 由 Smith 标准型求 Jordan 标准型

问题的提法：给定 λ 矩阵 $\lambda\boldsymbol{I}-\boldsymbol{A}$ 的 Smith 标准型 $\boldsymbol{S}(\lambda)$，求数字矩阵 $\boldsymbol{A}$ 的 Jordan 标准型 $\boldsymbol{J}$。

式 (3.3.9)～式 (3.3.12) 也可以用于由 Smith 块反求 Jordan 块。问题在于如何从 Smith 标准型分离出 Smith 块。

Smith 标准型的分块方法：把全部不变因子 1 排除在外，然后按照以下两种情况进行 Smith 块分离。

(1) 若某个 i 阶不变因子只是一个特征值 λ_j 的因式，即 $\sigma_i(\lambda)=(\lambda-\lambda_j)^{n_i}$，其中 $n_i\geqslant 1$，则有

$$\boldsymbol{S}_i(\lambda)=\begin{bmatrix}1 & & & 0\\ & \ddots & & \\ & & 1 & \\ 0 & & & (\lambda-\lambda_j)^{n_0}\end{bmatrix}\in\mathbb{C}[\lambda]^{n_i\times n_i}\Leftrightarrow\boldsymbol{J}_i=\begin{bmatrix}\lambda_j & 1 & & 0\\ & \ddots & \ddots & \\ & & \lambda_j & 1\\ 0 & & & \lambda_j\end{bmatrix}\in\mathbb{C}^{n_i\times n_i} \tag{3.3.13}$$

例如

$$\boldsymbol{S}(\lambda)=\begin{bmatrix}1 & & 0\\ & (\lambda-\lambda_0) & \\ 0 & & (\lambda-\lambda_0)^2\end{bmatrix}\Leftrightarrow\begin{cases}\boldsymbol{S}_1(\lambda)=\lambda-\lambda_0\\ \boldsymbol{S}_2(\lambda)=\begin{bmatrix}1 & 0\\ 0 & (\lambda-\lambda_0)^2\end{bmatrix}\end{cases}$$

$$\Leftrightarrow\begin{cases}\boldsymbol{J}_1=\lambda_0\\ \boldsymbol{J}_2=\begin{bmatrix}\lambda_0 & 1\\ 0 & \lambda_0\end{bmatrix}\end{cases}\Leftrightarrow\boldsymbol{J}(\lambda)=\begin{bmatrix}\lambda_0 & 0 & 0\\ 0 & \lambda_0 & 1\\ 0 & 0 & \lambda_0\end{bmatrix}$$

(2) 若 k 阶不变因子是 s 个特征值的因式乘积，即

$$\sigma_k(\lambda)=(\lambda-\lambda_{j1})^{n_{k,1}}(\lambda-\lambda_{j2})^{n_{k,2}}\cdots(\lambda-\lambda_{js})^{n_{k,s}},\quad i=1,2,\cdots,s$$

则可以分为 s 个不同特征值的因式 $\sigma_{k1}(\lambda)=(\lambda-\lambda_{j1})^{n_{k,1}},\cdots,\sigma_{ks}(\lambda)=(\lambda-\lambda_{js})^{n_{k,s}}$。然后，按照情况 (1) 的方法，对每个单一特征值因式 $\sigma_{ki}(\lambda)=(\lambda-\lambda_{ji})^{n_{k,i}}$ 分离出对应的 Smith 块，然后再转换成对应的 Jordan 块。

例如

$$\boldsymbol{S}(\lambda)=\begin{bmatrix}1 & & 0\\ & 1 & \\ 0 & & (\lambda-\lambda_1)(\lambda-\lambda_2)^2\end{bmatrix}\Leftrightarrow\begin{cases}\boldsymbol{S}_1(\lambda)=\lambda-\lambda_1\\ \boldsymbol{S}_2(\lambda)=\begin{bmatrix}1 & 0\\ 0 & (\lambda-\lambda_2)^2\end{bmatrix}\end{cases}$$

$$\Leftrightarrow\begin{cases}\boldsymbol{J}_1=\lambda_1\\ \boldsymbol{J}_2=\begin{bmatrix}\lambda_2 & 1\\ 0 & \lambda_2\end{bmatrix}\end{cases}\Leftrightarrow\boldsymbol{J}(\lambda)=\begin{bmatrix}\lambda_1 & 0 & 0\\ 0 & \lambda_2 & 1\\ 0 & 0 & \lambda_2\end{bmatrix}$$

又如

$$\boldsymbol{S}(\lambda)=\text{diag}[1,1,1,(\lambda-\lambda_1)^2(\lambda-\lambda_2)^3]\Leftrightarrow\begin{cases}\boldsymbol{S}_1(\lambda)=\begin{bmatrix}1&0\\0&(\lambda-\lambda_1)^2\end{bmatrix}\\\boldsymbol{S}_2(\lambda)=\begin{bmatrix}1&0&0\\0&1&0\\0&0&(\lambda-\lambda_2)^3\end{bmatrix}\end{cases}$$

$$\Leftrightarrow\begin{cases}\boldsymbol{J}_1=\begin{bmatrix}\lambda_1&1\\0&\lambda_1\end{bmatrix}\\\boldsymbol{J}_2=\begin{bmatrix}\lambda_2&1&0\\0&\lambda_2&1\\0&0&\lambda_2\end{bmatrix}\end{cases}\Leftrightarrow\boldsymbol{J}(\lambda)=\begin{bmatrix}\lambda_1&1&0&0&0\\0&\lambda_1&0&0&0\\0&0&\lambda_2&1&0\\0&0&0&\lambda_2&1\\0&0&0&0&\lambda_2\end{bmatrix}$$

除了行列式因子和不变因子外，多项式矩阵还有另一个因子——初等因子。

定义 3.3.8 将不变因子分解为几个非零阶因式的乘积，如 $\sigma_k(\lambda)=(\lambda-\lambda_{k1})^{c_{k1}}\cdots(\lambda-\lambda_{kl_k})^{c_{kl_k}}$，其中 $c_{ij}>0,j=1,2,\cdots,l_k$，则每一个因式 $(\lambda-\lambda_{kl_k})^{c_{kl_k}}$ 称为多项式矩阵 $\boldsymbol{A}(\lambda)$ 的初等因子。

初等因子不分顺序排列。多项式矩阵 $\boldsymbol{A}(\lambda)$ 的所有初等因子构成 $\boldsymbol{A}(\lambda)$ 的初等因子组。

例 3.3.5 已知某多项式矩阵 $\boldsymbol{A}(\lambda)\in\mathbb{C}^{5\times5}$ 的秩为 4，其 Smith 标准型为

$$\text{diag}(1,\lambda,\lambda^2(\lambda-1)(\lambda+1),\lambda^2(\lambda-1)(\lambda+1)^3,0)$$

求 $\boldsymbol{A}(\lambda)$ 的初等因子。

由 2 阶不变因子 $\sigma_2(\lambda)=\lambda$ 知，λ 是 $\boldsymbol{A}(\lambda)$ 的一个初等因子。

由 3 阶不变因子 $\sigma_3(\lambda)=\lambda^2(\lambda-1)(\lambda+1)$ 得 $\boldsymbol{A}(\lambda)$ 的另外三个初等因子 $\lambda^2,\lambda-1,\lambda+1$。

由 4 阶不变因子 $\sigma_4(\lambda)=\lambda^2(\lambda-1)(\lambda+1)^3$ 立即知，$\boldsymbol{A}(\lambda)$ 还有三个初等因子，它们是 $\lambda^2,\lambda-1$ 和 $(\lambda+1)^3$。

因此，多项式矩阵 $\boldsymbol{A}(\lambda)$ 的初等因子共有 7 个：$\lambda,\lambda^2,\lambda^2,\lambda-1,\lambda-1,\lambda+1,(\lambda+1)^3$。

已知一个多项式矩阵 $\boldsymbol{A}(\lambda)$ 的所有初等因子，也可以重构 $\boldsymbol{A}(\lambda)$ 的不变因子。具体方法如下：

(1) 将所有相同因式的初等因子按照幂次的大小，从高到低排成一排。若其个数不够 $r=\text{rank}(\boldsymbol{A}(\lambda))$ 个的话，则用 1 补足。由此得到若干排多项式因子，每排个数为 r 个。

(2) 将每排最右边的多项式因子相乘，得到不变因子 $\sigma_1(\lambda)$。

(3) 每排右数第 2 个多项式因子的乘积给出不变因子 $\sigma_2(\lambda)$。仿此，依次得到所有其他不变因子 $\sigma_3(\lambda),\cdots,\sigma_r(\lambda)$。

例 3.3.6 已知一个秩为 4 的多项式矩阵 $\boldsymbol{A}(\lambda)$ 有 7 个初等因子 $\lambda,\lambda^2,\lambda^2,\lambda-1,\lambda-1,\lambda+1,(\lambda+1)^3$，求 $\boldsymbol{A}(\lambda)$ 的不变因子。

相同因式 $\lambda+1$ 从高到低的排列：$(\lambda+1)^3,\lambda+1,1,1$

相同因式 λ 从高到低的排列：$\lambda^2,\lambda^2,\lambda,1$

相同因式 $\lambda-1$ 从高到低的排列：$\lambda-1,\lambda-1,1,1$

由上述排列易知 $\boldsymbol{A}(\lambda)$ 的不变因子为

$$\sigma_1(\lambda)=1,\quad \sigma_2(\lambda)=\lambda,\quad \sigma_3(\lambda)=\lambda^2(\lambda+1)(\lambda-1),\quad \sigma_4(\lambda)=\lambda^2(\lambda-1)(\lambda+1)^3$$

λ 矩阵 $\lambda\boldsymbol{I}-\boldsymbol{A}$ 的 Smith 标准型转换成矩阵多项式的 Jordan 标准型后，即可实现矩阵函数的计算。然而，这样一种方法虽然克服了初等变换的缺点，却仍然需要使用相似变换矩阵 $\boldsymbol{P}$ 及其逆矩阵 $\boldsymbol{P}^{-1}$。能否既避免初等变换，又不使用相似变换矩阵和逆矩阵，就可实现矩阵函数的计算呢？这正是下一节的讨论主题。

3.4 Cayley-Hamilton 定理及其应用

利用数字矩阵 $\boldsymbol{A}$ 的 Jordan 标准型化简以及相似变换的重要性质 $\boldsymbol{A}^k=\boldsymbol{P}\boldsymbol{J}^k\boldsymbol{P}^{-1}$，可以将矩阵函数 $f(\boldsymbol{A})$ 的计算转换成 Jordan 标准型矩阵函数的计算。为了避免相似化简使用初等变换的缺点，相抵化简针对数字矩阵 $\boldsymbol{A}$ 的多项式矩阵 $\lambda\boldsymbol{I}-\boldsymbol{A}$ 进行 Smith 标准型化简。然后，将 Smith 标准型转换为 Jordan 标准型，再实现矩阵函数的计算。然而，只要是使用 Jordan 标准型计算矩阵函数，就离不开相似变换矩阵 $\boldsymbol{P}$ 及其逆矩阵 $\boldsymbol{P}^{-1}$ 的计算。那么，矩阵函数的计算能否绕过 Jordan 标准型呢？Caylay-Hamilton 定理提供了一个有效的解决途径。

3.4.1 Cayley-Hamilton 定理

Cayley-Hamilton 定理是关于一般矩阵的特征多项式 $|\lambda\boldsymbol{I}-\boldsymbol{A}|$ 的重要结果。从这一定理出发，很容易解决矩阵函数的计算问题。

定义 3.4.1　对于数字矩阵 $\boldsymbol{A}\in\mathbb{C}^{m\times m}$，若 $p(\boldsymbol{A})=p_m\boldsymbol{A}^m+p_{m-1}\boldsymbol{A}^{m-1}+\cdots+p_1\boldsymbol{A}+p_0\boldsymbol{I}=\boldsymbol{O}$，则称 $p(x)=p_mx^m+p_{m-1}x^{m-1}+\cdots+p_1x+p_0$ 是使矩阵 $\boldsymbol{A}$ 零化的多项式，简称零化多项式 (annihilating polynomial)。

下面的定理表明，特征多项式 $p(\lambda)=|\lambda\boldsymbol{I}-\boldsymbol{A}|$ 是使矩阵 $\boldsymbol{A}_{m\times m}$ 零化的多项式。

定理 3.4.1(Cayley-Hamilton 定理)　每一个正方矩阵 $\boldsymbol{A}_{m\times m}$ 都满足其特征方程 $|\lambda\boldsymbol{I}-\boldsymbol{A}|=0$，即若特征多项式具有形式

$$p(\lambda)=|\lambda\boldsymbol{I}-\boldsymbol{A}|=p_m\lambda^m+p_{m-1}\lambda^{m-1}+\cdots+p_1\lambda+p_0 \tag{3.4.1}$$

则 $|\lambda\boldsymbol{I}-\boldsymbol{A}|$ 就是使数字矩阵 $\boldsymbol{A}$ 零化的矩阵多项式，即有

$$p(\boldsymbol{A})=p_m\boldsymbol{A}^m+p_{m-1}\boldsymbol{A}^{m-1}+\cdots+p_1\boldsymbol{A}+p_0\boldsymbol{I}=\boldsymbol{O} \tag{3.4.2}$$

式中，$\boldsymbol{I}$ 和 $\boldsymbol{O}$ 分别为 $m\times m$ 单位矩阵和零矩阵。

考察多项式除法 $f(x)/g(x)$，其中，$g(x)\neq 0$。根据 Euclidean 除法知，存在两个多项式 $q(x)$ 和 $r(x)$，使得

$$f(x)=g(x)q(x)+r(x) \tag{3.4.3}$$

式中，$q(x)$ 和 $r(x)$ 分别称为多项式除法 $f(x)/g(x)$ 的商和余项，并且余项 $r(x)$ 的阶次一定小于 $g(x)$ 的阶次。

给定一个数字矩阵 $\boldsymbol{A} \in \mathbb{C}^{m \times m}$，假定其矩阵函数为 $f(\boldsymbol{A})$。注意，$f(\boldsymbol{A})$ 只是一个矩阵函数，它可以是一个矩阵多项式，也可以是矩阵的幂 $\boldsymbol{A}^K$，还可以是其他矩阵函数，如矩阵指数函数 $\mathrm{e}^{\boldsymbol{A}}$, $\mathrm{e}^{-\boldsymbol{A}t}$、矩阵对数函数 $\ln(\boldsymbol{I}+\boldsymbol{A})$、矩阵正弦函数 $\sin(\boldsymbol{A}t)$、矩阵余弦函数 $\cos(\boldsymbol{A})$ 等。

令 $g(\boldsymbol{A})$ 是一个矩阵多项式。现在考虑矩阵多项式除法 $f(\boldsymbol{A})/g(\boldsymbol{A})$。将 (标量) 多项式除法 $f(x)/g(x)$ 推广到矩阵多项式除法 $f(\boldsymbol{A})/g(\boldsymbol{A})$，则有

$$f(\boldsymbol{A}) = g(\boldsymbol{A})q(\boldsymbol{A}) + r(\boldsymbol{A}) \tag{3.4.4}$$

式中，$q(\boldsymbol{A})$ 和 $r(\boldsymbol{A})$ 分别称为矩阵多项式除法 $f(\boldsymbol{A})/g(\boldsymbol{A})$ 的商和余项。当选择 $q(\boldsymbol{A})$ 是一个 m 次矩阵多项式时，余项是一个低于 m 的 $m-1$ 次矩阵多项式，即

$$r(\boldsymbol{A}) = r_{m-1}\boldsymbol{A}^{m-1} + r_{m-2}\boldsymbol{A}^{m-2} + \cdots + r_1\boldsymbol{A} + r_0\boldsymbol{I} \tag{3.4.5}$$

Cayley-Hamilton 定理有很多非常有趣和重要的应用。例如，利用 Cayley-Hamilton 定理，也能够直接证明两个相似矩阵具有相同的特征值。

考察两个相似矩阵的特征多项式。令 $\boldsymbol{B} = \boldsymbol{S}^{-1}\boldsymbol{A}\boldsymbol{S}$ 是 $\boldsymbol{A}$ 的相似矩阵，并且已知矩阵 $\boldsymbol{A}$ 的特征多项式 $p(x) = \det(\boldsymbol{A} - x\boldsymbol{I}) = p_n x^n + p_{n-1}x^{n-1} + \cdots + p_1 x + p_0$。根据 Cayley-Hamilton 定理知 $p(\boldsymbol{A}) = p_n\boldsymbol{A}^n + p_{n-1}\boldsymbol{A}^{n-1} + \cdots + p_1\boldsymbol{A} + p_0\boldsymbol{I} = \boldsymbol{O}$。

对于相似矩阵 $\boldsymbol{B}$，由于

$$\boldsymbol{B}^k = (\boldsymbol{S}^{-1}\boldsymbol{A}\boldsymbol{S})(\boldsymbol{S}^{-1}\boldsymbol{A}\boldsymbol{S})\cdots(\boldsymbol{S}^{-1}\boldsymbol{A}\boldsymbol{S}) = \boldsymbol{S}^{-1}\boldsymbol{A}^k\boldsymbol{S}$$

故有

$$\begin{aligned}
p(\boldsymbol{B}) &= p_n\boldsymbol{B}^n + p_{n-1}\boldsymbol{B}^{n-1} + \cdots + p_1\boldsymbol{B} + p_0\boldsymbol{I} \\
&= p_n\boldsymbol{S}^{-1}\boldsymbol{A}^n\boldsymbol{S} + p_{n-1}\boldsymbol{S}^{-1}\boldsymbol{A}^{n-1}\boldsymbol{S} + \cdots + p_1\boldsymbol{S}^{-1}\boldsymbol{A}\boldsymbol{S} + p_0\boldsymbol{I} \\
&= \boldsymbol{S}^{-1}\left(p_n\boldsymbol{A}^n + p_{n-1}\boldsymbol{A}^{n-1} + \cdots + p_1\boldsymbol{A} + p_0\boldsymbol{I}\right)\boldsymbol{S} \\
&= \boldsymbol{S}^{-1}p(\boldsymbol{A})\boldsymbol{S} \\
&= \boldsymbol{O}
\end{aligned}$$

在得到最后一个式子时，代入了 Cayley-Hamilton 定理的结果 $p(\boldsymbol{A}) = \boldsymbol{O}$。换言之，两个相似矩阵 $\boldsymbol{A} \sim \boldsymbol{B}$ 具有相同的特征多项式，从而它们具有相同的特征值。

3.4.2 在矩阵函数计算中的应用

值得强调指出的是，Cayley-Hamilton 定理在矩阵多项式除法中具有重要的应用。这是因为，如果选择 $g(\boldsymbol{A})$ 为矩阵 $\boldsymbol{A}$ 的零化多项式 $p(\lambda) = |\lambda\boldsymbol{I} - \boldsymbol{A}|$，则矩阵多项式除法公式 (3.4.4) 简化为

$$f(\boldsymbol{A}) = r(\boldsymbol{A}) \Leftrightarrow f(x) = r(x)|_{x=\lambda_i}, \quad i = 1, 2, \cdots, d \tag{3.4.6}$$

其中，$\lambda_i(i=1,2,\cdots,d)$ 是矩阵 $\boldsymbol{A}\in\mathbb{C}^{m\times m}$ 的特征方程 $|\lambda\boldsymbol{I}-\boldsymbol{A}|=0$ 的 d 个互异的根 (特征值)。若 λ_i 的多重度为 m_i，则 $m_1+m_2+\cdots+m_d=m$。

由于 $x=\lambda_i$ 时 $f(x)=r(x)$，故又有

$$f'(x)=g'(x),\quad f''(x)=g''(x),\quad \cdots \quad (x=\lambda_i) \tag{3.4.7}$$

于是，由 $f(x)=r(x)=r_{m-1}x^{m-1}+r_{m-2}x^{m-2}+\cdots+r_1x+r_0$ 可以得到 m 个方程

$$\begin{bmatrix} \lambda_i^{m-1} & \lambda_i^{m-2} & \cdots & \lambda_i^2 & \lambda_i & 1 \\ \mathrm{C}_{m-1}^1\lambda_i^{m-2} & \mathrm{C}_{m-2}^1\lambda_i^{m-3} & \cdots & \lambda_i & 1 & 0 \\ \vdots & \vdots & & \vdots & & \vdots \\ \mathrm{C}_{m-1}^{m_i-1}\lambda_i^{m-m_i} & \cdots & \lambda_i & 1 & \cdots & 0 \end{bmatrix} \begin{bmatrix} r_{m-1} \\ r_{m-2} \\ \vdots \\ r_1 \\ r_0 \end{bmatrix} = \begin{bmatrix} f(\lambda_i) \\ f'(\lambda_i) \\ \vdots \\ f^{(m_i-1)}(\lambda_i) \end{bmatrix} \tag{3.4.8}$$

其中 $i=1,2,\cdots,d$ 及 $m_1+m_2+\cdots+m_d=m$，并且 $\mathrm{C}_l^k=\frac{l!}{(l-k)!k!}=\frac{l\cdots(l-k+1)}{k!}$。

算法 3.4.1　(矩阵函数计算的余项多项式算法)

已知　矩阵方程 $\boldsymbol{A}\in\mathbb{C}^{m\times m}$

步骤 1　通过特征行列式 $|\lambda\boldsymbol{I}-\boldsymbol{A}|=0$ 或 Smith 标准型，求矩阵 $\boldsymbol{A}$ 的 m 个特征值。

步骤 2　求解方程式 (3.4.8)，得到余项多项式系数 $r_{m-1},r_{m-2},\cdots,r_1,r_0$。

步骤 3　利用已经求出的余项多项式系数及式 (3.4.5)，直接构造矩阵函数 $f(\boldsymbol{A})$。

步骤 4　将 $f(\lambda_i),f'(\lambda_i),\cdots,f^{(m_i-1)}(\lambda_i)$ 代入步骤 3 得到的矩阵函数表达式中，直接得到 $f(\boldsymbol{A})$ 的计算结果。

例 3.4.1　已知矩阵

$$\boldsymbol{A}=\begin{bmatrix} -1 & -2 & 6 \\ -1 & 0 & 3 \\ -1 & -1 & 4 \end{bmatrix}$$

求矩阵函数 $f(\boldsymbol{A})$ 的表达式，并计算 $\mathrm{e}^{\boldsymbol{A}t}$, $\sin(\pi\boldsymbol{A})$ 和 $\cos(\frac{\pi}{4}\boldsymbol{A})$。

由 $|\lambda\boldsymbol{I}-\boldsymbol{A}|=0$ 求出其特征值 $\lambda=1$，多重度为 3。由于 $p(\boldsymbol{A})=|\lambda\boldsymbol{I}-\boldsymbol{A}|$ 为 3 次多项式，故余项多项式为 2 次多项式 $r(x)=r_2x^2+r_1x+r_0$。由 $f(x)=r(x)$ 得 $f'(x)=r'(x)=2r_2x+r_1$, $f''(x)=2r_2$。代入特征值 $x=\lambda=1$ 之后，即得方程

$$\begin{cases} f(1)=r_2+r_1+r_0 \\ f'(1)=2r_2+r_1 \\ f''(1)=2r_2 \end{cases}$$

其解为

$$r_2=\frac{1}{2}f''(1),\quad r_1=f'(1)-f''(1),\quad r_0=f(1)-f'(1)+\frac{1}{2}f''(1)$$

于是，由 $f(\boldsymbol{A})=r(\boldsymbol{A})$，可直接求得矩阵函数 $f(\boldsymbol{A})=r_2\boldsymbol{A}^2+r_1\boldsymbol{A}+r_0\boldsymbol{I}$ 的表达式

$$
\begin{aligned}
f(\boldsymbol{A})&=\frac{1}{2}f''(1)\begin{bmatrix}-3&-4&12\\-2&-1&6\\-2&-2&7\end{bmatrix}+[f'(1)-f''(1)]\begin{bmatrix}-1&-2&6\\-1&0&3\\-1&-1&4\end{bmatrix}\\
&\quad+\left[f(1)-f'(1)+\frac{1}{2}f''(1)\right]\begin{bmatrix}1&0&0\\0&1&0\\0&0&1\end{bmatrix}\\
&=\begin{bmatrix}f(1)-2f'(1)&-2f'(1)&6f'(1)\\-f'(1)&f(1)-f'(1)&3f'(1)\\-f'(1)&-f'(1)&f(1)+3f'(1)\end{bmatrix}
\end{aligned}
$$

(1) 对于矩阵函数 $f(\boldsymbol{A})=\mathrm{e}^{\boldsymbol{A}t}$，由 $f(x)=\mathrm{e}^{xt}$ 及 $f'(x)=t\mathrm{e}^{xt}$ 立即得

$$
\mathrm{e}^{\boldsymbol{A}t}=\begin{bmatrix}(1-2t)\mathrm{e}^t&-2t\mathrm{e}^t&6t\mathrm{e}^t\\-t\mathrm{e}^t&(1-t)\mathrm{e}^t&3t\mathrm{e}^t\\-t\mathrm{e}^t&-t\mathrm{e}^t&(1+3t)\mathrm{e}^t\end{bmatrix}
$$

(2) 对于矩阵函数 $f(\boldsymbol{A})=\sin(\pi\boldsymbol{A})$，则由 $f(x)=\sin(\pi x), f'(x)=\pi\cos(\pi x)$ 有 $f(1)=\sin(\pi)=0,\ f'(1)=\pi\cos(\pi)=-\pi$。因此，正弦矩阵函数

$$
\sin(\pi\boldsymbol{A})=\begin{bmatrix}2\pi&2\pi&-6\pi\\\pi&\pi&-3\pi\\\pi&\pi&-3\pi\end{bmatrix}
$$

(3) 当矩阵函数 $f(\boldsymbol{A})=\cos(\frac{\pi}{4}\boldsymbol{A})$ 时，$f(x)=\cos(\frac{\pi}{4}x),\ f'(x)=-\frac{\pi}{4}\sin(\frac{\pi}{4}x)$，从而有 $f(1)=\cos(\frac{\pi}{4})=\frac{\sqrt{2}}{2},\ f'(1)=-\frac{\sqrt{2}}{8}\pi$。由此得余弦矩阵函数

$$
\cos\left(\frac{\pi}{4}\boldsymbol{A}\right)=\begin{bmatrix}\frac{\sqrt{2}}{2}+\frac{\sqrt{2}}{4}\pi&\frac{\sqrt{2}}{4}\pi&-\frac{3\sqrt{2}}{4}\pi\\\frac{\sqrt{2}}{8}\pi&\frac{\sqrt{2}}{2}+\frac{\sqrt{2}}{8}\pi&-\frac{3\sqrt{2}}{8}\pi\\\frac{\sqrt{2}}{8}\pi&\frac{\sqrt{2}}{8}\pi&\frac{\sqrt{2}}{2}-\frac{3\sqrt{2}}{8}\pi\end{bmatrix}
$$

(4) 对于矩阵函数 $\boldsymbol{A}^{-1}$，有 $f(x)=x^{-1},\ f'(x)=-x^{-2}$ 以及 $f(1)=1,\ f'(1)=-1$，故

$$
\boldsymbol{A}^{-1}=\begin{bmatrix}3&2&-6\\1&2&-3\\1&1&-2\end{bmatrix}
$$

容易验证 $\boldsymbol{A}^{-1}$ 确实是 $\boldsymbol{A}$ 的逆矩阵，因为 $\boldsymbol{A}\boldsymbol{A}^{-1}=\boldsymbol{A}^{-1}\boldsymbol{A}=\boldsymbol{I}$。

例 3.4.2 已知矩阵

$$
\boldsymbol{A}=\begin{bmatrix}1&1\\1&-1\\-1&0\end{bmatrix}
$$

求其 Moore-Penrose 逆矩阵 $\boldsymbol{A}^{\dagger}=(\boldsymbol{A}^{\mathrm{T}}\boldsymbol{A})^{-1}\boldsymbol{A}^{\mathrm{T}}$。

考虑逆矩阵

$$(\boldsymbol{A}^{\mathrm{T}}\boldsymbol{A})^{-1}=\begin{bmatrix}3 & 1\\ 1 & 3\end{bmatrix}$$

的计算。首先，由 $|p(\boldsymbol{A}^{\mathrm{T}}\boldsymbol{A})|=|\lambda\boldsymbol{I}-\boldsymbol{A}^{\mathrm{T}}\boldsymbol{A}|=0$ 求出矩阵 $\boldsymbol{A}^{\mathrm{T}}\boldsymbol{A}$ 的特征值

$$\lambda_1=2 \quad 和 \quad \lambda_2=4$$

然后将这两个特征值代入方程 $f(x)=r(x)=r_1x+r_0$，解之得

$$r_1=\frac{1}{2}[f(4)-f(2)],\quad r_0=2f(2)-f(4)$$

于是，矩阵多项式除法 $f(\boldsymbol{A}^{\mathrm{T}}\boldsymbol{A})/p(\boldsymbol{A}^{\mathrm{T}}\boldsymbol{A})$ 的余项多项式给出矩阵函数表达式

$$f(\boldsymbol{A}^{\mathrm{T}}\boldsymbol{A})=r_1(\boldsymbol{A}^{\mathrm{T}}\boldsymbol{A})+r_0\boldsymbol{I}_{2\times 2}=\begin{bmatrix}f(4) & f(4)-f(2)\\ f(4)-f(2) & f(4)\end{bmatrix}$$

将 $f(x)=x^{-1}$ 的数值 $f(2)=\frac{1}{2}$ 和 $f(4)=\frac{1}{4}$ 代入上式，即得逆矩阵

$$(\boldsymbol{A}^{\mathrm{T}}\boldsymbol{A})^{-1}=\begin{bmatrix}\frac{3}{8} & -\frac{1}{8}\\ -\frac{1}{8} & \frac{3}{8}\end{bmatrix}$$

最后，矩阵 $\boldsymbol{A}$ 的 Moore-Penrose 逆矩阵的直接计算结果为

$$\boldsymbol{A}^{\dagger}=(\boldsymbol{A}^{\mathrm{T}}\boldsymbol{A})^{-1}\boldsymbol{A}^{\mathrm{T}}=\begin{bmatrix}\frac{3}{8} & -\frac{1}{8}\\ -\frac{1}{8} & \frac{3}{8}\end{bmatrix}\begin{bmatrix}1 & 1 & 1\\ 1 & -1 & 0\end{bmatrix}=\begin{bmatrix}\frac{1}{4} & \frac{1}{2} & -\frac{1}{2}\\ \frac{1}{4} & -\frac{1}{2} & \frac{1}{2}\end{bmatrix}$$

容易验证，上式所示的矩阵 $\boldsymbol{A}^{\dagger}$ 确实是 $\boldsymbol{A}$ 的 Moore-Penrose 逆矩阵，因为 Moore-Penrose 条件 $\boldsymbol{A}^{\dagger}\boldsymbol{A}\boldsymbol{A}^{\dagger}=\boldsymbol{A}^{\dagger}$ 和 $\boldsymbol{A}\boldsymbol{A}^{\dagger}\boldsymbol{A}=\boldsymbol{A}$ 均满足。

3.5　特征分析的应用

利用观测信号的协方差矩阵的特征值与/或特征向量，进行的信号分析称为特征分析。顾名思义，特征分析的主要目的就是抽取信号的特征成分和特征信息。

本节以信号处理和模式识别中的问题为例，介绍特征分析的几个典型应用：Pisarenko 谐波分解、主分量分析与人脸识别。

3.5.1　Pisarenko 谐波分解

很多工程应用问题会经常使用谐波过程进行数学建模，如桥梁共振分析等。在这些应用中，需要确定这些谐波的频率和功率 (合称谐波恢复)。谐波恢复的关键任务是估计谐波的个数及频率。下面介绍谐波恢复的 Pisarenko 谐波分解方法，它是俄罗斯数学家 Pisarenko 提出的[99]。

考虑由 p 个实正弦波组成的谐波过程

$$x(n)=\sum_{i=1}^{p}A_i\sin(2\pi f_i n+\theta_i) \tag{3.5.1}$$

当相位 θ_i 为常数时，上述谐波过程是一确定性过程，它是非平稳的。为了保证谐波过程的平稳性，通常假定相位 θ_i 是在 $[-\pi,\pi]$ 内均匀分布的随机数。此时，谐波过程是一随机过程。

谐波过程可以使用差分方程描述。先考虑单个正弦波的情况。为简单计，令谐波信号 $x(n)=\sin(2\pi fn+\theta)$。回忆三角函数恒等式

$$\sin(2\pi fn+\theta)+\sin[2\pi f(n-2)+\theta]=2\cos(2\pi f)\sin[2\pi f(n-1)+\theta]$$

若将 $x(n)=\sin(2\pi fn+\theta)$ 代入上式，便得到二阶差分方程

$$x(n)-2\cos(2\pi f)x(n-1)+x(n-2)=0$$

对上式作 z 变换，得

$$[1-2\cos(2\pi f)z^{-1}+z^{-2}]X(z)=0$$

于是，得到特征多项式

$$1-2\cos(2\pi f)z^{-1}+z^{-2}=0$$

它有一对共轭复数根，即

$$z=\cos(2\pi f)\pm \mathrm{j}\,\sin(2\pi f)=\mathrm{e}^{\pm \mathrm{j}\,2\pi f}$$

注意，共轭根的模为 1，即 $|z_1|=|z_2|=1$。由特征多项式的根可决定正弦波的频率，即有

$$f_i=\arctan[\mathrm{Im}(z_i)/\mathrm{Re}(z_i)]/(2\pi) \tag{3.5.2}$$

通常，只取正的频率。显然，如果 p 个实的正弦波信号没有重复频率的话，则这 p 个频率应该由特征多项式

$$\prod_{i=1}^{p}(z-z_i)(z-z_i^*)=\sum_{i=0}^{2p}a_i z^{2p-i}=0$$

或

$$1+a_1z^{-1}+\cdots+a_{2p-1}z^{-(2p-1)}+a_{2p}z^{-2p}=0 \tag{3.5.3}$$

的根决定。易知，这些根的模全部等于 1。由于所有根都是以共轭对的形式出现，所以特征多项式 (3.5.3) 的系数存在对称性，即

$$a_i=a_{2p-i},\quad i=0,1,\cdots,p \tag{3.5.4}$$

与式 (3.5.4) 对应的差分方程为

$$x(n)+\sum_{i=1}^{2p}a_i x(n-i)=0 \tag{3.5.5}$$

正弦波过程一般是在加性白噪声中被观测的，设加性白噪声为 $e(n)$，即观测过程

$$y(n) = x(n) + e(n) = \sum_{i=1}^{p} A_i \sin(2\pi f_i n + \theta_i) + e(n) \tag{3.5.6}$$

式中，$e(n) \sim N(0, \sigma_e^2)$ 为高斯白噪声，它与正弦波信号 $x(n)$ 统计独立。将 $x(n) = y(n) - e(n)$ 代入式 (3.5.5)，立即得到白噪声中的正弦波过程所满足的差分方程

$$y(n) + \sum_{i=1}^{2p} a_i y(n-i) = e(n) + \sum_{i=1}^{2p} a_i e(n-i) \tag{3.5.7}$$

现在推导这一谐波过程满足的法方程。为此，定义向量

$$\left.\begin{aligned} \boldsymbol{y}(n) &= [y(n), y(n-1), \cdots, y(n-2p)]^{\mathrm{T}} \\ \boldsymbol{w} &= [1, a_1, \cdots, a_{2p}]^{\mathrm{T}} \\ \boldsymbol{e}(n) &= [e(n), e(n-1), \cdots, e(n-2p)]^{\mathrm{T}} \end{aligned}\right\} \tag{3.5.8}$$

于是，式 (3.5.7) 可写成

$$\boldsymbol{y}^{\mathrm{T}}(n)\boldsymbol{w} = \boldsymbol{e}^{\mathrm{T}}(n)\boldsymbol{w} \tag{3.5.9}$$

用向量 $\boldsymbol{y}(n)$ 左乘式 (3.5.9)，并取数学期望，即得

$$\mathrm{E}\{\boldsymbol{y}(n)\boldsymbol{y}^{\mathrm{T}}(n)\}\boldsymbol{w} = \mathrm{E}\{\boldsymbol{y}(n)\boldsymbol{e}^{\mathrm{T}}(n)\}\boldsymbol{w} \tag{3.5.10}$$

令 $R_y(k) = \mathrm{E}\{y(n+k)y(n)\}$ 表示观测数据 $y(n)$ 的自相关函数，则

$$\mathrm{E}\{\boldsymbol{y}(n)\boldsymbol{y}^{\mathrm{T}}(n)\} = \begin{bmatrix} R_y(0) & R_y(-1) & \cdots & R_y(-2p) \\ R_y(1) & R_y(0) & \cdots & R_y(-2p+1) \\ \vdots & \vdots & \ddots & \vdots \\ R_y(2p) & R_y(2p-1) & \cdots & R_y(0) \end{bmatrix} \overset{\text{def}}{=} \boldsymbol{R}$$

$$\mathrm{E}\{\boldsymbol{y}(n)\boldsymbol{e}^{\mathrm{T}}(n)\} = \mathrm{E}\{[\boldsymbol{x}(n) + \boldsymbol{e}(n)]\boldsymbol{e}^{\mathrm{T}}(n)\} = \mathrm{E}\{\boldsymbol{e}(n)\boldsymbol{e}^{\mathrm{T}}(n)\} = \sigma_e^2\boldsymbol{I}$$

其中，使用了 $x(n)$ 与 $e(n)$ 统计独立的假设。将以上两个关系式代入式 (3.5.10)，便得到一个重要的法方程

$$\boldsymbol{R}\boldsymbol{w} = \sigma_e^2\boldsymbol{w} \tag{3.5.11}$$

这表明，σ_e^2 是观测过程 $\{y(n)\}$ 的自相关矩阵 $\boldsymbol{R} = \mathrm{E}\{\boldsymbol{y}(n)\boldsymbol{y}^{\mathrm{T}}(n)\}$ 的特征值，而特征多项式的系数向量 $\boldsymbol{w}$ 是对应于该特征值的特征向量。这就是 Pisarenko 谐波分解方法的理论基础。

注意，自相关矩阵 $\boldsymbol{R}$ 的特征值 σ_e^2 是噪声 $e(n)$ 的方差，其他特征值则与各个谐波信号的功率对应。当信噪比比较大时，特征值 σ_e^2 明显小于其他特征值。因此，Pisarenko 谐波分解启迪我们，谐波恢复问题可以转化为自相关矩阵 $\boldsymbol{R}$ 的特征值分解：谐波过程的特征多项式的系数向量 $\boldsymbol{w}$ 就是自相关矩阵 $\boldsymbol{R}$ 中与最小特征值 σ_e^2 对应的那个特征向量。

3.5.2 主成分分析

假定有 P 个统计相关的性质指标集合 $\{x_1, x_2, \cdots, x_P\}$，由于它们之间的相关性，在这 P 个性质指标中存在信息的冗余。现在希望通过正交变换，从中获得 K 个新特征集合 $\{\tilde{x}_1, \tilde{x}_2, \cdots, \tilde{x}_K\}$。这些新特征相互正交。由于彼此正交，新特征之间不再有信息的冗余。这一过程称为特征提取。从空间变换的角度，特征提取的实质就是从 P 个原始变量的 C^P 空间内，提取出彼此正交的 K 个新变量，组成 C^K 空间。将一个存在信息冗余的多维空间变成一个无信息冗余的较低维空间，这样一种线性变换称为降维 (reduced dimension)。作为降维处理的典型一例，下面介绍主成分分析 (principal component analysis, PCA)。

通过正交变换，可以将存在统计相关的 P 个原始性质指标变成 K 个彼此正交的新的性质指标。具有较大功率的 K 个彼此正交的性质指标可以视为原 P 个原始性质指标的主要成分，简称主成分或者主分量。只利用数据向量的 K 个主成分进行的数据或者信号分析称为主成分分析。

主成分分析的主要目的是用 $K\ (<P)$ 个主成分概括表达统计相关的 P 个变量。为了全面反映 P 个原始变量所携带的有用信息，每一个主成分都应该是 P 个原始变量的线性组合方式。

定义 3.5.1 令 $\boldsymbol{R}_x$ 是数据向量 $\boldsymbol{x}$ 的自相关矩阵，它有 K 个主特征值，与这些主特征值对应的 K 个特征向量称为数据向量 $\boldsymbol{x}$ 的主成分。

主成分分析的主要步骤及思想如下。

(1) 降维 将 P 个变量综合成 K 个主成分

$$\tilde{x}_j = \sum_{i=1}^{P} a_{ij}^* x_i = \boldsymbol{a}_j^{\mathrm{H}} \boldsymbol{x}, \qquad j = 1, 2, \cdots, K \tag{3.5.12}$$

式中，$\boldsymbol{a}_j = [a_{1j}, a_{2j}, \cdots, a_{Pj}]^{\mathrm{T}}$ 和 $\boldsymbol{x} = [x_1, x_2, \cdots, x_P]^{\mathrm{T}}$。

(2) 正交化 欲使主成分正交归一，即

$$\langle \tilde{x}_i, \tilde{x}_j \rangle = \boldsymbol{x}^{\mathrm{H}} \boldsymbol{x} \boldsymbol{a}_i^{\mathrm{H}} \boldsymbol{a}_j = \begin{cases} 1, & i = j \\ 0, & i \neq j \end{cases}$$

必须选择系数向量 $\boldsymbol{a}_i$ 满足正交归一条件 $\boldsymbol{a}_i^{\mathrm{H}} \boldsymbol{a}_j = \delta_{i-j}$ (Kronecker δ 函数)，因为 $\boldsymbol{x}$ 各个元素统计相关，即 $\boldsymbol{x}^{\mathrm{H}} \boldsymbol{x} \neq 0$。

(3) 功率最大化 若选择 $\boldsymbol{a}_i = \boldsymbol{u}_i, i = 1, 2, \cdots, K$，其中，$\boldsymbol{u}_i (i = 1, 2, \cdots, K)$ 是自相关矩阵 $\boldsymbol{R}_x = \mathrm{E}\{\boldsymbol{x}\boldsymbol{x}^{\mathrm{H}}\}$ 与 K 个大特征值 $\lambda_1 \geqslant \lambda_2 \geqslant \cdots \geqslant \lambda_K$ 对应的特征向量，则容易计算出各个无冗余分量的能量为

$$\begin{aligned} E_{\tilde{x}_i} &= \mathrm{E}\{|\tilde{x}_i|^2\} = \mathrm{E}\{\boldsymbol{a}_i^{\mathrm{H}} \boldsymbol{x} (\boldsymbol{a}_i^{\mathrm{H}} \boldsymbol{x})^*\} = \boldsymbol{u}_i^{\mathrm{H}} \mathrm{E}\{\boldsymbol{x}\boldsymbol{x}^{\mathrm{H}} \boldsymbol{u}_i\} = \boldsymbol{u}_i^{\mathrm{H}} \boldsymbol{R}_x \boldsymbol{u}_i \\ &= \boldsymbol{u}_i^{\mathrm{H}} [\boldsymbol{u}_1, \cdots, \boldsymbol{u}_P] \begin{bmatrix} \lambda_1 & & 0 \\ & \ddots & \\ 0 & & \lambda_P \end{bmatrix} \begin{bmatrix} \boldsymbol{u}_1^{\mathrm{H}} \\ \vdots \\ \boldsymbol{u}_P^{\mathrm{H}} \end{bmatrix} \boldsymbol{u}_i \\ &= \lambda_i \end{aligned}$$

由于特征值按照非降顺序排列，故

$$E_{\tilde{x}_1} \geqslant E_{\tilde{x}_2} \geqslant \cdots \geqslant E_{\tilde{x}_K} \tag{3.5.13}$$

因此，按照能量的大小，常称 $\tilde{x}_1$ 为第一主成分，$\tilde{x}_2$ 为第二主成分，等等。

注意到 $P \times P$ 自相关矩阵

$$\boldsymbol{R}_x = \mathrm{E}\{\boldsymbol{x}\boldsymbol{x}^{\mathrm{H}}\} = \begin{bmatrix} \mathrm{E}\{|x_1|^2\} & \mathrm{E}\{x_1 x_2^*\} & \cdots & \mathrm{E}\{x_1 x_P^*\} \\ \mathrm{E}\{x_2 x_1^*\} & \mathrm{E}\{|x_2|^2\} & \cdots & \mathrm{E}\{x_2 x_P^*\} \\ \vdots & \vdots & \ddots & \vdots \\ \mathrm{E}\{x_P x_1^*\} & \mathrm{E}\{x_P x_2^*\} & \cdots & \mathrm{E}\{|x_P|^2\} \end{bmatrix} \tag{3.5.14}$$

利用矩阵迹的定义和性质知

$$\mathrm{tr}(\boldsymbol{R}_x) = \mathrm{E}\{|x_1|^2\} + \mathrm{E}\{|x_2|^2\} + \cdots + \mathrm{E}\{|x_P|^2\} = \lambda_1 + \lambda_2 + \cdots + \lambda_P \tag{3.5.15}$$

但是，若自相关矩阵 $\boldsymbol{R}_x$ 只有 K 个大的特征值，则有

$$\mathrm{E}\{|x_1|^2\} + \mathrm{E}\{|x_2|^2\} + \cdots + \mathrm{E}\{|x_P|^2\} \approx \lambda_1 + \lambda_2 + \cdots + \lambda_K \tag{3.5.16}$$

总结以上讨论，可以得出结论：主成分分析的基本思想是通过降维、正交化和能量最大化这三个步骤，将原来统计相关的 P 个随机数据变换成 K 个相互正交的主成分，这些主成分的能量之和近似等于原 P 个随机数据的能量之和。

定义 3.5.2[129]　令 $\boldsymbol{R}_{\boldsymbol{x}}$ 是 P 维数据向量 $\boldsymbol{x}$ 的自相关矩阵，它有 K 个主特征值和 $P-K$ 个次特征值 (即小特征值)，与这些次特征值对应的 $P-K$ 个特征向量称为数据向量 $\boldsymbol{x}$ 的次成分。

只利用数据向量的 $P-K$ 个次成分进行的数据或者信号分析称为次成分分析 (minor component analysis，MCA)。

主成分分析可以给出被分析信号和图像的轮廓和主要信息。与之不同，次成分分析则可以提供信号的细节和图像的纹理。次成分分析在很多领域中有着广泛的应用。例如，次成分分析已用于频率估计[75, 76]、盲波束形成[49]、动目标显示[55]、杂波对消[5] 等。在模式识别中，当主成分分析不能识别两个对象信号时，应进一步作次成分分析，比较它们所含信息的细节部分。

3.5.3　基于特征脸的人脸识别

1. 问题的背景

进入互联网时代，我们每天都在和各种账号密码打交道。如果为所有账号设置统一的密码，一旦一个账号密码泄露，其他的账号密码都面临泄露的威胁；如果账号密码很多，则会带来很大的记忆负担。生物特征 (如指纹、掌纹、人脸、虹膜) 识别技术恰恰能解决这样的问题。由于生物特征具有特异性和不变性，因此能够作为个人身份凭证；相比于数字账号密码，生物特征不易丢失和伪造，因此具有很高的安全性。

常见的生物特征识别技术包括人脸识别、指纹识别、虹膜识别等。相比于指纹、虹膜等生物特征，人脸的获取采集要简单和方便得多。人脸识别技术通过计算机自动分析人脸图像，进而辨认该人脸的身份信息。目前，人脸识别已开始广泛应用在海关边检、监控安防、电商金融、门禁系统以及个人电子设备 (如个人电脑、手机、数码相机) 等中。

人脸识别技术的难点在于不同表情、不同角度、不同光照下的人脸差别很大，甚至在一些场合还会有口罩墨镜等遮挡物品。这些因素给人脸识别带来了严峻的挑战，因此，人脸识别问题成为模式识别领域的重要难题。

2. 问题的提出

人脸识别的算法有很多，如基于特征脸的人脸识别算法，LBP 人脸识别算法，稀疏表示算法，以及基于神经网络的人脸识别算法。

特征脸是一种比较简单的人脸识别算法，于 1987 年由 Sirovich 和 Kirby 提出，是第一种有效的人脸识别算法。特征脸算法本质上是在一组人脸图像上进行主成分分析 (PCA)，所谓特征脸实际上就是这组人脸图像对应的协方差矩阵的特征向量。根据主成分分析理论，对于任意的一张人脸，都可以采用特征脸的线性组合来近似拟合。

主成分分析是一种有效的特征降维手段，其目标是将数据投影到低维子空间中，同时保证在子空间中数据的方差尽可能大，每一个特征向量对应一个一维子空间的法方向。通过这种线性变换，实际上保留了数据中的低阶主成分，忽略高阶成分，因而能够有效去除数据中的冗余信息。在人脸识别领域，将子空间对应的特征向量形象地称为特征脸。

3. 特征脸数学模型

假设有一组人脸图像 (灰度图像，大小都为 $m \times n$)，每一张人脸图像都可以表示为一个由 $m \times n$ 个元素组成的长向量，即

$$\boldsymbol{x}_i = [p_{i1}, p_{i2}, \cdots, p_{iN}]^{\mathrm{T}}, \quad i = 1, 2, \cdots, M \tag{3.5.17}$$

其中 p 表示图像像素，$N = m \times n$ 表示向量长度，M 表示人脸图像的数量。进行主成分分析之前需要对所有的人脸图像进行零均值化，即将上述的每一个人脸向量都减去均值向量，其中均值向量为

$$\boldsymbol{\mu} = \frac{1}{M}\sum_{i=1}^{M} \boldsymbol{x}_i \tag{3.5.18}$$

零均值化后的人脸向量为 $\boldsymbol{z}_i = \boldsymbol{x}_i - \boldsymbol{\mu}$。现在希望找到一组正交投影方向将数据投影到低维特征子空间中，这可以通过计算特征协方差矩阵的特征向量实现。协方差矩阵定义为

$$\boldsymbol{C} = \boldsymbol{Z}\boldsymbol{Z}^{\mathrm{T}} \tag{3.5.19}$$

其中 $\boldsymbol{Z} = [\boldsymbol{z}_1, \boldsymbol{z}_2, \cdots, \boldsymbol{z}_M]$ 为数据矩阵，协方差矩阵对应的特征值 λ_i 和特征向量 $\boldsymbol{\mu}_i$ 满足

$$\boldsymbol{Z}\boldsymbol{Z}^{\mathrm{T}}\boldsymbol{\mu}_i = \lambda_i \boldsymbol{\mu}_i \tag{3.5.20}$$

在实际应用中，人脸图像的维数 $N = m \times n$ 往往比较大。例如，当人脸图像大小为 100×100 时，协方差矩阵为 10000×10000 的矩阵，而计算矩阵特征值的时间复杂度为 $O(N^3)$，因此直接计算协方差矩阵的特征值是不现实的。然而，由于矩阵 $\boldsymbol{Z}\boldsymbol{Z}^{\mathrm{T}}$ 和 $\boldsymbol{Z}^{\mathrm{T}}\boldsymbol{Z}$ 具有

相同的非零特征值，并且在特征脸问题中人脸图像个数 M 往往远小于人脸图像的维数 N，因此可以通过求取低阶矩阵 $\boldsymbol{Z}^{\mathrm{T}}\boldsymbol{Z}$ 的特征值间接得到高阶协方差矩阵 $\boldsymbol{Z}\boldsymbol{Z}^{\mathrm{T}}$ 的非零特征值及相应的特征向量。

设矩阵 $\boldsymbol{Z}^{\mathrm{T}}\boldsymbol{Z}$ 的特征值和特征向量分别为 $\tilde{\lambda}_i$ 和 $\tilde{\boldsymbol{\mu}}_i$，则有

$$\boldsymbol{Z}^{\mathrm{T}}\boldsymbol{Z}\tilde{\boldsymbol{\mu}}_i = \tilde{\lambda}_i\tilde{\boldsymbol{\mu}}_i \tag{3.5.21}$$

两边右乘数据矩阵 $\boldsymbol{Z}$，即得

$$\boldsymbol{Z}\boldsymbol{Z}^{\mathrm{T}}(\boldsymbol{Z}\tilde{\boldsymbol{\mu}}_i) = \tilde{\lambda}_i(\boldsymbol{Z}\tilde{\boldsymbol{\mu}}_i) \tag{3.5.22}$$

对比式 (3.5.20) 和式 (3.5.22) 可知，

$$\lambda_i = \tilde{\lambda}_i, \quad \boldsymbol{\mu}_i = \boldsymbol{Z}\tilde{\boldsymbol{\mu}}_i \tag{3.5.23}$$

由于我们仅需要计算投影方向向量，因此一般需要将得到的特征向量 $\boldsymbol{\mu}_i$ 归一化为单位向量 $\boldsymbol{e}_i$。对于人脸图像数据，每一个特征向量 $\boldsymbol{e}_i$ 在显示为图像时都很像人脸，因此也成为特征脸。

不难发现，协方差矩阵的秩为 $M-1$，因此最多只有 $M-1$ 个非零特征值。特征值的大小在一定程度上反映了投影到对应的子空间后的数据方差大小，或者说原始数据的信息量。通常将特征值按照从大到小进行排列。实际应用中，往往前 10% 左右的特征值就包含了原始数据 90% 左右的信息量。因此，可以选择合适的正整数 d，将数据从 N 维降维成 d 维。降维后的数据向量为

$$\boldsymbol{y}_i = [\boldsymbol{e}_1^{\mathrm{T}}\boldsymbol{z}_i, \boldsymbol{e}_2^{\mathrm{T}}\boldsymbol{z}_i, \cdots, \boldsymbol{e}_d^{\mathrm{T}}\boldsymbol{z}_i]^{\mathrm{T}}, \quad i = 1, 2, \cdots, M \tag{3.5.24}$$

利用降维后的数据，可以重建或者重构原始图像，即

$$\hat{\boldsymbol{y}}_i = [\boldsymbol{e}_1, \boldsymbol{e}_2, \cdots, \boldsymbol{e}_d]\boldsymbol{y}_i + \boldsymbol{\mu} \tag{3.5.25}$$

利用降维后的数据，可以判别人脸所属类别。图 3.5.1 给出了一种决策模型，其中 $d_1 = \|\hat{\boldsymbol{x}}_i - \boldsymbol{x}_i\|_2^2$ 表示降维重建后的图像 $\hat{\boldsymbol{x}}_i$ 和原始图像 $\boldsymbol{x}_i$ 之间的距离。如果 d_1 大于一定阈值 T_1，则认为该图像不是人脸图像，并继续判断其所属类别。

令 $r_i = \min\|\boldsymbol{y}_u - \boldsymbol{y}_i\|_2^2$ 表示降维后数据 $\boldsymbol{y}_u$ 与训练集样本降维数据 $\boldsymbol{y}_i$ 之间的最小欧氏距离。若 r_i 小于一定阈值 T_2，则认为该图像的类别为其最近邻所属类别，否则认为该人脸图像类别未知。

4. 实验设计与实现

我们在一个公开的人脸数据集 ORL 上测试基于特征脸的人脸识别算法。ORL 数据集 (http://www.cl.cam.ac.uk/research/dtg/attarchive/facedatabase.html) 由剑桥大学 AT&T 实验室创建，包含来自 40 个不同志愿者的共 400 张人脸灰度图像，每个志愿者采集的 10 张人脸图像中包含了不同表情、姿态的变化，图像大小已经归一化为 92×112，图 3.5.2 展示了该数据集中的部分人脸图像。

实验中将人脸图像分成 3 个部分，将前 30 个类别中每个类别的前 6 张人脸图像作为训练集，用于计算特征脸，因此总共有 180 个训练样本；剩下的人脸图像作为测试集，其中

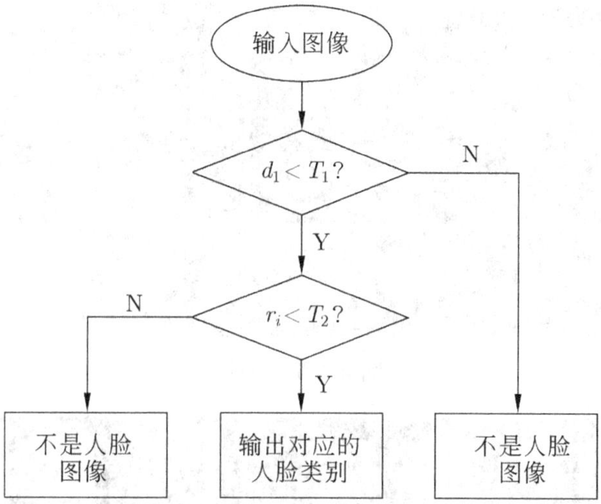

图 3.5.1 人脸识别决策模型

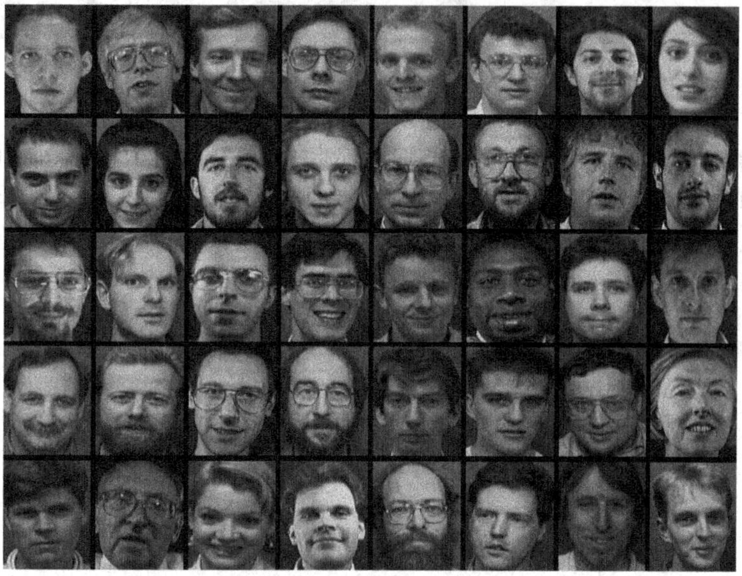

图 3.5.2 ORL 数据集部分人脸图像

前 30 个类别中每个类别的后 4 张人脸图像为正样本，共 120 个，后 10 个类别的所有人脸图像作为负样本，共 100 个。

实验中计算 180 个训练样本的协方差矩阵并计算其特征值和特征向量，保留最大的 40 个特征值对应的特征向量作为特征脸。对于任意一张人脸图像，都可以用这 40 个特征脸的线性组合近似表示。因此经过 PCA 变换后，每张人脸图像都被映射为一个 40 维的向量。图 3.5.3 给出了前 20 个特征脸。

图 3.5.4 展示了部分人脸图像经 PCA 降维后的重建结果。可以看到，大部分人脸图像的重建结果和原始图像比较接近，说明采用经过 PCA 降维后的数据保留了原始数据中的绝大部分信息。

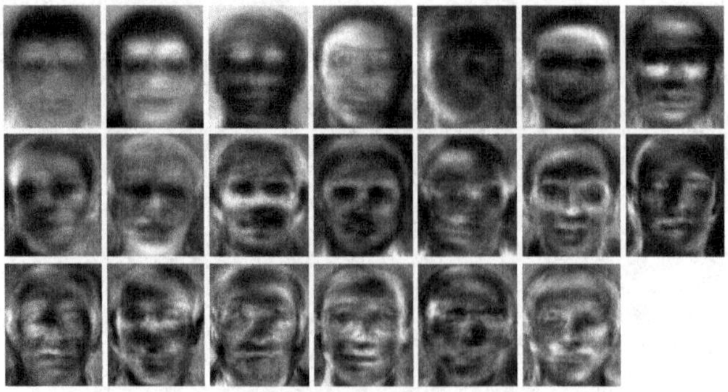

图 3.5.3 特征脸

图 3.5.4 人脸图像重建结果

按照图 3.5.1 给出的决策模型，进行人脸识别，固定 $T_1=200$，在不同的阈值 T_2 下，测试集正样本和负样本上的正确率如图 3.5.5 所示。随着 T_2 的增大，正样本上的识别正确率逐渐升高，负样本的识别正确率逐渐降低。当 $T_2=60$ 时，平均正确率最高，为 85.00%，此时正样本的识别正确率为 78.33%，负样本的正确率为 93.33%。

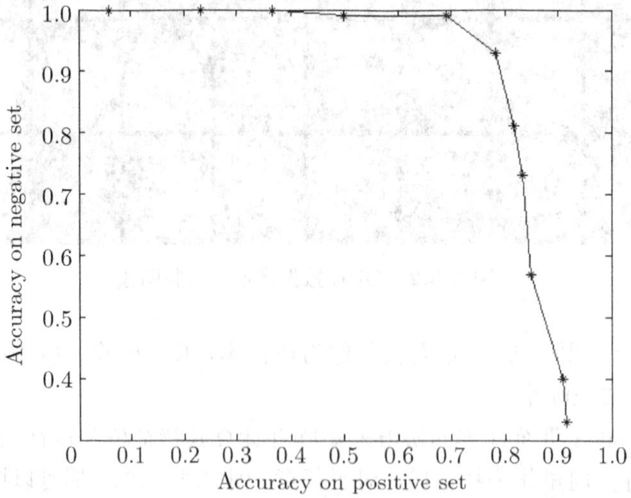

图 3.5.5 不同阈值下正样本和负样本的正确率

5. 结果分析

实验中，我们保留了 40 个特征脸。如果保留的特征脸很少，重建图像和原始图像差别很大，不同类别的人脸难以区分；如果保留的特征脸很多，重建图像精度更高，但也意味着更多的计算量。也可以通过特征值的相对比重来确定合适的特征脸个数。

在图 3.5.5 中，当 T_2 很小时，大多数测试样本都被认为是位置类别，此时正样本上的识别正确率很低。当 T_2 很大时，则会将位置的人脸图像也认为是已知类别，此时在负样本上的识别正确率很低。实际中阈值 T_2 往往需要根据对两类错误率的衡量进行选取。在一些应用中，也可能是在限定一类错误率的情况下要求另一类的错误率尽可能小。例如用于个人设备的身份识别时，往往要求在负样本上的错误率接近于零的前提下，在正样本上的正确率尽可能高。

实验中的人脸识别决策采用相对简单的最近邻算法，感兴趣的读者也可以尝试通过训练分类器的方法设计并实现人脸识别算法。

3.6 广义特征值分解

前面几节讨论了单个 $m\times m$ 矩阵的特征值分解及其应用 (相似化简、相抵化简与 Cayley-Hamilton 定理)。本节考虑两个矩阵组成的矩阵对的特征值分解，习惯称其为广义特征值分解。事实上，单个矩阵的特征值分解是广义特征值分解的一种特例。

3.6.1 广义特征值分解及其性质

特征值分解的基础是线性变换 $\mathcal{L}[\boldsymbol{u}]=\lambda\boldsymbol{u}$ 表示的特征系统 (eigensystem)：取线性变换 $\mathcal{L}[\boldsymbol{u}]=\boldsymbol{A}\boldsymbol{u}$，即得特征值分解 $\boldsymbol{A}\boldsymbol{u}=\lambda\boldsymbol{u}$。

现在考虑特征系统的推广：它由两个线性系统 $\mathcal{L}_a$ 和 $\mathcal{L}_b$ 共同组成，两个线性系统都以向量 $\boldsymbol{u}$ 作为输入，但第一个系统 $\mathcal{L}_a$ 的输出 $\mathcal{L}_a[\boldsymbol{u}]$ 是第二个系统 $\mathcal{L}_b$ 的输出 $\mathcal{L}_b[\boldsymbol{u}]$ 的某个常数 (例如 λ) 倍，即特征系统推广为 [59]

$$\mathcal{L}_a[\boldsymbol{u}]=\lambda\mathcal{L}_b[\boldsymbol{u}],\qquad \boldsymbol{u}\neq\boldsymbol{0} \tag{3.6.1}$$

称为广义特征系统，记作 $(\mathcal{L}_a,\mathcal{L}_b)$。式中的常数 λ 和非零向量 $\boldsymbol{u}$ 分别称为广义特征系统的特征值和特征向量。特别地，若两个线性变换分别取作

$$\mathcal{L}_a[\boldsymbol{u}]=\boldsymbol{A}\boldsymbol{u},\quad \mathcal{L}_b[\boldsymbol{u}]=\boldsymbol{B}\boldsymbol{u} \tag{3.6.2}$$

则广义特征系统变为

$$\boldsymbol{A}\boldsymbol{u}=\lambda\boldsymbol{B}\boldsymbol{u} \tag{3.6.3}$$

广义特征系统的两个矩阵 $\boldsymbol{A},\boldsymbol{B}\in\mathbb{C}^{m\times m}$ 组成一矩阵束 (matrix pencil) 或矩阵对 (matrix pair)，记作 $(\boldsymbol{A},\boldsymbol{B})$；常数 λ 和非零向量 $\boldsymbol{u}$ 分别称为矩阵束的广义特征值 (generalized eigenvalue) 和广义特征向量 (generalized eigenvector)。

一个广义特征值和与之对应的广义特征向量组成一广义特征对，记作 $(\lambda,\boldsymbol{u})$。式 (3.6.3) 也称广义特征方程。观察知，特征值问题是当矩阵束取作 $(\boldsymbol{A},\boldsymbol{I})$ 时广义特征值问题的一个特例。

虽然广义特征值和广义特征向量总是成对出现，但是广义特征值可以单独求出。这一情况与特征值可以单独求出类似。为了单独求出广义特征值，将广义特征方程式 (3.6.3) 稍加改写，即有

$$(\boldsymbol{A}-\lambda\boldsymbol{B})\boldsymbol{u}=\boldsymbol{0} \tag{3.6.4}$$

如果上式括号内的矩阵 $\boldsymbol{A}-\lambda\boldsymbol{B}$ 是非奇异的，则广义特征方程只有唯一的零解 $\boldsymbol{u}=\boldsymbol{0}$。显然，这种解是平凡的，毫无意义。为了求出非零的有用解，矩阵 $\boldsymbol{A}-\lambda\boldsymbol{B}$ 不能是非奇异的。这意味着，它们的行列式必须等于零，即有

$$\boldsymbol{A}-\lambda\boldsymbol{B}\ \text{奇异}\ \Leftrightarrow\ |\boldsymbol{A}-\lambda\boldsymbol{B}|=0 \tag{3.6.5}$$

$|\boldsymbol{A}-\lambda\boldsymbol{B}|=0$ 称为广义特征多项式。鉴于此，矩阵束 $(\boldsymbol{A},\boldsymbol{B})$ 又常表示成 $\boldsymbol{A}-\lambda\boldsymbol{B}$。

因此，矩阵束 $(\boldsymbol{A},\boldsymbol{B})$ 的广义特征值 λ 是满足广义特征多项式 $|\boldsymbol{A}-z\boldsymbol{B}|=0$ 的所有解 z (包括零值在内)。显然，若矩阵 $\boldsymbol{B}$ 为单位矩阵，则广义特征多项式退化为 $|\boldsymbol{A}-\lambda\boldsymbol{I}|=0$。从这一角度讲，广义特征多项式是特征多项式的推广，而特征多项式是广义特征多项式在 $\boldsymbol{B}=\boldsymbol{I}$ 时的一个特例。

若将矩阵束的广义特征值记作 $\lambda(\boldsymbol{A},\boldsymbol{B})$，则广义特征值定义为

$$\lambda(\boldsymbol{A},\boldsymbol{B})=\{z\in\mathbb{C}:|\boldsymbol{A}-z\boldsymbol{B}|=0\} \tag{3.6.6}$$

下面是关于广义特征值问题 $\boldsymbol{Ax}=\lambda\boldsymbol{Bx}$ 的一些性质[57,pp.176~177]：

(1) 若矩阵 $\boldsymbol{A}$ 和 $\boldsymbol{B}$ 互换，则广义特征值将变为其倒数，但广义特征向量保持不变，即有

$$\boldsymbol{Ax}=\lambda\boldsymbol{Bx}\ \Rightarrow\ \boldsymbol{Bx}=\frac{1}{\lambda}\boldsymbol{Ax}$$

(2) 若 $\boldsymbol{B}$ 非奇异，则广义特征值分解简化为标准的特征值分解

$$\boldsymbol{Ax}=\lambda\boldsymbol{Bx}\ \Rightarrow\ (\boldsymbol{B}^{-1}\boldsymbol{A})\boldsymbol{x}=\lambda\boldsymbol{x}$$

(3) 若 $\boldsymbol{A}$ 和 $\boldsymbol{B}$ 均为实对称的正定矩阵，则广义特征值一定是正的。

(4) 如果 $\boldsymbol{A}$ 奇异，则 $\lambda=0$ 必定是一个广义特征值。

(5) 若 $\boldsymbol{A}$ 和 $\boldsymbol{B}$ 均为正定的 Hermitian 矩阵，则广义特征值必定是实的，并且与不同广义特征值 (λ_i,λ_j) 对应的广义特征向量 $(\boldsymbol{x}_i,\boldsymbol{x}_j)$ 相对于正定矩阵 $\boldsymbol{A}$ 和 $\boldsymbol{B}$ 分别正交，即有

$$\boldsymbol{x}_i^{\mathrm{H}}\boldsymbol{Ax}_j=\boldsymbol{x}_i^{\mathrm{H}}\boldsymbol{Bx}_j=0,\quad i\neq j$$

很多应用中，往往只使用广义特征值。此时，等价矩阵束是一个非常有用的概念。

定义 3.6.1 所有广义特征值相同的两个矩阵束称为等价矩阵束。

由广义特征值的定义 $|\boldsymbol{A}-\lambda\boldsymbol{B}|=0$ 和行列式的性质，易知：如果 $\boldsymbol{X}$ 和 $\boldsymbol{Y}$ 是两个非奇异矩阵，则

$$|\boldsymbol{XAY}-\lambda\boldsymbol{XBY}|=0\quad\Leftrightarrow\quad|\boldsymbol{A}-\lambda\boldsymbol{B}|=0$$

因此，矩阵束左乘任意一个非奇异矩阵与 (或) 右乘任意一个非奇异矩阵，都不会改变矩阵束的广义特征值。这一结果可以总结为下面的命题。

命题 3.6.1 若 $\boldsymbol{X}$ 和 $\boldsymbol{Y}$ 是两个非奇异矩阵，则 $(\boldsymbol{XAY},\boldsymbol{XBY})$ 和 $(\boldsymbol{A},\boldsymbol{B})$ 是两个等价的矩阵束。

3.6.2 广义特征值分解算法

下面的算法使用压缩映射计算 $n\times n$ 实对称矩阵束 $(\boldsymbol{A},\boldsymbol{B})$ 的广义特征对 $(\lambda,\boldsymbol{u})$。

算法 3.6.1 广义特征值分解的 Lanczos 算法 [109,p.298]

步骤 1 初始化

选择范数满足 $\boldsymbol{u}_1^{\mathrm{H}}\boldsymbol{B}\boldsymbol{u}_1=1$ 的向量 $\boldsymbol{u}_1$，并令 $\alpha_1=0$, $\boldsymbol{z}_0=\boldsymbol{u}_0=\boldsymbol{0}$, $\boldsymbol{z}_1=\boldsymbol{B}\boldsymbol{u}_1$。

步骤 2 对 $i=1,2,\cdots,n$，计算

$$\begin{aligned}
&\boldsymbol{u}=\boldsymbol{A}\boldsymbol{u}_i-\alpha_i\boldsymbol{z}_{i-1}\\
&\beta_i=\langle\boldsymbol{u},\boldsymbol{u}_i\rangle\\
&\boldsymbol{u}=\boldsymbol{u}-\beta_i\boldsymbol{z}_i\\
&\boldsymbol{w}=\boldsymbol{B}^{-1}\boldsymbol{u}\\
&\alpha_{i+1}=\sqrt{\langle\boldsymbol{w},\boldsymbol{u}\rangle}\\
&\boldsymbol{u}_{i+1}=\boldsymbol{w}/\alpha_{i+1}\\
&\boldsymbol{z}_{i+1}=\boldsymbol{u}/\alpha_{i+1}\\
&\lambda_i=\beta_{i+1}/\alpha_{i+1}
\end{aligned}$$

广义特征值问题也可等价写作

$$\alpha\boldsymbol{A}\boldsymbol{u}=\beta\boldsymbol{B}\boldsymbol{u} \tag{3.6.7}$$

此时，广义特征值定义为 $\lambda=\beta/\alpha$。

下面是计算 $n\times n$ 对称正定矩阵束 $(\boldsymbol{A},\boldsymbol{B})$ 的广义特征值分解的正切算法，它是 Drmac 于 1998 年提出的 [27]。

算法 3.6.2 对称正定矩阵束的广义特征值分解

步骤 1 计算 $\boldsymbol{\Delta}_A=\mathrm{diag}(a_{11},a_{22},\cdots,a_{nn})^{-1/2}$, $\boldsymbol{A}_s=\boldsymbol{\Delta}_A\boldsymbol{A}\boldsymbol{\Delta}_A$ 和 $\boldsymbol{B}_1=\boldsymbol{\Delta}_A\boldsymbol{B}\boldsymbol{\Delta}_A$。

步骤 2 计算 Cholesky 分解 $\boldsymbol{R}_A^{\mathrm{T}}\boldsymbol{R}_A=\boldsymbol{A}_s$ 和 $\boldsymbol{R}_B^{\mathrm{T}}\boldsymbol{R}_B=\boldsymbol{\Pi}^{\mathrm{T}}\boldsymbol{B}_1\boldsymbol{\Pi}$。

步骤 3 通过求解矩阵方程 $\boldsymbol{F}\boldsymbol{R}_B=\boldsymbol{A}\boldsymbol{\Pi}$，计算 $\boldsymbol{F}=\boldsymbol{A}\boldsymbol{\Pi}\boldsymbol{R}_B^{-1}$。

步骤 4 求 $\boldsymbol{F}$ 的奇异值分解 $\boldsymbol{\Sigma}=\boldsymbol{V}\boldsymbol{F}\boldsymbol{U}^{\mathrm{T}}$。

步骤 5 计算 $\boldsymbol{X}=\boldsymbol{\Delta}_A\boldsymbol{\Pi}\boldsymbol{R}_B^{-1}\boldsymbol{U}$。

输出 矩阵 $\boldsymbol{X}$ 和 $\boldsymbol{\Sigma}$ 满足 $\boldsymbol{A}\boldsymbol{X}=\boldsymbol{B}\boldsymbol{X}\boldsymbol{\Sigma}^2$。

当矩阵 $\boldsymbol{B}$ 奇异时，以上两种算法将是不稳定的。矩阵 $\boldsymbol{B}$ 奇异时的矩阵束 $(\boldsymbol{A},\boldsymbol{B})$ 的广义特征值分解算法由 Nour-Omid 等人 [89] 提出。这种算法的主要思想是：通过引入一移位因子 σ，使 $\boldsymbol{A}-\sigma\boldsymbol{B}$ 非奇异。

算法 3.6.3 $\boldsymbol{B}$ 奇异时的广义特征值分解算法 [89, 109]

步骤 1 初始化

选择 $\mathrm{Range}[(\boldsymbol{A}-\sigma\boldsymbol{B})^{-1}\boldsymbol{B}]$ 的基向量 $\boldsymbol{w}$，计算 $\boldsymbol{z}_1=\boldsymbol{B}\boldsymbol{w}$，$\alpha_1=\sqrt{\langle\boldsymbol{w},\boldsymbol{z}_1\rangle}$，令 $\boldsymbol{u}_0=\boldsymbol{0}$。

步骤 2　对 $i=1,2,\cdots,n$，计算

$$\begin{aligned}
\boldsymbol{u}_i &= \boldsymbol{w}/\alpha_i \\
\boldsymbol{z}_i &= (\boldsymbol{A}-\sigma\boldsymbol{B})^{-1}\boldsymbol{w} \\
\boldsymbol{w} &= \boldsymbol{w}-\alpha_i\boldsymbol{u}_{i-1} \\
\beta_i &= \langle \boldsymbol{w},\boldsymbol{z}_i\rangle \\
\boldsymbol{z}_{i+1} &= \boldsymbol{B}\boldsymbol{w} \\
\alpha_{i+1} &= \sqrt{\langle \boldsymbol{z}_{i+1},\boldsymbol{w}\rangle} \\
\lambda_i &= \beta_i/\alpha_{i+1}
\end{aligned}$$

3.6.3　广义特征分析的应用

基于广义特征值与/或广义特征向量的信号分析称为广义特征分析。在广义特征分析的应用中，往往只对非零的广义特征值感兴趣，因为这些非零的广义特征值的个数反映了信号分量的个数，而广义特征值本身则往往隐含了信号参数的有用信息。

广义特征分析在信号处理中最典型的应用当属借助旋转不变技术估计信号参数 (estimating signal parameter via rotational invariance techniques) 方法，简称 ESPRIT 方法。

ESPRIT 方法由 Roy 等人 [108] 于 1989 年提出，现已成为现代信号处理中的一种代表性方法，在阵列信号处理、无线通信、雷达等中有着广泛的应用。

考虑白噪声中的 p 个谐波信号

$$x(n)=\sum_{i=1}^{p} s_i \mathrm{e}^{\mathrm{j}\,n\omega_i}+w(n) \tag{3.6.8}$$

式中，s_i 和 $\omega_i\in(-\pi,\pi)$ 分别为第 i 个谐波信号的复幅值和频率。假定 $w(n)$ 是一零均值、方差为 σ^2 的复值高斯白噪声过程，即

$$\mathrm{E}\{w(k)w^*(l)\}=\sigma^2\delta(k-l),\qquad \mathrm{E}\{w(k)w(l)\}=0,\qquad \forall\, k,l$$

主要问题是，只根据观测数据 $x(1),x(2),\cdots,x(N)$，如何估计谐波信号的个数 p 和频率 $\omega_1,\omega_2,\cdots,\omega_p$？

定义一个新的过程 $y(n)\overset{\text{def}}{=}x(n+1)$。选择 $m>p$，并引入以下 m 维向量

$$\boldsymbol{x}(n)\overset{\text{def}}{=}[x(n),x(n+1),\cdots,x(n+m-1)]^{\mathrm{T}} \tag{3.6.9}$$

$$\boldsymbol{w}(n)\overset{\text{def}}{=}[w(n),w(n+1),\cdots,w(n+m-1)]^{\mathrm{T}} \tag{3.6.10}$$

$$\begin{aligned}\boldsymbol{y}(n)&\overset{\text{def}}{=}[y(n),y(n+1),\cdots,y(n+m-1)]^{\mathrm{T}}\\ &=[x(n+1),x(n+2),\cdots,x(n+m)]^{\mathrm{T}}\end{aligned} \tag{3.6.11}$$

$$\boldsymbol{a}(\omega_i)\overset{\text{def}}{=}[1,\mathrm{e}^{\mathrm{j}\,\omega_i},\cdots,\mathrm{e}^{\mathrm{j}\,(m-1)\omega_i}]^{\mathrm{T}} \tag{3.6.12}$$

于是，式 (3.6.8) 可以写作向量形式

$$\boldsymbol{x}(n)=\boldsymbol{A}\boldsymbol{s}(n)+\boldsymbol{w}(n) \tag{3.6.13}$$

另有

$$\boldsymbol{y}(n) = \boldsymbol{A\Phi s}(n) + \boldsymbol{w}(n+1) \tag{3.6.14}$$

式中

$$\boldsymbol{A} \overset{\text{def}}{=} [\boldsymbol{a}(\omega_1), \boldsymbol{a}(\omega_2), \cdots, \boldsymbol{a}(\omega_p)] \tag{3.6.15}$$

$$\boldsymbol{s}(n) \overset{\text{def}}{=} [s_1 \mathrm{e}^{\mathrm{j}\,\omega_1 n}, s_2 \mathrm{e}^{\mathrm{j}\,\omega_2 n}, \cdots, s_p \mathrm{e}^{\mathrm{j}\,\omega_p n}]^{\mathrm{T}} \tag{3.6.16}$$

$$\boldsymbol{\Phi} \overset{\text{def}}{=} \mathrm{diag}(\mathrm{e}^{\mathrm{j}\,\omega_1}, \mathrm{e}^{\mathrm{j}\,\omega_2}, \cdots, \mathrm{e}^{\mathrm{j}\,\omega_p}) \tag{3.6.17}$$

注意，$\boldsymbol{\Phi}$ 是一酉矩阵，即有 $\boldsymbol{\Phi}^{\mathrm{H}}\boldsymbol{\Phi} = \boldsymbol{\Phi}\boldsymbol{\Phi}^{\mathrm{H}} = \boldsymbol{I}$，它将空间的向量 $\boldsymbol{x}(n)$ 和 $\boldsymbol{y}(n)$ 联系在一起；矩阵 $\boldsymbol{A}$ 是一个 $m \times p$ Vandermonde 矩阵。由于 $\boldsymbol{y}(n) = \boldsymbol{x}(n+1)$，故 $\boldsymbol{y}(n)$ 可以看作是 $\boldsymbol{x}(n)$ 的平移结果。鉴于此，矩阵 $\boldsymbol{\Phi}$ 称为旋转算符，因为平移是最简单的旋转。

观测向量 $\boldsymbol{x}(n)$ 的自相关矩阵为

$$\boldsymbol{R}_{xx} = \mathrm{E}\{\boldsymbol{x}(n)\boldsymbol{x}^{\mathrm{H}}(n)\} = \boldsymbol{APA}^{\mathrm{H}} + \sigma^2\boldsymbol{I} \tag{3.6.18}$$

式中 $\boldsymbol{P} = \mathrm{E}\{\boldsymbol{s}(n)\boldsymbol{s}^{\mathrm{H}}(n)\}$ 是信号向量的相关矩阵。

向量 $\boldsymbol{x}(n)$ 和 $\boldsymbol{y}(n)$ 的互相关矩阵为

$$\boldsymbol{R}_{xy} = \mathrm{E}\{\boldsymbol{x}(n)\boldsymbol{y}^{\mathrm{H}}(n)\} = \boldsymbol{AP\Phi}^{\mathrm{H}}\boldsymbol{A}^{\mathrm{H}} + \sigma^2\boldsymbol{Z} \tag{3.6.19}$$

式中，$\sigma^2\boldsymbol{Z} = \mathrm{E}\{\boldsymbol{w}(n)\boldsymbol{w}^{\mathrm{H}}(n+1)\}$。容易验证，$\boldsymbol{Z}$ 是一个 $m \times m$ 特殊矩阵

$$\boldsymbol{Z} = \begin{bmatrix} 0 & & & 0 \\ 1 & 0 & & \\ & \ddots & \ddots & \\ 0 & & 1 & 0 \end{bmatrix} \tag{3.6.20}$$

即主对角线下面的对角线上的元素全部为 1，而其他元素皆等于 0。

现在的问题是：已知自相关矩阵 $\boldsymbol{R}_{xx}$ 和互相关矩阵 $\boldsymbol{R}_{xy}$，如何估计谐波信号的个数 p、谐波频率 ω_i 以及谐波功率 $|s_i|^2\ (i = 1, 2, \cdots, p)$。

向量 $\boldsymbol{x}(n)$ 经过平移，变为 $\boldsymbol{y}(n) = \boldsymbol{x}(n+1)$，但是这种平移却保持了 $\boldsymbol{x}(n)$ 和 $\boldsymbol{y}(n)$ 对应的信号子空间的不变性。这是因为 $\boldsymbol{R}_{xx} \overset{\text{def}}{=} \mathrm{E}\{\boldsymbol{x}(n)\boldsymbol{x}^{\mathrm{H}}(n)\} = \mathrm{E}\{\boldsymbol{x}(n+1)\boldsymbol{x}^{\mathrm{H}}(n+1)\} \overset{\text{def}}{=} \boldsymbol{R}_{yy}$，它们完全相同！

对 $\boldsymbol{R}_{xx}$ 作特征值分解，可以得到其最小特征值 $\lambda_{\min} = \sigma^2$。构造一对新的矩阵

$$\boldsymbol{C}_{xx} = \boldsymbol{R}_{xx} - \lambda_{\min}\boldsymbol{I} = \boldsymbol{R}_{xx} - \sigma^2\boldsymbol{I} = \boldsymbol{APA}^{\mathrm{H}} \tag{3.6.21}$$

$$\boldsymbol{C}_{xy} = \boldsymbol{R}_{xy} - \lambda_{\min}\boldsymbol{Z} = \boldsymbol{R}_{xy} - \sigma^2\boldsymbol{Z} = \boldsymbol{AP\Phi}^{\mathrm{H}}\boldsymbol{A}^{\mathrm{H}} \tag{3.6.22}$$

用 $(\boldsymbol{C}_{xx}, \boldsymbol{C}_{xy})$ 组成一矩阵束。

考察矩阵束

$$\boldsymbol{C}_{xx} - \gamma\boldsymbol{C}_{xy} = \boldsymbol{AP}(\boldsymbol{I} - \gamma\boldsymbol{\Phi}^{\mathrm{H}})\boldsymbol{A}^{\mathrm{H}} \tag{3.6.23}$$

由于 $\boldsymbol{A}$ 满列秩和 $\boldsymbol{P}$ 非奇异，所以从矩阵秩的角度，式 (3.6.23) 可以写作

$$\text{rank}(\boldsymbol{C}_{xx}-\gamma\boldsymbol{C}_{xy})=\text{rank}(\boldsymbol{I}-\gamma\boldsymbol{\Phi}^{\text{H}})\tag{3.6.24}$$

当 $\gamma\neq \text{e}^{\text{j}\omega_i}(i=1,2,\cdots,p)$ 时，矩阵 $\boldsymbol{I}-\gamma\boldsymbol{\Phi}$ 是非奇异的，而当 $\gamma=\text{e}^{\text{j}\omega_i}$ 时，由于 $\gamma\text{e}^{-\text{j}\omega_i}=1$，所以矩阵 $\boldsymbol{I}-\gamma\boldsymbol{\Phi}$ 奇异，即秩亏缺。这说明，$\text{e}^{\text{j}\omega_i}(i=1,2,\cdots,p)$ 都是矩阵束 $(\boldsymbol{C}_{xx},\boldsymbol{C}_{xy})$ 的广义特征值。这一结果可以用下面的定理加以归纳。

定理 3.6.1[108]　定义 $\boldsymbol{\Gamma}$ 为矩阵束 $(\boldsymbol{C}_{xx},\boldsymbol{C}_{xy})$ 的广义特征值矩阵，其中，$\boldsymbol{C}_{xx}=\boldsymbol{R}_{xx}-\lambda_{\min}\boldsymbol{I}$，$\boldsymbol{C}_{xy}=\boldsymbol{R}_{xy}-\lambda_{\min}\boldsymbol{Z}$，且 $\lambda_{\min}$ 是自相关矩阵 $\boldsymbol{R}_{xx}$ 的最小特征值。若矩阵 $\boldsymbol{P}$ 非奇异，则矩阵 $\boldsymbol{\Gamma}$ 与旋转算符矩阵 $\boldsymbol{\Phi}$ 之间的关系为

$$\boldsymbol{\Gamma}=\begin{bmatrix}\boldsymbol{\Phi} & \boldsymbol{O}\\ \boldsymbol{O} & \boldsymbol{O}\end{bmatrix}\tag{3.6.25}$$

即 $\boldsymbol{\Gamma}$ 的非零元素是旋转算符矩阵 $\boldsymbol{\Phi}$ 的各元素的一个排列。

基本的 ESPRIT 算法可总结如下。

算法 3.6.4　基本 ESPRIT 算法 1[108]

步骤 1　利用已知观测数据 $x(1),x(2),\cdots,x(N)$ 估计自相关函数 $R_{xx}(0),R_{xx}(1),\cdots,R_{xx}(m)$。

步骤 2　由估计的自相关函数构造 $m\times m$ 自相关矩阵 $\boldsymbol{R}_{xx}$ 和 $m\times m$ 互相关矩阵 $\boldsymbol{R}_{xy}$。

步骤 3　求 $\boldsymbol{R}_{xx}$ 的特征值分解。对于 $m>p$，最小特征值为噪声方差 σ^2 的估计。

步骤 4　利用 σ^2 计算 $\boldsymbol{C}_{xx}=\boldsymbol{R}_{xx}-\sigma^2\boldsymbol{I}$ 和 $\boldsymbol{C}_{xy}=\boldsymbol{R}_{xy}-\sigma^2\boldsymbol{Z}$。

步骤 5　求矩阵束 $(\boldsymbol{C}_{xx},\boldsymbol{C}_{xy})$ 的广义特征值分解，得到位于单位圆上的 p 个广义特征值 $\text{e}^{\text{j}\omega_i},i=1,2,\cdots,p$，它们直接给出谐波频率。

3.6.4　相似变换在广义特征值分解中的应用

考察一个由 m 个阵元组成的等距线阵。如图 3.6.1 所示，现在将这个等距线阵分为两个子阵列，其中，子阵列 1 由第 1 个至第 $m-1$ 个阵元组成，子阵列 2 由第 2 个至第 m 个阵元组成。

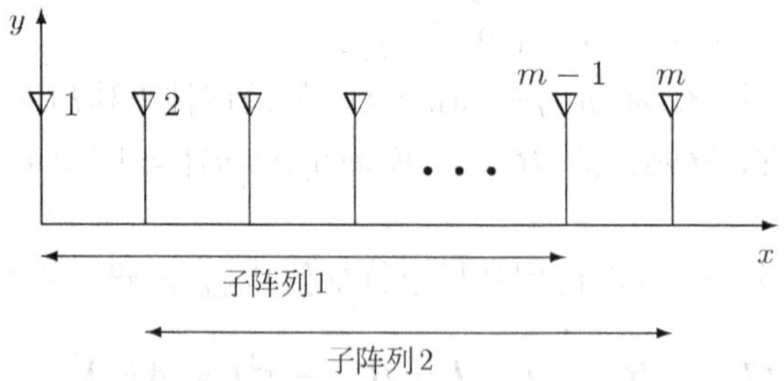

图 3.6.1　阵列分成两个子阵列

令 $m\times N$ 矩阵

$$\boldsymbol{X}=[\boldsymbol{x}(1),\boldsymbol{x}(2),\cdots,\boldsymbol{x}(N)]\tag{3.6.26}$$

代表原阵列的观测数据矩阵，其中，$\boldsymbol{x}(n)=[x_1(n),x_2(n),\cdots,x_m(n)]^{\text{T}}$ 是 m 个阵元在 n 时刻的观测信号组成的观测数据向量；而 N 为数据长度，即 $n=1,2,\cdots,N$。

若令

$$\boldsymbol{S}=[\boldsymbol{s}(1),\boldsymbol{s}(2),\cdots,\boldsymbol{s}(N)] \tag{3.6.27}$$

代表信号矩阵，式中，$\boldsymbol{s}(n)=[s_1(n),s_2(n),\cdots,s_p(n)]^{\mathrm{T}}$ 表示信号向量，则对于 N 个快拍的数据，式 (3.6.8) 可以用矩阵形式表示成

$$\boldsymbol{X}=[\boldsymbol{x}(1),\boldsymbol{x}(2),\cdots,\boldsymbol{x}(N)]=\boldsymbol{AS} \tag{3.6.28}$$

式中，$\boldsymbol{A}$ 是 $m\times p$ 阵列方向矩阵。

令 $\boldsymbol{J}_1$ 和 $\boldsymbol{J}_2$ 是两个 $(m-1)\times m$ 选择矩阵，且有

$$\boldsymbol{J}_1=[\boldsymbol{I}_{m-1} \,\vdots\, \boldsymbol{0}_{m-1}] \tag{3.6.29}$$

$$\boldsymbol{J}_2=[\boldsymbol{0}_{m-1} \,\vdots\, \boldsymbol{I}_{m-1}] \tag{3.6.30}$$

式中，$\boldsymbol{I}_{m-1}$ 代表 $(m-1)\times(m-1)$ 单位矩阵；$\boldsymbol{0}_{m-1}$ 表示 $(m-1)\times 1$ 零向量。

用选择矩阵 $\boldsymbol{J}_1$ 和 $\boldsymbol{J}_2$ 分别左乘观测数据矩阵 $\boldsymbol{X}$，得到

$$\boldsymbol{X}_1=\boldsymbol{J}_1\boldsymbol{X}=[\boldsymbol{x}_1(1),\boldsymbol{x}_1(2),\cdots,\boldsymbol{x}_1(N)] \tag{3.6.31}$$

$$\boldsymbol{X}_2=\boldsymbol{J}_2\boldsymbol{X}=[\boldsymbol{x}_2(1),\boldsymbol{x}_2(2),\cdots,\boldsymbol{x}_2(N)] \tag{3.6.32}$$

式中

$$\boldsymbol{x}_1(n)=[x_1(n),x_2(n),\cdots,x_{m-1}(n)]^{\mathrm{T}},\quad n=1,2,\cdots,N \tag{3.6.33}$$

$$\boldsymbol{x}_2(n)=[x_2(n),x_3(n),\cdots,x_m(n)]^{\mathrm{T}},\quad n=1,2,\cdots,N \tag{3.6.34}$$

即是说，观测数据子矩阵 $\boldsymbol{X}_1$ 由观测数据矩阵 $\boldsymbol{X}$ 的前 $m-1$ 行组成，相当于子阵列 1 的观测数据矩阵；$\boldsymbol{X}_2$ 则由 $\boldsymbol{X}$ 的后 $m-1$ 行组成，相当于子阵列 2 的观测数据矩阵。

令

$$\boldsymbol{A}=\begin{bmatrix}\boldsymbol{A}_1\\ \text{最后一行}\end{bmatrix}=\begin{bmatrix}\text{第 1 行}\\ \boldsymbol{A}_2\end{bmatrix} \tag{3.6.35}$$

则根据等距线阵的阵列响应矩阵 $\boldsymbol{A}$ 的结构知，子矩阵 $\boldsymbol{A}_1$ 和 $\boldsymbol{A}_2$ 之间存在以下关系

$$\boldsymbol{A}_2=\boldsymbol{A}_1\boldsymbol{\varPhi} \tag{3.6.36}$$

容易验证

$$\boldsymbol{X}_1=\boldsymbol{A}_1\boldsymbol{S} \tag{3.6.37}$$

$$\boldsymbol{X}_2=\boldsymbol{A}_2\boldsymbol{S}=\boldsymbol{A}_1\boldsymbol{\varPhi}\boldsymbol{S} \tag{3.6.38}$$

由于 $\boldsymbol{\varPhi}$ 是一酉矩阵，所以 $\boldsymbol{X}_1$ 和 $\boldsymbol{X}_2$ 具有相同的信号子空间和噪声子空间，即子阵列 1 和子阵列 2 具有相同的观测空间 (信号子空间 + 噪声子空间)。这就是等距线阵的平移不变性的物理解释。

由式 (3.6.18) 得

$$\begin{aligned}\boldsymbol{R}_{xx}=\boldsymbol{A}\boldsymbol{P}\boldsymbol{A}^{\mathrm{H}}+\sigma^2\boldsymbol{I}&=[\boldsymbol{U}_s,\boldsymbol{U}_n]\begin{bmatrix}\boldsymbol{\Sigma}_s & \boldsymbol{O}\\ \boldsymbol{O} & \sigma^2\boldsymbol{I}\end{bmatrix}\begin{bmatrix}\boldsymbol{U}_s^{\mathrm{H}}\\ \boldsymbol{U}_n^{\mathrm{H}}\end{bmatrix}\\ &=[\boldsymbol{U}_s\boldsymbol{\Sigma}_s,\sigma^2\boldsymbol{U}_n]\begin{bmatrix}\boldsymbol{U}_s^{\mathrm{H}}\\ \boldsymbol{U}_n^{\mathrm{H}}\end{bmatrix}=\boldsymbol{U}_s\boldsymbol{\Sigma}_s\boldsymbol{U}_s^{\mathrm{H}}+\sigma^2\boldsymbol{U}_n\boldsymbol{U}_n^{\mathrm{H}}\end{aligned}\tag{3.6.39}$$

由于 $\boldsymbol{I}-\boldsymbol{U}_n\boldsymbol{U}_n^{\mathrm{H}}=\boldsymbol{U}_s\boldsymbol{U}_s^{\mathrm{H}}$，故由式 (3.6.39) 得

$$\boldsymbol{A}\boldsymbol{P}\boldsymbol{A}^{\mathrm{H}}+\sigma^2\boldsymbol{U}_s\boldsymbol{U}_s^{\mathrm{H}}=\boldsymbol{U}_s\boldsymbol{\Sigma}_s\boldsymbol{U}_s^{\mathrm{H}}\tag{3.6.40}$$

用 $\boldsymbol{U}_s$ 右乘上式两边，注意到 $\boldsymbol{U}_s^{\mathrm{H}}\boldsymbol{U}_s=\boldsymbol{I}$，并加以重排，即得

$$\boldsymbol{U}_s=\boldsymbol{A}\boldsymbol{T}\tag{3.6.41}$$

式中，$\boldsymbol{T}$ 是一个非奇异矩阵，且

$$\boldsymbol{T}=\boldsymbol{P}\boldsymbol{A}^{\mathrm{H}}\boldsymbol{U}_s(\boldsymbol{\Sigma}_s-\sigma^2\boldsymbol{I})^{-1}\tag{3.6.42}$$

虽然 $\boldsymbol{T}$ 是一未知矩阵，但它只是下面分析中的一个“虚拟参数”，我们只用到它的非奇异性。用 $\boldsymbol{T}$ 右乘式 (3.6.35)，则有

$$\boldsymbol{A}\boldsymbol{T}=\begin{bmatrix}\boldsymbol{A}_1\boldsymbol{T}\\ \text{最后一行}\end{bmatrix}=\begin{bmatrix}\text{第 1 行}\\ \boldsymbol{A}_2\boldsymbol{T}\end{bmatrix}\tag{3.6.43}$$

采用相同的分块形式，将 $\boldsymbol{U}_s$ 也分块成

$$\boldsymbol{U}_s=\begin{bmatrix}\boldsymbol{U}_1\\ \text{最后一行}\end{bmatrix}=\begin{bmatrix}\text{第 1 行}\\ \boldsymbol{U}_2\end{bmatrix}\tag{3.6.44}$$

由于 $\boldsymbol{A}\boldsymbol{T}=\boldsymbol{U}_s$，故比较式 (3.6.43) 与式 (3.6.44)，立即有

$$\boldsymbol{U}_1=\boldsymbol{A}_1\boldsymbol{T}\quad\text{和}\quad\boldsymbol{U}_2=\boldsymbol{A}_2\boldsymbol{T}\tag{3.6.45}$$

将式 (3.6.36) 代入式 (3.6.45)，即有

$$\boldsymbol{U}_2=\boldsymbol{A}_1\boldsymbol{\Phi}\boldsymbol{T}\tag{3.6.46}$$

由式 (3.6.45) 及式 (3.6.46)，又有

$$\boldsymbol{U}_1\boldsymbol{T}^{-1}\boldsymbol{\Phi}\boldsymbol{T}=\boldsymbol{A}_1\boldsymbol{T}\boldsymbol{T}^{-1}\boldsymbol{\Phi}\boldsymbol{T}=\boldsymbol{A}_1\boldsymbol{\Phi}\boldsymbol{T}=\boldsymbol{U}_2\tag{3.6.47}$$

定义矩阵 $\boldsymbol{\Phi}$ 的相似变换

$$\boldsymbol{\Psi}=\boldsymbol{T}^{-1}\boldsymbol{\Phi}\boldsymbol{T}\tag{3.6.48}$$

因此，矩阵 $\boldsymbol{\Psi}$ 和 $\boldsymbol{\Phi}$ 具有相同的特征值，即 $\boldsymbol{\Psi}$ 的特征值也为 $\mathrm{e}^{\mathrm{j}\,\phi_m}$, $m=1,2,\cdots,M$。

将式 (3.6.48) 代入式 (3.6.47)，则得到一个重要的关系式，即

$$\boldsymbol{U}_2=\boldsymbol{U}_1\boldsymbol{\Psi}\tag{3.6.49}$$

式 (3.6.49) 启迪了基本 ESPRIT 算法的另一种算法。

算法 3.6.5 (基本 ESPRIT 算法 2)

步骤 1 计算阵列协方差矩阵 $\hat{\boldsymbol{R}}_{xx}$ 的特征值分解 $\hat{\boldsymbol{R}}_{xx}=\hat{\boldsymbol{U}}\boldsymbol{\Sigma}\hat{\boldsymbol{U}}^{\mathrm{H}}$。

步骤 2 矩阵 $\hat{\boldsymbol{U}}$ 与 $\hat{\boldsymbol{R}}_{xx}$ 的 p 个主特征值对应的部分组成 $\hat{\boldsymbol{U}}_s$。

步骤 3 抽取 $\hat{\boldsymbol{U}}_s$ 的前面 $m-1$ 行组成矩阵 $\hat{\boldsymbol{U}}_1$，后面 $m-1$ 行组成矩阵 $\hat{\boldsymbol{U}}_2$。计算 $\boldsymbol{\Psi}=(\hat{\boldsymbol{U}}_1^{\mathrm{H}}\hat{\boldsymbol{U}}_1)^{-1}\hat{\boldsymbol{U}}_1^{\mathrm{H}}\hat{\boldsymbol{U}}_2$ 的特征值分解。矩阵 $\boldsymbol{\Psi}$ 的特征值 $\mathrm{e}^{\mathrm{j}\omega_i}(i=1,2,\cdots,p)$ 给出估计值 $\hat{\omega}_i, i=1,2,\cdots,p$。

ESPRIT 方法的应用极为广泛。感兴趣的读者可通过百度或者 Google 学术搜索等进行查询。

本章小结

本章由两部分主要内容组成:

(1) 矩阵化简: 主要介绍了矩阵与矩阵多项式的相似化简，多项式矩阵的相抵化简，基于空间分解定理的矩阵化简，以及 Cayley-Hamilton 定理。

(2) 特征分析: 主要介绍了矩阵的特征值分解和广义特征值分解。

特征值分解的核心是矩阵的对角化化简，而相似化简和相抵化简则是非对角化化简，是对角化化简的推广。

本章还重点介绍了以下工程应用:

(1) 相似变换在广义特征值分解中的应用、广义特征值分解的信号参数估计的旋转不变技术，以及相似变换在广义特征值分解中的应用;

(2) 相似化简、相抵化简和 Carley-Hamilton 定理在矩阵函数计算中的应用;

(3) 特征分析在 Pisarenko 谐波分解、主成分分析、基于特征脸的人脸识别中的应用。

习　　题

3.1 证明特征值的以下性质: 若 λ 是 $n\times n$ 矩阵 $\boldsymbol{A}$ 的特征值，则有

(1) λ^k 是矩阵 $\boldsymbol{A}^k$ 的特征值。

(2) 若 $\boldsymbol{A}$ 非奇异，则 $\boldsymbol{A}^{-1}$ 具有特征值 $1/\lambda$。

(3) 矩阵 $\boldsymbol{A}+\sigma^2\boldsymbol{I}$ 的特征值为 $\lambda+\sigma^2$。

3.2 证明当 $\boldsymbol{A}$ 为幂等矩阵时，矩阵 $\boldsymbol{BA}$ 的特征值与 $\boldsymbol{ABA}$ 的特征值相同。

3.3 设 n 阶矩阵 $\boldsymbol{A}$ 的全部元素为 1，求 $\boldsymbol{A}$ 的 n 个特征值。

3.4 设矩阵

$$\boldsymbol{A}=\begin{bmatrix}0&1&0&0\\1&0&0&0\\0&0&y&1\\0&0&1&2\end{bmatrix}$$

(1) 已知 $\boldsymbol{A}$ 的一个特征值为 3，试求 y 值。

(2) 求矩阵 $\boldsymbol{P}$，使 $(\boldsymbol{AP})^{\mathrm{T}}\boldsymbol{AP}$ 为对角矩阵。

3.5 令初始值 $u(0)=2, v(0)=8$。利用特征值求解微分方程

$$\begin{cases} u'(t)=3u(t)+v(t) \\ v'(t)=-2u(t)+v(t) \end{cases}$$

3.6 令

$$\boldsymbol{A}=\begin{bmatrix} -2 & 4 & 3 \\ 0 & 0 & 0 \\ -1 & 5 & 2 \end{bmatrix}$$

计算 $\boldsymbol{A}^{593}-2\boldsymbol{A}^{15}$。

3.7 [57] 假定 $a_0, a_1, a_2, \cdots$ 为正整数序列，并且满足递推关系 $a_{k+1}=a_k+2a_{k-1}, \forall\, k \geqslant 1$。若 $a_0=0$, $a_1=1$，求 a_k 值。$\left(\text{提示：建立向量 } \begin{bmatrix} a_{k+1} \\ a_k \end{bmatrix} \text{ 与 } \begin{bmatrix} a_1 \\ a_0 \end{bmatrix} \text{ 之间的关系，并运用}\right.$ Cayley-Hamilton 定理。$\Big)$

3.8 已知矩阵 $\boldsymbol{A}=\begin{bmatrix} 2 & 0 & 1 \\ 0 & 2 & 0 \\ 0 & 0 & 3 \end{bmatrix}$，求 $\mathrm{e}^{\boldsymbol{A}t}$。

3.9 [57] 已知矩阵 $\boldsymbol{A}=\begin{bmatrix} 1 & 1 & 2 \\ -1 & 2 & 1 \\ 0 & 1 & 3 \end{bmatrix}$，求非奇异矩阵 $\boldsymbol{S}$ 使相似矩阵 $\boldsymbol{B}=\boldsymbol{S}^{-1}\boldsymbol{AS}$ 为对角矩阵。

3.10 证明：若 $\boldsymbol{A}$ 是可对角化的，并且 $\boldsymbol{B}$ 与 $\boldsymbol{A}$ 相似，则 $\boldsymbol{B}$ 是可对角化的。(提示：假定 $\boldsymbol{S}^{-1}\boldsymbol{AS}=\boldsymbol{D}$ 和 $\boldsymbol{W}^{-1}\boldsymbol{AW}=\boldsymbol{B}$。)

3.11 证明相似矩阵的幂性质：若 $\boldsymbol{B}$ 与 $\boldsymbol{A}$ 相似，则 $\boldsymbol{B}^k$ 与 $\boldsymbol{A}^k$ 相似。

3.12 假定 $\boldsymbol{B}$ 与 $\boldsymbol{A}$ 相似，证明：

(1) $\boldsymbol{B}+\alpha\boldsymbol{I}$ 与 $\boldsymbol{A}+\alpha\boldsymbol{I}$ 相似。

(2) $\boldsymbol{B}^{\mathrm{T}}$ 与 $\boldsymbol{A}^{\mathrm{T}}$ 相似。

(3) 若 $\boldsymbol{A}, \boldsymbol{B}$ 非奇异，则 $\boldsymbol{B}^{-1}$ 与 $\boldsymbol{A}^{-1}$ 相似。

3.13 假定 $\boldsymbol{A}, \boldsymbol{B}$ 为 $n \times n$ 矩阵，并且 $\boldsymbol{B}$ 非奇异，证明：$\boldsymbol{AB}$ 与 $\boldsymbol{BA}$ 相似。

3.14 令

$$\boldsymbol{A}=\begin{bmatrix} -1 & 0 \\ 0 & 1 \end{bmatrix}, \qquad \boldsymbol{B}=\begin{bmatrix} 0 & 1 \\ 1 & 0 \end{bmatrix}$$

若定义矩阵束 $(\boldsymbol{A}, \boldsymbol{B})$ 的广义特征值 (α, β_i) 是满足 $\det(\beta\boldsymbol{A}-\alpha\boldsymbol{B})=0$ 的数值 α 和 β，试求 α 和 β。

3.15 [109, p.286] 令矩阵束 $(\boldsymbol{A}, \boldsymbol{B})$ 的广义特征值 (α, β) 如上题所定义。令 $\lambda_i=(\alpha_i, \beta_i)$ 和 $\lambda_j=(\alpha_j, \beta_j)$ 是矩阵束 $(\boldsymbol{A}, \boldsymbol{B})$ 的两个不同广义特征值，并且 $\boldsymbol{u}_i$ 是与广义特征值 λ_i 对应的右广义特征向量，而 $\boldsymbol{w}_j$ 是与 λ_j 对应的左广义特征向量，证明

$$\langle \boldsymbol{Au}_i, \boldsymbol{w}_j \rangle = \langle \boldsymbol{Bu}_i, \boldsymbol{w}_j \rangle = 0$$

3.16 令矩阵 $\boldsymbol{G}$ 是 $\boldsymbol{A}$ 的广义逆矩阵，并且 $\boldsymbol{A}$ 和 $\boldsymbol{GA}$ 都是对称矩阵。证明 $\boldsymbol{A}$ 的非零特征值的倒数是广义逆矩阵 $\boldsymbol{G}$ 的一个特征值。

3.17 利用特征方程证明：若 λ 是矩阵 $\boldsymbol{A}$ 的实特征值，则 $\boldsymbol{A}+\boldsymbol{A}^{-1}$ 的特征值的绝对值等于或大于 2。

3.18 设 $\boldsymbol{A}_{4\times 4}$ 满足条件 $|3\boldsymbol{I}_4+\boldsymbol{A}|=0, \boldsymbol{A}\boldsymbol{A}^{\mathrm{T}}=2\boldsymbol{I}_4$ 和 $|\boldsymbol{A}|<0$。求矩阵 $\boldsymbol{A}$ 的伴随矩阵 $\mathrm{adj}(\boldsymbol{A})=\det(\boldsymbol{A})\boldsymbol{A}^{-1}$ 的一个特征值。

3.19 证明二次型 $f=\boldsymbol{x}^{\mathrm{T}}\boldsymbol{A}\boldsymbol{x}$ 在 $\|\boldsymbol{x}\|=1$ 时的最大值等于对称矩阵 $\boldsymbol{A}$ 的最大特征值。(提示：将 f 化为标准二次型。)

3.20 证明：若 λ 是矩阵 $\boldsymbol{AB}$ 的一个非零特征值，则它也是矩阵 $\boldsymbol{BA}$ 的非零特征值 ($\boldsymbol{A}, \boldsymbol{B}$ 不一定为正方矩阵，但 $\boldsymbol{AB}$ 和 $\boldsymbol{BA}$ 分别是正方的)。

3.21 令 $\boldsymbol{A}_{n\times n}$ 为对称矩阵，其特征值为 $\lambda_i, i=1,2,\cdots,n$。证明

$$\sum_{i=1}^{n}\sum_{j=1}^{n}a_{ij}^2=\sum_{k=1}^{n}\lambda_k^2$$

3.22 设矩阵

$$\boldsymbol{A}=\begin{bmatrix}1 & 0 & 2\\ 0 & 1 & -1\\ 0 & 1 & 0\end{bmatrix}$$

试计算矩阵函数

(1) $f(\boldsymbol{A})=3\boldsymbol{A}^8-2\boldsymbol{A}^5+\boldsymbol{A}^4-2\boldsymbol{I}$;

(2) $f(\boldsymbol{A})=\mathrm{e}^{\boldsymbol{A}t}$。

3.23 求多项式矩阵

$$\boldsymbol{A}(\lambda)=\begin{bmatrix}\lambda & 0 & 1\\ \lambda^2+2 & \lambda & 0\\ -2\lambda & \lambda & -\lambda-1\end{bmatrix}$$

的秩。

3.24 分别求下列多项式矩阵的 Smith 标准型：

$$\boldsymbol{A}_1(\lambda)=\begin{bmatrix}\lambda-1 & & 0\\ & \lambda-2 & \\ 0 & & \lambda-2\end{bmatrix},\quad \boldsymbol{A}_2(\lambda)=\begin{bmatrix}\lambda-1 & & 0\\ & \lambda-2 & -1\\ 0 & & \lambda-2\end{bmatrix}$$

3.25 设 $\boldsymbol{A}_{n\times n}$ 的全部特征值为 $\lambda_1,\lambda_2,\cdots,\lambda_n$，且与 λ_i 对应的特征向量为 $\boldsymbol{u}_i$。试求

(1) $\boldsymbol{P}^{-1}\boldsymbol{A}\boldsymbol{P}$ 的特征值与相对应的特征向量。

(2) $(\boldsymbol{P}^{-1}\boldsymbol{A}\boldsymbol{P})^{\mathrm{T}}$ 的特征值与相对应的特征向量。

3.26 设 $n\times n$ 矩阵 $\boldsymbol{A}=\{a_{ij}\}$，其中 $a_{ij}=a\,(i=j)$ 或 $b\,(i\neq j)$。求 $\boldsymbol{A}$ 的特征值及特征向量。

3.27 令 $p(z)=a_0+a_1z+\cdots+a_nz^n$ 为一多项式。证明：矩阵 $\boldsymbol{A}$ 的特征向量一定是矩阵多项式 $p(\boldsymbol{A})$ 的特征向量，但 $p(\boldsymbol{A})$ 的特征向量不一定是 $\boldsymbol{A}$ 的特征向量。

3.28 令 $\boldsymbol{A}$ 是一个正交矩阵，λ 是 $\boldsymbol{A}$ 的一个不等于 ± 1，但其模为 1 的特征值，并且 $\boldsymbol{u}+\mathrm{j}\boldsymbol{v}$ 是与该特征值对应的特征向量，其中，$\boldsymbol{u}$ 和 $\boldsymbol{v}$ 为实向量。证明 $\boldsymbol{u}$ 和 $\boldsymbol{v}$ 正交。

3.29　证明：一个 $n\times n$ 实对称矩阵 $\boldsymbol{A}$ 可以写作

$$\boldsymbol{A}=\sum_{i=1}^{n}\lambda_i\boldsymbol{Q}_i$$

式中，λ_i 是 $\boldsymbol{A}$ 的特征值；$\boldsymbol{Q}_i$ 为非负定矩阵，并且不仅满足正交条件

$$\boldsymbol{Q}_i\boldsymbol{Q}_j=\boldsymbol{O},\quad i\neq j$$

而且还是幂等矩阵，即 $\boldsymbol{Q}_i^2=\boldsymbol{Q}_i$。矩阵 $\boldsymbol{A}$ 的这一表示称为 $\boldsymbol{A}$ 的谱分解 [6,p.64]。

3.30　已知

$$\boldsymbol{A}=\begin{bmatrix}3&-1&0\\0&5&-2\\0&0&9\end{bmatrix}$$

求非奇异矩阵 $\boldsymbol{S}$ 使得相似变换 $\boldsymbol{S}^{-1}\boldsymbol{A}\boldsymbol{S}=\boldsymbol{B}$ 为对角矩阵，并求对角矩阵 $\boldsymbol{B}$。

3.31　已知矩阵

$$\boldsymbol{A}=\begin{bmatrix}0&0&1\\x&1&y\\1&0&0\end{bmatrix}$$

有三个线性无关的特征向量，求 x 和 y 应该满足的条件。

3.32　设

$$\boldsymbol{A}=\begin{bmatrix}1&-1\\1&1\end{bmatrix}$$

试通过求矩阵 $\boldsymbol{S}$ 使得 $\boldsymbol{S}^{-1}\boldsymbol{A}\boldsymbol{S}=\boldsymbol{D}$ (对角矩阵)，证明 $\boldsymbol{A}$ 是可对角化的。

3.33　求 $\lambda\boldsymbol{I}-\begin{bmatrix}0&\cdots&0&-\pi_0\\&&&-\pi_1\\&\boldsymbol{I}_{m-1}&&\vdots\\&&&-\pi_{m-1}\end{bmatrix}$ 的各阶行列式因子和不变因子。

3.34　求 $\lambda\boldsymbol{I}-\begin{bmatrix}\lambda_0&1&0&\cdots&0\\&\lambda_0&\ddots&\ddots&\vdots\\&&\ddots&\ddots&0\\&&&\lambda_0&1\\&&&&\lambda_0\end{bmatrix}$ 的各阶行列式因子和不变因子。

3.35　$\lambda\boldsymbol{I}-\begin{bmatrix}\lambda_0&1&0&\cdots&0\\&\lambda_0&\ddots&\ddots&\vdots\\&&\ddots&\ddots&0\\&&&\lambda_0&1\\&&&&\lambda_0\end{bmatrix}$ 的 Smith 标准型是什么？

3.36　多项式矩阵 $\mathrm{diag}[\varphi_1(\lambda),\varphi_2(\lambda),\cdots,\varphi_n(\lambda)]$ 的 Smith 标准型是什么？其中，各 φ_i 两两互质。

3.37 $\boldsymbol{A}(\lambda) \in \mathbb{R}[\lambda]^{m\times n}$ 在 $\mathbb{C}[\lambda]^{m\times n}$ 和 $\mathbb{R}[\lambda]^{m\times n}$ 中的 Smith 标准型是否一样?

3.38 设向量 $\boldsymbol{\alpha} = [\alpha_1, \alpha_2, \cdots, \alpha_n]^{\mathrm{T}}$ 和 $\boldsymbol{\beta} = [\beta_1, \beta_2, \cdots, \beta_n]^{\mathrm{T}}$ 是两个正交的非零向量。若令 $\boldsymbol{A} = \boldsymbol{\alpha\beta}^{\mathrm{T}}$,试求:(1) $\boldsymbol{A}^2$;(2) 矩阵 $\boldsymbol{A}$ 的特征值和特征向量。

3.39 令矩阵束 $(\boldsymbol{A}, \boldsymbol{B})$ 与广义特征值 λ_1 对应的右特征向量为 $\boldsymbol{u}_1$,左特征向量为 $\boldsymbol{v}_1$,并且 $\langle \boldsymbol{B}\boldsymbol{u}_1, \boldsymbol{B}\boldsymbol{v}_1\rangle = 1$。试证明:矩阵束 $(\boldsymbol{A}, \boldsymbol{B})$ 和

$$\boldsymbol{A}_1 = \boldsymbol{A} - \sigma_1 \boldsymbol{B}\boldsymbol{u}_1\boldsymbol{v}_1^{\mathrm{H}}\boldsymbol{B}^{\mathrm{H}}, \qquad \boldsymbol{B}_1 = \boldsymbol{B} - \sigma_2 \boldsymbol{A}\boldsymbol{u}_1\boldsymbol{v}_1^{\mathrm{H}}\boldsymbol{B}^{\mathrm{H}}$$

具有相同的左和右特征向量。式中,假定移位因子 σ_1 和 σ_2 满足条件 $1 - \sigma_1\sigma_2 \neq 0$。

3.40 若 $\boldsymbol{A}$ 和 $\boldsymbol{B}$ 均为正定的 Hermitian 矩阵,证明:广义特征值必定是实的,并且与不同广义特征值对应的广义特征向量相对于正定矩阵 $\boldsymbol{A}$ 和 $\boldsymbol{B}$ 分别正交,即有

$$\boldsymbol{x}_i^{\mathrm{H}}\boldsymbol{A}\boldsymbol{x}_j = \boldsymbol{x}_i^{\mathrm{H}}\boldsymbol{B}\boldsymbol{x}_j = 0, \quad i \neq j$$

第 4 章

奇异值分析

奇异值分解 (包括其推广) 是数值线性代数的最有用和最有效的工具之一，它在统计分析、物理和应用科学 (如信号与图像处理、系统理论和控制、通信、计算机视觉等) 中被广泛地应用。

本章首先介绍数值算法的数值稳定性与条件数的概念，以引出矩阵奇异值分解的必要性；然后详细讨论奇异值分解和广义奇异值分解的数值计算及其工程应用。

4.1　数值稳定性与条件数

在工程应用中，在对数据进行处理时，常常需要考虑一个重要问题：实际的观测数据存在某种程度的不确定性或误差，而且对数据进行的数值计算也总是伴随有误差。误差有何影响？数据处理和数值分析的算法是数值稳定的吗？为了回答这些问题，下面两个概念显得十分重要：

(1) 一种算法的数值稳定性；

(2) 所涉及工程问题的扰动分析。

假定 f 表示用数学定义的某个问题，它作用于数据 $d \in D$ (其中 D 表示某个数据组)，并产生一个解 $f(d) \in F$ (F 代表某个解集)。给定 $d \in D$，我们希望计算 $f(d)$。通常，只能够已知 d 的某个近似值 d^*，我们所能够做到的就是计算 $f(d^*)$。如果 $f(d^*)$ 能够“逼近” $f(d)$，那么问题就是“良性”的。若 d^* 接近 d 时，$f(d^*)$ 有可能与 $f(d)$ 相差很大，就称问题是“病态”的。如果没有有关问题的更详细的信息，术语“逼近”就无法准确地描述问题。

在扰动理论中，称求解 $f(d)$ 的某种算法是数值上稳定的或者鲁棒的 (robust)，若它引入的对扰动的敏感度不会比原问题本身固有的敏感度更大。稳定性可以保证稍有扰动时问题的解接近无扰动时的解。具体地讲，如果 f^* 表示用于实现或近似 f 的某种算法，并且对所有真实数据 $d \in D$，存在一接近 d 的测量数据 $d^* \in D$，使得稍有扰动的问题的解 $f(d^*)$ 接近无扰动的解 $f^*(d)$，则称这一算法是数值稳定的。

下面讨论数值稳定性的数学描述。

在工程中，经常会遇到线性方程组 $\boldsymbol{Ax} = \boldsymbol{b}$，其中，$n \times n$ 矩阵 $\boldsymbol{A}$ 是一个元素为已知数值的系数矩阵，$n \times 1$ 向量 $\boldsymbol{b}$ 为已知向量，而 $n \times 1$ 向量 $\boldsymbol{x}$ 是一个待求解的未知参数向量。系数矩阵 $\boldsymbol{A}$ 非奇异时，由于独立的方程个数和未知参数的个数相同，故方程组具有唯一解，称为适定方程。很自然地，我们会对这个方程组解的稳定性产生兴趣：如果系数矩阵 $\boldsymbol{A}$ 与(或) 向量 $\boldsymbol{b}$ 发生扰动，方程组的解向量 $\boldsymbol{x}$ 会如何变化呢？还能够保持一定的稳定性吗？研究方程组的解向量 $\boldsymbol{x}$ 如何受系数矩阵 $\boldsymbol{A}$ 和系数向量 $\boldsymbol{b}$ 的元素微小变化 (扰动) 的影响，将得到描述矩阵 $\boldsymbol{A}$ 的一个重要特征的数值，称为条件数 (condition number)。

为方便计，先假定只存在向量 $\boldsymbol{b}$ 的扰动 $\delta\,\boldsymbol{b}$，而矩阵 $\boldsymbol{A}$ 是稳定不变的。此时，精确的解向量 $\boldsymbol{x}$ 会扰动为 $\boldsymbol{x}+\delta\,\boldsymbol{x}$，即有

$$\boldsymbol{A}(\boldsymbol{x}+\delta\,\boldsymbol{x})=\boldsymbol{b}+\delta\,\boldsymbol{b} \tag{4.1.1}$$

这意味着

$$\delta\,\boldsymbol{x}=\boldsymbol{A}^{-1}\delta\,\boldsymbol{b} \tag{4.1.2}$$

因为 $\boldsymbol{A}\boldsymbol{x}=\boldsymbol{b}$。对式 (4.1.2) 应用矩阵范数的性质，得

$$\|\delta\,\boldsymbol{x}\|_2\leqslant\|\boldsymbol{A}^{-1}\|_2\|\delta\,\boldsymbol{b}\|_2 \tag{4.1.3}$$

对线性方程组 $\boldsymbol{A}\boldsymbol{x}=\boldsymbol{b}$ 也使用矩阵范数的相同性质，又有

$$\|\boldsymbol{b}\|_2\leqslant\|\boldsymbol{A}\|_2\|\boldsymbol{x}\|_2 \tag{4.1.4}$$

由式 (4.1.3) 和式 (4.1.4)，立即得到

$$\frac{\|\delta\,\boldsymbol{x}\|_2}{\|\boldsymbol{x}\|_2}\leqslant\left(\|\boldsymbol{A}\|_2\|\boldsymbol{A}^{-1}\|_2\right)\frac{\|\delta\,\boldsymbol{b}\|_2}{\|\boldsymbol{b}\|_2} \tag{4.1.5}$$

然后，考虑扰动 $\delta\boldsymbol{A}$ 的影响。此时，线性方程组变为

$$(\boldsymbol{A}+\delta\boldsymbol{A})(\boldsymbol{x}+\delta\,\boldsymbol{x})=\boldsymbol{b}$$

由上式可推导出

$$\begin{aligned}\delta\boldsymbol{x}&=[(\boldsymbol{A}+\delta\boldsymbol{A})^{-1}-\boldsymbol{A}^{-1}]\boldsymbol{b}\\&=\{\boldsymbol{A}^{-1}[\boldsymbol{A}-(\boldsymbol{A}+\delta\boldsymbol{A})](\boldsymbol{A}+\delta\boldsymbol{A})^{-1}\}\boldsymbol{b}\\&=-\boldsymbol{A}^{-1}\delta\boldsymbol{A}(\boldsymbol{A}+\delta\boldsymbol{A})^{-1}\boldsymbol{b}\\&=-\boldsymbol{A}^{-1}\delta\boldsymbol{A}(\boldsymbol{x}+\delta\boldsymbol{x})\end{aligned} \tag{4.1.6}$$

由此得

$$\|\delta\boldsymbol{x}\|_2\leqslant\|\boldsymbol{A}^{-1}\|_2\|\delta\boldsymbol{A}\|_2\|\boldsymbol{x}+\delta\boldsymbol{x}\|_2$$

即有

$$\frac{\|\delta\boldsymbol{x}\|_2}{\|\boldsymbol{x}+\delta\boldsymbol{x}\|_2}\leqslant(\|\boldsymbol{A}\|_2\|\boldsymbol{A}^{-1}\|_2)\frac{\|\delta\boldsymbol{A}\|_2}{\|\boldsymbol{A}\|_2} \tag{4.1.7}$$

式 (4.1.5) 和式 (4.1.7) 表明，解向量 $\boldsymbol{x}$ 的相对误差与数值

$$\mathrm{cond}(\boldsymbol{A})=\|\boldsymbol{A}\|_2\cdot\|\boldsymbol{A}^{-1}\|_2 \tag{4.1.8}$$

成正比。式中，$\mathrm{cond}(\boldsymbol{A})$ 称为矩阵 $\boldsymbol{A}$ 的条件数，有时也用符号 $\kappa(\boldsymbol{A})$ 表示。

当系数矩阵 $\boldsymbol{A}$ 一个很小的扰动只引起解向量 $\boldsymbol{x}$ 很小的扰动时，就称矩阵 $\boldsymbol{A}$ 是“良态”矩阵 (well-conditioned matrix)。若系数矩阵 $\boldsymbol{A}$ 一个很小的扰动会引起解向量 $\boldsymbol{x}$ 很大的扰动，则称矩阵 $\boldsymbol{A}$ 是“病态”矩阵 (ill-conditioned matrix)。条件数刻画了求解线性方程组时，误差经过矩阵 $\boldsymbol{A}$ 的传播扩大为解向量的误差的程度，因此是衡量线性方程组数值稳定性的一个重要指标。

矩阵 $\boldsymbol{A}\in\mathbb{C}^{m\times n}$ 的条件数是该矩阵的最大奇异值 $\sigma_{\max}(\boldsymbol{A})$ 与最小奇异值 $\sigma_{\min}(\boldsymbol{A})$ 的比值，即

$$\operatorname{cond}(\boldsymbol{A})=\frac{\sigma_{\max}(\boldsymbol{A})}{\sigma_{\min}(\boldsymbol{A})} \tag{4.1.9}$$

由此易知条件数具有以下性质：

(1) 条件数 $\operatorname{cond}(\boldsymbol{A})\geqslant 1$。

(2) 正交矩阵或者酉矩阵的条件数等于 1，因为两种矩阵的所有奇异值都等于 1。

(3) 奇异矩阵的条件数为无穷大，因为其最小奇异值等于零。

(4) 若 $\boldsymbol{A}\in\mathbb{C}^{m\times n}$ 是满列秩矩阵，则 $\operatorname{cond}(\boldsymbol{A}^{\mathrm{H}}\boldsymbol{A})=[\operatorname{cond}(\boldsymbol{A})]^2$。类似地，对于满行秩矩阵 $\boldsymbol{A}$，则 $\operatorname{cond}(\boldsymbol{A}\boldsymbol{A}^{\mathrm{H}})=[\operatorname{cond}(\boldsymbol{A})]^2$。

性质 (2) 表明，用酉矩阵 (或者正交矩阵) 左乘或者右乘任何一个矩阵，都不会改变该矩阵的条件数。

利用条件数的上述性质，考虑超定方程组 $\boldsymbol{A}\boldsymbol{x}=\boldsymbol{b}$ 的以下两种解：

(1) 最小二乘解 $\boldsymbol{x}_{\mathrm{LS}}=(\boldsymbol{A}^{\mathrm{H}}\boldsymbol{A})^{-1}\boldsymbol{A}^{\mathrm{H}}\boldsymbol{b}$ 与矩阵 $\boldsymbol{A}$ 的条件数的平方成正比。

(2) 若利用 $\boldsymbol{A}$ 的 QR 分解 $\boldsymbol{A}=\boldsymbol{Q}\boldsymbol{R}$ 求解超定方程组 $\boldsymbol{A}\boldsymbol{x}=\boldsymbol{b}$，其中 $\boldsymbol{Q}$ 为正交矩阵，$\boldsymbol{R}$ 为上三角矩阵，则方程的解由 $\boldsymbol{R}\boldsymbol{x}=\boldsymbol{Q}^{\mathrm{H}}\boldsymbol{b}$ 给出。因此，$\boldsymbol{x}$ 只受 $\boldsymbol{b}$ 和 $\boldsymbol{R}$ 的扰动的影响。由于

$$\operatorname{cond}(\boldsymbol{Q})=1,\quad \operatorname{cond}(\boldsymbol{A})=\operatorname{cond}(\boldsymbol{Q}^{\mathrm{H}}\boldsymbol{A})=\operatorname{cond}(\boldsymbol{R}) \tag{4.1.10}$$

即 $\boldsymbol{R}$ 与 $\boldsymbol{A}$ 具有相同的条件数，故 $\boldsymbol{b}$ 的扰动和 $\boldsymbol{R}$ 的扰动分别与 $\boldsymbol{A}$ 的条件数成正比。

上述分析说明，求解超定方程组的 QR 分解法具有比最小二乘法更小的条件数，即更好的数值稳定性。

4.2 奇异值分解

奇异值分解 (singular value decomposition, SVD) 是现代数值分析 (尤其是数值计算) 的最基本和最重要的工具之一。本节介绍奇异值分解的定义、几何解释以及奇异值的性质。

4.2.1 奇异值分解及其解释

1873 年，Beltrami [7] 从双线性函数 $f(\boldsymbol{x},\boldsymbol{y})=\boldsymbol{x}^{\mathrm{T}}\boldsymbol{A}\boldsymbol{y},\quad \boldsymbol{A}\in\mathbb{R}^{n\times n}$ 出发，通过引入线性变换 $\boldsymbol{x}=\boldsymbol{U}\boldsymbol{\xi}, \boldsymbol{y}=\boldsymbol{V}\boldsymbol{\eta}$，将双线性函数变为 $f(\boldsymbol{x},\boldsymbol{y})=\boldsymbol{\xi}^{\mathrm{T}}\boldsymbol{S}\boldsymbol{\eta}$，其中

$$\boldsymbol{S}=\boldsymbol{U}^{\mathrm{T}}\boldsymbol{A}\boldsymbol{V} \tag{4.2.1}$$

Beltrami 观测到，如果约束 $\boldsymbol{U}$ 和 $\boldsymbol{V}$ 为正交矩阵，则它们的选择各存在 n^2-n 个自由度。他提出利用这些自由度使矩阵 $\boldsymbol{S}$ 的对角线以外的元素全部为零，即矩阵 $\boldsymbol{S}=\boldsymbol{\Sigma}=\mathrm{diag}(\sigma_1,\sigma_2,\cdots,\sigma_n)$ 为对角矩阵。于是，用 $\boldsymbol{U}$ 和 $\boldsymbol{V}^{\mathrm{T}}$ 分别左乘和右乘式 (4.2.1)，并利用 $\boldsymbol{U}$ 和 $\boldsymbol{V}$ 的正交性，立即得到

$$\boldsymbol{A}=\boldsymbol{U}\boldsymbol{\Sigma}\boldsymbol{V}^{\mathrm{T}} \tag{4.2.2}$$

这就是 Beltrami 于 1873 年得到的实正方矩阵的奇异值分解 [7]。1874 年，Jordan 也独立地推导出了实正方矩阵的奇异值分解 [61]。有关奇异值分解的这段发明历史，可参见 MacDuffee 的专著 [71,p.78] 或 Stewart 的评述论文 [115]。文献 [115] 还详细地评述了奇异值分解的整个早期历史。

后来，Autonne [4] 于 1902 年把奇异值分解推广到复正方矩阵；Eckart 与 Young [30] 于 1939 年又进一步把奇异值分解推广到一般的复长方形矩阵。因此，现在常将任意复长方矩阵的奇异值分解定理称为 Autonee-Eckart-Young 定理，详见下述。

定理 4.2.1 (矩阵的奇异值分解) 令 $\boldsymbol{A}\in\mathbb{R}^{m\times n}$ (或 $\mathbb{C}^{m\times n}$)，则存在正交 (或酉) 矩阵 $\boldsymbol{U}\in\mathbb{R}^{m\times m}$ (或 $\mathbb{C}^{m\times m}$) 和 $\boldsymbol{V}\in\mathbb{R}^{n\times n}$ (或 $\mathbb{C}^{n\times n}$) 使得

$$\boldsymbol{A}=\boldsymbol{U}\boldsymbol{\Sigma}\boldsymbol{V}^{\mathrm{T}}\ (\text{或}\ \boldsymbol{U}\boldsymbol{\Sigma}\boldsymbol{V}^{\mathrm{H}}) \tag{4.2.3}$$

式中 $\boldsymbol{\Sigma}=\begin{bmatrix}\boldsymbol{\Sigma}_1 & \boldsymbol{O}\\ \boldsymbol{O} & \boldsymbol{O}\end{bmatrix}$，且 $\boldsymbol{\Sigma}_1=\mathrm{diag}(\sigma_1,\sigma_2,\cdots,\sigma_r)$，其对角元素按照降次顺序排列，即

$$\sigma_1\geqslant\sigma_2\geqslant\cdots\geqslant\sigma_r>0,\qquad r=\mathrm{rank}(\boldsymbol{A}) \tag{4.2.4}$$

数值 $\sigma_1,\sigma_2,\cdots,\sigma_r$ 连同 $\sigma_{r+1}=\sigma_{r+2}=\cdots=\sigma_{\min\{m,n\}}=0$ 一起称作矩阵 $\boldsymbol{A}$ 的奇异值。

定义 4.2.1 矩阵 $\boldsymbol{A}_{m\times n}$ 的奇异值 σ_i 称为单 (一) 奇异值，若 $\sigma_i\neq\sigma_j$，$\forall\, j\neq i$。

下面是关于奇异值和奇异值分解的几点解释和标记。

(1) $n\times n$ 矩阵 $\boldsymbol{V}$ 为酉矩阵，用 $\boldsymbol{V}$ 右乘式 (4.2.3)，得 $\boldsymbol{A}\boldsymbol{V}=\boldsymbol{U}\boldsymbol{\Sigma}$，其列向量形式为

$$\boldsymbol{A}\boldsymbol{v}_i=\begin{cases}\sigma_i\boldsymbol{u}_i, & i=1,2,\cdots,r\\ \boldsymbol{0}, & i=r+1,r+2,\cdots,\min\{m,n\}\end{cases} \tag{4.2.5}$$

因此，$\boldsymbol{V}$ 的列向量 $\boldsymbol{v}_i$ 称为矩阵 $\boldsymbol{A}$ 的右奇异向量 (right singular vector)，$\boldsymbol{V}$ 称为 $\boldsymbol{A}$ 的右奇异向量矩阵 (right singular vector matrix)。

(2) $m\times m$ 矩阵 $\boldsymbol{U}$ 是酉矩阵，用 $\boldsymbol{U}^{\mathrm{H}}$ 左乘式 (4.2.3)，得到 $\boldsymbol{U}^{\mathrm{H}}\boldsymbol{A}=\boldsymbol{\Sigma}\boldsymbol{V}$，其列向量形式

$$\boldsymbol{u}_i^{\mathrm{H}}\boldsymbol{A}=\begin{cases}\sigma_i\boldsymbol{v}_i^{\mathrm{T}}, & i=1,2,\cdots,r\\ \boldsymbol{0}, & i=r+1,r+2,\cdots,\min\{m,n\}\end{cases} \tag{4.2.6}$$

因此，$\boldsymbol{U}$ 的列向量 $\boldsymbol{u}_i$ 称为矩阵 $\boldsymbol{A}$ 的左奇异向量 (left singular vector)，并称 $\boldsymbol{U}$ 为 $\boldsymbol{A}$ 的左奇异向量矩阵 (left singular vector matrix)。

(3) 矩阵 $\boldsymbol{A}$ 的奇异值分解式 (4.2.3) 可以改写成向量表达形式

$$\boldsymbol{A}=\sum_{i=1}^{r}\sigma_i\boldsymbol{u}_i\boldsymbol{v}_i^{\mathrm{H}} \tag{4.2.7}$$

这种表达有时称为 $\boldsymbol{A}$ 的并向量 (奇异值) 分解 (dyadic decomposition) [46]。

(4) 当矩阵 $\boldsymbol{A}$ 的秩 $r=\text{rank}(\boldsymbol{A})<\min\{m,n\}$ 时，由于奇异值 $\sigma_{r+1}=\cdots=\sigma_h=0$, $h=\min\{m,n\}$，故奇异值分解式 (4.2.3) 可以简化为

$$\boldsymbol{A}=\boldsymbol{U}_r\boldsymbol{\Sigma}_r\boldsymbol{V}_r^{\text{H}} \tag{4.2.8}$$

式中

$$\boldsymbol{U}_r=[\boldsymbol{u}_1,\boldsymbol{u}_2,\cdots,\boldsymbol{u}_r],\quad \boldsymbol{V}_r=[\boldsymbol{v}_1,\boldsymbol{v}_2,\cdots,\boldsymbol{v}_r],\quad \boldsymbol{\Sigma}_r=\text{diag}(\sigma_1,\sigma_2,\cdots,\sigma_r)$$

式 (4.2.8) 称为矩阵 $\boldsymbol{A}$ 的截尾奇异值分解 (truncated SVD) 或薄奇异值分解 (thin SVD)。与之形成对照，式 (4.2.3) 则称为全奇异值分解 (full SVD)。

(5) 用 $\boldsymbol{u}_i^{\text{H}}$ 左乘式 (4.2.5)，并注意到 $\boldsymbol{u}_i^{\text{H}}\boldsymbol{u}_i=1$，易得

$$\boldsymbol{u}_i^{\text{H}}\boldsymbol{A}\boldsymbol{v}_i=\sigma_i,\quad i=1,2,\cdots,\min\{m,n\} \tag{4.2.9}$$

或用矩阵形式写成

$$\boldsymbol{U}^{\text{H}}\boldsymbol{A}\boldsymbol{V}=\begin{bmatrix}\boldsymbol{\Sigma}_1 & \boldsymbol{O}\\ \boldsymbol{O} & \boldsymbol{O}\end{bmatrix},\quad \boldsymbol{\Sigma}_1=\begin{bmatrix}\sigma_1 & \cdots & 0\\ \vdots & \ddots & \vdots\\ 0 & \cdots & \sigma_r\end{bmatrix} \tag{4.2.10}$$

(6) 由式 (4.2.3) 易得

$$\boldsymbol{A}\boldsymbol{A}^{\text{H}}=\boldsymbol{U}\boldsymbol{\Sigma}^2\boldsymbol{U}^{\text{H}} \tag{4.2.11}$$

这表明，$m\times n$ 矩阵 $\boldsymbol{A}$ 的奇异值 σ_i 是矩阵乘积 $\boldsymbol{A}\boldsymbol{A}^{\text{H}}$ 的特征值 (这些特征值是非负的) 的正平方根。

(7) 如果矩阵 $\boldsymbol{A}_{m\times n}$ 具有秩 r，则有

① $m\times m$ 酉矩阵 $\boldsymbol{U}$ 的前 r 列组成矩阵 $\boldsymbol{A}$ 的列空间的标准正交基。

② $n\times n$ 酉矩阵 $\boldsymbol{V}$ 的前 r 列组成矩阵 $\boldsymbol{A}$ 的行空间或 $\boldsymbol{A}^{\text{H}}$ 的列空间的标准正交基。

③ $\boldsymbol{V}$ 的后 $n-r$ 列组成矩阵 $\boldsymbol{A}$ 的零空间的标准正交基。

④ $\boldsymbol{U}$ 的后 $m-r$ 列组成矩阵 $\boldsymbol{A}^{\text{H}}$ 的零空间的标准正交基。

若矩阵 $\boldsymbol{A}$ 是正方的，并且具有一个零奇异值，则该矩阵一定是奇异矩阵。从这个角度讲，零奇异值刻画了矩阵 $\boldsymbol{A}$ 的奇异性质。一个正方矩阵只要有一个奇异值接近零，那么这个矩阵就接近于奇异矩阵。推而广之，一个非正方的矩阵如果有奇异值为零，则说明这个长方矩阵一定不是满列秩的或者满行秩的。这种情况称为矩阵的秩亏缺，它相对于矩阵的满秩亦是一种奇异现象。总之，无论是正方还是长方矩阵，零奇异值都刻画矩阵的奇异性。这就是矩阵奇异值的内在含义。

关于奇异值分解，有以下唯一性结果 [137]：

(1) 非零奇异值的个数 r 和它们的值 $\sigma_1,\sigma_2,\cdots,\sigma_r$ 相对于矩阵 $\boldsymbol{A}$ 是唯一确定的。

(2) 若 $\text{rank}(\boldsymbol{A})=r$，则满足 $\boldsymbol{A}\boldsymbol{x}=\boldsymbol{0}$ 的 $\boldsymbol{x}\,(\in\mathbb{C}^n)$ 的集合即 $\boldsymbol{A}$ 的零空间 $\text{Null}\,\boldsymbol{A}\,(\subseteq\mathbb{C}^n)$ 是 $n-r$ 维的，因此可选择正交基 $\{\boldsymbol{v}_{r+1},\boldsymbol{v}_{r+2},\cdots,\boldsymbol{v}_n\}$ 张成 $\boldsymbol{A}$ 在 $\mathbb{C}^n$ 内的零空间。从这个

意义上讲，$\boldsymbol{V}$ 的列向量张成的 $\mathbb{C}^n$ 的子空间 Null($\boldsymbol{A}$) 是唯一确定的，但是各个向量只要能组成该子空间的正交基，它们就可以自由地选择。

(3) 可以表示成 $\boldsymbol{y}=\boldsymbol{Ax}$ 的 $\boldsymbol{y}\,(\in\mathbb{C}^m)$ 的集合组成 $\boldsymbol{A}$ 的像空间 Im$\boldsymbol{A}$，它是 r 维的，而 Im$\boldsymbol{A}$ 的正交补空间 $(\text{Im}\boldsymbol{A})^{\perp}$ 是 $m-r$ 维的，因此可选择 $\{\boldsymbol{u}_{r+1},\boldsymbol{u}_{r+2},\cdots,\boldsymbol{u}_m\}$ 作为 Im$\boldsymbol{A}$ 在 $\mathbb{C}^m$ 内的正交补空间内的正交基。由 $\boldsymbol{U}$ 的列向量 $\boldsymbol{u}_{r+1},\boldsymbol{u}_{r+2},\cdots,\boldsymbol{u}_m$ 张成的 $\mathbb{C}^m$ 的子空间 $(\text{Im}\boldsymbol{A})^{\perp}$ 是唯一确定的。

(4) 若 σ_i 是单奇异值 (即 $\sigma_i\neq\sigma_j$, $\forall\, j\neq i$)，则 $\boldsymbol{v}_i$ 和 $\boldsymbol{u}_i$ 除相差一相角 ($\boldsymbol{A}$ 为实数矩阵时，相差一符号) 外是唯一确定的。也就是说，$\boldsymbol{v}_i$ 和 $\boldsymbol{u}_i$ 同时乘以 $\mathrm{e}^{\mathrm{j}\theta}$ ($\mathrm{j}=\sqrt{-1}$，且 θ 为实数) 后，它们仍然分别是矩阵 $\boldsymbol{A}$ 的右和左奇异向量。

4.2.2 奇异值的性质

矩阵的各种变形与奇异值的变化有以下关系：

(1) $m\times n$ 矩阵 $\boldsymbol{A}$ 的共轭转置 $\boldsymbol{A}^{\mathrm{H}}$ 的奇异值分解为

$$\boldsymbol{A}^{\mathrm{H}}=\boldsymbol{V}\boldsymbol{\Sigma}^{\mathrm{T}}\boldsymbol{U}^{\mathrm{H}} \tag{4.2.12}$$

即矩阵 $\boldsymbol{A}$ 和 $\boldsymbol{A}^{\mathrm{H}}$ 具有完全相同的奇异值。

(2) $\boldsymbol{A}^{\mathrm{H}}\boldsymbol{A}$, $\boldsymbol{A}\boldsymbol{A}^{\mathrm{H}}$ 的奇异值分解分别为

$$\boldsymbol{A}^{\mathrm{H}}\boldsymbol{A}=\boldsymbol{V}\boldsymbol{\Sigma}^{\mathrm{T}}\boldsymbol{\Sigma}\boldsymbol{V}^{\mathrm{H}},\qquad \boldsymbol{A}\boldsymbol{A}^{\mathrm{H}}=\boldsymbol{U}\boldsymbol{\Sigma}\boldsymbol{\Sigma}^{\mathrm{T}}\boldsymbol{U}^{\mathrm{H}} \tag{4.2.13}$$

其中

$$\boldsymbol{\Sigma}^{\mathrm{T}}\boldsymbol{\Sigma}=\mathrm{diag}(\sigma_1^2,\sigma_2^2,\cdots,\sigma_r^2,\overbrace{0,\cdots,0}^{n-r\text{个}}) \tag{4.2.14}$$

$$\boldsymbol{\Sigma}\boldsymbol{\Sigma}^{\mathrm{T}}=\mathrm{diag}(\sigma_1^2,\sigma_2^2,\cdots,\sigma_r^2,\overbrace{0,\cdots,0}^{m-r\text{个}}) \tag{4.2.15}$$

即是说，$\boldsymbol{A}^{\mathrm{H}}\boldsymbol{A}$ 和 $\boldsymbol{A}\boldsymbol{A}^{\mathrm{H}}$ 的非零奇异值的个数都等于 r (矩阵 $\boldsymbol{A}$ 的秩)，且数值分别相同，只是零奇异值的个数不同而已。

(3) $\boldsymbol{P}$ 和 $\boldsymbol{Q}$ 分别为 $m\times m$ 和 $n\times n$ 酉矩阵时，$\boldsymbol{PAQ}^{\mathrm{H}}$ 的奇异值分解由

$$\boldsymbol{PAQ}^{\mathrm{H}}=\tilde{\boldsymbol{U}}\boldsymbol{\Sigma}\tilde{\boldsymbol{V}}^{\mathrm{H}} \tag{4.2.16}$$

给出，其中，$\tilde{\boldsymbol{U}}=\boldsymbol{PU}$，$\tilde{\boldsymbol{V}}=\boldsymbol{QV}$。也就是说，矩阵 $\boldsymbol{PAQ}^{\mathrm{H}}$ 与 $\boldsymbol{A}$ 具有相同的奇异值，即奇异值具有酉不变性，但奇异向量不同。

(4) 若 $m\times n$ 矩阵 $\boldsymbol{A}$ 的奇异值分解为 $\boldsymbol{A}=\boldsymbol{U}\boldsymbol{\Sigma}\boldsymbol{V}^{\mathrm{H}}$，则 $n\times m$ 维 Moore-Penrose 广义逆矩阵 $\boldsymbol{A}^{\dagger}$ 的奇异值分解为

$$\boldsymbol{A}^{\dagger}=\boldsymbol{V}\boldsymbol{\Sigma}^{\dagger}\boldsymbol{U}^{\mathrm{H}} \tag{4.2.17}$$

虽然 $\boldsymbol{U}$ 和 $\boldsymbol{V}$ 相对于 $\boldsymbol{A}$ 不是唯一确定的，但广义逆矩阵 $\boldsymbol{A}^{\dagger}$ 是唯一确定的。特别地，若 $\boldsymbol{A}$ 是一个正方的非奇异矩阵，则 $\boldsymbol{A}^{\dagger}=\boldsymbol{A}^{-1}$。因此，在这一情况下，如果 $\boldsymbol{A}$ 的奇异值是 $\sigma_1,\sigma_2,\cdots,\sigma_n$，那么 $\boldsymbol{A}^{-1}$ 的奇异值就是 $1/\sigma_1,1/\sigma_2,\cdots,1/\sigma_n$。

矩阵的奇异值与矩阵的范数、行列式、条件数、特征值等有着密切的关系。

1. 奇异值与范数的关系

矩阵 $\boldsymbol{A}$ 的谱范数等于 $\boldsymbol{A}$ 的最大奇异值，即

$$\|\boldsymbol{A}\|_{\text{spec}} = \sigma_1 \tag{4.2.18}$$

注意到矩阵 $\boldsymbol{A}$ 的 Frobenius 范数 $\|\boldsymbol{A}\|_{\text{F}}$ 是酉不变的，即 $\|\boldsymbol{U}^{\text{H}}\boldsymbol{A}\boldsymbol{V}\|_{\text{F}} = \|\boldsymbol{A}\|_{\text{F}}$，故有

$$\|\boldsymbol{A}\|_{\text{F}} = \left[\sum_{i=1}^{m}\sum_{j=1}^{n}|a_{ij}|^2\right]^{1/2} = \|\boldsymbol{U}^{\text{H}}\boldsymbol{A}\boldsymbol{V}\|_{\text{F}} = \|\boldsymbol{\Sigma}\|_{\text{F}} = \sqrt{\sigma_1^2 + \sigma_2^2 + \cdots + \sigma_r^2} \tag{4.2.19}$$

换言之，任何一个矩阵的 Frobenius 范数等于该矩阵所有非零奇异值平方和的正平方根。

2. 奇异值与行列式的关系

设 $\boldsymbol{A}$ 是 $n \times n$ 正方矩阵。由于酉矩阵的行列式之绝对值等于 1，故

$$|\det(\boldsymbol{A})| = |\det \boldsymbol{\Sigma}| = \sigma_1\sigma_2\cdots\sigma_n \tag{4.2.20}$$

若所有 σ_i 都不等于零，则 $|\det(\boldsymbol{A})| \neq 0$，这表明 $\boldsymbol{A}$ 是非奇异的。若至少有一个 $\sigma_i (i > r)$ 等于零，则 $\det(\boldsymbol{A}) = 0$，即 $\boldsymbol{A}$ 奇异。这就是之所以把全部 σ_i 值统称为奇异值的原因。

3. 奇异值与条件数的关系

对于一个 $m \times n$ 矩阵 $\boldsymbol{A}$，其条件数也可以利用奇异值定义为

$$\text{cond}(\boldsymbol{A}) = \sigma_1/\sigma_p, \qquad p = \min\{m, n\} \tag{4.2.21}$$

由定义式 (4.2.21) 可以看出，条件数是一个大于或等于 1 的正数，因为 $\sigma_1 \geqslant \sigma_p$。显然，由于奇异矩阵至少有一个奇异值 $\sigma_p = 0$，故其条件数为无穷大。而条件数虽然不是无穷大，但很大时，就称 $\boldsymbol{A}$ 是接近奇异的。这意味着，当条件数很大时，$\boldsymbol{A}$ 的行向量或列向量的线性相关性很强。另由定义式 (4.1.8) 易知，正交或酉矩阵 $\boldsymbol{V}$ 的条件数等于 1。从这个意义上讲，正交或酉矩阵是“理想条件”的。式 (4.2.21) 也可用作条件数 $\text{cond}(\boldsymbol{A})$ 的评价。

4. 奇异值与特征值的关系

设 $n \times n$ 正方对称矩阵 $\boldsymbol{A}$ 的特征值为 $\lambda_1, \lambda_2, \cdots, \lambda_n$ ($|\lambda_1| \geqslant |\lambda_2| \geqslant \cdots \geqslant |\lambda_n|$)，奇异值为 $\sigma_1, \sigma_2, \cdots, \sigma_n$ ($\sigma_1 \geqslant \sigma_2 \geqslant \cdots \geqslant \sigma_n \geqslant 0$)，则 $\sigma_1 \geqslant |\lambda_i| \geqslant \sigma_n \, (i = 1, 2, \cdots, n)$，$\text{cond}(\boldsymbol{A}) \geqslant |\lambda_1|/|\lambda_n|$。

下面是奇异值的一些常用性质。

(1) 矩阵 $\boldsymbol{A}_{m\times n}$ 和其 Hermitian 矩阵 $\boldsymbol{A}^{\text{H}}$ 具有相同的奇异值。

(2) 矩阵 $\boldsymbol{A}_{m\times n}$ 的非零奇异值是 $\boldsymbol{A}\boldsymbol{A}^{\text{H}}$ 或者 $\boldsymbol{A}^{\text{H}}\boldsymbol{A}$ 的非零特征值的正平方根。

(3) $\sigma > 0$ 是矩阵 $\boldsymbol{A}_{m\times n}$ 的单奇异值，当且仅当 σ^2 是 $\boldsymbol{A}\boldsymbol{A}^{\text{H}}$ 或 $\boldsymbol{A}^{\text{H}}\boldsymbol{A}$ 的单特征值。

(4) 若 $p=\min\{m,n\}$，且 $\sigma_1,\sigma_2,\cdots,\sigma_p$ 是矩阵 $\boldsymbol{A}_{m\times n}$ 的奇异值，则

$$\operatorname{tr}\left(\boldsymbol{A}^{\mathrm{H}}\boldsymbol{A}\right)=\sum_{i=1}^{p}\sigma_i^2$$

(5) 矩阵行列式的绝对值等于矩阵奇异值之乘积，即 $|\det(\boldsymbol{A})|=\sigma_1\sigma_2\cdots\sigma_n$。

(6) 矩阵 $\boldsymbol{A}$ 的谱范数等于 $\boldsymbol{A}$ 的最大奇异值，即 $\|\boldsymbol{A}\|_{\text{spec}}=\sigma_{\max}$。

(7) 若 $\boldsymbol{A}=\boldsymbol{U}\begin{bmatrix}\boldsymbol{\Sigma}_1 & \boldsymbol{O}\\ \boldsymbol{O} & \boldsymbol{O}\end{bmatrix}\boldsymbol{V}^{\mathrm{H}}$ 是 $m\times n$ 矩阵 $\boldsymbol{A}$ 的奇异值分解，则 $\boldsymbol{A}$ 的 Moore-Penrose 逆矩阵

$$\boldsymbol{A}^{\dagger}=\boldsymbol{V}\begin{bmatrix}\boldsymbol{\Sigma}_1^{-1} & \boldsymbol{O}\\ \boldsymbol{O} & \boldsymbol{O}\end{bmatrix}\boldsymbol{U}^{\mathrm{H}}$$

4.2.3 矩阵的低秩逼近

在奇异值分析的应用中，常常需要用一个低秩的矩阵逼近一个含噪声或扰动的矩阵。下面的定理给出了逼近质量的评价。

定理 4.2.2 令 $\boldsymbol{A}\in\mathbb{R}^{m\times n}$ 的奇异值分解由 $\boldsymbol{A}=\sum\limits_{i=1}^{p}\sigma_i\boldsymbol{u}_i\boldsymbol{v}_i^{\mathrm{T}}$ 给出，其中 $p=\operatorname{rank}(\boldsymbol{A})$。若 $k<p$，并且 $\boldsymbol{A}_k=\sum\limits_{i=1}^{k}\sigma_i\boldsymbol{u}_i\boldsymbol{v}_i^{\mathrm{T}}$，则逼近质量可分别使用谱范数和 Frobenius 范数度量

$$\min_{\operatorname{rank}(\boldsymbol{B})=k}\|\boldsymbol{A}-\boldsymbol{B}\|_{\text{spec}}=\|\boldsymbol{A}-\boldsymbol{A}_k\|_{\text{spec}}=\sigma_{k+1}\tag{4.2.22}$$

$$\min_{\operatorname{rank}(\boldsymbol{B})=k}\|\boldsymbol{A}-\boldsymbol{B}\|_{\mathrm{F}}=\|\boldsymbol{A}-\boldsymbol{A}_k\|_{\mathrm{F}}=\sqrt{\sum_{i=k+1}^{q}\sigma_i^2}\tag{4.2.23}$$

式中，$q=\min\{m,n\}$。

粗略地讲，用一个低秩的矩阵逼近一个含噪声或扰动的矩阵时，逼近误差由那些被舍弃的小奇异值的平方和的平方根决定。

那么，如何确定哪些奇异值是小到可以舍弃的呢？换言之，使用多大的低秩逼近一个矩阵才最合适呢？这涉及一个矩阵的“有效秩”的确定。

有效秩确定有以下两种常用方法。

1. 归一化奇异值方法

计算归一化奇异值

$$\bar{\sigma}_i=\frac{\hat{\sigma}_i}{\hat{\sigma}_1}\tag{4.2.24}$$

选择满足准则

$$\bar{\sigma}_i\geqslant\epsilon\tag{4.2.25}$$

的最大整数作为有效秩的估计值 $\hat{r}$。显然，这一准则等价于选择满足

$$\hat{\sigma}_i\geqslant\epsilon\hat{\sigma}_1\tag{4.2.26}$$

的最大整数 $\hat{r}$。式中，ϵ 是某个很小的正数，它根据计算机精度与 (或) 数据精度选取。例如，选取 $\epsilon=0.01$ 或者 $\epsilon=0.05$ 等。这相当于将那些小于或者等于最大奇异值的 1% 或者 5% 的奇异值舍弃。

2. 范数比方法

令 $m\times n$ 矩阵 $\boldsymbol{A}_k$ 是原 $m\times n$ 矩阵 $\boldsymbol{A}$ 的秩 k 近似，定义该近似矩阵与原矩阵的 Frobenius 范数比为

$$\nu(k)=\frac{\|\boldsymbol{A}_k\|_{\mathrm{F}}}{\|\boldsymbol{A}\|_{\mathrm{F}}}=\frac{\sqrt{\sigma_1^2+\sigma_2^2+\cdots+\sigma_k^2}}{\sqrt{\sigma_1^2+\sigma_2^2+\cdots+\sigma_q^2}},\qquad q=\min\{m,n\} \tag{4.2.27}$$

并选择满足

$$\nu(k)\geqslant\alpha \tag{4.2.28}$$

的最大整数作为有效秩估计 $\hat{r}$，其中，α 是接近于 1 的阈值，例如 $\alpha=0.997$ 等。

采用以上两种准则确定出有效秩 $\hat{r}$ 后，可将

$$\hat{\boldsymbol{x}}_{\mathrm{LS}}=\sum_{i=1}^{\hat{r}}(\hat{\boldsymbol{u}}_i^{\mathrm{H}}\boldsymbol{b}/\hat{\sigma}_i)\hat{\boldsymbol{v}}_i \tag{4.2.29}$$

看作是真实最小二乘解 $\boldsymbol{x}_{\mathrm{LS}}$ 的一个合理近似。显而易见，这种解就是线性方程组 $\boldsymbol{A}_{\hat{r}}\boldsymbol{x}=\boldsymbol{b}$ 的最小二乘解，其中

$$\boldsymbol{A}_{\hat{r}}=\sum_{i=1}^{\hat{r}}\sigma_i\boldsymbol{u}_i\boldsymbol{v}_i^{\mathrm{H}} \tag{4.2.30}$$

在最小二乘问题中，用 $\boldsymbol{A}_{\hat{r}}$ 代替 $\boldsymbol{A}$ 相当于过滤掉小的奇异值。当 $\boldsymbol{A}$ 是从有噪声的观测数据得到时，这种过滤的作用明显。观察知，式 (4.2.29) 给出的最小二乘解 $\hat{\boldsymbol{x}}_{\mathrm{LS}}$ 仍然包含 n 个参数。然而，由于线性方程 $\boldsymbol{Ax}=\boldsymbol{b}$ 秩亏缺意味着 $\boldsymbol{x}$ 中只有 r 个参数是独立的，其他参数是这 r 个独立参数的重复作用或线性相关的结果。在许多应用中，当然希望能够求出这 r 个线性无关的参数，而不是包含了冗余因素的 n 个参数。换言之，应该只估计主要因素，剔除掉次要因素。这一问题可以借助低秩总体最小二乘方法解决，将在后面章节讨论。

4.2.4　奇异值分解的数值计算

矩阵的奇异值分解，特别是大型矩阵的奇异值分解，尤为依赖于先进的数值计算方法。矩阵奇异值分解存在着很多的数值算法，下面针对于两种常用的数值计算工作包中的 SVD 算法进行介绍。

1. 软件包 Linpack 的 SVD 算法

MATLAB 软件中的 SVD 程序是基于 Linpack 中的奇异值分解算法给出的，而 Linpack 所采用的方法是 Golub 和 Kahan 算法，它是一种比较稳定的算法 (即传统 QR 迭代算法)。这种算法的中心思想是：用正交变换将原矩阵化为双对角矩阵，然后再对双对角矩阵迭代进行 QR 分解以求得最终结果。此后，在 1990 年，Demmel 和 Kahan 又给出了一种零位移的 QR 算法 (zero-shift QR algorithm)，这种算法在计算双对角矩阵的奇异值时具有更高的相对精度，并且由此得到的奇异向量也具有更高的精度。

对 $\boldsymbol{A} \in \mathbb{R}^{m\times n}$ $(m \geqslant n)$ 进行奇异值分解，Golub 和 Kahan 算法的基本思想就是对 $\boldsymbol{A}^{\mathrm{T}}\boldsymbol{A}$ 隐含地应用对称 QR 算法，而且不需要计算 $\boldsymbol{C} = \boldsymbol{A}^{\mathrm{T}}\boldsymbol{A}$，以减少计算量和提高数值稳定性。

算法 4.2.1(Golub-Kahan SVD 算法)

步骤 1　将 $\boldsymbol{A}$ 双对角化，即求出正交矩阵 $\boldsymbol{U}_1, \boldsymbol{V}_1$，使得

$$\boldsymbol{U}_1^{\mathrm{T}}\boldsymbol{A}\boldsymbol{V}_1 = \begin{bmatrix} \boldsymbol{B} \\ \boldsymbol{O} \end{bmatrix} \tag{4.2.31}$$

其中，$\boldsymbol{O}$ 为 $(m-n)\times n$ 零矩阵，并且

$$\boldsymbol{B} = \begin{bmatrix} \delta_1 & \gamma_2 & 0 & 0 \\ 0 & \delta_2 & \ddots & 0 \\ 0 & 0 & \ddots & \gamma_n \\ 0 & 0 & 0 & \delta_n \end{bmatrix}$$

这一过程可通过不断的 Householder 变换实现。其中

$$\tilde{\boldsymbol{U}} = \boldsymbol{U}_0\boldsymbol{U}_1\cdots\boldsymbol{U}_{k-1}, \quad k = \min\{n, m-1\}$$
$$\tilde{\boldsymbol{V}} = \boldsymbol{V}_0\boldsymbol{V}_1\cdots\boldsymbol{V}_{l-1}, \quad l = \min\{m, n-2\}$$

$\tilde{\boldsymbol{U}}$ 中的每一个变换 $\tilde{\boldsymbol{U}}_j\,(j = 0, 1, \cdots, k-1)$ 将 $\boldsymbol{A}$ 中第 j 列主对角线以下的元素变为 0；而 $\tilde{\boldsymbol{V}}$ 中的每一个变换 $\tilde{\boldsymbol{V}}_j\,(j = 0, 1, \cdots, l-1)$ 则将 $\boldsymbol{A}$ 中的第 j 行中与主对角线紧邻的右次对角线元素右边的元素变为 0。

步骤 2　对三对角矩阵 $\boldsymbol{T} = \boldsymbol{B}^{\mathrm{T}}\boldsymbol{B}$ 进行带 Wilkinson 位移的对称 QR 迭代，而对称 QR 每次迭代的基本步骤如下所示：

(2.1) 使用从矩阵中计算得的位移进行 Wilkinson 位移变换。

(2.2) 使用 Givens 变换对矩阵次对角线上元素进行变换，使其绝对值逐渐减小。具体过程可以理解为使用 Givens 变换矩阵左乘、右乘在原矩阵上，对次对角线元素进行清理。

(2.3) 确定正交矩阵 $\boldsymbol{Q}$，通过正交变换使原矩阵保持为对称三对角阵。

步骤 2 所介绍的整个对称 QR 迭代过程可以看做一个扫描过程，这也被称作为“驱逐出境”法。

通过上述的简单介绍，可以看到 Linpack 所采用的方法是传统的 QR 迭代算法。其基本步骤为：通过 Householder 变换将待分解矩阵化为三对角矩阵；之后再通过对称 QR 迭代算法求解三对角矩阵的奇异值。

2. 软件包 Propack 的 SVD 算法

Propack 工具包中的 LanSVD 方法是基于 1998 年 Larsen 算法给出的，其采用部分重正交化的 Lanczos 过程对矩阵实现双对角化，之后的奇异值计算工作与上述的对称 QR 迭代过程类似。

下面对 Lanczos 算法进行简要的介绍。

(1) Lanczos 过程

对于 $\boldsymbol{A} \in \mathbb{R}^{m\times n}$ $(m \geqslant n)$ 与 $\boldsymbol{C} = \boldsymbol{A}^{\mathrm{T}}\boldsymbol{A}$，寻找正交矩阵 $\boldsymbol{Q}$，使得 $\boldsymbol{Q}^{\mathrm{T}}\boldsymbol{A}\boldsymbol{Q} = \boldsymbol{T}$，其中 $\boldsymbol{T}$ 为三对角矩阵

$$\boldsymbol{T} = \begin{bmatrix} \alpha_1 & \beta_1 & 0 & 0 \\ \beta_1 & \alpha_2 & \ddots & 0 \\ 0 & \ddots & \ddots & \beta_{n-1} \\ 0 & 0 & \beta_{n-1} & \alpha_n \end{bmatrix}$$

其中的迭代依照如下过程进行：

$$\left.\begin{aligned} &\boldsymbol{r}_i = \boldsymbol{A}\boldsymbol{q}_i - \boldsymbol{B}_{i-1}\boldsymbol{p}_{i-1} \\ &\alpha_i = \|\boldsymbol{r}_i\|,\ \boldsymbol{p}_i = \boldsymbol{r}_i/\alpha_i \\ &\boldsymbol{z}_i = \boldsymbol{A}^{\mathrm{T}}\boldsymbol{p}_i - \alpha_i\boldsymbol{q}_i \\ &\beta_i = \|\boldsymbol{z}_i\|,\ \boldsymbol{q}_{i+1} = \boldsymbol{z}_i/\beta_i \end{aligned}\right\} \tag{4.2.32}$$

使用 Lanczos 过程可以在整个过程中保持原矩阵不变，只需额外添加少许存储空间就可以完成。因此对于大型稀疏矩阵的三对角化问题尤为有效。

(2) 对称三对角矩阵的奇异值求解

使用同上述 Linpack 一致的对称 QR 迭代算法对于对称三对角矩阵进行求解。此处不再重复介绍。

3. 数值计算误差

由于奇异值分解采取了数值计算的方法，所以一定存在计算值与真实值之间的误差。在数值算法中，迭代或者是计算停止的时刻都是通过设定一个误差门限来得到的：如果在计算过程中的某一步，实际值与预期值的差的绝对值小于一个特定的门限，则认为已经得到了最终结果。SVD 数值计算算法的误差主要来自两个方面：停止计算的误差门限产生的截断误差以及计算机的存储误差。下面仅对 Linpack 中的 SVD 算法进行简单的分析：

(1) 在整个算法过程中，若某个次对角线元素 e_j 满足 $|e_j| \leqslant \epsilon(|s_{j+1}| + |s_j|)$，则认为 e_j 为 0。若对角线元素 s_j 满足 $|s_j| \leqslant \epsilon(|e_{j-1}| + |e_j|)$，则认为 s_j 为 0 (即为零奇异值)。其中，ϵ 为给定的精度要求。根据 Householder 和 Givens 变换可以大致估算这种奇异值分解算法存在的误差为 $O(\epsilon^2)$ 量级。

(2) 假定计算过程中基本运算带来的舍入误差为零，从算法可以看出，矩阵元素在存储过程中产生的舍入误差在迭代运算过程中并不会被放大。因此，在对结果精度要求远低于计算机存储精度时，舍入误差的影响可以忽略不计。

综上所述，可以看出 SVD 算法在计算矩阵奇异值分解的过程中产生的误差主要来自误差限的舍入误差，误差大致为 $O(\epsilon^2)$ 量级。

4.3 乘积奇异值分解

前一节介绍了一般矩阵的奇异值分解。本节进一步讨论两个矩阵的乘积的奇异值分解，简称乘积奇异值分解。主要介绍乘积奇异值分解的有关理论和实现算法。

4.3.1 乘积奇异值分解问题

乘积奇异值分解 (product singular value decomposition，PSVD) 就是两个矩阵乘积 $\boldsymbol{B}^{\mathrm{T}}\boldsymbol{C}$ 的奇异值分解。

考虑矩阵乘积

$$\boldsymbol{A}=\boldsymbol{B}^{\mathrm{T}}\boldsymbol{C},\quad \boldsymbol{B}\in\mathbb{R}^{p\times m},\ \boldsymbol{C}\in\mathbb{R}^{p\times n},\ \mathrm{rank}(\boldsymbol{B})=\mathrm{rank}(\boldsymbol{C})=p \tag{4.3.1}$$

表面看，乘积奇异值分解等价于直接对矩阵的乘积进行普通的奇异值分解。然而，先直接计算矩阵的乘积，再计算矩阵乘积的奇异值分解往往会让一些小的奇异值产生大的扰动。下面是一个实际例子。

例 4.3.1[27] 令

$$\boldsymbol{B}^{\mathrm{T}}=\begin{bmatrix}1 & \xi\\ -1 & \xi\end{bmatrix},\quad \boldsymbol{C}=\frac{1}{\sqrt{2}}\begin{bmatrix}1 & 1\\ -1 & 1\end{bmatrix},\quad \boldsymbol{B}^{\mathrm{T}}\boldsymbol{C}=\frac{1}{\sqrt{2}}\begin{bmatrix}1-\xi & 1+\xi\\ -1-\xi & -1+\xi\end{bmatrix} \tag{4.3.2}$$

其中，$\boldsymbol{C}$ 是一个正交矩阵，而 $\boldsymbol{B}^{\mathrm{T}}$ 的两列 $[1,-1]^{\mathrm{T}}$ 和 $[\xi,\xi]^{\mathrm{T}}$ 相互正交。矩阵乘积 $\boldsymbol{B}^{\mathrm{T}}\boldsymbol{C}$ 的真实奇异值为 $\sigma_1=\sqrt{2}$ 和 $\sigma_2=\sqrt{2}|\xi|$。然而，若 $|\xi|$ 小于截止误差 ε，则式 (4.3.2) 的浮点计算结果为 $\boldsymbol{B}^{\mathrm{T}}\boldsymbol{C}=\frac{1}{\sqrt{2}}\begin{bmatrix}1 & 1\\ -1 & -1\end{bmatrix}$，其奇异值为 $\sigma_1=\sqrt{2}$ 和 $\sigma_2=0$。若 $|\xi|>1/\varepsilon$，则浮点运算得到的矩阵乘积 $\boldsymbol{B}^{\mathrm{T}}\boldsymbol{C}=\frac{1}{\sqrt{2}}\begin{bmatrix}-\xi & \xi\\ -\xi & \xi\end{bmatrix}$，其奇异值为 $\sigma_1=0$ 和 $\sigma_2=\sqrt{2}|\xi|$。因此，矩阵乘积 $\boldsymbol{B}^{\mathrm{T}}\boldsymbol{C}$ 的两个实际的奇异值 $\sigma_1=\sqrt{2}$ 和 $\sigma_2=\sqrt{2}|\xi|$ 在经过浮点算法计算后，最小的奇异值被扰动为 0，与实际的奇异值相差明显。Laub 等人 [64] 指出，当线性系统接近不可控和不可观测时，小奇异值的精确计算显得十分重要，因为如果一个非零的小奇异值被计算为零值，则会导致错误的结论，将一个最小相位系统判断为非最小相位系统。

上述例子说明，直接对两个矩阵的乘积 $\boldsymbol{B}^{\mathrm{T}}\boldsymbol{C}$ 进行奇异值分解在数值上是不可取的。因此，有必要考虑一个更加实际的问题：能否使得计算式 (4.3.1) 中 $\boldsymbol{A}=\boldsymbol{B}^{\mathrm{T}}\boldsymbol{C}$ 的奇异值分解尽可能与给定的 $\boldsymbol{B}$ 和 $\boldsymbol{C}$ 具有接近的精度？这就是所谓的 (矩阵) 乘积奇异值分解问题。

乘积奇异值分解是由 Fernando 与 Hammarling 于 1988 年首先提出来的 [33]，它可以用下面的定理来表述。

定理 4.3.1 (乘积奇异值分解) [33] 令 $\boldsymbol{B}^{\mathrm{T}}\in\mathbb{C}^{m\times p}$，$\boldsymbol{C}\in\mathbb{C}^{p\times n}$，则存在酉矩阵 $\boldsymbol{U}\in\mathbb{C}^{m\times m}$, $\boldsymbol{V}\in\mathbb{C}^{n\times n}$ 和非奇异矩阵 $\boldsymbol{Q}\in\mathbb{C}^{p\times p}$ 使得

$$\boldsymbol{U}\boldsymbol{B}^{\mathrm{H}}\boldsymbol{Q}=\begin{bmatrix}\boldsymbol{I} & & \\ & \boldsymbol{O}_B & \\ & & \boldsymbol{\Sigma}_B\end{bmatrix},\qquad \boldsymbol{Q}^{-1}\boldsymbol{C}\boldsymbol{V}^{\mathrm{H}}=\begin{bmatrix}\boldsymbol{O}_C & & \\ & \boldsymbol{I} & \\ & & \boldsymbol{\Sigma}_C\end{bmatrix} \tag{4.3.3}$$

式中

$$\boldsymbol{\Sigma}_B = \mathrm{diag}(s_1, s_2, \cdots, s_r), \qquad 1 > s_1 \geqslant \cdots \geqslant s_r > 0$$
$$\boldsymbol{\Sigma}_C = \mathrm{diag}(t_1, t_2, \cdots, t_r), \qquad 1 > t_1 \geqslant \cdots \geqslant t_r > 0$$

且

$$s_i^2 + t_i^2 = 1, \qquad i = 1, 2, \cdots, r$$

根据定理 4.3.1，不难验证

$$\boldsymbol{U}\boldsymbol{B}^{\mathrm{H}}\boldsymbol{C}\boldsymbol{V}^{\mathrm{H}} = \mathrm{diag}(\boldsymbol{O}_C, \boldsymbol{O}_B, \boldsymbol{\Sigma}_B\boldsymbol{\Sigma}_C)$$

因此，矩阵乘积 $\boldsymbol{B}^{\mathrm{H}}\boldsymbol{C}$ 的奇异值由零奇异值和非零奇异值两部分组成，其非零奇异值由 $s_i t_i$，$i = 1, 2, \cdots, r$ 给出。

4.3.2　乘积奇异值分解的精确计算

Drmac 于 1998 年提出了乘积奇异值分解的精确计算算法[27]，其基本思路如下：任何一个矩阵 $\boldsymbol{A}$ 与正交矩阵相乘，其奇异值保持不变。因此，若令

$$\boldsymbol{B}' = \boldsymbol{T}\boldsymbol{B}\boldsymbol{U}, \qquad \boldsymbol{C}' = (\boldsymbol{T}^{\mathrm{T}})^{-1}\boldsymbol{C}\boldsymbol{V} \tag{4.3.4}$$

其中，$\boldsymbol{T}$ 非奇异，$\boldsymbol{U}, \boldsymbol{V}$ 为正交矩阵，则 $\boldsymbol{B}'^{\mathrm{T}}\boldsymbol{C}' = \boldsymbol{U}^{\mathrm{T}}\boldsymbol{B}^{\mathrm{T}}\boldsymbol{C}\boldsymbol{V}$ 与 $\boldsymbol{B}^{\mathrm{T}}\boldsymbol{C}$ 具有完全相同的奇异值 (包括零奇异值在内)，并且由 $\boldsymbol{B}'^{\mathrm{T}}\boldsymbol{C}'$ 的奇异值分解可以得到 $\boldsymbol{B}^{\mathrm{T}}\boldsymbol{C}$ 的奇异值分解，因为

$$\boldsymbol{B}'^{\mathrm{T}}\boldsymbol{C}' = \boldsymbol{U}^{\mathrm{T}}\boldsymbol{B}^{\mathrm{T}}\boldsymbol{T}^{\mathrm{T}}(\boldsymbol{T}^{\mathrm{T}})^{-1}\boldsymbol{C}\boldsymbol{V} = \boldsymbol{U}^{\mathrm{T}}(\boldsymbol{B}^{\mathrm{T}}\boldsymbol{C})\boldsymbol{V}$$

给定矩阵 $\boldsymbol{B} \in \mathbb{R}^{p\times m}, \boldsymbol{C} \in \mathbb{R}^{p\times n}$，$p \leqslant \min\{m, n\}$，并记矩阵 $\boldsymbol{B}$ 的行向量为 $\boldsymbol{b}_i^{\tau}$，$i = 1, 2, \cdots, p$。Drmac 的乘积奇异值分解算法如下。

算法 4.3.1　乘积奇异值分解 PSVD(B, C)[26]

步骤 1　计算 $\boldsymbol{B}_\tau = \mathrm{diag}(\|\boldsymbol{b}_1^\tau\|_2, \|\boldsymbol{b}_2^\tau\|_2, \cdots, \|\boldsymbol{b}_p^\tau\|_2)$，令 $\boldsymbol{B}_1 = \boldsymbol{B}_\tau^\dagger\boldsymbol{B}, \boldsymbol{C}_1 = \boldsymbol{B}_\tau\boldsymbol{C}$。

步骤 2　计算 $\boldsymbol{C}_1^{\mathrm{T}}$ 的 QR 分解，即

$$\boldsymbol{C}_1^{\mathrm{T}}\boldsymbol{\Pi} = \boldsymbol{Q}\begin{bmatrix}\boldsymbol{R} \\ \boldsymbol{O}_{(n-r)\times p}\end{bmatrix}$$

其中，$\boldsymbol{R} \in \mathbb{R}^{r\times p}$, $\mathrm{rank}(\boldsymbol{R}) = r$；$\boldsymbol{Q}$ 为正交矩阵。

步骤 3　利用标准矩阵乘法计算矩阵 $\boldsymbol{F} = \boldsymbol{B}_1^{\mathrm{T}}\boldsymbol{\Pi}\boldsymbol{R}^{\mathrm{T}}$，其中，$\boldsymbol{\Pi}$ 为右旋转矩阵。

步骤 4　计算矩阵 $\boldsymbol{F}$ 的 QR 分解 (最好使用列旋转的 Householder QR 分解算法)

$$\boldsymbol{F}\boldsymbol{\Pi}_F = \boldsymbol{Q}_F\begin{bmatrix}\boldsymbol{R}_F \\ \boldsymbol{O}\end{bmatrix}$$

式中，$\boldsymbol{\Pi}_F$ 为针对 $\boldsymbol{F}$ 的右旋转矩阵。

步骤 5　计算 $\boldsymbol{R}_F$ 的奇异值分解 $\boldsymbol{\Sigma} = \boldsymbol{V}^{\mathrm{T}}\boldsymbol{R}_F\boldsymbol{W}$。

输出 矩阵乘积 $\boldsymbol{B}^{\mathrm{T}}\boldsymbol{C}$ 的奇异值分解结果为

$$\begin{bmatrix}\boldsymbol{\Sigma}\oplus\boldsymbol{O}\\ \boldsymbol{O}\end{bmatrix}=\begin{bmatrix}\boldsymbol{V}^{\mathrm{T}} & \\ & \boldsymbol{I}\end{bmatrix}\boldsymbol{Q}_F^{\mathrm{T}}\left(\boldsymbol{B}^{\mathrm{T}}\boldsymbol{C}\right)[\boldsymbol{Q}(\boldsymbol{W}\oplus\boldsymbol{I}_{n-p})]$$

式中，$\oplus$ 表示矩阵的直和运算。

在上述算法中，对角矩阵 $\boldsymbol{D}=\mathrm{diag}(d_1,d_2,\cdots,d_p)$ 的广义逆矩阵 $\boldsymbol{D}^{\dagger}$ 仍然为对角矩阵，其对角元素为 $1/d_i$（$d_i\neq 0$）或 $0\,(d_i=0)$。

计算矩阵乘积 $\boldsymbol{B}^{\mathrm{T}}\boldsymbol{C}$ 的奇异值分解的上述算法已被推广到三个矩阵乘积的奇异值分解的精确计算。

算法 4.3.2 三矩阵乘积 $\boldsymbol{B}^{\mathrm{T}}\boldsymbol{S}\boldsymbol{C}$ 的奇异值分解 PSVD $(\boldsymbol{B},\boldsymbol{S},\boldsymbol{C})$ [28]

输入 $\boldsymbol{B}\in\mathbb{R}^{p\times m}$，$\boldsymbol{S}\in\mathbb{R}^{p\times q}$，$\boldsymbol{C}\in\mathbb{R}^{q\times n}$，$p\leqslant m$，$q\leqslant n$。

步骤 1 计算 $\boldsymbol{B}_\tau=\mathrm{diag}(\|\boldsymbol{b}_1^\tau\|_2,\|\boldsymbol{b}_2^\tau\|_2,\cdots,\|\boldsymbol{b}_p^\tau\|_2),\boldsymbol{C}_\tau=\mathrm{diag}(\|\boldsymbol{c}_1^\tau\|_2,\|\boldsymbol{c}_2^\tau\|_2,\cdots,\|\boldsymbol{c}_q^\tau\|_2)$，其中，$\boldsymbol{b}_i^\tau(i=1,2,\cdots,p)$ 和 $\boldsymbol{c}_j^\tau(j=1,2,\cdots,q)$ 分别是矩阵 $\boldsymbol{B}$ 和 $\boldsymbol{C}$ 的行向量。然后，令 $\boldsymbol{B}_1=\boldsymbol{B}_\tau^{\dagger}\boldsymbol{B},\boldsymbol{C}_1=\boldsymbol{C}_\tau^{\dagger}\boldsymbol{C},\boldsymbol{S}_1=\boldsymbol{B}_\tau\boldsymbol{S}\boldsymbol{C}_\tau$。

步骤 2 利用行和列旋转计算矩阵 $\boldsymbol{S}_1$ 的 LU 分解 $\boldsymbol{\Pi}_1\boldsymbol{S}_1\boldsymbol{\Pi}_2=\boldsymbol{L}\boldsymbol{U}$，其中

$$\boldsymbol{L}\in\mathbb{R}^{p\times p},\ \boldsymbol{U}\in\mathbb{R}^{p\times q},\quad \rho=\mathrm{rank}(\boldsymbol{L})=\mathrm{rank}(\boldsymbol{U}),\ L_{ii}=1,\ 1\leqslant i\leqslant\rho$$

步骤 3 利用标准的矩阵乘法运算计算

$$\boldsymbol{M}=\boldsymbol{L}^{\mathrm{T}}\boldsymbol{\Pi}_1\boldsymbol{B}_1,\qquad \boldsymbol{N}=\boldsymbol{U}\boldsymbol{\Pi}_2^{\mathrm{T}}\boldsymbol{C}_1$$

应用算法 4.3.1 直接得到 $\boldsymbol{M}^{\mathrm{T}}\boldsymbol{N}$ 的奇异值分解。

输出 三矩阵乘积 $\boldsymbol{B}^{\mathrm{T}}\boldsymbol{S}\boldsymbol{C}$ 的奇异值分解为

$$\begin{bmatrix}\boldsymbol{\Sigma}\oplus\boldsymbol{O}\\ \boldsymbol{O}\end{bmatrix}=\begin{bmatrix}\boldsymbol{V}^{\mathrm{T}} & \\ & \boldsymbol{I}\end{bmatrix}\boldsymbol{Q}_F^{\mathrm{T}}\left(\boldsymbol{B}^{\mathrm{T}}\boldsymbol{S}\boldsymbol{C}\right)(\boldsymbol{Q}(\boldsymbol{W}\oplus\boldsymbol{I}_{n-p}))$$

式中，$\boldsymbol{Q},\boldsymbol{Q}_F,\boldsymbol{V}$ 和 $\boldsymbol{W}$ 为在步骤 3 中使用算法 4.3.1 得到的结果。

算法 4.3.3 三矩阵乘积 $\boldsymbol{B}^{\mathrm{T}}\boldsymbol{S}^{-1}\boldsymbol{C}$ 的奇异值分解 PSVD $(\boldsymbol{B},\ \boldsymbol{S}^{-1},\ \boldsymbol{C})$ [28]

输入 $\boldsymbol{B}\in\mathbb{R}^{p\times m}$，$\boldsymbol{S}\in\mathbb{R}^{p\times p}$，$\boldsymbol{C}\in\mathbb{R}^{p\times n}$，$\mathrm{rank}(\boldsymbol{S})=p$。

步骤 1 计算

$$\boldsymbol{B}_\tau=\mathrm{diag}(\|\boldsymbol{b}_1^\tau\|_2,\|\boldsymbol{b}_2^\tau\|_2,\cdots,\|\boldsymbol{b}_p^\tau\|_2)$$
$$\boldsymbol{C}_\tau=\mathrm{diag}(\|\boldsymbol{c}_1^\tau\|_2,\|\boldsymbol{c}_2^\tau\|_2,\cdots,\|\boldsymbol{c}_q^\tau\|_2)$$

其中，$\boldsymbol{b}_i^\tau(i=1,2,\cdots,p)$ 和 $\boldsymbol{c}_j^\tau(j=1,2,\cdots,q)$ 分别是矩阵 $\boldsymbol{B}$ 和 $\boldsymbol{C}$ 的行向量。然后，令 $\boldsymbol{B}_1=\boldsymbol{B}_\tau^{-1}\boldsymbol{B},\boldsymbol{C}_1=\boldsymbol{C}_\tau^{-1}\boldsymbol{C},\boldsymbol{S}_1=\boldsymbol{C}_\tau^{-1}\boldsymbol{S}\boldsymbol{B}_\tau^{-1}$。

步骤 2 利用行和列旋转计算矩阵 $\boldsymbol{S}_1$ 的 LU 分解 $\boldsymbol{\Pi}_1\boldsymbol{S}_1\boldsymbol{\Pi}_2=\boldsymbol{L}\boldsymbol{U}$, $L_{ii}=1,\ 1\leqslant i\leqslant p$。

步骤 3 利用标准的矩阵乘法运算计算 $\boldsymbol{M}=\boldsymbol{U}^{-\mathrm{T}}\boldsymbol{\Pi}_2\boldsymbol{B}_1$ 和 $\boldsymbol{N}=\boldsymbol{L}^{-1}\boldsymbol{\Pi}_1^{\mathrm{T}}\boldsymbol{C}_1$。然后，应用算法 4.3.1 直接得到 $\boldsymbol{M}^{\mathrm{T}}\boldsymbol{N}$ 的奇异值分解。

输出　三矩阵乘积 $\boldsymbol{B}^{\mathrm{T}}\boldsymbol{S}^{-1}\boldsymbol{C}$ 的奇异值分解为

$$\begin{bmatrix}\boldsymbol{\Sigma}\oplus\boldsymbol{O}\\ \boldsymbol{O}\end{bmatrix}=\begin{bmatrix}\boldsymbol{V}^{\mathrm{T}} & \\ & \boldsymbol{I}\end{bmatrix}\boldsymbol{Q}_F^{\mathrm{T}}\left(\boldsymbol{B}^{\mathrm{T}}\boldsymbol{S}^{-1}\boldsymbol{C}\right)\left(\boldsymbol{Q}(\boldsymbol{W}\oplus\boldsymbol{I}_{n-p})\right)$$

式中，$\boldsymbol{Q},\boldsymbol{Q}_F,\boldsymbol{V}$ 和 $\boldsymbol{W}$ 为在步骤 3 中使用算法 4.3.1 得到的结果。

4.4　奇异值分解的工程应用案列

奇异值分解已广泛应用于许多工程问题的解决中。下面介绍奇异值分解的几个典型工程应用案列。

4.4.1　静态系统的奇异值分解

以电子器件为例，考虑静态系统的奇异值分解。假定某电子器件的电压 v 和电流 i 之间存在下列关系 (即静态系统模型为)

$$\underbrace{\begin{bmatrix}1 & -1 & 0 & 0\\ 0 & 0 & 1 & 1\end{bmatrix}}_{\boldsymbol{F}}\begin{bmatrix}v_1\\ v_2\\ i_1\\ i_2\end{bmatrix}=\begin{bmatrix}0\\ 0\end{bmatrix}\tag{4.4.1}$$

矩阵 $\boldsymbol{F}$ 的元素限定取 v_1,v_2,i_1,i_2 的允许值。

如果所用的电压和电流测量装置具有相同的精度 (比如 1%)，那么我们就可以很容易检测任何一组测量值是或不是式 (4.4.1) 在期望的精度范围内的解。假定用各种方法得到另外一个矩阵表达式

$$\begin{bmatrix}1 & -1 & 10^6 & 10^6\\ 0 & 0 & 1 & 1\end{bmatrix}\begin{bmatrix}v_1\\ v_2\\ i_1\\ i_2\end{bmatrix}=\begin{bmatrix}0\\ 0\end{bmatrix}\tag{4.4.2}$$

显然，只有当电流非常精确测量时，一组 v_1,v_2,i_1,i_2 测量值才会以合适的精度满足式 (4.4.2)；而对于电流有 1% 测量误差的一般情况，式 (4.4.2) 与静态系统模型 (4.4.1) 是大相径庭的：式 (4.4.1) 给出的电压关系为 $v_1-v_2=0$，而由于 $i_1+i_2=0.01$ 的测量误差，式 (4.4.2) 给出的电压关系则是 $v_1-v_2+10^4=0$。然而，从代数的角度看，式 (4.4.1) 和式 (4.4.2) 是完全等价的。因此，我们希望能够有某些手段来比较几种代数等价的模型表示，以确定哪一个是我们所希望的、适用一般而不是特殊情况的通用静态系统模型。解决这个问题的基本数学工具就是奇异值分解。

更一般地，考虑 n 个电阻的静态系统方程 [19]

$$\boldsymbol{F}\begin{bmatrix}\boldsymbol{v}\\ \boldsymbol{i}\end{bmatrix}=\boldsymbol{0}\tag{4.4.3}$$

式中，$\boldsymbol{F}$ 是一个 $m \times n$ 矩阵。为了简化表示，我们将一些不变的补偿项撤去了。这样一种表达式是非常通用的，它可以来自某些物理装置 (例如线性化的物理方程) 和网络方程。矩阵 $\boldsymbol{F}$ 对数据的精确部分和非精确部分的作用可以利用奇异值分解来进行分析。令 $\boldsymbol{F}$ 的奇异值分解为

$$\boldsymbol{F} = \boldsymbol{U}^{\mathrm{T}}\boldsymbol{\Sigma}\boldsymbol{V} \tag{4.4.4}$$

于是，精确部分和非精确部分的各个分量被矩阵 $\boldsymbol{F}$ 的奇异值 $\sigma_1, \sigma_2, \cdots, \sigma_r, 0, \cdots, 0$ 做不同的大小改变。如果式 (4.4.3) 是物理装置设计的准确规格，那么矩阵 $\boldsymbol{F}$ 的奇异值分解将提供一个代数等价，但在数值上是最可靠的设计方程。注意到 $\boldsymbol{U}$ 是一正交矩阵，所以由式 (4.4.3) 和式 (4.4.4) 有

$$\boldsymbol{\Sigma}\boldsymbol{V}\begin{bmatrix}\boldsymbol{v}\\ \boldsymbol{i}\end{bmatrix} = \boldsymbol{0} \tag{4.4.5}$$

若将对角矩阵 $\boldsymbol{\Sigma}$ 分块为

$$\boldsymbol{\Sigma} = \begin{bmatrix}\boldsymbol{\Sigma}_1 & \boldsymbol{O}\\ \boldsymbol{O} & \boldsymbol{O}\end{bmatrix}$$

并将正交矩阵 $\boldsymbol{V}$ 作相应的分块，即

$$\boldsymbol{V} = \begin{bmatrix}\boldsymbol{A} & \boldsymbol{B}\\ \boldsymbol{C} & \boldsymbol{D}\end{bmatrix}$$

其中，$[\boldsymbol{A}\ \boldsymbol{B}]$ 是 $\boldsymbol{V}$ 最上面的 r 行，则式 (4.4.5) 可以写作

$$\begin{bmatrix}\boldsymbol{\Sigma}_1 & \boldsymbol{O}\\ \boldsymbol{O} & \boldsymbol{O}\end{bmatrix}\begin{bmatrix}\boldsymbol{A} & \boldsymbol{B}\\ \boldsymbol{C} & \boldsymbol{D}\end{bmatrix}\begin{bmatrix}\boldsymbol{v}\\ \boldsymbol{i}\end{bmatrix} = \boldsymbol{0}$$

从而，我们可以得到与式 (4.4.3) 在代数上等价，但在数值上是最可靠的表达式

$$[\boldsymbol{A}\ \boldsymbol{B}]\begin{bmatrix}\boldsymbol{v}\\ \boldsymbol{i}\end{bmatrix} = \boldsymbol{0} \tag{4.4.6}$$

如果式 (4.4.3) 是物理装置的不精确模型，则对角矩阵的对角线上就不会出现零奇异值，这时，我们就不能够直接使用式 (4.4.6)。在这种情况下，我们需要对模型进行修正，方法是令所有奇异值 $\sigma_s, \sigma_{s+1}, \cdots$ 等于零，其中，s 是满足 σ_s/σ_1 小于矩阵 $\boldsymbol{F}$ 的元素所允许的精确度 (即物理装置的测量精确度) 的最小整数。于是，式 (4.4.6) 中的 $[\boldsymbol{A}\ \boldsymbol{B}]$ 修正为 $\boldsymbol{V}$ 的最上面 $s-1$ 行。有关结果表明，这样一种修正可以使参数的变化限制在预先设定的误差范围内[19]。

4.4.2 图像压缩

1. 问题的背景

目前，随着科学技术的高速发展和网络应用的普及，有大量的数字信息需要存储、处理和传送。图像信息作为重要的多媒体资源，其数据量很大。例如，一幅 1024×768 的 24 位 BMP 图像，其数据量约为 2.25 MB。大数据量的图像信息会给存储器的存储容量、通信干线

信道的带宽以及计算机的处理速度增加极大的压力。单纯靠增加存储器容量、提高信道带宽以及计算机的处理速度等方法来解决这个问题是不现实的，因此图像压缩就显得十分必要。

图像压缩之所以可行是因为图像数据是高度相关的。大多数图像内相邻像素之间有较大的相关性，存在很大的冗余度，即空间冗余度。序列图像前后帧之间有较大的相关性 (即时间冗余度)。若用相同码长表示不同出现概率的符号也会造成比特数的浪费，即符号冗余度。允许图像编码有一定的失真也是图像可压缩的一个重要原因。

图像压缩编码的方法很多，根据编码过程中是否存在信息的损耗，可以将图像编码分为有损压缩编码和无损压缩编码两大类。无损压缩编码无信息损失，解压时可以从压缩数据精确地恢复到原始图像；有损压缩编码则有信息丢失，不能完全恢复原始图像，存在一定程度的失真。根据编码原理，又可以将图像编码分为熵编码、预测编码、变换编码和混合编码等很多类。其中变换编码是常用的一种有损压缩编码方法。该方法不是直接对空域图像信号进行编码，而是首先将空域图像信号映射变换到变换域或频域，使得数据的冗余度在变换域中大幅减少，然后对这些变换系数进行编码处理，获得较大的压缩比。

2. 问题的提出

奇异值分解是一种基于特征向量的矩阵变换方法，在信号处理、模式识别、数字水印技术等方面得到了广泛应用。由于图像具有矩阵结构，也可以将奇异值分解应用于图像压缩。

3. 问题的分析

奇异值分解的一个重要作用是可以降维。如果 $\boldsymbol{A}$ 表示 n 个 m 维向量，可以通过奇异值分解表示为 $m+n$ 个 r 维向量。若 $\boldsymbol{A}$ 的秩 r 远远小于 m 和 n，则通过奇异值分解可以大大降低 $\boldsymbol{A}$ 的维数。用奇异值分解来压缩图像的基本思想是对图像矩阵进行奇异值分解，选取部分奇异值和对应的左、右奇异向量来重构图像矩阵。

对于一个 $n\times n$ 像素的图像矩阵 $\boldsymbol{A}$, 假定 $\boldsymbol{A}=\boldsymbol{U\Sigma V}^{\mathrm{T}}$，其中奇异值按照从大到小的顺序排列。按奇异值从大到小取 k 个奇异值和这些奇异值对应的左奇异向量和右奇异向量重构原图像矩阵 $\boldsymbol{A}$。如果选择 $k\geqslant r$，这是无损的压缩；基于奇异值分解的图像压缩对应的是 $k<r$，即有损压缩的情况。这时，可以只使用 $k(2n+1)$ 个数值代替原来的 $n\times n$ 个图像数据。这 $k(2n+1)$ 个数据分别是矩阵 $\boldsymbol{A}$ 的前 k 个奇异值，$n\times n$ 左奇异向量矩阵 $\boldsymbol{U}$ 的前 k 列和 $n\times n$ 右奇异向量矩阵 $\boldsymbol{V}$ 的前 k 列元素。显然图像的压缩比为

$$\rho=\frac{n^2}{k(2n+1)} \tag{4.4.7}$$

一般情况下，被选择的奇异值的个数 k 应该满足条件

$$k(2n+1)\ll n^2 \tag{4.4.8}$$

这样，在传送图像的过程中，不需要传 $n\times n$ 个数据，而只需要传 $k(2n+1)$ 个有关奇异值和奇异向量的数据即可。在接收端，接收到奇异值 $\delta_1,\delta_2,\cdots,\delta_k$，可以通过

$$\boldsymbol{A}_k=\sum_{i=1}^{k}\delta_i\boldsymbol{u}_i\boldsymbol{v}_i^{\mathrm{T}} \tag{4.4.9}$$

重构出原图像矩阵。重构的图像 $\boldsymbol{A}_k$ 与原图像 $\boldsymbol{A}$ 的误差为

$$\|\boldsymbol{A}-\boldsymbol{A}_k\|_{\mathrm{F}}^2=\delta_{k+1}^2+\delta_{k+2}^2+\cdots+\delta_r^2 \tag{4.4.10}$$

某个奇异值对图像的贡献可以定义为

$$\varepsilon_i=\frac{\delta_i^2}{\sum\limits_{j=1}^{r}\delta_j^2} \tag{4.4.11}$$

对一副图像来说，较大的奇异值对图像信息的贡献量比较大，较小的奇异值对图像的贡献量比较小。假如 $\sum\limits_{i=1}^{k}\varepsilon_i$ 接近 1，该图像的主要信息就包含在 $\boldsymbol{A}_k$ 中。

在满足视觉要求的基础上，按奇异值大小选择合适的奇异值个数 $k(k<r)$，就可以通过 $\boldsymbol{A}_k$ 将图像 $\boldsymbol{A}$ 恢复。k 越小，用于表示 $\boldsymbol{A}$ 的数据量越小，压缩比就越大；而 k 越接近 r，则 $\boldsymbol{A}_k$ 和 $\boldsymbol{A}$ 就越相似。在一些应用场合中，如果规定了压缩比，则可以求出秩，这时同样也可以求出 $\sum\limits_{i=1}^{k}\varepsilon_i$。

图 4.4.1 为按照上面所述流程操作得到的图像压缩结果。

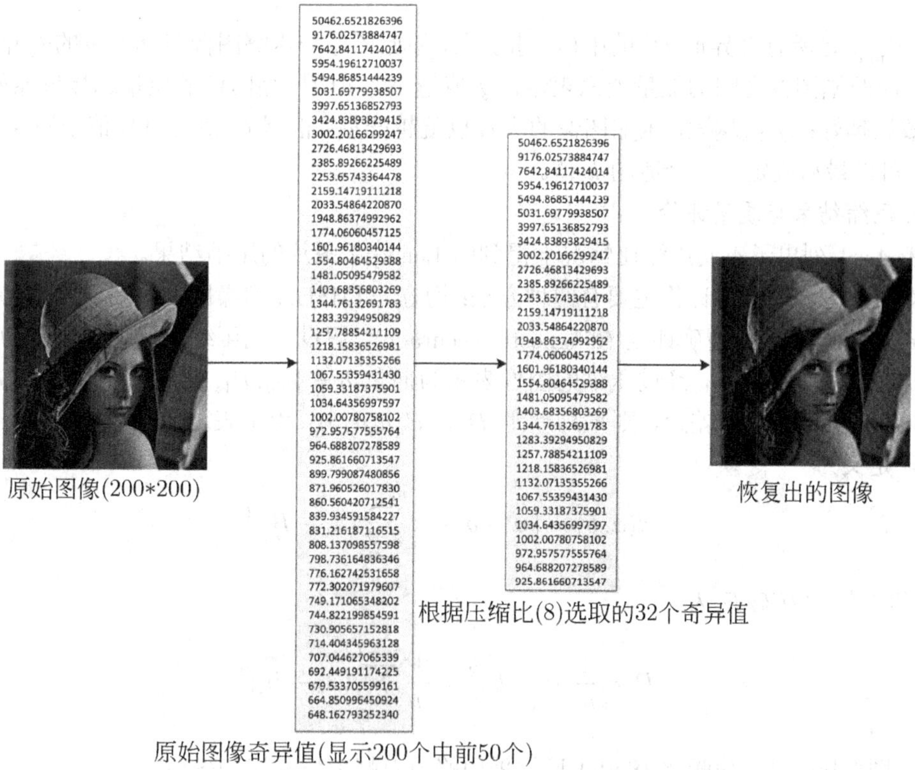

图 4.4.1 基于 SVD 的图像压缩流程图

从上面的介绍中可以知道，奇异值分解中奇异值个数的选取对于图像的压缩以及质量有着至关重要的影响。如果奇异值的个数过小，压缩比会很小，但是图像的质量会下降。与之相反，奇异值的个数选择过大，则压缩比会明显接近 1。所以选取合适的奇异值个数对于图像压缩很重要。

由于一幅图像的维数比较大，如果对一整幅图像进行奇异值分解，那么分解的速度会非常慢。一般地，需要对整幅图像进行划分，分成合适大小的图像块，然后再对图像块进行奇异值分解。根据不同图像块的特点，为每块图像保存不同数量的奇异值。

首先将原图像和压缩图像的两幅灰度图像，分成无重叠的 8×8 的字块。然后对相应的矩阵进行奇异值分解，得到原图字块的奇异值 α_i 和压缩图像字块的奇异值 α_i'。这样可以得到图像块奇异值之间的距离为

$$D_i=\sqrt{\sum_{j=1}^{q}\left(\alpha_{ij}-\alpha_{ij}'\right)} \tag{4.4.12}$$

若压缩图像块的尺寸设为 $n\times n$，原始图像的尺寸为 $m\times m$，则该图像被分割为 $\left[\frac{m}{n}\right]\times\left[\frac{m}{n}\right]$ 字块。最后将图像和压缩图像的差异进行数值化：

$$Q=\left(\sum_{i=1}^{\left[\frac{m}{n}\right]\times\left[\frac{m}{n}\right]}|D_i-D_{\mathrm{mid}}|\right)\Big/\left\{\left[\frac{m}{n}\right]\times\left[\frac{m}{n}\right]\right\} \tag{4.4.13}$$

式中，D_{mid} 是所有奇异值 D_i 的中值。事实上，原始图像与压缩图像整体质量的差异可以通过 Q，即两幅图像之间的能量差来表示。Q 值越小，说明压缩图像的质量越接近原始图像，压缩效果越好；Q 值越大，压缩图像的失真也就越严重。根据 Q 值与奇异值个数 k 的变化曲线，可以最后确定一个合适的 k 值。

4. 压缩结果与质量评价

表 4.4.1 列出了不同压缩比情况下得到的 Lena512 图片的压缩结果。

对压缩图像的质量评价主要有四种方法：均方差 (MSE)、信噪比 (SNR)，主观评定 (subjective rating) 和诊断精确评定 (diagnostic accuracy)。假设一幅压缩前的图像表示为一向量 $\boldsymbol{a}=[A_0,A_1,\cdots,A_{m-1}]$，经过压缩的图像表示为向量 $\boldsymbol{b}=[B_0,B_1,\cdots,B_{m-1}]$，而 $d(\boldsymbol{a},\boldsymbol{b})$ 表示向量 $\boldsymbol{a}$ 与 $\boldsymbol{b}$ 之间的差距，则平均差距 $D=E\{d(\boldsymbol{a},\boldsymbol{b})\}$ 用来表示平均像素差距。通常，$d(\boldsymbol{a},\boldsymbol{b})$ 定义为

$$d(\boldsymbol{a},\boldsymbol{b})=\|\boldsymbol{a}-\boldsymbol{b}\|^2=\sum_{i=0}^{m-1}|A_i-B_i|^2 \tag{4.4.14}$$

而 $\boldsymbol{a}$ 和 $\boldsymbol{b}$ 的均方差 D 为

$$D=\frac{1}{m}\|\boldsymbol{a}-\boldsymbol{b}\|^2=\frac{1}{m}\sum_{i=0}^{m-1}|A_i-B_i|^2 \tag{4.4.15}$$

在图像压缩中，信噪比 (SNR) 通常采用峰值对峰值信噪比 (PSNR)

$$\mathrm{PSNR}=\log\frac{x_p^2}{D} \tag{4.4.16}$$

由于采用上述两种评定方法所得到的结果与人眼评定结果并不总是一致，主观评定也就成为不可缺少的方法。图像呈现给评定者，并让他们在 $1\sim 5$ 基础上打分。诊断精确性评定主要应用于医疗等图像的压缩中，尤其应用在医院外科仿真中 (如屏幕诊断)。

表 4.4.1 实验结果

压缩比	压缩结果	标准均方差	PSNR(db)
1.2		1.9736	45.1782
1.4		2.5136	44.1278
2		3.9643	42.1491
4		7.2143	39.5489
8		10.5480	37.8991
16		14.2434	36.5947

5. 结果分析

通过观察上述压缩结果和评价指标可以发现，随着压缩比的增大，压缩后图像清晰程度越来越低，压缩前与压缩后图像像素的标准均方差越来越大，满足图像压缩的基本规律。通过上述实验也可以验证，SVD 分解应用于图像压缩可以取得比较理想的效果。

4.4.3 数字水印

1. 问题的背景

信息媒体的数字化为信息的存取提供了极大的便利性，但是随之而来的是数字媒体的信息安全、知识产权保护和认证问题。现有的数字内容的保护多采用加密的方法来完成，即首先将多媒体数据文件加密成密文后发布，使得其在传递过程中出现的非法攻击者无法从密文获取机要信息，从而达到版权保护和信息安全的目的。但这并不能完全解决问题，其原因是：一方面加密后的文件因其不可理解性而妨碍多媒体信息的传播；另一方面多媒体信息经过加密后容易引起攻击者的好奇和注意，并有被破解的可能性，而且当信息被接收并进行解密后，所有加密的文档就与普通文档一样，将不再受到保护，无法幸免于盗版。换言之，密码学只能保护传输中的内容，而内容一旦解密就不再有保护作用了。因此，迫切需要一种技术，能够在内容解密后继续保护内容。这样，就产生了新的信息隐藏概念 —— 数字水印(digital water-marking)。

数字水印技术是目前信息安全技术领域的一个新方向，是一种可以在开放网络环境下保护版权和认证来源及完整性的新型技术，创作者的创作信息和个人标志通过数字水印系统以人所不可感知的水印形式嵌入在多媒体中，人们无法从表面上感知水印，只有专用的检测器或计算机软件才可以检测出隐藏的数字水印。在多媒体中加入数字水印可以确立版权所有者、认证多媒体来源的真实性、识别购买者、提供关于数字内容的其他附加信息、确认所有权认证和跟踪侵权行为。它在篡改鉴定、数据的分级访问、数据跟踪和检测、商业和视频广播、Internet 数字媒体的服务付费、电子商务认证鉴定等方面具有广阔的应用前景。

2. 数字水印模型

在数字水印中，加入的秘密信息可以是版权标志、用户序列号或者是产品相关信息等。一般这些信息都需要经过适当的变换后才能嵌入到数字作品中，经过变换后的信息就是水印信号。

数字水印模型一般由以下 3 部分组成：

(1) 水印信号 (watermark)；

(2) 水印嵌入算法 (insertion algorithm)；

(3) 水印验证、提取和检测算法 (verification detection or extraction algorithm)。

这个模型有两个具体过程：编码过程 (encoding process) 和解码过程 (decoding process)，具体过程如图 4.4.2 和图 4.4.3 所示。

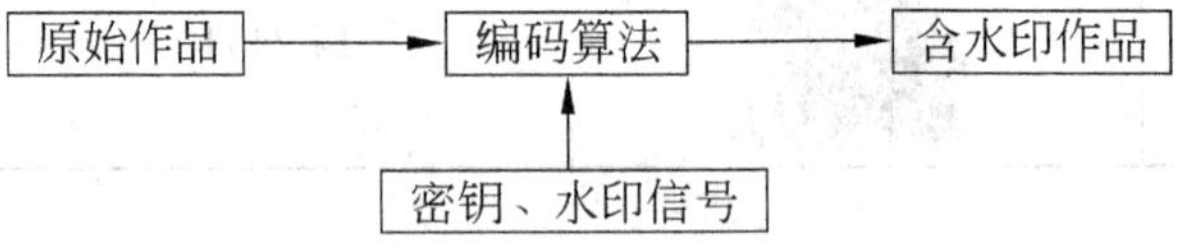

图 4.4.2　水印编码过程

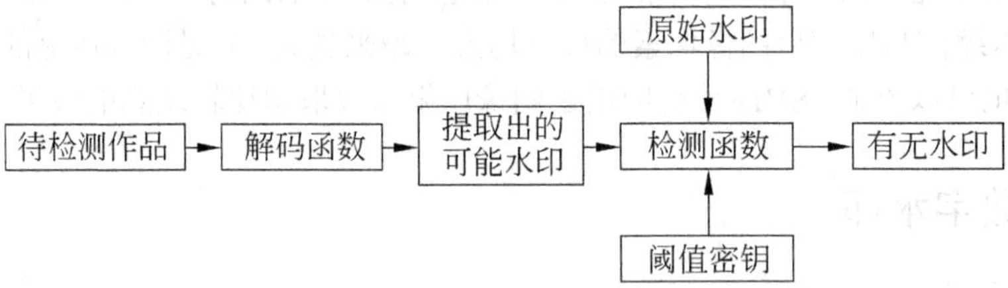

图 4.4.3　水印解码过程

基于矩阵奇异值分解 (SVD) 的数字水印算法的嵌入和提取过程的基本框架如下：

(1) 嵌入过程：假设 $\boldsymbol{A}$ 是载体图像，$\boldsymbol{W}$ 是要嵌入的水印，a 是水印强度参数，按如下方式构造水印图像 $\boldsymbol{A}_w$：

$$\left.\begin{aligned} \boldsymbol{A} &\Rightarrow \boldsymbol{U}\boldsymbol{S}\boldsymbol{V}^{\mathrm{T}} \\ \boldsymbol{L} &\Leftarrow \boldsymbol{S} + a\boldsymbol{W} \\ \boldsymbol{L} &\Rightarrow \boldsymbol{U}_1\boldsymbol{S}_1\boldsymbol{V}_1^{\mathrm{T}} \\ \boldsymbol{A}_w &\Leftarrow \boldsymbol{U}\boldsymbol{S}_1\boldsymbol{V}^{\mathrm{T}} \end{aligned}\right\} \tag{4.4.17}$$

(2) 提取过程：假设 $\boldsymbol{P}$ 为待检测图像，嵌入过程中的 $\boldsymbol{U}_1, \boldsymbol{V}_1, a, \boldsymbol{S}$ 是保留的参数，提取

步骤如下：

$$\left.\begin{aligned} \boldsymbol{P} &\Rightarrow \boldsymbol{U}_p\boldsymbol{S}_p\boldsymbol{V}_p^{\mathrm{T}} \\ \boldsymbol{F} &\Leftarrow \boldsymbol{U}_1\boldsymbol{S}_p\boldsymbol{V}_1^{\mathrm{T}} \\ \boldsymbol{W}_E &\Leftarrow (\boldsymbol{F}-\boldsymbol{S})/a \end{aligned}\right\} \tag{4.4.18}$$

(3) 通过计算 $\boldsymbol{W}$ 与 $\boldsymbol{W}_E$ 的相关度评判水印存在与否。具体流程如图 4.4.4 所示，图中，$\boldsymbol{U}^*$ 和 $\boldsymbol{S}^*$ 分别是嵌入水印图像的左奇异向量矩阵和奇异值矩阵。

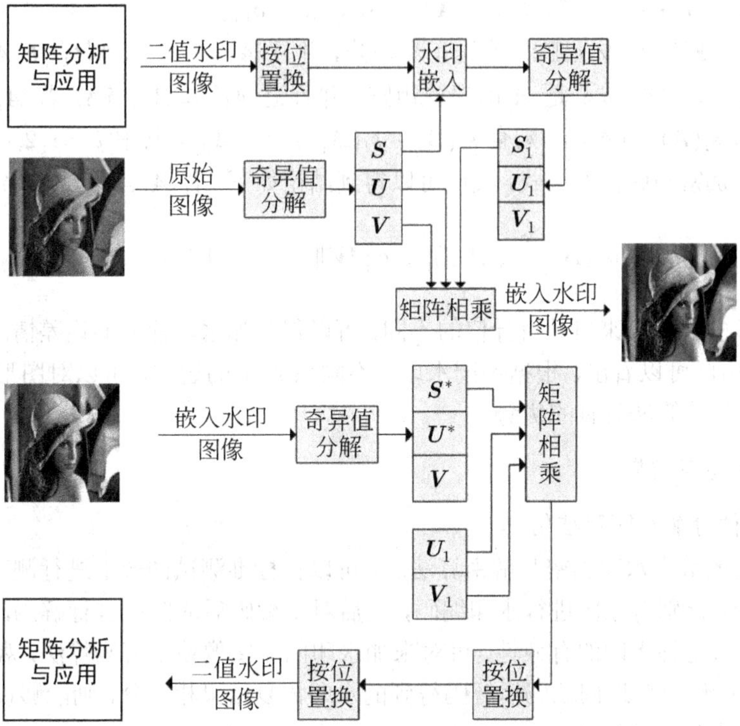

图 4.4.4 SVD 数字水印加密 (上图) 与解密流程 (下图)

3. 小波域数字水印算法

也可以将基本的奇异值分解数字水印算法扩展至小波域实现，其基本步骤如下：

水印嵌入：

(1) 将原始图像做三层离散小波分解，得到不同频率的各层子带；

(2) 对于 Arnold 置乱后的水印图像作二层离散小波变换；

(3) 兼顾水印透明性和稳定性，从原始图像三层离散小波分解系数和置乱水印图像中频的某些子带进行奇异值分解；

(4) 修改各个自带的奇异值，分别嵌入水印图像分解系数的奇异值到图像的相应部分；

(5) 通过嵌入水印信息的各个子带系数对各子带做三层离散小波反变换，获得嵌有水印的图像。

水印提取：

(1) 对待检测图像作三层小波分解，对其中的子带系数做奇异值分解；

(2) 用水印检测公式获得置乱水印各子带的奇异值；

(3) 通过矩阵相乘获得水印各子带系数，再做两层离散小波反变换，最后利用密钥 N 做 Arnold 逆变换得到水印图像。利用相关性检测公式检查水印的相似度生成检测结果。

4. 数字水印算法的误差

当我们使用数字水印加密时，需要考虑的误差是指原始图像与加入水印的图像之间的误差。下面对这一误差进行分析。

(1) 若 $\boldsymbol{A}=[a_{ij}]\in\mathbb{F}^{M\times N}$，则有 $\|\boldsymbol{A}\|_2=\sqrt{\lambda_{\max}}=\sigma_{\max}$；

(2) 若 $\boldsymbol{U}\in\mathbb{F}^{M\times N}$，$\boldsymbol{V}\in\mathbb{F}^{M\times N}$ 是正交矩阵，并且 $\boldsymbol{A}\in\mathbb{F}^{M\times N}$，则有 $\|\boldsymbol{UAV}\|_2=\|\boldsymbol{A}\|_2$；

(3) 令 $\boldsymbol{A}\in\mathbb{F}^{M\times N}$，$\delta\boldsymbol{A}$ 是 $\boldsymbol{A}$ 的误差矩阵，并且记 $\boldsymbol{A}_W=\boldsymbol{A}+\delta\boldsymbol{A}$。若 $\boldsymbol{A},\boldsymbol{A}_W$ 的奇异值按降序排列为 $s_i(\boldsymbol{A}),s_i(\boldsymbol{A}_W)$，则有 $s_i(\boldsymbol{A})-s_i(\boldsymbol{A}_W)<\|\delta\boldsymbol{A}\|_2$，其中 $i=1,2,\cdots,n$。

结合水印加密与解密的公式，我们可以得到结论如下：若 $\boldsymbol{A},\boldsymbol{A}_W$ 及 $\boldsymbol{W}$ 定义如前，则有

$$|s_i(\boldsymbol{A})-s_i(\boldsymbol{A}_W)|\leqslant a\,\|\boldsymbol{W}\|_2,\quad i=1,2,\cdots,n \tag{4.4.19}$$

因为图像的误差仅来自其奇异值的不同，可以得到加水印前后的误差情况，误差上线小于 $a\,\|\boldsymbol{W}\|_2$。由此可以看出，根据不同水印、不同系数 a 的选取，可以对图形误差等情况进行控制，这也是此算法具有的优势。

5. 仿真实验与结果

(1) 奇异值分解水印算法仿真

实现上述的数字水印加密与解密算法后，可以在标准测试图像上进行测试。使用不同的水印强度系数，分别对原图进行水印编码，之后对于编码后的图像进行解码，得到水印的恢复结果。为检查这种水印的有效性，可对未加水印的原图像使用解码算法，观察得到的检测结果矩阵；如能够有效地同编码后解码得到的水印恢复结果相区分，则能够说明这种数字水印算法有效。实验结果如图 4.4.5 所示。

图 4.4.5 从左往右：加入的水印图像、原始图像、加入水印后的图像、检测出的水印图像

(2) 扩展至小波域的奇异值分解水印算法仿真

小波域奇异值分解水印算法在标准测试图像 Lenna 上的一组实验结果如图 4.4.6 所示。

6. 算法分析与评价

基于 SVD 矩阵特征值分解的数字水印算法具有误差容易估计、水印叠加位置容易确定、水印叠加能量和容量容易控制的优点。由于方法中提取水印的时候需要使用嵌入水印时的酉矩阵，而这两个酉矩阵代表的正是有少许修改的原始水印的子空间，由此对原始未嵌入水

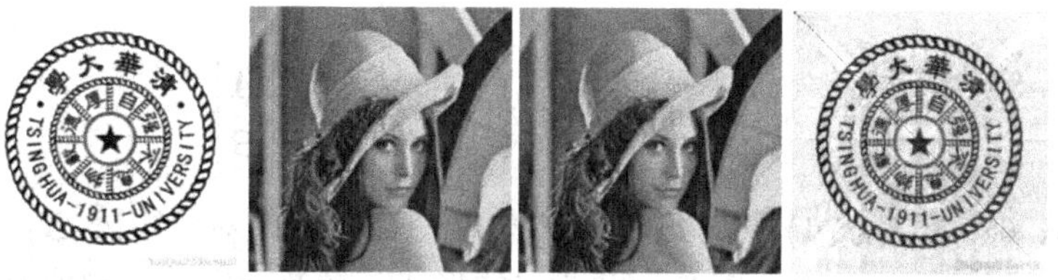

图 4.4.6 从左往右：加入的水印图像、原始图像、加入水印后的图像、检测出的水印图像

印的图像和随机选取图像误检测为含水印图像的可能性比较大。这是这种方法的主要不足，有待进一步改进。

4.5 广义奇异值分解

前面介绍了一个矩阵的奇异值分解和两个矩阵乘积的奇异值分解。本节将讨论两个矩阵组成的矩阵束 $(\boldsymbol{A},\boldsymbol{B})$ 的奇异值分解。这种分解称为广义奇异值分解。

4.5.1 广义奇异值分解的定义与性质

广义奇异值分解 (GSVD) 方法是 Van Loan 于 1976 年最早提出来 [68]。

定理 4.5.1 (广义奇异值分解 1) [68] 若 $\boldsymbol{A}\in\mathbb{C}^{m\times n}, m\geqslant n$ 和 $\boldsymbol{B}\in\mathbb{C}^{p\times n}$，则存在酉矩阵 $\boldsymbol{U}\in\mathbb{C}^{m\times m}$ 和 $\boldsymbol{V}\in\mathbb{C}^{p\times p}$ 以及非奇异矩阵 $\boldsymbol{Q}\in\mathbb{C}^{n\times n}$，使得

$$\boldsymbol{UAQ}=[\overset{k}{\boldsymbol{\Sigma}_A}\quad\overset{n-k}{\boldsymbol{O}}],\qquad \boldsymbol{\Sigma}_A=\begin{bmatrix}\boldsymbol{I}_r & & \\ & \boldsymbol{S}_A & \\ & & \boldsymbol{O}_A\end{bmatrix}\tag{4.5.1}$$

$$\boldsymbol{VBQ}=[\overset{k}{\boldsymbol{\Sigma}_B}\quad\overset{n-k}{\boldsymbol{O}}],\qquad \boldsymbol{\Sigma}_B=\begin{bmatrix}\boldsymbol{O}_B & & \\ & \boldsymbol{S}_B & \\ & & \boldsymbol{I}_{k-r-s}\end{bmatrix}\tag{4.5.2}$$

式中，$\boldsymbol{O}_A$ 和 $\boldsymbol{O}_B$ 分别为 $(m-r-s)\times(k-r-s)$ 零矩阵和 $(p-k+r)\times r$ 零矩阵，并且

$$\boldsymbol{S}_A=\mathrm{diag}(\alpha_{r+1},\alpha_{r+2},\cdots,\alpha_{r+s}),\quad \boldsymbol{S}_B=\mathrm{diag}(\beta_{r+1},\beta_{r+2},\cdots,\beta_{r+s})\tag{4.5.3}$$

$$\left.\begin{aligned}1>\alpha_{r+1}\geqslant\cdots\geqslant\alpha_{r+s}>0\\ 0<\beta_{r+1}\leqslant\cdots\leqslant\beta_{r+s}<1\\ \alpha_i^2+\beta_i^2=1,\quad i=r+1,r+2,\cdots,r+s\end{aligned}\right\}\tag{4.5.4}$$

整数 k,r 和 s 分别为

$$k=\mathrm{rank}\begin{bmatrix}\boldsymbol{A}\\ \boldsymbol{B}\end{bmatrix},\qquad r=\mathrm{rank}\begin{bmatrix}\boldsymbol{A}\\ \boldsymbol{B}\end{bmatrix}-\mathrm{rank}(\boldsymbol{B})$$

和

$$s = \text{rank}(\boldsymbol{A}) + \text{rank}(\boldsymbol{B}) - \text{rank}\begin{bmatrix}\boldsymbol{A}\\ \boldsymbol{B}\end{bmatrix}$$

根据文献 [68]，式 (4.5.1) 的对角矩阵 $\boldsymbol{\Sigma}_A$ 和式 (4.5.2) 的对角矩阵 $\boldsymbol{\Sigma}_B$ 的对角线上的元素组成广义奇异值对 (α_i, β_i)。由 $\boldsymbol{\Sigma}_A$ 和 $\boldsymbol{\Sigma}_B$ 的形式，前 k 个广义奇异值对分为三种情况：

$$\alpha_i = 1, \quad \beta_i = 0, \quad i = 1, 2, \cdots, r$$

$$\alpha_i, \beta_i \quad (\boldsymbol{S}_A \text{ 和 } \boldsymbol{S}_B \text{ 的元素}), \quad i = r+1, r+2, \cdots, r+s$$

$$\alpha_i = 0, \quad \beta_i = 1, \quad i = r+s+1, r+s+2, \cdots, k$$

k 个奇异值对 (α_i, β_i) 统称矩阵束 $(\boldsymbol{A}, \boldsymbol{B})$ 的非平凡广义奇异值对；而 $\alpha_i/\beta_i\,(i = 1, 2, \cdots, k)$ 称为矩阵束 $(\boldsymbol{A}, \boldsymbol{B})$ 的非平凡广义奇异值 (包括无穷大、有限值和零)。反之，对应于式 (4.5.1) 和式 (4.5.2) 中零列向量的 $n-k$ 对广义奇异值则称为矩阵束 $(\boldsymbol{A}, \boldsymbol{B})$ 的平凡广义奇异值对。

定理 4.5.1 限制矩阵 $\boldsymbol{A}$ 的列数不得大于行数。当矩阵 $\boldsymbol{A}$ 的行、列数不满足这一限制时，定理 4.5.1 便不能适用。Paige 与 Saunders [92] 推广了定理 4.5.1，提出了具有相同列数的任意矩阵束 $(\boldsymbol{A}, \boldsymbol{B})$ 的广义奇异值分解。

定理 4.5.2 (广义奇异值分解 2) [92] 假定矩阵 $\boldsymbol{A} \in \mathbb{C}^{m\times n}$ 和 $\boldsymbol{B} \in \mathbb{C}^{p\times n}$，则对于分块矩阵

$$\boldsymbol{K} = \begin{bmatrix}\boldsymbol{A}\\ \boldsymbol{B}\end{bmatrix}, \quad t = \text{rank}(\boldsymbol{K})$$

存在酉矩阵

$$\boldsymbol{U} \in \mathbb{C}^{m\times m}, \quad \boldsymbol{V} \in \mathbb{C}^{p\times p}, \quad \boldsymbol{W} \in \mathbb{C}^{t\times t}, \quad \boldsymbol{Q} \in \mathbb{C}^{n\times n}$$

使得

$$\boldsymbol{U}^{\text{H}}\boldsymbol{A}\boldsymbol{Q} = \boldsymbol{\Sigma}_A[\underbrace{\boldsymbol{W}^{\text{H}}\boldsymbol{R}}_{t}, \underbrace{\boldsymbol{O}}_{n-t}]$$

$$\boldsymbol{V}^{\text{H}}\boldsymbol{B}\boldsymbol{Q} = \boldsymbol{\Sigma}_B[\underbrace{\boldsymbol{W}^{\text{H}}\boldsymbol{R}}_{t}, \underbrace{\boldsymbol{O}}_{n-t}]$$

式中

$$\underset{m\times t}{\boldsymbol{\Sigma}_A} = \begin{bmatrix}\boldsymbol{I}_A & & \\ & \boldsymbol{D}_A & \\ & & \boldsymbol{O}_A\end{bmatrix}, \qquad \underset{p\times t}{\boldsymbol{\Sigma}_B} = \begin{bmatrix}\boldsymbol{I}_B & & \\ & \boldsymbol{D}_B & \\ & & \boldsymbol{O}_B\end{bmatrix} \tag{4.5.5}$$

并且 $\boldsymbol{R} \in \mathbb{C}^{t\times t}$ 非奇异，其奇异值等于矩阵 $\boldsymbol{K}$ 的非零奇异值。矩阵 $\boldsymbol{I}_A$ 为 $r\times r$ 单位矩阵，$\boldsymbol{I}_B$ 为 $(t-r-s)\times(t-r-s)$ 单位矩阵，其中，r 和 s 的值与所给数据有关，且 $\boldsymbol{O}_A$ 和 $\boldsymbol{O}_B$ 分别为 $(m-r-s)\times(t-r-s)$ 和 $(p-t+r)\times r$ 零矩阵 (这两个零矩阵有可能没有任何行或任何列)，而

$$\boldsymbol{D}_A = \text{diag}(\alpha_{r+1}, \alpha_{r+2}, \cdots, \alpha_{r+s}), \qquad \boldsymbol{D}_B = \text{diag}(\beta_{r+1}, \beta_{r+2}, \cdots, \beta_{r+s})$$

满足

$$1 > \alpha_{r+1} \geqslant \alpha_{r+2} \geqslant \cdots \geqslant \alpha_{r+s} > 0, \quad 0 < \beta_{r+1} \leqslant \beta_{r+2} \leqslant \cdots \leqslant \beta_{r+s} < 1$$

和

$$\alpha_i^2 + \beta_i^2 = 1, \quad i = r+1, r+2, \cdots, r+s$$

下面是有关广义奇异值分解的几点注释。

注释 1 由 $(\boldsymbol{A}, \boldsymbol{B})$ 的广义奇异值分解与 $\boldsymbol{AB}^{-1}$ 的奇异值分解之间的等价性显见，若矩阵 $\boldsymbol{B}$ 为单位矩阵 $(\boldsymbol{B} = \boldsymbol{I})$，则广义奇异值分解简化为普通的奇异值分解。这一观察结果也可从广义奇异值的定义直接得出。这是因为，单位矩阵的奇异值全部等于 1，从而矩阵束 $(\boldsymbol{A}, \boldsymbol{I})$ 的广义奇异值与 $\boldsymbol{A}$ 的奇异值等价。

注释 2 当矩阵 $\boldsymbol{B}$ 非奇异时，矩阵束 $(\boldsymbol{A}, \boldsymbol{B})$ 的广义奇异值分解等同于矩阵乘积 $\boldsymbol{AB}^{-1}$ 的奇异值分解。由于 $\boldsymbol{AB}^{-1}$ 具有类似于商的形式，以及广义奇异值本身就是矩阵 $\boldsymbol{A}$ 和 $\boldsymbol{B}$ 的奇异值之商，所以广义奇异值分解有时也被称作商奇异值分解 (quotient singular value decomposition, QSVD)。

4.5.2 广义奇异值分解的实际算法

如果 $\boldsymbol{A}$ 或 $\boldsymbol{B}$ 相对于方程求解是病态的，那么计算 $\boldsymbol{AB}^{-1}$ 通常会导致非常大的数值误差，所以对 $\boldsymbol{AB}^{-1}$ 本身进行奇异值分解一般并不值得推荐采用。一个自然会问的问题是，能否绕开计算 $\boldsymbol{AB}^{-1}$ 这一步，而直接得到 $\boldsymbol{C} = \boldsymbol{AB}^{-1}$ 的奇异值分解? 这是完全可能的，因为 $\boldsymbol{C} = \boldsymbol{AB}^{-1}$ 的奇异值分解实质上就是两个矩阵乘积的奇异值分解。

Paige[91] 根据 $\boldsymbol{C} = \boldsymbol{AB}^{-1}$ 的奇异值分解与矩阵乘积的奇异值分解形式上的一致，提出了一种实际的广义奇异值分解算法。这种算法的关键是如何避免矩阵求逆 $\boldsymbol{B}^{-1}$ 以及如何适用于矩阵 $\boldsymbol{B}$ 奇异的一般情况。

先讨论矩阵 $\boldsymbol{B}$ 非奇异的情况。令 $\boldsymbol{A}_{ij}$ 和 $\boldsymbol{B}_{ij}$ 均代表 2×2 矩阵，它们的元素分别位于 $\boldsymbol{A}$ 的第 i, j 行和 $\boldsymbol{B}$ 的第 i, j 列。如果选择酉矩阵 $\boldsymbol{U}$ 和 $\boldsymbol{V}$ 使得

$$\boldsymbol{U}^{\mathrm{H}} \boldsymbol{A}_{ij} \boldsymbol{B}_{ij}^{-1} \boldsymbol{V} = \boldsymbol{S} \tag{4.5.6}$$

是对角矩阵，则

$$\boldsymbol{U}^{\mathrm{H}} \boldsymbol{A}_{ij} = \boldsymbol{S} \boldsymbol{V}^{\mathrm{H}} \boldsymbol{B}_{ij} \tag{4.5.7}$$

结果是，$\boldsymbol{U}^{\mathrm{H}} \boldsymbol{A}_{ij}$ 的第 1 行与 $\boldsymbol{V}^{\mathrm{H}} \boldsymbol{B}_{ij}$ 的第 1 行平行，$\boldsymbol{U}^{\mathrm{H}} \boldsymbol{A}_{ij}$ 的第 2 行与 $\boldsymbol{V}^{\mathrm{H}} \boldsymbol{B}_{ij}$ 的第 2 行平行。因此，如果 $\boldsymbol{Q}$ 是使得 $\boldsymbol{V}^{\mathrm{H}} \boldsymbol{B}_{ij} \boldsymbol{Q}$ 为下三角矩阵的酉矩阵，即

$$(\boldsymbol{V}^{\mathrm{H}} \boldsymbol{B}_{ij}) \boldsymbol{Q} = \begin{bmatrix} \times & \otimes \\ \times & \times \end{bmatrix} = \begin{bmatrix} \times & \\ \times & \times \end{bmatrix} \tag{4.5.8}$$

则 $\boldsymbol{U}^{\mathrm{H}} \boldsymbol{A}_{ij} \boldsymbol{Q}$ 也是下三角矩阵。对于 $n \times n$ 上三角矩阵 $\boldsymbol{C} = \boldsymbol{AB}^{-1}$，可以执行 $n(n-1)/2$ 次 2×2 Kogbetliantz 算法，使矩阵 $\boldsymbol{A}, \boldsymbol{B}$ 和 $\boldsymbol{C}$ 在上三角和下三角形式之间来回变换，最后收敛为对角矩阵形式。

广义奇异值分解也可等价叙述为以下定理[46]。

定理 4.5.3 若 $\boldsymbol{A} \in \mathbb{C}^{m_1 \times n}(m_1 \geqslant n)$，$\boldsymbol{B} \in \mathbb{C}^{m_2 \times n}(m_2 \geqslant n)$，则存在一非奇异矩阵 $\boldsymbol{X} \in \mathbb{C}^{n \times n}$ 使得

$$\boldsymbol{X}^{\mathrm{H}}(\boldsymbol{A}^{\mathrm{H}}\boldsymbol{A})\boldsymbol{X} = \boldsymbol{D}_A = \mathrm{diag}(\alpha_1, \alpha_2, \cdots, \alpha_n), \quad \alpha_k \geqslant 0$$
$$\boldsymbol{X}^{\mathrm{H}}(\boldsymbol{B}^{\mathrm{H}}\boldsymbol{B})\boldsymbol{X} = \boldsymbol{D}_B = \mathrm{diag}(\beta_1, \beta_2, \cdots, \beta_n), \quad \beta_k \geqslant 0$$

式中，$\sigma_k = \sqrt{\alpha_k/\beta_k}$ 称为矩阵束 $(\boldsymbol{A}, \boldsymbol{B})$ 的广义奇异值，且 $\boldsymbol{X}$ 的列 $\boldsymbol{x}_k$ 称为与 σ_k 对应的广义奇异向量。

定理 4.5.3 给出了计算矩阵束 $(\boldsymbol{A}, \boldsymbol{B})$ 的广义奇异值分解的多种算法。特别地，我们对寻求使 $\boldsymbol{D}_B$ 为单位矩阵的广义奇异向量矩阵 $\boldsymbol{X}$ 更加感兴趣，因为在这一情况下，广义奇异值 σ_k 由 $\sqrt{\alpha_k}$ 直接给出，参见下面的两种实际算法。

算法 4.5.1 GSVD 算法 1 [67]

步骤 1 计算矩阵的内积 $\boldsymbol{S}_1 = \boldsymbol{A}^{\mathrm{H}}\boldsymbol{A}$ 和 $\boldsymbol{S}_2 = \boldsymbol{B}^{\mathrm{H}}\boldsymbol{B}$。

步骤 2 计算 $\boldsymbol{S}_2$ 的特征值分解 $\boldsymbol{U}_2^{\mathrm{H}}\boldsymbol{S}_2\boldsymbol{U}_2 = \boldsymbol{D} = \mathrm{diag}(\gamma_1, \gamma_2, \cdots, \gamma_n)$。

步骤 3 计算 $\boldsymbol{Y} = \boldsymbol{U}_2\boldsymbol{D}^{-1/2}$ 和 $\boldsymbol{C} = \boldsymbol{Y}^{\mathrm{H}}\boldsymbol{S}_1\boldsymbol{Y}$。

步骤 4 计算 $\boldsymbol{C}$ 的特征值分解 $\boldsymbol{Q}^{\mathrm{H}}\boldsymbol{C}\boldsymbol{Q} = \mathrm{diag}(\alpha_1, \alpha_2, \cdots, \alpha_n)$，其中，$\boldsymbol{Q}^{\mathrm{H}}\boldsymbol{Q} = \boldsymbol{I}$。

步骤 5 广义奇异向量矩阵为 $\boldsymbol{X} = \boldsymbol{Y}\boldsymbol{Q}$，且广义奇异值为 $\sqrt{\alpha_k}, k = 1, 2, \cdots, n$。

算法 4.5.2 GSVD 算法 2 [69]

步骤 1 计算 $\boldsymbol{B}$ 的奇异值分解 $\boldsymbol{U}_2^{\mathrm{H}}\boldsymbol{B}\boldsymbol{V}_2 = \boldsymbol{D} = \mathrm{diag}(\gamma_1, \gamma_2, \cdots, \gamma_n)$。

步骤 2 计算 $\boldsymbol{Y} = \boldsymbol{V}_2\boldsymbol{D}^{-1}\boldsymbol{V}_2 = \mathrm{diag}(1/\gamma_1, 1/\gamma_2, \cdots, 1/\gamma_n)$。

步骤 3 计算 $\boldsymbol{C} = \boldsymbol{A}\boldsymbol{Y}$。

步骤 4 计算矩阵 $\boldsymbol{C}$ 的奇异值分解 $\boldsymbol{U}_1^{\mathrm{H}}\boldsymbol{C}\boldsymbol{V}_1 = \boldsymbol{D}_A = \mathrm{diag}(\alpha_1, \alpha_2, \cdots, \alpha_n)$。

步骤 5 $\boldsymbol{X} = \boldsymbol{Y}\boldsymbol{V}_1$ 为广义奇异向量矩阵，而 $\alpha_k (k = 1, 2, \cdots, n)$ 直接是矩阵束 $(\boldsymbol{A}, \boldsymbol{B})$ 的广义奇异值。

算法 4.5.1 与算法 4.5.2 的主要区别在于：前者需要计算矩阵乘积 $\boldsymbol{A}^{\mathrm{H}}\boldsymbol{A}$ 和 $\boldsymbol{B}^{\mathrm{H}}\boldsymbol{B}$，而后者则完全避免了这一计算。正如前面已说明的那样，在计算两个矩阵乘积时会发生信息的丢失，并会使条件数变坏。因此，算法 4.5.2 具有比算法 4.5.1 更好的数值性能。但是，由于需要矩阵求逆或矩阵乘积的计算，算法 4.5.1 和算法 4.5.2 的性能或多或少都会遭到损害。

一种可以避免任何矩阵求逆或矩阵内积运算的广义奇异值分解算法由 Speiser 与 Van Loan [114] 提出 (也见文献 [69])。

算法 4.5.3 GSVD 算法 3

步骤 1 计算 QR 分解

$$\begin{bmatrix} \boldsymbol{A} \\ \boldsymbol{B} \end{bmatrix} = \begin{bmatrix} \boldsymbol{Q}_1 \\ \boldsymbol{Q}_2 \end{bmatrix} \boldsymbol{R}$$

其中，$\boldsymbol{Q}_1$ 和 $\boldsymbol{Q}_2$ 分别与 $\boldsymbol{A}$ 和 $\boldsymbol{B}$ 具有相同的行、列数，且 $\boldsymbol{R} \in \mathbb{C}^{n \times n}$ 为上三角矩阵。假定 $\boldsymbol{R}$ 非奇异，即 $\mathrm{Null}(\boldsymbol{A}) \cap \mathrm{Null}(\boldsymbol{B}) = \{\boldsymbol{0}\}$。

步骤 2 计算 CS 分解

$$\begin{bmatrix} \boldsymbol{Q}_1 \\ \boldsymbol{Q}_2 \end{bmatrix} = \begin{bmatrix} \boldsymbol{U}_1 & \boldsymbol{O} \\ \boldsymbol{O} & \boldsymbol{U}_2 \end{bmatrix} \begin{bmatrix} \boldsymbol{C} \\ \boldsymbol{S} \end{bmatrix} \boldsymbol{V}$$

其中，$\boldsymbol{U}_1, \boldsymbol{U}_2$ 和 $\boldsymbol{V}$ 为酉矩阵，$\boldsymbol{C} = \mathrm{diag}(\cos(\theta_k))$，$\boldsymbol{S} = \mathrm{diag}(\sin(\theta_k))$，且 $0 \leqslant \theta_1 \leqslant \cdots \leqslant \theta_n \leqslant \pi/2$。由此可知，若 $\boldsymbol{X} = \boldsymbol{R}^{-1}\boldsymbol{V}$，则 $\boldsymbol{X}^{\mathrm{H}}(\boldsymbol{A}^{\mathrm{H}}\boldsymbol{A} - \mu^2\boldsymbol{B}^{\mathrm{H}}\boldsymbol{B})\boldsymbol{X} = \boldsymbol{C}^{\mathrm{H}}\boldsymbol{C} - \lambda\boldsymbol{S}^{\mathrm{H}}\boldsymbol{S}$，因此，广义奇异值由 $\mu_k = \cot(\theta_k)$ 给出。

步骤 3 利用 $c_d > \epsilon + c_n \geqslant c_{d+1} \geqslant \cdots \geqslant c_n \geqslant 0$ ($\epsilon > 0$ 为小的扰动)，其中，$c_k = \cos(\theta_k)$。

步骤 4 计算乘积 $\boldsymbol{Z}\boldsymbol{T} = \boldsymbol{R}^{\mathrm{H}}\boldsymbol{V}$ 的 QR 分解，其中，$\boldsymbol{Z} = [\boldsymbol{z}_1, \boldsymbol{z}_2, \cdots, \boldsymbol{z}_n]$ 为酉矩阵，$\boldsymbol{T} \in \mathbb{C}^{n\times n}$ 为上三角矩阵。由于

$$\boldsymbol{X} = \boldsymbol{R}^{-1}\boldsymbol{V} = (\boldsymbol{V}^{\mathrm{H}}\boldsymbol{R})^{-1} = (\boldsymbol{R}^{\mathrm{H}}\boldsymbol{V})^{-H} = (\boldsymbol{Z}\boldsymbol{T})^{-\mathrm{H}} = \boldsymbol{Z}\boldsymbol{T}^{-\mathrm{H}}$$

且 $\boldsymbol{T}^{-\mathrm{H}}$ 为下三角矩阵，故有 $\mathrm{Span}\{\boldsymbol{z}_{d+1}, \boldsymbol{z}_{d+2}, \cdots, \boldsymbol{z}_n\} = \mathrm{Span}\{\boldsymbol{x}_{d+1}, \boldsymbol{x}_{d+2}, \cdots, \boldsymbol{x}_n\}$。

1998 年，Drmac 提出了计算广义奇异值分解的正切算法 (tangent algorithm) [28]。这种算法分两个阶段进行：第一阶段将矩阵束 $(\boldsymbol{A}, \boldsymbol{B})$ 简化为一个矩阵 $\boldsymbol{F}$；第二阶段计算矩阵 $\boldsymbol{F}$ 的奇异值分解。正切算法的理论基础是，广义奇异值分解在等价变换下是不变的，即有

$$(\boldsymbol{A}, \boldsymbol{B}) \to (\boldsymbol{A}', \boldsymbol{B}') = (\boldsymbol{U}^{\mathrm{T}}\boldsymbol{A}\boldsymbol{S}, \boldsymbol{V}^{\mathrm{T}}\boldsymbol{B}\boldsymbol{S}) \tag{4.5.9}$$

式中，$\boldsymbol{U}, \boldsymbol{V}$ 是任意的正交矩阵，且 $\boldsymbol{S}$ 是任意的非奇异矩阵。因此，根据定义，两个矩阵束 $(\boldsymbol{A}, \boldsymbol{B})$ 和 $(\boldsymbol{A}', \boldsymbol{B}')$ 具有相同的广义奇异值分解。

算法 4.5.4 广义奇异值分解的正切算法 [27]

输入 矩阵 $\boldsymbol{A} = [\boldsymbol{a}_1, \boldsymbol{a}_2, \cdots, \boldsymbol{a}_n] \in \mathbb{R}^{m\times n}, \boldsymbol{B} \in \mathbb{R}^{p\times n}$, $m \geqslant n$, $\mathrm{rank}(\boldsymbol{B}) = n$。

步骤 1 计算

$$\boldsymbol{\varDelta}_A = \mathrm{diag}(\|\boldsymbol{a}_1\|_2, \|\boldsymbol{a}_2\|_2, \cdots, \|\boldsymbol{a}_n\|_2)$$
$$\boldsymbol{A}_c = \boldsymbol{A}\boldsymbol{\varDelta}_A^{-1}, \quad \boldsymbol{B}_1 = \boldsymbol{B}\boldsymbol{\varDelta}_A^{-1}$$

步骤 2 利用具有列旋转的 Householder QR 分解算法计算

$$\begin{bmatrix} \boldsymbol{R} \\ \boldsymbol{O} \end{bmatrix} = \boldsymbol{Q}^{\mathrm{T}}\boldsymbol{B}_1\boldsymbol{\varPi}$$

步骤 3 通过求解矩阵方程 $\boldsymbol{F}\boldsymbol{R} = \boldsymbol{A}_c\boldsymbol{\varPi}$，计算 $\boldsymbol{F} = \boldsymbol{A}_c\boldsymbol{\varPi}\boldsymbol{R}^{-1}$。

步骤 4 计算矩阵 $\boldsymbol{F}$ 的奇异值分解

$$\begin{bmatrix} \boldsymbol{\varSigma} \\ \boldsymbol{O} \end{bmatrix} = \boldsymbol{V}^{\mathrm{T}}\boldsymbol{F}\boldsymbol{U}$$

步骤 5 计算矩阵

$$\boldsymbol{X} = \boldsymbol{\varDelta}_A^{-1}\boldsymbol{\varPi}\boldsymbol{R}^{-1}\boldsymbol{U}, \quad \boldsymbol{W} = \boldsymbol{Q}\begin{bmatrix} \boldsymbol{U} & \boldsymbol{O} \\ \boldsymbol{O} & \boldsymbol{I}_{p-n} \end{bmatrix}$$

输出　$(\boldsymbol{A},\boldsymbol{B})$ 的广义奇异值分解输出形式为

$$\begin{bmatrix} \boldsymbol{V}^{\mathrm{T}} & \boldsymbol{A} \\ \boldsymbol{W}^{\mathrm{T}} & \boldsymbol{B} \end{bmatrix} \boldsymbol{X} = \begin{bmatrix} \boldsymbol{\Sigma} & \\ & \boldsymbol{O} \\ \boldsymbol{I} & \\ & \boldsymbol{O} \end{bmatrix}$$

4.5.3　广义奇异值分解的应用例子

多麦克风在离散时间 k 采集的含噪声语音信号可以用观测模型 $\boldsymbol{y}[k]=\boldsymbol{x}[k]+\boldsymbol{v}[k]$ 描述。其中，$\boldsymbol{x}[k]$ 和 $\boldsymbol{v}[k]$ 分别为语音信号向量和加性噪声向量。若令 $\boldsymbol{R}_{yy}[k]=\mathrm{E}\{\boldsymbol{y}[k]\boldsymbol{y}^{\mathrm{T}}[k]\}$，$\boldsymbol{R}_{vv}[k]=\mathrm{E}\{\boldsymbol{v}[k]\boldsymbol{v}^{\mathrm{T}}[k]\}$ 分别代表观测数据的自相关矩阵和加性噪声的自相关矩阵，则可以对它们进行联合对角化，即

$$\left.\begin{aligned} \boldsymbol{R}_{yy}[k] &= \boldsymbol{Q}\mathrm{diag}(\sigma_1^2,\sigma_2^2,\cdots,\sigma_m^2)\boldsymbol{Q}^{\mathrm{T}} \\ \boldsymbol{R}_{vv}[k] &= \boldsymbol{Q}\mathrm{diag}(\eta_1^2,\eta_2^2,\cdots,\eta_m^2)\boldsymbol{Q}^{\mathrm{T}} \end{aligned}\right\} \tag{4.5.10}$$

2002 年，Doclo 与 Moonen [23] 证明了，为了实现多麦克风语音增强，使均方误差最小的最优滤波器为

$$\boldsymbol{W}[k] = \boldsymbol{R}_{yy}^{-1}[k]\boldsymbol{R}_{xx}[k] = \boldsymbol{R}_{yy}^{-1}[k](\boldsymbol{R}_{yy}[k]-\boldsymbol{R}_{vv}[k]) \tag{4.5.11}$$

$$= \boldsymbol{Q}^{-\mathrm{T}}\mathrm{diag}\left(1-\frac{\sigma_1^2}{\eta_1^2}, 1-\frac{\sigma_2^2}{\eta_2^2},\cdots,1-\frac{\sigma_m^2}{\eta_m^2}\right)\boldsymbol{Q} \tag{4.5.12}$$

构造 $p\times m$ 观测数据矩阵 $\boldsymbol{Y}[k]$ 和 $q\times m$ 加性噪声矩阵 $\boldsymbol{V}[k']$ 如下：

$$\boldsymbol{Y}[k]=\begin{bmatrix} \boldsymbol{y}^{\mathrm{T}}[k-p+1] \\ \vdots \\ \boldsymbol{y}^{\mathrm{T}}[k-1] \\ \boldsymbol{y}^{\mathrm{T}}[k] \end{bmatrix},\quad \boldsymbol{V}[k']=\begin{bmatrix} \boldsymbol{v}^{\mathrm{T}}[k'-q+1] \\ \vdots \\ \boldsymbol{v}^{\mathrm{T}}[k'-1] \\ \boldsymbol{v}^{\mathrm{T}}[k'] \end{bmatrix} \tag{4.5.13}$$

式中，$\boldsymbol{V}[k']$ 是平时在无语音信号时测量得到的相同环境下的加性噪声数据矩阵。于是，只要计算矩阵束 $(\boldsymbol{Y}[k],\boldsymbol{V}[k'])$ 的广义奇异值分解，得到 $\boldsymbol{Q}$ 和广义奇异值 σ_i/η_i，即可直接获得最优滤波器 $\boldsymbol{W}^{\mathrm{T}}[k]$。理论和仿真结果表明，这种基于广义奇异值分解的最优滤波器显示了波束形成器的空间指向特性，有着很好的多麦克风语音增强效果。

在信息恢复系统中，降维技术对处理大批量数据是至关重要的。为此，数据的低维表示必须是全部文本数据一个很好的逼近。模式识别通过使类内散布最小、类间散布最大，对数据进行聚类。然而，这种识别分析要求类内散布矩阵或类间散布矩阵必须有一个是非奇异的。但是，文本数据矩阵往往不能满足这一要求。2003 年，Howland 等人 [39] 证明了，利用广义奇异值分解，无论文本数据维数多少，都可以实现聚类；并且直接使用数据矩阵的广义奇异值分解，还可避免使用散布矩阵带来的数值稳定性问题。基于广义奇异值分解，文献 [39] 提出了聚类文本数据的降维方法，这种方法能够有效保持文本数据的结构。

在生物信息学中，广义奇异值分解已应用于两个不同生物体的基因组范围内表达数据集的比较分析[3]，而高阶广义奇异值分解被应用于多种生物全球基因的比较[101]。

在模式识别和机器学习中，判别分析 (discriminant analysis) 广泛用于抽取保留类型可分性的特征，而广义奇异值分解已被推广到判别分析[40]。

本章小结

本章首先从数值稳定性和条件数出发，介绍了单个矩阵的 (普通) 奇异值分解、奇异值的性质以及奇异值分解的数值计算 (软件包 Linpack 和 Propack 中的 SVD 算法)。

然后，以两个矩阵作为对象，介绍了奇异值分解的两种推广 —— 乘积奇异值分解和广义奇异值分解。

针对工程问题，本章重点介绍了静态系统的奇异值分解、奇异值分解在图像压缩和数字水印中的应用，以及广义奇异值分解在多麦克风语音增强中的应用。

习　　题

4.1 已知矩阵

$$\boldsymbol{A}=\begin{bmatrix}1&1\\1&1\\0&0\end{bmatrix}$$

通过计算 $\boldsymbol{A}\boldsymbol{A}^{\mathrm{T}}$ 和 $\boldsymbol{A}^{\mathrm{T}}\boldsymbol{A}$ 的特征值和特征向量，求矩阵 $\boldsymbol{A}$ 的奇异值分解。

4.2 分别计算矩阵

$$\boldsymbol{A}=\begin{bmatrix}1&-1\\3&-3\\-3&3\end{bmatrix}\quad 和\quad \boldsymbol{A}=\begin{bmatrix}3&4&5\\2&1&7\end{bmatrix}$$

的奇异值分解。

4.3 已知矩阵

$$\boldsymbol{A}=\begin{bmatrix}-149&-50&-154\\537&180&546\\-27&9&-25\end{bmatrix}$$

求 $\boldsymbol{A}$ 的奇异值以及与最小奇异值 σ_1 相对应的左、右奇异向量。

4.4 已知 $\boldsymbol{A}=\boldsymbol{U\Sigma V}^{\mathrm{H}}$ 是矩阵 $\boldsymbol{A}$ 的奇异值分解，矩阵 $\boldsymbol{A}^{\mathrm{H}}$ 的奇异值与 $\boldsymbol{A}$ 的奇异值有何关系？

4.5 证明：若 $\boldsymbol{A}$ 为正方矩阵，则 $|\det(\boldsymbol{A})|$ 等于 $\boldsymbol{A}$ 的奇异值之积。

4.6 假定 $\boldsymbol{A}$ 为可逆矩阵，求 $\boldsymbol{A}^{-1}$ 的奇异值分解。

4.7 证明：若 $\boldsymbol{A}$ 为 $n\times n$ 正定矩阵，则 $\boldsymbol{A}$ 的奇异值与 $\boldsymbol{A}$ 的特征值相同。

4.8 令 $\boldsymbol{A}$ 为 $m\times n$ 矩阵，且 $\boldsymbol{P}$ 为 $m\times m$ 正交矩阵。证明 $\boldsymbol{PA}$ 与 $\boldsymbol{A}$ 的奇异值相同。矩阵 $\boldsymbol{PA}$ 与 $\boldsymbol{A}$ 的左、右奇异向量有何关系？

4.9 令 $\boldsymbol{A}$ 是一个 $m\times n$ 矩阵，并且 $\lambda_1,\lambda_2,\cdots,\lambda_n$ 是矩阵 $\boldsymbol{A}^{\mathrm{T}}\boldsymbol{A}$ 的特征值，相对应的特征向量为 $\boldsymbol{u}_1,\boldsymbol{u}_2,\cdots,\boldsymbol{u}_n$。证明 $\boldsymbol{A}$ 的奇异值 σ_i 等于范数 $\|\boldsymbol{A}\boldsymbol{u}_i\|$，即 $\sigma_i=\|\boldsymbol{A}\boldsymbol{u}_i\|, i=1,2,\cdots,n$。

4.10 令 $\lambda_1,\lambda_2,\cdots,\lambda_n$ 和 $\boldsymbol{u}_1,\boldsymbol{u}_2,\cdots,\boldsymbol{u}_n$ 分别是矩阵 $\boldsymbol{A}^{\mathrm{T}}\boldsymbol{A}$ 的特征值和特征向量。假定矩阵 $\boldsymbol{A}$ 有 r 个非零的奇异值，证明 $\{\boldsymbol{A}\boldsymbol{u}_1,\boldsymbol{A}\boldsymbol{u}_2,\cdots,\boldsymbol{A}\boldsymbol{u}_r\}$ 是列空间 $\mathrm{Col}(\boldsymbol{A})$ 的一组正交基，并且 $\mathrm{rank}(\boldsymbol{A})=r$。

4.11 令 $\boldsymbol{B},\boldsymbol{C}\in\mathbb{R}^{m\times n}$，求复矩阵 $\boldsymbol{A}=\boldsymbol{B}+\mathrm{j}\,\boldsymbol{C}$ 与实分块矩阵 $\begin{bmatrix}\boldsymbol{B} & -\boldsymbol{C}\\ \boldsymbol{C} & \boldsymbol{B}\end{bmatrix}$ 的奇异值和奇异向量之间的关系。

4.12 用矩阵 $\boldsymbol{A}\in\mathbb{R}^{m\times n}$ $(m\geqslant n)$ 的奇异向量表示 $\begin{bmatrix}\boldsymbol{O} & \boldsymbol{A}^{\mathrm{T}}\\ \boldsymbol{A} & \boldsymbol{O}\end{bmatrix}$ 的特征向量。

4.13 利用 MATLAB 函数 [U, S, V] = svd(X) 求解方程 $\boldsymbol{Ax}=\boldsymbol{b}$，其中

$$\boldsymbol{A}=\begin{bmatrix}1 & 1 & 1\\ 3 & 1 & 3\\ 1 & 0 & 1\\ 2 & 2 & 1\end{bmatrix},\qquad \boldsymbol{b}=\begin{bmatrix}1\\ 4\\ 3\\ 2\end{bmatrix}$$

4.14 [46] 使用奇异值分解证明：若 $\boldsymbol{A}\in\mathbb{R}^{m\times n}$ $(m\geqslant n)$，则存在 $\boldsymbol{Q}\in\mathbb{R}^{m\times n}$ 和 $\boldsymbol{P}\in\mathbb{R}^{n\times n}$，使得 $\boldsymbol{A}=\boldsymbol{QP}$，其中，$\boldsymbol{Q}^{\mathrm{T}}\boldsymbol{Q}=\boldsymbol{I}_n$，并且 $\boldsymbol{P}$ 是对称的和非负定的。这一分解有时称为极分解 (polar decomposition)，因为它与复数分解 $z=|z|\mathrm{e}^{\mathrm{j}\arg(z)}$ 类似。

4.15 令 $\boldsymbol{A}=\boldsymbol{x}\boldsymbol{p}^{\mathrm{H}}+\boldsymbol{y}\boldsymbol{q}^{\mathrm{H}}$，其中，$\boldsymbol{x}\perp\boldsymbol{y}$ 和 $\boldsymbol{p}\perp\boldsymbol{q}$。求矩阵 $\boldsymbol{A}$ 的 Frobenius 范数 $\|\boldsymbol{A}\|_{\mathrm{F}}$。(提示：计算 $\boldsymbol{A}^{\mathrm{H}}\boldsymbol{A}$，并求 $\boldsymbol{A}$ 的奇异值。)

第 5 章

子空间分析

在涉及逼近、最优化、微分方程、通信、信号处理、模式识别、自动控制、系统科学等问题中，向量子空间起着重要的作用。向量子空间为解决大量工程应用问题提供了一类有效的方法 —— 子空间方法。

本章主要讨论子空间的分析理论，介绍子空间方法的一些典型工程应用。

5.1 子空间的一般理论

在具体讨论各种子空间之前，有必要先介绍子空间的基本概念、子空间之间的代数关系和几何关系等。

5.1.1 子空间的基

令 $V=\mathbb{C}^n$ 为 n 维复向量空间。考虑 m 个 n 维复向量的子集合，其中 $m<n$。

定义 5.1.1 若 $S=\{\boldsymbol{u}_1,\boldsymbol{u}_2,\cdots,\boldsymbol{u}_m\}$ 是向量空间 V 的向量子集合，则 $\boldsymbol{u}_1,\boldsymbol{u}_2,\cdots,\boldsymbol{u}_m$ 的所有线性组合的集合 W 称为由 $\boldsymbol{u}_1,\boldsymbol{u}_2,\cdots,\boldsymbol{u}_m$ 张成的子空间，定义为

$$W=\text{Span}\{\boldsymbol{u}_1,\boldsymbol{u}_2,\cdots,\boldsymbol{u}_m\}=\{\boldsymbol{u}|\boldsymbol{u}=a_1\boldsymbol{u}_1+a_2\boldsymbol{u}_2+\cdots+a_m\boldsymbol{u}_m\} \tag{5.1.1}$$

张成子空间 W 的每个向量称为 W 的生成元 (generator)，而所有生成元组成的集合 $\{\boldsymbol{u}_1,\boldsymbol{u}_2,\cdots,\boldsymbol{u}_m\}$ 称为子空间的张成集 (spanning set)。一个只包含了零向量的向量子空间称为平凡子空间 (trivial subspace)，通常不予考虑。

定理 5.1.1 (张成集定理 (spanning set theorem)[65, p.234]) 令 $S=\{\boldsymbol{u}_1,\boldsymbol{u}_2,\cdots,\boldsymbol{u}_m\}$ 是向量空间 V 的一个子集，并且 $W=\text{Span}\{\boldsymbol{u}_1,\boldsymbol{u}_2,\cdots,\boldsymbol{u}_m\}$ 是由 S 的 m 个列向量张成的一个子空间。

(1) 如果 S 内有某个向量 (例如 $\boldsymbol{u}_k$) 是其他向量的线性组合，则从 S 中删去向量 $\boldsymbol{u}_k$ 后，其他向量仍然张成子空间 W。

(2) 若 $W\neq\{\boldsymbol{0}\}$，即 W 为非平凡子空间，则在 S 内一定存在某个由线性无关的向量组成的子集合，它张成子空间 W。

证明　(1) 由于子空间的生成只与张成集的向量有关，与它们的排列顺序无关，故不失一般性，可以假定 S 内的向量经过排列，使得向量 $\boldsymbol{u}_m$ 是 $\boldsymbol{u}_1, \boldsymbol{u}_2, \cdots, \boldsymbol{u}_{m-1}$ 的线性组合

$$\boldsymbol{u}_m = a_1\boldsymbol{u}_1 + a_2\boldsymbol{u}_2 + \cdots + a_{m-1}\boldsymbol{u}_{m-1}$$

若 $\boldsymbol{x}$ 为子空间 W 内的某个向量，则对合适的标量 $c_1, c_2, \cdots, c_m$，可以将 $\boldsymbol{x}$ 写作

$$\boldsymbol{x} = c_1\boldsymbol{u}_1 + c_2\boldsymbol{u}_2 + \cdots + c_{m-1}\boldsymbol{u}_{m-1} + c_m\boldsymbol{u}_m$$

将 $\boldsymbol{u}_m$ 的线性组合表达式代入上式，易看出 $\boldsymbol{x}$ 是 $\boldsymbol{u}_1, \boldsymbol{u}_2, \cdots, \boldsymbol{u}_{m-1}$ 的线性组合。因此，删去 $\boldsymbol{u}_m$ 后，向量子集合 $\{\boldsymbol{u}_1, \boldsymbol{u}_2, \cdots, \boldsymbol{u}_{m-1}\}$ 仍然张成子空间 W，因为 $\boldsymbol{x}$ 是 W 的一任意元素。

(2) 如果 S 内仍然存在与其他向量线性相关的向量，则可以继续删去该向量，一直到删去所有与其他向量线性相关的向量为止。然而，由于 $W \neq \{\boldsymbol{0}\}$，所以在 S 内至少会剩下一个非零向量不至于被删去。换言之，张成集一定存在。■

定理 5.1.1 的 (1) 给出了从子空间 W 的张成集 S 构造 W 的基的原则：删去所有与其他向量线性有关的向量；定理的 (2) 则保证了非平凡子空间 W 的基的存在性。

假定从向量集合 $S = \{\boldsymbol{u}_1, \boldsymbol{u}_2, \cdots, \boldsymbol{u}_m\}$ 中删去与其他向量线性相关的所有多余向量后，剩下 p 个线性无关的向量 $\{\boldsymbol{u}_1, \boldsymbol{u}_2, \cdots, \boldsymbol{u}_p\}$，它们仍然张成子空间 W。在张成同一子空间 W 的意义上，称 $\{\boldsymbol{u}_1, \boldsymbol{u}_2, \cdots, \boldsymbol{u}_p\}$ 和 $\{\boldsymbol{u}_1, \boldsymbol{u}_2, \cdots, \boldsymbol{u}_m\}$ 为等价张成集 (equivalent spanning sets)。由此可引出子空间的基的概念。

定义 5.1.2　令 W 是一向量子空间。向量集合 $\{\boldsymbol{u}_1, \boldsymbol{u}_2, \cdots, \boldsymbol{u}_p\}$ 称为 W 的一组基，若下列两个条件满足：

(1) 子空间 W 由向量 $\boldsymbol{u}_1, \boldsymbol{u}_2, \cdots, \boldsymbol{u}_p$ 张成，即

$$W = \text{Span}\{\boldsymbol{u}_1, \boldsymbol{u}_2, \cdots, \boldsymbol{u}_p\}$$

(2) 向量集合 $B = \{\boldsymbol{u}_1, \boldsymbol{u}_2, \cdots, \boldsymbol{u}_p\}$ 是一线性无关的集合。

关于子空间的基，有以下两点重要的事实：

(1) 当使用张成集定理从向量集合 S 中删去某个向量时，一旦 S 变成线性无关向量的集合，则必须立即停止从 S 内再删除向量。如果删去不是其他剩余向量的线性组合的额外向量，则较小的向量集合将不再张成原子空间 W。因此，子空间的一组基是一个尽可能小的张成集。换句话说，张成子空间 W 的基向量一个也不能少。

(2) 一组基也是线性无关向量的尽可能大的集合。令 S 是子空间 W 的一组基，如果从子空间 W 内，给 S 再扩大一个向量 (例如 $\boldsymbol{w}$)，则新的向量集合不可能是线性无关的，因为 S 张成子空间 W，并且 W 内的向量 $\boldsymbol{w}$ 本身就是 S 内各个基向量的线性组合。因此，张成子空间 W 的基向量一个也不能多。

需要注意的是，(1) 子空间的张成集合中不得含零向量；(2) 当提及某个向量子空间的基时，并非说它是唯一的基，而只是强调它是其中的一组基。虽然一个向量子空间的基可能有多种选择，但所有的基都必定含有相同数目的线性无关向量，否则有较多向量的张成集合就不能算作一组基。从这一讨论中，很容易引出子空间的维数的概念。

定义 5.1.3 子空间 W 的任何一组基的向量个数称为 W 的维数，用符号 $\dim(W)$ 表示。若 W 的任何一组基都不是由有限个线性无关的向量组成时，则称 W 是无限维向量子空间 (infinite-dimensional vector subspace)。

给向量子空间 W 规定一组基的一个重要原因是：能够为子空间 W 提供一坐标系。下面的定理说明了坐标系的存在性。

定理 5.1.2 [65, p.240] 令 $B=\{\boldsymbol{b}_1,\boldsymbol{b}_2,\cdots,\boldsymbol{b}_n\}$ 是 n 维向量子空间 W 的一组基，则对于 W 中的任何一个向量 $\boldsymbol{x}$，都存在一组唯一的标量 $c_1,c_2,\cdots,c_n$，使得 $\boldsymbol{x}$ 可以表示为

$$\boldsymbol{x}=c_1\boldsymbol{b}_1+c_2\boldsymbol{b}_2+\cdots+c_n\boldsymbol{b}_n \tag{5.1.2}$$

上述定理称为子空间向量的唯一表示定理。系数 $c_1,c_2,\cdots,c_n$ 的唯一性，使得可以利用它们构成子空间 W 表示的 n 个坐标，从而组成子空间的坐标系。

5.1.2 无交连、正交与正交补

在子空间分析中，两个子空间之间的关系由这两个子空间的元素 (即向量) 之间的关系刻画。下面讨论子空间之间的代数关系。

子空间 $S_1,S_2,\cdots,S_n$ 的交

$$S=S_1\cap S_2\cap\cdots\cap S_n \tag{5.1.3}$$

是子空间 $S_1,S_2,\cdots,S_n$ 共同拥有的所有向量组成的集合。若这些子空间共同的唯一向量为零向量，即 $S=S_1\cap S_2\cap\cdots\cap S_n=\{\boldsymbol{0}\}$，则称子空间 $S_1,S_2,\cdots,S_n$ 无交连 (disjoint)。无交连的子空间的并 $S=S_1\cup S_2\cup\cdots\cup S_n$ 称为子空间的直和，记作

$$S=S_1\oplus S_2\oplus\cdots\oplus S_n \tag{5.1.4}$$

此时，每一个向量 $\boldsymbol{x}\in S$ 具有唯一的分解表示 $\boldsymbol{x}=\boldsymbol{a}_1+\boldsymbol{a}_2+\cdots+\boldsymbol{a}_n$，其中，$\boldsymbol{a}_i\in S_i$。

若一向量与子空间 S 的所有向量都正交，则称该向量正交于子空间 S。推而广之，称子空间 $S_1,S_2,\cdots,S_n$ 为正交子空间，记作 $S_i\perp S_j$，$i\neq j$，若 $\boldsymbol{a}_i\perp\boldsymbol{a}_j$ 对所有 $\boldsymbol{a}_i\in S_i,\boldsymbol{a}_j\in S_j$ $(i\neq j)$ 恒成立。

特别地，与子空间 S 正交的所有向量的集合组成一个向量子空间，称为 S 的正交补 (orthogonal complement) 空间，记作 $S^\perp$。具体而言，令 S 为一向量空间，则称向量空间 $S^\perp$ 为 S 的正交补，定义为

$$S^\perp=\{\boldsymbol{x}|\boldsymbol{x}^{\mathrm{T}}\boldsymbol{y}=0,\ \forall\,\boldsymbol{y}\in S\} \tag{5.1.5}$$

子空间 S 和它的正交补 $S^\perp$ 的维数满足关系式

$$\dim(S)+\dim(S^\perp)=\dim(V) \tag{5.1.6}$$

顾名思义，子空间 S 在向量空间 V 的正交补空间 $S^\perp$ 含有正交和补充双重含义：

(1) 子空间 $S^\perp$ 与 S 正交；

(2) 向量空间 V 是子空间 S 与 $S^\perp$ 的直和，即 $V=S\oplus S^\perp$。这表明，向量空间 V 是由子空间 S 及其补充 $S^\perp$ 而成。

下面是无交连子空间、正交子空间和正交补空间的关系。

(1) 无交连是比正交更弱的条件，这是因为：两个子空间无交连，只是表明这两个子空间没有任何一对非零的共同向量，并不意味着这两个向量之间的任何其他关系。与之相反，当子空间 S_1 和 S_2 正交时，任意两个向量 $\boldsymbol{x} \in S_1$ 和 $\boldsymbol{y} \in S_2$ 都是正交的，它们之间没有任何相关的部分，即 S_1 和 S_2 一定是无交连的。因此，无交连的两个子空间不一定正交，但正交的两个子空间必定是无交连的。

(2) 正交补空间是一个比正交子空间更严格的概念：子空间 S 在向量空间 V 的正交补 $S^{\perp}$ 一定与 S 正交，但与 S 正交的子空间一般不是 S 的正交补。例如，向量空间 V 内可能会有多个子空间 $S_1, S_2, \cdots, S_p$ 都与子空间 S 正交，只要 $\boldsymbol{x}_i^{\mathrm{T}}\boldsymbol{y} = 0, \forall\, \boldsymbol{x}_i \in S_i, i = 1, 2, \cdots, p;\ \boldsymbol{y} \in S$。因此，不能说其中的某个正交子空间 S_i 就是 S 的正交补。由于向量空间 V 是由它的子空间 S 与正交补 $S^{\perp}$ 补充而成，所以当向量空间 V 和子空间 S 给定之后，正交补 $S^{\perp}$ 便是唯一确定的。

特别地，向量空间 $\mathbb{R}^m$ 的每一个向量 $\boldsymbol{u}$ 都可以用唯一的方式分解为子空间 S 的向量 $\boldsymbol{x}$ 与正交补 $S^{\perp}$ 的向量 $\boldsymbol{y}$ 之和，即

$$\boldsymbol{u} = \boldsymbol{x} + \boldsymbol{y}, \qquad \boldsymbol{x} \perp \boldsymbol{y} \tag{5.1.7}$$

这一分解形式称为向量的正交分解。向量的正交分解在信号处理、模式识别、自动控制、系统科学等工程问题中有着广泛的应用。

满足关系式

$$\{\boldsymbol{0}\} \subset S_1 \subset S_2 \subset \cdots \subset S_m$$

的子空间集 $\{S_1, S_2, \cdots, S_m\}$ 称为子空间套。

一个特征向量定义一个一维子空间，它相对于左乘矩阵 $\boldsymbol{A}$ 是不变的。更一般地，有不变子空间 (invariant subspace) 的下述定义 [46]。

定义 5.1.4　一个子空间 $S \subseteq \mathbb{C}^n$ 称为 (相对于) $\boldsymbol{A}$ 不变的，若

$$\boldsymbol{x} \in S \quad \Longrightarrow \quad \boldsymbol{A}\boldsymbol{x} \in S$$

例 5.1.1　令 $n \times n$ (对称或非对称) 矩阵 $\boldsymbol{A}$ 的特征向量为 $\boldsymbol{u}_1, \boldsymbol{u}_2, \cdots, \boldsymbol{u}_n$，且 $S = \mathrm{Span}\{\boldsymbol{u}_1, \boldsymbol{u}_2, \cdots, \boldsymbol{u}_n\}$，则由于 $\boldsymbol{A}\boldsymbol{u}_i = \lambda_i \boldsymbol{u}_i, i = 1, 2, \cdots, n$，故

$$\boldsymbol{u}_i \in S \implies \boldsymbol{A}\boldsymbol{u}_i \in S, \quad i = 1, 2, \cdots, n$$

这表明，由 $\boldsymbol{A}$ 的特征向量张成的子空间 S 是相对于 $\boldsymbol{A}$ 不变的子空间。

对 $n \times n$ 矩阵 $\boldsymbol{A}$ 的任意一个特征值 λ，子空间 $\mathrm{Null}(\boldsymbol{A} - \lambda\boldsymbol{I})$ 是相对于 $\boldsymbol{A}$ 不变的子空间，因为

$$\boldsymbol{u} \in \mathrm{Null}(\boldsymbol{A} - \lambda\boldsymbol{I}) \implies (\boldsymbol{A} - \lambda\boldsymbol{I})\boldsymbol{u} = \boldsymbol{0} \implies \boldsymbol{A}\boldsymbol{u} = \lambda\boldsymbol{u} \in \mathrm{Null}(\boldsymbol{A} - \lambda\boldsymbol{I})$$

零空间 $\mathrm{Null}(\boldsymbol{A} - \lambda\boldsymbol{I})$ 称为矩阵 $\boldsymbol{A}$ 与特征值 λ 对应的特征空间 (eigenspace)。

令 $\boldsymbol{A}\in\mathbb{C}^{n\times n},\boldsymbol{B}\in\mathbb{C}^{k\times k},\boldsymbol{X}\in\mathbb{C}^{n\times k}$，并且 $\boldsymbol{X}=[\boldsymbol{x}_1,\boldsymbol{x}_2,\cdots,\boldsymbol{x}_k]$，则 $\boldsymbol{AX}=\boldsymbol{XB}$ 的第 j 列为

$$\begin{aligned}\boldsymbol{A}\boldsymbol{x}_j&=\begin{bmatrix}b_{1j}x_{11}+b_{2j}x_{12}+\cdots+b_{kj}x_{1k}\\ b_{1j}x_{21}+b_{2j}x_{22}+\cdots+b_{kj}x_{2k}\\ \vdots\\ b_{1j}x_{n1}+b_{2j}x_{n2}+\cdots+b_{kj}x_{nk}\end{bmatrix}\\&=b_{1j}\boldsymbol{x}_1+b_{2j}\boldsymbol{x}_2+\cdots+b_{kj}\boldsymbol{x}_k\end{aligned}$$

因此，若 $S=\text{Span}\{\boldsymbol{x}_1,\boldsymbol{x}_2,\cdots,\boldsymbol{x}_k\}$，则

$$\boldsymbol{A}\boldsymbol{x}_j\in S,\quad j=1,2,\cdots,k$$

换言之，子空间 $S=\text{Span}\{\boldsymbol{x}_1,\boldsymbol{x}_2,\cdots,\boldsymbol{x}_k\}$ 是相对于 $\boldsymbol{A}$ 不变的子空间，若

$$\boldsymbol{AX}=\boldsymbol{XB},\quad \boldsymbol{A}\in\mathbb{C}^{n\times n},\ \boldsymbol{B}\in\mathbb{C}^{k\times k},\ \boldsymbol{X}\in\mathbb{C}^{n\times k}\tag{5.1.8}$$

此时，若 $\boldsymbol{X}$ 具有满列秩，并且 $(\lambda,\boldsymbol{u})$ 是矩阵 $\boldsymbol{B}$ 的特征对，即 $\boldsymbol{Bu}=\lambda\boldsymbol{u}$，则两边可以同时左乘满列秩矩阵 $\boldsymbol{X}$，从而有

$$\boldsymbol{Bu}=\lambda\boldsymbol{u}\implies\boldsymbol{XBu}=\lambda\boldsymbol{Xu}\implies\boldsymbol{A}(\boldsymbol{Xu})=\lambda(\boldsymbol{Xu})\tag{5.1.9}$$

即 $\lambda(\boldsymbol{B})\subseteq\lambda(\boldsymbol{A})$，当且仅当 $\boldsymbol{X}$ 为正方的非奇异矩阵时等号成立。也就是说，若 $\boldsymbol{X}$ 是非奇异矩阵，则 $\boldsymbol{B}=\boldsymbol{X}^{-1}\boldsymbol{AX}$ 是 $\boldsymbol{A}$ 的相似矩阵，并且 $\lambda(\boldsymbol{B})=\lambda(\boldsymbol{A})$。这就从不变子空间的角度，又一次证明了两个相似矩阵具有相同的特征值，但它们的特征向量可能不同。

不变子空间的概念在利用子空间迭代跟踪和更新大的稀疏矩阵的特征值时，起着重要的作用。

5.1.3 子空间的正交投影与夹角

关于子空间之间的几何关系，我们会问：沿着某个子空间，到另一个子空间的投影如何描述？两个子空间之间的距离和夹角又是如何定义的？

1. 子空间的正交投影

令 $\boldsymbol{x}\in\mathbb{R}^n$，并且 S 和 H 是两个子空间。现在，希望使用一线性矩阵变换 $\boldsymbol{P}$，将 $\mathbb{R}^n$ 的向量 $\boldsymbol{x}$ 映射为子空间 S 的向量 $\boldsymbol{x}_1$。这样一种线性变换称为沿着 H 的方向到 S 的投影算子 (projector onto S along H)，常用符号 $\boldsymbol{P}_{S|H}$ 表示。若子空间 H 是 S 的正交补，则 $\boldsymbol{P}_{S|S^\perp}\boldsymbol{x}$ 是将 $\mathbb{R}^n$ 的向量 $\boldsymbol{x}$ 沿着与子空间 S 垂直的方向，到子空间 S 的投影，故称 $\boldsymbol{P}_{S|S^\perp}\boldsymbol{x}$ 为到子空间 S 的正交投影，常用数学符号 $\boldsymbol{P}_S$ 表示。

定义 5.1.5 [46, p.75] 矩阵 $\boldsymbol{P}\in\mathbb{C}^{n\times n}$ 称为到子空间 S 的正交投影算子，若 $\text{Range}(\boldsymbol{P})=S,\boldsymbol{P}^2=\boldsymbol{P}$ 和 $\boldsymbol{P}^{\text{H}}=\boldsymbol{P}$。

对上述定义的三个条件加以解读，可以得到以下结果：

(1) 条件 $\text{Range}(\boldsymbol{P}) = S$ 意味着 $\boldsymbol{P}$ 的列空间必须等于子空间 S。若子空间 S 是矩阵 $\boldsymbol{A}_{m\times n}$ 的 n 个列向量张成的子空间，即 $S = \text{Span}(\boldsymbol{A})$，则 $\text{Range}(\boldsymbol{P}) = \text{Span}(\boldsymbol{A}) = \text{Range}(\boldsymbol{A})$。这意味着，若将矩阵 $\boldsymbol{A}$ 向子空间 S 作正交投影，则其结果 $\boldsymbol{PA}$ 必须等于原矩阵 $\boldsymbol{A}$，即有 $\boldsymbol{PA} = \boldsymbol{A}$。

(2) 条件 $\boldsymbol{P}^2 = \boldsymbol{P}$ 意味着正交投影算子必须是幂等算子。

(3) 条件 $\boldsymbol{P}^{\text{H}} = \boldsymbol{P}$ 表明，正交投影算子必须具有复共轭对称性，即 Hermitian 性。

应当注意的是，在有些文献中，一般定义具有 Hermitian 性的幂等算子为正交投影算子，是因为并没有强调它是到哪一个子空间的正交投影算子。当我们需要刻意强调是到子空间 S 的正交投影算子时，就必须加上 $\text{Range}(\boldsymbol{P}) = S$ 这一条件。换言之，即使一线性算子满足幂等性和 Hermitian 性，但若其列空间与子空间 S 不一致，它便不是到子空间 S 的正交投影算子，而可能是到另外某个子空间的正交投影算子。

根据正交投影算子的定义知，若 $\boldsymbol{x} \in \mathbb{R}^n$，则有 $\boldsymbol{Px} \in S$ 和 $(\boldsymbol{I} - \boldsymbol{P})\boldsymbol{x} \in S^{\perp}$。

假定 $\boldsymbol{P}_1$ 和 $\boldsymbol{P}_2$ 都是到子空间 S 的正交投影算子，则对于任意一个向量 $\boldsymbol{x} \in \mathbb{R}^n$，有下列结果

$$
\begin{aligned}
\|(\boldsymbol{P}_1 - \boldsymbol{P}_2)\boldsymbol{x}\|_2^2 &= (\boldsymbol{P}_1\boldsymbol{x} - \boldsymbol{P}_2\boldsymbol{x})^{\text{H}}(\boldsymbol{P}_1\boldsymbol{x} - \boldsymbol{P}_2\boldsymbol{x}) \\
&= (\boldsymbol{P}_1\boldsymbol{x})^{\text{H}}(\boldsymbol{I} - \boldsymbol{P}_2)\boldsymbol{x} + (\boldsymbol{P}_2\boldsymbol{x})^{\text{H}}(\boldsymbol{I} - \boldsymbol{P}_1)\boldsymbol{x} \\
&\equiv 0, \quad \forall\ \boldsymbol{x}
\end{aligned}
$$

这是因为 $\boldsymbol{P}_1\boldsymbol{x}$ 和 $\boldsymbol{P}_2\boldsymbol{x}$ 都是到子空间 S 的正交投影，从而有

$$
\begin{aligned}
&\boldsymbol{y}_1 = \boldsymbol{P}_1\boldsymbol{x} \in S, \quad \boldsymbol{z}_2 = (\boldsymbol{I} - \boldsymbol{P}_2)\boldsymbol{x} \in S^{\perp} \quad \Longrightarrow \quad \boldsymbol{y}_1^{\text{H}}\boldsymbol{z}_2 = 0 \\
&\boldsymbol{y}_2 = \boldsymbol{P}_2\boldsymbol{x} \in S, \quad \boldsymbol{z}_1 = (\boldsymbol{I} - \boldsymbol{P}_1)\boldsymbol{x} \in S^{\perp} \quad \Longrightarrow \quad \boldsymbol{y}_2^{\text{H}}\boldsymbol{z}_1 = 0
\end{aligned}
$$

由于 $\|(\boldsymbol{P}_1 - \boldsymbol{P}_2)\boldsymbol{x}\|_2^2 = 0$ 对所有非零向量 $\boldsymbol{x}$ 成立，故 $\boldsymbol{P}_1 = \boldsymbol{P}_2$，即到一个子空间的正交投影算子是唯一确定的。

对于子空间 $S = \text{Span}(\boldsymbol{A}_{m\times n})$，假定 $m \geqslant n$，并且 $\text{rank}(\boldsymbol{A}) = n$。观察知，线性变换矩阵

$$
\boldsymbol{P}_S = \boldsymbol{A}(\boldsymbol{A}^{\text{H}}\boldsymbol{A})^{-1}\boldsymbol{A}^{\text{H}} \tag{5.1.10}
$$

满足正交投影算子定义的幂等性和 Hermitian 性。另外，由于 $\boldsymbol{P}_S\boldsymbol{A} = \boldsymbol{A}$，即 $\boldsymbol{P}$ 等价满足 $\text{Range}(\boldsymbol{P}_S) = \text{Span}(\boldsymbol{A}) = S$。因此，式 (5.1.10) 定义的线性变换算子 $\boldsymbol{P}_S$ 是到由 $\boldsymbol{A}$ 的列向量生成的子空间 S 上的正交投影算子。

如果子空间 H 与 S 不正交，则 $\boldsymbol{P}_{S|H}\boldsymbol{x}$ 称为向量 $\boldsymbol{x}$ 沿着子空间 H 的方向，到子空间 S 的斜投影，并称 $\boldsymbol{P}_{S|H}$ 为斜投影算子。

2. 子空间的夹角与距离

复向量空间 $\mathbb{C}^n$ 内两个非零向量 $\boldsymbol{x}$ 和 $\boldsymbol{y}$ 之间的夹角记为 $\theta(\boldsymbol{x},\boldsymbol{y})$，它们之间的锐角由

$$
\cos\theta(\boldsymbol{x},\boldsymbol{y}) = \frac{|\langle \boldsymbol{x},\boldsymbol{y}\rangle|}{\|\boldsymbol{x}\|_2\|\boldsymbol{y}\|_2}, \quad 0 \leqslant \theta(\boldsymbol{x},\boldsymbol{y}) \leqslant \frac{\pi}{2} \tag{5.1.11}
$$

定义。

向量 $\boldsymbol{x}$ 与子空间 S 之间的锐角定义为 $\boldsymbol{x}$ 与子空间 S 的所有向量 $\boldsymbol{y}$ 之间的最小锐角，即

$$\theta(\boldsymbol{x}, S) = \min_{\boldsymbol{y}\in S} \theta(\boldsymbol{x}, \boldsymbol{y}) \tag{5.1.12}$$

正交投影算子的优化性能可以使用向量与子空间之间的锐角描述。

定理 5.1.3 [109, p.63] 令 $\boldsymbol{P}$ 是到子空间 S 的正交投影算子，则对于复向量空间 $\mathbb{C}^n$ 内的任意向量 $\boldsymbol{x}$，有

$$\min_{\boldsymbol{y}\in S} \|\boldsymbol{x} - \boldsymbol{y}\|_2 = \|\boldsymbol{x} - \boldsymbol{P}\boldsymbol{x}\|_2 \tag{5.1.13}$$

或等价为

$$\theta(\boldsymbol{x}, S) = \theta(\boldsymbol{x}, \boldsymbol{P}\boldsymbol{x}) \tag{5.1.14}$$

定理 5.1.3 表明，复向量空间 $\mathbb{C}^n$ 内任意一个向量 $\boldsymbol{x}$ 在向量空间 S 的最优逼近由投影 $\boldsymbol{P}_S\boldsymbol{x}$ 决定，其他任何逼近形式都不可能比 $\boldsymbol{P}_S\boldsymbol{x}$ 更接近 $\boldsymbol{x}$。

定义 5.1.6 [46, p.76] 假定 S_1 和 S_2 是 $\mathbb{C}^n$ 的两个子空间，并且 $\dim(S_1) = \dim(S_2)$，则这两个子空间之间的距离定义为

$$\text{dist}(S_1, S_2) = \|\boldsymbol{P}_{S_1} - \boldsymbol{P}_{S_2}\|_{\text{F}} \tag{5.1.15}$$

式中，$\boldsymbol{P}_{S_i}$ 是到子空间 $S_i(i = 1, 2)$ 的正交投影算子。

5.2 列空间、行空间与零空间

在对向量子空间进行分析之前，有必要先了解与矩阵密切相关的基本空间：列空间、行空间和零空间。

5.2.1 矩阵的列空间、行空间与零空间

为方便叙述，对于矩阵 $\boldsymbol{A} \in \mathbb{C}^{m\times n}$，其 m 个行向量记作

$$\boldsymbol{r}_1 = [a_{11}, a_{12}, \cdots, a_{1n}] \in \mathbb{C}^{1\times n}, \cdots, \boldsymbol{r}_m = [a_{m1}, a_{m2}, \cdots, a_{mn}] \quad \in \mathbb{C}^{1\times n}$$

n 个列向量记作

$$\boldsymbol{a}_1 = \begin{bmatrix} a_{11} \\ a_{21} \\ \vdots \\ a_{m1} \end{bmatrix}, \quad \boldsymbol{a}_2 = \begin{bmatrix} a_{12} \\ a_{22} \\ \vdots \\ a_{m2} \end{bmatrix}, \quad \cdots, \quad \boldsymbol{a}_n = \begin{bmatrix} a_{1n} \\ a_{2n} \\ \vdots \\ a_{mn} \end{bmatrix} \quad \in \mathbb{C}^{m\times 1}$$

定义 5.2.1 若 $\boldsymbol{A} = [\boldsymbol{a}_1, \boldsymbol{a}_2, \cdots, \boldsymbol{a}_n] \in \mathbb{C}^{m\times n}$ 为复矩阵，则其列向量的所有线性组合的集合构成一个子空间，称为矩阵 $\boldsymbol{A}$ 的列空间 (column space) 或列张成 (column span)，用符号 $\text{Col}(\boldsymbol{A})$ 表示，即有

$$\text{Col}(\boldsymbol{A}) = \text{Span}\{\boldsymbol{a}_1, \boldsymbol{a}_2, \cdots, \boldsymbol{a}_n\} = \left\{ \boldsymbol{y} \in \mathbb{C}^m \middle| \boldsymbol{y} = \sum_{j=1}^{n} \alpha_j \boldsymbol{a}_j,\ \alpha_j \in \mathbb{C} \right\} \tag{5.2.1}$$

类似地，矩阵 $\boldsymbol{A}$ 的复共轭行向量 $\boldsymbol{r}_1^*, \boldsymbol{r}_2^*, \cdots, \boldsymbol{r}_m^* \in \mathbb{C}^n$ 的所有线性组合的集合称为矩阵 $\boldsymbol{A}$ 的行空间 (row space) 或行张成 (row span)，用符号 $\mathrm{Row}(\boldsymbol{A})$ 表示，即有

$$\mathrm{Row}(\boldsymbol{A}) = \mathrm{Span}\{\boldsymbol{r}_1^*, \boldsymbol{r}_2^*, \cdots, \boldsymbol{r}_m^*\} = \left\{\boldsymbol{y} \in \mathbb{C}^n \middle| \boldsymbol{y} = \sum_{i=1}^{m} \beta_i \boldsymbol{r}_i^*,\ \beta_i \in \mathbb{C}\right\} \tag{5.2.2}$$

为简便计，常用符号 $\mathrm{Span}\{\boldsymbol{A}\}$ 作为 $\boldsymbol{A}$ 的列空间的略写，即

$$\mathrm{Col}(\boldsymbol{A}) = \mathrm{Span}(\boldsymbol{A}) = \mathrm{Span}\{\boldsymbol{a}_1, \boldsymbol{a}_2, \cdots, \boldsymbol{a}_n\} \tag{5.2.3}$$

类似地，符号 $\mathrm{Span}(\boldsymbol{A}^{\mathrm{H}})$ 表示 $\boldsymbol{A}$ 的复共轭转置矩阵 $\boldsymbol{A}^{\mathrm{H}}$ 的列空间。由于 $\boldsymbol{A}^{\mathrm{H}}$ 的列向量就是矩阵 $\boldsymbol{A}$ 的复共轭行向量，故

$$\mathrm{Row}(\boldsymbol{A}) = \mathrm{Col}(\boldsymbol{A}^{\mathrm{H}}) = \mathrm{Span}(\boldsymbol{A}^{\mathrm{H}}) = \mathrm{Span}\{\boldsymbol{r}_1^*, \boldsymbol{r}_2^*, \cdots, \boldsymbol{r}_m^*\} \tag{5.2.4}$$

即复矩阵 $\boldsymbol{A}$ 的行空间与复共轭转置矩阵 $\boldsymbol{A}^{\mathrm{H}}$ 的列空间等价。

行空间和列空间是直接针对矩阵 $\boldsymbol{A}_{m\times n}$ 本身定义的向量子空间。此外，还有另外两个向量子空间不是直接用矩阵 $\boldsymbol{A}$ 定义，而是通过矩阵变换 $\boldsymbol{Ax}$ 定义的。这两个子空间是映射或变换的值域和零空间。

在第 1 章中，映射 T 的值域定义为 $T(\boldsymbol{x}) \neq \boldsymbol{0}$ 的所有值的集合，而映射 T 的核或零空间则定义为满足 $T(\boldsymbol{x}) = \boldsymbol{0}$ 的所有非零解向量 $\boldsymbol{x}$ 的集合。很自然地，若线性映射 $\boldsymbol{y} = T(\boldsymbol{x})$ 是从 $\mathbb{C}^n$ 空间到 $\mathbb{C}^m$ 空间的矩阵变换，即 $\boldsymbol{y}_{m\times 1} = \boldsymbol{A}_{m\times n}\boldsymbol{x}_{n\times 1}$，则对于一个给定的矩阵 $\boldsymbol{A}$，矩阵变换 $\boldsymbol{Ax}$ 的值域定义为向量 $\boldsymbol{y} = \boldsymbol{Ax}$ 的所有值的集合；而零空间则定义为满足 $\boldsymbol{Ax} = \boldsymbol{0}$ 的向量 $\boldsymbol{x}$ 的集合。在一些文献 (特别是工程文献) 中，常将矩阵变换 $\boldsymbol{Ax}$ 的值域和零空间分别直接当作矩阵 $\boldsymbol{A}$ 的值域和零空间，即有以下定义。

定义 5.2.2　若 $\boldsymbol{A}$ 是一个 $m \times n$ 复矩阵，则 $\boldsymbol{A}$ 的值域 (range) 定义为

$$\mathrm{Range}(\boldsymbol{A}) = \{\boldsymbol{y} \in \mathbb{C}^m | \boldsymbol{Ax} = \boldsymbol{y},\quad \boldsymbol{x} \in \mathbb{C}^n\} \tag{5.2.5}$$

矩阵 $\boldsymbol{A}$ 的零空间 (null space) 也称 $\boldsymbol{A}$ 的核 (kernel)，定义为满足齐次线性方程 $\boldsymbol{Ax} = \boldsymbol{0}$ 的所有解向量的集合，即

$$\mathrm{Null}(\boldsymbol{A}) = \mathrm{Ker}(\boldsymbol{A}) = \{\boldsymbol{x} \in \mathbb{C}^n | \boldsymbol{Ax} = \boldsymbol{0}\} \tag{5.2.6}$$

类似地，复矩阵 $\boldsymbol{A}_{m\times n}$ 的共轭转置 $\boldsymbol{A}^{\mathrm{H}}$ 的零空间定义为

$$\mathrm{Null}(\boldsymbol{A}^{\mathrm{H}}) = \mathrm{Ker}(\boldsymbol{A}^{\mathrm{H}}) = \{\boldsymbol{x} \in \mathbb{C}^m | \boldsymbol{A}^{\mathrm{H}}\boldsymbol{x} = \boldsymbol{0}\} \tag{5.2.7}$$

零空间的维数称为 $\boldsymbol{A}$ 的零化维 (nullity)，即有

$$\mathrm{nullity}(\boldsymbol{A}) = \dim[\mathrm{Null}\,(\boldsymbol{A})] \tag{5.2.8}$$

若 $\boldsymbol{A} = [\boldsymbol{a}_1, \boldsymbol{a}_2, \cdots, \boldsymbol{a}_n]$ 是 $\boldsymbol{A}$ 的列分块，不妨令 $\boldsymbol{x} = [\alpha_1, \alpha_2, \cdots, \alpha_n]^{\mathrm{T}}$，则 $\boldsymbol{Ax} = \sum_{j=1}^{n} \alpha_j \boldsymbol{a}_j$，故立即有

$$\mathrm{Range}(\boldsymbol{A}) = \left\{\boldsymbol{y} \in \mathbb{C}^m \middle| \boldsymbol{y} = \sum_{j=1}^{n} \alpha_j \boldsymbol{a}_j,\ \alpha_j \in \mathbb{C}\right\} = \mathrm{Span}\{\boldsymbol{a}_1, \boldsymbol{a}_2, \cdots, \boldsymbol{a}_n\}$$

表明矩阵 $\boldsymbol{A}$ 的值域就是 $\boldsymbol{A}$ 的列空间，即有

$$\text{Range}(\boldsymbol{A}) = \text{Col}(\boldsymbol{A}) = \text{Span}\{\boldsymbol{a}_1, \boldsymbol{a}_2, \cdots, \boldsymbol{a}_n\} \tag{5.2.9}$$

类似地，有

$$\text{Range}(\boldsymbol{A}^{\text{H}}) = \text{Col}(\boldsymbol{A}^{\text{H}}) = \text{Span}\{\boldsymbol{r}_1^*, \boldsymbol{r}_2^*, \cdots, \boldsymbol{r}_m^*\} \tag{5.2.10}$$

定理 5.2.1 若 $\boldsymbol{A}$ 是 $m \times n$ 复矩阵，则 $\boldsymbol{A}$ 的行空间的正交补 $(\text{Row}(\boldsymbol{A}))^{\perp}$ 是 $\boldsymbol{A}$ 的零空间，并且 $\boldsymbol{A}$ 的列空间的正交补 $(\text{Col}(\boldsymbol{A}))^{\perp}$ 是 $\boldsymbol{A}^{\text{H}}$ 的零空间，即有

$$(\text{Row}(\boldsymbol{A}))^{\perp} = \text{Null}(\boldsymbol{A}), \qquad (\text{Col}\,\boldsymbol{A})^{\perp} = \text{Null}(\boldsymbol{A}^{\text{H}}) \tag{5.2.11}$$

总结以上讨论，即可得到与矩阵 $\boldsymbol{A}$ 的向量子空间之间的关系如下：

(1) 矩阵 $\boldsymbol{A}$ 的值域与列空间相等，即

$$\text{Range}(\boldsymbol{A}) = \text{Col}(\boldsymbol{A}) = \text{Span}\{\boldsymbol{a}_1, \boldsymbol{a}_2, \cdots, \boldsymbol{a}_n\}$$

(2) 矩阵 $\boldsymbol{A}$ 的行空间与 $\boldsymbol{A}^{\text{H}}$ 的列空间相等，即

$$\text{Row}(\boldsymbol{A}) = \text{Col}(\boldsymbol{A}^{\text{H}}) = \text{Range}(\boldsymbol{A}^{\text{H}})$$

(3) 矩阵 $\boldsymbol{A}$ 的行空间的正交补等于 $\boldsymbol{A}$ 的零空间，即

$$(\text{Row}(\boldsymbol{A}))^{\perp} = \text{Null}(\boldsymbol{A})$$

(4) 矩阵 $\boldsymbol{A}$ 的列空间的正交补就是 $\boldsymbol{A}^{\text{H}}$ 的零空间，即

$$(\text{Col}(\boldsymbol{A}))^{\perp} = \text{Null}(\boldsymbol{A}^{\text{H}})$$

既然矩阵 $\boldsymbol{A}$ 的列空间 $\text{Col}(\boldsymbol{A})$ 是其列向量的所有线性组合的集合，那么列空间 $\text{Col}(\boldsymbol{A})$ 便只由那些线性无关的列向量 $\boldsymbol{a}_{i_1}, \boldsymbol{a}_{i_2}, \cdots, \boldsymbol{a}_{i_k}$ 决定，而与这些列向量线性相关的其他列向量对于列空间的生成则是多余的。

子集合 $\{\boldsymbol{a}_{i_1}, \boldsymbol{a}_{i_2}, \cdots, \boldsymbol{a}_{i_k}\}$ 是列向量集合 $\{\boldsymbol{a}_1, \boldsymbol{a}_2, \cdots, \boldsymbol{a}_n\}$ 的最大线性无关子集合 (maximal linearly independent subset)，若 $\boldsymbol{a}_{i_1}, \boldsymbol{a}_{i_2}, \cdots, \boldsymbol{a}_{i_k}$ 线性无关，并且这些线性无关的列向量不包含在 $\{\boldsymbol{a}_1, \boldsymbol{a}_2, \cdots, \boldsymbol{a}_n\}$ 的任何其他线性无关的子集合中。

若 $\{\boldsymbol{a}_{i_1}, \boldsymbol{a}_{i_2}, \cdots, \boldsymbol{a}_{i_k}\}$ 是最大线性无关子集合，则

$$\text{Span}\{\boldsymbol{a}_1, \boldsymbol{a}_2, \cdots, \boldsymbol{a}_n\} = \text{Span}\{\boldsymbol{a}_{i_1}, \boldsymbol{a}_{i_2}, \cdots, \boldsymbol{a}_{i_k}\} \tag{5.2.12}$$

并称最大线性无关子集合 $\{\boldsymbol{a}_{i_1}, \boldsymbol{a}_{i_2}, \cdots, \boldsymbol{a}_{i_k}\}$ 是矩阵 $\boldsymbol{A}$ 的列空间 $\text{Col}(\boldsymbol{A})$ 的基。显然，对于一个给定的矩阵 $\boldsymbol{A}_{m\times n}$，它的基可以有不同的组合形式，但所有基形式都必须包含相同的向量 (基向量) 个数。这个共同的向量个数称为矩阵 $\boldsymbol{A}$ 的列空间 $\text{Col}(\boldsymbol{A})$ 的维数，用符号 $\dim[\text{Col}(\boldsymbol{A})]$ 表示。又由于矩阵 $\boldsymbol{A}_{m\times n}$ 的秩定义为线性无关的列向量个数，故矩阵 $\boldsymbol{A}$ 的秩与列空间 $\text{Col}(\boldsymbol{A})$ 的维数是一致的，即也可以将秩定义为

$$\text{rank}(\boldsymbol{A}) = \dim[\text{Col}(\boldsymbol{A})] = \dim[\text{Range}(\boldsymbol{A})] \tag{5.2.13}$$

一个自然会问的问题是：矩阵的列空间和零空间之间有什么样的联系？事实上，这两个子空间存在很大的不同，详见表 5.2.1。

表 5.2.1　$m \times n$ 矩阵 $\boldsymbol{A}$ 的零空间与列空间的对比 [65, p.226]

零空间 $\text{Null}(\boldsymbol{A})$	列空间 $\text{Col}(\boldsymbol{A})$
$\text{Null}(\boldsymbol{A})$ 是 $\mathbb{C}^m$ 的子空间	$\text{Col}(\boldsymbol{A})$ 是 $\mathbb{C}^n$ 的子空间
$\text{Null}(\boldsymbol{A})$ 为隐含定义，与 $\boldsymbol{A}$ 的列向量无直接关系	$\text{Col}(\boldsymbol{A})$ 为显式定义，直接由 $\boldsymbol{A}$ 的所有列向量张成
$\text{Null}(\boldsymbol{A})$ 的基应满足 $\boldsymbol{Ax} = \boldsymbol{0}$	$\text{Col}(\boldsymbol{A})$ 的基是 $\boldsymbol{A}$ 的主元列
$\text{Null}(\boldsymbol{A})$ 与矩阵 $\boldsymbol{A}$ 的元素无任何明显关系	矩阵 $\boldsymbol{A}$ 的每一列都在 $\text{Col}(\boldsymbol{A})$ 内
$\text{Null}(\boldsymbol{A})$ 的典型向量 $\boldsymbol{v}$ 满足 $\boldsymbol{Av} = \boldsymbol{0}$	$\text{Col}(\boldsymbol{A})$ 的典型向量满足 $\boldsymbol{Ax} = \boldsymbol{v}$ 为一致方程
$\boldsymbol{v} \in \text{Null}(\boldsymbol{A})$ 的条件：$\boldsymbol{Av} = \boldsymbol{0}$	$\boldsymbol{v} \in \text{Col}(\boldsymbol{A})$ 的条件：$[\boldsymbol{A}, \boldsymbol{v}]$ 与 $\boldsymbol{A}$ 具有相同的秩
$\text{Null}(\boldsymbol{A}) = \{\boldsymbol{0}\}$ 当且仅当 $\boldsymbol{Ax} = \boldsymbol{0}$ 只有零解	$\text{Col}(\boldsymbol{A}) = \{\boldsymbol{0}\}$ 当且仅当 $\boldsymbol{Ax} = \boldsymbol{b}$ 有解
$\text{Null}(\boldsymbol{A}) = \{\boldsymbol{0}\}$ 当且仅当 $\boldsymbol{Ax}$ 为一对一映射	$\text{Col}(\boldsymbol{A}) = \{\boldsymbol{0}\}$ 当且仅当 $\boldsymbol{Ax}$ 为 $\mathbb{C}^n$ 到 $\mathbb{C}^m$ 的映射

5.2.2　子空间基的构造：初等变换法

如上所述，矩阵 $\boldsymbol{A}_{m\times n}$ 的列空间和行空间分别由 $\boldsymbol{A}$ 的 n 个列向量和 m 个行向量张成。但是，如果矩阵的秩 $\text{rank}(\boldsymbol{A}) = r$，则只需要矩阵 $\boldsymbol{A}$ 的 r 个线性无关列向量或行向量 (即基)，即可分别生成列空间 $\text{Span}(\boldsymbol{A})$ 和行空间 $\text{Span}(\boldsymbol{A}^{\text{H}})$。显然，使用基向量是一种更加简便的子空间表示法。那么，如何寻找所需要的基向量呢？下面讨论矩阵 $\boldsymbol{A}$ 的行空间 $\text{Row}(\boldsymbol{A})$、列空间 $\text{Col}(\boldsymbol{A})$ 以及零空间 $\text{Null}(\boldsymbol{A})$ 和 $\text{Null}(\boldsymbol{A}^{\text{H}})$ 的基的构造。

容易证明下面的结果 [65]：

(1) 初等行变换不改变矩阵 $\boldsymbol{A}$ 的行空间 $\text{Row}(\boldsymbol{A})$ 和零空间 $\text{Null}(\boldsymbol{A})$。

(2) 初等列变换不改变矩阵 $\boldsymbol{A}$ 的列空间 $\text{Col}(\boldsymbol{A})$ 和矩阵 $\boldsymbol{A}^{\text{H}}$ 的零空间 $\text{Null}(\boldsymbol{A}^{\text{H}})$。

定理 5.2.2 [65]　令矩阵 $\boldsymbol{A}_{m\times n}$ 经过初等行变换后，变成阶梯型矩阵 $\boldsymbol{B}$，则

(1) 阶梯型矩阵 $\boldsymbol{B}$ 的非零行组成矩阵 $\boldsymbol{A}$ 和 $\boldsymbol{B}$ 的行空间的一组基；

(2) 矩阵 $\boldsymbol{A}$ 的主元列组成列空间 $\text{Col}(\boldsymbol{A})$ 的一组基。

总结以上讨论，可得到构造矩阵的行空间和列空间的基向量的初等变换法如下：

1. 初等行变换法

令矩阵 $\boldsymbol{A}$ 经过初等行变换，变为简约阶梯型矩阵 $\boldsymbol{B}_r$，则

(1) 简约阶梯型 $\boldsymbol{B}_r$ 所有主元位置所在的非零行构成行空间 $\text{Row}(\boldsymbol{A})$ 的基；

(2) 矩阵 $\boldsymbol{A}$ 的主元列组成列空间 $\text{Col}(\boldsymbol{A})$ 的基；

(3) 矩阵 $\boldsymbol{A}$ 的非主元列组成零空间 $\text{Null}(\boldsymbol{A}^{\text{H}})$ 的基。

2. 初等列变换法

令矩阵 $\boldsymbol{A}$ 经过初等列变换，变为列形式的简约阶梯型矩阵 $\boldsymbol{B}_c$，则

(1) 列形式的阶梯型矩阵 $\boldsymbol{B}_c$ 所有主元位置所在的非零列构成列空间 $\text{Col}(\boldsymbol{A})$ 的基；

(2) 矩阵 $\boldsymbol{A}$ 的主元行组成行空间 Row($\boldsymbol{A}$) 的基；

(3) 矩阵 $\boldsymbol{A}$ 的非主元行组成零空间 Null($\boldsymbol{A}$) 的基。

下面举例加以说明。

例 5.2.1 求 3×3 矩阵

$$\boldsymbol{A}=\begin{bmatrix} 1 & 2 & 1 \\ -1 & -1 & 1 \\ 1 & 4 & 5 \end{bmatrix}$$

的行空间与列空间的基。

解法 1 依次进行初等列变换：C_2-2C_1 (第 1 列乘 -2，与第 2 列相加)，$C_3-C_1, C_1+C_2, C_3-2C_2$，变换结果为

$$\boldsymbol{B}_c=\begin{bmatrix} 1 & 0 & 0 \\ 0 & 1 & 0 \\ 3 & 2 & 0 \end{bmatrix}$$

由此得到两个线性无关的列向量 $\boldsymbol{c}_1=[1,0,3]^{\mathrm{T}}, \boldsymbol{c}_2=[0,1,2]^{\mathrm{T}}$，它们组成列空间 Col($\boldsymbol{A}$) 的基，即

$$\mathrm{Col}(\boldsymbol{A})=\mathrm{Span}\left\{\begin{bmatrix} 1 \\ 0 \\ 3 \end{bmatrix}, \begin{bmatrix} 0 \\ 1 \\ 2 \end{bmatrix}\right\}$$

根据列简约阶梯型矩阵 $\boldsymbol{B}_c$ 的主元位置，矩阵 $\boldsymbol{A}$ 的主元行是第 1 行和第 2 行，即行空间 Row($\boldsymbol{A}$) 可以写作

$$\mathrm{Row}(\boldsymbol{A})=\mathrm{Span}\{[1,2,1], [-1,-1,1]\}$$

解法 2 依次作初等行变换：R_2+R_1 (第 1 行加到第 2 行)，R_3-R_1, R_3-2R_2，则变换结果为

$$\boldsymbol{B}_r=\begin{bmatrix} 1 & 2 & 1 \\ 0 & 1 & 2 \\ 0 & 0 & 0 \end{bmatrix}$$

得到两个线性无关的行向量 $\boldsymbol{r}_1=[1,2,1], \boldsymbol{r}_2=[0,1,2]$，它们组成行空间 Row($\boldsymbol{A}$) 的基向量，即

$$\mathrm{Row}(\boldsymbol{A})=\mathrm{Span}\{[1,2,1], [0,1,2]\}$$

而矩阵 $\boldsymbol{A}$ 的主元列为第 1 列和第 2 列，它们组成列空间 Col($\boldsymbol{A}$) 的基，即

$$\mathrm{Col}(\boldsymbol{A})=\mathrm{Span}\left\{\begin{bmatrix} 1 \\ -1 \\ 1 \end{bmatrix}, \begin{bmatrix} 2 \\ -1 \\ 4 \end{bmatrix}\right\}$$

事实上，两种解法的结果等价，因为对解法 2 求得的列空间的基作初等列变换，有

$$\begin{bmatrix} 1 & 2 \\ -1 & -1 \\ 1 & 4 \end{bmatrix} \xrightarrow{-C_1+C_2} \begin{bmatrix} 1 & 1 \\ -1 & 0 \\ 1 & 3 \end{bmatrix} \xrightarrow{C_2-C_1} \begin{bmatrix} 0 & 1 \\ 1 & 0 \\ 2 & 3 \end{bmatrix} \xrightarrow{C_1\leftrightarrow C_2} \begin{bmatrix} 1 & 0 \\ 0 & 1 \\ 3 & 2 \end{bmatrix}$$

与解法 1 的列空间基向量结果相同。类似地，可以证明，解法 1 和解法 2 得到的行空间的基向量也等价。

由于初等行变换与初等列变换得到的行空间与列空间的基向量等价，故任意选择一种初等变换均可。习惯上使用初等行变换。不过，若矩阵的列数明显少于行数时，初等列变换需要较少的次数。下面的定理描述了一个 $m \times n$ 矩阵的秩与其零空间维数之间的关系，称为秩定理 (rank theorem)。

定理 5.2.3 矩阵 $\boldsymbol{A}_{m\times n}$ 的列空间与行空间的维数相等。这个共同的维数就是矩阵 $\boldsymbol{A}$ 的秩 $\text{rank}(\boldsymbol{A})$，它与零空间维数之间的关系为

$$\text{rank}(\boldsymbol{A}) + \dim[\text{Null}(\boldsymbol{A})] = n \tag{5.2.14}$$

5.2.3 基本空间的标准正交基构造：奇异值分解法

初等变换法得到的只是线性无关的基向量。然而，在很多应用中，希望获得已知矩阵的列空间、行空间和零空间的正交基。对线性无关的基向量，使用 Gram-Schmidt 正交化，可以实现这些要求。但是，更方便的方法是利用矩阵的奇异值分解。

令秩 $\text{rank}(\boldsymbol{A}) = r$ 的矩阵 $\boldsymbol{A}_{m\times n}$ 具有以下奇异值分解

$$\boldsymbol{A} = \boldsymbol{U}\boldsymbol{\Sigma}\boldsymbol{V}^{\text{H}} \tag{5.2.15}$$

式中

$$\boldsymbol{U} = [\boldsymbol{U}_r, \tilde{\boldsymbol{U}}_r], \quad \boldsymbol{V} = [\boldsymbol{V}_r, \tilde{\boldsymbol{V}}_r], \quad \boldsymbol{\Sigma} = \begin{bmatrix} \boldsymbol{\Sigma}_r & \boldsymbol{O}_{r\times(n-r)} \\ \boldsymbol{O}_{(m-r)\times(n-r)} & \boldsymbol{O}_{(n-r)\times(n-r)} \end{bmatrix}$$

这里，$\boldsymbol{U}_r$ 和 $\tilde{\boldsymbol{U}}_r$ 分别为 $m \times r$ 和 $m \times (m-r)$ 矩阵，$\boldsymbol{V}_r$ 和 $\tilde{\boldsymbol{V}}_r$ 分别为 $n \times r$ 和 $n \times (n-r)$ 矩阵，并且 $\boldsymbol{\Sigma} = \text{diag}(\sigma_1, \sigma_2, \cdots, \sigma_r)$。显然，矩阵 $\boldsymbol{A}$ 的奇异值分解可简化为

$$\boldsymbol{A} = \boldsymbol{U}_r\boldsymbol{\Sigma}_r\boldsymbol{V}_r^{\text{H}} = \sum_{i=1}^{r} \sigma_i \boldsymbol{u}_i \boldsymbol{v}_i^{\text{H}} \tag{5.2.16}$$

$$\boldsymbol{A}^{\text{H}} = \boldsymbol{V}_r\boldsymbol{\Sigma}_r\boldsymbol{U}_r^{\text{H}} = \sum_{i=1}^{r} \sigma_i \boldsymbol{v}_i \boldsymbol{u}_i^{\text{H}} \tag{5.2.17}$$

1. 列空间的标准正交基构造

与 r 个非零奇异值对应的左奇异向量 $\boldsymbol{u}_1, \boldsymbol{u}_2, \cdots, \boldsymbol{u}_r$ 构成列空间 $\text{Col}(\boldsymbol{A})$ 的一组基，因为

$$\begin{aligned}
\text{Range}(\boldsymbol{A}) &= \{\boldsymbol{y} \in \mathbb{C}^m |\ \boldsymbol{y} = \boldsymbol{A}\boldsymbol{x}, \quad \boldsymbol{x} \in \mathbb{C}^n\} \\
&= \left\{\boldsymbol{y} \in \mathbb{C}^m |\ \boldsymbol{y} = \sum_{i=1}^{r} \sigma_i \boldsymbol{u}_i \boldsymbol{v}_i^{\text{H}} \boldsymbol{x}, \quad \boldsymbol{x} \in \mathbb{C}^n\right\} \\
&= \left\{\boldsymbol{y} \in \mathbb{C}^m |\ \boldsymbol{y} = \sum_{i=1}^{r} \boldsymbol{u}_i (\sigma_i \boldsymbol{v}_i^{\text{H}} \boldsymbol{x}), \quad \boldsymbol{x} \in \mathbb{C}^n\right\} \\
&= \left\{\boldsymbol{y} \in \mathbb{C}^m |\ \boldsymbol{y} = \sum_{i=1}^{r} \alpha_i \boldsymbol{u}_i, \quad \alpha_i = \sigma_i \boldsymbol{v}_i^{\text{H}} \boldsymbol{x} \in \mathbb{C}\right\} \\
&= \text{Span}\{\boldsymbol{u}_1, \boldsymbol{u}_2, \cdots, \boldsymbol{u}_r\}
\end{aligned}$$

利用值域与列空间的等价关系，即有

$$\mathrm{Col}(\boldsymbol{A}) = \mathrm{Range}(\boldsymbol{A}) = \mathrm{Span}\{\boldsymbol{u}_1, \boldsymbol{u}_2, \cdots, \boldsymbol{u}_r\}$$

2. 行空间的标准正交基构造

与 r 个非零奇异值对应的右奇异向量 $\boldsymbol{v}_1, \boldsymbol{v}_2, \cdots, \boldsymbol{v}_r$ 是行空间 $\mathrm{Row}(\boldsymbol{A})$ 的一组基。这是因为，计算复共轭转置矩阵 $\boldsymbol{A}^{\mathrm{H}}$ 的值域，有

$$\begin{aligned}\mathrm{Range}(\boldsymbol{A}^{\mathrm{H}}) &= \{\boldsymbol{y} \in \mathbb{C}^n |\ \boldsymbol{y} = \boldsymbol{A}^{\mathrm{H}}\boldsymbol{x}, \quad \boldsymbol{x} \in \mathbb{C}^m\} \\ &= \left\{\boldsymbol{y} \in \mathbb{C}^n |\ \boldsymbol{y} = \sum_{i=1}^{r} \sigma_i \boldsymbol{v}_i \boldsymbol{u}_i^{\mathrm{H}} \boldsymbol{x}, \quad \boldsymbol{x} \in \mathbb{C}^m\right\} \\ &= \left\{\boldsymbol{y} \in \mathbb{C}^n |\ \boldsymbol{y} = \sum_{i=1}^{r} \alpha_i \boldsymbol{v}_i, \quad \alpha_i = \sigma_i \boldsymbol{u}_i^{\mathrm{H}} \boldsymbol{x} \in \mathbb{C}\right\} \\ &= \mathrm{Span}\{\boldsymbol{v}_1, \boldsymbol{v}_2, \cdots, \boldsymbol{v}_r\}\end{aligned}$$

从而有

$$\mathrm{Row}(\boldsymbol{A}) = \mathrm{Range}(\boldsymbol{A}^{\mathrm{H}}) = \mathrm{Span}\{\boldsymbol{v}_1, \boldsymbol{v}_2, \cdots, \boldsymbol{v}_r\}$$

3. 零空间的标准正交基构造

由于假定矩阵的秩为 r，故零空间 $\mathrm{Null}(\boldsymbol{A})$ 的维数等于 $n-r$。因此，我们需要寻找 $n-r$ 个线性无关的标准正交向量作为零空间的标准正交基。为此，考虑满足 $\boldsymbol{A}\boldsymbol{x} = \boldsymbol{0}$ 的向量。由奇异向量的性质得 $\boldsymbol{v}_i^{\mathrm{H}} \boldsymbol{v}_j = 0,\ \forall\ i = 1, 2, \cdots, r,\ j = r+1, \cdots, n$。由此知

$$\boldsymbol{A}\boldsymbol{v}_j = \sum_{i=1}^{r} \sigma_i \boldsymbol{u}_i \boldsymbol{v}_i^{\mathrm{H}} \boldsymbol{v}_j = \boldsymbol{0}, \qquad \forall\ j = r+1, r+2, \cdots, n$$

由于与零奇异值对应的 $n-r$ 个右奇异向量 $\boldsymbol{v}_{r+1}, \boldsymbol{v}_{r+2}, \cdots, \boldsymbol{v}_n$ 线性无关，并且满足 $\boldsymbol{A}\boldsymbol{x} = \boldsymbol{0}$ 的条件，故它们组成了零空间 $\mathrm{Null}(\boldsymbol{A})$ 的基，即有

$$\mathrm{Null}(\boldsymbol{A}) = \mathrm{Span}\{\boldsymbol{v}_{r+1}, \boldsymbol{v}_{r+2}, \cdots, \boldsymbol{v}_n\}$$

类似地，有

$$\boldsymbol{A}^{\mathrm{H}}\boldsymbol{u}_j = \sum_{i=1}^{r} \sigma_i \boldsymbol{v}_i \boldsymbol{u}_i^{\mathrm{H}} \boldsymbol{u}_j = \boldsymbol{0}, \qquad \forall\ j = r+1, r+2, \cdots, m$$

由于 $m-r$ 个右奇异向量 $\boldsymbol{u}_{r+1}, \boldsymbol{u}_{r+2}, \cdots, \boldsymbol{u}_m$ 线性无关，并且满足 $\boldsymbol{A}^{\mathrm{H}}\boldsymbol{x} = \boldsymbol{0}$ 的条件，故它们组成了零空间 $\mathrm{Null}(\boldsymbol{A}^{\mathrm{H}})$ 的基，即有

$$\mathrm{Null}(\boldsymbol{A}^{\mathrm{H}}) = \mathrm{Span}\{\boldsymbol{u}_{r+1}, \boldsymbol{u}_{r+2}, \cdots, \boldsymbol{u}_m\}$$

由于矩阵 $\boldsymbol{A} \in \mathbb{C}^{m\times n}$ 的左奇异向量矩阵 $\boldsymbol{U}$ 和右奇异向量矩阵 $\boldsymbol{V}$ 为酉矩阵，所以上述方法实际上分别提供了 $\boldsymbol{A}$ 的列空间、行空间和零空间的标准正交基。总结以上讨论，对于秩为 r 的复矩阵 $\boldsymbol{A} \in \mathbb{C}^{m\times n}$，有以下结果：

(1) 与非零奇异值对应的 r 个左奇异向量 $\boldsymbol{u}_1, \boldsymbol{u}_2, \cdots, \boldsymbol{u}_r$ 组成列空间 $\text{Col}(\boldsymbol{A})$ 的一组标准正交基，即

$$\text{Col}(\boldsymbol{A}) = \text{Span}\{\boldsymbol{u}_1, \boldsymbol{u}_2, \cdots, \boldsymbol{u}_r\} \tag{5.2.18}$$

(2) 与零奇异值对应的 $m-r$ 个左奇异向量 $\boldsymbol{u}_{r+1}, \boldsymbol{u}_{r+2}, \cdots, \boldsymbol{u}_m$ 构成零空间 $\text{Null}(\boldsymbol{A}^{\text{H}})$ 的一组标准正交基，即

$$\text{Null}(\boldsymbol{A}^{\text{H}}) = (\text{Col}(\boldsymbol{A}))^{\perp} = \text{Span}\{\boldsymbol{u}_{r+1}, \boldsymbol{u}_{r+2}, \cdots, \boldsymbol{u}_m\} \tag{5.2.19}$$

(3) 与非零奇异值对应的 r 个右奇异向量 $\boldsymbol{v}_1, \boldsymbol{v}_2, \cdots, \boldsymbol{v}_r$ 组成行空间 $\text{Row}(\boldsymbol{A})$ 的标准正交基，即

$$\text{Row}(\boldsymbol{A}) = \text{Span}\{\boldsymbol{v}_1, \boldsymbol{v}_2, \cdots, \boldsymbol{v}_r\} \tag{5.2.20}$$

(4) 与零奇异值对应的 $n-r$ 个右奇异向量 $\boldsymbol{v}_{r+1}, \boldsymbol{v}_{r+2}, \cdots, \boldsymbol{v}_n$ 构成零空间 $\text{Null}(\boldsymbol{A})$ 的一组标准正交基，即

$$\text{Null}(\boldsymbol{A}) = (\text{Row}(\boldsymbol{A}))^{\perp} = \text{Span}\{\boldsymbol{v}_{r+1}, \boldsymbol{v}_{r+2}, \cdots, \boldsymbol{v}_n\} \tag{5.2.21}$$

QR 分解是构造矩阵 $\boldsymbol{A}$ 的列空间的正交基的另外一种方法 [124]：令 $n\times n$ 矩阵 $\boldsymbol{A} = \boldsymbol{QR}$ 非奇异，则酉矩阵 $\boldsymbol{Q} = [\boldsymbol{q}_1, \boldsymbol{q}_2, \cdots, \boldsymbol{q}_n]$ 的列向量是矩阵 $\boldsymbol{A}$ 的列空间的一组标准正交基。

4. 两个零空间交的标准正交基构造

上面介绍了使用矩阵奇异值分解，构造单个零空间 $\text{Null}(\boldsymbol{A})$ 的标准正交基的方法。对于给定的两个矩阵 $\boldsymbol{A} \in \mathbb{C}^{m\times n}$ 和 $\boldsymbol{B} \in \mathbb{C}^{p\times n}$，下面的方法构造零空间的交 $\text{Null}(\boldsymbol{A}) \cap \text{Null}(\boldsymbol{B})$ 的标准正交基 [46,p.583]：

(1) 计算矩阵 $\boldsymbol{A}$ 的奇异值分解 $\boldsymbol{A} = \boldsymbol{U}_A \boldsymbol{\Sigma}_A \boldsymbol{V}_A^{\text{T}}$，判断矩阵 $\boldsymbol{A}$ 的有效秩 r，进而得到零空间 $\text{Null}(\boldsymbol{A})$ 的正交基 $\boldsymbol{v}_{r+1}, \cdots, \boldsymbol{v}_n$，其中 $\boldsymbol{v}_i$ 是矩阵 $\boldsymbol{A}$ 的右奇异向量。令 $\boldsymbol{Z} = [\boldsymbol{v}_{r+1}, \cdots, \boldsymbol{v}_n]$。

(2) 计算矩阵 $\boldsymbol{C}_{p\times(n-r)} = \boldsymbol{BZ}$ 和它的奇异值分解 $\boldsymbol{C} = \boldsymbol{U}_C \boldsymbol{\Sigma}_C \boldsymbol{V}_{\mathbb{C}}^{\text{T}}$，判断其有效秩 q，进而得到零空间 $\text{Null}(\boldsymbol{BZ})$ 的正交基 $\boldsymbol{w}_{q+1}, \cdots, \boldsymbol{w}_{n-r}$，其中，$\boldsymbol{w}_i$ 是矩阵 $\boldsymbol{C} = \boldsymbol{BZ}$ 的右奇异向量。令 $\boldsymbol{W} = [\boldsymbol{w}_{q+1}, \cdots, \boldsymbol{w}_{n-r}]$。

(3) 计算矩阵 $\boldsymbol{ZW}$，其列向量即为零空间的交 $\text{Null}(\boldsymbol{A}) \cap \text{Null}(\boldsymbol{B})$ 的正交基 (由于 $\boldsymbol{Z}$ 和 $\boldsymbol{W}$ 分别是矩阵 $\boldsymbol{A}$ 和 $\boldsymbol{BZ}$ 的右奇异向量组成的矩阵，故 $\boldsymbol{ZW}$ 具有正交性)。

5.3 信号子空间与噪声子空间

前面介绍了矩阵的列空间、行空间与零空间。本节讨论子空间分析方法及其在工程中的应用。由于在工程应用中，多数情况下使用列空间，因此本章今后将以矩阵的列空间作为主要讨论对象。

观测数据矩阵 $\boldsymbol{A}$ 不可避免地存在观测误差或噪声。令

$$\boldsymbol{X}=\boldsymbol{A}+\boldsymbol{W}=[\boldsymbol{x}_1,\boldsymbol{x}_2,\cdots,\boldsymbol{x}_n]\in\mathbb{C}^{m\times n} \tag{5.3.1}$$

为观测数据矩阵。其中，$\boldsymbol{x}_i\in\mathbb{C}^{m\times 1}$ 为观测数据向量，而 $\boldsymbol{W}$ 表示加性观测误差矩阵。

在信息科学与技术的多个领域中，观测数据矩阵的列空间

$$\text{Span}(\boldsymbol{X})=\text{Span}\{\boldsymbol{x}_1,\boldsymbol{x}_2,\cdots,\boldsymbol{x}_n\} \tag{5.3.2}$$

称为观测数据空间，而观测误差矩阵的列空间

$$\text{Span}(\boldsymbol{W})=\text{Span}\{\boldsymbol{w}_1,\boldsymbol{w}_2,\cdots,\boldsymbol{w}_n\} \tag{5.3.3}$$

则称为噪声子空间。

定义观测数据矩阵的协方差矩阵

$$\boldsymbol{R}_X=\text{E}\{\boldsymbol{X}^{\text{H}}\boldsymbol{X}\}=\text{E}\{(\boldsymbol{A}+\boldsymbol{W})^{\text{H}}(\boldsymbol{A}+\boldsymbol{W})\} \tag{5.3.4}$$

假设误差矩阵 $\boldsymbol{W}=[\boldsymbol{w}_1,\boldsymbol{w}_2,\cdots,\boldsymbol{w}_n]$ 与真实数据矩阵 $\boldsymbol{A}$ 统计不相关，则

$$\boldsymbol{R}_X=\text{E}\{\boldsymbol{X}^{\text{H}}\boldsymbol{X}\}=\text{E}\{\boldsymbol{A}^{\text{H}}\boldsymbol{A}\}+\text{E}\{\boldsymbol{W}^{\text{H}}\boldsymbol{W}\} \tag{5.3.5}$$

令 $\boldsymbol{R}=\text{E}\{\boldsymbol{A}^{\text{H}}\boldsymbol{A}\}$ 和 $\text{E}\{\boldsymbol{W}^{\text{H}}\boldsymbol{W}\}=\sigma_w^2\boldsymbol{I}$ (即各观测噪声相互统计不相关，并且具有相同的方差 σ_w^2)，于是有

$$\boldsymbol{R}_X=\boldsymbol{R}+\sigma_w^2\boldsymbol{I}$$

令 $\text{rank}(\boldsymbol{A})=r$，则观测数据矩阵的协方差矩阵 $\boldsymbol{R}_X=\text{E}\{\boldsymbol{A}^{\text{H}}\boldsymbol{A}\}$ 的特征值分解

$$\boldsymbol{R}_X=\boldsymbol{U\Sigma U}^{\text{H}}+\sigma_w^2\boldsymbol{I}=\boldsymbol{U}(\boldsymbol{\Sigma}+\sigma_w^2\boldsymbol{I})\boldsymbol{U}^{\text{H}}=\boldsymbol{U\Pi U}^{\text{H}}$$

式中

$$\boldsymbol{\Pi}=\boldsymbol{\Sigma}+\sigma_w^2\boldsymbol{I}=\text{diag}(\sigma_1^2+\sigma_w^2,\cdots,\sigma_r^2+\sigma_w^2,\sigma_w^2,\cdots,\sigma_w^2)$$

其中，$\boldsymbol{\Sigma}=\text{diag}(\sigma_1^2,\cdots,\sigma_r^2,0,\cdots,0)$，且 $\sigma_1^2\geqslant\cdots\geqslant\sigma_r^2$ 为真实自协方差矩阵 $\text{E}\{\boldsymbol{A}^{\text{H}}\boldsymbol{A}\}$ 的非零特征值。

显然，如果信噪比足够大，即 σ_r^2 比 σ_w^2 明显大，则含噪声的自协方差矩阵 $\boldsymbol{R}_X$ 的前 r 个大特征值

$$\lambda_1=\sigma_1^2+\sigma_w^2,\ \cdots,\ \lambda_r=\sigma_r^2+\sigma_w^2$$

称为主特征值 (principal eigenvalue)，而剩余的 $n-r$ 个小特征值

$$\lambda_{r+1}=\sigma_w^2,\ \cdots,\ \lambda_n=\sigma_w^2$$

称为次特征值 (minor eigenvalue)。

于是，自协方差矩阵 $\boldsymbol{R}_X$ 的特征值分解可以改写为

$$\boldsymbol{R}_X=[\boldsymbol{U}_s,\boldsymbol{U}_n]\begin{bmatrix}\boldsymbol{\Sigma}_s & \boldsymbol{O}\\ \boldsymbol{O} & \boldsymbol{\Sigma}_n\end{bmatrix}\begin{bmatrix}\boldsymbol{U}_s^{\text{H}}\\ \boldsymbol{U}_n^{\text{H}}\end{bmatrix}=\boldsymbol{S\Sigma}_s\boldsymbol{S}^{\text{H}}+\boldsymbol{G\Sigma}_n\boldsymbol{G}^{\text{H}} \tag{5.3.6}$$

式中

$$\boldsymbol{S} \stackrel{\text{def}}{=} [\boldsymbol{s}_1, \boldsymbol{s}_2, \cdots, \boldsymbol{s}_r] = [\boldsymbol{u}_1, \boldsymbol{u}_2, \cdots, \boldsymbol{u}_r]$$

$$\boldsymbol{G} \stackrel{\text{def}}{=} [\boldsymbol{g}_1, \boldsymbol{g}_2, \cdots, \boldsymbol{g}_{n-r}] = [\boldsymbol{u}_{r+1}, \cdots, \boldsymbol{u}_n]$$

$$\boldsymbol{\Sigma}_s = \text{diag}(\sigma_1^2 + \sigma_w^2, \cdots, \sigma_r^2 + \sigma_w^2)$$

$$\boldsymbol{\Sigma}_n = \text{diag}(\sigma_w^2, \cdots, \sigma_w^2)$$

因此，$m \times r$ 酉矩阵 $\boldsymbol{S}$ 和 $m \times (n-r)$ 酉矩阵 $\boldsymbol{G}$ 分别是与 r 个主特征值和 $n-r$ 个次特征值对应的特征向量构成的矩阵。

定义 5.3.1 令 $\boldsymbol{S}$ 是与观测数据矩阵的自协方差矩阵的 r 个大特征值 $\lambda_1, \lambda_2, \cdots, \lambda_r$ 对应的特征向量矩阵，其列空间 $\text{Span}(\boldsymbol{S}) = \text{Span}\{\boldsymbol{u}_1, \boldsymbol{u}_2, \cdots, \boldsymbol{u}_r\}$ 称为观测数据空间 $\text{Span}(\boldsymbol{X})$ 的信号子空间，而与另外 $n-r$ 个次特征值 (即噪声方差) 对应的特征向量矩阵 $\boldsymbol{G}$ 的列空间 $\text{Span}(\boldsymbol{G}) = \text{Span}\{\boldsymbol{u}_{r+1}, \cdots, \boldsymbol{u}_n\}$ 称为观测数据空间的噪声子空间。

利用奇异值与特征值的关系，观测数据矩阵 $\boldsymbol{X}$ 的 r 个大奇异值对应的左奇异向量 $\boldsymbol{u}_1, \boldsymbol{u}_2, \cdots, \boldsymbol{u}_r$ 张成观测数据空间的信号子空间；其余小奇异值对应的左奇异向量 $\boldsymbol{u}_{r+1}, \cdots, \boldsymbol{u}_n$ 张成观测数据空间的噪声子空间。根据条件数的分析，观测数据矩阵 $\boldsymbol{X}$ 的奇异值分解比协方差矩阵 $\boldsymbol{R}_X = \boldsymbol{X}\boldsymbol{X}^{\text{H}}$ 的特征值分解具有更好的数值稳定性。

下面分析信号子空间和噪声子空间的几何意义。

由子空间的构造方法及酉矩阵的特点知，信号子空间与噪声子空间正交，即

$$\text{Span}\{\boldsymbol{s}_1, \boldsymbol{s}_2, \cdots, \boldsymbol{s}_r\} \perp \text{Span}\{\boldsymbol{g}_1, \boldsymbol{g}_2, \cdots, \boldsymbol{g}_{n-r}\} \tag{5.3.7}$$

由于 $\boldsymbol{U}$ 是酉矩阵，故

$$\boldsymbol{U}\boldsymbol{U}^{\text{H}} = [\boldsymbol{S}, \boldsymbol{G}] \begin{bmatrix} \boldsymbol{S}^{\text{H}} \\ \boldsymbol{G}^{\text{H}} \end{bmatrix} = \boldsymbol{S}\boldsymbol{S}^{\text{H}} + \boldsymbol{G}\boldsymbol{G}^{\text{H}} = \boldsymbol{I}$$

即有

$$\boldsymbol{G}\boldsymbol{G}^{\text{H}} = \boldsymbol{I} - \boldsymbol{S}\boldsymbol{S}^{\text{H}} \tag{5.3.8}$$

定义信号子空间上的投影矩阵

$$\boldsymbol{P}_s \stackrel{\text{def}}{=} \boldsymbol{S}\langle \boldsymbol{S}, \boldsymbol{S} \rangle^{-1} \boldsymbol{S}^{\text{H}} = \boldsymbol{S}\boldsymbol{S}^{\text{H}} \tag{5.3.9}$$

式中使用了矩阵内积 $\langle \boldsymbol{S}, \boldsymbol{S} \rangle = \boldsymbol{S}^{\text{H}}\boldsymbol{S} = \boldsymbol{I}$。于是，$\boldsymbol{P}_s\boldsymbol{x} = \boldsymbol{S}\boldsymbol{S}^{\text{H}}\boldsymbol{x}$ 可视为向量 $\boldsymbol{x}$ 在信号子空间上的投影，故常将 $\boldsymbol{S}\boldsymbol{S}^{\text{H}}$ 视为信号子空间 (signal subspace)。

另外，$(\boldsymbol{I} - \boldsymbol{P}_s)\boldsymbol{x}$ 则代表向量 $\boldsymbol{x}$ 在信号子空间上的正交投影。由 $\langle \boldsymbol{G}, \boldsymbol{G} \rangle = \boldsymbol{G}^{\text{H}}\boldsymbol{G} = \boldsymbol{I}$ 得噪声子空间上的投影矩阵 $\boldsymbol{P}_n = \boldsymbol{G}\langle \boldsymbol{G}, \boldsymbol{G} \rangle^{-1} \boldsymbol{G}^{\text{H}} = \boldsymbol{G}\boldsymbol{G}^{\text{H}}$。因此，常称

$$\boldsymbol{G}\boldsymbol{G}^{\text{H}} = \boldsymbol{I} - \boldsymbol{S}\boldsymbol{S}^{\text{H}} = \boldsymbol{I} - \boldsymbol{P}_s \tag{5.3.10}$$

为噪声子空间 (noise subspace)，它表示信号子空间的正交投影矩阵。

只使用信号子空间 $\boldsymbol{S}\boldsymbol{S}^{\mathrm{H}}$ 或者噪声子空间 $\boldsymbol{G}\boldsymbol{G}^{\mathrm{H}}$ 的信号分析方法分别称为信号子空间方法或噪声子空间方法。在模式识别中，往往不考虑加性噪声，而考虑目标信号的主要成分和次要成分，相对应的子空间方法分别称为主成分分析 (principal component analysis, PCA) 和次成分分析 (minor component analysis, MCA)。

子空间应用具有以下几个特点[130]：

(1) 无论信号子空间方法 (或主成分分析)，还是噪声子空间方法 (或次成分分析)，都只需要使用少数几个奇异向量或者特征向量。若矩阵 $\boldsymbol{A}_{m\times n}$ 的大奇异值 (或者特征值) 个数比小奇异值 (或者特征值) 个数少，则使用维数比较小的信号子空间比噪声子空间更有效。反之，则使用噪声子空间更方便。

(2) 在很多应用中，并不需要使用奇异值或者特征值，而只需知道矩阵的秩以及奇异向量或者特征向量即可。

(3) 对于 $r\times r$ 酉矩阵 $\boldsymbol{Q}$ 而言，由于 $\boldsymbol{S}\boldsymbol{Q}\boldsymbol{Q}^{\mathrm{H}}\boldsymbol{S}^{\mathrm{H}}=\boldsymbol{S}\boldsymbol{S}^{\mathrm{H}}$，即子空间 $(\boldsymbol{S}\boldsymbol{Q})(\boldsymbol{S}\boldsymbol{Q})^{\mathrm{H}}$ 与信号子空间 $\boldsymbol{S}\boldsymbol{S}^{\mathrm{H}}$ 等价，所以在运用信号子空间时，往往并不需要准确知道主奇异向量或者主特征向量组成的矩阵 $\boldsymbol{S}=[\boldsymbol{u}_1,\cdots,\boldsymbol{u}_r]$ 本身，而只需知道子空间等价的矩阵 $\boldsymbol{S}\boldsymbol{Q}$ 即可。类似地，在运用噪声子空间方法时，也可以用子空间等价的矩阵 $\boldsymbol{G}\boldsymbol{Q}$ 代替次奇异向量矩阵或者次特征向量矩阵 $\boldsymbol{G}=[\boldsymbol{u}_{r+1},\cdots,\boldsymbol{u}_n]$。重要的是，矩阵 $\boldsymbol{S}\boldsymbol{Q}$ (或者 $\boldsymbol{G}\boldsymbol{Q}$) 比 $\boldsymbol{S}$ (或者 $\boldsymbol{G}$) 更加容易寻找和跟踪，因为前者具有大得多的自由度。

(4) 信号子空间 $\boldsymbol{S}\boldsymbol{S}^{\mathrm{H}}$ 和噪声子空间 $\boldsymbol{G}\boldsymbol{G}^{\mathrm{H}}$ 可以通过 $\boldsymbol{G}\boldsymbol{G}^{\mathrm{H}}=\boldsymbol{I}-\boldsymbol{S}\boldsymbol{S}^{\mathrm{H}}$ 相互转换。

5.4 快速子空间跟踪与分解

特征子空间的跟踪与更新主要用于实时信号处理，所以要求它们应该是快速算法。快速算法至少应该考虑到以下因素：

(1) n 时刻的子空间可以通过更新 $n-1$ 时刻的子空间获得。

(2) 只需要跟踪低维子空间。

本节主要介绍特征子空间跟踪与更新的以下两类算法。

(1) 投影逼近　将特征子空间的确定当作一个无约束优化问题求解，相应的方法称为投影逼近子空间跟踪[130]。

(2) Lanczos 子空间跟踪　利用 Lanczos 型迭代和随机逼近的概念，可以进行时变数据矩阵的子空间跟踪[36]。Xu 等人在文献 [127] 和文献 [128] 中分别提出了三 Lanczos 和双 Lanczos 子空间跟踪算法；前者适用于协方差矩阵的特征值分解，后者针对数据矩阵的奇异值分解；而且在 Lanczos 递推过程中能够对主特征值和主奇异值的个数进行检验估计。

5.4.1 投影逼近子空间跟踪

考察目标函数 $J(\boldsymbol{W})$ 的最小化，其中，$\boldsymbol{W}$ 为 $n\times r$ 矩阵。对 $\boldsymbol{W}$ 的常用约束有两类：

(1) 正交性约束 (orthogonality constraint)　要求 $\boldsymbol{W}$ 满足正交条件 $\boldsymbol{W}^{\mathrm{H}}\boldsymbol{W}=\boldsymbol{I}_r\ (n\geqslant r)$ 或者 $\boldsymbol{W}\boldsymbol{W}^{\mathrm{H}}=\boldsymbol{I}_n\ (n<r)$。满足这种条件的矩阵 $\boldsymbol{W}$ 称为半正交矩阵。

(2) 齐次性约束 (homogeneity constraint)　要求 $J(\boldsymbol{W})=J(\boldsymbol{WQ})$，其中，$\boldsymbol{Q}$ 为 $r\times r$ 正交矩阵。

正交性约束意味着主 (或者次) 特征向量/奇异向量组成的矩阵 $\boldsymbol{S}=[\boldsymbol{u}_1,\boldsymbol{u}_2,\cdots,\boldsymbol{u}_r]$ 或者 $\boldsymbol{G}=[\boldsymbol{u}_{r+1},\cdots,\boldsymbol{u}_n]$ 有可能成为优化问题的解，方便主 (或者次) 成分分析和子空间方法的应用。奇次性约束则可以将优化问题唯一确定的解 $\boldsymbol{S}$ 或者 $\boldsymbol{S}$ 松弛为半正交矩阵的集合 $\boldsymbol{SQ}$ 或者 $\boldsymbol{GQ}$。这将明显降低工程问题求解的寻优难度，更加方便优化解的实时跟踪与更新。

可喜的是，具有正交性约束 $\boldsymbol{W}_{n\times r}^{\mathrm{H}}\boldsymbol{W}_{n\times r}=\boldsymbol{I}_r$ 和齐次性约束 $J(\boldsymbol{W})=J(\boldsymbol{WQ}_{r\times r})$ 的极小化问题 $\min J(\boldsymbol{W})$ 可以等价为一个无约束的最优化问题。

令 $\boldsymbol{C}=\mathrm{E}\{\boldsymbol{x}\boldsymbol{x}^{\mathrm{H}}\}$ 表示 $n\times 1$ 随机数据向量 $\boldsymbol{x}$ 的自协方差矩阵。考虑目标函数

$$J(\boldsymbol{W})=\mathrm{E}\{\|\boldsymbol{x}-\boldsymbol{W}\boldsymbol{W}^{\mathrm{H}}\boldsymbol{x}\|^2\} \tag{5.4.1}$$

或写作

$$\begin{aligned}J(\boldsymbol{W})&=\mathrm{E}\{\|\boldsymbol{x}-\boldsymbol{W}\boldsymbol{W}^{\mathrm{H}}\boldsymbol{x}\|^2\}\\&=\mathrm{E}\{(\boldsymbol{x}-\boldsymbol{W}\boldsymbol{W}^{\mathrm{H}}\boldsymbol{x})^{\mathrm{H}}(\boldsymbol{x}-\boldsymbol{W}\boldsymbol{W}^{\mathrm{H}}\boldsymbol{x})\}\\&=\mathrm{E}\{\boldsymbol{x}^{\mathrm{H}}\boldsymbol{x}\}-2\mathrm{E}\{\boldsymbol{x}^{\mathrm{H}}\boldsymbol{W}\boldsymbol{W}^{\mathrm{H}}\boldsymbol{x}\}+\mathrm{E}\{\boldsymbol{x}^{\mathrm{H}}\boldsymbol{W}\boldsymbol{W}^{\mathrm{H}}\boldsymbol{W}\boldsymbol{W}^{\mathrm{H}}\boldsymbol{x}\}\end{aligned} \tag{5.4.2}$$

注意到

$$\begin{aligned}\mathrm{E}\{\boldsymbol{x}^{\mathrm{H}}\boldsymbol{x}\}&=\sum_{i=1}^{n}\mathrm{E}\{|x_i|^2\}=\mathrm{tr}\left(\mathrm{E}\{\boldsymbol{x}\boldsymbol{x}^{\mathrm{H}}\}\right)=\mathrm{tr}(\boldsymbol{C})\\\mathrm{E}\{\boldsymbol{x}^{\mathrm{H}}\boldsymbol{W}\boldsymbol{W}^{\mathrm{H}}\boldsymbol{x}\}&=\mathrm{tr}\left(\mathrm{E}\{\boldsymbol{W}^{\mathrm{H}}\boldsymbol{x}\boldsymbol{x}^{\mathrm{H}}\boldsymbol{W}\}\right)=\mathrm{tr}(\boldsymbol{W}^{\mathrm{H}}\boldsymbol{C}\boldsymbol{W})\\\mathrm{E}\{\boldsymbol{x}^{\mathrm{H}}\boldsymbol{W}\boldsymbol{W}^{\mathrm{H}}\boldsymbol{W}\boldsymbol{W}^{\mathrm{H}}\boldsymbol{x}\}&=\mathrm{tr}\left(\mathrm{E}\{\boldsymbol{W}^{\mathrm{H}}\boldsymbol{x}\boldsymbol{x}^{\mathrm{H}}\boldsymbol{W}\boldsymbol{W}^{\mathrm{H}}\boldsymbol{W}\}\right)=\mathrm{tr}(\boldsymbol{W}^{\mathrm{H}}\boldsymbol{C}\boldsymbol{W}\boldsymbol{W}^{\mathrm{H}}\boldsymbol{W})\end{aligned}$$

则目标函数可以用迹函数表示为

$$J(\boldsymbol{W})=\mathrm{tr}(\boldsymbol{C})-2\mathrm{tr}(\boldsymbol{W}^{\mathrm{H}}\boldsymbol{C}\boldsymbol{W})+\mathrm{tr}(\boldsymbol{W}^{\mathrm{H}}\boldsymbol{C}\boldsymbol{W}\boldsymbol{W}^{\mathrm{H}}\boldsymbol{W}) \tag{5.4.3}$$

式中，$\boldsymbol{W}$ 是 $n\times r$ 矩阵，假定其秩等于 r。下面考虑极小化问题 $\min J(\boldsymbol{W})$，与之相关的重要问题是：

(1) 是否存在 $J(\boldsymbol{W})$ 的全局极小点 $\boldsymbol{W}$？

(2) 该极小点 $\boldsymbol{W}$ 与自协方差矩阵 $\boldsymbol{C}$ 的信号子空间有何关系？

(3) 是否存在 $J(\boldsymbol{W})$ 的其他局部极小点？

Yang 证明了下面的两个定理，给出了以上问题的答案[130]。

定理 5.4.1　$\boldsymbol{W}$ 是 $J(\boldsymbol{W})$ 的一个平稳点，当且仅当 $\boldsymbol{W}=\boldsymbol{U}_r\boldsymbol{Q}$，其中，$\boldsymbol{U}_r\in\mathbb{C}^{n\times r}$ 由自协方差矩阵 $\boldsymbol{C}$ 的 r 个不同的特征向量组成，并且 $\boldsymbol{Q}\in\mathbb{C}^{r\times r}$ 为任意酉矩阵。在每一个平衡点，目标函数 $J(\boldsymbol{W})$ 的值等于特征向量不在 $\boldsymbol{U}_r$ 的那些特征值之和。

定理 5.4.2　目标函数 $J(\boldsymbol{W})$ 的所有平稳点都是鞍点，除非 $\boldsymbol{U}_r$ 由自协方差矩阵 $\boldsymbol{C}$ 的 r 个主特征向量组成。在这一特殊情况下，$J(\boldsymbol{W})$ 达到全局极小值。

定理 5.4.1 和定理 5.4.2 表明了以下事实：

(1) 虽然在定义目标函数和无约束极小化问题时，没有要求 $\boldsymbol{W}$ 的列正交，但是两个定理却表明，式 (5.4.1) 的目标函数 $J(\boldsymbol{W})$ 的极小化将自动导致 $\boldsymbol{W}$ 为半正交矩阵，即满足 $\boldsymbol{W}^{\mathrm{H}}\boldsymbol{W}=\boldsymbol{I}$。

(2) 定理 5.4.2 表明，当 $\boldsymbol{W}$ 的列空间等于信号子空间，即 $\mathrm{Col}(\boldsymbol{W})=\mathrm{Span}(\boldsymbol{U}_r)$ 时，目标函数 $J(\boldsymbol{W})$ 达到全局极小值，并且目标函数没有其他任何局部极小值。

(3) 由目标函数的定义式 (5.4.1) 易知，$J(\boldsymbol{W})=J(\boldsymbol{WQ})$ 对于所有 $r\times r$ 酉矩阵 $\boldsymbol{Q}$ 成立，即目标函数自动满足齐次性约束。

(4) 由于式 (5.4.1) 定义的目标函数自动满足齐次性约束，并且其极小化自动导致 $\boldsymbol{W}$ 满足正交约束 $\boldsymbol{W}^{\mathrm{H}}\boldsymbol{W}=\boldsymbol{I}$，故目标函数极小化的解 $\boldsymbol{W}$ 不是唯一确定的，而是矩阵集合 $\boldsymbol{WQ}$ 上的任何一个解点。

(5) 虽然 $\boldsymbol{W}$ 不是唯一确定的，但投影矩阵 $\boldsymbol{P}=\boldsymbol{W}(\boldsymbol{W}^{\mathrm{H}}\boldsymbol{W})^{-1}\boldsymbol{W}^{\mathrm{H}}=\boldsymbol{W}\boldsymbol{W}^{\mathrm{H}}=\boldsymbol{U}_r\boldsymbol{U}_r^{\mathrm{H}}$ 是唯一确定的。也就是说，不同的解 $\boldsymbol{WQ}$ 张成相同的列空间。

(6) 当 $r=1$ 即目标函数为向量 $\boldsymbol{w}$ 的函数时，$J(\boldsymbol{w})$ 极小化的解 $\boldsymbol{w}$ 为自协方差矩阵 $\boldsymbol{C}$ 与最大特征值对应的特征向量。

因此，具有正交性约束和齐次性约束的目标函数 $J(\boldsymbol{W})$ 的极小化求解变为奇异值分解或特征值分解问题：

(1) 利用观测数据向量 $\boldsymbol{x}(k)$ 构造数据矩阵 $\boldsymbol{X}=[\boldsymbol{x}(1),\boldsymbol{x}(2),\cdots,\boldsymbol{x}(N)]$，再计算 $\boldsymbol{X}$ 的奇异值分解，判断数据矩阵的有效秩 r，得到 r 个主奇异值和与之对应的左奇异向量矩阵 $\boldsymbol{U}_r$。极小化问题的最优解为 $\boldsymbol{W}=\boldsymbol{U}_r$。

(2) 计算自协方差矩阵 $\boldsymbol{C}=\boldsymbol{X}\boldsymbol{X}^{\mathrm{H}}$ 的特征值分解，得到与 r 个主特征值对应的特征向量矩阵 $\boldsymbol{U}_r$，它便是极小化问题的最优解。

然而，在实际应用中，自协方差矩阵 $\boldsymbol{C}$ 有可能是随时间变化的，其特征值和特征向量也是随时间变化的。由式 (5.4.3) 知，在时变的情况下，目标函数 $J(\boldsymbol{W}(t))$ 的矩阵微分为

$$\begin{aligned}\mathrm{d}J(\boldsymbol{W}(t))=&-2\mathrm{tr}\left(\boldsymbol{W}^{\mathrm{H}}(t)\boldsymbol{C}(t)\mathrm{d}\boldsymbol{W}(t)+[\boldsymbol{C}(t)\boldsymbol{W}(t)]^{\mathrm{T}}\mathrm{d}\boldsymbol{W}^*(t)\right)\\&+\mathrm{tr}\Big([\boldsymbol{W}^{\mathrm{H}}(t)\boldsymbol{W}(t)\boldsymbol{W}^{\mathrm{H}}(t)\boldsymbol{C}(t)+\boldsymbol{W}(t)\boldsymbol{C}(t)\boldsymbol{W}(t)\boldsymbol{W}^{\mathrm{H}}(t)]\mathrm{d}\boldsymbol{W}(t)\\&+[\boldsymbol{C}(t)\boldsymbol{W}(t)\boldsymbol{W}^{\mathrm{H}}(t)\boldsymbol{W}(t)+\boldsymbol{W}(t)\boldsymbol{W}^{\mathrm{H}}(t)\boldsymbol{C}(t)\boldsymbol{W}(t)]^{\mathrm{T}}\mathrm{d}\boldsymbol{W}^*(t)\Big)\end{aligned}$$

由此得梯度矩阵

$$\begin{aligned}\nabla_{\boldsymbol{W}}J(\boldsymbol{W}(t))&=-2\boldsymbol{C}(t)\boldsymbol{W}(t)+\boldsymbol{C}(t)\boldsymbol{W}(t)\boldsymbol{W}^{\mathrm{H}}(t)\boldsymbol{W}(t)+\boldsymbol{W}(t)\boldsymbol{W}^{\mathrm{H}}(t)\boldsymbol{C}(t)\boldsymbol{W}(t)\\&=\boldsymbol{W}(t)\boldsymbol{W}^{\mathrm{H}}(t)\boldsymbol{C}(t)\boldsymbol{W}(t)-\boldsymbol{C}(t)\boldsymbol{W}(t)\end{aligned}$$

式中，利用了 $\boldsymbol{W}(t)$ 的半正交约束条件 $\boldsymbol{W}^{\mathrm{H}}(t)\boldsymbol{W}(t)=\boldsymbol{I}$。

将 $\boldsymbol{C}(t)=\boldsymbol{x}(t)\boldsymbol{x}^{\mathrm{H}}(t)$ 代入梯度矩阵公式，即可得到求解极小化问题的梯度下降算

法 $\boldsymbol{W}(t)=\boldsymbol{W}(t-1)-\mu\nabla_{\boldsymbol{W}}J(\boldsymbol{W}(t))$ 如下

$$\boldsymbol{y}(t)=\boldsymbol{W}^{\mathrm{H}}(t)\boldsymbol{x}(t) \tag{5.4.4}$$

$$\boldsymbol{W}(t)=\boldsymbol{W}(t-1)+\mu[\boldsymbol{x}(t)-\boldsymbol{W}(t-1)\boldsymbol{y}(t)]\boldsymbol{y}^{\mathrm{H}}(t) \tag{5.4.5}$$

但是，这一更新 $\boldsymbol{W}(t)$ 的梯度下降算法收敛比较慢，跟踪时变子空间的能力也比较差。更好的方法是下面的递推最小二乘算法。

定义指数加权的目标函数

$$J_1(\boldsymbol{W}(t))=\sum_{i=1}^{t}\beta^{t-i}\|\boldsymbol{x}(i)-\boldsymbol{W}(t)\boldsymbol{W}^{\mathrm{H}}(t)\boldsymbol{x}(i)\|^2 \tag{5.4.6}$$

$$=\sum_{i=1}^{t}\beta^{t-i}\|\boldsymbol{x}(i)-\boldsymbol{W}(t)\boldsymbol{y}(i)\|^2 \tag{5.4.7}$$

式中，$0<\beta\leqslant 1$ 称为遗忘因子，而 $\boldsymbol{y}(i)=\boldsymbol{W}^{\mathrm{H}}(t)\boldsymbol{x}(i)$。

由自适应滤波理论知，极小化问题 $\min J_1(\boldsymbol{W})$ 的最优解为 Wiener 滤波器

$$\boldsymbol{W}(t)=\boldsymbol{C}_{\boldsymbol{xy}}(t)\boldsymbol{C}_{\boldsymbol{yy}}^{-1}(t) \tag{5.4.8}$$

式中，互协方差矩阵 $\boldsymbol{C}_{\boldsymbol{xy}}(t)$ 和自协方差矩阵 $\boldsymbol{C}_{\boldsymbol{yy}}(t)$ 可以递推

$$\boldsymbol{C}_{\boldsymbol{xy}}(t)=\sum_{i=1}^{t}\beta^{t-i}\boldsymbol{x}(i)\boldsymbol{y}^{\mathrm{H}}(i)=\beta\boldsymbol{C}_{\boldsymbol{xy}}(t-1)+\boldsymbol{x}(t)\boldsymbol{y}^{\mathrm{H}}(t) \tag{5.4.9}$$

$$\boldsymbol{C}_{\boldsymbol{yy}}(t)=\sum_{i=1}^{t}\beta^{t-i}\boldsymbol{y}(i)\boldsymbol{y}^{\mathrm{H}}(i)=\beta\boldsymbol{C}_{\boldsymbol{yy}}(t-1)+\boldsymbol{y}(t)\boldsymbol{y}^{\mathrm{H}}(t) \tag{5.4.10}$$

将式 (5.4.9) 和式 (5.4.10) 代入式 (5.4.8)，并运用矩阵求逆引理，即可得到投影逼近的子空间跟踪 (projection approximation subspace tracking，PAST) 算法如下。

算法 5.4.1 投影逼近子空间跟踪 (PAST) 算法 [130]

选择初始化矩阵 $\boldsymbol{P}(0)$ 和 $\boldsymbol{W}(0)$。

对 $t=1,2,\cdots$，计算

$$\begin{aligned}
\boldsymbol{y}(t)&=\boldsymbol{W}^{\mathrm{H}}(t-1)\boldsymbol{x}(t)\\
\boldsymbol{h}(t)&=\boldsymbol{P}(t-1)\boldsymbol{y}(t)\\
\boldsymbol{g}(t)&=\boldsymbol{h}(t)/[\beta+\boldsymbol{y}^{\mathrm{H}}(t)\boldsymbol{h}(t)]\\
\boldsymbol{P}(t)&=\frac{1}{\beta}\mathrm{Tri}[\boldsymbol{P}(t-1)-\boldsymbol{g}(t)\boldsymbol{h}^{\mathrm{H}}(t)]\\
\boldsymbol{e}(t)&=\boldsymbol{x}(t)-\boldsymbol{W}(t-1)\boldsymbol{y}(t)\\
\boldsymbol{W}(t)&=\boldsymbol{W}(t-1)+\boldsymbol{e}(t)\boldsymbol{g}^{\mathrm{H}}(t)
\end{aligned}$$

式中，$\mathrm{Tri}[\boldsymbol{A}]$ 表示只计算矩阵 $\boldsymbol{A}$ 的上 (或下) 三角部分，然后将上 (或下) 三角部分复制为矩阵的下 (或上) 三角部分。

PAST 算法从数据向量中提取信号子空间，是一种主成分分析方法。特别地，若上述算法的第一式用

$$\boldsymbol{y}(t)=g\left(\boldsymbol{W}^{\mathrm{H}}(t-1)\boldsymbol{x}(t)\right) \tag{5.4.11}$$

取代，其中，$g(\boldsymbol{z}(t))=[g(z_1(t)),g(z_2(t)),\cdots,g(z_n(t))]^{\mathrm{T}}$ 为非线性函数，则可得到一类称为非线性主成分分析的盲信号分离算法。非线性主成分分析的 LMS 算法和 RLS 算法分别由文献 [90] 和文献 [94] 提出。此外，若 $r=1$，则 PAST 算法简化为以下算法。

算法 5.4.2 子空间跟踪的压缩映射 (PASTd) 算法[130]

选择初始化向量 $\boldsymbol{d}_i(0)$ 和 $\boldsymbol{w}_i(0)$。

对 $i=1,2,\cdots$，计算

$\boldsymbol{x}_1(t)=\boldsymbol{x}(t)$

对 $i=1,2,\cdots,r$，计算

$$\begin{aligned}
y_i(t)&=\boldsymbol{w}_i^{\mathrm{H}}(t-1)\boldsymbol{x}_i(t)\\
d_i(t)&=\beta d_i(t-1)+|y_i(t)|^2\\
\boldsymbol{e}_i(t)&=\boldsymbol{x}_i(t)-\boldsymbol{w}_i(t-1)y_i(t)\\
\boldsymbol{w}_i(t)&=\boldsymbol{w}_i(t-1)+\boldsymbol{e}_i(t)[y_i^*(t)/d_i(t)]\\
\boldsymbol{x}_{i+1}(t)&=\boldsymbol{x}_i(t)-\boldsymbol{w}_i(t)y_i(t)
\end{aligned}$$

PASTd 算法又可进一步推广为秩和子空间二者同时跟踪的算法。对此推广感兴趣的读者可参考文献 [131]。

投影逼近子空间跟踪算法可以对 $\boldsymbol{W}=\boldsymbol{U}_r\boldsymbol{Q}$ 进行跟踪。现在考虑信号子空间 $\boldsymbol{U}_r\boldsymbol{U}_r^{\mathrm{H}}$ 的直接跟踪。由投影矩阵的关系式 $\boldsymbol{P}=\boldsymbol{W}\boldsymbol{W}^{\mathrm{H}}=\boldsymbol{U}_r\boldsymbol{U}_r^{\mathrm{H}}$ 知，信号子空间 $\boldsymbol{U}_r\boldsymbol{U}_r^{\mathrm{H}}$ 的跟踪等价于投影矩阵 $\boldsymbol{P}$ 的跟踪。使用投影矩阵代替式 (5.4.1) 的代价函数中的矩阵 $\boldsymbol{W}\boldsymbol{W}^{\mathrm{H}}$，即可将投影逼近子空间跟踪的代价函数等价写成

$$J(\boldsymbol{P})=\mathrm{E}\{\|\boldsymbol{x}-\boldsymbol{P}\boldsymbol{x}\|^2\}=\mathrm{tr}(\boldsymbol{C})-\mathrm{tr}(\boldsymbol{C}\boldsymbol{P})-\mathrm{tr}(\boldsymbol{C}\boldsymbol{P}^{\mathrm{H}})+\mathrm{tr}(\boldsymbol{C}\boldsymbol{P}\boldsymbol{P}^{\mathrm{H}}) \tag{5.4.12}$$

为了使 $\boldsymbol{P}$ 为投影矩阵，必须对它加幂等矩阵的约束条件 $\boldsymbol{P}^2=\boldsymbol{P}$ 和复共轭对称的约束条件 $\boldsymbol{P}^{\mathrm{H}}=\boldsymbol{P}$。利用这些约束条件可以简化式 (5.4.12)。于是，便得到直接跟踪信号子空间投影矩阵的约束优化问题

$$\min J(\boldsymbol{P})=\min \mathrm{E}\{\|\boldsymbol{x}-\boldsymbol{P}\boldsymbol{x}\|^2\}=\min[\mathrm{tr}(\boldsymbol{C})-\mathrm{tr}(\boldsymbol{C}\boldsymbol{P})] \tag{5.4.13}$$

约束条件为 $\mathrm{rank}(\boldsymbol{P})\neq n$，$\boldsymbol{P}^2=\boldsymbol{P}$ 和 $\boldsymbol{P}^{\mathrm{H}}=\boldsymbol{P}$。这一优化准则是 Utschick 提出的[121]。约束条件 $\mathrm{rank}(\boldsymbol{P})\neq n$ 意味着 $\boldsymbol{P}$ 不可以是非奇异的幂等矩阵 (即单位矩阵)。

在大多数情况下，PAST 算法收敛为半正交矩阵 $\boldsymbol{W}^{\mathrm{H}}\boldsymbol{W}=\boldsymbol{I}$。但是，在某些情况下，PAST 算法将不能收敛，而呈振荡状态。为了克服 PAST 算法的这一缺点，文献 [2] 提出了一种正交 PAST 算法：在 PAST 算法的基础上，增加一种正交化运算，以便在每一步迭代都能够保证半正交条件 $\boldsymbol{W}^{\mathrm{H}}(i)\boldsymbol{W}(i)=\boldsymbol{I}$。其结果反而简化了整个算法的运算。

算法 5.4.3 正交投影逼近子空间跟踪 (OPAST) 算法[2]

选择初始化矩阵 $\boldsymbol{P}(0)$ 和 $\boldsymbol{W}(0)$。

对 $i=1,2,\cdots$，计算

$$\boldsymbol{W}(i)=\boldsymbol{W}(i-1)+\tilde{\boldsymbol{p}}^{\mathrm{H}}(i)\boldsymbol{q}(i) \tag{5.4.14}$$

$$\tau(i)=\frac{1}{\|\boldsymbol{q}(i)\|_2^2}\left(\frac{1}{\sqrt{1+\|\boldsymbol{p}(i)\|_2^2\|\boldsymbol{q}(i)\|_2^2}}-1\right) \tag{5.4.15}$$

$$\tilde{\boldsymbol{p}}(i)=\tau(i)\boldsymbol{W}(i-1)\boldsymbol{q}(i)+(1+\tau(i)\|\boldsymbol{q}(i)\|_2^2)\boldsymbol{p}(i) \tag{5.4.16}$$

5.4.2　快速子空间分解

从 Krylov 子空间的角度出发，样本协方差矩阵 $\boldsymbol{R}$ 的信号子空间的跟踪可以转换成 $\boldsymbol{R}$ 的 Rayleigh-Ritz (RR) 向量的跟踪。这一方法的基本出发点是，样本协方差矩阵 $\hat{\boldsymbol{R}}$ 的主特征向量的张成与 $\hat{\boldsymbol{R}}$ 的 Rayleigh-Ritz (RR) 向量的张成是 $\boldsymbol{R}$ 的信号子空间的渐近等价估计。由于 RR 向量可以利用 Lanczos 算法有效求出，故可以实现信号子空间的快速分解。

令 $\boldsymbol{A}\in\mathbb{C}^{M\times M}$ 为协方差矩阵，它是 Hermitian 矩阵。考虑样本协方差矩阵 $\hat{\boldsymbol{A}}=\boldsymbol{X}\boldsymbol{X}^{\mathrm{H}}/N$，其中 $\boldsymbol{X}=[\boldsymbol{x}(1),\boldsymbol{x}(2),\cdots,\boldsymbol{x}(N)]^{\mathrm{T}}$ 为数据矩阵。

令 Hermitian 矩阵 $\boldsymbol{A}$ 的特征值分解为

$$\boldsymbol{A}=\sum_{k=1}^{M}\lambda_k\boldsymbol{u}_k\boldsymbol{u}_k^{\mathrm{H}} \tag{5.4.17}$$

其中，$(\lambda_k,\boldsymbol{u}_k)$ 为 $\boldsymbol{A}$ 的第 k 个特征值和特征向量，并假定 $\lambda_1>\lambda_2>\cdots>\lambda_d>\lambda_{d+1}=\cdots=\lambda_M=\sigma$。即是说，$\{\lambda_k,\boldsymbol{u}_k\}_{k=1}^{d}$ 为信号特征值和信号特征向量。

现在考虑信号特征值和信号特征向量的 Rayleigh-Ritz (RR) 逼近问题。为此，先引入以下定义。

定义 5.4.1　对于一个 m 维子空间 S^m，若

$$\boldsymbol{A}\boldsymbol{y}_i^{(m)}-\theta_i^{(m)}\boldsymbol{y}_i^{(m)}\perp S^m \tag{5.4.18}$$

则 $\theta_i^{(m)}$ 和 $\boldsymbol{y}_i^{(m)}$ 分别称为 Hermitian 矩阵 $\boldsymbol{A}$ 的 Rayleigh-Ritz (RR) 值和 RR 向量。

定义 5.4.2　Krylov 矩阵记作 $\boldsymbol{K}^m(\boldsymbol{A},\boldsymbol{f})$，定义为

$$\boldsymbol{K}^m(\boldsymbol{A},\boldsymbol{f})=[\boldsymbol{f},\,\boldsymbol{A}\boldsymbol{f},\,\cdots,\,\boldsymbol{A}^{m-1}\boldsymbol{f}] \tag{5.4.19}$$

并将其张成

$$\mathcal{K}^m(\boldsymbol{A},\boldsymbol{f})=\mathrm{Span}\{\boldsymbol{K}^m(\boldsymbol{A},\boldsymbol{f})\}=\mathrm{Span}\{\boldsymbol{f},\boldsymbol{A}\boldsymbol{f},\cdots,\boldsymbol{A}^{m-1}\boldsymbol{f}\} \tag{5.4.20}$$

称作 Krylov 子空间。

对于 RR 值和 RR 向量，文献 [93] 证明了以下结果。

引理 5.4.1　令 $(\theta_i^{(m)},\boldsymbol{y}_i^{(m)})\,(i=1,2,\cdots,m)$ 为子空间 S^m 的 RR 值和 RR 向量，且 $\boldsymbol{Q}=[\boldsymbol{q}_1,\boldsymbol{q}_2,\cdots,\boldsymbol{q}_m]$ 为同一子空间的正交基。如果 $(\alpha_i,\boldsymbol{u}_i)$ 是 $m\times m$ 矩阵 $\boldsymbol{Q}^{\mathrm{H}}\boldsymbol{A}\boldsymbol{Q}$ 的第 i 个

特征对 (特征值与特征向量)，其中 $i=1,2,\cdots,m$，则

$$\theta_i^{(m)}=\alpha_i \tag{5.4.21}$$

$$\boldsymbol{y}_i^{(m)}=\boldsymbol{Q}\boldsymbol{u}_i \tag{5.4.22}$$

引理 5.4.1 表明，一个 Hermitian 矩阵的特征值和特征向量可以分别用 Krylov 子空间的 RR 值和 RR 向量逼近。这种逼近称为 Rayleigh-Ritz 逼近。

Rayleigh-Ritz 逼近的性能用 RR 值和 RR 向量的渐近性质评估：对 $m>d$，它们各自的误差

$$\theta_k^{(m)}-\hat{\lambda}_k=O(N^{-m-d}),\quad k=1,2,\cdots,d \tag{5.4.23}$$

$$\boldsymbol{y}_k^{(m)}-\hat{\boldsymbol{u}}_k=O(N^{-(m-d)/2}),\quad k=1,2,\cdots,d \tag{5.4.24}$$

式中，N 为数据长度。因此，一旦 $m\geqslant d+2$，则有

$$\lim_{N\to\infty}\sqrt{N}(\boldsymbol{y}_k^{(m)}-\boldsymbol{u}_k)=\lim_{N\to\infty}\sqrt{N}(\hat{\boldsymbol{u}}_k-\boldsymbol{u}_k),\quad k=1,2,\cdots,d \tag{5.4.25}$$

即 $\mathrm{Span}\{\boldsymbol{y}_1^{(m)},\boldsymbol{y}_2^{(m)},\cdots,\boldsymbol{y}_d^{(m)}\}$ 和 $\mathrm{Span}\{\hat{\boldsymbol{u}}_1,\hat{\boldsymbol{u}}_2,\cdots,\hat{\boldsymbol{u}}_d\}$ 都是信号子空间 $\mathrm{Span}\{\boldsymbol{u}_1,\boldsymbol{u}_2,\cdots,\boldsymbol{u}_d\}$ 的渐近等价估计，故 Hermitian 矩阵 $\boldsymbol{A}$ 的信号子空间的求解变成 $\boldsymbol{A}$ 的 RR 特征向量的求解。

进一步地，Lanczos 基通过 Hermitian 矩阵 $\boldsymbol{A}$ 的三对角化，将 $\boldsymbol{A}$ 的 RR 对 (RR 值和 RR 向量) 与三对角矩阵的特征对 (特征值和特征向量) 紧密联系在一起。

令 $\boldsymbol{Q}_m=[\boldsymbol{q}_1,\boldsymbol{q}_2,\cdots,\boldsymbol{q}_m]$ 是 Lanczos 基，则由文献 [93] 知

$$\boldsymbol{Q}_m^{\mathrm{H}}\hat{\boldsymbol{A}}\boldsymbol{Q}_m=\boldsymbol{T}_m=\begin{bmatrix}\alpha_1 & \beta_1 & & & \\ \beta_1 & \alpha_2 & \beta_2 & & \\ & \ddots & \ddots & \ddots & \\ & & \ddots & \alpha_{m-1} & \beta_{m-1}\\ & & & \beta_{m-1} & \alpha_m\end{bmatrix} \tag{5.4.26}$$

其中，$\boldsymbol{T}_m$ 为 $m\times m$ 实三角矩阵。

由于 $\boldsymbol{Q}_m^{\mathrm{H}}\hat{\boldsymbol{A}}\boldsymbol{Q}_m=\boldsymbol{T}_m$，故 RR 值和 RR 向量可以根据 $m\times m$ 三对角矩阵 $\boldsymbol{T}_m$ 的特征值分解求出。于是，Krylov 子空间 $\mathcal{K}^m(\hat{\boldsymbol{A}},\boldsymbol{f})$ 的 RR 值和 RR 向量可用来逼近样本协方差矩阵 $\hat{\boldsymbol{A}}$ 的期望特征值和特征向量。这一过程称作 Rayleigh-Ritz 逼近，简称 RR 逼近。Lanczos 算法最吸引人的性质就是：原来求 $M\times M$ (复值) 样本协方差 (Hermitian) 矩阵 $\hat{\boldsymbol{A}}$ 的期望特征值和特征向量这一较大的问题，借助 Lanczos 基后，转变成计算 $m\times m$ (实) 三对角矩阵的特征值分解的较小的问题，因为 m 通常比 M 小很多。

RR 值和 RR 向量与 Lanczos 算法密切相关。特别地，RR 值 $\{\theta_k^{(m)}\}$ 和 RR 向量 $\{\boldsymbol{y}_k^{(m)}\}$ 可以在 Lanczos 算法的第 m 步获得。Lanczos 算法分两种：实现 Hermitian 矩阵的三对角化的三 Lanczos 迭代和实现任意矩阵双对角化的双 Lanczos 迭代。

算法 5.4.4 三 Lanczos 迭代算法 [46]

给定 Hermitian 矩阵 $\boldsymbol{A}$；$\boldsymbol{r}_0=\boldsymbol{f}$ (单位范数向量)；$\beta_0=1$；$j=0$。

while ($\beta_j \neq 0$)

$\boldsymbol{q}_{j+1} = \boldsymbol{r}_j/\beta_j$;

$j = j+1$;

$\alpha_j = \boldsymbol{q}_j^{\rm H}\boldsymbol{A}\boldsymbol{q}_j$;

$\boldsymbol{r}_j = \boldsymbol{A}\boldsymbol{q}_j - \alpha_j\boldsymbol{q}_j - \beta_{j-1}\boldsymbol{q}_{j-1}$;

$\beta_j = \|\boldsymbol{r}_j\|_2$

end

在三 Lanczos 迭代的第 $j=m$ 步，将得到 m 个正交向量 $\{\boldsymbol{q}_1,\cdots,\boldsymbol{q}_m\}$，它们组成 Krylov 子空间 $\mathcal{K}^m(\boldsymbol{A},\boldsymbol{f}) = \mathrm{Span}\{\boldsymbol{f},\boldsymbol{A}\boldsymbol{f},\cdots,\boldsymbol{A}^{m-1}\boldsymbol{f}\}$ 的一组正交基 $\boldsymbol{Q}_m$，称为 Lanczos 基。

关于 RR 逼近，Xu 与 Kailath [128] 证明了下面的重要结果。

定理 5.4.3 令 $\hat{\lambda}_1 > \hat{\lambda}_2 > \cdots > \hat{\lambda}_M$ 和 $\hat{\boldsymbol{u}}_1,\hat{\boldsymbol{u}}_2,\cdots,\hat{\boldsymbol{u}}_M$ 分别是样本协方差矩阵 $\hat{\boldsymbol{A}}$ 的特征值和特征向量，其中 $\hat{\boldsymbol{A}}$ 是利用 N 个独立同正态分布 $N(\boldsymbol{0},\boldsymbol{A})$ 的数据向量计算得到的，且 $\boldsymbol{A}$ 是一个结构化的矩阵 (秩 d 矩阵与 $\sigma\boldsymbol{I}$ 之和)。令 $\lambda_1 > \lambda_2 > \cdots > \lambda_d > \lambda_{d+1} = \cdots = \lambda_M = \sigma$ 和 $\boldsymbol{u}_1,\boldsymbol{u}_2,\cdots,\boldsymbol{u}_M$ 分别是真实协方差矩阵 $\boldsymbol{A}$ 的特征值和特征向量。用 $\theta_1^{(m)} \geqslant \theta_2^{(m)} \geqslant \cdots \geqslant \theta_m^{(m)}$ 和 $\boldsymbol{y}_1^{(m)},\boldsymbol{y}_2^{(m)},\cdots,\boldsymbol{y}_m^{(m)}$ 分别表示从 Krylov 子空间 $\mathcal{K}^m(\boldsymbol{A},\boldsymbol{f})$ 获得的 RR 值和 RR 向量。若选择 $\boldsymbol{f}$ 满足 $\boldsymbol{f}^{\rm H}\hat{\boldsymbol{u}}_i \neq \boldsymbol{0}\,(1 \leqslant i \leqslant d)$，则对于 $k=1,2,\cdots,d$，下列结果成立：

(1) 若 $m \geqslant d+2$，则 RR 值 $\theta_k^{(m)}$ 逼近它们对应的特征值 λ_k 的精度为 $O(N^{-(m-d)})$，而 RR 向量 $\boldsymbol{y}_k^{(m)}$ 逼近它们对应的特征向量 $\hat{\boldsymbol{u}}_k$ 的精度为 $O(N^{(m-d)/2})$，即

$$\theta_k^{(m)} = \hat{\lambda}_k + O(N^{-(m-d)}) \tag{5.4.27}$$

$$\boldsymbol{y}_k^{(m)} = \hat{\boldsymbol{u}}_k + O(N^{-(m-d)/2}) \tag{5.4.28}$$

(2) 若 $m \geqslant d+1$, 则 $\theta_k^{(m)}$ 和 $\hat{\lambda}_k$ 是特征值 λ_k 的渐近等价估计。如果 $m \geqslant d+2$，则 $\boldsymbol{y}_k^{(m)}$ 和 $\hat{\boldsymbol{e}}_k$ 也是特征向量 $\boldsymbol{u}_k$ 的渐近等价估计。

定理 5.4.3 表明，从三 Lanczos 迭代的第 $m\,(\geqslant d+1)$ 步得到的 d 个比较大的 RR 值可以用来代替信号特征值。但是，还需要先估计 d。为此，构造检验统计量

$$\phi_{\hat{d}} = N(M-\hat{d})\log\left[\frac{\sqrt{\dfrac{1}{M-\hat{d}}\left(\|\hat{\boldsymbol{A}}\|_{\rm F}^2 - \displaystyle\sum_{k=1}^{\hat{d}}\theta_k^{(m)^2}\right)}}{\dfrac{1}{M-\hat{d}}\left(\mathrm{tr}(\hat{\boldsymbol{A}}) - \displaystyle\sum_{k=1}^{\hat{d}}\theta_k^{(m)}\right)}\right] \tag{5.4.29}$$

其中

$$\mathrm{tr}(\hat{\boldsymbol{A}}) = \sum_{k=1}^{M}\hat{\lambda}_k, \qquad \|\hat{\boldsymbol{A}}\|_{\rm F}^2 = \sum_{k=1}^{M}\hat{\lambda}_k^2 \tag{5.4.30}$$

文献 [128] 提出的快速子空间分解算法如下。

算法 5.4.5 快速子空间分解算法 (三 Lanczos 迭代)

步骤 1 适当选择 $\boldsymbol{r}_0=\boldsymbol{f}$，它满足定理 5.4.3 中的条件。令 $m=1, \beta_0=\|\boldsymbol{r}_0\|=1$ 和 $\hat{d}=1$。

步骤 2 执行第 m 次三 Lanczos 迭代 (算法 5.4.1)。

步骤 3 利用算法 5.4.1 得到的 α 和 β 值，构造 $m\times m$ 三对角矩阵 $\boldsymbol{T}_m$，并求其特征值，得到 RR 值 $\theta_i^{(m)}, i=1,2,\cdots,m$。

步骤 4 对 $\hat{d}=1,2,\cdots,m-1$，用式 (5.4.29) 计算检验统计量 $\phi_{\hat{d}}$。若 $\phi_{\hat{d}}\leqslant\gamma_{\hat{d}}c(N)$，则令 $d=\hat{d}$ (接受 H_0 假设)，并转到步骤 5；否则，令 $m=m+1$，并返回步骤 2。

步骤 5 计算 $m\times m$ 三对角矩阵 $\boldsymbol{T}_m$ 的特征值分解，得到与 Krylov 子空间 $\mathcal{K}^m(\hat{\boldsymbol{A}},\boldsymbol{f})$ 相关联的 d 个主 RR 向量 $y_k^{(m)}$。最后的信号子空间估计为 $\text{Span}\{\boldsymbol{y}_1^{(m)},\boldsymbol{y}_2^{(m)},\cdots,\boldsymbol{y}_d^{(m)}\}$。

三 Lanczos 迭代仅适用于 Hermitian 矩阵的三角化，不能够用于非正方的矩阵。下面考虑对 $N\times M$ 数据矩阵 $\boldsymbol{X}_N$ 直接求 RR 向量。

算法 5.4.6 双 Lanczos 迭代 [46]

给定 $\boldsymbol{X}_N;\boldsymbol{p}_0=\boldsymbol{f}$ (单位范数向量); $\beta_0=1;\boldsymbol{u}_0=\boldsymbol{0};j=0$。

while $\beta_j^{(b)}\neq 0$

$\boldsymbol{v}_{j+1}=\boldsymbol{p}_j/\beta_j^{(b)}$;

$j=j+1$;

$\boldsymbol{r}_j=\boldsymbol{X}_N\boldsymbol{v}_j-\beta_{j-1}^{(b)}\boldsymbol{u}_{j-1}$;

$\alpha_j^{(b)}=\|\boldsymbol{r}_j\|$;

$\boldsymbol{u}_j=\boldsymbol{r}_j/\alpha_j^{(b)}$;

$\boldsymbol{p}_j=\boldsymbol{X}_N^{\mathrm{H}}\boldsymbol{u}_j-\alpha_j^{(b)}\boldsymbol{v}$;

$\beta_j^{(b)}=\|\boldsymbol{p}_j\|$;

end

类似于三 Lanczos 迭代，双 Lanczos 迭代给出左 Lanczos 基 $\boldsymbol{U}_j=[\boldsymbol{u}_1,\boldsymbol{u}_2,\cdots,\boldsymbol{u}_j]$，右 Lanczos 基 $\boldsymbol{V}_j=[\boldsymbol{v}_1,\boldsymbol{v}_2,\cdots,\boldsymbol{v}_j]$ 以及双对角矩阵

$$\boldsymbol{B}_j=\begin{bmatrix}\alpha_1^{(b)} & \beta_1^{(b)} & & \\ & \alpha_2^{(b)} & \ddots & \\ & & \ddots & \beta_{j-1}^{(b)} \\ & & & \alpha_j^{(b)}\end{bmatrix} \tag{5.4.31}$$

下面的定理表明，对矩形的数据矩阵 $\boldsymbol{X}_N$ 使用双 Lanczos 迭代等价于对样本协方差矩阵 $\hat{\boldsymbol{A}}$ 使用三 Lanczos 迭代。

定理 5.4.4 [127] 考察任一 $N\times M$ 矩阵 $\boldsymbol{X}_N$。对 $\boldsymbol{X}_N^{\mathrm{H}}\boldsymbol{X}_N$ 应用三 Lanczos 迭代，并对 $\boldsymbol{X}_N$ 使用双 Lanczos 迭代。如果两个算法使用相同的初始值，即如果 $\boldsymbol{q}_1=\boldsymbol{v}_1$，则

(1) $\boldsymbol{Q}_j=\boldsymbol{V}_j,\quad j=1,2,\cdots,M$;

(2) $\boldsymbol{T}_j=\boldsymbol{B}_j^{\mathrm{H}}\boldsymbol{B}_j,\quad j=1,2,\cdots,M$。

根据上述定理描述的等价性，只要将算法 5.4.5 中的三 Lanczos 迭代换成双 Lanczos 迭代，即可得到基于双 Lanczos 迭代的快速子空间分解算法。

算法 5.4.7　快速子空间分解算法 (双 Lanczos 迭代)[127]

步骤 1　适当选择 $\boldsymbol{r}_0 = \boldsymbol{f}$，它满足定理 5.4.3 中的条件。令 $m = 1, \beta_0 = \|\boldsymbol{r}_0\| = 1$ 和 $\hat{d} = 1$。

步骤 2　执行第 m 次双 Lanczos 迭代 (算法 5.4.3)。

步骤 3　利用算法 5.4.6 得到的 α 和 β 值，构造 $m \times m$ 双对角矩阵 $\boldsymbol{B}_m$，并求其奇异值奇异值 $\theta_i^{(m)}, i = 1, 2, \cdots, m$。

步骤 4　对 $\hat{d} = 1, 2, \cdots, m-1$，计算检验统计量

$$\phi_{\hat{d}} = \sqrt{N}|\log(\hat{\sigma}_{\hat{d}}/\hat{\sigma}_{\hat{d}+1})| \tag{5.4.32}$$

式中 $\hat{\sigma}_i = \dfrac{1}{M-j}\left(\left\|\dfrac{1}{\sqrt{N}}\boldsymbol{X}_N\right\|_2^2 - \sum\limits_{i=1}^{j}(\theta_i^{(m)})^2\right)$。若 $\phi_{\hat{d}} < \gamma_{\hat{d}}\sqrt{\log N}$，则令 $d = \hat{d}$ (接受 H_0 假设)，并转到步骤 5；否则，令 $m = m+1$，并返回步骤 2。

步骤 5　计算 $m \times m$ 双对角矩阵 $\boldsymbol{B}_m$ 的奇异值分解，得到与 Krylov 子空间 $\mathcal{K}^m(\hat{\boldsymbol{A}}, \boldsymbol{f})$ 相关联的 d 个主 RR 右奇异向量 $\boldsymbol{v}_k^{(m)}$。最后的信号子空间估计为 $\text{Span}\{\boldsymbol{v}_1^{(m)}, \boldsymbol{v}_2^{(m)}, \cdots, \boldsymbol{v}_d^{(m)}\}$。

文献 [127] 介绍了快速子空间分解在信号处理和无线通信中的应用。

5.5　子空间方法的应用

子空间方法已经广泛应用于雷达、声呐、无线通信、语音信号处理等众多工程领域。本节介绍三个典型应用。

5.5.1　多重信号分类

1. 问题的提出

在雷达、语音处理和无线通信等中，通常使用 m 个传感器或者天线接收 p 个空间信号，其中 $m \geqslant p$。m 个传感器或者天线组成一个阵列，每个传感器或者天线称为阵元。阵列的观测信号向量 $\boldsymbol{x}(n) = [x_1(n), x_2(n), \cdots, x_m(n)]^{\mathrm{T}}$ 通常可以用数学模型

$$\boldsymbol{x}(n) = \boldsymbol{A}(\omega)\boldsymbol{s}(n) + \boldsymbol{e}(n) \tag{5.5.1}$$

描述。式中，$\boldsymbol{s}(n) = [s_1(n), s_2(n), \cdots, s_p(n)]^{\mathrm{T}}$ 为空间信号向量，各个空间信号独立发射；$\boldsymbol{e}(n) = [e_1(n), e_2(n), \cdots, e_m(n)]$ 表示 m 个阵元上的加性噪声，它们通常为统计不相关的高斯白色噪声，具有相同的方差 σ^2。矩阵 $\boldsymbol{A}(\omega) = [\boldsymbol{a}(\omega_1), \boldsymbol{a}(\omega_2), \cdots, \boldsymbol{a}(\omega_p)]$ 称为阵列响应矩阵。在均匀等距离分布的直线阵列的情况下，阵列响应矩阵的向量 $\boldsymbol{a}(\omega) = [1, \mathrm{e}^{\mathrm{j}\omega}, \cdots, \mathrm{e}^{\mathrm{j}(m-1)\omega}]^{\mathrm{T}}$。

现在的问题是，如何利用阵列观测向量，对 p 个空间信号分别进行定位？这个问题称为多重信号分类。多重信号分类的本质是估计每个空间信号入射阵列的方向 $\omega_i, i = 1, 2, \cdots, p$，简称波达方向估计。

2. 噪声子空间方法

阵列观测向量的协方差矩阵

$$\boldsymbol{R}_{xx} = \mathrm{E}\{\boldsymbol{x}(n)\boldsymbol{x}^{\mathrm{H}}(n)\} = \boldsymbol{A}(\omega)\boldsymbol{P}\boldsymbol{A}^{\mathrm{H}}(\omega) + \sigma^2\boldsymbol{I} \tag{5.5.2}$$

其中，$\boldsymbol{P} = \mathrm{E}\{\boldsymbol{s}(n)\boldsymbol{s}^{\mathrm{H}}(n)\}$ 表示空间信号的协方差矩阵，它是未知的，但通常是非奇异矩阵。

令协方差矩阵 $\boldsymbol{R}_{xx}$ 的特征值分解为 $\boldsymbol{R}_{xx} = \boldsymbol{U}\boldsymbol{\Sigma}\boldsymbol{U}^{\mathrm{H}}$，并且 $\boldsymbol{U} = [\boldsymbol{U}_s, \boldsymbol{U}_n]$，则

$$\begin{aligned}
\boldsymbol{R}_{xx}\boldsymbol{U}_n &= [\boldsymbol{U}_s, \boldsymbol{U}_n]\begin{bmatrix}\boldsymbol{\Sigma}_1 & \boldsymbol{O}\\ \boldsymbol{O} & \sigma^2\boldsymbol{I}\end{bmatrix}\begin{bmatrix}\boldsymbol{U}_s^{\mathrm{H}}\\ \boldsymbol{U}_n\end{bmatrix}\boldsymbol{U}_n\\
&= [\boldsymbol{U}_s, \boldsymbol{U}_n]\begin{bmatrix}\boldsymbol{\Sigma}_1 & \boldsymbol{O}\\ \boldsymbol{O} & \sigma^2\boldsymbol{I}\end{bmatrix}\begin{bmatrix}\boldsymbol{U}_s^{\mathrm{H}}\boldsymbol{U}_n\\ \boldsymbol{U}_n\boldsymbol{U}_n^{\mathrm{H}}\end{bmatrix}\\
&= [\boldsymbol{U}_s, \boldsymbol{U}_n]\begin{bmatrix}\boldsymbol{\Sigma}_1 & \boldsymbol{O}\\ \boldsymbol{O} & \sigma^2\boldsymbol{I}\end{bmatrix}\begin{bmatrix}\boldsymbol{O}\\ \boldsymbol{I}\end{bmatrix}\\
&= \sigma^2\boldsymbol{U}_n
\end{aligned}$$

式 (5.5.2) 两边右乘 $\boldsymbol{U}_n$，然后将矩阵乘积与 $\boldsymbol{R}_{xx}\boldsymbol{U}_n = \sigma^2\boldsymbol{U}_n$ 比较，则有

$$\boldsymbol{A}(\omega)\boldsymbol{P}\boldsymbol{A}^{\mathrm{H}}(\omega)\boldsymbol{U}_n\boldsymbol{U}_n = \boldsymbol{O} \tag{5.5.3}$$

两边左乘 $\boldsymbol{U}_n^{\mathrm{H}}$，即得

$$\boldsymbol{U}_n^{\mathrm{H}}\boldsymbol{A}(\omega)\boldsymbol{P}\boldsymbol{A}^{\mathrm{H}}(\omega)\boldsymbol{U}_n = \boldsymbol{O} \tag{5.5.4}$$

由于在 $\boldsymbol{P}$ 非奇异的情况下，$\boldsymbol{B}\boldsymbol{P}\boldsymbol{B}^{\mathrm{H}} = \boldsymbol{O}$ 当且仅当 $\boldsymbol{B} = \boldsymbol{O}$，故有

$$\boldsymbol{U}_n^{\mathrm{H}}\boldsymbol{A}(\omega) = \boldsymbol{O} \quad\Rightarrow\quad \boldsymbol{U}_n^{\mathrm{H}}\boldsymbol{a}(\omega) = \boldsymbol{0},\quad \omega = \omega_1, \omega_2, \cdots, \omega_p \tag{5.5.5}$$

从而有 $\|\boldsymbol{U}_n^{\mathrm{H}}\boldsymbol{a}(\omega)\|_2^2 = 0$，即 $\boldsymbol{a}(\omega)\boldsymbol{U}_n\boldsymbol{U}_n^{\mathrm{H}}\boldsymbol{a}(\omega) = 0, \omega = \omega_1, \omega_2, \cdots, \omega_p$。进一步地，又可改写为空间谱形式

$$P_{\mathrm{MUSIC}}(\omega) = \frac{\boldsymbol{a}^{\mathrm{H}}(\omega)\boldsymbol{a}(\omega)}{\boldsymbol{a}(\omega)\boldsymbol{U}_n\boldsymbol{U}_n^{\mathrm{H}}\boldsymbol{a}(\omega)} \tag{5.5.6}$$

显然，空间谱的峰值出现在波达方向角 $\omega = \omega_1, \omega_2, \cdots, \omega_p$ 上。

上述多重信号分类法就是信号处理中的著名 MUSIC (MUltiple SIgnal Classification) 方法 [110]。由于使用噪声子空间 $\boldsymbol{U}_n\boldsymbol{U}_n^{\mathrm{H}}$ 搜索波达方向，故 MUSIC 方法是一种噪声子空间方法。MUSIC 方法已经广泛应用于雷达、无线通信、信号处理、模式识别等众多工程领域。

5.5.2 子空间白化

令 $\boldsymbol{a}$ 是 $m \times 1$ 随机向量，具有零均值，其协方差矩阵 $\boldsymbol{C}_a = \mathrm{E}\{\boldsymbol{a}\boldsymbol{a}^{\mathrm{H}}\}$。若 $m \times m$ 协方差矩阵 $\boldsymbol{C}_a$ 非奇异，且不等于单位矩阵，则称随机向量 $\boldsymbol{a}$ 为有色或非白随机向量。

令协方差矩阵的特征值分解为 $\boldsymbol{C}_a = \boldsymbol{V}\boldsymbol{D}\boldsymbol{V}^{\mathrm{H}}$，并且矩阵

$$\boldsymbol{W} = \boldsymbol{V}\boldsymbol{D}^{-1/2}\boldsymbol{V}^{\mathrm{H}} = \boldsymbol{C}_a^{-1/2} \tag{5.5.7}$$

则变换结果

$$\boldsymbol{b}=\boldsymbol{W}\boldsymbol{a}=\boldsymbol{C}_a^{-1/2}\boldsymbol{a} \tag{5.5.8}$$

的协方差矩阵等于单位矩阵，即有

$$\boldsymbol{C}_b=\mathrm{E}\{\boldsymbol{b}\boldsymbol{b}^{\mathrm{H}}\}=\boldsymbol{W}\boldsymbol{C}_a\boldsymbol{W}^{\mathrm{H}}=\boldsymbol{C}_a^{-1/2}\mathrm{E}\{\boldsymbol{a}\boldsymbol{a}^{\mathrm{H}}\}[\boldsymbol{C}_a^{-1/2}]^{\mathrm{H}}=\boldsymbol{I} \tag{5.5.9}$$

因为 $\boldsymbol{C}_a^{-1/2}=\boldsymbol{V}\boldsymbol{D}^{-1/2}\boldsymbol{V}^{\mathrm{H}}$ 为 Hermitian 矩阵。上式表明，随机向量 $\boldsymbol{b}$ 为标准白色随机向量(随机向量的各元素相互统计不相关，并且各方差均等于 1)。换言之，原来有色的随机向量经过线性变换 $\boldsymbol{W}\boldsymbol{a}$ 之后，变成了白色随机向量。线性变换矩阵 $\boldsymbol{W}=\boldsymbol{C}_a^{-1/2}$ 称为随机向量 $\boldsymbol{a}$ 的白化矩阵。

然而，若 $m\times m$ 协方差矩阵 $\boldsymbol{C}_a$ 奇异或者秩亏缺，例如 $\mathrm{rank}(\boldsymbol{C}_a)=n<m$，则不存在使 $\boldsymbol{W}\boldsymbol{C}_a\boldsymbol{W}^{\mathrm{H}}=\boldsymbol{I}$ 的白化矩阵 $\boldsymbol{W}$。此时，应该考虑在秩空间 $V=\mathrm{Range}(\boldsymbol{C}_a)=\mathrm{Col}(\boldsymbol{C}_a)$ 上使随机向量 $\boldsymbol{a}$ 白化。这一白化称为子空间白化 (subspace whitening)，是 Eldar 和 Oppenheim 于 2003 年提出的[32]。

若秩亏缺的协方差矩阵 $\boldsymbol{C}_a$ 的特征值分解为

$$\boldsymbol{C}_a=[\boldsymbol{V}_1,\boldsymbol{V}_2]\begin{bmatrix}\boldsymbol{D}_{n\times n} & \boldsymbol{O}_{n\times(m-n)}\\ \boldsymbol{O}_{(m-n)\times n} & \boldsymbol{O}_{(m-n)\times(m-n)}\end{bmatrix}\begin{bmatrix}\boldsymbol{V}_1^{\mathrm{H}}\\ \boldsymbol{V}_2^{\mathrm{H}}\end{bmatrix} \tag{5.5.10}$$

并令

$$\boldsymbol{W}=\boldsymbol{V}_1\boldsymbol{D}^{-1/2}\boldsymbol{V}_1^{\mathrm{H}} \tag{5.5.11}$$

则易知线性变换结果

$$\boldsymbol{b}=\boldsymbol{W}\boldsymbol{a}=\boldsymbol{V}_1\boldsymbol{D}^{-1/2}\boldsymbol{V}_1^{\mathrm{H}}\boldsymbol{a} \tag{5.5.12}$$

的协方差矩阵

$$\begin{aligned}\boldsymbol{C}_b&=\mathrm{E}\{\boldsymbol{b}\boldsymbol{b}^{\mathrm{H}}\}=\boldsymbol{W}\boldsymbol{C}_a\boldsymbol{W}^{\mathrm{H}}\\ &=\boldsymbol{V}_1\boldsymbol{D}^{-1/2}\boldsymbol{V}_1^{\mathrm{H}}[\boldsymbol{V}_1,\boldsymbol{V}_2]\begin{bmatrix}\boldsymbol{D} & \boldsymbol{O}\\ \boldsymbol{O} & \boldsymbol{O}\end{bmatrix}\begin{bmatrix}\boldsymbol{V}_1^{\mathrm{H}}\\ \boldsymbol{V}_2^{\mathrm{H}}\end{bmatrix}\boldsymbol{V}_1\boldsymbol{D}^{-1/2}\boldsymbol{V}_1^{\mathrm{H}}\\ &=[\boldsymbol{V}_1\boldsymbol{D}^{-1/2},\boldsymbol{O}]\begin{bmatrix}\boldsymbol{D} & \boldsymbol{O}\\ \boldsymbol{O} & \boldsymbol{O}\end{bmatrix}\begin{bmatrix}\boldsymbol{D}^{-1/2}\boldsymbol{V}_1^{\mathrm{H}}\\ \boldsymbol{O}\end{bmatrix}=\begin{bmatrix}\boldsymbol{I}_n & \boldsymbol{O}\\ \boldsymbol{O} & \boldsymbol{O}\end{bmatrix}\end{aligned}$$

即 $\boldsymbol{b}=\boldsymbol{W}\boldsymbol{a}$ 是在子空间 $\mathrm{Range}(\boldsymbol{C}_a)$ 内的白色随机向量。因此，称 $\boldsymbol{W}=\boldsymbol{V}_1\boldsymbol{D}^{-1/2}\boldsymbol{V}_1^{\mathrm{H}}$ 为子空间白化矩阵。关于子空间白化及其具体实现，读者可进一步参考文献 [32]。

5.5.3 盲信道估计的子空间方法

1. 问题的背景

在宽带无线通信系统中，由于信道带宽远大于相干带宽，导致符号周期小于信道的时延扩展。此时，传播信道不能用单抽头来描述，即信道不是平衰落的，需要考虑多径效应的影响。由于符号周期小于多径之间的时间差，因而会使每个符号的多径拖尾与后面的符号叠加，产生码间串扰 (Inter-symbol interference, ISI)。码间串扰严重影响系统的误比特率 (bit error rate, BER) 性能。因此，信道估计是无线通信系统设计的关键环节之一，是进行均衡器设计的基本前提。在基于训练样本的信道估计方法中，需要周期性的发送训练样本来实时更新信道估计，这样会减少信道的传输速率。在最近被广泛研究的 Massive MIMO 系统中，基站侧的天线数目十分巨大，若通过在前向链路 (下行) 中发送导频，用户根据接收到的导频进行信道估计后，反馈给基站，将会在用户侧产生巨大的计算量，增加用户设备的复杂度，而且还会占用大量的上行通信资源。虽然在 TDD Massive MIMO 系统中，可以通过信道的互易性只在上行发送导频，在基站侧进行信道估计，但是由于基站侧和用户侧的收发机的不完美性，使得信道两端的收发机硬件不具有互易性。此外，在大规模天线系统中，通过发射导频进行信道估计的方式可能会产生严重的导频污染，使得系统出现较强的多小区干扰。因此，在数据传输速率越来越高的数字移动通信和数字广播上，无须发送训练序列的盲信道估计方法越来越受到广泛的关注。

盲信道估计利用输入信号的统计特性或者根据输入信号的特殊结构来实现信道参数估计。盲信道估计方法主要分为基于高阶统计量 (High-order statistics, HOS) 和基于二阶统计量 (Second-order statistics, SOS) 的信道估计算法。高阶统计量虽然比二阶统计量能携带更多的信息 (如相位信息)，但基于高阶统计量的信道估计方法往往具有较大的估计方差，要使估计无偏或者渐进无偏，必须要有足够长的样本数据。对于实时的在线估计，这也意味着估计算法的收敛时间会很长；此外，高阶统计量的计算复杂度也很高。相对于 HOS 的盲信道估计算法，二阶统计量并不能完全携带信道的所有信息，并且有较为严格的盲信道辨识条件，但由于其具有较快的收敛速度和较低的复杂度等 HOS 算法不可比拟的优点，大量的盲信道估计算法都以二阶统计量方法为主。目前，基于 SOS 的盲信道估计方法主要有基于子空间分解的盲信道估计、总体最小二乘盲信道估计和二次迭代最大似然盲信道估计。在本案例中，我们将介绍基于子空间方法的盲信道估计，其主要思想是通过对接收信号的自协方差矩阵进行特征值分解构造信号子空间和噪声子空间，利用信号子空间和噪声子空间的正交性对信道进行估计。

2. 问题的提出

在通信系统中，用 d_n 表示离散数字信源在时刻 nT 发送的符号，其中 T 为符号周期。离散数字信号经过调制、发射滤波、信道、接收滤波、解调得到一个时域连续的信号 $x(t)$，其基带传输模型可等效为

$$x(t) = \sum_{m=-\infty}^{+\infty} d_m h(t - mT) + b(t) \tag{5.5.13}$$

其中，$b(t)$ 为带窄带加性高斯白噪声，而 $h(t)$ 为等效信道冲激响应。

对上面得到的时域连续信号 $x(t)$ 以间隔 Δ 进行过采样 (over-sampling)，一共可以得到 $L = T/\Delta$ 组过采样信号

$$x_n^{(i)} = x(t_0 + i\Delta + mT) + b_n^{(i)} \tag{5.5.14}$$

其中，$0 \leqslant i \leqslant L-1$。每个 $x_n^{(i)}$ 都是在同一个符号周期 T 内得到的。考虑到信道可等效为一

个 FIR 滤波器，可进一步得到

$$x_n^{(i)}=\sum_{m=0}^{M-1}d_{n-m}h(t_0+i\Delta+mT)+b_n^{(i)} \tag{5.5.15}$$

其中 $b_n^{(i)}=b(t_0+i\Delta+nT)$ 是 $b(t)$ 的采样点。$x_n^{(i)}$ 所对应的信道冲激响应向量为

$$\begin{aligned}\boldsymbol{h}^{(i)}&=[h_0^{(i)},h_1^{(i)},\cdots,h_{M-1}^{(i)}]^{\mathrm{T}}\\&=[h(t_0+i\Delta),h(t_0+i\Delta+T),\cdots,h(t_0+i\Delta+(M-1)T)]^{\mathrm{T}}\end{aligned} \tag{5.5.16}$$

上式中，$M=\tau_{max}/T$ 为多径信道长度。将 N 个连续接收到的信号组成一个向量，即 $\boldsymbol{x}_n^{(i)}=[x_n^i,\cdots,x_{n-N+1}^i]^{\mathrm{T}}$，将 N 个码元周期内的信号写成矩阵 - 向量形式

$$\boldsymbol{x}_n^{(i)}=\boldsymbol{\mathcal{H}}_N^{(i)}\boldsymbol{d}_n+\boldsymbol{b}_n^{(i)} \tag{5.5.17}$$

其中，$\boldsymbol{b}_n^{(i)}=[b_n^{(i)},\cdots,b_{n-N+1}^{(i)}]^{\mathrm{T}}$ 为 $N\times 1$ 噪声向量；$\boldsymbol{d}_n$ 为 $(N+M-1)\times 1$ 符号向量，$\boldsymbol{\mathcal{H}}_N^{(i)}$ 是 $N\times(N+M-1)$ 线性滤波矩阵，定义为

$$\boldsymbol{\mathcal{H}}_N^{(i)}=\begin{bmatrix}h_0^{(i)} & \cdots & h_{M-1}^{(i)} & 0 & \cdots & \cdots & 0\\ 0 & h_0^{(i)} & \cdots & h_{M-1}^{(i)} & 0 & \cdots & 0\\ \vdots & & & & & & \vdots\\ 0 & \cdots & \cdots & 0 & h_0^{(i)} & \cdots & h_{M-1}^{(i)}\end{bmatrix} \tag{5.5.18}$$

进一步可将所有过采样信号整合为

$$\begin{bmatrix}\boldsymbol{x}_n^{(0)}\\ \vdots\\ \boldsymbol{x}_n^{(L-1)}\end{bmatrix}=\begin{bmatrix}\boldsymbol{\mathcal{H}}_N^{(0)}\\ \vdots\\ \boldsymbol{\mathcal{H}}_N^{(L-1)}\end{bmatrix}\boldsymbol{d}_n+\begin{bmatrix}\boldsymbol{b}_n^{(0)}\\ \vdots\\ \boldsymbol{b}_n^{(L-1)}\end{bmatrix} \tag{5.5.19}$$

基于此模型，可实现基于 MUSIC 等子空间算法的信号响应系数的盲估计。

假定采用 4-QAM 调制，即 $d_n\in\{1+j,1-j,-1+j,-1-j\}$，本案例将通过计算机仿真对盲信道估计的子空间方法的性能进行分析，要求如下：

(1) 选取一组特定参数值 $L=4,M=6,N=10,\mathrm{SNR}=16\mathrm{dB}$，码元个数为 1000，随机产生信道系数。利用信号子空间方法和噪声子空间方法分别进行信道估计。分别画出真实信道与估计信道的实部与虚部；

(2) 讨论不同的码元个数、噪声强度对整个估计性能的影响；

(3) 在噪声子空间方法中，讨论噪声子空间的不同维数对估计性能的影响；

(4) 讨论多径数 M，采样窗长 N，过采样倍数 L 对估计性能的影响。试分析为何必须满足 $LN>(M+N)$?

3. 问题的分析

盲信道估计的目标就是从接收信号中尽可能准确地估计 $LM\times 1$ 信道响应系数向量

$$\boldsymbol{h}=[(\boldsymbol{h}^{(0)})^{\mathrm{T}},(\boldsymbol{h}^{(1)})^{\mathrm{T}},\cdots,(\boldsymbol{h}^{(L-1)})^{\mathrm{T}}]^{\mathrm{T}} \tag{5.5.20}$$

接收信号记为

$$\boldsymbol{x}_n = [(\boldsymbol{x}_n^{(0)})^{\mathrm{T}}, \boldsymbol{x}_n^{(1)})^{\mathrm{T}}, \cdots, (\boldsymbol{x}_n^{(L-1)})^{\mathrm{T}}]^{\mathrm{T}} \tag{5.5.21}$$

若令

$$\boldsymbol{\mathcal{H}}_N = \begin{bmatrix} \boldsymbol{\mathcal{H}}_N^{(0)} \\ \vdots \\ \boldsymbol{\mathcal{H}}_N^{(L-1)} \end{bmatrix} \tag{5.5.22}$$

则过采样接收过程可表示为

$$\boldsymbol{x}_n = \boldsymbol{\mathcal{H}}_N \boldsymbol{d}_n + \boldsymbol{b}_n \tag{5.5.23}$$

为了使用子空间方法对信道进行有效的盲估计，可以根据问题的实际情况进行如下的假设：

(1) 信道冲激响应 $h(t)$ 的长度是有限的，即信道可以等效为一个 FIR 滤波器；

(2) 在一个符号周期 T 内，可以对接收信号进行多次测量，这可以通过过采样或者多天线接收来实现；

(3) 接收端的测量噪声与发送序列无关；

(4) 信源的自协方差矩阵 $\boldsymbol{R}_d$ 是满秩的，信道矩阵 $\boldsymbol{\mathcal{H}}_N$ 是满列秩的。

基于子空间方法的盲信道估计是在对 $\boldsymbol{X}_n$ 的自协方差矩阵 $\boldsymbol{R}_x$ 进行特征值分解的基础上进行的。其中，$\boldsymbol{R}_x$ 为 $LN \times LN$ Hermitian 矩阵

$$\boldsymbol{R}_x = \mathrm{E}\{\boldsymbol{x}_n \boldsymbol{x}_n^{\mathrm{H}}\} \tag{5.5.24}$$

假设接收端的测量噪声与发送序列无关，则有

$$\boldsymbol{R}_x = \boldsymbol{\mathcal{H}}_N \boldsymbol{R}_d \boldsymbol{\mathcal{H}}_N + \boldsymbol{R}_b \tag{5.5.25}$$

其中，$\boldsymbol{R}_d = \mathrm{E}\{\boldsymbol{d}_n \boldsymbol{d}_n^{\mathrm{H}}\}$ 和 $\boldsymbol{R}_b = \mathrm{E}\{\boldsymbol{b}_n \boldsymbol{b}_n^{\mathrm{H}}\}$ 分别为发送码元和测量噪声的自协方差矩阵。若噪声的方差为 σ^2，则

$$\boldsymbol{R}_b = \sigma^2 \boldsymbol{I} \tag{5.5.26}$$

在实际中，可以通过对大量数据块取算术平均来得到接收信号的自协方差矩阵的估计

$$\hat{\boldsymbol{R}}_x = \frac{1}{N_b} \sum_{n=1}^{N_b} \boldsymbol{x}_n \boldsymbol{x}_n^{\mathrm{H}} \tag{5.5.27}$$

其中 N_b 表示计算自协方差矩阵所需的接收符号块个数。一般来说，N_b 越大，估计所得的自协方差矩阵越准确。

4. 模型的建立与求解

设 $\lambda_0 \geqslant \lambda_1 \geqslant \cdots \geqslant \lambda_{LN-1}$ 为 $\boldsymbol{R}_x$ 的特征值，由于 $\boldsymbol{R}_d$ 是满秩矩阵，从而 $\boldsymbol{\mathcal{H}}_N \boldsymbol{R}_d \boldsymbol{\mathcal{H}}_N$ 的秩为 $M+N-1$，因此有

$$\begin{aligned} &\lambda_i > \sigma^2, \quad i = 0, 1, \cdots, M+N-2 \\ &\lambda_i = \sigma^2, \quad i = M+N-1, \cdots, LN-1 \end{aligned}$$

设 $\lambda_0,\lambda_1,\cdots,\lambda_{M+N-2}$ 的特征向量分别为 $\boldsymbol{s}_0,\boldsymbol{s}_1,\cdots,\boldsymbol{s}_{M+N-2}$，而 $\lambda_{M+N-1},\cdots,\lambda_{LN-2}$ 对应的特征向量分别为 $\boldsymbol{g}_0,\cdots,\boldsymbol{g}_{LN-M-N}$。若令

$$\boldsymbol{S}=[\boldsymbol{s}_0,\boldsymbol{s}_1,\cdots,\boldsymbol{s}_{M+N-2}] \tag{5.5.28}$$

$$\boldsymbol{G}=[\boldsymbol{g}_0,\boldsymbol{g}_1,\cdots,\boldsymbol{g}_{LN-M-N}] \tag{5.5.29}$$

则有

$$\boldsymbol{R}_x=\boldsymbol{S}\mathrm{diag}(\lambda_0,\lambda_1,\cdots,\lambda_{M+N-2})\boldsymbol{S}^{\mathrm{H}}+\sigma^2\boldsymbol{G}\boldsymbol{G}^{\mathrm{H}} \tag{5.5.30}$$

于是，矩阵 $\boldsymbol{S}$ 的列张成的线性空间 $\mathrm{Span}\{\boldsymbol{s}_0,\boldsymbol{s}_1,\cdots,\boldsymbol{s}_{M+N-2}\}$ 为信号子空间，由矩阵 $\boldsymbol{G}$ 的列张成的线性空间 $\mathrm{Span}\{\boldsymbol{g}_0,\cdots,\boldsymbol{g}_{LN-M-N}\}$ 为噪声子空间。信号子空间 $\mathrm{Span}\{\boldsymbol{S}\}$ 和噪声子空间 $\mathrm{Span}\{\boldsymbol{G}\}$ 互为正交补，并且信号子空间 $\mathrm{Span}\{\boldsymbol{S}\}$ 与过采样信道矩阵 $\boldsymbol{\mathcal{H}}_N$ 的列向量张成的线性空间 $\mathrm{Span}\{\boldsymbol{\mathcal{H}}_N\}$ 是相等的，即有

$$\boldsymbol{G}_i^{\mathrm{H}}\boldsymbol{\mathcal{H}}_N=\boldsymbol{0},\quad 0\leqslant i\leqslant LN-M-N \tag{5.5.31}$$

定理 5.5.1　若 $\boldsymbol{\mathcal{H}}_{N-1}$ 是满列秩的，$\hat{\boldsymbol{\mathcal{H}}}$ 是与 $\boldsymbol{\mathcal{H}}_N$ 具有相同行、列数的块 Toeplitz 矩阵，则 $\boldsymbol{\mathcal{H}}_N=\mathrm{Span}\{\hat{\boldsymbol{\mathcal{H}}}\}$ 的充要条件是 $\boldsymbol{H}$ 与 $\hat{\boldsymbol{H}}$ 成比例，即存在 $\boldsymbol{\Omega}$ 可逆，使得 $\hat{\boldsymbol{H}}=\boldsymbol{\Omega}\boldsymbol{H}$。

该定理指出，利用子空间理论估计所得到的信道冲激响应系数 $\hat{\boldsymbol{H}}$ 与真实的信道冲激响应系数存在一个相乘的关系

$$\hat{\boldsymbol{H}}=\boldsymbol{\Omega}\boldsymbol{H} \tag{5.5.32}$$

其中，矩阵 $\boldsymbol{\Omega}$ 表示盲估计算法的模糊度。模糊度问题是基于二阶统计量的信道估计算法所固有的问题，可以通过发送很少数量的导频信号即可得到解决。

构造代价函数

$$q(\boldsymbol{H})=\sum_{i=0}^{LN-M-N}|\boldsymbol{G}_i^{\mathrm{H}}\boldsymbol{\mathcal{H}}_N|^2 \tag{5.5.33}$$

最小化该代价函数可使得估计的信道冲激响应系数尽可能满足正交条件。

5. 模型求解与仿真结果分析

为了研究基于子空间方法的盲信道估计中码元个数、噪声强度、子空间维数、信道多径数、采样窗长和过采样率等参数对信道估计性能的影响，在数字通信系统中对该算法进行了 Monte Carlo 仿真。其中，信道估计的误差定义为

$$\mathrm{err}=\frac{1}{LM}\sum_{i=0}^{LM-1}|\hat{\boldsymbol{H}}_i-\boldsymbol{H}_i| \tag{5.5.34}$$

仿真参数设置如下：(1) 过采样率 $L=4$，(2) 信道长度 $M=6$，(3) 采样窗长 $N=10$，(4) 信噪比 SNR = 16dB，(5) 码元个数 $SL=1000$，(6) 调制方式为 4-QAM。

分别使用信号子空间方法和噪声子空间方法进行盲信道估计，Monte Carlo 独立仿真次数各为 30 次。

图 5.5.1 为信号子空间方法估计的结果。

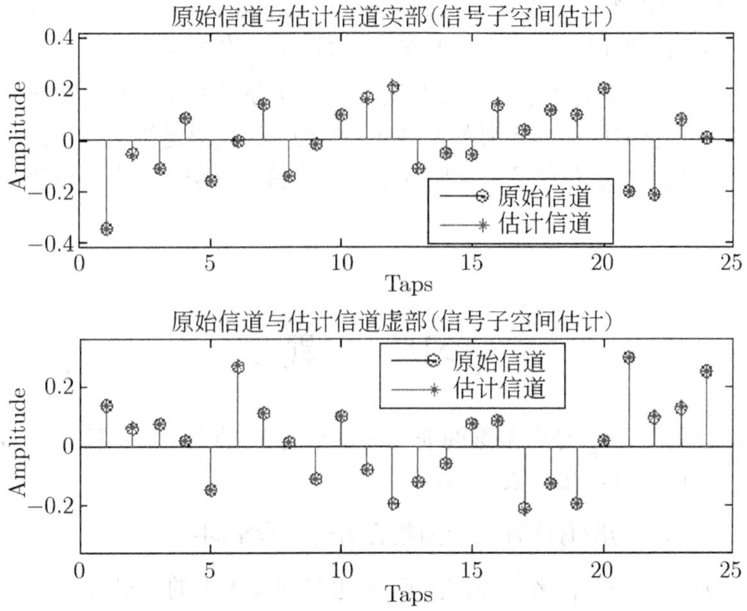

图 5.5.1 信号子空间方法估计的结果

噪声子空间方法估计的结果如图 5.5.2 所示。

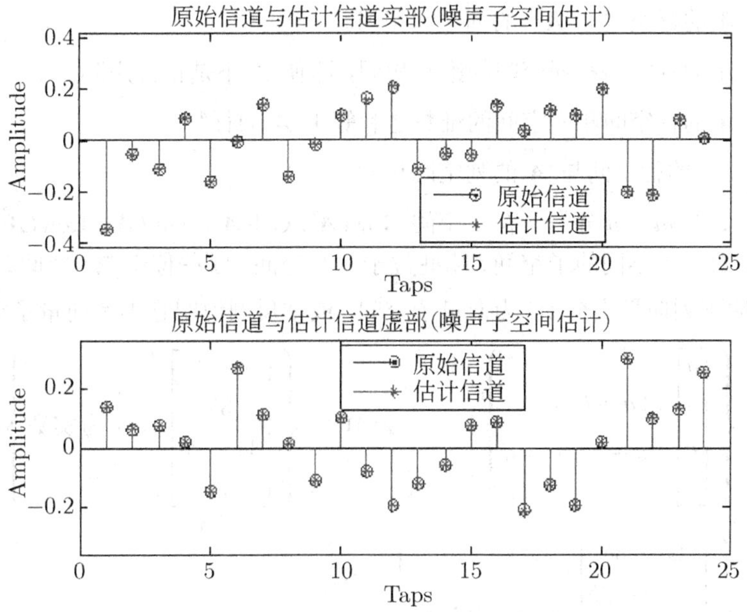

图 5.5.2 噪声子空间方法估计的结果

本章小结

本章从子空间的代数关系和几何关系入手，首先介绍子空间的一般理论，然后具体分析矩阵的基本子空间 (行空间、列空间和零空间) 的性质与构造方法。

本章的重点是信号子空间分析方法和噪声子空间分析方法。为了使子空间方法能够自适应实现，介绍了子空间跟踪和更新的两种代表性方法：投影逼近子空间跟踪和快速子空间分解。针对工程问题，本章介绍了子空间方法在多重信号分类、子空间白化和盲信道估计中的应用。

习　题

5.1 令 $\boldsymbol{u}_1, \boldsymbol{u}_2, \cdots, \boldsymbol{u}_p$ 是有限维的非零向量空间 V 的向量，并且 $S = \{\boldsymbol{u}_1, \boldsymbol{u}_2, \cdots, \boldsymbol{u}_p\}$ 为一向量集合。判断下列结果的真与伪：

(1) $\boldsymbol{u}_1, \boldsymbol{u}_2, \cdots, \boldsymbol{u}_p$ 的所有线性组合的集合为一向量空间；

(2) 若 $\{\boldsymbol{u}_1, \boldsymbol{u}_2, \cdots, \boldsymbol{u}_{p-1}\}$ 线性无关，则 S 也是线性无关的向量集合；

(3) 若向量集合 S 线性无关，则 S 是向量空间 V 的一组基；

(4) 若 $V = \text{Span}\{\boldsymbol{u}_1, \boldsymbol{u}_2, \cdots, \boldsymbol{u}_p\}$，则 S 的某个子集是 V 的一组基；

(5) 若 $\dim(V) = p$ 和 $V = \text{Span}\{\boldsymbol{u}_1, \boldsymbol{u}_2, \cdots, \boldsymbol{u}_p\}$，则向量集合 S 不可能线性相关。

5.2 判断下列结果是否为真：

(1) 矩阵 $\boldsymbol{A}$ 的行空间与 $\boldsymbol{A}^{\text{T}}$ 的列空间相同。

(2) 矩阵 $\boldsymbol{A}$ 的行空间和列空间的维数相同，即使 $\boldsymbol{A}$ 不是正方矩阵。

(3) 矩阵 $\boldsymbol{A}$ 的行空间和零空间的维数之和等于 $\boldsymbol{A}$ 的行数。

(4) 矩阵 $\boldsymbol{A}^{\text{T}}$ 的行空间与 $\boldsymbol{A}$ 的列空间相同。

5.3 令 $\boldsymbol{A}$ 为 $m \times n$ 矩阵，在子空间 $\text{Row}(\boldsymbol{A})$, $\text{Col}(\boldsymbol{A})$, $\text{Null}(\boldsymbol{A})$, $\text{Row}(\boldsymbol{A}^{\text{T}})$, $\text{Col}(\boldsymbol{A}^{\text{T}})$ 和 $\text{Null}(\boldsymbol{A}^{\text{T}})$ 内，有几个不同的子空间？哪些位于 $\mathbb{R}^m$ 空间，哪些位于 $\mathbb{R}^n$ 空间？

5.4 证明下列向量集合 W 为向量子空间，或举反例说明它不是向量子空间：

(1) $W = \left\{ \begin{bmatrix} a \\ b \\ c \\ d \end{bmatrix} \middle| \begin{array}{l} 2a+b=c \\ a+b+c=d \end{array} \right\}$；　　(2) $W = \left\{ \begin{bmatrix} a-b \\ 3b \\ 3a-2b \\ a \end{bmatrix} \middle| a, b \text{ 为实数} \right\}$；

(3) $W = \left\{ \begin{bmatrix} 2a+3b \\ c+a-2b \\ 4c+a \\ 3c-a-b \end{bmatrix} \middle| a, b, c \text{ 为实数} \right\}$

5.5 已知

$$\boldsymbol{A}=\begin{bmatrix}8&2&9\\-3&-2&-4\\5&0&5\end{bmatrix},\qquad \boldsymbol{w}=\begin{bmatrix}2\\1\\-2\end{bmatrix}$$

判断 $\boldsymbol{w}$ 是在列空间 $\mathrm{Col}(\boldsymbol{A})$ 还是零空间 $\mathrm{Null}(\boldsymbol{A})$?

5.6 一个 7×10 矩阵能否有二维的零空间?

5.7 试证明 $\boldsymbol{v}$ 在矩阵 $\boldsymbol{A}$ 的列空间 $\mathrm{Col}(\boldsymbol{A})$ 内，若 $\boldsymbol{A}\boldsymbol{v}=\lambda\boldsymbol{v}$，且 $\lambda\neq 0$。

5.8 令 $\boldsymbol{V}_1$ 和 $\boldsymbol{V}_2$ 的列向量分别是 $\mathbb{C}^n$ 的同一子空间的正交基，证明 $\boldsymbol{V}_1\boldsymbol{V}_1^{\mathrm{H}}\boldsymbol{x}=\boldsymbol{V}_2\boldsymbol{V}_2^{\mathrm{H}}\boldsymbol{x}, \forall\,\boldsymbol{x}$。

5.9 令 V 是一子空间，且 S 是 V 的生成元或张成集合。已知

$$S=\left\{\begin{bmatrix}1\\0\\-1\end{bmatrix},\begin{bmatrix}-1\\-2\\-3\end{bmatrix},\begin{bmatrix}1\\1\\2\end{bmatrix},\begin{bmatrix}2\\-1\\0\end{bmatrix}\right\}$$

求 V 的基，并计算 $\dim(V)$。

5.10 题图 5.10 中的电路由电阻 R (Ω)、电感 L (H) 和电容 C (F) 和初始电压源 V 组成。令 $b=R/(2L)$，并假定 R,L,C 的值使得 b 的数值也等于 $1/\sqrt{LC}$ (例如，伏特计就是这种情况)。令 $v(t)$ 是在时间 t 测得的电容两端的瞬时电压，而 H 是将 $v(t)$ 映射为 $Lv''(t)+Rv'(t)+(1/C)v(t)$ 的线性变换的零空间。可以证明，v 位于零空间 H 内，并且 H 由所有具有形式 $v(t)=\mathrm{e}^{-bt}(c_1+c_2t)$ 的函数组成。求零空间 H 的一组基。

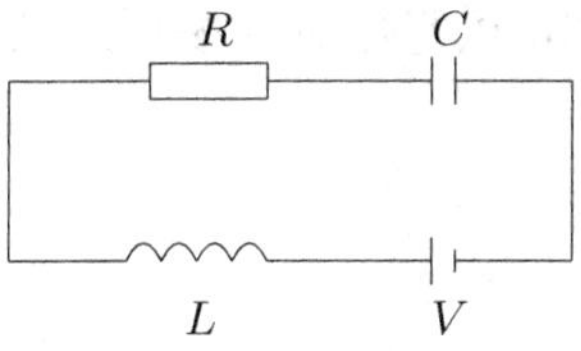

题图 5.10 电路图

5.11 一质量为 m 的物体挂在一弹簧的末端。如果压紧该弹簧，然后再释放，这一质量 — 弹簧系统就会开始振荡。假定质量 m 与其静止位置的位移 $y(t)$ 由函数

$$y(t)=c_1\cos(\omega t)+c_2\sin(\omega t)$$

描述，其中，ω 是一个与质量 m 和弹簧有关的常数。固定 ω，令 c_1 和 c_2 任意。

(1) 证明：描述质量 — 弹簧系统振荡的函数 $y(t)$ 的集合为一向量空间 V。

(2) 求向量空间 V 的一组基。

5.12 令 $\boldsymbol{A}$ 和 $\boldsymbol{B}$ 是两个 $m\times n$ 矩阵，并且 $m\geqslant n$。证明

$$\min_{\boldsymbol{Q}^{\mathrm{T}}\boldsymbol{Q}=\boldsymbol{I}_n}\|\boldsymbol{A}-\boldsymbol{B}\boldsymbol{Q}\|_{\mathrm{F}}^2=\sum_{i=1}^{n}[(\sigma_i(\boldsymbol{A}))^2-2\sigma_i(\boldsymbol{B}^{\mathrm{T}}\boldsymbol{A})+(\sigma_i(\boldsymbol{B}))^2]$$

式中，$\sigma_i(\boldsymbol{A})$ 是矩阵 $\boldsymbol{A}$ 的第 i 个奇异值。

5.13　已知矩阵

$$A=\begin{bmatrix}2&5&-8&0&17\\1&3&-5&1&5\\-3&-11&19&-7&-1\\1&7&-13&5&-3\end{bmatrix}$$

试求其列空间、行空间和零空间的基。

5.14　已知

$$A=\begin{bmatrix}-2&1&-1&6&-8\\1&-2&-4&3&-2\\7&-8&-10&-3&10\\4&-5&-7&0&4\end{bmatrix},\quad B=\begin{bmatrix}1&-2&-4&3&-2\\0&3&9&-12&12\\0&0&0&0&0\\0&0&0&0&0\end{bmatrix}$$

是两个行等价的矩阵，试求：

(1) 矩阵 $\boldsymbol{A}$ 的秩和零空间 $\mathrm{Null}(\boldsymbol{A})$ 的维数；

(2) 列空间 $\mathrm{Col}(\boldsymbol{A})$ 和行空间 $\mathrm{Row}(\boldsymbol{A})$ 的基；

(3) 如果希望求零空间 $\mathrm{Null}(\boldsymbol{A})$ 的基，下一步应该执行什么运算？

(4) 在 $\boldsymbol{A}^{\mathrm{T}}$ 的行阶梯型中有几个主元列？

5.15　令 $\boldsymbol{A}$ 是一个 $n\times n$ 对称矩阵，证明：

(1) $(\mathrm{Col}\boldsymbol{A})^{\perp}=\mathrm{Null}(\boldsymbol{A})$。

(2) $\mathbb{R}^n$ 内的每一个向量 $\boldsymbol{x}$ 都可以写作 $\boldsymbol{x}=\hat{\boldsymbol{x}}+\boldsymbol{z}$，式中，$\hat{\boldsymbol{x}}\in\mathrm{Col}(\boldsymbol{A})$，$\boldsymbol{z}\in\mathrm{Null}(\boldsymbol{A})$。

第 6 章

广义逆与矩阵方程求解

在众多科学与工程学科，如物理、化学工程、统计学、经济学、生物学、信号处理、自动控制、系统理论、医学和军事工程等中，许多问题都可通过数学建模构成矩阵方程 $\boldsymbol{Ax}=\boldsymbol{b}$。在工程应用中，矩阵方程较少以适定方程的形式出现，大多为超定方程，有些为欠定方程，超定和欠定矩阵方程的求解都与广义逆矩阵密切相关。

6.1 广义逆矩阵

非奇异矩阵 $\boldsymbol{A}\in\mathbb{C}^{n\times n}$ 有逆矩阵，即存在 $\boldsymbol{A}$ 使得 $\boldsymbol{AA}^{-1}=\boldsymbol{A}^{-1}\boldsymbol{A}=\boldsymbol{I}_n$。对于一般矩阵 $\boldsymbol{A}\in\mathbb{C}^{m\times n}$，没有它的逆矩阵，但可以定义"广义逆矩阵"。广义逆矩阵在 1960 年代由 Moore 提出，在优化计算及工程中得到广泛使用。

广义逆矩阵分为两大类型：(1) 满列秩或满行秩矩阵的广义逆矩阵；(2) 秩亏缺矩阵的广义逆矩阵，称为 Moore-Penrose 逆矩阵。

6.1.1 满列秩和满行秩矩阵的广义逆矩阵

当一个非正方矩阵 $\boldsymbol{A}\in\mathbb{C}^{m\times n}$ 具有满列秩或者满行秩时，其广义逆矩阵 $\boldsymbol{A}^{\dagger}$ 不再满足 $\boldsymbol{AA}^{-1}=\boldsymbol{A}^{-1}\boldsymbol{A}=\boldsymbol{I}$，而是只满足 $\boldsymbol{A}^{\dagger}\boldsymbol{A}=\boldsymbol{I}_n$ 或者 $\boldsymbol{AA}^{\dagger}=\boldsymbol{I}_m$。

一个非正方矩阵 $\boldsymbol{A}\in\mathbb{C}^{m\times n}$ 具有满列秩时，意味着该矩阵是一个行数 m 大于列数 n 的"高"矩阵。$m\times n$ 高矩阵 $\boldsymbol{A}$ 的广义逆矩阵只满足 $\boldsymbol{A}^{\dagger}\boldsymbol{A}=\boldsymbol{I}_n$，因为 $\boldsymbol{AA}^{\dagger}$ 是一个 $m\times m$ 矩阵，其维数大于原矩阵的秩 n，一定是奇异矩阵，不可能等于一个 $m\times m$ 单位矩阵。

满足左边可逆条件 $\boldsymbol{A}^{\dagger}\boldsymbol{A}=\boldsymbol{I}$ 的逆矩阵称为左伪逆矩阵 (left pseudo inverse)，定义为

$$\boldsymbol{A}_{\mathrm{LS}}^{\dagger}=(\boldsymbol{A}^{\mathrm{T}}\boldsymbol{A})^{-1}\boldsymbol{A}^{\mathrm{H}} \tag{6.1.1}$$

考虑超定矩阵方程 $\boldsymbol{Ax}=\boldsymbol{b}$，其中 $\boldsymbol{A}$ 为满列秩矩阵。由于方程个数 m 超过未知数的个数 n，所以超定方程没有精确解，只有方程两边的误差平方和最小的近似解，即最小二乘解 (least squares solution)。用 $\boldsymbol{A}^{\mathrm{H}}$ 左乘矩阵方程两边，则有 $\boldsymbol{A}^{\mathrm{H}}\boldsymbol{Ax}=\boldsymbol{A}^{\mathrm{H}}\boldsymbol{b}$。由于 $\boldsymbol{A}$ 的列满秩性质，$n\times n$ 矩阵 $\boldsymbol{A}^{\mathrm{H}}\boldsymbol{A}$ 具有满秩 n，是可逆的，故矩阵方程的最小二乘解由

$$\boldsymbol{x}_{\mathrm{LS}}=(\boldsymbol{A}^{\mathrm{H}}\boldsymbol{A})^{-1}\boldsymbol{A}^{\mathrm{H}}\boldsymbol{b}=\boldsymbol{A}_{\mathrm{LS}}^{\dagger}\boldsymbol{b} \tag{6.1.2}$$

给出。因此，左伪逆矩阵通常表示为 $\boldsymbol{A}_{\text{LS}}^{\dagger}$。

当矩阵 $\boldsymbol{A} \in \mathbb{C}^{m\times n}$ 满行秩时，矩阵的行数 m 小于列数 n，称为“宽”矩阵。此时，其逆矩阵只满足右边可逆条件 $\boldsymbol{A}\boldsymbol{A}^{\dagger} = \boldsymbol{I}_{m\times m}$，称为右伪逆矩阵 (right pseudo inverse)，定义为

$$\boldsymbol{A}_{\text{MN}}^{\dagger} = \boldsymbol{A}^{\text{H}}(\boldsymbol{A}\boldsymbol{A}^{\text{H}})^{-1} \tag{6.1.3}$$

对于欠定方程 $\boldsymbol{A}_{m\times n}\boldsymbol{x}_{n\times 1} = \boldsymbol{b}_{m\times 1}$ (其中 $m < n$)，矩阵方程有无穷多个精确解。其中，我们往往希望未知参数向量 $\boldsymbol{x}$ 具有最小范数 (minimum norm, NM) $\|\boldsymbol{x}\|_2$。具有最小范数的解称为最小范数解。由于最小范数解 $\boldsymbol{x}$ 与原点的距离最短，所以最小范数解又称最短距离解。欠定矩阵方程的最小范数解由

$$\boldsymbol{x}_{\text{MN}} = \boldsymbol{A}^{\text{H}}(\boldsymbol{A}\boldsymbol{A}^{\text{H}})^{-1}\boldsymbol{b} = \boldsymbol{A}_{\text{MN}}^{\dagger}\boldsymbol{b} \tag{6.1.4}$$

给出。这就是矩阵 $\boldsymbol{A}$ 的右伪逆矩阵用 $\boldsymbol{A}_{\text{MN}}^{\dagger}$ 表示的原因。

下面是左伪逆矩阵与右伪逆矩阵的阶数递推计算方法[135]。

考虑 $n \times m$ 矩阵 $\boldsymbol{F}_m$ (其中 $n > m$)，并设 $\boldsymbol{F}_m^{\dagger} = (\boldsymbol{F}_m^{\text{H}}\boldsymbol{F}_m)^{-1}\boldsymbol{F}_m^{\text{H}}$ 是 $\boldsymbol{F}_m$ 的左伪逆矩阵。令 $\boldsymbol{F}_m = [\boldsymbol{F}_{m-1}, \boldsymbol{f}_m]$，其中 $\boldsymbol{f}_m$ 是矩阵 $\boldsymbol{F}_m$ 的第 m 列，且 $\text{rank}(\boldsymbol{F}_m) = m$，则计算 $\boldsymbol{F}_m^{\dagger}$ 的递推公式由

$$\boldsymbol{F}_m^{\dagger} = \begin{bmatrix} \boldsymbol{F}_{m-1}^{\dagger} - \boldsymbol{F}_{m-1}^{\dagger}\boldsymbol{f}_m\boldsymbol{e}_m^{\text{H}}\boldsymbol{\Delta}_m^{-1} \\ \boldsymbol{e}_m^{\text{H}}\boldsymbol{\Delta}_m^{-1} \end{bmatrix} \tag{6.1.5}$$

给出，式中 $\boldsymbol{e}_m = [\boldsymbol{I}_n - \boldsymbol{F}_{m-1}\boldsymbol{F}_{m-1}^{\dagger}]\boldsymbol{f}_m$ 及 $\boldsymbol{\Delta}_m^{-1} = [\boldsymbol{f}_m^{\text{H}}\boldsymbol{e}_m]^{-1}$；且初始值为 $\boldsymbol{F}_1^{\dagger} = \boldsymbol{f}_1^{\text{H}}/(\boldsymbol{f}_1^{\text{H}}\boldsymbol{f}_1)$。

对于矩阵 $\boldsymbol{F}_m \in \mathbb{C}^{n\times m}$，其中 $n < m$，若记 $\boldsymbol{F}_m = [\boldsymbol{F}_{m-1}\ \boldsymbol{f}_m]$，则右伪逆矩阵 $\boldsymbol{F}_m^{\dagger} = \boldsymbol{F}_m^{\text{H}}(\boldsymbol{F}_m\boldsymbol{F}_m^{\text{H}})^{-1}$ 具有以下递推公式

$$\boldsymbol{F}_m^{\dagger} = \begin{bmatrix} \boldsymbol{F}_{m-1}^{\dagger} - \boldsymbol{\Delta}_m\boldsymbol{F}_{m-1}^{\dagger}\boldsymbol{f}_m\boldsymbol{c}_m \\ \boldsymbol{\Delta}_m\boldsymbol{c}_m^{\text{H}} \end{bmatrix} \tag{6.1.6}$$

式中，$\boldsymbol{c}_m^{\text{H}} = \boldsymbol{f}_m^{\text{H}}(\boldsymbol{I}_n - \boldsymbol{F}_{m-1}\boldsymbol{F}_{m-1}^{\dagger})$，$\boldsymbol{\Delta}_m = \boldsymbol{c}_m^{\text{H}}\boldsymbol{f}_m$。递推的初始值为 $\boldsymbol{F}_1^{\dagger} = \boldsymbol{f}_1^{\text{H}}/(\boldsymbol{f}_1^{\text{H}}\boldsymbol{f}_1)$。

6.1.2　Moore-Penrose 逆矩阵

逆矩阵只对非奇异的正方矩阵存在，左 (右) 伪逆矩阵仅适用于满列 (行) 秩的非正方矩阵。问题是，在大量的工程问题中，数字矩阵往往是秩亏缺的非正方矩阵。一个重要的实际问题是，秩亏缺的矩阵还存在逆矩阵吗？如果存在，这种广义逆矩阵应该满足哪些条件？

考虑一个 $m \times n$ 的秩亏缺矩阵 $\boldsymbol{A}$，其中 m 和 n 之间的大小不论，但秩 $\text{rank}(\boldsymbol{A}) = k < \min\{m, n\}$。$m \times n$ 秩亏缺矩阵的逆矩阵称为广义逆矩阵，它是一个 $n \times m$ 矩阵。

令 $\boldsymbol{A}^{\dagger}$ 是秩亏缺矩阵 $\boldsymbol{A}$ 的广义逆矩阵。由秩的性质 $\text{rank}(\boldsymbol{A}\boldsymbol{B}) \leqslant \min\{\text{rank}(\boldsymbol{A}), \text{rank}(\boldsymbol{B})\}$ 知，无论 $\boldsymbol{A}\boldsymbol{A}^{\dagger} = \boldsymbol{I}_{m\times m}$ 还是 $\boldsymbol{A}^{\dagger}\boldsymbol{A} = \boldsymbol{I}_{n\times n}$ 都不可能成立，因为 $m \times m$ 矩阵 $\boldsymbol{A}\boldsymbol{A}^{\dagger}$ 和 $n \times n$ 矩阵 $\boldsymbol{A}^{\dagger}\boldsymbol{A}$ 都是秩亏缺矩阵，它们的秩的最大值为 $\text{rank}(\boldsymbol{A}) = k$，小于 $\min\{m, n\}$。

秩亏缺矩阵的广义逆矩阵应该包括左 (右) 伪逆矩阵作为特列。虽然左伪逆矩阵只满足左边可逆条件 $\boldsymbol{A}^\dagger\boldsymbol{A}=\boldsymbol{I}$，但是矩阵乘积

$$\boldsymbol{A}\boldsymbol{A}^\dagger=\boldsymbol{A}(\boldsymbol{A}^{\mathrm{H}}\boldsymbol{A})^{-1}\boldsymbol{A}^{\mathrm{H}}=(\boldsymbol{A}\boldsymbol{A}^\dagger)^{\mathrm{H}}$$

是一个 Hermitian 矩阵。无独有偶，右伪逆矩阵和原矩阵的乘积

$$\boldsymbol{A}^\dagger\boldsymbol{A}=\boldsymbol{A}^{\mathrm{H}}(\boldsymbol{A}\boldsymbol{A}^{\mathrm{H}})^{-1}\boldsymbol{A}=(\boldsymbol{A}^\dagger\boldsymbol{A})^{\mathrm{H}}$$

也是一个 Hermitian 矩阵。因此，秩亏缺矩阵的广义逆矩阵与原矩阵的乘积必须具有 Hermitian 性，即有

$$\boldsymbol{A}\boldsymbol{A}^\dagger=(\boldsymbol{A}\boldsymbol{A}^\dagger)^{\mathrm{H}} \quad \text{和} \quad \boldsymbol{A}^\dagger\boldsymbol{A}=(\boldsymbol{A}^\dagger\boldsymbol{A})^{\mathrm{H}} \tag{6.1.7}$$

显然，秩亏缺矩阵及其广义逆矩阵乘积仅具有 Hermitian 性，还不足以定义广义逆矩阵。为此，有必要进一步讨论三个矩阵的乘积。

考虑线性方程组 $\boldsymbol{A}\boldsymbol{x}=\boldsymbol{y}$ 的求解。矩阵方程两边左乘 $\boldsymbol{A}\boldsymbol{A}^\dagger$，则有 $\boldsymbol{A}\boldsymbol{A}^\dagger\boldsymbol{A}\boldsymbol{x}=\boldsymbol{A}\boldsymbol{A}^\dagger\boldsymbol{y}$。另有 $\boldsymbol{A}\boldsymbol{x}=\boldsymbol{y}\Rightarrow\boldsymbol{x}=\boldsymbol{A}^\dagger\boldsymbol{y}$。将 $\boldsymbol{x}=\boldsymbol{A}^\dagger\boldsymbol{y}$ 代入 $\boldsymbol{A}\boldsymbol{A}^\dagger\boldsymbol{A}\boldsymbol{x}=\boldsymbol{A}\boldsymbol{A}^\dagger\boldsymbol{y}$，立即得 $\boldsymbol{A}\boldsymbol{A}^\dagger\boldsymbol{A}\boldsymbol{x}=\boldsymbol{A}\boldsymbol{x}$。由于此式对任意非零向量 $\boldsymbol{x}$ 均应该成立，故要求下列约束条件必须满足

$$\boldsymbol{A}\boldsymbol{A}^\dagger\boldsymbol{A}=\boldsymbol{A} \tag{6.1.8}$$

定义 $\boldsymbol{A}\boldsymbol{A}^\dagger\boldsymbol{A}=\boldsymbol{A}$ 只能保证 $\boldsymbol{A}^\dagger$ 是矩阵 $\boldsymbol{A}$ 的广义逆矩阵，但并不能反过来保证 $\boldsymbol{A}$ 也是 $\boldsymbol{A}^\dagger$ 的广义逆矩阵，而矩阵 $\boldsymbol{A}$ 和 $\boldsymbol{A}^\dagger$ 本来应该是互为逆矩阵的。这就是定义公式 $\boldsymbol{A}\boldsymbol{A}^\dagger\boldsymbol{A}=\boldsymbol{A}$ 非唯一确定的主要原因之一。

为了保证广义逆矩阵的唯一性，还必须增加 $\boldsymbol{A}$ 也是 $\boldsymbol{A}^\dagger$ 的广义逆矩阵的约束条件。

考虑原矩阵方程 $\boldsymbol{A}\boldsymbol{x}=\boldsymbol{y}$ 的解方程 $\boldsymbol{x}=\boldsymbol{A}^\dagger\boldsymbol{y}$ 的求解：已知广义逆矩阵 $\boldsymbol{A}^\dagger$ 和向量 $\boldsymbol{x}$，求 $\boldsymbol{y}$。解方程 $\boldsymbol{x}=\boldsymbol{A}^\dagger\boldsymbol{y}$ 两边左乘 $\boldsymbol{A}^\dagger\boldsymbol{A}$，得 $\boldsymbol{A}^\dagger\boldsymbol{A}\boldsymbol{x}=\boldsymbol{A}^\dagger\boldsymbol{A}\boldsymbol{A}^\dagger\boldsymbol{y}$。由于矩阵 $\boldsymbol{A}$ 是 $\boldsymbol{A}^\dagger$ 的广义逆矩阵，故 $\boldsymbol{x}=\boldsymbol{A}^\dagger\boldsymbol{y}\Rightarrow\boldsymbol{A}\boldsymbol{x}=\boldsymbol{y}$。将 $\boldsymbol{A}\boldsymbol{x}=\boldsymbol{y}$ 代入 $\boldsymbol{A}^\dagger\boldsymbol{A}\boldsymbol{x}=\boldsymbol{A}^\dagger\boldsymbol{A}\boldsymbol{A}^\dagger\boldsymbol{y}$ 中，立即知 $\boldsymbol{A}^\dagger\boldsymbol{y}=\boldsymbol{A}^\dagger\boldsymbol{A}\boldsymbol{A}^\dagger\boldsymbol{y}$ 对任意非零向量 $\boldsymbol{y}$ 都应该成立，故

$$\boldsymbol{A}^\dagger\boldsymbol{A}\boldsymbol{A}^\dagger=\boldsymbol{A}^\dagger \tag{6.1.9}$$

也必须满足。

综合式 (6.1.7) ~ 式 (6.1.9) 所示的 4 个条件，可以引出下面的定义。

定义 6.1.1[97] 令 $\boldsymbol{A}$ 是任意 $m\times n$ 矩阵，称矩阵 $\boldsymbol{G}$ 是 $\boldsymbol{A}$ 的广义逆矩阵，若 $\boldsymbol{G}$ 满足以下 4 个条件 (常称 Moore-Penrose 条件)：

(1) $\boldsymbol{A}\boldsymbol{G}\boldsymbol{A}=\boldsymbol{A}$;

(2) $\boldsymbol{G}\boldsymbol{A}\boldsymbol{G}=\boldsymbol{G}$;

(3) $\boldsymbol{A}\boldsymbol{G}$ 为 Hermitian 矩阵，即 $\boldsymbol{A}\boldsymbol{G}=(\boldsymbol{A}\boldsymbol{G})^{\mathrm{H}}$;

(4) $\boldsymbol{G}\boldsymbol{A}$ 为 Hermitian 矩阵，即 $\boldsymbol{G}\boldsymbol{A}=(\boldsymbol{G}\boldsymbol{A})^{\mathrm{H}}$。

注释 1 Moore[77] 于 1935 年从投影角度出发，证明了 $m\times n$ 矩阵 $\boldsymbol{A}$ 的广义逆矩阵 $\boldsymbol{G}$ 必须满足两个条件，但这两个条件不方便使用。20 年后，Penrose 于 1955 年提出了定义广

义逆矩阵的以上四个条件[97]。1956 年，Rado[106] 证明了 Penrose 的四条件与 Moore 的两个条件等价。于是，人们后来便将广义逆矩阵需要满足的四个条件习惯称为 Moore-Penrose 条件，并将这种广义逆矩阵称为 Moore-Penrose 逆矩阵。

注释 2　特别地，Moore-Penrose 条件 (1) 是 $\boldsymbol{A}$ 的广义逆矩阵 $\boldsymbol{G}$ 必须满足的条件；而条件 (2) 则是 $\boldsymbol{G}$ 的广义逆矩阵 $\boldsymbol{A}$ 必须满足的条件。

定义广义逆矩阵集合

$$A\{i,j,\cdots\} \stackrel{\text{def}}{=} \{\boldsymbol{G}\ \text{满足条件}\ (i),(j),\cdots\ \text{矩阵的全体}\} \tag{6.1.10}$$

而 $A\{i,j,\cdots\}$ 中的元素记为 $\boldsymbol{A}^{[i,j,\cdots]}$。$A^{\mathrm{T}}\{i,j,\cdots\}$ 和 $A^{\mathrm{H}}\{i,j,\cdots\}$ 分别表示 $A\{i,j,\cdots\}$ 中的元素取转置和共轭转置所构成的集合。

$A\{i,j,\cdots\}$ 与线性方程组的解有关。例如:

(1) $\boldsymbol{Ax}=\boldsymbol{b}$ 有解，当且仅当有 $\boldsymbol{A}^{[1]}$ 使得 $\boldsymbol{AA}^{[1]}\boldsymbol{b}=\boldsymbol{b}$，且其通解为

$$\boldsymbol{x}=\boldsymbol{A}^{[1]}\boldsymbol{b}+[\boldsymbol{I}-\boldsymbol{A}^{[1]}\boldsymbol{A}]\boldsymbol{y},\quad \forall \boldsymbol{y}\in\mathbb{C}^n$$

(2) 最小二乘解 (LS) 问题 $\|\boldsymbol{Ax}-\boldsymbol{b}\|_2=\min$ 的解为 $\boldsymbol{x}=\boldsymbol{A}^{[1,3]}\boldsymbol{b}=(\boldsymbol{A}^{\mathrm{H}}\boldsymbol{A})^{-1}\boldsymbol{A}^{\mathrm{H}}\boldsymbol{b}$，最小范数解为 $\boldsymbol{x}=\boldsymbol{A}^{\mathrm{H}}(\boldsymbol{AA}^{\mathrm{H}})^{-1}\boldsymbol{b}$。

定理 6.1.1　广义逆矩阵集合 $A\{1,2,3,4\}$ 如果不是空集，则元是唯一的。

根据满足的 Moore-Penrose 四个条件的多少，可以对广义逆矩阵进行分类[43]：

① 满足全部四个条件的矩阵 $\boldsymbol{A}^{\dagger}$ 称为 $\boldsymbol{A}$ 的 Moore-Penrose 逆矩阵。

② 只满足条件 (1) 和 (2) 的矩阵 $\boldsymbol{G}=\boldsymbol{A}^{\dagger}$ 称为 $\boldsymbol{A}$ 的自反广义逆矩阵。

③ 满足条件 (1),(2) 和 (3) 的矩阵 $\boldsymbol{A}^{\dagger}$ 称为 $\boldsymbol{A}$ 的正规化广义逆矩阵。

④ 满足条件 (1),(2) 和 (4) 的矩阵 $\boldsymbol{A}^{\dagger}$ 称为 $\boldsymbol{A}$ 的弱广义逆矩阵。

容易验证，逆矩阵和上节介绍的各种广义逆矩阵都是 Moore-Penrose 逆矩阵的特例:

(1) $n\times n$ 正方非奇异矩阵 $\boldsymbol{A}_{n\times n}$ 的逆矩阵 $\boldsymbol{A}^{-1}$ 满足 Moore-Penrose 逆矩阵的所有四个条件。

(2) $m\times n$ 矩阵 $\boldsymbol{A}_{m\times n}$ ($m>n$) 的左伪逆矩阵 $(\boldsymbol{A}^{\mathrm{H}}\boldsymbol{A})^{-1}\boldsymbol{A}^{\mathrm{H}}$ 满足 Moore-Penrose 逆矩阵的全部四个条件。

(3) $m\times n$ 矩阵 $\boldsymbol{A}_{m\times n}$ ($m<n$) 的右伪逆矩阵 $\boldsymbol{A}^{\mathrm{H}}(\boldsymbol{AA}^{\mathrm{H}})^{-1}$ 也满足 Moore-Penrose 逆矩阵的所有四个条件。

(4) 满足 $\boldsymbol{LA}_{m\times n}=\boldsymbol{I}_n$ 的一般左逆矩阵 $\boldsymbol{L}_{n\times m}$ 是满足 Moore-Penrose 条件 (1), (2), (4) 的弱广义逆矩阵。

(5) 满足 $\boldsymbol{AR}=\boldsymbol{I}_m$ 的一般右逆矩阵是满足 Moore-Penrose 条件 (1), (2), (3) 的正规化广义逆矩阵。

与逆矩阵 $\boldsymbol{A}^{-1}$、左伪逆矩阵 $(\boldsymbol{A}^{\mathrm{H}}\boldsymbol{A})^{-1}\boldsymbol{A}^{\mathrm{H}}$ 和右伪逆矩阵 $\boldsymbol{A}^{\mathrm{H}}(\boldsymbol{AA}^{\mathrm{H}})^{-1}$ 均是唯一确定的一样，Moore-Penrose 逆矩阵也是唯一定义的。

任意一个 $m \times n$ 矩阵 $\boldsymbol{A}$ 的 Moore-Penrose 逆矩阵都可以由 [10]

$$\boldsymbol{A}^{\dagger}=(\boldsymbol{A}^{\mathrm{H}}\boldsymbol{A})^{\dagger}\boldsymbol{A}^{\mathrm{H}} \qquad (\text{若 } m \geqslant n) \tag{6.1.11}$$

或者 [47]

$$\boldsymbol{A}^{\dagger}=\boldsymbol{A}^{\mathrm{H}}(\boldsymbol{A}\boldsymbol{A}^{\mathrm{H}})^{\dagger} \qquad (\text{若 } m \leqslant n) \tag{6.1.12}$$

确定。将以上公式代入定义 6.1.1，可以验证 $\boldsymbol{A}^{\dagger}=(\boldsymbol{A}^{\mathrm{H}}\boldsymbol{A})^{\dagger}\boldsymbol{A}^{\mathrm{H}}$ 和 $\boldsymbol{A}^{\dagger}=\boldsymbol{A}^{\mathrm{H}}(\boldsymbol{A}\boldsymbol{A}^{\mathrm{H}})^{\dagger}$ 分别满足 Moore-Penrose 逆矩阵的四个条件。

现将 Moore-Penrose 逆矩阵 $\boldsymbol{A}^{\dagger}$ 具有的性质汇总如下 [70, 72, 103, 104, 107]。

(1) Moore-Penrose 逆矩阵 $\boldsymbol{A}^{\dagger}$ 是唯一的。

(2) 矩阵共轭转置的 Moore-Penrose 逆矩阵 $(\boldsymbol{A}^{\mathrm{H}})^{\dagger}=(\boldsymbol{A}^{\dagger})^{\mathrm{H}}=\boldsymbol{A}^{\dagger\mathrm{H}}=\boldsymbol{A}^{\mathrm{H}\dagger}$。

(3) Moore-Penrose 逆矩阵的广义逆矩阵等于原矩阵，即 $(\boldsymbol{A}^{\dagger})^{\dagger}=\boldsymbol{A}$。

(4) 若 $c \neq 0$，则 $(c\boldsymbol{A})^{\dagger}=\frac{1}{c}\boldsymbol{A}^{\dagger}$。

(5) 若 $\boldsymbol{D}=\mathrm{diag}(d_{11},d_{22},\cdots,d_{nn})$ 为 $n \times n$ 对角矩阵，则 $\boldsymbol{D}^{\dagger}=\mathrm{diag}(d_{11}^{\dagger},d_{22}^{\dagger},\cdots,d_{nn}^{\dagger})$，其中，$d_{ii}^{\dagger}=d_{ii}^{-1}$ (若 $d_{ii} \neq 0$) 或者 $d_{ii}^{\dagger}=0$ (若 $d_{ii}=0$)。

(6) 零矩阵 $\boldsymbol{O}_{m\times n}$ 的广义逆矩阵为 $n \times m$ 零矩阵，即有 $\boldsymbol{O}_{m\times n}^{\dagger}=\boldsymbol{O}_{n\times m}$。

(7) 向量 $\boldsymbol{x}$ 的 Moore-Penrose 逆矩阵为 $\boldsymbol{x}^{\dagger}=(\boldsymbol{x}^{\mathrm{H}}\boldsymbol{x})^{-1}\boldsymbol{x}^{\mathrm{H}}$。

(8) 任意矩阵 $\boldsymbol{A}_{m\times n}$ 的 Moore-Penrose 逆矩阵都可以由 $\boldsymbol{A}^{\dagger}=(\boldsymbol{A}^{\mathrm{H}}\boldsymbol{A})^{\dagger}\boldsymbol{A}^{\mathrm{H}}$ 或 $\boldsymbol{A}^{\dagger}=\boldsymbol{A}^{\mathrm{H}}(\boldsymbol{A}\boldsymbol{A}^{\mathrm{H}})^{\dagger}$ 确定。特别地，满秩矩阵的 Moore-Penrose 逆矩阵如下：

① 若 $\boldsymbol{A}$ 满列秩，则 $\boldsymbol{A}^{\dagger}=(\boldsymbol{A}^{\mathrm{H}}\boldsymbol{A})^{-1}\boldsymbol{A}^{\mathrm{H}}$，即满列秩矩阵 $\boldsymbol{A}$ 的 Moore-Penrose 逆矩阵退化为 $\boldsymbol{A}$ 的左伪逆矩阵。

② 若 $\boldsymbol{A}$ 满行秩，则 $\boldsymbol{A}^{\dagger}=\boldsymbol{A}^{\mathrm{H}}(\boldsymbol{A}\boldsymbol{A}^{\mathrm{H}})^{-1}$，即满行秩矩阵 $\boldsymbol{A}$ 的 Moore-Penrose 逆矩阵退化为 $\boldsymbol{A}$ 的右伪逆矩阵。

③ 非奇异矩阵 $\boldsymbol{A}$ 的 Moore-Penrose 逆矩阵退化为 $\boldsymbol{A}$ 的逆矩阵若 $\boldsymbol{A}$，即 $\boldsymbol{A}^{\dagger}=\boldsymbol{A}^{-1}$。

(9) 对矩阵 $\boldsymbol{A}_{m\times n}$，虽然 $\boldsymbol{A}\boldsymbol{A}^{\dagger}\neq\boldsymbol{I}_m, \boldsymbol{A}^{\dagger}\boldsymbol{A}\neq\boldsymbol{I}_n, \boldsymbol{A}^{\mathrm{H}}(\boldsymbol{A}^{\mathrm{H}})^{\dagger}\neq\boldsymbol{I}_n$ 和 $(\boldsymbol{A}^{\mathrm{H}})^{\dagger}\boldsymbol{A}^{\mathrm{H}}\neq\boldsymbol{I}_m$，但下列结果为真：

① $\boldsymbol{A}^{\dagger}\boldsymbol{A}\boldsymbol{A}^{\mathrm{H}}=\boldsymbol{A}^{\mathrm{H}}$ 和 $\boldsymbol{A}^{\mathrm{H}}\boldsymbol{A}\boldsymbol{A}^{\dagger}=\boldsymbol{A}^{\mathrm{H}}$；

② $\boldsymbol{A}\boldsymbol{A}^{\dagger}(\boldsymbol{A}^{\dagger})^{\mathrm{H}}=(\boldsymbol{A}^{\dagger})^{\mathrm{H}}$ 和 $(\boldsymbol{A}^{\mathrm{H}})^{\dagger}\boldsymbol{A}^{\dagger}\boldsymbol{A}=(\boldsymbol{A}^{\dagger})^{\mathrm{H}}$；

③ $(\boldsymbol{A}^{\mathrm{H}})^{\dagger}\boldsymbol{A}\boldsymbol{A}=\boldsymbol{A}$ 和 $\boldsymbol{A}\boldsymbol{A}^{\mathrm{H}}(\boldsymbol{A}^{\mathrm{H}})^{\dagger}=\boldsymbol{A}$；

④ $\boldsymbol{A}^{\mathrm{H}}(\boldsymbol{A}^{\dagger})^{\mathrm{H}}\boldsymbol{A}^{\dagger}=\boldsymbol{A}^{\dagger}$ 和 $\boldsymbol{A}^{\dagger}(\boldsymbol{A}^{\dagger})^{\mathrm{H}}\boldsymbol{A}^{\mathrm{H}}=\boldsymbol{A}^{\dagger}$。

(10) 若 $\boldsymbol{A}=\boldsymbol{B}\boldsymbol{C}$，并且 $\boldsymbol{B}$ 满列秩，$\boldsymbol{C}$ 满行秩，则

$$\boldsymbol{A}^{\dagger}=\boldsymbol{C}^{\dagger}\boldsymbol{B}^{\dagger}=\boldsymbol{C}^{\mathrm{H}}(\boldsymbol{C}\boldsymbol{C}^{\mathrm{H}})^{-1}(\boldsymbol{B}^{\mathrm{H}}\boldsymbol{B})^{-1}\boldsymbol{B}^{\mathrm{H}}$$

(11) 若 $\boldsymbol{A}^{\mathrm{H}}=\boldsymbol{A}$，并且 $\boldsymbol{A}^2=\boldsymbol{A}$，则 $\boldsymbol{A}^{\dagger}=\boldsymbol{A}$。

(12) $(\boldsymbol{A}\boldsymbol{A}^{\mathrm{H}})^{\dagger}=(\boldsymbol{A}^{\dagger})^{\mathrm{H}}\boldsymbol{A}^{\dagger}$ 和 $(\boldsymbol{A}\boldsymbol{A}^{\mathrm{H}})^{\dagger}(\boldsymbol{A}\boldsymbol{A}^{\mathrm{H}})=\boldsymbol{A}\boldsymbol{A}^{\dagger}$。

(13) 若矩阵 $\boldsymbol{A}_i$ 相互正交，即 $\boldsymbol{A}_i^{\mathrm{H}}\boldsymbol{A}_j=\boldsymbol{O}, i\neq j$，则

$$(\boldsymbol{A}_1+\boldsymbol{A}_2+\cdots+\boldsymbol{A}_m)^{\dagger}=\boldsymbol{A}_1^{\dagger}+\boldsymbol{A}_2^{\dagger}+\cdots+\boldsymbol{A}_m^{\dagger}。$$

(14) 关于广义逆矩阵的秩，有 $\mathrm{rank}(\boldsymbol{A}^{\dagger})=\mathrm{rank}(\boldsymbol{A})=\mathrm{rank}(\boldsymbol{A}^{\mathrm{H}})=\mathrm{rank}(\boldsymbol{A}^{\dagger}\boldsymbol{A})=\mathrm{rank}(\boldsymbol{A}\boldsymbol{A}^{\dagger})=\mathrm{rank}(\boldsymbol{A}\boldsymbol{A}^{\dagger}\boldsymbol{A})=\mathrm{rank}(\boldsymbol{A}^{\dagger}\boldsymbol{A}\boldsymbol{A}^{\dagger})$。

6.2 广义逆矩阵的求取

为方便计，一个具有秩 r 的矩阵 $\boldsymbol{A}\in\mathbb{C}^{m\times n}$ 记为 $\boldsymbol{A}\in\mathbb{C}_r^{m\times n}$。

6.2.1 广义逆矩阵与矩阵分解的关系

矩阵 $\boldsymbol{A}\in\mathbb{C}^{m\times n}$ 的广义逆矩阵与 $\boldsymbol{A}$ 的分解形式密切相关。

定理 6.2.1 若对于矩阵 $\boldsymbol{A}\in\mathbb{C}_r^{m\times n}$，存在 $\boldsymbol{M}\in\mathbb{C}_m^{m\times m}$ 和酉矩阵 $\boldsymbol{P}\in\mathbb{U}^{n\times n}$ 使得

$$\boldsymbol{MAP}=\begin{bmatrix}\boldsymbol{I}_r & \boldsymbol{C}\\ \boldsymbol{O} & \boldsymbol{O}\end{bmatrix}$$

则广义逆矩阵

$$\boldsymbol{A}^{\dagger}=\boldsymbol{P}\begin{bmatrix}\boldsymbol{I}_r & \boldsymbol{L}_1\\ \boldsymbol{O} & \boldsymbol{L}_2\end{bmatrix}\boldsymbol{M}\in A\{1\}$$

其中 $\boldsymbol{L}_1\in\mathbb{C}^{r\times(m-r)}$ 和 $\boldsymbol{L}_2\in\mathbb{C}^{(n-r)\times(m-r)}$ 为任意矩阵。

思考 1: 将

$$\boldsymbol{X}=\boldsymbol{P}\begin{bmatrix}\boldsymbol{X}_1 & \boldsymbol{X}_2\\ \boldsymbol{X}_3 & \boldsymbol{X}_4\end{bmatrix}\boldsymbol{M}$$

代入方程 $\boldsymbol{AXA}=\boldsymbol{A}$ 求解，结果如何？

思考 2: 存在 $\boldsymbol{M}\in\mathbb{C}_m^{m\times m},\boldsymbol{N}\in\mathbb{C}_n^{n\times n}$ 使得

$$\boldsymbol{MAN}=\begin{bmatrix}\boldsymbol{I}_r & \boldsymbol{O}\\ \boldsymbol{O} & \boldsymbol{O}\end{bmatrix}$$

此时，满足方程 $\boldsymbol{AXA}=\boldsymbol{A}$ 的解是什么？

矩阵 $\boldsymbol{A}\in\mathbb{C}_r^{m\times n}$ 的广义逆矩阵 $\boldsymbol{A}^{[1]}\in A\{1\}$ 具有以下性质：

(1) $\operatorname{rank}(\boldsymbol{A}^{[1]})\geqslant\operatorname{rank}(\boldsymbol{A})$。

(2) $[\boldsymbol{A}^{[1]}]^{\mathrm{H}}\in A^{\mathrm{H}}\{1\}$，并且 $[\boldsymbol{A}^{[1]}]^{\mathrm{T}}\in A^{\mathrm{T}}\{1\}$。

(3) 若 $m=n=r$，则 $A\{1\}$ 仅有唯一元 $\boldsymbol{A}^{-1}$。

(4) $\lambda^{\dagger}\boldsymbol{A}^{[1]}\in B\{1\}$，则

$$\boldsymbol{B}=\lambda\boldsymbol{A},\quad 其中\ \lambda^{\dagger}=\begin{cases}0, & \lambda=0\\ \frac{1}{\lambda}, & \lambda\neq 0\end{cases}$$

(5) 若 $\boldsymbol{S}\in\mathbb{C}_m^{m\times m},\boldsymbol{T}\in\mathbb{C}_n^{n\times n},\boldsymbol{B}=\boldsymbol{SAT}$，则 $\boldsymbol{T}^{-1}\boldsymbol{A}^{[1]}\boldsymbol{S}^{-1}\in B\{1\}$。

(6) $\boldsymbol{AA}^{[1]},\boldsymbol{A}^{[1]}\boldsymbol{A}$ 均是幂等矩阵 (满足幂等关系 $\boldsymbol{B}^2=\boldsymbol{B}$ 的矩阵 $\boldsymbol{B}$ 称为幂等矩阵)，且有 $\operatorname{rank}(\boldsymbol{A})=\operatorname{rank}(\boldsymbol{AA}^{[1]})=\operatorname{rank}(\boldsymbol{A}^{[1]}\boldsymbol{A})$。

(7) 定义 $R(\boldsymbol{A})=\{\boldsymbol{Ax}|\forall\boldsymbol{x}\in\mathbb{C}^n\}$ 和 $N(\boldsymbol{A})=\{\boldsymbol{x}|\boldsymbol{Ax}=\boldsymbol{0}\}$，则有 $R(\boldsymbol{AA}^{[1]})=R(\boldsymbol{A})$ 和 $N(\boldsymbol{A}^{[1]}\boldsymbol{A})=N(\boldsymbol{A})$。

定理 6.2.2 若 $\boldsymbol{A}\in\mathbb{C}^{m\times n}$，则

$$\boldsymbol{Y}=[\boldsymbol{A}^{\mathrm{H}}\boldsymbol{A}]^{[1]}\boldsymbol{A}^{\mathrm{H}}\quad\in A\{1,2,3\}\tag{6.2.1}$$

$$\boldsymbol{Z}=\boldsymbol{A}^{\mathrm{H}}[\boldsymbol{A}\boldsymbol{A}^{\mathrm{H}}]^{[1]}\quad\in A\{1,2,4\}\tag{6.2.2}$$

定理 6.2.3 对任何矩阵 $\boldsymbol{A}\in\mathbb{C}^{m\times n}$，均有 $\boldsymbol{A}^{\dagger}=\boldsymbol{A}^{[1,4]}\boldsymbol{A}\boldsymbol{A}^{[1,3]}$。

当矩阵 $\boldsymbol{A}$ 为低秩矩阵 (稀疏矩阵往往是低秩矩阵) 时，可以有一种简单求广义逆的方法 —— 满秩分解。若 $\boldsymbol{A}\in\mathbb{C}_r^{m\times n}$，则一定存在 $\boldsymbol{F}\in\mathbb{C}^{m\times r},\boldsymbol{G}\in\mathbb{C}^{r\times n}$ 使得 $\boldsymbol{A}=\boldsymbol{F}\boldsymbol{G}$。由定理 6.2.1 知，存在矩阵 $\boldsymbol{M}\in\mathbb{C}_m^{m\times m}$ 和 $\boldsymbol{P}\in\mathbb{U}^{n\times n}$ 使得 $\boldsymbol{A}=\boldsymbol{M}^{-1}\begin{bmatrix}\boldsymbol{I}_r & \boldsymbol{C}\\ \boldsymbol{O} & \boldsymbol{O}\end{bmatrix}\boldsymbol{P}^{\mathrm{H}}$。此时，可令 $\boldsymbol{F}=\boldsymbol{M}^{-1}\begin{bmatrix}\boldsymbol{I}_r\\ \boldsymbol{O}\end{bmatrix}$ 和 $\boldsymbol{G}=[\boldsymbol{I}_r,\boldsymbol{C}]\boldsymbol{P}^{\mathrm{H}}$。

定理 6.2.4 若 $\boldsymbol{A}=\boldsymbol{F}\boldsymbol{G}$ 是满秩分解，则有 $\boldsymbol{G}^{\dagger}\boldsymbol{F}^{\dagger}=\boldsymbol{A}^{\dagger}$ 和 $\boldsymbol{A}^{\dagger}=\boldsymbol{G}^{\mathrm{H}}[\boldsymbol{F}^{\mathrm{H}}\boldsymbol{A}\boldsymbol{G}^{\mathrm{H}}]^{-1}\boldsymbol{F}^{\mathrm{H}}$。

推论 6.2.1 对于矩阵 $\boldsymbol{A}\in\mathbb{C}_r^{m\times n}$，有以下结果：

(1) 若 $r=n$，则左伪逆矩阵 $\boldsymbol{A}^{\dagger}=(\boldsymbol{A}^{\mathrm{H}}\boldsymbol{A})^{-1}\boldsymbol{A}^{\mathrm{H}}$。

(2) 若 $r=m$，则右伪逆矩阵 $\boldsymbol{A}^{\dagger}=\boldsymbol{A}^{\mathrm{H}}(\boldsymbol{A}\boldsymbol{A}^{\mathrm{H}})^{-1}$。

左 (或右) 伪逆矩阵具有以下性质：

(1) $(\boldsymbol{A}^{\dagger})^{\dagger}=\boldsymbol{A}$。

(2) $(\boldsymbol{A}^{\mathrm{H}})^{\dagger}=(\boldsymbol{A}^{\dagger})^{\mathrm{H}}$。

(3) $(\boldsymbol{A}^{\mathrm{T}})^{\dagger}=(\boldsymbol{A}^{\dagger})^{\mathrm{T}}$。

(4) $\boldsymbol{A}^{\dagger}=(\boldsymbol{A}^{\mathrm{H}}\boldsymbol{A})^{\dagger}\boldsymbol{A}^{\mathrm{H}}=\boldsymbol{A}^{\mathrm{H}}(\boldsymbol{A}\boldsymbol{A}^{\mathrm{H}})^{\dagger}$。

(5) $R(\boldsymbol{A}^{\dagger})=R(\boldsymbol{A}^{\mathrm{H}}),N(\boldsymbol{A}^{\dagger})=N(\boldsymbol{A}^{\mathrm{H}})$。

6.2.2 Moore-Penrose 逆矩阵的数值计算

下面介绍计算 $\boldsymbol{A}\in\mathbb{C}_r^{m\times n}$ 的 Moore-Penrose 逆矩阵 $\boldsymbol{A}^{\dagger}$ 的 4 种数值方法。

1. 方程求解法

Penrose [97] 在定义广义逆矩阵 $\boldsymbol{A}^{\dagger}$ 时，提出了计算 $\boldsymbol{A}^{\dagger}$ 的两步法如下。

第一步：求解矩阵方程 $\boldsymbol{A}\boldsymbol{A}^{\mathrm{H}}\boldsymbol{X}^{\mathrm{H}}=\boldsymbol{A}$ 和 $\boldsymbol{A}^{\mathrm{H}}\boldsymbol{A}\boldsymbol{Y}=\boldsymbol{A}^{\mathrm{H}}$，分别得到 $\boldsymbol{X}^{\mathrm{H}}$ 和 $\boldsymbol{Y}$。

第二步：计算广义逆矩阵 $\boldsymbol{A}^{\dagger}=\boldsymbol{X}\boldsymbol{A}\boldsymbol{Y}$。

以下是计算 Moore-Penrose 逆矩阵的两种方程求解法 [47]。

算法 6.2.1 方程求解法 1

步骤 1 计算矩阵 $\boldsymbol{B}=\boldsymbol{A}\boldsymbol{A}^{\mathrm{H}}$。

步骤 2 求解矩阵方程 $\boldsymbol{B}^2\boldsymbol{X}^{\mathrm{H}}=\boldsymbol{B}$ 得到矩阵 $\boldsymbol{X}^{\mathrm{H}}$。

步骤 3 计算 $\boldsymbol{B}$ 的 Moore-Penrose 逆矩阵 $\boldsymbol{B}^{\dagger}=(\boldsymbol{A}\boldsymbol{A}^{\mathrm{H}})^{\dagger}=\boldsymbol{X}\boldsymbol{B}\boldsymbol{X}^{\mathrm{H}}$。

步骤 4 计算矩阵 $\boldsymbol{A}$ 的 Moore-Penrose 逆矩阵 $\boldsymbol{A}^{\dagger}=\boldsymbol{A}^{\mathrm{H}}(\boldsymbol{A}\boldsymbol{A}^{\mathrm{H}})^{\dagger}=\boldsymbol{A}^{\mathrm{H}}\boldsymbol{B}^{\dagger}$。

算法 6.2.2 方程求解法 2

步骤 1 计算矩阵 $\boldsymbol{B}=\boldsymbol{A}^{\mathrm{H}}\boldsymbol{A}$。

步骤 2 求解矩阵方程 $\boldsymbol{B}^2\boldsymbol{X}^{\mathrm{H}}=\boldsymbol{B}$ 得到矩阵 $\boldsymbol{X}^{\mathrm{H}}$。

步骤 3　计算 $\boldsymbol{B}$ 的 Moore-Penrose 逆矩阵 $\boldsymbol{B}^{\dagger}=(\boldsymbol{A}^{\mathrm{H}}\boldsymbol{A})^{\dagger}=\boldsymbol{XBX}^{\mathrm{H}}$。

步骤 4　计算矩阵 $\boldsymbol{A}$ 的 Moore-Penrose 逆矩阵 $\boldsymbol{A}^{\dagger}=(\boldsymbol{A}^{\mathrm{H}}\boldsymbol{A})^{\dagger}\boldsymbol{A}^{\mathrm{H}}=\boldsymbol{B}^{\dagger}\boldsymbol{A}^{\mathrm{H}}$。

若矩阵 $\boldsymbol{A}_{m\times n}$ 的列数大于行数，则矩阵乘积 $\boldsymbol{AA}^{\mathrm{H}}$ 的维数比 $\boldsymbol{A}^{\mathrm{H}}\boldsymbol{A}$ 的维数小，故选择算法 6.2.1 可花费较少的计算量。反之，若 $\boldsymbol{A}$ 的行数大于列数，则选择算法 6.2.2。

2. 满秩分解法

令秩亏缺矩阵 $\boldsymbol{A}_{m\times n}$ 具有秩 $r<\min\{m,n\}$。若 $\boldsymbol{A}=\boldsymbol{FG}$，其中，$\boldsymbol{F}_{m\times r}$ 的秩为 r (满列秩矩阵)，且 $\boldsymbol{G}_{r\times n}$ 的秩也为 r (满行秩矩阵)，则称 $\boldsymbol{A}=\boldsymbol{FG}$ 为矩阵 $\boldsymbol{A}$ 的满秩分解 (full-rank decomposition)。

问题是，任意一个矩阵都存在满秩分解吗？下面的命题给出了这个问题的肯定答案。

命题 6.2.1 [112]　一个秩为 r 的 $m\times n$ 矩阵 $\boldsymbol{A}$ 可以分解为

$$\boldsymbol{A}=\boldsymbol{F}_{m\times r}\boldsymbol{G}_{r\times n}\tag{6.2.3}$$

式中，$\boldsymbol{F}$ 和 $\boldsymbol{G}$ 分别具有满列秩和满行秩。

若 $\boldsymbol{A}=\boldsymbol{FG}$ 是矩阵 $\boldsymbol{A}_{m\times n}$ 的满秩分解，则

$$\boldsymbol{A}^{\dagger}=\boldsymbol{G}^{\dagger}\boldsymbol{F}^{\dagger}=\boldsymbol{G}^{\mathrm{H}}(\boldsymbol{GG}^{\mathrm{H}})^{-1}(\boldsymbol{F}^{\mathrm{H}}\boldsymbol{F})^{-1}\boldsymbol{F}^{\mathrm{H}}\tag{6.2.4}$$

满足定义 6.1.1 中的 4 个条件，故 $n\times m$ 矩阵 $\boldsymbol{A}^{\dagger}$ 是 $\boldsymbol{A}_{m\times n}$ 的 Moore-Penrose 逆矩阵。

初等行变换很容易求出一个秩亏缺矩阵 $\boldsymbol{A}\in\mathbb{C}^{m\times n}$ 的满秩分解 [100]

(1) 使用初等行变换将矩阵 $\boldsymbol{A}$ 变成行简约阶梯型。

(2) 按照 $\boldsymbol{A}$ 的主元列的顺序组成满列秩矩阵 $\boldsymbol{F}$ 的列向量。

(3) 按照行简约阶梯型的非零行的顺序组成满行秩矩阵 $\boldsymbol{G}$ 的行向量。最后，满秩分解为 $\boldsymbol{A}=\boldsymbol{FG}$。

例如，通过初等行变换，得到 3×5 矩阵

$$\boldsymbol{A}=\begin{bmatrix}-3 & 6 & -1 & 1 & -7\\ 1 & -2 & 2 & 3 & -1\\ 2 & -4 & 5 & 8 & -4\end{bmatrix}$$

的简约阶梯型

$$\begin{bmatrix}1 & -2 & 0 & -1 & 3\\ 0 & 0 & 1 & 2 & -2\\ 0 & 0 & 0 & 0 & 0\end{bmatrix}$$

由此可知，矩阵 $\boldsymbol{A}$ 的主元列为第 1 列和第 3 列，故

$$\boldsymbol{F}=\begin{bmatrix}-3 & -1\\ 1 & 2\\ 2 & 5\end{bmatrix},\quad \boldsymbol{G}=\begin{bmatrix}1 & -2 & 0 & -1 & 3\\ 0 & 0 & 1 & 2 & -2\end{bmatrix}$$

由此可求出 $\boldsymbol{A}$ 的 Moore-Penrose 逆矩阵 $\boldsymbol{A}^{\dagger}=\boldsymbol{G}^{\mathrm{H}}(\boldsymbol{GG}^{\mathrm{H}})^{-1}(\boldsymbol{F}^{\mathrm{H}}\boldsymbol{F})^{-1}\boldsymbol{F}^{\mathrm{H}}$。

3. 递推法

对矩阵 $\boldsymbol{A}_{m\times n}$ 的前 k 列进行分块 $\boldsymbol{A}_k=[\boldsymbol{A}_{k-1},\boldsymbol{a}_k]$，其中，$\boldsymbol{a}_k$ 是矩阵 $\boldsymbol{A}$ 的第 k 列。于是，分块矩阵 $\boldsymbol{A}_k$ 的 Moore-Penrose 逆矩阵 $\boldsymbol{A}_k^{\dagger}$ 可以由 $\boldsymbol{A}_{k-1}^{\dagger}$ 递推计算。当递推到 $k=n$ 时，即获得矩阵 $\boldsymbol{A}$ 的 Moore-Penrose 逆矩阵 $\boldsymbol{A}^{\dagger}$。这样一种列递推的算法是 Greville 于 1960 年提出的[48]。

算法 6.2.3 求 Moore-Penrose 逆矩阵的列递推算法

初始值 $\boldsymbol{A}_1^{\dagger}=\boldsymbol{a}_1^{\dagger}=(\boldsymbol{a}_1^{\mathrm{H}}\boldsymbol{a}_1)^{-1}\boldsymbol{a}_1^{\mathrm{H}}$。

递推 令 $k=2,3,\cdots,n$，计算

$$
\begin{aligned}
\boldsymbol{d}_k &= \boldsymbol{A}_{k-1}^{\dagger}\boldsymbol{a}_k \\
\boldsymbol{b}_k &= \begin{cases} (1+\boldsymbol{d}_k^{\mathrm{H}}\boldsymbol{d}_k)^{-1}\boldsymbol{d}_k^{\mathrm{H}}\boldsymbol{A}_{k-1}^{\dagger}, & \boldsymbol{a}_k-\boldsymbol{A}_{k-1}\boldsymbol{d}_k=\boldsymbol{0} \\ (\boldsymbol{a}_k-\boldsymbol{A}_{k-1}\boldsymbol{d}_k)^{\dagger}, & \boldsymbol{a}_k-\boldsymbol{A}_{k-1}\boldsymbol{d}_k\neq\boldsymbol{0} \end{cases} \\
\boldsymbol{A}_k^{\dagger} &= \begin{bmatrix} \boldsymbol{A}_{k-1}^{\dagger}-\boldsymbol{d}_k\boldsymbol{b}_k \\ \boldsymbol{b}_k \end{bmatrix}
\end{aligned}
$$

上述列递推算法原则上适用于所有矩阵，但是当矩阵 $\boldsymbol{A}$ 的行比列少时，为了减少递推次数，宜先使用列递推算法求出 $\boldsymbol{A}^{\mathrm{H}}$ 的 Moore-Penrose 逆矩阵 $(\boldsymbol{A}^{\mathrm{H}})^{\dagger}=\boldsymbol{A}^{\mathrm{H}\dagger}$，再利用 $\boldsymbol{A}^{\dagger}=(\boldsymbol{A}^{\mathrm{H}\dagger})^{\mathrm{H}}$ 之关系得到 $\boldsymbol{A}^{\dagger}$。

4. 迹方法

已知矩阵 $\boldsymbol{A}_{m\times n}$ 的秩为 r。

算法 6.2.4 求 Moore-Penrose 逆矩阵的迹方法[102]

步骤 1 计算 $\boldsymbol{B}=\boldsymbol{A}^{\mathrm{T}}\boldsymbol{A}$。

步骤 2 令 $\boldsymbol{C}_1=\boldsymbol{I}$。

步骤 3 计算

$$
\boldsymbol{C}_{i+1}=\frac{1}{i}\mathrm{tr}(\boldsymbol{C}_i\boldsymbol{B})\boldsymbol{I}-\boldsymbol{C}_i\boldsymbol{B},\quad i=1,2,\cdots,r-1
$$

步骤 4 计算

$$
\boldsymbol{A}^{\dagger}=\frac{r}{\mathrm{tr}(\boldsymbol{C}_i\boldsymbol{B})}\boldsymbol{C}_i\boldsymbol{A}^{\mathrm{T}}
$$

注意，$\boldsymbol{C}_{i+1}\boldsymbol{B}=\boldsymbol{O}$，$\mathrm{tr}(\boldsymbol{C}_i\boldsymbol{B})\neq 0$。

6.3 最小二乘方法

最小二乘方法是求解超定矩阵方程最常用的方法。针对不同的情况，最小二乘方法存在多种推广。实际上，早在高斯的年代，最小二乘方法就用来对平面上的点拟合线，对高维空间的点拟合超平面。本节介绍最小二乘方法及其几种常用推广。

6.3.1 普通最小二乘方法

考虑超定矩阵方程 $\boldsymbol{Ax}=\boldsymbol{b}$，其中 $\boldsymbol{b}$ 为 $m\times 1$ 数据向量，$\boldsymbol{A}$ 为 $m\times n$ 数据矩阵，并且 $m>n$。

假定数据向量存在加性观测误差或噪声，即 $\boldsymbol{b}=\boldsymbol{b}_0+\boldsymbol{e}$，其中 $\boldsymbol{b}_0$ 和 $\boldsymbol{e}$ 分别是无误差的数据向量和误差向量。

为了抵制误差对矩阵方程求解的影响，引入一校正向量 $\Delta\boldsymbol{b}$，并用它去“扰动”有误差的数据向量 $\boldsymbol{b}$。我们的目的是，使校正项 $\Delta\boldsymbol{b}$ “尽可能小”，同时通过强令 $\boldsymbol{Ax}=\boldsymbol{b}+\Delta\boldsymbol{b}$ 补偿存在于数据向量 $\boldsymbol{b}$ 中的不确定性 (噪声或误差)，使得 $\boldsymbol{b}+\Delta\boldsymbol{b}=\boldsymbol{b}_0+\boldsymbol{e}+\Delta\boldsymbol{b}\rightarrow\boldsymbol{b}_0$，从而实现

$$\boldsymbol{Ax}=\boldsymbol{b}+\Delta\boldsymbol{b}\implies\boldsymbol{Ax}=\boldsymbol{b}_0 \tag{6.3.1}$$

的转换。也就是说，如果直接选择校正向量 $\Delta\boldsymbol{b}=\boldsymbol{Ax}-\boldsymbol{b}$，并且使校正向量“尽可能小”，则可以实现无误差的矩阵方程 $\boldsymbol{Ax}=\boldsymbol{b}_0$ 的求解。

矩阵方程的这一求解思想可以表示为优化问题

$$\min_{\boldsymbol{x}}\|\Delta\boldsymbol{b}\|^2=\|\boldsymbol{Ax}-\boldsymbol{b}\|_2^2=(\boldsymbol{Ax}-\boldsymbol{b})^{\mathrm{T}}(\boldsymbol{Ax}-\boldsymbol{b}) \tag{6.3.2}$$

这一方法称为普通最小二乘 (ordinary least squares, OLS) 法，常简称为最小二乘法。

事实上，校正向量 $\Delta\boldsymbol{b}=\boldsymbol{Ax}-\boldsymbol{b}$ 恰好是矩阵方程 $\boldsymbol{Ax}=\boldsymbol{b}$ 两边的误差向量。因此，最小二乘方法的核心思想是求出的解向量 $\boldsymbol{x}$ 能够使矩阵方程两边的误差平方和最小化。于是，矩阵方程 $\boldsymbol{Ax}=\boldsymbol{b}$ 的普通最小二乘解为

$$\hat{\boldsymbol{x}}_{\mathrm{LS}}=\arg\min_{\boldsymbol{x}}\|\boldsymbol{Ax}-\boldsymbol{b}\|_2^2 \tag{6.3.3}$$

为了推导 $\boldsymbol{x}$ 的解析解，展开式 (6.3.2) 得

$$\phi=\boldsymbol{x}^{\mathrm{T}}\boldsymbol{A}^{\mathrm{T}}\boldsymbol{Ax}-\boldsymbol{x}^{\mathrm{T}}\boldsymbol{A}^{\mathrm{T}}\boldsymbol{b}-\boldsymbol{b}^{\mathrm{T}}\boldsymbol{Ax}+\boldsymbol{b}^{\mathrm{T}}\boldsymbol{b}$$

求 ϕ 相对于 $\boldsymbol{x}$ 的导数，并令其结果等于零，则有

$$\frac{\mathrm{d}\phi}{\mathrm{d}\boldsymbol{x}}=2\boldsymbol{A}^{\mathrm{T}}\boldsymbol{Ax}-2\boldsymbol{A}^{\mathrm{T}}\boldsymbol{b}=\boldsymbol{0}$$

也就是说，解 $\boldsymbol{x}$ 必然满足

$$\boldsymbol{A}^{\mathrm{T}}\boldsymbol{Ax}=\boldsymbol{A}^{\mathrm{T}}\boldsymbol{b} \tag{6.3.4}$$

若 $m\times n$ 矩阵 $\boldsymbol{A}$ 具有满列秩 n，则 $\boldsymbol{A}^{\mathrm{T}}\boldsymbol{A}$ 非奇异，所以方程组有唯一的解

$$\boldsymbol{x}_{\mathrm{LS}}=(\boldsymbol{A}^{\mathrm{T}}\boldsymbol{A})^{-1}\boldsymbol{A}^{\mathrm{T}}\boldsymbol{b} \tag{6.3.5}$$

定理 6.3.1 (Gauss-Markov 定理)　考虑线性方程组

$$\boldsymbol{Ax}=\boldsymbol{b}+\boldsymbol{e} \tag{6.3.6}$$

式中，$m \times n$ 矩阵 $\boldsymbol{A}$ 和 $n \times 1$ 向量 $\boldsymbol{x}$ 分别为常数矩阵和参数向量；$\boldsymbol{b}$ 为 $m \times 1$ 向量，它存在随机误差向量 $\boldsymbol{e} = [e_1, e_2, \cdots, e_m]^{\mathrm{T}}$。误差向量的均值向量和协方差矩阵分别为

$$\mathrm{E}\{\boldsymbol{e}\} = \boldsymbol{0}, \qquad \mathrm{Cov}(\boldsymbol{e}) = \mathrm{E}\{\boldsymbol{e}\boldsymbol{e}^{\mathrm{H}}\} = \sigma^2 \boldsymbol{I}$$

$n \times 1$ 参数向量 $\boldsymbol{x}$ 的最优无偏解 $\hat{\boldsymbol{x}}$ 存在，当且仅当 $\mathrm{rank}(\boldsymbol{A}) = n$。此时，最优无偏解由最小二乘解

$$\hat{\boldsymbol{x}}_{\mathrm{LS}} = (\boldsymbol{A}^{\mathrm{H}}\boldsymbol{A})^{-1}\boldsymbol{A}^{\mathrm{H}}\boldsymbol{b} \tag{6.3.7}$$

给出，其方差

$$\mathrm{Var}(\hat{\boldsymbol{x}}_{\mathrm{LS}}) \leqslant \mathrm{Var}(\tilde{\boldsymbol{x}}) \tag{6.3.8}$$

式中，$\tilde{\boldsymbol{x}}$ 是矩阵方程 $\boldsymbol{A}\boldsymbol{x} = \boldsymbol{b} + \boldsymbol{e}$ 的任何一个其他解。

定理 6.3.1 表明，只有当加性误差向量 $\boldsymbol{e}$ 的各个分量互不相关，并且具有相同的方差 σ^2 时，最小二乘解才是无偏的和最优的。如果加性误差向量的分量之间统计相关，或者虽然各个非零互不相关，但具有不同的方差，则最小二乘解都不是最优的。在这些情况下，应该使用最小二乘的推广方法求解超定的矩阵方程。

6.3.2 数据最小二乘

考虑超定矩阵方程 $\boldsymbol{A}\boldsymbol{x} = \boldsymbol{b}$，但与普通最小二乘问题不同，这里假定数据向量 $\boldsymbol{b}$ 无观测误差或噪声，只有数据矩阵 $\boldsymbol{A} = \boldsymbol{A}_0 + \boldsymbol{E}$ 有观测误差或噪声，并且误差矩阵 $\boldsymbol{E}$ 的每一个误差元素服从零均值、等方差的独立高斯分布。

考虑用校正矩阵 $\Delta\boldsymbol{A}$ 干扰有误差的数据矩阵 $\boldsymbol{A}$，使得 $\boldsymbol{A} + \Delta\boldsymbol{A} = \boldsymbol{A}_0 + \boldsymbol{E} + \Delta\boldsymbol{A} \to \boldsymbol{A}_0$。与普通最小二乘方法相类似，通过强令 $(\boldsymbol{A} + \Delta\boldsymbol{A})\boldsymbol{x} = \boldsymbol{b}$，补偿数据矩阵中存在的误差矩阵，实现

$$(\boldsymbol{A} + \Delta\boldsymbol{A})\boldsymbol{x} = \boldsymbol{b} \implies \boldsymbol{A}_0\boldsymbol{x} = \boldsymbol{b}$$

此时，$\boldsymbol{x}$ 的最优解为

$$\hat{\boldsymbol{x}}_{\mathrm{DLS}} = \arg\min_{\boldsymbol{x}} \|\Delta\boldsymbol{A}\|_2^2 \quad \text{subject to } \boldsymbol{b} \in \mathrm{Range}(\boldsymbol{A} - \Delta\boldsymbol{A}) \tag{6.3.9}$$

这一方法称为数据最小二乘 (data least squares, DLS) 法。其中，约束条件 $\boldsymbol{b} \in \mathrm{Range}(\boldsymbol{A}+\Delta\boldsymbol{A})$ 意味着，对于每一个给定的精确数据向量 $\boldsymbol{b} \in \mathbb{C}^m$ 和有误差的数据矩阵 $\boldsymbol{A} \in \mathbb{C}^{m\times n}$，总可以找到一个向量 $\boldsymbol{x} \in \mathbb{C}^n$，使得 $(\boldsymbol{A} + \Delta\boldsymbol{A})\boldsymbol{x} = \boldsymbol{b}$。因此，两个约束条件 $\boldsymbol{b} \in \mathrm{Range}(\boldsymbol{A} + \Delta\boldsymbol{A})$ 和 $(\boldsymbol{A} + \Delta\boldsymbol{A})\boldsymbol{x} = \boldsymbol{b}$ 的表述等价。

利用 Lagrange 乘子法，可以将约束的数据最小二乘问题公式 (6.3.9) 转变成无约束优化问题

$$\min L(\boldsymbol{x}) = \mathrm{tr}(\Delta\boldsymbol{A}(\Delta\boldsymbol{A})^{\mathrm{H}}) + \boldsymbol{\lambda}^{\mathrm{H}}(\boldsymbol{A}\boldsymbol{x} + \Delta\boldsymbol{A}\boldsymbol{x} - \boldsymbol{b}) \tag{6.3.10}$$

令共轭梯度矩阵 $\partial L(\boldsymbol{x})/\partial\Delta\boldsymbol{A}^{\mathrm{H}}$ 等于零矩阵，立即得 $\Delta\boldsymbol{A} = -\boldsymbol{\lambda}\boldsymbol{x}^{\mathrm{H}}$。将 $\Delta\boldsymbol{A} = -\boldsymbol{\lambda}\boldsymbol{x}^{\mathrm{H}}$ 代入约束条件 $(\boldsymbol{A} + \Delta\boldsymbol{A})\boldsymbol{x} = \boldsymbol{b}$，即有 $\boldsymbol{\lambda} = \dfrac{\boldsymbol{A}\boldsymbol{x} - \boldsymbol{b}}{\boldsymbol{x}^{\mathrm{H}}\boldsymbol{x}}$，从而有 $\Delta\boldsymbol{A} = -\dfrac{(\boldsymbol{A}\boldsymbol{x} - \boldsymbol{b})\boldsymbol{x}^{\mathrm{H}}}{\boldsymbol{x}^{\mathrm{H}}\boldsymbol{x}}$。于是，原目标函数

$$J(\boldsymbol{x}) = \|\Delta\boldsymbol{A}\|_2^2 = \mathrm{tr}(\Delta\boldsymbol{A}(\Delta\boldsymbol{A})^{\mathrm{H}}) = \mathrm{tr}\left(\frac{(\boldsymbol{A}\boldsymbol{x} - \boldsymbol{b})\boldsymbol{x}^{\mathrm{H}}}{\boldsymbol{x}^{\mathrm{H}}\boldsymbol{x}}\frac{\boldsymbol{x}(\boldsymbol{A}\boldsymbol{x} - \boldsymbol{b})^{\mathrm{H}}}{\boldsymbol{x}^{\mathrm{H}}\boldsymbol{x}}\right)$$

利用迹函数性质 $\text{tr}(\boldsymbol{BC}) = \text{tr}(\boldsymbol{CB})$，立即有

$$J(\boldsymbol{x}) = \frac{(\boldsymbol{Ax}-\boldsymbol{b})^{\text{H}}(\boldsymbol{Ax}-\boldsymbol{b})}{\boldsymbol{x}^{\text{H}}\boldsymbol{x}} \tag{6.3.11}$$

由此得

$$\hat{\boldsymbol{x}}_{\text{DLS}} = \arg\min_{\boldsymbol{x}} \frac{(\boldsymbol{Ax}-\boldsymbol{b})^{\text{H}}(\boldsymbol{Ax}-\boldsymbol{b})}{\boldsymbol{x}^{\text{H}}\boldsymbol{x}} \tag{6.3.12}$$

这就是超定矩阵方程 $\boldsymbol{Ax} = \boldsymbol{b}$ 的数据最小二乘解。

6.3.3 Tikhonov 正则化方法

在求解超定矩阵方程 $\boldsymbol{A}_{m\times n}\boldsymbol{x}_{n\times 1} = \boldsymbol{b}_{m\times 1}$ (其中 $m > n$) 的时候，普通最小二乘法和数据最小二乘法有两个基本的假设：(1) 数据矩阵 $\boldsymbol{A}$ 非奇异或者满列秩；(2) 数据向量 $\boldsymbol{b}$ 或者数据矩阵 $\boldsymbol{A}$ 存在加性噪声或误差。

本节介绍数据矩阵秩亏缺或者存在误差时超定矩阵方程求解的正则化方法。

作为最小二乘方法的代价函数 $\frac{1}{2}\|\boldsymbol{Ax}-\boldsymbol{b}\|_2^2$ 的改进，Tikhonov [116] 于 1963 年提出使用正则化最小二乘代价函数

$$J(\boldsymbol{x}) = \frac{1}{2}\left(\|\boldsymbol{Ax}-\boldsymbol{b}\|_2^2 + \lambda\|\boldsymbol{x}\|_2^2\right) \tag{6.3.13}$$

式中 $\lambda \geqslant 0$ 称为正则化参数 (regularization parameters)。

代价函数关于变元 $\boldsymbol{x}$ 的共轭梯度

$$\frac{\partial J(\boldsymbol{x})}{\partial \boldsymbol{x}^{\text{H}}} = \frac{\partial}{\partial \boldsymbol{x}^{\text{H}}}\left((\boldsymbol{Ax}-\boldsymbol{b})^{\text{H}}(\boldsymbol{Ax}-\boldsymbol{b}) + \lambda\boldsymbol{x}^{\text{H}}\boldsymbol{x}\right) = \boldsymbol{A}^{\text{H}}\boldsymbol{Ax} - \boldsymbol{A}^{\text{H}}\boldsymbol{b} + \lambda\boldsymbol{x}$$

令 $\frac{\partial J(\boldsymbol{x})}{\partial \boldsymbol{x}^{\text{H}}} = \boldsymbol{0}$，立即得解

$$\hat{\boldsymbol{x}}_{\text{Tik}} = (\boldsymbol{A}^{\text{H}}\boldsymbol{A} + \lambda\boldsymbol{I})^{-1}\boldsymbol{A}^{\text{H}}\boldsymbol{b} \tag{6.3.14}$$

这种使用 $(\boldsymbol{A}^{\text{H}}\boldsymbol{A} + \lambda\boldsymbol{I})^{-1}$ 代替协方差矩阵的直接求逆 $(\boldsymbol{A}^{\text{H}}\boldsymbol{A})^{-1}$ 的方法常称为 Tikhonov 正则化 (Tikhonov regularization)，或简称正则化方法 (regularized method)。在信号处理与图像处理的文献中，有时把正则化法称为松弛法 (relaxation method)。

Tikhonov 正则化方法的本质是：通过对秩亏缺的矩阵 $\boldsymbol{A}$ 的协方差矩阵 $\boldsymbol{A}^{\text{H}}\boldsymbol{A}$ 的每一个对角元素加一个很小的扰动 λ，使得奇异的协方差矩阵 $\boldsymbol{A}^{\text{H}}\boldsymbol{A}$ 的求逆变成非奇异矩阵 $\boldsymbol{A}^{\text{H}}\boldsymbol{A}+\lambda\boldsymbol{I}$ 的求逆，从而大大改善求解秩亏缺矩阵方程 $\boldsymbol{Ax} = \boldsymbol{b}$ 的数值稳定性。

显然，若数据矩阵 $\boldsymbol{A}$ 满列秩，但存在误差或者噪声时，就需要采用与 Tikhonov 正则化相反的做法，对被噪声污染的协方差矩阵 $\boldsymbol{A}^{\text{H}}\boldsymbol{A}$ 加一个很小的负扰动矩阵 $-\lambda\boldsymbol{I}$，使 $\boldsymbol{A}^{\text{H}}\boldsymbol{A}$ 消去干扰。使用负的正则化参数 $-\lambda$ 的 Tikhonov 正则化称为反正则化方法 (deregularized method)，其解由

$$\hat{\boldsymbol{x}} = (\boldsymbol{A}^{\text{H}}\boldsymbol{A} - \lambda\boldsymbol{I})^{-1}\boldsymbol{A}^{\text{H}}\boldsymbol{b} \tag{6.3.15}$$

给出。

如前所述，正则化参数 λ 应该取很小的值，这样既可以使 $(\boldsymbol{A}^{\text{H}}\boldsymbol{A} + \lambda\boldsymbol{I})^{-1}$ 更好地逼近 $(\boldsymbol{A}^{\text{H}}\boldsymbol{A})^{-1}$，又可避免 $\boldsymbol{A}^{\text{H}}\boldsymbol{A}$ 的奇异，从而使 Tikhonov 正则法可以明显改进奇异和病态方程

组求解的数值稳定性。这是因为，矩阵 $\boldsymbol{A}^{\mathrm{H}}\boldsymbol{A}$ 是半正定的，故 $\boldsymbol{A}^{\mathrm{H}}\boldsymbol{A}+\lambda\boldsymbol{I}$ 的特征值位于区间 $[\lambda,\lambda+\|\boldsymbol{A}\|_{\mathrm{F}}^2]$，这使得条件数

$$\mathrm{cond}(\boldsymbol{A}^{\mathrm{H}}\boldsymbol{A}+\lambda\boldsymbol{I})\leqslant(\lambda+\|\boldsymbol{A}_{\mathrm{F}}\|^2)/\lambda \tag{6.3.16}$$

相比 $\boldsymbol{A}^{\mathrm{H}}\boldsymbol{A}$ 的条件数 $\leqslant\infty$，有明显的改善。

为了进一步改善 Tikhonov 正则化求解奇异和病态方程组的结果，可以使用迭代 Tikhonov 正则化 (iterated Tikhonov regularization) [87]：令初始解向量 $\boldsymbol{x}_0=\boldsymbol{0}$ 和初始残差向量 $\boldsymbol{r}_0=\boldsymbol{b}$，则解向量和残差向量可以用以下迭代公式进行更新：

$$\left.\begin{aligned}\boldsymbol{x}_k&=\boldsymbol{x}_{k-1}+(\boldsymbol{A}^{\mathrm{H}}\boldsymbol{A}+\lambda\boldsymbol{I})^{-1}\boldsymbol{A}^{\mathrm{H}}\boldsymbol{r}_{k-1}\\ \boldsymbol{r}_k&=\boldsymbol{b}-\boldsymbol{A}\boldsymbol{x}_k\end{aligned}\right\},\quad k=1,2,\cdots \tag{6.3.17}$$

令 $\boldsymbol{A}=\boldsymbol{U\Sigma V}^{\mathrm{H}}$ 是矩阵 $\boldsymbol{A}$ 的奇异值分解，则 $\boldsymbol{A}^{\mathrm{H}}\boldsymbol{A}=\boldsymbol{V\Sigma}^2\boldsymbol{V}^{\mathrm{H}}$，从而得普通最小二乘解和 Tikhonov 正则化解分别为

$$\hat{\boldsymbol{x}}_{\mathrm{LS}}=(\boldsymbol{A}^{\mathrm{H}}\boldsymbol{A})^{-1}\boldsymbol{A}^{\mathrm{H}}\boldsymbol{b}=\boldsymbol{V\Sigma}^{-1}\boldsymbol{U}^{\mathrm{H}}\boldsymbol{b} \tag{6.3.18}$$

$$\hat{\boldsymbol{x}}_{\mathrm{Tik}}=(\boldsymbol{A}^{\mathrm{H}}\boldsymbol{A}+\sigma_{\min}^2\boldsymbol{I})^{-1}\boldsymbol{A}^{\mathrm{H}}\boldsymbol{b}=\boldsymbol{V}(\boldsymbol{\Sigma}^2+\sigma_{\min}^2\boldsymbol{I})^{-1}\boldsymbol{\Sigma}\boldsymbol{U}^{\mathrm{H}}\boldsymbol{b} \tag{6.3.19}$$

其中 $\sigma_{\min}$ 是矩阵 $\boldsymbol{A}$ 最小的非零奇异值。若矩阵 $\boldsymbol{A}$ 奇异或者病态，即 $\sigma_n=0$，则由于 $\boldsymbol{\Sigma}^{-1}$ 的对角元素中会出现 $\frac{1}{\sigma_n}=\infty$ 的项，从而导致最小二乘解发散。相反，基于奇异值分解的 Tikhonov 正则化解 $\hat{\boldsymbol{x}}_{\mathrm{Tik}}$ 却具有很好的数值稳定性，因为

$$(\boldsymbol{\Sigma}^2+\delta^2\boldsymbol{I})^{-1}\boldsymbol{\Sigma}=\mathrm{diag}\left(\frac{\sigma_1}{\sigma_1^2+\sigma_{\min}^2},\frac{\sigma_2}{\sigma_2^2+\sigma_{\min}^2},\cdots,\frac{\sigma_n}{\sigma_n^2+\sigma_{\min}^2}\right) \tag{6.3.20}$$

的对角元素介于 0 和 $\sigma_1/(\sigma_1^2+\sigma_{\min}^2)$ 之间。

当正则化参数 λ 在定义区间 $[0,\infty)$ 内变化时，一个正则化最小二乘问题的解族称为该正则化问题的正则化路径 (regularization path)。

Tikhonov 正则化解具有以下重要性质 [54]。

(1) 线性：Tikhonov 正则化最小二乘问题的解 $\hat{\boldsymbol{x}}_{\mathrm{Tik}}=(\boldsymbol{A}^{\mathrm{H}}\boldsymbol{A}+\lambda\boldsymbol{I})^{-1}\boldsymbol{A}^{\mathrm{H}}\boldsymbol{b}$ 是观测数据向量 $\boldsymbol{b}$ 的线性函数。

(2) $\lambda\to0$ 时的极限特性：当正则化参数 $\lambda\to0$ 时，Tikhonov 正则化最小二乘问题的解收敛为普通最小二乘解或 Moore-Penrose 解 $\lim\limits_{\lambda\to0}\hat{\boldsymbol{x}}_{\mathrm{Tik}}=\hat{\boldsymbol{x}}_{\mathrm{LS}}=\boldsymbol{A}^{\dagger}\boldsymbol{b}=(\boldsymbol{A}^{\mathrm{H}}\boldsymbol{A})^{-1}\boldsymbol{A}^{\mathrm{H}}\boldsymbol{b}$。解点 $\hat{\boldsymbol{x}}_{\mathrm{Tik}}$ 在满足 $\boldsymbol{A}^{\mathrm{H}}(\boldsymbol{A}\boldsymbol{x}-\boldsymbol{b})=\boldsymbol{0}$ 的所有可行点中具有最小 L_2 范数

$$\hat{\boldsymbol{x}}_{\mathrm{Tik}}=\underset{\boldsymbol{A}^{\mathrm{T}}(\boldsymbol{b}-\boldsymbol{A}\boldsymbol{x})=\boldsymbol{0}}{\arg\min}\ \|\boldsymbol{x}\|_2 \tag{6.3.21}$$

(3) $\lambda\to\infty$ 时的极限特性：当 $\lambda\to\infty$ 时，Tikhonov 正则化最小二乘问题的最优解收敛为零向量，即 $\lim\limits_{\lambda\to\infty}\hat{\boldsymbol{x}}_{\mathrm{Tik}}=\boldsymbol{0}$。

(4) 正则化路径：当正则化参数 λ 在 $[0,\infty)$ 区间变化时，Tikhonov 正则化最小二乘问题的最优解是正则化参数的光滑函数，即当 λ 减小为零时，最优解收敛为 Moore-Penrose 解；而当 λ 增大时，最优解收敛为零向量解。

Tikhonov 正则化可以有效防止矩阵 $\boldsymbol{A}$ 秩亏缺时最小二乘解 $\hat{\boldsymbol{x}}_{\mathrm{LS}}=(\boldsymbol{A}^{\mathrm{T}}\boldsymbol{A})^{-1}\boldsymbol{A}^{\mathrm{T}}\boldsymbol{b}$ 的发散，明显改善最小二乘和交替最小二乘算法的收敛性能，因而被广泛应用。

6.3.4　交替最小二乘方法

1. 问题的背景

在很多工程应用问题中，常常需要对数据施加非负性约束。顾名思义，非负性约束就是约束数据是非负的。实际的数据很多本来就是非负的，它们组成非负矩阵。非负矩阵广泛存在于日常生活中，下面是非负矩阵的 4 种重要的实际例子[63]：

(1) 在文本采集中，文本被存储为一个个向量，每个文本向量的元素是某个相关的术语 (term) 在该文本中出现的次数的计数。将文本向量一个接一个堆栈起来，就构成了一个非负的“术语 × 文本”矩阵。

(2) 在图像识别中，每一图像都用向量表示，向量的每一个元素对应为一个像素。像素的强度和颜色由非负数值给出，由此形成了非负的“像素 × 图像”矩阵。

(3) 对于商品设定 (item sets) 或推荐系统，顾客的购买记录或评分以非负的稀疏矩阵的形式存储。

(4) 在基因表示分析中，“基因 × 实验”矩阵是通过观测在某些实验条件下所产生的基因序列构造的。

此外，在模式识别和信号处理中，对于某个特定的模式或目标信号而言，所有特征向量的线性组合很可能不太合适。相反，某些特征向量的部分组合则更为合适。例如，人脸识别中，强调眼睛、鼻子、嘴唇等特定部分的组合往往更加有效。在所有组合中，正的和负的组合系数分别强调部分特征的正面和负面作用，而零组合系数意味着某些特征不起作用。与之不同，在部分组合中，只有起作用和不起作用的两类特征。因此，为了强调某些主要特征的作用，很自然地会对系数向量中的元素加上非负性约束。

2. 问题的提出

线性数据分析的基本问题是：通过某种适当的变换或分解，将高维的原始数据向量表示成一组低维向量的线性组合。由于抽取了原数据向量的本质或特征，可以用来进行模式识别，所以这组低维向量常称为原数据的“模式向量”或“基 (本) 向量”或“特征向量”。

在进行数据分析、建模和处理时，通常必须考虑模式向量的两个基本要求。

可解释性 (interpretability)：模式向量的分量应该具有明确的物理或者生理意义和含义。

统计保真度 (statistical fidelity)：当数据一致和没有太多误差或噪声时，模式向量的分量应该可以解释数据的方差 (主要能量分布)。

矢量量化 (VQ：vector quantization) 和主分量分析是两种广泛被使用的非监督学习算法，它们采用根本不同的方式对数据进行编码。

(1) 矢量量化法

矢量量化法使用存储的模式 (prototype) 向量作为码矢 (codevector)。令 $\boldsymbol{c}_n$ 是 k 维码矢，共存储有 N 个码矢，即

$$\boldsymbol{c}_n=[c_{n,1},c_{n,2},\cdots,c_{n,k}]^{\mathrm{T}},\quad n=1,2,\cdots,N$$

N 个码矢的集合 $\{\boldsymbol{c}_1,\boldsymbol{c}_2,\cdots,\boldsymbol{c}_N\}$ 组成码书 (codebook)。

所有与存储的模式向量即码矢 $\boldsymbol{c}_n$ 最接近的数据向量组成的区域称为码矢 $\boldsymbol{c}_n$ 的编码区 (encoding region)，定义为

$$S_n=\left\{\boldsymbol{x}\,|\,\|\boldsymbol{x}-\boldsymbol{c}_n\|^2\leqslant\|\boldsymbol{x}-\boldsymbol{c}_{n'}\|^2,\forall n'=1,2,\cdots,N\right\} \tag{6.3.22}$$

矢量量化问题的提法是：给定 M 个 k 维数据向量 $\boldsymbol{x}_i=[x_{i,1},x_{i,2},\cdots,x_{i,k}]^{\mathrm{T}},i=1,2,\cdots,M$，确定这些向量所在的编码区，即这些向量各自对应的码矢。

令 $\boldsymbol{X}=[\boldsymbol{x}_1,\boldsymbol{x}_2,\cdots,\boldsymbol{x}_M]\in\mathbb{R}^{k\times M}$ 为数据矩阵，$\boldsymbol{C}=[\boldsymbol{c}_1,\boldsymbol{c}_2,\cdots,\boldsymbol{c}_N]\in\mathbb{R}^{k\times N}$ 表示码书矩阵，则数据矩阵的矢量量化可以用数学模型描述为

$$\boldsymbol{X}=\boldsymbol{C}\boldsymbol{S} \tag{6.3.23}$$

其中，$\boldsymbol{C}=[\boldsymbol{c}_1,\boldsymbol{c}_2,\cdots,\boldsymbol{c}_N]$ 为码书矩阵，$\boldsymbol{S}=[\boldsymbol{s}_1,\boldsymbol{s}_2,\cdots,\boldsymbol{s}_M]\in\mathbb{R}^{N\times M}$ 为量化系数矩阵，其列称为量化系数向量。

从最优化的角度看问题，矢量量化的优化准则是"胜者赢得一切" (winner-take-all)，将输入数据聚类到互相排斥的模式 [42, 67]。从编码的观点出发，矢量量化为"祖母细胞编码" (grandmother cell coding)，每一个数据只由一个基向量解释 (即数据被聚类) [125]。具体而言，每一个量化系数向量都是一个只有一个元素为 1，其他元素皆等于零的 N 维基本向量。因此，码书矩阵第 j 列的第 i 个元素等于 1，表明数据向量 $\boldsymbol{x}_j$ 被判断为与码矢 $\boldsymbol{c}_i$ 最接近，即一个数据向量只对应一个码矢。矢量量化可以捕获输入数据的非线性结构，但是其捕获能力比较弱，因为矢量量化法中数据向量与码矢是一对一对应的。如果数据的维数很大，就需要大量的码矢才能表示输入数据。

(2) 主成分分析法

线性数据模型是广泛使用的一种数据模型，包括主成分分析 (principal component analysis, PCA), 线性判别分析 (linear discriminant analysis, LDA) 和独立分量分析 (independent component analysis, ICA) 等多元数据分析方法 (multivariate data analysis) 都采用这一线性数据模型。

与矢量量化由码矢组成码书类似，主成分分析方法由一组与主要成分对应的相互正交的基向量 $\boldsymbol{a}_i$ 组成基矩阵 $\boldsymbol{A}$。这些基向量称为模式或特征向量。对于一数据向量 $\boldsymbol{x}$，主成分分析采用分享的约束原则进行优化，用模式向量的线性组合 $\boldsymbol{x}=\boldsymbol{A}\boldsymbol{s}$ 表示输入数据。从编码的角度看，主成分分析是一种分布式编码。与祖母细胞编码的矢量量化法相比，主成分分析法由于采用分布式编码，所以只需要较少的基向量就可以表示大维数的数据。将不同时间的数据向量排成数据矩阵，则主成分分析的数学问题是一个矩阵分解问题

$$\boldsymbol{X}=\boldsymbol{A}\boldsymbol{S} \tag{6.3.24}$$

其中，$\boldsymbol{A}$ 为基矩阵，$\boldsymbol{S}$ 为量化系数矩阵即编码矩阵。

主成分分析法的缺点是：

① 不能捕获输入数据的非线性结构。

② 虽然基向量可以统计解释为最大差异的方向，但许多方向并没有一个明显的视觉解释，这是因为基矩阵 $\boldsymbol{A}$ 和量化系数向量 $\boldsymbol{s}$ 的元素可以取零、正和负的符号。由于基向量用

于线性组合，而这种组合涉及正、负数之间的复杂对消，所以许多单个的基向量由于被对消而失掉直观的物理意义，对于非负数据 (例如彩色图像的像素值) 不具有可解释性。这是因为，非负数据的模式向量的元素应该都是非负的数值，但是相互正交的特征向量不可能都含有非负元素：如果与最大特征值对应的特征向量 $\boldsymbol{u}_1$ 的元素全部是非负的，则其他与之正交的特征向量 $\boldsymbol{u}_j(j \neq 1)$ 就必然含有负的元素，否则两个向量的正交条件 $\langle \boldsymbol{u}_1, \boldsymbol{u}_j \rangle = 0(j \neq 1)$ 不可能成立。这一事实表明，相互正交的特征向量不能用作非负数据分析的模式向量或基向量。

在主成分分析、线性判别分析和独立分量分析等方法中，系数向量的元素通常多取正和负值，鲜有取零值。这意味着在这些方法中，所有基向量都参与观测数据向量的拟合或者回归。为了克服矢量量化和主成分分析的缺点，Lee 和 Seung 于 1999 年在 Nature 上提出了非负矩阵分解方法 [66]。

(3) 非负矩阵分解

非负矩阵分解 (non-negative matrix factorization, NMF) 对基向量和系数向量的元素均作非负约束。容易想象，此时参与拟合或者回归观测数据向量的基向量的个数肯定比矢量量化和主成分分析的基向量个数少。从这一角度讲，非负矩阵分解有抽取主要基向量的作用。

非负矩阵分解的另一个突出优点是：对组合因子的非负约束有利于产生稀疏的编码，即很多编码值为零。在生物学中，人脑就是以这种稀疏编码的方式对信息进行编码的 [34]。

因此，作为线性数据分析的另一类方法，应该在使数据重构误差最小化时，撤销对基向量的正交化约束，而改为非负性约束。

非负矩阵分解是一种线性、非负逼近的数据表示。令 $\boldsymbol{x}(j) = [x_1(j), x_2(j), \cdots, x_I(j)]^{\mathrm{T}} \in \mathbb{R}_+^{I \times 1}$ 和 $\boldsymbol{s}(j) = [s_1(j), s_2(j), \cdots, s_K(j)]^{\mathrm{T}} \in \mathbb{R}_+^{K \times 1}$ 分别代表用 I 个传感器测得的离散时间 j 的非负数据向量和 K 维非负系数向量，其中 $\mathbb{R}_+$ 表示非负象限。非负数据向量的数学模型为

$$\begin{bmatrix} x_1(j) \\ \vdots \\ x_I(j) \end{bmatrix} = \begin{bmatrix} a_{11} & \cdots & a_{1K} \\ \vdots & \ddots & \vdots \\ a_{I1} & \cdots & a_{IK} \end{bmatrix} \begin{bmatrix} s_1(j) \\ \vdots \\ s_K(j) \end{bmatrix} \quad \text{或} \quad \boldsymbol{x}(j) = \boldsymbol{A}\boldsymbol{s}(j) \tag{6.3.25}$$

式中，$\boldsymbol{A} = [\boldsymbol{a}_1, \boldsymbol{a}_2, \cdots, \boldsymbol{a}_K] \in \mathbb{R}^{I \times K}$ 称为基矩阵，$\boldsymbol{s}$ 称为系数向量。

基矩阵的各个列向量 $\boldsymbol{a}_k(k = 1, 2, \cdots, K)$ 称为基向量。由于不同时刻的测量向量 $\boldsymbol{x}(j)$ 都用相同的一组基向量 $\boldsymbol{a}_k(k = 1, 2, \cdots, K)$ 表示，所以这些 I 维基向量可以想象成数据表示的积木块，而 K 维系数向量 $\boldsymbol{s}(j)$ 的元素 $s_k(j)$ 则表示第 k 个基向量 (积木块) $\boldsymbol{a}_k$ 在数据向量 $\boldsymbol{x}(j)$ 中的存在强度，体现对应的基向量 $\boldsymbol{a}_k$ 在观测向量 $\boldsymbol{x}$ 的拟合或回归中的贡献。因此，系数向量的元素 $s_k(j)$ 常称为拟合系数、回归系数或组合系数等。$s_k(j) > 0$ 表示基向量 $\boldsymbol{a}_k$ 的贡献为加法组合即正面作用；$s_k(j) = 0$ 表示相对应的基向量的零贡献，即不参与拟合或回归；而负的系数 $s_k(j) < 0$ 则意味着基向量的减法组合，起着负面的组合作用。

如果将 $j = 1, 2, \cdots, J$ 个离散时间的非负观测数据向量排列成一个非负的观测矩阵，则有

$$[\boldsymbol{x}(1), \boldsymbol{x}(2), \cdots, \boldsymbol{x}(J)] = \boldsymbol{A}[\boldsymbol{s}(1), \boldsymbol{s}(2), \cdots, \boldsymbol{s}(J)] \implies \boldsymbol{X} = \boldsymbol{A}\boldsymbol{S} \tag{6.3.26}$$

矩阵 $\boldsymbol{S}$ 称为系数矩阵。系数矩阵本质上是基矩阵的编码矩阵。

非负矩阵分解的另一个重要特征是它的分布式非负编码和部位组合能力。

非负矩阵分解不允许矩阵分解因子 $\boldsymbol{A}$ 和 $\boldsymbol{S}$ 中出现负的元素，其优点是：与矢量量化的单一约束不同，非负约束允许采用多个基图像或特征脸的组合表示一张人脸图像；与主成分分析不同，非负矩阵分解只允许加法组合，因为 $\boldsymbol{A}$ 和 $\boldsymbol{S}$ 的非零元素全部都是正的，从而避免了主成分分析中的基图像之间的任何减法组合的发生。就优化准则而言，非负矩阵分解采用分享约束加非负约束。从编码的观点看，非负矩阵分解是一种分布式的非负编码，常常可以导致稀疏编码。

由于这些优点，使得非负矩阵分解给人的直觉印象是：不是将所有特征进行组合，而是将部分特征 (简称部位，parts) 组合成一个 (目标) 整体。从机器学习的角度看，非负矩阵分解是一种基于部位组合表示的机器学习方法，具有抽取主要特征的能力。

非负矩阵分解的第三个主要特征是它的多线性数据分析能力。主成分分析使用所有特征基向量的线性组合表示数据，只能提取数据的线性结构。与之不同，非负矩阵分解使用不同数量和不同标记的基向量 (部位) 的组合表示数据，所以可以抽取数据的多线性结构，具有一定的非线性数据分析能力。

表 6.3.1 有助于理解矢量量化、主成分分析与非负矩阵分解之间的联系与区别。

表 6.3.1 矢量量化、主成分分析与非负矩阵分解的比较

方 法	矢量量化 (VQ)	主成分分析 (PCA)	非负矩阵分解 (NMF)
约束条件	胜者赢得一切 (独享)	全体分享	少数个体分享 + 非负性
组 成	码书矩阵 $\boldsymbol{C}$，量化系数矩阵 $\boldsymbol{S}$	基矩阵 $\boldsymbol{A}$，系数矩阵 $\boldsymbol{S}$	基矩阵 $\boldsymbol{A}$，系数矩阵 $\boldsymbol{S}$
数学模型	模式聚类：$\boldsymbol{X}=\boldsymbol{CS}$	线性组合：$\boldsymbol{X}=\boldsymbol{AS}$	非负分解：$\boldsymbol{X}=\boldsymbol{AS}$
结构特点	量化系数向量 $\boldsymbol{s}_j$：码矢 $\boldsymbol{c}_i$	基向量 $\boldsymbol{a}_k$：相互正交	基矩阵 $\boldsymbol{A}$、系数矩阵 $\boldsymbol{S}$：非负矩阵
分析能力	非线性分析	线性分析	多线性分析
编码方式	祖母细胞编码	分布式编码	分布式非负编码 (稀疏编码)
机器学习	单一模式学习	分布式学习	部位组合学习

3. 问题的分析

矢量量化方法、主成分分析和非负矩阵分解的数学问题都归结为矩阵分解问题

$$\boldsymbol{X}=\boldsymbol{AS} \tag{6.3.27}$$

即已知数据矩阵 $\boldsymbol{X}$，将它分解为两个矩阵的乘积。

矩阵分解常采用目标函数

$$f(\boldsymbol{A},\boldsymbol{B})=\|\boldsymbol{X}-\boldsymbol{AS}\|_2^2 \tag{6.3.28}$$

此时，矩阵分解实质上是一个耦合的最小二乘问题：待求的未知矩阵 $\boldsymbol{A}$ 和 $\boldsymbol{S}$ 耦合在一起。

4. 问题的求解

求解耦合最小二乘问题的一种有效方法为交替最小二乘 (alternating least squares, ALS) 方法。

交替最小二乘方法首先初始化其中一个矩阵，例如 $\boldsymbol{A}$。令初始化矩阵为 $\boldsymbol{A}_0$，则矩阵分解方程变为 $\boldsymbol{X}=\boldsymbol{A}_0\boldsymbol{S}$。这是一个普通的最小二乘问题，其解为最小二乘解

$$\boldsymbol{S}_1=(\boldsymbol{A}_0^{\mathrm{T}}\boldsymbol{A}_0)^{-1}\boldsymbol{A}_0^{\mathrm{T}}\boldsymbol{X} \tag{6.3.29}$$

然后，固定矩阵 $\boldsymbol{S}_1$，可以将矩阵分解 $\boldsymbol{X}=\boldsymbol{A}\boldsymbol{S}_1$ 变成矩阵方程的标准形式 $\boldsymbol{S}_1^{\mathrm{T}}\boldsymbol{A}^{\mathrm{T}}=\boldsymbol{X}^{\mathrm{T}}$，其最小二乘解

$$\boldsymbol{A}_1^{\mathrm{T}}=(\boldsymbol{S}_1\boldsymbol{S}_1^{\mathrm{T}})^{-1}\boldsymbol{S}_1\boldsymbol{X}^{\mathrm{T}} \tag{6.3.30}$$

接下来，又可以固定 $\boldsymbol{A}_1$，求解矩阵方程 $\boldsymbol{A}_1\boldsymbol{S}_2=\boldsymbol{X}$，得到最小二乘解

$$\boldsymbol{S}_2=(\boldsymbol{A}_1^{\mathrm{T}}\boldsymbol{A}_1)^{-1}\boldsymbol{A}_1^{\mathrm{T}}\boldsymbol{X} \tag{6.3.31}$$

再固定 $\boldsymbol{S}_2$，又可以利用最小二乘方法求 $\boldsymbol{A}_2^{\mathrm{T}}$。如此交替使用最小二乘方法，直至矩阵 $\boldsymbol{A}$ 和 $\boldsymbol{S}$ 满足误差准则 $\|\boldsymbol{X}-\boldsymbol{A}\boldsymbol{S}\|_2^2<\delta$，其中 δ 为预先设定的误差门限值。

以上介绍的交替最小二乘方法仅适用于无约束的耦合最小二乘问题。对于有约束的最小二乘问题，则必须在交替最小二乘方法中，每一步都应该采用约束最小二乘方法。例如，在非负矩阵分解中，每一步的最小二乘方法都应该对待求的矩阵的元素加上非负约束条件。

6.4 总体最小二乘

尽管最初的叫法不同，总体最小二乘 (total least squares, TLS) 实际上已有相当长的历史了。总体最小二乘最早的思想可追溯到 Pearson 于 1901 年发表的论文 [96]，该文献考虑 $\boldsymbol{A}$ 和 $\boldsymbol{b}$ 同时存在误差时矩阵方程 $\boldsymbol{A}\boldsymbol{x}=\boldsymbol{b}$ 的近似求解方法。但是，只是到了 1980 年，才由 Golub 和 Van Loan [45] 从数值分析的观点首次对这种方法进行了整体分析，并正式称之为总体最小二乘方法。在数理统计中，这种方法称为正交回归 (orthogonal regression) 或变量误差回归 (errors-in-variables regression) [44]。在系统辨识中，总体最小二乘称为特征向量法或 Koopmans-Levin 方法 [122]。现在，总体最小二乘方法已经广泛应用于信号处理、自动控制、系统科学、统计学、物理学、经济学、生物学和医学等众多学科与领域。

6.4.1 总体最小二乘问题

上一节介绍的最小二乘方法及其推广分开考虑了矩阵 $\boldsymbol{A}$ 和向量 $\boldsymbol{b}$ 的误差或者噪声，没有考虑两者同时存在时对矩阵方程的解的影响。总体最小二乘方法的精髓恰恰就是考虑矩阵 $\boldsymbol{A}$ 和向量 $\boldsymbol{b}$ 的误差对矩阵方程 $\boldsymbol{A}\boldsymbol{x}=\boldsymbol{b}$ 的总体影响。

令 $\boldsymbol{A}_0$ 和 $\boldsymbol{b}_0$ 分别代表不可观测的无误差数据矩阵和无误差数据向量，实际观测的数据矩阵和数据向量分别为

$$\boldsymbol{A}=\boldsymbol{A}_0+\boldsymbol{E},\quad \boldsymbol{b}=\boldsymbol{b}_0+\boldsymbol{e} \tag{6.4.1}$$

其中，$\boldsymbol{E}$ 和 $\boldsymbol{e}$ 分别表示误差数据矩阵和误差数据向量。

总体最小二乘的基本思想是：不仅用校正向量 $\Delta\boldsymbol{b}$ 去干扰数据向量 $\boldsymbol{b}$，同时用校正矩阵 $\Delta\boldsymbol{A}$ 去干扰数据矩阵 $\boldsymbol{A}$，以便对 $\boldsymbol{A}$ 和 $\boldsymbol{b}$ 二者内存在的误差或噪声进行联合补偿

$$\boldsymbol{b}+\Delta\boldsymbol{b}=\boldsymbol{b}_0+\boldsymbol{e}+\Delta\boldsymbol{b}\rightarrow\boldsymbol{b}_0$$
$$\boldsymbol{A}+\Delta\boldsymbol{A}=\boldsymbol{A}_0+\boldsymbol{E}+\Delta\boldsymbol{A}\rightarrow\boldsymbol{A}_0$$

目的是，整体抑制观测误差或噪声对矩阵方程求解的影响，从而实现有误差的矩阵方程求解向精确矩阵方程求解的转换

$$(\boldsymbol{A}+\Delta\boldsymbol{A})\boldsymbol{x}=\boldsymbol{b}+\Delta\boldsymbol{b}\implies\boldsymbol{A}_0\boldsymbol{x}=\boldsymbol{b}_0 \tag{6.4.2}$$

自然地，希望校正数据矩阵和校正数据向量的元素都尽可能小。因此，总体最小二乘问题可以用约束优化问题表述为

$$\text{TLS:}\quad \min_{\Delta\boldsymbol{A},\Delta\boldsymbol{b},\boldsymbol{x}}\|[\Delta\boldsymbol{A},\Delta\boldsymbol{b}]\|_2^2=\|\Delta\boldsymbol{A}\|_2^2+\|\Delta\boldsymbol{b}\|_2^2 \tag{6.4.3}$$
$$\text{subject to}\quad(\boldsymbol{A}+\Delta\boldsymbol{A})\boldsymbol{x}=\boldsymbol{b}+\Delta\boldsymbol{b} \tag{6.4.4}$$

约束条件 $(\boldsymbol{A}+\Delta\boldsymbol{A})\boldsymbol{x}=\boldsymbol{b}+\Delta\boldsymbol{b}$ 有时也表示为 $(\boldsymbol{b}+\Delta\boldsymbol{b})\in\text{Range}\,(\boldsymbol{A}+\Delta\boldsymbol{A})$。

由式 (6.4.2) 知，原矩阵方程 $\boldsymbol{Ax}=\boldsymbol{b}$ 可以改写为

$$([-\boldsymbol{b},\,\boldsymbol{A}]+[-\Delta\boldsymbol{b},\,\Delta\boldsymbol{A}])\begin{bmatrix}1\\\boldsymbol{x}\end{bmatrix}=\boldsymbol{0} \tag{6.4.5}$$

或等价为

$$(\boldsymbol{B}+\boldsymbol{D})\boldsymbol{z}=\boldsymbol{0} \tag{6.4.6}$$

式中，增广数据矩阵 $\boldsymbol{B}=[-\boldsymbol{b},\,\boldsymbol{A}]$ 和增广校正矩阵 $\boldsymbol{D}=[-\Delta\boldsymbol{b},\,\Delta\boldsymbol{A}]$ 均为 $m\times(n+1)$ 矩阵，而 $\boldsymbol{z}=\begin{bmatrix}1\\\boldsymbol{x}\end{bmatrix}$ 为 $(n+1)\times1$ 向量。

6.4.2 总体最小二乘解

在超定方程的总体最小二乘解中，有两种可能的情况。

情况 1 矩阵 $\boldsymbol{B}$ 的奇异值 σ_n 明显比 σ_{n+1} 大，即最小的奇异值只有一个。

式 (6.4.3) 表明，总体最小二乘问题可以归结为：求一具有最小范数平方的扰动矩阵 $\boldsymbol{D}\in\mathbb{C}^{m\times(n+1)}$，使得 $\boldsymbol{B}+\boldsymbol{D}$ 是非满秩的 (如果满秩，则只有平凡解 $\boldsymbol{z}=\boldsymbol{0}$)。

事实上，如果约束最小二乘解 $\boldsymbol{z}$ 是一个单位范数的向量，并且将式 (6.4.6) 改写为 $\boldsymbol{Bz}=\boldsymbol{r}=-\boldsymbol{Dz}$，则总体最小二乘问题式 (6.4.3) 又可以等价写作一个带约束的标准最小二乘问题

$$\min\|\boldsymbol{Bz}\|_2^2=\min\|\boldsymbol{r}\|_2^2\quad\text{subject to}\quad\boldsymbol{z}^{\rm H}\boldsymbol{z}=1 \tag{6.4.7}$$

因为 $\boldsymbol{r}$ 可以视为矩阵方程 $\boldsymbol{Bz}=\boldsymbol{0}$ 的总体最小二乘解 $\boldsymbol{z}$ 的误差向量。换言之，总体最小二乘解 $\boldsymbol{z}$ 是使得误差平方和 $\|\boldsymbol{r}\|_2^2$ 为最小的最小二乘解。

上述约束最小二乘问题很容易用 Lagrange 乘数法求解。定义目标函数

$$J(\boldsymbol{z}) = \|\boldsymbol{B}\boldsymbol{z}\|_2^2 + \lambda(1 - \boldsymbol{z}^{\mathrm{H}}\boldsymbol{z}) \tag{6.4.8}$$

式中，λ 为 Lagrange 乘数。注意到 $\|\boldsymbol{B}\boldsymbol{z}\|_2^2 = \boldsymbol{z}^{\mathrm{H}}\boldsymbol{B}^{\mathrm{H}}\boldsymbol{B}\boldsymbol{z}$，故由 $\dfrac{\partial J(\boldsymbol{z})}{\partial \boldsymbol{z}^*} = \boldsymbol{0}$，得到

$$\boldsymbol{B}^{\mathrm{H}}\boldsymbol{B}\boldsymbol{z} = \lambda\boldsymbol{z} \tag{6.4.9}$$

这表明，Lagrange 乘数应该选择为矩阵 $\boldsymbol{B}^{\mathrm{H}}\boldsymbol{B}$ 的最小特征值 (即 $\boldsymbol{B}$ 的最小奇异值的平方)，而总体最小二乘解 $\boldsymbol{z}$ 是与最小奇异值 $\sigma_{\min} = \sqrt{\lambda_{\min}}$ 对应的右奇异向量。

令 $m \times (n+1)$ 增广矩阵 $\boldsymbol{B}$ 的奇异值分解为

$$\boldsymbol{B} = \boldsymbol{U}\boldsymbol{\Sigma}\boldsymbol{V}^{\mathrm{H}} \tag{6.4.10}$$

且其奇异值按照顺序 $\sigma_1 \geqslant \sigma_2 \geqslant \cdots \geqslant \sigma_{n+1}$ 排列，与这些奇异值对应的右奇异向量为 $\boldsymbol{v}_1, \boldsymbol{v}_2, \cdots, \boldsymbol{v}_{n+1}$。于是，根据上面的分析，总体最小二乘解为 $\boldsymbol{z} = \boldsymbol{v}_{n+1}$。也就是说，原矩阵方程 $\boldsymbol{A}\boldsymbol{x} = \boldsymbol{b}$ 的最小二乘解由下式给出

$$\boldsymbol{x}_{\mathrm{TLS}} = \frac{1}{v(1,n+1)}\begin{bmatrix} v(2,n+1) \\ \vdots \\ v(n+1,n+1) \end{bmatrix} \tag{6.4.11}$$

其中，$v(i,n+1)$ 是 $\boldsymbol{V}$ 的第 $n+1$ 列的第 i 个元素。

构造增广矩阵 $\boldsymbol{B}_1 = [\boldsymbol{A}, \boldsymbol{b}]$。由于 $\boldsymbol{B}_1^{\mathrm{H}}\boldsymbol{B}_1 = \boldsymbol{B}^{\mathrm{H}}\boldsymbol{B}$，故二者具有相同的特征值和相同的特征向量矩阵 $\boldsymbol{V}$，从而 $\boldsymbol{B}_1 = [\boldsymbol{A}, \boldsymbol{b}]$ 和 $\boldsymbol{B} = [-\boldsymbol{b}, \boldsymbol{A}]$ 具有相同的奇异值和相同的右奇异向量矩阵 $\boldsymbol{V}$。下面的讨论以 $\boldsymbol{B} = [\boldsymbol{A}, \boldsymbol{b}]$ 作为增广矩阵。

总结以上讨论，可以得到求解约束优化问题

$$\text{TLS}: \quad \min_{\Delta\boldsymbol{A}, \Delta\boldsymbol{b}, \boldsymbol{x}} \; \|\Delta\boldsymbol{A}\|_2^2 + \alpha^2\|\Delta\boldsymbol{b}\|_2^2 \tag{6.4.12}$$

$$\text{subject to} \quad (\boldsymbol{A} + \Delta\boldsymbol{A})\boldsymbol{x} = \boldsymbol{b} + \Delta\boldsymbol{b} \tag{6.4.13}$$

的总体最小二乘算法 TLS $(\boldsymbol{A}, \boldsymbol{b}, \alpha) = (\Delta\boldsymbol{A}, \Delta\boldsymbol{b}, \boldsymbol{x})$ 如下。

算法 6.4.1[45] TLS 算法 TLS $(\boldsymbol{A}, \boldsymbol{b}, \alpha) = (\Delta\boldsymbol{A}, \Delta\boldsymbol{b}, \boldsymbol{x})$

输入 $\boldsymbol{A} \in \mathbb{C}^{m\times n}, \boldsymbol{b} \in \mathbb{C}^m, \alpha > 0$。

输出 $\Delta\boldsymbol{A} \in \mathbb{C}^{m\times n}, \Delta\boldsymbol{b} \in \mathbb{C}^m, \boldsymbol{x} \in \mathbb{C}^m$。

步骤 1 计算 SVD $[\boldsymbol{A}, \alpha\boldsymbol{b}] = \boldsymbol{U}\boldsymbol{\Sigma}\boldsymbol{V}^{\mathrm{H}}$，其中 $\boldsymbol{\Sigma} = \begin{bmatrix} \boldsymbol{\Sigma}_1 \\ \boldsymbol{O} \end{bmatrix}, \boldsymbol{\Sigma}_1 = \mathrm{diag}(\sigma_1, \sigma_2, \cdots, \sigma_{n+1})$。

步骤 2 若 $\sigma_n(\boldsymbol{A}) > \sigma_{n+1}$ (其中 $\sigma_n(\boldsymbol{A})$ 是数据矩阵 $\boldsymbol{A}$ 的第 n 个奇异值)，则总体最小二乘问题的解由下式给出

$$(\Delta\boldsymbol{A}, \Delta\boldsymbol{b}) = \sigma_{n+1}\boldsymbol{u}_{n+1}\boldsymbol{v}_{n+1}^{\mathrm{T}}\mathrm{diag}(\underbrace{1, 1, \cdots, 1}_{n个}, \alpha)$$

$$\boldsymbol{x} = -\frac{1}{\alpha V_{n+1,n+1}}[V_{1,n+1}, V_{2,n+1}, \cdots, V_{n,n+1}]^{\mathrm{T}}$$

式中，$\boldsymbol{u}_{n+1}$ 和 $\boldsymbol{v}_{n+1}$ 分别是 $\boldsymbol{U}$ 和 $\boldsymbol{V}$ 的第 $n+1$ 列，而 $V_{i,j}$ 是 $\boldsymbol{V}$ 的第 (i,j) 元素。

情况 2 增广矩阵 $\boldsymbol{B}=[\boldsymbol{A},\boldsymbol{b}]$ 的最小奇异值多重 (后面的若干小奇异值重复或非常接近)。

不妨令

$$\sigma_1 \geqslant \sigma_2 \geqslant \cdots \geqslant \sigma_p > \sigma_{p+1} \approx \cdots \approx \sigma_{n+1} \tag{6.4.14}$$

且 $\boldsymbol{v}_i$ 是子空间

$$S=\text{Span}\{\boldsymbol{v}_{p+1},\boldsymbol{v}_{p+2},\cdots,\boldsymbol{v}_{n+1}\}$$

中的任一列向量，则上述任一右奇异向量 $\boldsymbol{v}_i$ 都给出一组总体最小二乘解

$$\boldsymbol{x}=\boldsymbol{y}_i/\alpha_i, \qquad i=p+1,p+2,\cdots,n+1$$

其中，α_i 是向量 $\boldsymbol{v}_i$ 的第一个元素，而其他的元素组成向量 $\boldsymbol{y}_i$，也即 $\boldsymbol{v}_i=\begin{bmatrix}\alpha_i\\ \boldsymbol{y}_i\end{bmatrix}$。因此，会有 $n+1-p$ 个总体最小二乘解。然而，可以找出在某种意义下唯一的总体最小二乘解。可能的唯一解有

(1) 最小范数解：解向量由 n 个参数组成。

(2) 最优最小二乘近似解：解向量仅包含 p 个参数。

下面分别给予介绍。

1. 最小范数解

最小范数解为 n 个参数的总体最小二乘解。求解最小范数解的总体最小二乘算法由 Golub 和 Van Loan [45] 提出。

算法 6.4.2 最小范数解的 TLS 算法

步骤 1 计算增广矩阵的奇异值分解 $\boldsymbol{B}=\boldsymbol{U}\boldsymbol{\Sigma}\boldsymbol{V}^{\text{H}}$，并存储矩阵 $\boldsymbol{V}$ 和所有奇异值。

步骤 2 确定主奇异值的个数 p。

步骤 3 令 $\boldsymbol{V}_1=[\boldsymbol{v}_{p+1},\boldsymbol{v}_{p+2},\cdots,\boldsymbol{v}_{n+1}]$ 是 $\boldsymbol{V}$ 的列分块形式，并计算 Householder 变换矩阵 $\boldsymbol{Q}$ 使得

$$\boldsymbol{V}_1\boldsymbol{Q}=\left[\begin{array}{c|ccc}\alpha & 0 & \cdots & 0\\ \hline \boldsymbol{y} & & \times & \end{array}\right]$$

其中，α 是一个标量，$\times$ 代表其数值在下一步不起作用的块。

步骤 4 若 $\alpha\neq 0$，则 $\boldsymbol{x}_{\text{TLS}}=\boldsymbol{y}/\alpha$；若 $\alpha=0$，则对原设定的 p 无 TLS 解，应减小 p，即使用 $p\leftarrow p-1$，并重复以上步骤，直至求出唯一的 TLS 解。

步骤 4 表明，确定 $\boldsymbol{x}_{\text{TLS}}$ 只需要使用 $[\alpha,\ \boldsymbol{y}^{\text{T}}]^{\text{T}}$，因此在步骤 3，没有必要计算整个矩阵 $\boldsymbol{Q}$，只需要计算出 $\boldsymbol{Q}$ 的第 1 列即可。具体来说，$[\alpha,\ \boldsymbol{y}^{\text{T}}]^{\text{T}}$ 可以通过使 $\boldsymbol{Q}$ 的第 1 列取 $\boldsymbol{V}_1$ 的第 1 行的复数共轭直接获得 (还有其他方法，但这是最简单的一种)。如果令向量 $\bar{\boldsymbol{v}}_1$ 是矩阵 $\boldsymbol{V}_1$ 的第 1 行，即对 $\boldsymbol{V}_1$ 作如下分块

$$\boldsymbol{V}_1=\begin{bmatrix}\bar{\boldsymbol{v}}_1\\ \bar{\boldsymbol{V}}\end{bmatrix} \tag{6.4.15}$$

即可将 TLS 解最终写作

$$\boldsymbol{x}_{\mathrm{TLS}}=\frac{\bar{\boldsymbol{V}}\bar{\boldsymbol{v}}_1^{\mathrm{H}}}{\bar{\boldsymbol{v}}_1\bar{\boldsymbol{v}}_1^{\mathrm{H}}}=\alpha^{-1}\bar{\boldsymbol{V}}\bar{\boldsymbol{v}}_1^{\mathrm{H}} \tag{6.4.16}$$

显然，$\alpha\approx 0$ 对应于 $\boldsymbol{V}_1$ 的第 1 行均为数值很小的元素。在这种情况下，应该减小 p 即增加 $\boldsymbol{V}_1$ 的维数，以便得到一个非零的 $\alpha=\bar{\boldsymbol{v}}_1\bar{\boldsymbol{v}}_1^{\mathrm{H}}$ (注意，这里的 $\bar{\boldsymbol{v}}_1$ 是一个行向量)。

应当注意的是，最小范数解 $\boldsymbol{x}_{\mathrm{TLS}}$ 和原方程 $\boldsymbol{A}\boldsymbol{x}=\boldsymbol{b}$ 的未知参数向量 $\boldsymbol{x}$ 一样，含有 n 个参数。由此可见，尽管 $\boldsymbol{B}$ 的有效秩 p 小于 n，但是最小范数解仍然假定在向量 $\boldsymbol{x}$ 中的 n 个未知参数是相互独立的。事实上，由于增广矩阵 $\boldsymbol{B}=[\boldsymbol{A},\boldsymbol{b}]$ 与原数据矩阵 $\boldsymbol{A}$ 具有相同的秩，故 $\boldsymbol{A}$ 的秩也是 p。这意味着，$\boldsymbol{A}$ 中仅有 p 列是线性无关的，从而原方程 $\boldsymbol{A}\boldsymbol{x}=\boldsymbol{b}$ 中起主导作用的参数个数是 p，而不是 n。概而言之，TLS 问题的最小范数解中包含了一些冗余的参数，它们与另外一些参数是线性相关的。在信号处理和系统理论中，往往对不含冗余参数的唯一 TLS 解更加感兴趣，这就是最优最小二乘近似解。

2. 最优最小二乘近似解

首先，令 $m\times(n+1)$ 矩阵 $\hat{\boldsymbol{B}}$ 是增广矩阵 $\boldsymbol{B}$ 的一个秩 p 的最佳逼近，即

$$\hat{\boldsymbol{B}}=\boldsymbol{U}\boldsymbol{\Sigma}_p\boldsymbol{V}^{\mathrm{H}} \tag{6.4.17}$$

式中，$\boldsymbol{\Sigma}_p=\mathrm{diag}(\sigma_1,\sigma_2,\cdots,\sigma_p,0,\cdots,0)$。

再令 $m\times(p+1)$ 矩阵 $\hat{\boldsymbol{B}}_j^{(p)}$ 是 $m\times(n+1)$ 最优逼近矩阵 $\hat{\boldsymbol{B}}$ 中的一个子矩阵，定义为

$$\hat{\boldsymbol{B}}_j^{(p)}\text{：由 }\hat{\boldsymbol{B}}\text{ 的第 }j\text{ 列到第 }p+j\text{ 列组成的子矩阵} \tag{6.4.18}$$

显然，这样的子矩阵共有 $n+1-p$ 个，即 $\hat{\boldsymbol{B}}_1^{(p)},\hat{\boldsymbol{B}}_2^{(p)},\cdots,\hat{\boldsymbol{B}}_{n+1-p}^{(p)}$。

如前所述，$\boldsymbol{B}$ 的有效秩为 p 意味着参数向量 $\boldsymbol{x}$ 中只有 p 个是线性独立的。不妨令 $(p+1)\times 1$ 向量 $\boldsymbol{a}=\begin{bmatrix}\boldsymbol{x}^{(p)}\\ -1\end{bmatrix}$，其中，$\boldsymbol{x}^{(p)}$ 是由向量 $\boldsymbol{x}$ 中的 p 个线性独立的未知参数组成的列向量。这样一来，原总体最小二乘问题的求解就变成了下列 $n+1-p$ 个 TLS 问题的求解

$$\hat{\boldsymbol{B}}_j^{(p)}\boldsymbol{a}=\boldsymbol{0},\qquad j=1,2,\cdots,n+1-p \tag{6.4.19}$$

或等价为合成的 TLS 问题的求解

$$\begin{bmatrix}\hat{\boldsymbol{B}}(1:p+1)\\ \hat{\boldsymbol{B}}(2:p+2)\\ \vdots\\ \hat{\boldsymbol{B}}(n+1-p:n+1)\end{bmatrix}\boldsymbol{a}=\boldsymbol{0} \tag{6.4.20}$$

式中，$\hat{\boldsymbol{B}}(i:p+i)$ 代表式 (6.4.18) 定义的 $\hat{\boldsymbol{B}}_i^{(p)}$。不难证明

$$\hat{\boldsymbol{B}}(i:p+i)=\sum_{k=1}^{p}\sigma_k\boldsymbol{u}_k(\boldsymbol{v}_k^i)^{\mathrm{H}} \tag{6.4.21}$$

式中，$\boldsymbol{v}_k^i$ 是酉矩阵 $\boldsymbol{V}$ 的第 k 列向量的一个加窗段，定义为

$$\boldsymbol{v}_k^i = [v(i,k), v(i+1,k), \cdots, v(i+p,k)]^{\mathrm{T}} \tag{6.4.22}$$

这里，$v(i,k)$ 是酉矩阵 $\boldsymbol{V}$ 第 i 行第 k 列上的元素。

根据最小二乘原理，求方程组式 (6.4.20) 的最小二乘解等价于使测度 (或代价) 函数

$$\begin{aligned} f(\boldsymbol{a}) &= [\hat{\boldsymbol{B}}(1:p+1)\boldsymbol{a}]^{\mathrm{H}}\hat{\boldsymbol{B}}(1:p+1)\boldsymbol{a} + [\hat{\boldsymbol{B}}(2:p+2)\boldsymbol{a}]^{\mathrm{H}}\hat{\boldsymbol{B}}(2:p+2)\boldsymbol{a} + \cdots \\ &\quad + [\hat{\boldsymbol{B}}(n+1-p:n+1)\boldsymbol{a}]^{\mathrm{H}}\hat{\boldsymbol{B}}(n+1-p:n+1)\boldsymbol{a} \\ &= \boldsymbol{a}^{\mathrm{H}}\left[\sum_{i=1}^{n+1-p}[\hat{\boldsymbol{B}}(i:p+i)]^{\mathrm{H}}\hat{\boldsymbol{B}}(i:p+i)\right]\boldsymbol{a} \end{aligned} \tag{6.4.23}$$

极小化。

定义 $(p+1)\times(p+1)$ 矩阵

$$\boldsymbol{S}^{(p)} = \sum_{i=1}^{n+1-p}[\hat{\boldsymbol{B}}(i:p+i)]^{\mathrm{H}}\hat{\boldsymbol{B}}(i:p+i) \tag{6.4.24}$$

则测度函数可简写为

$$f(\boldsymbol{a}) = \boldsymbol{a}^{\mathrm{H}}\boldsymbol{S}^{(p)}\boldsymbol{a} \tag{6.4.25}$$

$f(\boldsymbol{a})$ 的极小化变量 $\boldsymbol{a}$ 由 $\partial f(\boldsymbol{a})/\partial\boldsymbol{a}^* = \boldsymbol{0}$ 给出，其结果为

$$\boldsymbol{S}^{(p)}\boldsymbol{a} = \alpha\boldsymbol{e}_1 \tag{6.4.26}$$

式中，$\boldsymbol{e}_1 = [1,0,\cdots,0]^{\mathrm{T}}$，而常数 $\alpha > 0$ 表示误差能量。由定义式 (6.4.24) 和式 (6.4.21) 可以求得

$$\boldsymbol{S}^{(p)} = \sum_{j=1}^{p}\sum_{i=1}^{n+1-p}\sigma_j^2\boldsymbol{v}_j^i(\boldsymbol{v}_j^i)^{\mathrm{H}} \tag{6.4.27}$$

方程式 (6.4.26) 的求解是简单的，它与未知的常数 α 无关。如果我们令 $\boldsymbol{S}^{-(p)}$ 为矩阵 $\boldsymbol{S}^{(p)}$ 的逆矩阵，则解向量 $\boldsymbol{a}$ 仅取决于逆矩阵 $\boldsymbol{S}^{-(p)}$ 的第 1 列。易知，TLS 解向量 $\boldsymbol{a} = \begin{bmatrix}\boldsymbol{x}^{(p)} \\ -1\end{bmatrix}$ 中的 $\boldsymbol{x}^{(p)} = [x_{\mathrm{TLS}}(1), x_{\mathrm{TLS}}(2), \cdots, x_{\mathrm{TLS}}(p)]^{\mathrm{T}}$ 的元素由

$$x_{\mathrm{TLS}}(i) = -\boldsymbol{S}^{-(p)}(i,1)/\boldsymbol{S}^{-(p)}(p+1,1), \qquad i = 1,2,\cdots,p \tag{6.4.28}$$

给出。通常称这种解为最优最小二乘近似解。由于这种解的参数个数与有效秩相同，故又称为低阶模型或低秩总体最小二乘解 [14]。

注意，若增广矩阵 $\boldsymbol{B} = [-\boldsymbol{b}, \boldsymbol{A}]$，则

$$x_{\mathrm{TLS}}(i) = \boldsymbol{S}^{-(p)}(i+1,1)/\boldsymbol{S}^{-(p)}(1,1), \qquad i = 1,2,\cdots,p \tag{6.4.29}$$

因为在这种情况下，解向量 $\boldsymbol{a} = \begin{bmatrix}1 \\ \boldsymbol{x}^{(p)}\end{bmatrix}$。

归纳起来，求最优最小二乘近似解的具体算法如下。

算法 6.4.3 SVD-TLS 算法

步骤 1 计算增广矩阵 $\boldsymbol{B}$ 的 SVD，并存储右奇异矩阵 $\boldsymbol{V}$。

步骤 2 确定 $\boldsymbol{B}$ 的有效秩 p。

步骤 3 利用式 (6.4.27) 和式 (6.4.22) 计算 $(p+1)\times(p+1)$ 矩阵 $\boldsymbol{S}^{(p)}$。

步骤 4 求 $\boldsymbol{S}^{(p)}$ 的逆矩阵 $\boldsymbol{S}^{-(p)}$，并由式 (6.4.28) 求最优最小二乘近似解。

上述算法的基本思想是由 Cadzow [14] 提出来的。

6.4.3 总体最小二乘解的性能

若增广矩阵 $\boldsymbol{B}$ 的奇异值为 $\sigma_1 \geqslant \sigma_2 \geqslant \cdots \geqslant \sigma_{n+1}$，则总体最小二乘解可表示成 [126]

$$\boldsymbol{x}_{\mathrm{TLS}} = (\boldsymbol{A}^{\mathrm{H}}\boldsymbol{A} - \sigma_{n+1}^2\boldsymbol{I})^{-1}\boldsymbol{A}^{\mathrm{H}}\boldsymbol{b} \tag{6.4.30}$$

与 Tikhonov 正则化比较知，总体最小二乘是一种反正则化方法，可以解释为一种具有噪声清除作用的最小二乘方法：先从协方差矩阵 $\boldsymbol{A}^{\mathrm{T}}\boldsymbol{A}$ 中减去噪声影响项 $\sigma_{n+1}^2\boldsymbol{I}$，然后再矩阵求逆，得到最小二乘解。

令含误差的数据矩阵 $\boldsymbol{A} = \boldsymbol{A}_0 + \boldsymbol{E}$，则其协方差矩阵 $\boldsymbol{A}^{\mathrm{H}}\boldsymbol{A} = \boldsymbol{A}_0^{\mathrm{H}}\boldsymbol{A}_0 + \boldsymbol{E}^{\mathrm{H}}\boldsymbol{A}_0 + \boldsymbol{A}_0^{\mathrm{H}}\boldsymbol{E} + \boldsymbol{E}^{\mathrm{H}}\boldsymbol{E}$。显然，当误差矩阵 $\boldsymbol{E}$ 具有零均值时，协方差矩阵的数学期望 $\mathrm{E}\{\boldsymbol{A}^{\mathrm{H}}\boldsymbol{A}\} = \mathrm{E}\{\boldsymbol{A}_0^{\mathrm{H}}\boldsymbol{A}_0\} + \mathrm{E}\{\boldsymbol{E}^{\mathrm{H}}\boldsymbol{E}\} = \boldsymbol{A}_0^{\mathrm{H}}\boldsymbol{A}_0 + \mathrm{E}\{\boldsymbol{E}^{\mathrm{H}}\boldsymbol{E}\}$。若误差矩阵的列向量统计不相关，并且具有相同方差，即 $\mathrm{E}\{\boldsymbol{E}^{\mathrm{T}}\boldsymbol{E}\} = \sigma^2\boldsymbol{I}$，则 $(n+1)\times(n+1)$ 协方差矩阵 $\boldsymbol{A}^{\mathrm{H}}\boldsymbol{A}$ 的最小特征值 $\lambda_{n+1} = \sigma_{n+1}^2$ 就是误差矩阵 $\boldsymbol{E}$ 的奇异值的平方。由于奇异值平方 σ_{n+1}^2 恰巧体现了误差矩阵各个列向量共同的方差 σ^2，使得通过 $\boldsymbol{A}^{\mathrm{H}}\boldsymbol{A} - \sigma_{n+1}^2\boldsymbol{I}$ 之运算，可以恢复原来无误差数据矩阵的协方差矩阵，即有 $\boldsymbol{A}^{\mathrm{T}}\boldsymbol{A} - \sigma_{n+1}^2\boldsymbol{I} = \boldsymbol{A}_0^{\mathrm{H}}\boldsymbol{A}_0$。换言之，总体最小二乘方法有效地抑制了未知误差矩阵的影响。

求解矩阵方程 $\boldsymbol{A}_{m\times n}\boldsymbol{x}_n = \boldsymbol{b}_m$ 的总体最小二乘方法与 Tikhonov 正则化方法的主要区别在于：总体最小二乘解可以只包含 $p = \mathrm{rank}([\boldsymbol{A}, \boldsymbol{b}])$ 个主要参数在内，将冗余参数剔除；而 Tikhonov 正则化方法求得的解包含了所有 n 个参数，没有抓主舍次的参数选择功能。

6.5 约束总体最小二乘

求解矩阵方程 $\boldsymbol{A}\boldsymbol{x} = \boldsymbol{b}$ 的数据最小二乘法和总体最小二乘法虽然考虑了数据矩阵存在观测误差或噪声的情况，但都假定误差随机变量是独立同分布的，并且具有相同的方差。然而，在一些重要的应用中，数据矩阵 $\boldsymbol{A}$ 的噪声分量可能是统计相关的；或者虽然统计不相关，但却具有不同的方差。本节讨论噪声矩阵的列向量统计相关情况下，超定矩阵方程的求解问题。

6.5.1 约束总体最小二乘方法

线性方程组 $\boldsymbol{A}_{m\times n}\boldsymbol{x}_n = \boldsymbol{b}_m$ 可以改写为

$$[\boldsymbol{A}, \boldsymbol{b}]\begin{bmatrix}\boldsymbol{x}\\ -1\end{bmatrix} = \boldsymbol{0} \quad \text{或} \quad \boldsymbol{C}\begin{bmatrix}\boldsymbol{x}\\ -1\end{bmatrix} = \boldsymbol{0} \tag{6.5.1}$$

其中 $\boldsymbol{C}=[\boldsymbol{A},\,\boldsymbol{b}]\in\mathbb{C}^{m\times(n+1)}$ 为增广数据矩阵。

考虑存在于增广数据矩阵中的噪声矩阵 $\boldsymbol{D}=[\boldsymbol{E},\boldsymbol{e}]$。在噪声矩阵的列向量之间存在统计相关的情况下，与总体最小二乘方法一样，有必要使用增广校正矩阵 $\Delta\boldsymbol{C}=[\Delta\boldsymbol{A},\Delta\boldsymbol{b}]$ 抑制噪声矩阵 $\boldsymbol{D}=[\boldsymbol{E},\boldsymbol{e}]$ 的影响，并且校正矩阵的列向量之间也应该统计相关。

使校正矩阵 $\Delta\boldsymbol{C}$ 列向量之间统计相关的简单方法是令每个列向量都与同一个向量 (例如 $\boldsymbol{u}$) 线性相关

$$\Delta\boldsymbol{C}=[\boldsymbol{G}_1\boldsymbol{u},\boldsymbol{G}_2\boldsymbol{u},\cdots,\boldsymbol{G}_{n+1}\boldsymbol{u}]\ \in\mathbb{R}^{m\times(n+1)} \tag{6.5.2}$$

式中，$\boldsymbol{G}_i\in\mathbb{R}^{m\times m}(i=1,2,\cdots,n+1)$ 为已知矩阵，而 $\boldsymbol{u}$ 待确定。

约束总体最小二乘的问题提法是 [1]：确定一解向量 $\boldsymbol{x}$ 和最小范数扰动向量 $\boldsymbol{u}$，使得

$$(\boldsymbol{C}+[\boldsymbol{G}_1\boldsymbol{u},\boldsymbol{G}_2\boldsymbol{u},\cdots,\boldsymbol{G}_{n+1}\boldsymbol{u}])\begin{bmatrix}\boldsymbol{x}\\-1\end{bmatrix}=\boldsymbol{0} \tag{6.5.3}$$

或等价求解约束优化问题

$$\min_{\boldsymbol{u},\,\boldsymbol{x}}\ \boldsymbol{u}^{\mathrm{T}}\boldsymbol{W}\boldsymbol{u}\quad\text{subject to}\quad(\boldsymbol{C}+[\boldsymbol{G}_1\boldsymbol{u},\boldsymbol{G}_2\boldsymbol{u},\cdots,\boldsymbol{G}_{n+1}\boldsymbol{u}])\begin{bmatrix}\boldsymbol{x}\\-1\end{bmatrix}=\boldsymbol{0} \tag{6.5.4}$$

式中，$\boldsymbol{W}$ 为加权矩阵，通常取对角矩阵或者单位矩阵。

与总体最小二乘不同，校正矩阵 $\Delta\boldsymbol{A}$ 约束为 $\Delta\boldsymbol{A}=[\boldsymbol{G}_1\boldsymbol{u},\boldsymbol{G}_2\boldsymbol{u},\cdots,\boldsymbol{G}_n\boldsymbol{u}]$，而校正向量 $\Delta\boldsymbol{b}$ 约束为 $\Delta\boldsymbol{b}=\boldsymbol{G}_{n+1}\boldsymbol{u}$。在约束总体最小二乘问题里，增广校正矩阵 $[\Delta\boldsymbol{A},\Delta\boldsymbol{b}]$ 的列向量之间的线性相关结构通过选择适当的矩阵 $\boldsymbol{G}_i\,(i=1,2,\cdots,n+1)$ 得以保持。方法应用的关键是如何根据应用对象，选择合适的基本矩阵 $\boldsymbol{G}_i$。

式 (6.5.4) 是一个在二次型方程约束下的二次型函数的极小化问题，它可能没有闭式解，但是在适当的条件下，该极小化问题可以转换成一个对极小化变量 $\boldsymbol{x}$ 的无约束极小化问题。

定理 6.5.1 [1] 令

$$\boldsymbol{W}_x=\sum_{i=1}^{n}x_i\boldsymbol{G}_i-\boldsymbol{G}_{n+1} \tag{6.5.5}$$

则约束总体最小二乘的解向量就是满足函数极小化

$$\min_{\boldsymbol{x}}\ F(\boldsymbol{x})=\begin{bmatrix}\boldsymbol{x}\\-1\end{bmatrix}^{\mathrm{H}}\boldsymbol{C}^{\mathrm{H}}(\boldsymbol{W}_x\boldsymbol{W}_x^{\mathrm{H}})^{\dagger}\boldsymbol{C}\begin{bmatrix}\boldsymbol{x}\\-1\end{bmatrix} \tag{6.5.6}$$

的变量 $\boldsymbol{x}$。式中，$\boldsymbol{W}_x^{\dagger}$ 是 $\boldsymbol{W}_x$ 的 Moore-Penrose 逆矩阵。

文献 [1] 提出了计算约束总体最小二乘解的一种复数形式的 Newton 方法：将矩阵 $F(\boldsymbol{x})$ 视为 $2n$ 个复变量 $x_1,x_2,\cdots,x_n,x_1^*,x_2^*,\cdots,x_n^*$ 的复解析函数。

Newton 递推公式如下

$$\boldsymbol{x}=\boldsymbol{x}_0+(\boldsymbol{A}^*\boldsymbol{B}^{-1}\boldsymbol{A}-\boldsymbol{B}^*)^{-1}(\boldsymbol{a}^*-\boldsymbol{A}^*\boldsymbol{B}^{-1}\boldsymbol{a}) \tag{6.5.7}$$

式中

$$\left.\begin{aligned}\boldsymbol{a}&=\frac{\partial F}{\partial \boldsymbol{x}}=\left[\frac{\partial F}{\partial x_1},\frac{\partial F}{\partial x_2},\cdots,\frac{\partial F}{\partial x_n}\right]^{\mathrm{T}}=F\text{ 的复梯度}\\ \boldsymbol{A}&=\frac{\partial^2 F}{\partial \boldsymbol{x}\partial \boldsymbol{x}^{\mathrm{T}}}=F\text{ 的无共轭复 Hessian 矩阵}\\ \boldsymbol{B}&=\frac{\partial^2 F}{\partial \boldsymbol{x}^*\partial \boldsymbol{x}^{\mathrm{T}}}=F\text{ 的共轭复 Hessian 矩阵}\end{aligned}\right\}\tag{6.5.8}$$

两个 $n\times n$ 部分 Hessian 矩阵的第 (k,l) 元素定义为

$$\left[\frac{\partial^2 F}{\partial \boldsymbol{x}\partial \boldsymbol{x}^{\mathrm{T}}}\right]_{k,l}=\frac{\partial^2 F}{\partial x_k\partial x_l}=\frac{1}{4}\left(\frac{\partial F}{\partial x_{k\mathrm{R}}}-\mathrm{j}\frac{\partial F}{\partial x_{k\mathrm{I}}}\right)\left(\frac{\partial F}{\partial x_{l\mathrm{R}}}-\mathrm{j}\frac{\partial F}{\partial x_{l\mathrm{I}}}\right)\tag{6.5.9}$$

$$\left[\frac{\partial^2 F}{\partial \boldsymbol{x}^*\partial \boldsymbol{x}^{\mathrm{T}}}\right]_{k,l}=\frac{\partial^2 F}{\partial x_k^*\partial x_l}=\frac{1}{4}\left(\frac{\partial F}{\partial x_{k\mathrm{R}}}+\mathrm{j}\frac{\partial F}{\partial x_{k\mathrm{I}}}\right)\left(\frac{\partial F}{\partial x_{l\mathrm{R}}}-\mathrm{j}\frac{\partial F}{\partial x_{l\mathrm{I}}}\right)\tag{6.5.10}$$

式中，$x_{k\mathrm{R}}$ 和 $x_{k\mathrm{I}}$ 分别表示 x_k 的实部和虚部。

令

$$\boldsymbol{u}=(\boldsymbol{W}_x\boldsymbol{W}_x^{\mathrm{H}})^{-1}\boldsymbol{C}\begin{bmatrix}\boldsymbol{x}\\-1\end{bmatrix}\tag{6.5.11}$$

$$\tilde{\boldsymbol{B}}=\boldsymbol{C}\boldsymbol{I}_{n+1,n}-[\boldsymbol{G}_1\boldsymbol{W}_x^{\mathrm{H}}\boldsymbol{u},\boldsymbol{G}_2\boldsymbol{W}_x^{\mathrm{H}}\boldsymbol{u},\cdots,\boldsymbol{G}_n\boldsymbol{W}_x^{\mathrm{H}}\boldsymbol{u}]\tag{6.5.12}$$

$$\tilde{\boldsymbol{G}}=[\boldsymbol{G}_1^{\mathrm{H}}\boldsymbol{u},\boldsymbol{G}_2^{\mathrm{H}}\boldsymbol{u},\cdots,\boldsymbol{G}_n^{\mathrm{H}}\boldsymbol{u}]\tag{6.5.13}$$

其中，$\boldsymbol{I}_{n+1,n}$ 是一个 $(n+1)\times n$ 对角矩阵，其对角线元素为 1。于是，$\boldsymbol{a},\boldsymbol{A}$ 和 $\boldsymbol{B}$ 可以分别计算如下

$$\boldsymbol{a}=(\boldsymbol{u}^{\mathrm{H}}\tilde{\boldsymbol{B}})^{\mathrm{T}}\tag{6.5.14}$$

$$\boldsymbol{A}=-\tilde{\boldsymbol{G}}^{\mathrm{H}}\boldsymbol{W}_x^{\mathrm{H}}(\boldsymbol{W}_x\boldsymbol{W}_x^{\mathrm{H}})^{-1}\tilde{\boldsymbol{B}}-(\tilde{\boldsymbol{G}}^{\mathrm{H}}\boldsymbol{W}_x^{\mathrm{H}}(\boldsymbol{W}_x\boldsymbol{W}_x^{\mathrm{H}})^{-1}\tilde{\boldsymbol{B}})^{\mathrm{T}}\tag{6.5.15}$$

$$\boldsymbol{B}=[\tilde{\boldsymbol{B}}^{\mathrm{H}}(\boldsymbol{W}_x\boldsymbol{W}_x^{\mathrm{H}})^{-1}\tilde{\boldsymbol{B}}]^{\mathrm{T}}+\tilde{\boldsymbol{G}}^{\mathrm{H}}[\boldsymbol{W}_x^{\mathrm{H}}(\boldsymbol{W}_x\boldsymbol{W}_x^{\mathrm{H}})^{-1}\boldsymbol{W}_x-\boldsymbol{I}]\tilde{\boldsymbol{G}}\tag{6.5.16}$$

业已证明[1]，约束总体最小二乘估计与约束极大似然估计等价。

6.5.2 最小二乘方法及其推广的比较

有必要对求解超定矩阵方程 $\boldsymbol{Ax}=\boldsymbol{b}$ 的普通最小二乘、数据最小二乘、Tikhonov 正则化、交替最小二乘、总体最小二乘和约束总体最小二乘六种方法加以比较，以便在实际应用中选择合适的矩阵方程求解方法。

1. 适用范围的比较

(1) 最小二乘方法：适用于矩阵方程 $\boldsymbol{Ax}=\boldsymbol{b}$ 的数据矩阵 $\boldsymbol{A}$ 满列秩和精确已知，数据向量 $\boldsymbol{b}$ 的误差分量独立同分布。

(2) 数据最小二乘：适用于矩阵方程 $\boldsymbol{Ax}=\boldsymbol{b}$ 的数据矩阵 $\boldsymbol{A}$ 满列秩，各列误差独立同分布，数据向量 $\boldsymbol{b}$ 无误差。

(3) Tikhonov 正则化：适用于矩阵方程 $\boldsymbol{Ax}=\boldsymbol{b}$ 的数据矩阵 $\boldsymbol{A}$ 的列秩亏缺。

(4) 交替最小二乘：适用于矩阵方程 $\boldsymbol{AS}=\boldsymbol{X}$，且未知矩阵 $\boldsymbol{A}$ 满列秩，$\boldsymbol{S}$ 满行秩。

(5) 总体最小二乘：适用于矩阵方程 $\boldsymbol{Ax}=\boldsymbol{b}$ 的数据矩阵 $\boldsymbol{A}$ 列噪声独立同分布，并且 $\boldsymbol{b}$ 的分量噪声独立同分布。

(6) 约束总体最小二乘：适用于矩阵方程 $\boldsymbol{Ax}=\boldsymbol{b}$ 的数据矩阵 $\boldsymbol{A}$ 的噪声或者扰动列向量统计相关。

2. 解向量的比较

$$\hat{\boldsymbol{x}}_{\text{LS}}=\arg\min_{\boldsymbol{x}}\|\boldsymbol{Ax}-\boldsymbol{b}\|_2^2=\arg\min_{\boldsymbol{x}}(\boldsymbol{Ax}-\boldsymbol{b})^{\text{H}}(\boldsymbol{Ax}-\boldsymbol{b}) \tag{6.5.17}$$

$$\hat{\boldsymbol{x}}_{\text{DLS}}=\arg\min_{\boldsymbol{x}}\frac{\|\boldsymbol{Ax}-\boldsymbol{b}\|_2^2}{\|\boldsymbol{x}\|_2^2}=\arg\min_{\boldsymbol{x}}\frac{(\boldsymbol{Ax}-\boldsymbol{b})^{\text{H}}(\boldsymbol{Ax}-\boldsymbol{b})}{\boldsymbol{x}^{\text{H}}\boldsymbol{x}} \tag{6.5.18}$$

$$\hat{\boldsymbol{x}}_{\text{Tik}}=\arg\min_{\boldsymbol{x}}\|\boldsymbol{Ax}-\boldsymbol{b}\|_2^2+\lambda\|\boldsymbol{x}\|_2^2=\arg\min_{\boldsymbol{x}}(\boldsymbol{Ax}-\boldsymbol{b})^{\text{H}}(\boldsymbol{Ax}-\boldsymbol{b})+\lambda\boldsymbol{x}^{\text{H}}\boldsymbol{x} \tag{6.5.19}$$

$$\hat{\boldsymbol{S}}_{\text{ALS}}=\arg\min_{\boldsymbol{S}}\|\boldsymbol{AS}-\boldsymbol{X}\|_2^2,\quad \hat{\boldsymbol{A}}_{\text{ALS}}^{\text{H}}=\arg\min_{\boldsymbol{A}^{\text{H}}}\|\boldsymbol{S}^{\text{H}}\boldsymbol{A}^{\text{H}}-\boldsymbol{X}^{\text{H}}\|_2^2 \tag{6.5.20}$$

$$\hat{\boldsymbol{x}}_{\text{TLS}}=\arg\min_{\boldsymbol{x}}\frac{\|\boldsymbol{Ax}-\boldsymbol{b}\|_2^2}{\|\boldsymbol{x}\|_2^2+1}=\arg\min_{\boldsymbol{x}}\frac{(\boldsymbol{Ax}-\boldsymbol{b})^{\text{H}}(\boldsymbol{Ax}-\boldsymbol{b})}{\boldsymbol{x}^{\text{H}}\boldsymbol{x}+1} \tag{6.5.21}$$

$$\{\hat{\boldsymbol{u}},\hat{\boldsymbol{x}}\}=\arg\min_{\boldsymbol{u},\boldsymbol{x}}\ \boldsymbol{u}^{\text{T}}\boldsymbol{W}\boldsymbol{u}\ \text{s.t.}\ (\boldsymbol{C}+[\boldsymbol{G}_1\boldsymbol{u},\boldsymbol{G}_2\boldsymbol{u},\cdots,\boldsymbol{G}_{n+1}\boldsymbol{u}])\begin{bmatrix}\boldsymbol{x}\\-1\end{bmatrix}=\boldsymbol{0} \tag{6.5.22}$$

3. 扰动方法的比较

(1) 普通最小二乘方法：用尽可能小的校正项 $\Delta\boldsymbol{b}$“扰动”数据向量 $\boldsymbol{b}$，使得 $\boldsymbol{b}-\Delta\boldsymbol{b}\approx\boldsymbol{b}_0$，从而补偿 $\boldsymbol{b}$ 中存在的观测噪声或误差 $\boldsymbol{e}$。校正向量选择 $\Delta\boldsymbol{b}=\boldsymbol{Ax}-\boldsymbol{b}$，解析解为 $\hat{\boldsymbol{x}}_{\text{LS}}=(\boldsymbol{A}^{\text{H}}\boldsymbol{A})^{-1}\boldsymbol{A}^{\text{H}}\boldsymbol{b}$。

(2) 数据最小二乘方法：校正矩阵 $\Delta\boldsymbol{A}=\dfrac{(\boldsymbol{Ax}-\boldsymbol{b})\boldsymbol{x}^{\text{H}}}{\boldsymbol{x}^{\text{H}}\boldsymbol{x}}$，其目的是补偿数据矩阵 $\boldsymbol{A}$ 中存在的观测误差矩阵 $\boldsymbol{E}$。数据最小二乘解为 $\hat{\boldsymbol{x}}_{\text{DLS}}=\arg\min\limits_{\boldsymbol{x}}\dfrac{(\boldsymbol{Ax}-\boldsymbol{b})^{\text{H}}(\boldsymbol{Ax}-\boldsymbol{b})}{\boldsymbol{x}^{\text{H}}\boldsymbol{x}}$。

(3) Tikhonov 正则化方法：解析解为 $(\boldsymbol{A}^{\text{H}}\boldsymbol{A}+\lambda\boldsymbol{I})^{-1}\boldsymbol{A}^{\text{H}}\boldsymbol{b}$，通过给矩阵 $\boldsymbol{A}^{\text{H}}\boldsymbol{A}$ 的每个对角元素加相同的扰动项 $\lambda>0$，可以避免最小二乘解 $(\boldsymbol{A}^{\text{H}}\boldsymbol{A})^{-1}\boldsymbol{A}^{\text{H}}\boldsymbol{b}$ 的数值不稳定性。

(4) 交替最小二乘方法：固定 $\boldsymbol{A}$，解析解为 $\boldsymbol{S}=(\boldsymbol{A}^{\text{H}}\boldsymbol{A})^{-1}\boldsymbol{A}^{\text{H}}\boldsymbol{X}$；固定 $\boldsymbol{S}$，解析解为 $\boldsymbol{A}^{\text{H}}=(\boldsymbol{S}\boldsymbol{S}^{\text{H}})^{-1}\boldsymbol{S}\boldsymbol{X}$。扰动方法与最小二乘方法相同。

(5) 总体最小二乘方法：存在三种不同的解：最小范数解、含全部 n 个元素的反正则化解 $\hat{\boldsymbol{x}}_{\text{TLS}}=(\boldsymbol{A}^{\text{H}}\boldsymbol{A}-\lambda\boldsymbol{I})^{-1}\boldsymbol{A}^{\text{H}}\boldsymbol{b}$ 以及只有 $p=\text{rank}([\boldsymbol{A},\boldsymbol{b}])$ 个主要参数的 SVD-TLS 解。

(6) 约束总体最小二乘方法：无闭式解，关键在误差矩阵 $\Delta\boldsymbol{A}$ 的列相关的仿真建模。

6.6 稀疏矩阵方程求解

前几节介绍了超定矩阵方程的求解。然而，在一些重要的工程应用 (如模式识别、通信、信号处理等) 中，却常常会遇到欠定的矩阵方程，其未知参数的数目远远大于方程的个数，并且未知参数向量为稀疏向量，仅少量元素不等于零。这类方程统称为稀疏矩阵方程。

由于稀疏矩阵方程欠定，故有无穷多个精确解，但希望得到的是其中的稀疏向量解。

6.6.1 L_1 范数最小化

考虑稀疏矩阵方程 $\boldsymbol{y}=\boldsymbol{\Phi x}$，其中 $\boldsymbol{\Phi}\in\mathbb{R}^{m\times n},\boldsymbol{x}\in\mathbb{R}^n,\boldsymbol{y}\in\mathbb{R}^m$，并且 $m\ll n$。稀疏矩阵方程求解的基本问题是 L_0 拟范数最小化

$$(P_0)\qquad \min_{\boldsymbol{x}}\|\boldsymbol{x}\|_0\quad \text{subject to } \boldsymbol{y}=\boldsymbol{\Phi x} \tag{6.6.1}$$

式中，$\|\boldsymbol{x}\|_0$ 表示向量的 $\boldsymbol{x}$ 的零范数，定义为向量 $\boldsymbol{x}$ 的非零元素个数。由于这种范数不满足向量范数的条件，故称为拟范数。

由于观测信号通常被噪声污染，所以上述优化问题中的等式约束常松弛为允许某个误差扰动 $\varepsilon\geqslant 0$ 的不等式约束的 L_0 拟范数最小化问题

$$\min_{\boldsymbol{x}}\|\boldsymbol{x}\|_0\quad \text{subject to}\quad \|\boldsymbol{\Phi x}-\boldsymbol{y}\|_2\leqslant\varepsilon \tag{6.6.2}$$

直接求解优化问题式 (P_0) 或式 (6.6.2)，必须筛选出系数向量 $\boldsymbol{x}$ 中所有可能的非零元素。这种方法是不可跟踪的 (intractable) 或 NP 困难的，因为搜索空间过于庞大[74, 78]。

由于向量非零元素的个数最小化可以近似为该向量非零元素绝对值之和 (即 L_1 范数 $\|\boldsymbol{x}\|_1$) 的最小化，故优化问题 (P_0) 可以近似表示为

$$(P_1)\qquad \min_{\boldsymbol{x}}\|\boldsymbol{x}\|_1\quad \text{subject to } \boldsymbol{y}=\boldsymbol{\Phi x} \tag{6.6.3}$$

或者

$$(P_{10})\qquad \min_{\boldsymbol{x}}\|\boldsymbol{x}\|_1\quad \text{subject to}\quad \|\boldsymbol{\Phi x}-\boldsymbol{y}\|_2\leqslant\varepsilon \tag{6.6.4}$$

L_1 范数下的最优化问题又称为基追踪 (base pursuit, BP)。这是一个二次约束线性规划 (quadratically constrained linear program, QCLP) 问题。

若 $\boldsymbol{x}_1$ 是 (P_1) 的解，且 $\boldsymbol{x}_0$ 是 (P_0) 的解，则[25]

$$\|\boldsymbol{x}_1\|_1\leqslant\|\boldsymbol{x}_0\|_1 \tag{6.6.5}$$

因为 $\boldsymbol{x}_0$ 只是 (P_1) 的可行解，而 $\boldsymbol{x}_1$ 则是 (P_1) 的最优解；同时有

$$\boldsymbol{\Phi x}_1=\boldsymbol{\Phi x}_0 \tag{6.6.6}$$

与不等式约束 L_0 范数最小化式 (6.6.2) 相类似，不等式约束 L_1 范数最小化表达式 (6.6.4) 也有两种变型：

(1) 利用 $\boldsymbol{x}$ 是 q 稀疏向量的约束，将不等式约束 L_1 范数最小化变成不等式约束的 L_2 范数最小化

$$(P_{11})\qquad \min_{\boldsymbol{x}}\frac{1}{2}\|\boldsymbol{y}-\boldsymbol{\Phi x}\|_2^2\quad \text{subject to}\quad \|\boldsymbol{x}\|_1\leqslant q \tag{6.6.7}$$

这是一个二次规划 (quadratic program, QP) 问题。

(2) 利用 Lagrangian 乘子法，将不等式约束的 L_1 范数最小化变成

$$(P_{12}) \qquad \min_{\lambda,\boldsymbol{x}} \frac{1}{2}\|\boldsymbol{y}-\boldsymbol{\Phi x}\|_2^2+\lambda\|\boldsymbol{x}\|_1 \tag{6.6.8}$$

这一最小化问题称为基追踪去噪 (basis pursuit denoising, BPDN) [18]。其中，Lagrangian 乘子称为正则化参数，用于控制稀疏解的稀疏度：λ 取值越大，解 $\boldsymbol{x}$ 越稀疏。当正则化参数 λ 足够大时，解 $\boldsymbol{x}$ 为零向量；随着 λ 的逐渐减小，解向量 $\boldsymbol{x}$ 的稀疏度也逐渐减小；当 λ 逐渐减小至 0 时，解向量 $\boldsymbol{x}$ 便变成使得 $\|\boldsymbol{y}-\boldsymbol{\Phi x}\|_2^2$ 最小化的向量。就是说，$\lambda>0$ 可以平衡双重目标函数 (twin objectives)

$$J(\lambda,\boldsymbol{x})=\frac{1}{2}\|\boldsymbol{y}-\boldsymbol{\Phi x}\|_2^2+\lambda\|\boldsymbol{x}\|_1 \tag{6.6.9}$$

中的误差平方和代价函数 $\frac{1}{2}\|\boldsymbol{y}-\boldsymbol{\Phi x}\|_2^2$ 及 L_1 范数代价函数 $\|\boldsymbol{x}\|_1$。

优化问题 (P_{10}) 和 (P_{11}) 分别称为误差约束的 L_1- 最小化和 L_1- 惩罚最小化 [119]。

L_1 范数最小化也称 L_1 线性规划或 L_1 范数正则化最小二乘。

在 Tikhonov 正则化最小二乘问题中，用未知系数向量 $\boldsymbol{x}$ 的 L_1 范数代替正则项中的 L_2 范数，即得到 L_1 正则化最小二乘问题

$$\min_{\boldsymbol{x}} \frac{1}{2}\|\boldsymbol{y}-\boldsymbol{\Phi x}\|_2^2+\lambda\|\boldsymbol{x}\|_1 \tag{6.6.10}$$

L_1 正则化最小二乘问题总是有解，但不一定是唯一解。

6.6.2 贪婪算法

给定一向量 $\boldsymbol{x}\in\mathbb{R}^n$，$L_1$ 范数和 L_2 范数之比

$$\text{sparseness}\,(\boldsymbol{x})=\frac{\sqrt{n}-\|\boldsymbol{x}\|_1/\|\boldsymbol{x}\|_2}{\sqrt{n}-1} \tag{6.6.11}$$

称为该向量的稀疏度 [52]。显然，若 $\boldsymbol{x}$ 只有一个非零元素，则其稀疏度等于 1；当且仅当 $\boldsymbol{x}$ 的所有元素的绝对值相等，其稀疏度为零。一向量的稀疏度介于这两个边界值之间。

求解欠定矩阵方程 $\boldsymbol{\Phi}_{m\times n}\boldsymbol{x}_{n\times 1}=\boldsymbol{y}_{m\times 1}$ $(m\ll n)$ 具有稀疏度 s 的整体最优解的一般方法是：先求超定方程 $\boldsymbol{A}_{m\times s}\tilde{\boldsymbol{x}}_{s\times 1}=\boldsymbol{y}$ (通常 $m\gg s$) 的最小二乘解，并从中确定最优解。其中，$\boldsymbol{A}$ 由矩阵 $\boldsymbol{\Phi}$ 的 s 个列向量组成，$\tilde{\boldsymbol{x}}$ 则由 $\boldsymbol{x}$ 中与矩阵 $\boldsymbol{\Phi}$ 被抽取列标号对应的元素组成。由于从 $\boldsymbol{\Phi}_{m\times n}$ 中抽取 s 列有 C_n^s 种可能，所以超定方程共有 C_n^s 种组合形式，全部求解既费时，又费事。

贪婪算法 (greedy algorithm) [118] 的基本思想是：不企求整体最优解，而是试图尽快找到在某种意义上的局部最优解。贪婪算法虽然不能够对所有问题得到整体最优解，但对范围相当广泛的许多问题能产生整体最优解或者整体最优解的近似解。

典型的贪婪算法有以下匹配追踪算法：

(1) 匹配追踪 (matching pursuit, MP) 法　由 Mallat 和 Zhang 于 1993 年提出[74]，其基本思想是，不针对某个代价函数进行最小化，而是考虑迭代地构造一个稀疏解 $\boldsymbol{x}$：只使用字典矩阵 $\boldsymbol{\Phi}$ 的少数列向量 (简称原子) 的线性组合对观测向量 $\boldsymbol{x}$ 实现稀疏逼近 $\boldsymbol{\Phi x}=\boldsymbol{y}$。其中，字典矩阵 $\boldsymbol{\Phi}$ 被选择的列向量所组成的作用集是以逐列的方式建立的。在每一步迭代，字典矩阵中同当前残差向量 $\boldsymbol{r}=\boldsymbol{\Phi x}-\boldsymbol{y}$ 最相似的列向量被选择作为作用集的新的一列。如果残差随着迭代的进行而递减，则可以保证算法收敛。

(2) 正交匹配追踪 (orthogonal matching pursuit, OMP)[22]　匹配追踪只能保证残差向量与每一步迭代所选择的字典矩阵列向量正交，但与以前选择的列向量一般不正交，从而造成前后的迭代相关。正交匹配追踪则能够保证每步迭代后残差向量与以前选择的所有列向量正交，以保证迭代的最优性，从而减少了迭代次数，性能也更稳健。正交匹配追踪算法复杂度为 $O(mn)$，可以得到稀疏度 $K\leqslant m/(2\log n)$ 的系数向量。

此外，还有正则正交匹配追踪 (ROMP)[80, 81]、梯度追踪 (gradient pursuit) 算法[9] 和子空间追踪算法[20] 等。

算法 6.6.1　正交匹配追踪算法[22]

输入　观测数据向量 $\boldsymbol{y}\in\mathbb{R}^m$ 和字典矩阵 $\boldsymbol{\Phi}\in\mathbb{R}^{m\times n}$。

输出　稀疏的系数向量 $\boldsymbol{x}\in\mathbb{R}^n$。

步骤 1　初始化　令标签集 $\Omega_0=\varnothing$，初始残差向量 $\boldsymbol{r}_0=\boldsymbol{y}$，令 $k=1$。

步骤 2　辨识　求矩阵 $\boldsymbol{\Phi}$ 中与残差向量 $\boldsymbol{r}_{k-1}$ 最强相关的列

$$j_k\in\arg\max_j|\langle\boldsymbol{r}_{k-1},\boldsymbol{\phi}_j\rangle|,\quad \Omega_k=\Omega_{k-1}\cup\{j_k\}\tag{6.6.12}$$

步骤 3　估计　最小化问题 $\min\limits_{\boldsymbol{x}}\|\boldsymbol{y}-\boldsymbol{\Phi}_{\Omega_k}\boldsymbol{x}\|_2$ 的解由

$$\boldsymbol{x}_k=(\boldsymbol{\Phi}_{\Omega_k}^{\mathrm{H}}\boldsymbol{\Phi}_{\Omega_k})^{-1}\boldsymbol{\Phi}_{\Omega_k}^{\mathrm{H}}\boldsymbol{y}\tag{6.6.13}$$

给出，其中 $\boldsymbol{\Phi}_{\Omega_k}=[\boldsymbol{\varphi}_{\omega_1},\boldsymbol{\varphi}_{\omega_2},\cdots,\boldsymbol{\varphi}_{\omega_k}]$，$\omega_1,\omega_2,\cdots,\omega_k\in\Omega_k$。

步骤 4　更新残差

$$\boldsymbol{r}_k=\boldsymbol{y}-\boldsymbol{\Phi}_{\Omega_k}\boldsymbol{x}_k\tag{6.6.14}$$

步骤 5　令 $k\leftarrow k+1$，并重复步骤 2 至步骤 4。若某个停止判据满足，则停止迭代。

步骤 6　输出系数向量

$$\boldsymbol{x}(i)=\begin{cases}\boldsymbol{x}_k(i), & i\in\Omega_k\\ 0, & \text{其他}\end{cases}\tag{6.6.15}$$

Sparsify toolbox (http://www.see.ed.ac.uk/tblumens/sparsify) 提供了 greed_omp_qr 函数。该函数基于 QR 分解，并要求矩阵的每一列都具有单位范数。

下面是三种常用的停止判据[120]：

(1) 运行到某个固定的迭代步数后停止。

(2) 残差能量小于某个预先给定值 ε

$$\|\boldsymbol{r}_k\|_2\leqslant\varepsilon\tag{6.6.16}$$

(3) 当字典矩阵 $\boldsymbol{\Phi}$ 的任何一列都没有残差向量 $\boldsymbol{r}_k$ 的明显能量时

$$\|\boldsymbol{\Phi}^{\mathrm{H}}\boldsymbol{r}_k\|_\infty \leqslant \varepsilon \tag{6.6.17}$$

在第 k 步迭代中，正交匹配追踪方法将字典矩阵 $\boldsymbol{\Phi}$ 中的新候选列的标签集与第 $k-1$ 步迭代的标签集 Ω_{k-1} 合并。一旦一个候选列入选，它将保留在被选列的列表中，直至算法结束。

与之不同，压缩感知信号重构的子空间追踪算法 [20] 则对 K 稀疏信号，保留 K 个候选列的标签集不变，而允许其中的候选列在迭代过程中不断更新。

算法 6.6.2 子空间追踪算法 [20]

输入 稀疏度 K，字典矩阵 $\boldsymbol{\Phi} \in \mathbb{R}^{m\times n}$，观测向量 $\boldsymbol{y} \in \mathbb{R}^m$。

初始化 (1) $\Omega_0 = \{$向量 $\boldsymbol{\Phi}^{\mathrm{T}}\boldsymbol{y}$ 中具有最大幅值的 K 个元素的标签集合$\}$。

(2) 残差 $\boldsymbol{r}_0 = \boldsymbol{y} - \boldsymbol{\Phi}_{\Omega_0}\boldsymbol{\Phi}_{\Omega_0}^{\dagger}\boldsymbol{y}$。

迭代 对 $k=1,2,\cdots$，执行以下运算。

步骤 1 $\tilde{\Omega}_k = \Omega_{k-1} \bigcup \{$向量 $\boldsymbol{\Phi}_{\Omega_{k-1}}^{\mathrm{T}}\boldsymbol{r}_{k-1}$ 中具有最大幅值的 K 个标签集合$\}$。

步骤 2 计算系数向量 $\boldsymbol{x}_p = \boldsymbol{\Phi}_{\tilde{\Omega}_k}^{\dagger}\boldsymbol{y}$。

步骤 3 $\Omega_k = \{$向量 $\boldsymbol{x}_p$ 中具有最大幅值的 K 个标签集合$\}$。

步骤 4 $\boldsymbol{r}_k = \boldsymbol{y} - \boldsymbol{\Phi}_{\Omega_k}\boldsymbol{\Phi}_{\Omega_k}^{\dagger}\boldsymbol{y}$。

步骤 5 若 $\|\boldsymbol{r}_k\|_2 > \|\boldsymbol{r}_{k-1}\|_2$，则令 $\Omega_k = \Omega_{k-1}$，并退出迭代；否则，令 $k \leftarrow k+1$，并返回步骤 1，继续新一轮迭代。

业已证明 [118, 24]，正交匹配追踪在某些情况下可以成功地求出最稀疏的解。然而，在 L_1 范数最小化成功的某些应用中，正交匹配追踪却可能找不到最稀疏的解 [17, 118, 25]。

6.6.3 同伦算法

在拓扑中，同伦的概念描述两个对象间的“连续变化”。同伦算法 (homotopy algorithm) 是一种从一个简单解开始，通过迭代计算，变化到所希望的复杂解的搜索算法。因此，同伦算法的关键是初始简单解的确定。

考虑 L_1 范数最小化问题 (P_1) 和无约束 L_2 最小化问题 (P_{12}) 之间的关系，假定对每一个最小化问题 $(P_{12}):\lambda\in[0,\infty)$，有一个相应的唯一解 $\boldsymbol{x}_\lambda$。于是，集合 $\{\boldsymbol{x}_\lambda|\lambda\in[0,\infty)\}$ 便确定一个求解路径，并且对于足够大的 λ 值有 $\boldsymbol{x}_\lambda = \boldsymbol{0}$。当 $\lambda\to 0$ 时，(P_{12}) 的解 $\tilde{\boldsymbol{x}}_\lambda$ 收敛为 L_1 范数最小化问题 (P_1) 的解。因此，$\boldsymbol{x}_\lambda = \boldsymbol{0}$ 就是求解最小化问题 (P_1) 的同伦算法的初始解。

求解无约束 L_2 范数最小化问题 (P_{12}) 的同伦算法从初始值 $\boldsymbol{x}_0 = \boldsymbol{0}$ 开始，以一种迭代的方式运行，计算 $k=1,2,\cdots$ 各步的解 $\boldsymbol{x}_k$。在整个运算中，保持作用集

$$I = \{j\,|\,|c_k(j)| = \|\boldsymbol{c}_k\|_\infty = \lambda\} \tag{6.6.18}$$

不变。

下面是求解 L_1 范数最小化问题的同伦算法 [26]。

算法 6.6.3 同伦算法

输入 观测向量 $\boldsymbol{y}\in\mathbb{R}^m$，字典矩阵 $\boldsymbol{\Phi}$，参数 λ。

初始化　$\boldsymbol{x}_0=\boldsymbol{0},\ \boldsymbol{c}_0=\boldsymbol{\Phi}^{\mathrm{T}}\boldsymbol{y}$。

迭代　$k=1,2,\cdots$。

步骤 1　用式 (6.6.18) 构造作用集 I，组成支撑区的残差相关向量 $\boldsymbol{c}_k(I)=[c_k(i),i\in I]$ 和字典矩阵 $\boldsymbol{\Phi}_I=[\boldsymbol{\phi}_i,i\in I]$。

步骤 2　计算残差相关向量 $\boldsymbol{c}_k(I)=\boldsymbol{\Phi}_I^{\mathrm{T}}(\boldsymbol{y}-\boldsymbol{\Phi}_I\boldsymbol{x}_k)$。

步骤 3　通过求解方程

$$\boldsymbol{\Phi}_I^{\mathrm{T}}\boldsymbol{\Phi}_I\boldsymbol{d}_k(I)=\mathrm{sgn}(\boldsymbol{c}_k(I))\tag{6.6.19}$$

得到更新方向向量 $\boldsymbol{d}_k(I)$。

步骤 4　计算

$$\gamma_k^+=\min_{i\in I^c}{}^+\left\{\frac{\lambda-c_k(i)}{1-\boldsymbol{\phi}_i^{\mathrm{T}}\boldsymbol{v}_k},\ \frac{\lambda+c_k(i)}{1+\boldsymbol{\phi}_i^{\mathrm{T}}\boldsymbol{v}_k}\right\}\tag{6.6.20}$$

$$\gamma_k^-=\min_{i\in I}\{-x_k(i)/d_k(i)\}\tag{6.6.21}$$

步骤 5　确定断点 (breakpoint)

$$\gamma_k=\min\{\gamma_k^+,\gamma_k^-\}\tag{6.6.22}$$

步骤 6　更新解向量

$$\boldsymbol{x}_k=\boldsymbol{x}_{k-1}+\gamma_k\boldsymbol{d}_k\tag{6.6.23}$$

步骤 7　若 $\|\boldsymbol{x}_k\|_\infty=0$，则算法停止，并输出稀疏向量结果 $\boldsymbol{x}_k$；否则，返回步骤 1，并继续以上迭代。

随着 λ 的减小，(P_{11}) 的目标函数将经历一个从 L_2 范数约束到 L_1 范数目标函数的同伦过程。这就是同伦算法可以求解 L_1 优化问题 (P_{11}) 的原理所在。

业已证明 [31, 91]，同伦算法是求解 L_1 最小化问题 (P_1) 的一种正确解法。

本节只是介绍了稀疏矩阵方程求解的两种比较容易实现的算法。稀疏方程求解还有多种有效的算法，例如：LASSO 算法和 LARS 算法等。感兴趣的读者可参考文献 [31]、[136] 等。

6.7　三个应用案列

本节介绍最小二乘方法和总体最小二乘方法的三个应用案列，从中可以体会这两种方法的性能比较。

6.7.1　恶劣天气下的图像恢复

1. 问题的背景

在生活和生产过程中，视觉图像的采集应用越来越广泛。当图像采集系统在恶劣环境工作时，会出现环境对采集数据的影响，使得拍摄获得的图像数据不能完整、准确地描述场景的全部信息。典型的例子是，户外图像采集会受到雨雪、雾霾的影响，目标信息被覆盖上一定数量的噪声。此时，图像恢复就显得非常重要。

图像恢复是图像处理领域广泛研究的一个问题，业已提出了许多不同的处理方法。一种常见思路是利用同一场景的多个清晰图像作为先验信息，对退化图像做全局或局部的表示，并对某一退化指标 (如对比度、色彩等) 进行优化；另一种思路是对特定的图像退化的成因 (如雨、雾等) 进行建模，分析其对光线传播的影响，并利用图像深度等额外信息，对退化做反运算，从而得到恢复图像。

本案例讨论的问题是，在某一特定场景的图像采集问题中，如果对场景在不同条件下得到的图像收集先验数据，是否能够利用融合先验数据的方法，从新采集的退化图像中恢复出细节信息。

2. 问题的提出

在一个固定的位置对某大学宿舍楼外进行长期观察，拍摄得到了一组照片，反映了不同时间和不同天气。图 6.7.1 中，6 张照片包含凌晨、上午、下午、晚间，及晴天和阴天，能见度均较好，远处物体细节清晰。

图 6.7.1 几张图像样张

待处理图像为同样设备在雪天拍摄的照片。待处理图像受到雾气的影响，远处物体不能分辨，同时近处物体上面叠加有雾气和雪花。

要讨论的问题是：尝试通过由已知先验图像得到的信息，恢复待处理图像上缺失的细节，修复天气对图像质量的影响。

3. 问题的分析

图像需要进行必要的预处理。由于照相机的位置、焦距固定，拍摄角度基本一致，因此

图 6.7.2　待处理图像

使用射影变换对各图像进行配准。

假设待处理图像的每个点都能够表示成先验图像中对应点的线性组合。对于图像中较平滑的区域，这个假设在先验图像数量足够多时容易成立。但对于细节比较多的区域，比如屋顶纹理、树叶等，由于图像配准可能存在像素级的误差，会导致待处理图像上的点并不都满足这个线性叠加假设。

为了解决这个问题，引入小波变换对各图像进行处理，分离出低频与高频部分，把低频部分作为上述线性表示的基，记为 $\boldsymbol{a}_1,\boldsymbol{a}_2,\cdots,\boldsymbol{a}_6$。配准后的待处理图像低频部分记为 $\boldsymbol{b}$。

4. 模型的建立与求解

原问题可表示为求解线性方程组 $\boldsymbol{Ax}=\boldsymbol{b}$，其中 $\boldsymbol{x}$ 相当于各先验图像的权重向量。

显然图像的像素数远大于 6，因此上述方程是一个超定方程组，没有精确解，但可以利用最小二乘方法得到近似解。从模型角度看，先验图像和待处理图像都会有一定的误差，因此考虑使用总体最小二乘方法。设矩阵 $\boldsymbol{A}$ 和向量 $\boldsymbol{b}$ 的误差分别为 $\boldsymbol{E}$ 和 $\boldsymbol{e}$，则 $\boldsymbol{x}$ 由如下优化问题确定：

$$\min \quad \|\boldsymbol{E},\boldsymbol{e}\|_{\mathrm{F}}^2, \quad \text{subject to } ([-\boldsymbol{b},\boldsymbol{A}]+[-\boldsymbol{e},\boldsymbol{E}])\begin{bmatrix}1\\ \boldsymbol{x}\end{bmatrix}=\boldsymbol{0}$$

这表明，矩阵 $[-\boldsymbol{e},\boldsymbol{E}]$ 是使 $[-\boldsymbol{b},\boldsymbol{A}]$ 不满秩的最小扰动矩阵。由奇异值分解理论得知，解向量 $\begin{bmatrix}1\\ \boldsymbol{x}\end{bmatrix}$ 是矩阵 $[-\boldsymbol{b},\boldsymbol{A}]$ 最小奇异值对应的右奇异向量。设矩阵 $[-\boldsymbol{b},\boldsymbol{A}]$ 的奇异值分解为

$$[-\boldsymbol{b},\boldsymbol{A}]=\boldsymbol{U\Sigma V}^{\mathrm{H}}$$

则

$$\boldsymbol{x}=\frac{1}{v(1,n+1)}\begin{bmatrix}v(2,n+1)\\ \vdots\\ v(n+1,n+1)\end{bmatrix}$$

其中，$v(i,j)$ 是矩阵 $\boldsymbol{V}$ 的第 i 行、第 j 列元素，n 是矩阵 $\boldsymbol{A}$ 的列数，即先验图像数量 (在我们的实验中为 6)。

5. 结果分析

使用上述算法，利用图像进行融合计算，得到融合系数向量

$$\boldsymbol{x}=[-0.0012,0.1708,0.9524,0.1137,0.1725,0.0832]^{\mathrm{T}}$$

图 6.7.3 左边是待处理的原始图像，右边是融合后得到的恢复图像。可以看到，逼近图像基本保持了原始图像的光照和色彩，同时对细节进行了修复，并消除了雪花的影响。

图 6.7.3 实验结果 (左：原始图像，右：恢复图像)

从融合系数可以看出，由于待处理图像与第 3 个先验图像的天气较为接近，对应的系数较大。其他几幅图像也不同程度地对融合作出了贡献。

上面处理的图像中的扰动较小，雪花对图像的影响不大。在另一幅待处理图像中，降雪天气对图像产生了更大的影响。图 6.7.4 是对这幅图像的融合修复结果。

图 6.7.4 另一实验结果 (左：原始图像，右：恢复图像)

从图 6.7.4 中可以看出，融合结果对待处理图像进行了较大的改动，与原始图像存在直观上的差异。这时的融合系数向量为

$$\boldsymbol{x} = [0.5226, 8.7306, 2.3411, -4.3037, 1.5382, -4.2334]^{\mathrm{T}}$$

系数中出现了较大的负值。实际上这一参数并不具有明显的物理意义，是我们不希望看到的。如果期望解决这个问题，可以尝试将各系数约束在非负值范围内，转化为一个不等式约束的总体最小二乘问题。该优化问题没有解析解，需要使用数值计算方法得到优化结果。

上面的推导中，矩阵 $\boldsymbol{A}$ 是图像每个点在 R、G、B 三个分量上的数值，范数是在 R、G、B 三个方向上直接求 Euclidean 距离，考虑到人眼对不同颜色的敏感程度，在 R 通道和 G 通道上分别乘了 1.414 和 2.0 的系数。对于 RGB 图像，能否将 R、G、B 三个数值直接作为基来计算 Euclidean 距离，值得进一步探讨。

如果不使用这组系数，比如使三个通道的权重相同，则得到结果如图 6.7.5 所示。

图 6.7.5　针对图 6.7.4 的另一实验结果 (左：原始图像，右：恢复图像)

与前面的结果相比略有差异，但仍较好地完成了修复任务。

如果将图像表示在 HSV 空间内，并同样认为 HSV 空间可以直接求取 Euclidean 距离，则得到图 6.7.6 的结果。

图 6.7.6　针对图 6.7.4 的其他实验结果 (左：原始图像，右：恢复图像)

融合结果并不理想。说明算法对不同的颜色空间的鲁棒性不很强。

6.7.2　总体最小二乘法在确定地震断层面参数中的应用

1. 问题背景 ①

确定地震断层面的走向、倾角和位置等参数在地震和地质学研究中具有重要的意义。由于地球的不可入性，人们往往利用地震波来了解地球内部信息。对于浅源地震来说，一般认为发生于地震断层面上；但由于地震定位不可避免地存在误差，测得的震源点分布于断层面附近，因此可以利用震源点位置来约束断层面参数。传统的地震震源机制解可以给出主震两个互相垂直的地震断层节面，要确定真实断层面仍需借助余震分布信息。另外，对于水库地震研究，也可利用小震分布确定断层面，从而为研究地震孕育规律提供参考信息。

① 本应用案例的素材由中国地震局防灾科技学院王福昌教授提供。

2. 数学建模与求解

由于在地震定位给出的参数中，经度、纬度和深度都有不可忽略的误差，因此利用小震分布确定断层面本质上可以转化为利用总体最小二乘法拟合平面的数学问题。

下面给出建模和求解的过程：

(1) 建立坐标系，统一量纲。由于需要采用地震定位数据包含经度、纬度和深度三个变量，需要转化为北东下地理坐标系中，统一采用量纲为公里 (km). 假设第 i 个震源点的经度、纬度和深度信息在北东下地理坐标系下对应为

$$\boldsymbol{x}_i = [x_{i1}, x_{i2}, x_{i3}]^{\mathrm{T}}, \quad i = 1, 2, \cdots, n$$

n 个震源点数据转化后的数据向量为 $\boldsymbol{x}_1, \boldsymbol{x}_2, \cdots, \boldsymbol{x}_n$。

(2) 按照总体最小二乘准则拟合断层面。

由于地震定位数据 $\boldsymbol{x}_i = [x_{i1}, x_{i2}, x_{i3}]^{\mathrm{T}}$ $(i = 1, 2, \cdots, n)$ 的每个分量都有不可忽略的误差，因此使用最小二乘准则建模，使得每个震源点 $\boldsymbol{x}_i$ 到断层面 $\langle \boldsymbol{x}, \boldsymbol{r} \rangle \geqslant c$ (设 r 是第 3 个分量为正的单位向量，c 为常数) 距离的平方和最小，即

$$\min_{\boldsymbol{r} \in \mathbb{R}^3} \sum_{i=1}^{n} (\langle \boldsymbol{x}_i, \boldsymbol{r} \rangle - c)^2$$

求解步骤如下：

① 计算均值向量 $\bar{\boldsymbol{x}} = \frac{1}{n} \sum\limits_{i=1}^{n} \boldsymbol{x}_i$；

② 构造 $n \times 3$ 矩阵

$$\boldsymbol{M} = \begin{bmatrix} \boldsymbol{x}_1 - \bar{\boldsymbol{x}} \\ \boldsymbol{x}_2 - \bar{\boldsymbol{x}} \\ \vdots \\ \boldsymbol{x}_n - \bar{\boldsymbol{x}} \end{bmatrix} = \begin{bmatrix} x_{11} - \bar{x}_1 & x_{12} - \bar{x}_2 & x_{13} - \bar{x}_3 \\ x_{21} - \bar{x}_1 & x_{22} - \bar{x}_2 & x_{23} - \bar{x}_3 \\ \vdots & \vdots & \vdots \\ x_{n1} - \bar{x}_1 & x_{n2} - \bar{x}_2 & x_{n3} - \bar{x}_3 \end{bmatrix}$$

③ 计算 3×3 矩阵 $\boldsymbol{M}^{\mathrm{T}}\boldsymbol{M}$ 的最小特征值及其对应的特征向量 $\boldsymbol{u}$，令 $\boldsymbol{u}$ 标准化为第 3 个分量为正的单位向量 $\boldsymbol{r}$，则可拟合出地震断层面的平面方程为 $\langle \boldsymbol{x} - \bar{\boldsymbol{x}}, \boldsymbol{r} \rangle \geqslant 0$。

(3) 确定断层面的走向和倾角。按照 Aki 和 Richards 关于走向、倾角的定义[121]，在北东下地理坐标系中，如果断层面的走向为 $\phi\,(0 \leqslant \phi \leqslant 2\pi)$、倾角为 $\delta\,(0 \leqslant \delta \leqslant 2\pi)$，则断层面的一个单位法向量为 $\boldsymbol{n} = [\sin\phi \sin\delta, -\cos\phi \sin\delta, \cos\delta]^{\mathrm{T}}$，于是，由前面假设可知 $\boldsymbol{r} = \boldsymbol{n}$，即 $r_1 = \sin\phi\sin\delta$, $r_2 = -\cos\phi\sin\delta$, $r_3 = \cos\delta$，所以求走向 ϕ 和倾角 δ 的公式如下：

$$\delta = \arccos(r_3), \qquad \phi = \begin{cases} \pi - \arctan(r_1/r_2), & r_2 > 0 \\ 2\pi - \arctan(r_1/r_2), & r_1 < 0, r_2 < 0 \\ -\arctan(r_1/r_2), & r_1 > 0, r_2 < 0 \\ \pi/2, & r_1 > 0, r_2 = 0 \\ 3\pi/2, & r_1 < 0, r_2 = 0 \end{cases}$$

6.7.3 谐波频率估计

1. 问题的背景

在许多工程应用中，利用观测到的一组样本数据估计并分析一个平稳随机信号的功率谱密度是十分重要的。例如，在雷达信号处理中，由回波信号的功率谱密度、谱峰的宽度、高度和位置，可以确定目标的位距离和运动速度；在阵列信号处理中，空间功率谱描述了信号功率随空间角度的分布情况。在许多信号处理应用中，经常会遇到谐波过程，它对应的功率谱为线谱，谐波过程的功率谱估计就是要确定谐波的个数、频率和功率（合称谐波恢复）。

目前，功率谱估计方法主要有两大类：非参数化方法和参数化方法。由于参数化方法能够获得比非参数化方法更高的频率分辨率，故又称为现代谱估计方法。现代谱估计方法，如 ARMA (自回归 – 移动平均) 谱估计、最大熵谱估计、MUSIC、ESPRIT、高阶累量等方法，在满足模型假设条件的情况下，信噪比下限已达到 -5dB 的水平，并具有相当高的谱分辨率。

在参数化分析方法中，ARMA 谱估计法将高斯白噪声中的实谐波过程建模为一个 AR 和 MA 系数完全相等，且激励噪声等于背景噪声的特殊 ARMA 过程，并利用总体最小二乘法估计模型的 AR 系数，然后通过求解谐波过程的特征多项式，直接得到谐波频率的估计。这一方法已成为正弦信号频率估计的一种经典方法。此外，平稳 ARMA 过程的功率谱密度具有广泛的代表性，有关功率谱分析的研究表明，任何一个有理式的功率谱密度都可以用一个 ARMA 随机过程的功率谱密度精确逼近。例如，任何有理式谱密度以及在加性白噪声中观测的 AR 过程，具有线谱的正弦波 (更广义为谐波) 过程，都可以用 ARMA 谱密度来表示。由于其广泛的代表性和实用性，ARMA 谱分析已成为现代谱分析中最重要的方法之一。

2. 问题的提出

考虑加性白噪声中的谐波恢复问题

$$x(n)=\sum_{i=1}^{p}A_i\sin(2\pi f_i n+\theta_i)+w(n)$$

其中，A_i, f_i 和 θ_i 分别为第 i 个谐波信号的幅度、频率和相位，而 $w(n)$ 为加性高斯白噪声。

谐波恢复问题就是：根据一组观测数据 $x(n), n=1,2,\cdots,N$，估计谐波的个数和频率 (有时可能包括相位估计)。

3. 估计模型的建立与求解

根据信号分析理论可知，上述谐波过程服从特殊 ARMA 模型

$$x(n)+\sum_{i=1}^{2p}a_i x(n-i)=w(n)+\sum_{i=1}^{2p}a_i w(n-i),\quad n=1,2,\cdots$$

由此可得如下差分方程 (修正 Yule-Walker 方程)

$$R_x(k)+\sum_{i=1}^{2p}a_i R_x(k-i)=0,\quad \forall k>2p$$

其中 $R_x(k)$ 为 $x(n)$ 的自相关函数。因此，谐波频率可通过

$$f_i = \frac{1}{2\pi}\arctan\left(\frac{\mathrm{Im}(z_i)}{\mathrm{Re}(z_i)}\right), \quad i = 1, 2, \cdots, p$$

恢复，其中 z_i 是特征多项式

$$P(z) = 1 + \sum_{i=1}^{2p} a_i z^{-i}$$

的共轭根对 (z_i, z_i^*) 中的一个根。

根据以上分析，谐波恢复的关键是修正 Yule-Walker 方程的求解。

修正 Yule-Walker 方程的矩阵形式为

$$\boldsymbol{R}\boldsymbol{a} = -\boldsymbol{r} \tag{6.7.1}$$

其中

$$\boldsymbol{R} = \begin{bmatrix} R_x(2p) & R_x(2p-1) & \cdots & R_x(1) \\ R_x(2p+1) & R_x(2p) & \cdots & R_x(2) \\ \vdots & \vdots & & \vdots \\ R_x(2p+M) & R_x(2p+M-1) & \cdots & R_x(1+M) \end{bmatrix} \tag{6.7.2}$$

$$\boldsymbol{a} = [a_1, a_2, \cdots, a_{2p}]^{\mathrm{T}} \tag{6.7.3}$$

$$\boldsymbol{r} = [R_x(2p+1), R_x(2p+2), \cdots, R_x(2p+M+1)]^{\mathrm{T}} \tag{6.7.4}$$

其中 $M \gg 2p$，$R_x(k) = \frac{1}{n}\sum\limits_{i=1}^{n-k} x(i)x(i+k)$。

(1) 最小二乘解

$$\boldsymbol{a} = -(\boldsymbol{R}^{\mathrm{T}}\boldsymbol{R})^{-1}\boldsymbol{R}^{\mathrm{T}}\boldsymbol{r} \tag{6.7.5}$$

(2) 总体最小二乘解

首先构造扩展阶自相关矩阵

$$\boldsymbol{R}_e = \begin{bmatrix} R_x(p_e+1) & R_x(p_e) & \cdots & R_x(1) \\ R_x(p_e+2) & R_x(p_e+1) & \cdots & R_x(2) \\ \vdots & \vdots & & \vdots \\ R_x(p_e+M) & R_x(p_e+M-1) & \cdots & R_x(M) \end{bmatrix} \tag{6.7.6}$$

其中 $p_e \geqslant 2p, M \gg p_e$。

然后，求 $\boldsymbol{R}_e$ 的奇异值分解

$$\boldsymbol{R}_e = \boldsymbol{U}\boldsymbol{\Sigma}\boldsymbol{V}^{\mathrm{H}} \tag{6.7.7}$$

其中 $\boldsymbol{\Sigma}$ 中包含 p_e+1 个奇异值，从大到小排列，将其归一化为

$$\bar{\sigma}_k \stackrel{\text{def}}{=} \sigma_k/\sigma_1, \quad 1 \leqslant k \leqslant p_e+1 \tag{6.7.8}$$

选择一个接近于零的数作为阈值，把 $\bar{\sigma}_k$ 大于此值的最大整数 k 作为有效秩 p，它就是 AR 阶数的估计值，谐波的个数等于 $p/2$。

根据 SVD-TLS 方法，计算

$$\boldsymbol{S}^{(p)} = \sum_{j=1}^{p} \sum_{i=1}^{p_e+1-p} \sigma_j^2 \boldsymbol{v}_j^i (\boldsymbol{v}_j^i)^{\mathrm{H}} \tag{6.7.9}$$

其中 $\boldsymbol{v}_j^i$ 是酉矩阵 $\boldsymbol{V}$ 第 j 列的一个加窗段，定义为 $\boldsymbol{v}_j^i = [v(i,j), v(i+1,j), \cdots, v(i+p,j)]^{\mathrm{T}}$。

最后，由 $\boldsymbol{S}^{(p)}$ 的逆矩阵 $\boldsymbol{S}^{-(p)}$ 以估计 AR 参数

$$a_i = \boldsymbol{S}^{-(p)}(i+1,1)/\boldsymbol{S}^{-(p)}(1,1), \quad i = 0,1,\cdots,p \tag{6.7.10}$$

4. 实验结果

谐波信号取

$$x(n) = \sqrt{18}\sin(2\pi 0.18n) + \sqrt{18}\sin(2\pi 0.27n) + \sqrt{2}\sin(2\pi 0.23n) + w(n)$$

其中 $w(n)$ 是一个零均值、方差为 1 的高斯白噪声，并且 $n = 1,2,\cdots,128$。信号的波形图如图 6.7.7 所示。

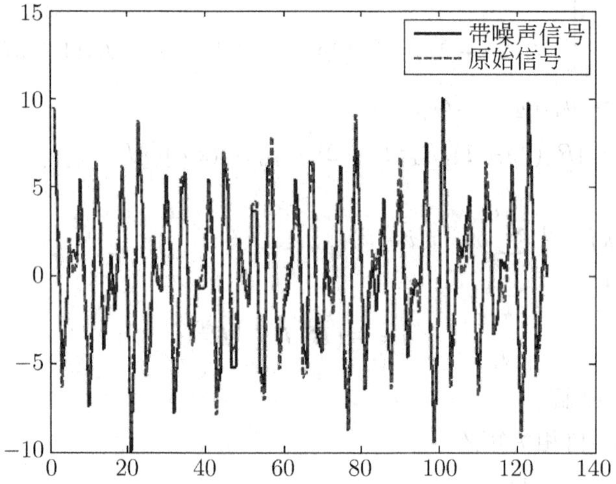

图 6.7.7 谐波信号波形图

取修正 Yule-Walker 方程的个数 $M = 100$，进行 200 次 Monte-Carlo 实验，所有估计结果都以统计均值或者统计方差的形式给出。每次估计的频率都按照从小到大的顺序排列，以保证频率估计的统计正确性。

(1) 最小二乘估计 (AR 阶数欠估计 $p = 2$)

表 6.7.1 列出了 AR 参数估计的平均值。

表 6.7.1 $p = 2$ 时，AR 参数 a_i 的估计均值

AR 参数	a_1	a_2	a_3	a_4
估计值	−0.5910	1.7385	−0.5757	0.9487

AR 参数的估计方差分别为：$0.5105\times10^{-5}, 0.2602\times10^{-5}, 0.5264\times10^{-5}, 0.1990\times10^{-5}$。

表 6.7.2 给出了相对应的频率估计均值。

表 6.7.2 $p=2$ 时，谐波频率的估计均值

谐波频率	f_1	f_2
估计值	0.1800	0.2702

频率估计的方差为：$0.1936\times10^{-7}, 0.2309\times10^{-7}$。可见当 $p=2$ 时，对频率 0.18 和 0.27 的估计是非常准确的。

(2) 最小二乘估计 (AR 阶数准确估计 $p=3$)

此时，ARMA 模型的 AR 参数 a_i 的估计值如表 6.7.3 所示。

表 6.7.3 $p=3$ 时，AR 参数 a_i 的估计均值

AR 参数	a_1	a_2	a_3	a_4	a_5	a_6
估计值	−0.3538	1.7562	−0.2555	1.0872	0.1354	0.1503

AR 参数的估计方差分别为：0.0332, 0.0431, 0.1205, 0.0982, 0.0443, 0.0229。

表 6.7.4 汇总了相对应的 3 个频率的估计均值。

表 6.7.4 $p=3$ 时，谐波频率的估计均值

谐波频率	f_1	f_2	f_3
估计值	0.1811	0.2713	0.3451

频率估计方差分别为：0.0004, 0.0015, 0.0210。可见两个信噪比较大的谐波的频率 0.18 和 0.27 的估计是比较准确的，而信噪比较小的谐波的频率 0.23 并没有估计出来。

(3) 最小二乘估计 (AR 阶数过估计 $p=5$)

表 6.7.5 是 10 个 AR 参数估计的统计均值结果。

表 6.7.5 $p=5$ 时，AR 参数的估计均值

AR 参数	a_1	a_2	a_3	a_4	a_5
估计值	−0.3417	1.6284	0.0115	0.3984	0.3610
AR 参数	a_6	a_7	a_8	a_9	a_{10}
估计值	−0.3213	−0.3768	0.1507	−0.4552	0.1544

10 个 AR 参数的估计方差分别为：

$$0.0438, 0.0207, 0.1431, 0.1398, 0.1677, 0.1397, 0.1130, 0.0968, 0.0146, 0.0323$$

表 6.7.6 列出了相对应的 5 个频率的估计均值。

表 6.7.6　$p=5$ 时，谐波频率的估计均值

谐波频率	f_1	f_2	f_3	f_4	f_5
估计值	0.0581	0.1907	0.2406	0.3053	0.4518

图 6.7.8 是 $p=5$ 时 5 个频率的最小二乘估计的统计直方图。

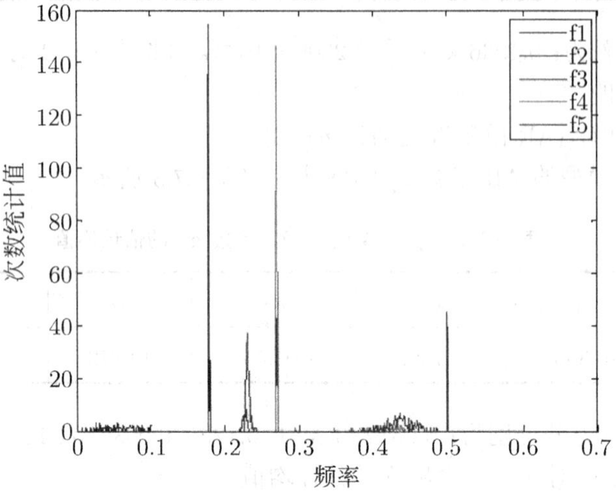

图 6.7.8　$p=5$ 时 5 个频率估计的统计直方图

从图可以看出，f_2 的估计集中在 0.18 附近，大部分 f_3 估计分布在 0.23 附近，而绝大部分 f_4 分布在 0.27 附近。因此，在过估计时，最小二乘方法大多数情况下能够正确估计三个谐波频率，但对频率 0.23，仍然有相当多的错误估计。

(4) SVD-TLS 方法的估计结果

对归一化奇异值，选择 0.02 作为阈值，设置未知参数个数为 p_e，差分方程个数为 $M=40$。在 200 次独立实验中，1 次估计的有效秩为 7，其余皆估计为 6，给出了准确的 AR 阶数估计。即使有效秩估计为 7 时，也只有 3 个非零频率估计和 1 个零频率估计。

表 6.7.7 和表 6.7.8 分别汇总了 6 个 AR 参数和 3 个谐波频率估计的统计均值。

表 6.7.7　AR 参数 a_i 的 SVD-TLS 估计的统计均值

AR 参数	a_1	a_2	a_3	a_4	a_5	a_6
估计值	−0.8553	2.8873	−1.6249	2.8332	−0.8250	0.9451

表 6.7.8　谐波频率的 SVD-TLS 估计的统计均值

谐波频率	f_1	f_2	f_3
估计值	0.1798	0.2290	0.2702

图 6.7.9 和图 6.7.10 分别画出了三个谐波频率估计的统计直方图及误差图。

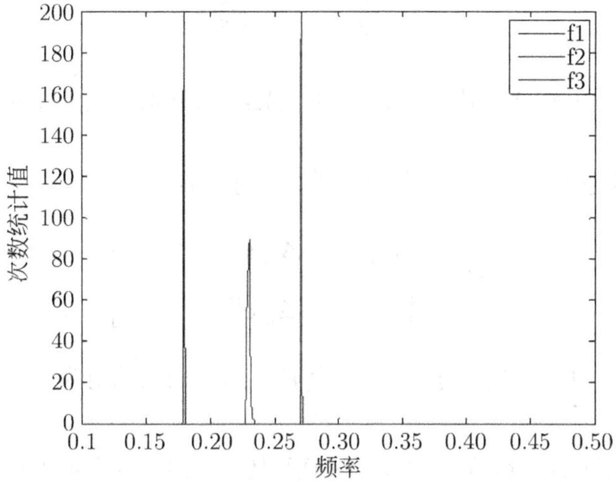

图 6.7.9 采用 SVD-TLS 时频率估计的统计直方图

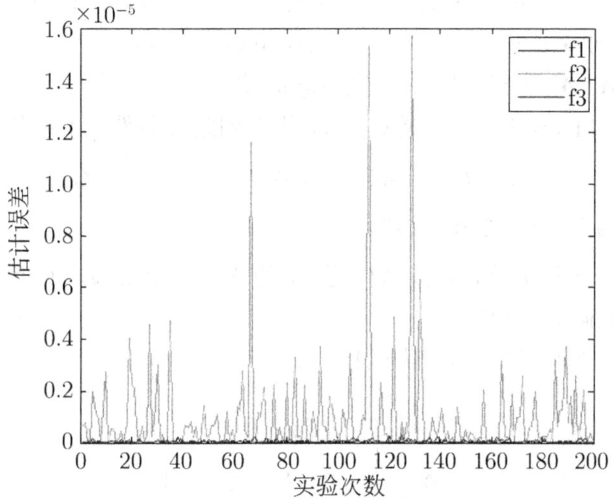

图 6.7.10 采用 SVD-TLS 时的频率估计误差

从频率估计的表 6.7.8、图 6.7.9 和图 6.7.10 可以看出，3 个谐波频率的估计精度很高，并且估计误差很小，显示出 SVD-TLS 方法在谐波恢复方面明显优于最小二乘方法。

本章小结

本章首先介绍了 Moore-Penrose 逆矩阵的定义、性质与数值计算，然后聚焦于超定矩阵方程求解的最小二乘方法及其推广——数据最小二乘方法、Tikhonov 正则化方法、交替最小二乘方法、总体最小二乘方法以及约束总体最小二乘方法。此外，还介绍了稀疏矩阵方程求解的三种易于实现的算法 (正交匹配追踪法、子空间追踪法和同伦算法)。最后介绍了三个应用案列，用于比较最小二乘和总体最小二乘方法。

习　题

6.1　验证 $\boldsymbol{A}^{\dagger}=(\boldsymbol{A}^{\mathrm{H}}\boldsymbol{A})^{\dagger}\boldsymbol{A}^{\mathrm{H}}$ 和 $\boldsymbol{A}^{\dagger}=\boldsymbol{A}^{\mathrm{H}}(\boldsymbol{A}\boldsymbol{A}^{\mathrm{H}})^{\dagger}$ 分别满足 Moore-Penrose 逆矩阵的 4 个条件。

6.2　证明右伪逆矩阵 $\boldsymbol{F}_m^{\dagger}=\boldsymbol{F}_m^{\mathrm{H}}(\boldsymbol{F}_m\boldsymbol{F}_m^{\mathrm{H}})^{-1}$ 的递推公式

$$\boldsymbol{F}_m^{\dagger}=\begin{bmatrix}\boldsymbol{F}_{m-1}^{\dagger}-\boldsymbol{\Delta}_m\boldsymbol{F}_{m-1}^{\dagger}\boldsymbol{f}_m\boldsymbol{c}_m\\ \boldsymbol{\Delta}_m\boldsymbol{c}_m^{\mathrm{H}}\end{bmatrix}$$

式中，$\boldsymbol{c}_m^{\mathrm{H}}=\boldsymbol{f}_m^{\mathrm{H}}(\boldsymbol{I}_n-\boldsymbol{F}_{m-1}\boldsymbol{F}_{m-1}^{\dagger})$，$\boldsymbol{\Delta}_m=\boldsymbol{c}_m^{\mathrm{H}}\boldsymbol{f}_m$。递推的初始值为 $\boldsymbol{F}_1^{\dagger}=\boldsymbol{f}_1^{\mathrm{H}}/(\boldsymbol{f}_1^{\mathrm{H}}\boldsymbol{f}_1)$。

6.3　证明：

(1) 所有左和右逆矩阵 $\boldsymbol{G}$ 都是自反广义逆矩阵，它们分别满足 Moore-Penrose 对称条件 $\boldsymbol{AGA}=\boldsymbol{A}$ 和 $\boldsymbol{GAG}=\boldsymbol{G}$ 之中的一个条件。

(2) 一个满行 (列) 秩矩阵 $\boldsymbol{A}$ 的所有广义逆矩阵 $\boldsymbol{A}^{-}$ 都是右 (左) 逆矩阵。

6.4　求 3×1 向量 $\boldsymbol{a}=[1,5,7]^{\mathrm{T}}$ 的 Moore-Penrose 逆矩阵。

6.5　证明 $\boldsymbol{A}(\boldsymbol{A}^{\mathrm{T}}\boldsymbol{A})^{-2}\boldsymbol{A}^{\mathrm{T}}$ 是 $\boldsymbol{A}\boldsymbol{A}^{\mathrm{T}}$ 的 Moore-Perrose 逆矩阵。

6.6　证明关于 Moore-Penrose 逆矩阵 $\boldsymbol{G}$ 的下列定义条件 (1) 和条件 (2) 等价：

(1) $\boldsymbol{AGA}=\boldsymbol{A},\quad \boldsymbol{GAG}=\boldsymbol{G},\quad (\boldsymbol{AG})^{\#}=\boldsymbol{AG},\quad (\boldsymbol{GA})^{\#}=\boldsymbol{GA}$。

(2) $\boldsymbol{A}^{\#}\boldsymbol{AG}=\boldsymbol{A}^{\#},\quad \boldsymbol{G}^{\#}\boldsymbol{GA}=\boldsymbol{G}^{\#}$。

6.7　设 $\boldsymbol{A}$ 是一对称矩阵，并且 $\boldsymbol{M}$ 是 $\boldsymbol{A}$ 的 Moore-Penrose 逆矩阵。证明：矩阵 $\boldsymbol{M}^2$ 是 $\boldsymbol{A}^2$ 的 Moore-Penrose 逆矩阵。

6.8　令 $\boldsymbol{A}$ 是一个幂等矩阵，证明 $\boldsymbol{A}=\boldsymbol{A}^{\dagger}$。

6.9　已知矩阵

$$\boldsymbol{A}=\begin{bmatrix}1&0&-1&1\\0&2&2&2\\-1&4&5&3\end{bmatrix}$$

利用矩阵的满秩分解法，求 Moore-Penrose 逆矩阵 $\boldsymbol{A}^{\dagger}$。

6.10　分别利用递推法 (算法 6.2.3) 和迹方法 (算法 6.2.4) 求矩阵

$$\boldsymbol{X}=\begin{bmatrix}1&0&-2\\0&1&-1\\-1&1&1\\2&-1&2\end{bmatrix}$$

的 Moore-Penrose 逆矩阵 $\boldsymbol{X}^{\dagger}$。

6.11　考虑映射 $\boldsymbol{UV}=\boldsymbol{W}$，其中 $\boldsymbol{U}\in\mathbb{C}^{m\times n},\boldsymbol{V}\in\mathbb{C}^{n\times p},\boldsymbol{W}\in\mathbb{C}^{m\times p}$，并且 $\boldsymbol{U}$ 是一个秩亏缺矩阵。证明 $\boldsymbol{V}=\boldsymbol{U}^{\dagger}\boldsymbol{W}$，其中 $\boldsymbol{U}^{\dagger}\in\mathbb{C}^{n\times m}$ 是 $\boldsymbol{U}$ 的 Moore-Penrose 逆矩阵。

6.12　证明：若 $\boldsymbol{Ax}=\boldsymbol{b}$ 为一致方程，则其通解为 $\boldsymbol{x}=\boldsymbol{A}^{\dagger}\boldsymbol{b}+(\boldsymbol{I}-\boldsymbol{A}^{\dagger}\boldsymbol{A})\boldsymbol{z}$，其中 $\boldsymbol{A}^{\dagger}$ 是 $\boldsymbol{A}$ 的 Moore-Penrose 逆矩阵，并且 $\boldsymbol{z}$ 为任意向量。

6.13 考虑线性方程 $\boldsymbol{Ax}+\boldsymbol{\epsilon}=\boldsymbol{x}$，其中，$\boldsymbol{\epsilon}$ 为加性有色噪声向量，满足条件 $\mathrm{E}\{\boldsymbol{\epsilon}\}=\mathbf{0}$ 和 $\mathrm{E}\{\boldsymbol{\epsilon}\boldsymbol{\epsilon}^{\mathrm{T}}\}=\boldsymbol{R}$。令 $\boldsymbol{R}$ 已知，并使用加权误差函数 $Q(\boldsymbol{x})=\boldsymbol{\epsilon}^{\mathrm{T}}\boldsymbol{W}\boldsymbol{\epsilon}$ 作为求参数向量 $\boldsymbol{x}$ 最优估计 $\hat{\boldsymbol{x}}_{\mathrm{WLS}}$ 的代价函数。这种方法称为加权最小二乘方法。证明

$$\hat{\boldsymbol{x}}_{\mathrm{WLS}}=(\boldsymbol{A}^{\mathrm{T}}\boldsymbol{W}\boldsymbol{A})^{-1}\boldsymbol{A}^{\mathrm{T}}\boldsymbol{W}\boldsymbol{x}$$

其中，加权矩阵 $\boldsymbol{W}$ 的最优选择为 $\boldsymbol{W}_{\mathrm{opt}}=\boldsymbol{R}^{-1}$。

6.14 已知超定的线性方程 $\boldsymbol{Z}_t^{\mathrm{T}}\boldsymbol{X}_t=\boldsymbol{Z}_t^{\mathrm{T}}\boldsymbol{Y}_t\boldsymbol{x}$，其中，$\boldsymbol{Z}_t\in\mathbb{R}^{(t+1)\times K}$ 称为辅助变量矩阵，并且 $t+1>K$。

(1) 令参数向量 $\boldsymbol{x}$ 在 t 时刻的估计为 $\hat{\boldsymbol{x}}$，求其表达式。这一方法称为辅助变量方法(instrumental variable method)。

(2) 令

$$\boldsymbol{Y}_{t+1}=\begin{bmatrix}\boldsymbol{Y}_t\\ \boldsymbol{y}_{t+1}\end{bmatrix},\qquad \boldsymbol{Z}_{t+1}=\begin{bmatrix}\boldsymbol{Z}_t\\ \boldsymbol{z}_{t+1}\end{bmatrix},\qquad \boldsymbol{X}_{t+1}=\begin{bmatrix}\boldsymbol{X}_t\\ \boldsymbol{x}_{t+1}\end{bmatrix}$$

求 $\boldsymbol{x}_{t+1}$ 的递推计算公式。

6.15[133] 给定 $\boldsymbol{A}\in\mathbb{R}^{m\times n},\boldsymbol{x}\in\mathbb{R}^n,\boldsymbol{b}\in\mathbb{R}^m,\boldsymbol{C}\in\mathbb{R}^{p\times n},\boldsymbol{d}\in\mathbb{R}^p$，并且 τ 是一个大于零的数。现在希望求解带有二次约束的最小二乘问题

$$\min\|\boldsymbol{Ax}-\boldsymbol{b}\|_2,\quad \boldsymbol{x}\in S(\tau)$$

其中，$S(\tau)$ 是一个向量集合，定义为

$$S(\tau)=\{\boldsymbol{x}\,|\,\|\boldsymbol{Cx}-\boldsymbol{d}\|_2\leqslant\tau\}$$

(1) 证明：若 $\|(\boldsymbol{I}-\boldsymbol{CC}^{\dagger})\boldsymbol{d}\|_2>\tau$，则上述两式所表述的二次约束最小二乘问题无解。

(2) 二次约束最小二乘问题存在显式解，当且仅当存在 $\boldsymbol{z}\in\mathbb{R}^n$ 使得

$$\|\boldsymbol{C}[\boldsymbol{A}^{\dagger}\boldsymbol{b}+(\boldsymbol{I}-\boldsymbol{A}^{\dagger}\boldsymbol{A})\boldsymbol{z}]-\boldsymbol{d}\|_2\leqslant\tau$$

成立，并且对应的显式解由 $\boldsymbol{x}=\boldsymbol{A}^{\dagger}+(\boldsymbol{I}-\boldsymbol{A}^{\dagger}\boldsymbol{A})\boldsymbol{z}$ 给出。(提示：无约束最小二乘问题 $\min\|\boldsymbol{Ax}-\boldsymbol{b}\|_2$ 的通解为 $\boldsymbol{x}=\boldsymbol{A}^{\dagger}\boldsymbol{b}+\mathrm{Null}(\boldsymbol{A})=\boldsymbol{A}^{\dagger}\boldsymbol{b}+\mathrm{Range}(\boldsymbol{I}-\boldsymbol{A}^{\dagger}\boldsymbol{A})$。)

6.16 令 $\lambda>0$，并且 $\boldsymbol{Ax}=\boldsymbol{b}$ 为超定方程。证明：Tikhonov 反正则化优化问题

$$\min\frac{1}{2}\|\boldsymbol{Ax}-\boldsymbol{b}\|_2^2-\frac{1}{2}\lambda\|\boldsymbol{x}\|_2^2$$

的最优解为

$$\boldsymbol{x}=(\boldsymbol{A}^{\mathrm{H}}\boldsymbol{A}-\lambda\boldsymbol{I})^{-1}\boldsymbol{A}^{\mathrm{H}}\boldsymbol{b}$$

6.17[46] 求解线性方程 $\boldsymbol{Ax}=\boldsymbol{b}$ 的总体最小二乘问题也可以表示为

$$\min_{\boldsymbol{b}+\boldsymbol{e}\in\mathrm{Range}(\boldsymbol{A}+\boldsymbol{E})}\|\boldsymbol{D}[\boldsymbol{E},\boldsymbol{e}]\boldsymbol{T}\|_{\mathrm{F}},\quad \boldsymbol{E}\in\mathbb{R}^{m\times n},\ \boldsymbol{e}\in\mathbb{R}^m$$

式中，$\boldsymbol{D}=\mathrm{diag}(d_1,d_2,\cdots,d_m)$ 和 $\boldsymbol{T}=\mathrm{diag}(t_1,t_2,\cdots,t_{n+1})$ 非奇异。

(1) 证明：若 $\text{rank}(\boldsymbol{A}) < n$，则上述总体最小二乘问题有一个解，当且仅当 $\boldsymbol{b} \in \text{Range}(\boldsymbol{A})$。

(2) 证明：若 $\text{rank}(\boldsymbol{A}) = n$，$\boldsymbol{A}^{\text{T}}\boldsymbol{D}^2\boldsymbol{b} = \boldsymbol{0}$，$|t_{n+1}|\|\boldsymbol{D}\boldsymbol{b}\|_2 \geqslant \sigma_n(\boldsymbol{D}\boldsymbol{A}\boldsymbol{T}_1)$，$\boldsymbol{T}_1 = \text{diag}(t_1, t_2, \cdots, t_n)$，则总体最小二乘问题无解。其中，$\sigma_n(\boldsymbol{C})$ 表示矩阵 $\boldsymbol{C}$ 的第 n 个奇异值。

6.18　考虑上题所述的总体最小二乘问题。证明：若 $\boldsymbol{C} = \boldsymbol{D}[\boldsymbol{A}, \boldsymbol{b}]\boldsymbol{T} = [\boldsymbol{A}_1, \boldsymbol{d}]$，并且 $\sigma_n(\boldsymbol{C}) > \sigma_{n+1}(\boldsymbol{C})$，则总体最小二乘解满足 $(\boldsymbol{A}_1^{\text{T}}\boldsymbol{A}_1 - \sigma_{n+1}^2(\boldsymbol{C})\boldsymbol{I})\boldsymbol{x} = \boldsymbol{A}_1^{\text{T}}\boldsymbol{d}$。

6.19　考虑加性白噪声中的谐波恢复问题

$$x(n) = \sum_{i=1}^{p} A_i \sin(2\pi f_1 n + \phi_i) + e(n)$$

其中，A_i, f_i, ϕ_i 分别是第 i 个谐波的幅值、频率和相位，而 $e(n)$ 为加性高斯白噪声。已知上述谐波过程服从特殊 ARMA 模型

$$x(n) + \sum_{i=1}^{2p} a_i x(n-i) = e(n) + \sum_{i=1}^{2p} a_i e(n-i), \quad n = 1, 2, \cdots$$

和差分方程 (修正 Yule-Walker 方程)

$$R_x(k) + \sum_{i=1}^{2p} a_i R_x(k-i) = 0, \quad \forall\, k$$

并且谐波频率可以通过

$$f_i = \arctan[\text{Im}(z_i)/\text{Re}(z_i)]/2\pi, \quad i = 1, 2, \cdots, p$$

恢复，其中，z_i 是特征多项式

$$A(z) = 1 + \sum_{i=1}^{2p} a_i z^{-i}$$

的共轭根对 (z_i, z_i^*) 的一个根。若

$$x(n) = \sqrt{20}\sin(2\pi\, 0.2n) + \sqrt{2}\sin(2\pi\, 0.213n) + e(n)$$

其中，$e(n)$ 是均值为 0，方差为 1 的标准高斯白噪声，并取 $n = 1, 2, \cdots, 128$。试使用一般的最小二乘方法和奇异值 – 总体最小二乘 (SVD-TLS) 算法分别估计观测数据的 ARMA 模型的 AR 参数 a_i，并估计谐波频率 f_1 和 f_2。假定差分方程个数取为 40，使用最小二乘方法时分别取 $p = 2$ 和 $p = 3$，而总体最小二乘算法取未知参数个数为 14，通过有效奇异值个数的判断，确定谐波个数，然后计算特征多项式的根。从这一计算机仿真实验，你能够得出最小二乘方法和总体最小二乘方法的某些比较结果吗？

第 7 章

矩阵微分与梯度分析

矩阵微分是多变量函数微分的推广。矩阵微分 (包括矩阵偏导和梯度) 是矩阵分析与运算的重要工具之一。在统计学、流形计算、几何物理、微分几何、经济计量以及众多工程 (如模式识别、阵列信号处理、图像处理、通信系统、雷达、声呐、控制系统) 中大量的优化问题，尤其是比较复杂的优化问题，矩阵微分的运用往往会大大简化优化算法的设计。

本章主要介绍矩阵微分的理论、计算方法与应用，以及在梯度分析中的应用。

7.1 Jacobian 矩阵与梯度矩阵

为了方便以后的讨论，首先对变元和函数作统一的符号规定：

$\boldsymbol{x}=[x_1,x_2,\cdots,x_m]^{\mathrm{T}}\in\mathbb{R}^m$ 为实向量变元；

$\boldsymbol{X}=[\boldsymbol{x}_1,\boldsymbol{x}_2,\cdots,\boldsymbol{x}_n]\in\mathbb{R}^{m\times n}$ 为实矩阵变元；

$f(\boldsymbol{x})\in\mathbb{R}$ 为实值标量函数，其变元为 $m\times 1$ 实值向量 $\boldsymbol{x}$，记作 $f:\mathbb{R}^m\rightarrow\mathbb{R}$；

$f(\boldsymbol{X})\in\mathbb{R}$ 为实值标量函数，其变元为 $m\times n$ 实值矩阵 $\boldsymbol{X}$，记作 $f:\mathbb{R}^{m\times n}\rightarrow\mathbb{R}$。

7.1.1 Jacobian 矩阵

$1\times m$ 行向量偏导算子记为

$$\mathrm{D}_{\boldsymbol{x}}\stackrel{\text{def}}{=}\frac{\partial}{\partial\boldsymbol{x}^{\mathrm{T}}}=\left[\frac{\partial}{\partial x_1},\frac{\partial}{\partial x_2},\cdots,\frac{\partial}{\partial x_m}\right]\tag{7.1.1}$$

于是，实值标量函数 $f(\boldsymbol{x})$ 关于行向量 $\boldsymbol{x}^{\mathrm{T}}$ 的偏导向量定义为 $1\times m$ 行向量

$$\mathrm{D}_{\boldsymbol{x}}f(\boldsymbol{x})=\frac{\partial f(\boldsymbol{x})}{\partial\boldsymbol{x}^{\mathrm{T}}}=\left[\frac{\partial f(\boldsymbol{x})}{\partial x_1},\frac{\partial f(\boldsymbol{x})}{\partial x_2},\cdots,\frac{\partial f(\boldsymbol{x})}{\partial x_m}\right]\tag{7.1.2}$$

当实值标量函数 $f(\boldsymbol{X})$ 的变元为实值矩阵 $\boldsymbol{X}\in\mathbb{R}^{m\times n}$ 时，存在两种偏导定义：

(1) 实值标量函数 $f(\boldsymbol{X})$ 关于矩阵变元转置 $\boldsymbol{X}^{\mathrm{T}}$ 的偏导矩阵，定义为

$$\mathrm{D}_{\boldsymbol{X}}f(\boldsymbol{X})=\frac{\partial f(\boldsymbol{X})}{\partial\boldsymbol{X}^{\mathrm{T}}}=\begin{bmatrix}\frac{\partial f(\boldsymbol{X})}{\partial x_{11}} & \cdots & \frac{\partial f(\boldsymbol{X})}{\partial x_{m1}}\\ \vdots & \ddots & \vdots\\ \frac{\partial f(\boldsymbol{X})}{\partial x_{1n}} & \cdots & \frac{\partial f(\boldsymbol{X})}{\partial x_{mn}}\end{bmatrix}\in\mathbb{R}^{n\times m}\tag{7.1.3}$$

称为实值标量函数 $f(\boldsymbol{X})$ 关于变元矩阵 $\boldsymbol{X}$ 的 Jacobian 矩阵。

(2) 实值标量函数 $f(\boldsymbol{X})$ 关于变元矩阵的行向量化 $\text{vec}^{\text{T}}(\boldsymbol{X})$ 的行偏导向量，定义为

$$\text{D}_{\text{vec}\boldsymbol{X}} f(\boldsymbol{X}) = \frac{\partial f(\boldsymbol{X})}{\partial \text{vec}^{\text{T}}(\boldsymbol{X})} = \left[\frac{\partial f(\boldsymbol{X})}{\partial x_{11}}, \cdots, \frac{\partial f(\boldsymbol{X})}{\partial x_{m1}}, \cdots, \frac{\partial f(\boldsymbol{X})}{\partial x_{1n}}, \cdots, \frac{\partial f(\boldsymbol{X})}{\partial x_{mn}}\right] \tag{7.1.4}$$

其中 $\text{vec}^{\text{T}}(\boldsymbol{X}) = [\text{vec}(\boldsymbol{X})]^{\text{T}}$ 表示矩阵的列向量化

$$\text{vec}(\boldsymbol{X}) = [x_{11}, x_{21}, \cdots, x_{m1}, \cdots, x_{1n}, x_{2n}, \cdots, x_{mn}]^{\text{T}} \tag{7.1.5}$$

的转置。所谓列向量化，就是将矩阵 $\boldsymbol{X}$ 按照列的顺序，依次连接，排成一个列向量。

Jacobian 矩阵与行偏导向量之间的关系为

$$\text{D}_{\text{vec}\boldsymbol{X}} f(\boldsymbol{X}) = \text{rvec}(\text{D}_{\boldsymbol{X}} f(\boldsymbol{X})) \overset{\text{def}}{=} \left(\text{vec}(\text{D}_{\boldsymbol{X}}^{\text{T}} f(\boldsymbol{X}))\right)^{\text{T}} \tag{7.1.6}$$

即实值标量函数 $f(\boldsymbol{X})$ 的行向量偏导 $\text{D}_{\text{vec}\boldsymbol{X}} f(\boldsymbol{X})$ 等于 Jacobian 矩阵 $\text{D}_{\boldsymbol{X}}^{\text{T}} f(\boldsymbol{X}))$ 的行向量化。一个矩阵的行向量化就是将该矩阵的行逐行连接而成一个行向量。

7.1.2　梯度矩阵

采用列向量形式定义的偏导算子称为列向量偏导算子，习惯称为梯度算子。

$m \times 1$ 列向量偏导算子即梯度算子记作 $\nabla_{\boldsymbol{x}}$，定义为

$$\nabla_{\boldsymbol{x}} \overset{\text{def}}{=} \frac{\partial}{\partial \boldsymbol{x}} = \left[\frac{\partial}{\partial x_1}, \frac{\partial}{\partial x_2}, \cdots, \frac{\partial}{\partial x_m}\right]^{\text{T}} \tag{7.1.7}$$

因此，实值标量函数 $f(\boldsymbol{x})$ 的梯度向量 $\nabla_{\boldsymbol{x}} f(\boldsymbol{x})$ 为 $m \times 1$ 列向量，定义为

$$\nabla_{\boldsymbol{x}} f(\boldsymbol{x}) \overset{\text{def}}{=} \left[\frac{\partial f(\boldsymbol{x})}{\partial x_1}, \frac{\partial f(\boldsymbol{x})}{\partial x_2}, \cdots, \frac{\partial f(\boldsymbol{x})}{\partial x_m}\right]^{\text{T}} = \frac{\partial f(\boldsymbol{x})}{\partial \boldsymbol{x}} \tag{7.1.8}$$

与行向量的情况类似，实值标量函数 $f(\boldsymbol{X})$ 关于矩阵变元 $\boldsymbol{X}$ 的梯度也有两种定义。

(1) 实值标量函数 $f(\boldsymbol{X})$ 关于矩阵变元 $\boldsymbol{X}$ 的梯度矩阵

$$\nabla_{\boldsymbol{X}} f(\boldsymbol{X}) = \begin{bmatrix} \frac{\partial f(\boldsymbol{X})}{\partial x_{11}} & \cdots & \frac{\partial f(\boldsymbol{X})}{\partial x_{1n}} \\ \vdots & \ddots & \vdots \\ \frac{\partial f(\boldsymbol{X})}{\partial x_{m1}} & \cdots & \frac{\partial f(\boldsymbol{X})}{\partial x_{mn}} \end{bmatrix} = \frac{\partial f(\boldsymbol{X})}{\partial \boldsymbol{X}} \tag{7.1.9}$$

(2) 实值标量函数 $f(\boldsymbol{X})$ 关于矩阵变元 $\boldsymbol{X}$ 的梯度向量

$$\nabla_{\text{vec}\boldsymbol{X}} f(\boldsymbol{X}) = \frac{\partial f(\boldsymbol{X})}{\partial \text{vec}\boldsymbol{X}} = \left[\frac{\partial f(\boldsymbol{X})}{\partial x_{11}}, \cdots, \frac{\partial f(\boldsymbol{X})}{\partial x_{m1}}, \cdots, \frac{\partial f(\boldsymbol{X})}{\partial x_{1n}}, \cdots, \frac{\partial f(\boldsymbol{X})}{\partial x_{mn}}\right]^{\text{T}} \tag{7.1.10}$$

容易看出，梯度向量 $\nabla_{\text{vec}\boldsymbol{X}} f(\boldsymbol{X})$ 是梯度矩阵 $\nabla_{\boldsymbol{X}} f(\boldsymbol{X})$ 的列向量化：

$$\nabla_{\text{vec}\boldsymbol{X}} f(\boldsymbol{X}) = \text{vec}(\nabla_{\boldsymbol{X}} f(\boldsymbol{X})) \tag{7.1.11}$$

比较式 (7.1.9) 和式 (7.1.3)，又有

$$\nabla_{\boldsymbol{X}} f(\boldsymbol{X}) = \mathrm{D}_{\boldsymbol{X}}^{\mathrm{T}} f(\boldsymbol{X}) \tag{7.1.12}$$

即是说，实值标量函数 $f(\boldsymbol{X})$ 的梯度矩阵 $\nabla_{\boldsymbol{X}} f(\boldsymbol{X})$ 等于 Jacobian 矩阵 $\mathrm{D}_{\boldsymbol{X}} f(\boldsymbol{X})$ 的转置。

在矩阵微分中，常使用行偏导向量和 Jacobian 矩阵。然而，在最优化和许多工程问题中，采用列向量形式定义的偏导 (梯度向量和梯度矩阵) 却是一种比行向量偏导和 Jacobian 矩阵更加自然的选择。

显然，对于一个给定的实值标量函数 $f(\boldsymbol{x})$，其梯度向量直接等于行偏导向量的转置。在此意义上，行偏导向量是梯度向量的协变形式 (covariant form of the gradient vector)，故行偏导向量有时形象地称为协梯度向量 (cogradient vector)。类似地，Jacobian 矩阵有时也形象地称为梯度矩阵的协变形式或简称协 (同) 梯度矩阵。协梯度本身虽然不是梯度，但却是梯度紧密的协作伙伴，转置后即变为梯度。

有鉴于此，Jacobian 算子 $\frac{\partial}{\partial \boldsymbol{x}^{\mathrm{T}}}$ 和 $\frac{\partial}{\partial \boldsymbol{X}^{\mathrm{T}}}$ 又称 (行) 偏导算子、梯度算子的协变形式或协梯度算子 (cogradient operator)。

梯度方向的负方向 $-\nabla_{\boldsymbol{x}} f(\boldsymbol{x})$ 称为函数 f 在点 $\boldsymbol{x}$ 的梯度流 (gradient flow)，记作

$$\dot{\boldsymbol{x}} = -\nabla_{\boldsymbol{x}} f(\boldsymbol{x}) \quad 或 \quad \dot{\boldsymbol{X}} = \mathrm{v\dot{e}c}\boldsymbol{X} = -\nabla_{\mathrm{vec}\boldsymbol{X}} f(\boldsymbol{X}) \tag{7.1.13}$$

梯度流具有重要的几何和实用意义。从梯度向量的定义式可以看出：

(1) 在梯度流方向，函数 $f(\boldsymbol{x})$ 以最大减小率下降。反之，在其反方向即正的梯度方向，函数值以最大的增大率增加。

(2) 梯度向量的每个分量给出了标量函数在该分量方向上的变化率。

因此，(负) 梯度流构成了代价函数最小化的基础，而正梯度流则是价值函数或收益函数等目标函数最大化的基础。

7.1.3 梯度计算

实值函数相对于矩阵变元的梯度计算具有以下性质和基本法则[70]：

(1) 常数的梯度：若 $f(\boldsymbol{X}) = c$ 为常数，其中，$\boldsymbol{X}$ 为 $m \times n$ 矩阵，则梯度矩阵 $\frac{\partial c}{\partial \boldsymbol{X}}$ 为 $m \times n$ 零矩阵。

(2) 线性法则：若 $f(\boldsymbol{X})$ 和 $g(\boldsymbol{X})$ 分别是矩阵 $\boldsymbol{X}$ 的实值函数，c_1 和 c_2 为实常数，则

$$\frac{\partial [c_1 f(\boldsymbol{X}) + c_2 g(\boldsymbol{X})]}{\partial \boldsymbol{X}} = c_1 \frac{\partial f(\boldsymbol{X})}{\partial \boldsymbol{X}} + c_2 \frac{\partial g(\boldsymbol{X})}{\partial \boldsymbol{X}} \tag{7.1.14}$$

(3) 乘积法则：若 $f(\boldsymbol{X})$、$g(\boldsymbol{X})$ 和 $h(\boldsymbol{X})$ 都是矩阵 $\boldsymbol{X}$ 的实值函数，则

$$\frac{\partial [f(\boldsymbol{X}) g(\boldsymbol{X})]}{\partial \boldsymbol{X}} = g(\boldsymbol{X}) \frac{\partial f(\boldsymbol{X})}{\partial \boldsymbol{X}} + f(\boldsymbol{X}) \frac{\partial g(\boldsymbol{X})}{\partial \boldsymbol{X}} \tag{7.1.15}$$

和

$$\frac{\partial [f(\boldsymbol{X}) g(\boldsymbol{X}) h(\boldsymbol{X})]}{\partial \boldsymbol{X}} = g(\boldsymbol{X}) h(\boldsymbol{X}) \frac{\partial f(\boldsymbol{X})}{\partial \boldsymbol{X}} + f(\boldsymbol{X}) h(\boldsymbol{X}) \frac{\partial g(\boldsymbol{X})}{\partial \boldsymbol{X}} + f(\boldsymbol{X}) g(\boldsymbol{X}) \frac{\partial h(\boldsymbol{X})}{\partial \boldsymbol{X}} \tag{7.1.16}$$

(4) 商法则：若 $g(\boldsymbol{X}) \neq 0$，则

$$\frac{\partial[f(\boldsymbol{X})/g(\boldsymbol{X})]}{\partial \boldsymbol{X}} = \frac{1}{g^2(\boldsymbol{X})}\left[g(\boldsymbol{X})\frac{\partial f(\boldsymbol{X})}{\partial \boldsymbol{X}} - f(\boldsymbol{X})\frac{\partial g(\boldsymbol{X})}{\partial \boldsymbol{X}}\right] \tag{7.1.17}$$

(5) 链式法则：令 $\boldsymbol{X}$ 为 $m \times n$ 矩阵，且 $y = f(\boldsymbol{X})$ 和 $g(y)$ 分别是以矩阵 $\boldsymbol{X}$ 和标量 y 为变元的实值函数，则

$$\frac{\partial g(f(\boldsymbol{X}))}{\partial \boldsymbol{X}} = \frac{\mathrm{d}g(y)}{\mathrm{d}y}\frac{\partial f(\boldsymbol{X})}{\partial \boldsymbol{X}} \tag{7.1.18}$$

在计算一个以向量或者矩阵为变元的函数的偏导时，有以下基本假设。

独立性基本假设： 假定实值函数的向量变元 $\boldsymbol{x} = [x_i]_{i=1}^m \in \mathbb{R}^m$ 或者矩阵变元 $\boldsymbol{X} = [x_{ij}]_{i=1,j=1}^{m,n} \in \mathbb{R}^{m\times n}$ 本身无任何特殊结构，即向量或矩阵变元的元素之间是各自独立的。

上述独立性基本假设可以用数学公式表示成

$$\frac{\partial x_i}{\partial x_j} = \delta_{ij} = \begin{cases} 1, & i=j \\ 0, & \text{其他} \end{cases} \tag{7.1.19}$$

以及

$$\frac{\partial x_{kl}}{\partial x_{ij}} = \delta_{ki}\delta_{lj} = \begin{cases} 1, & k=i \text{ 且 } l=j \\ 0, & \text{其他} \end{cases} \tag{7.1.20}$$

式 (7.1.19) 和式 (7.1.20) 分别是一个实值 (标量、向量或矩阵) 函数关于向量变元和矩阵变元的偏导计算的基本公式。下面举例说明。

例 7.1.1　求实值函数 $f(\boldsymbol{x}) = \boldsymbol{x}^{\mathrm{T}}\boldsymbol{A}\boldsymbol{x}$ 的 Jacobian 矩阵。由于 $\boldsymbol{x}^{\mathrm{T}}\boldsymbol{A}\boldsymbol{x} = \sum\limits_{k=1}^{n}\sum\limits_{l=1}^{n} a_{kl}x_k x_l$，故利用式 (7.1.19) 可求出行偏导向量 $\dfrac{\partial \boldsymbol{x}^{\mathrm{T}}\boldsymbol{A}\boldsymbol{x}}{\partial \boldsymbol{x}^{\mathrm{T}}}$ 的第 i 个分量为

$$\left[\frac{\partial \boldsymbol{x}^{\mathrm{T}}\boldsymbol{A}\boldsymbol{x}}{\partial \boldsymbol{x}^{\mathrm{T}}}\right]_i = \frac{\partial}{\partial x_i}\sum_{k=1}^{n}\sum_{l=1}^{n} a_{kl}x_k x_l = \sum_{k=1}^{n} x_k a_{ki} + \sum_{l=1}^{n} x_l a_{il}$$

立即得行偏导向量 $\mathrm{D}f(\boldsymbol{x}) = \boldsymbol{x}^{\mathrm{T}}\boldsymbol{A} + \boldsymbol{x}^{\mathrm{T}}\boldsymbol{A}^{\mathrm{T}} = \boldsymbol{x}^{\mathrm{T}}(\boldsymbol{A}+\boldsymbol{A}^{\mathrm{T}})$ 和梯度向量 $\nabla_{\boldsymbol{X}} f(\boldsymbol{x}) = (\mathrm{D}f(\boldsymbol{x}))^{\mathrm{T}} = (\boldsymbol{A}^{\mathrm{T}} + \boldsymbol{A})\boldsymbol{x}$。

例 7.1.2　求实值标量函数 $f(\boldsymbol{X}) = \boldsymbol{a}^{\mathrm{T}}\boldsymbol{X}\boldsymbol{X}^{\mathrm{T}}\boldsymbol{b}$ 的 Jacobian 矩阵，其中 $\boldsymbol{X} \in \mathbb{R}^{m\times n}, \boldsymbol{a}, \boldsymbol{b} \in \mathbb{R}^{n\times 1}$。由于

$$\boldsymbol{a}^{\mathrm{T}}\boldsymbol{X}\boldsymbol{X}^{\mathrm{T}}\boldsymbol{b} = \sum_{k=1}^{m}\sum_{l=1}^{m} a_k\left(\sum_{p=1}^{n} x_{kp}x_{lp}\right) b_l$$

再利用式 (7.1.20)，易知

$$\begin{aligned}
\left[\frac{\partial f(\boldsymbol{X})}{\partial \boldsymbol{X}^{\mathrm{T}}}\right]_{ij} &= \frac{\partial f(\boldsymbol{X})}{\partial x_{ji}} = \sum_{k=1}^{m}\sum_{l=1}^{m}\sum_{p=1}^{n}\frac{\partial a_k x_{kp} x_{lp} b_l}{\partial x_{ji}} \\
&= \sum_{k=1}^{m}\sum_{l=1}^{m}\sum_{p=1}^{n}\left[a_k x_{lp} b_l \frac{\partial x_{kp}}{\partial x_{ji}} + a_k x_{kp} b_l \frac{\partial x_{lp}}{\partial x_{ji}}\right] \\
&= \sum_{i=1}^{m}\sum_{l=1}^{m}\sum_{j=1}^{n} a_j x_{li} b_l + \sum_{k=1}^{m}\sum_{i=1}^{m}\sum_{j=1}^{n} a_k x_{ki} b_j \\
&= \sum_{i=1}^{m}\sum_{j=1}^{n}\left[\boldsymbol{X}^{\mathrm{T}}\boldsymbol{b}\right]_i a_j + \left[\boldsymbol{X}^{\mathrm{T}}\boldsymbol{a}\right]_i b_j
\end{aligned}$$

由此得 Jacobian 矩阵和梯度矩阵分别为

$$\mathrm{D}_{\boldsymbol{X}} f(\boldsymbol{X}) = \boldsymbol{X}^{\mathrm{T}}(\boldsymbol{b}\boldsymbol{a}^{\mathrm{T}} + \boldsymbol{a}\boldsymbol{b}^{\mathrm{T}}) \quad \text{和} \quad \nabla_{\boldsymbol{X}} f(\boldsymbol{X}) = (\boldsymbol{a}\boldsymbol{b}^{\mathrm{T}} + \boldsymbol{b}\boldsymbol{a}^{\mathrm{T}})\boldsymbol{X} \tag{7.1.21}$$

例 7.1.3 考察目标函数 $f(\boldsymbol{X}) = \mathrm{tr}(\boldsymbol{X}\boldsymbol{B})$，其中 $\boldsymbol{X}$ 和 $\boldsymbol{B}$ 分别为 $m \times n$ 和 $n \times m$ 实矩阵。首先，矩阵乘积的元素为 $[\boldsymbol{X}\boldsymbol{B}]_{kl} = \sum_{p=1}^{n} x_{kp} b_{pl}$，故矩阵乘积的迹 $\mathrm{tr}(\boldsymbol{X}\boldsymbol{B}) = \sum_{p=1}^{m}\sum_{l=1}^{n} x_{lp} b_{pl}$。于是，利用式 (7.1.20)，易求得

$$\left[\frac{\partial \mathrm{tr}(\boldsymbol{X}\boldsymbol{B})}{\partial \boldsymbol{X}^{\mathrm{T}}}\right]_{ij} = \frac{\partial}{\partial x_{ji}}\left(\sum_{p=1}^{m}\sum_{l=1}^{n} x_{lp} b_{pl}\right) = \sum_{p=1}^{m}\sum_{l=1}^{n}\frac{\partial x_{lp}}{\partial x_{ji}} b_{pl} = b_{ij}$$

即有 $\frac{\partial\,\mathrm{tr}(\boldsymbol{X}\boldsymbol{B})}{\partial \boldsymbol{X}^{\mathrm{T}}} = \boldsymbol{B}$。又由于 $\mathrm{tr}(\boldsymbol{B}\boldsymbol{X}) = \mathrm{tr}(\boldsymbol{X}\boldsymbol{B})$，故 $n \times m$ Jacobian 矩阵和 $m \times n$ 梯度矩阵分别为

$$\mathrm{D}_{\boldsymbol{X}}\mathrm{tr}(\boldsymbol{X}\boldsymbol{B}) = \mathrm{D}_{\boldsymbol{X}}\mathrm{tr}(\boldsymbol{B}\boldsymbol{X}) = \boldsymbol{B} \quad \text{和} \quad \nabla_{\boldsymbol{X}}\mathrm{tr}(\boldsymbol{X}\boldsymbol{B}) = \nabla_{\boldsymbol{X}}\mathrm{tr}(\boldsymbol{B}\boldsymbol{X}) = \boldsymbol{B}^{\mathrm{T}} \tag{7.1.22}$$

应当指出，虽然直接计算偏导，可以求出实值标量函数的 Jacobian 矩阵和梯度矩阵，但是这种直接计算法仅适用于比较简单的函数，而且计算步骤有时也比较烦琐。因此，自然希望有一种容易记忆和掌握的数学工具，能够有效地计算实值标量函数的 Jacobian 矩阵和梯度矩阵。这一数学工具就是矩阵微分，它正是下一节要讨论的主题。

7.2 一阶实矩阵微分与 Jacobian 矩阵辨识

矩阵微分是计算标量、向量或者矩阵函数关于其向量或矩阵变元的偏导的有效数学工具。本节主要介绍一阶实矩阵微分的有关理论、计算方法及应用。

7.2.1 一阶实矩阵微分

矩阵微分用符号 $\mathrm{d}\boldsymbol{X}$ 表示，定义为该矩阵各个元素的微分按照原位置排列的矩阵，即 $\mathrm{d}\boldsymbol{X} = [\mathrm{d}X_{ij}]_{i=1,j=1}^{m,n}$。

例 7.2.1　考虑标量函数 $\mathrm{tr}(\boldsymbol{U})$ 的微分，得

$$\mathrm{d}(\mathrm{tr}\,\boldsymbol{U})=\mathrm{d}\left(\sum_{i=1}^{n}u_{ii}\right)=\sum_{i=1}^{n}\mathrm{d}u_{ii}=\mathrm{tr}(\mathrm{d}\boldsymbol{U})$$

即有 $\mathrm{d}(\mathrm{tr}\,\boldsymbol{U})=\mathrm{tr}(\mathrm{d}\,\boldsymbol{U})$。

例 7.2.2　考虑矩阵乘积 $\boldsymbol{UV}$ 的微分矩阵，有

$$\begin{aligned}[\mathrm{d}(\boldsymbol{UV})]_{ij}&=\mathrm{d}\left([\boldsymbol{UV}]_{ij}\right)=\mathrm{d}\left(\sum_{k}u_{ik}v_{kj}\right)=\sum_{k}\mathrm{d}(u_{ik}v_{kj})\\&=\sum_{k}\left[(\mathrm{d}u_{ik})v_{kj}+u_{ik}\mathrm{d}v_{kj}\right]=\sum_{k}(\mathrm{d}u_{ik})v_{kj}+\sum_{k}u_{ik}\mathrm{d}v_{kj}\\&=[(\mathrm{d}\boldsymbol{U})\boldsymbol{V}]_{ij}+[\boldsymbol{U}\mathrm{d}\boldsymbol{V}]_{ij}\end{aligned}$$

从而得 $\mathrm{d}(\boldsymbol{UV})=(\mathrm{d}\boldsymbol{U})\boldsymbol{V}+\boldsymbol{U}\mathrm{d}\boldsymbol{V}$。

以上举例表明，实矩阵微分具有以下两个基本性质。

转置：矩阵转置的微分等于矩阵微分的转置，即有 $\mathrm{d}(\boldsymbol{X}^{\mathrm{T}})=(\mathrm{d}\boldsymbol{X})^{\mathrm{T}}$。

线性：$\mathrm{d}(\alpha\boldsymbol{X}+\beta\boldsymbol{Y})=\alpha\mathrm{d}\boldsymbol{X}+\beta\mathrm{d}\boldsymbol{Y}$。

下面汇总了矩阵微分的常用计算公式 [72, pp.148~154]。

(1) 常数矩阵的微分矩阵为零矩阵，即 $\mathrm{d}\boldsymbol{A}=\boldsymbol{O}$。

(2) 常数 α 与矩阵 $\boldsymbol{X}$ 的乘积的微分矩阵 $\mathrm{d}(\alpha\boldsymbol{X})=\alpha\mathrm{d}\boldsymbol{X}$。

(3) 矩阵转置的微分矩阵等于原矩阵的微分矩阵的转置，即 $\mathrm{d}(\boldsymbol{X}^{\mathrm{T}})=(\mathrm{d}\boldsymbol{X})^{\mathrm{T}}$。

(4) 两个矩阵函数的和 (差) 的微分矩阵为 $\mathrm{d}(\boldsymbol{U}\pm\boldsymbol{V})=\mathrm{d}\boldsymbol{U}\pm\mathrm{d}\boldsymbol{V}$。

(5) 常数矩阵与矩阵乘积的微分矩阵为 $\mathrm{d}(\boldsymbol{AXB})=\boldsymbol{A}(\mathrm{d}\boldsymbol{X})\boldsymbol{B}$。

(6) 矩阵函数 $\boldsymbol{U}=\boldsymbol{F}(\boldsymbol{X}),\boldsymbol{V}=\boldsymbol{G}(\boldsymbol{X}),\boldsymbol{W}=\boldsymbol{H}(\boldsymbol{X})$ 乘积的微分矩阵为

$$\mathrm{d}(\boldsymbol{UV})=(\mathrm{d}\boldsymbol{U})\boldsymbol{V}+\boldsymbol{U}(\mathrm{d}\boldsymbol{V})\tag{7.2.1}$$

$$\mathrm{d}(\boldsymbol{UVW})=(\mathrm{d}\boldsymbol{U})\boldsymbol{VW}+\boldsymbol{U}(\mathrm{d}\boldsymbol{V})\boldsymbol{W}+\boldsymbol{UV}(\mathrm{d}\boldsymbol{W})\tag{7.2.2}$$

(7) 矩阵 $\boldsymbol{X}$ 的迹的矩阵微分 $\mathrm{d}(\mathrm{tr}(\boldsymbol{X}))$ 等于矩阵微分 $\mathrm{d}\boldsymbol{X}$ 的迹 $\mathrm{tr}(\mathrm{d}\boldsymbol{X})$，即

$$\mathrm{d}(\mathrm{tr}(\boldsymbol{X}))=\mathrm{tr}(\mathrm{d}\boldsymbol{X})\tag{7.2.3}$$

(8) 行列式的微分为

$$\mathrm{d}|\boldsymbol{X}|=|\boldsymbol{X}|\mathrm{tr}(\boldsymbol{X}^{-1}\mathrm{d}\boldsymbol{X})\tag{7.2.4}$$

(9) 向量化函数 $\mathrm{vec}(\boldsymbol{X})$ 的微分矩阵等于 $\boldsymbol{X}$ 的微分矩阵的向量化函数，即

$$\mathrm{d}(\mathrm{vec}(\boldsymbol{X}))=\mathrm{vec}(\mathrm{d}\boldsymbol{X})\tag{7.2.5}$$

(10) 矩阵对数的微分矩阵为

$$\mathrm{d}\log\boldsymbol{X}=\boldsymbol{X}^{-1}\mathrm{d}\boldsymbol{X}\tag{7.2.6}$$

(11) 逆矩阵的微分矩阵为

$$\mathrm{d}(\boldsymbol{X}^{-1}) = -\boldsymbol{X}^{-1}(\mathrm{d}\boldsymbol{X})\boldsymbol{X}^{-1} \tag{7.2.7}$$

(12) Moore-Penrose 逆矩阵的微分矩阵为

$$\begin{aligned}\mathrm{d}(\boldsymbol{X}^{\dagger}) =& -\boldsymbol{X}^{\dagger}(\mathrm{d}\boldsymbol{X})\boldsymbol{X}^{\dagger} + \boldsymbol{X}^{\dagger}(\boldsymbol{X}^{\dagger})^{\mathrm{T}}(\mathrm{d}\boldsymbol{X}^{\mathrm{T}})(\boldsymbol{I} - \boldsymbol{X}\boldsymbol{X}^{\dagger}) \\ &+ (\boldsymbol{I} - \boldsymbol{X}^{\dagger}\boldsymbol{X})(\mathrm{d}\boldsymbol{X}^{\mathrm{T}})(\boldsymbol{X}^{\dagger})^{\mathrm{T}}\boldsymbol{X}^{\dagger}\end{aligned} \tag{7.2.8}$$

$$\mathrm{d}(\boldsymbol{X}^{\dagger}\boldsymbol{X}) = \boldsymbol{X}^{\dagger}(\mathrm{d}\boldsymbol{X})(\boldsymbol{I} - \boldsymbol{X}^{\dagger}\boldsymbol{X}) + \Big(\boldsymbol{X}^{\dagger}(\mathrm{d}\boldsymbol{X})(\boldsymbol{I} - \boldsymbol{X}^{\dagger}\boldsymbol{X})\Big)^{\mathrm{T}} \tag{7.2.9}$$

$$\mathrm{d}(\boldsymbol{X}\boldsymbol{X}^{\dagger}) = (\boldsymbol{I} - \boldsymbol{X}\boldsymbol{X}^{\dagger})(\mathrm{d}\boldsymbol{X})\boldsymbol{X}^{\dagger} + \Big((\boldsymbol{I} - \boldsymbol{X}\boldsymbol{X}^{\dagger})(\mathrm{d}\boldsymbol{X})\boldsymbol{X}^{\dagger}\Big)^{\mathrm{T}} \tag{7.2.10}$$

7.2.2 标量函数的 Jacobian 矩阵辨识

在多变量函数的微积分中，称多变量函数 $f(x_1, x_2, \cdots, x_m)$ 在点 $(x_1, x_2, \cdots, x_m)$ 可微分，若 $f(x_1, x_2, \cdots, x_m)$ 的全改变量可以写作

$$\begin{aligned}\Delta f(x_1, x_2, \cdots, x_m) &= f(x_1 + \Delta x_1, x_2 + \Delta x_2, \cdots, x_m + \Delta x_m) - f(x_1, x_2, \cdots, x_m) \\ &= A_1\Delta x_1 + A_2\Delta x_2 + \cdots + A_m\Delta x_m + O(\Delta x_1, \cdots, \Delta x_m)\end{aligned} \tag{7.2.11}$$

式中，$A_1, A_2, \cdots, A_m$ 分别与 $\Delta x_1, \Delta x_2, \cdots, \Delta x_m$ 无关，而 $O(\Delta x_1, \Delta x_2, \cdots, \Delta x_m)$ 表示偏改变量 $\Delta x_1, \Delta x_2, \cdots, \Delta x_m$ 的二阶及高阶项。忽略二阶及高阶项后，全改变量 $\Delta f(x_1, x_2, \cdots, x_m)$ 的线性主部

$$A_1\Delta x_1 + A_2\Delta x_2 + \cdots + A_m\Delta x_m = \frac{\partial f}{\partial x_1}\mathrm{d}x_1 + \frac{\partial f}{\partial x_2}\mathrm{d}x_2 + \cdots + \frac{\partial f}{\partial x_m}\mathrm{d}x_m$$

称为多变量函数 $f(x_1, x_2, \cdots, x_m)$ 的全微分，记为

$$\mathrm{d}f(x_1, x_2, \cdots, x_m) = \frac{\partial f}{\partial x_1}\mathrm{d}x_1 + \frac{\partial f}{\partial x_2}\mathrm{d}x_2 + \cdots + \frac{\partial f}{\partial x_m}\mathrm{d}x_m \tag{7.2.12}$$

多变量函数 $f(x_1, x_2, \cdots, x_m)$ 在点 $(x_1, x_2, \cdots, x_m)$ 可微分的充分条件是：偏导数 $\frac{\partial f}{\partial x_1}$, $\frac{\partial f}{\partial x_2}, \cdots, \frac{\partial f}{\partial x_m}$ 均存在，并且连续。

一阶实矩阵微分为 Jacobian 矩阵的辨识提供了一种有效的方法。

1. 标量函数 $f(\boldsymbol{x})$ 的 Jacobian 矩阵辨识

考虑标量函数 $f(\boldsymbol{x})$，其变元向量 $\boldsymbol{x} = [x_1, \cdots, x_m]^{\mathrm{T}} \in \mathbb{R}^m$。将变元向量的元素 $x_1, \cdots, x_m$ 视为 m 个变量，利用式 (7.2.12)，可以直接引出以向量为变元的标量函数 $f(\boldsymbol{x})$ 的全微分表达式

$$\mathrm{d}f(\boldsymbol{x}) = \frac{\partial f(\boldsymbol{x})}{\partial x_1}\mathrm{d}x_1 + \cdots + \frac{\partial f(\boldsymbol{x})}{\partial x_m}\mathrm{d}x_m = \left[\frac{\partial f(\boldsymbol{x})}{\partial x_1}, \cdots, \frac{\partial f(\boldsymbol{x})}{\partial x_m}\right]\begin{bmatrix}\mathrm{d}x_1 \\ \vdots \\ \mathrm{d}x_m\end{bmatrix} \tag{7.2.13}$$

或简记为

$$\mathrm{d}f(\boldsymbol{x})=\frac{\partial f(\boldsymbol{x})}{\partial \boldsymbol{x}^{\mathrm{T}}}\mathrm{d}\boldsymbol{x}=(\mathrm{d}\boldsymbol{x})^{\mathrm{T}}\frac{\partial f(\boldsymbol{x})}{\partial \boldsymbol{x}} \tag{7.2.14}$$

式中

$$\frac{\partial f(\boldsymbol{x})}{\partial \boldsymbol{x}^{\mathrm{T}}}=\left[\frac{\partial f(\boldsymbol{x})}{\partial x_1},\frac{\partial f(\boldsymbol{x})}{\partial x_2},\cdots,\frac{\partial f(\boldsymbol{x})}{\partial x_m}\right] \tag{7.2.15}$$

$$\mathrm{d}\boldsymbol{x}=[\mathrm{d}x_1,\mathrm{d}x_2,\cdots,\mathrm{d}x_m]^{\mathrm{T}} \tag{7.2.16}$$

式 (7.2.14) 称为微分法则的向量形式，它启示了一个重要的应用：若令 $\boldsymbol{A}=\frac{\partial f(\boldsymbol{x})}{\partial \boldsymbol{x}^{\mathrm{T}}}$，则一阶微分可以写作迹函数形式

$$\mathrm{d}f(\boldsymbol{x})=\frac{\partial f(\boldsymbol{x})}{\partial \boldsymbol{x}^{\mathrm{T}}}\mathrm{d}\boldsymbol{x}=\mathrm{tr}(\boldsymbol{A}\mathrm{d}\boldsymbol{x}) \tag{7.2.17}$$

这表明，标量函数 $f(\boldsymbol{x})$ 的 Jacobian 矩阵与微分矩阵之间存在等价关系

$$\mathrm{d}f(\boldsymbol{x})=\mathrm{tr}(\boldsymbol{A}\mathrm{d}\boldsymbol{x})\iff \mathrm{D}_{\boldsymbol{x}}f(\boldsymbol{x})=\frac{\partial f(\boldsymbol{x})}{\partial \boldsymbol{x}^{\mathrm{T}}}=\boldsymbol{A} \tag{7.2.18}$$

换言之，若函数 $f(\boldsymbol{x})$ 的微分可以写作 $\mathrm{d}f(\boldsymbol{x})=\mathrm{tr}(\boldsymbol{A}\mathrm{d}\boldsymbol{x})$，则矩阵 $\boldsymbol{A}$ 就是函数 $f(\boldsymbol{x})$ 关于其变元向量 $\boldsymbol{x}$ 的 Jacobian 矩阵。

2. 标量函数 $f(\boldsymbol{X})$ 的 Jacobian 矩阵辨识

进一步考察标量函数 $f(\boldsymbol{X})$，其变元为 $m\times n$ 实矩阵 $\boldsymbol{X}=[\boldsymbol{x}_1,\boldsymbol{x}_2,\cdots,\boldsymbol{x}_n]\in\mathbb{R}^{m\times n}$。记 $\boldsymbol{x}_j=[x_{1j},x_{2j},\cdots,x_{mj}]^{\mathrm{T}},j=1,2,\cdots,n$，则由标量函数 $f(\boldsymbol{x})$ 的全微分公式 (7.2.13) 易知，实值矩阵作变元的标量函数 $f(\boldsymbol{X})$ 的全微分为

$$\begin{aligned}\mathrm{d}f(\boldsymbol{X})&=\frac{\partial f(\boldsymbol{X})}{\partial \boldsymbol{x}_1}\mathrm{d}\boldsymbol{x}_1+\cdots+\frac{\partial f(\boldsymbol{X})}{\partial \boldsymbol{x}_n}\mathrm{d}\boldsymbol{x}_n\\&=\left[\frac{\partial f(\boldsymbol{X})}{\partial x_{11}},\cdots,\frac{\partial f(\boldsymbol{X})}{\partial x_{m1}}\right]\begin{bmatrix}\mathrm{d}x_{11}\\\vdots\\\mathrm{d}x_{m1}\end{bmatrix}+\cdots+\left[\frac{\partial f(\boldsymbol{X})}{\partial x_{1n}},\cdots,\frac{\partial f(\boldsymbol{X})}{\partial x_{mn}}\right]\begin{bmatrix}\mathrm{d}x_{1n}\\\vdots\\\mathrm{d}x_{mn}\end{bmatrix}\\&=\left[\frac{\partial f(\boldsymbol{X})}{\partial x_{11}},\cdots,\frac{\partial f(\boldsymbol{X})}{\partial x_{m1}},\cdots,\frac{\partial f(\boldsymbol{X})}{\partial x_{1n}},\cdots,\frac{\partial f(\boldsymbol{X})}{\partial x_{mn}}\right]\begin{bmatrix}\mathrm{d}x_{11}\\\vdots\\\mathrm{d}x_{m1}\\\vdots\\\mathrm{d}x_{1n}\\\vdots\\\mathrm{d}x_{mn}\end{bmatrix}\\&=\frac{\partial f(\boldsymbol{X})}{\partial \mathrm{vec}^{\mathrm{T}}(\boldsymbol{X})}\mathrm{d}(\mathrm{vec}\boldsymbol{X})=\mathrm{D}_{\mathrm{vec}\boldsymbol{X}}f(\boldsymbol{X})\mathrm{d}(\mathrm{vec}\boldsymbol{X})\end{aligned} \tag{7.2.19}$$

利用行向量偏导与 Jacobian 矩阵的关系 $\mathrm{D}_{\mathrm{vec}\boldsymbol{X}}f(\boldsymbol{X})=\left(\mathrm{vec}(\mathrm{D}_{\boldsymbol{X}}^{\mathrm{T}}f(\boldsymbol{X}))\right)^{\mathrm{T}}$，式 (7.2.19)

可以改写为

$$\mathrm{d}f(\boldsymbol{X}) = (\mathrm{vec}(\boldsymbol{A}^{\mathrm{T}}))^{\mathrm{T}}\mathrm{d}(\mathrm{vec}\boldsymbol{X}) \tag{7.2.20}$$

式中

$$\boldsymbol{A} = \mathrm{D}_{\boldsymbol{X}} f(\boldsymbol{X}) = \frac{\partial f(\boldsymbol{X})}{\partial \boldsymbol{X}^{\mathrm{T}}} = \begin{bmatrix} \dfrac{\partial f(\boldsymbol{X})}{\partial x_{11}} & \cdots & \dfrac{\partial f(\boldsymbol{X})}{\partial x_{m1}} \\ \vdots & \ddots & \vdots \\ \dfrac{\partial f(\boldsymbol{X})}{\partial x_{1n}} & \cdots & \dfrac{\partial f(\boldsymbol{X})}{\partial x_{mn}} \end{bmatrix} \tag{7.2.21}$$

是标量函数 $f(\boldsymbol{X})$ 的 Jacobian 矩阵。

利用向量化算子 vec 与迹函数之间的关系式 $\mathrm{tr}(\boldsymbol{B}^{\mathrm{T}}\boldsymbol{C}) = (\mathrm{vec}(\boldsymbol{B}))^{\mathrm{T}}\mathrm{vec}(\boldsymbol{C})$，令 $\boldsymbol{B} = \boldsymbol{A}^{\mathrm{T}}$ 和 $\boldsymbol{C} = \mathrm{d}\boldsymbol{X}$，则式 (7.2.20) 可以用迹函数表示为

$$\mathrm{d}f(\boldsymbol{X}) = \mathrm{tr}(\boldsymbol{A}\mathrm{d}\boldsymbol{X}) \tag{7.2.22}$$

综合以上讨论，有下面的命题。

命题 7.2.1 若矩阵的标量函数 $f(\boldsymbol{X})$ 在 $m \times n$ 矩阵点 $\boldsymbol{X}$ 可微分，则 Jacobian 矩阵可以直接辨识为

$$\mathrm{d}f(\boldsymbol{x}) = \mathrm{tr}(\boldsymbol{A}\mathrm{d}\boldsymbol{x}) \iff \mathrm{D}_{\boldsymbol{x}} f(\boldsymbol{x}) = \boldsymbol{A} \tag{7.2.23}$$

$$\mathrm{d}f(\boldsymbol{X}) = \mathrm{tr}(\boldsymbol{A}\mathrm{d}\boldsymbol{X}) \iff \mathrm{D}_{\boldsymbol{X}} f(\boldsymbol{X}) = \boldsymbol{A} \tag{7.2.24}$$

命题 7.2.1 启示了利用矩阵微分直接辨识标量函数 $f(\boldsymbol{X})$ 的 Jacobian 矩阵 $\mathrm{D}_{\boldsymbol{X}} f(\boldsymbol{X})$ 的有效方法：

(1) 求实值函数 $f(\boldsymbol{X})$ 相对于变元矩阵 $\boldsymbol{X}$ 的矩阵微分 $\mathrm{d}f(\boldsymbol{X})$，并将其表示成规范形式 $\mathrm{d}f(\boldsymbol{X}) = \mathrm{tr}(\boldsymbol{A}\mathrm{d}\boldsymbol{X})$；

(2) 实值函数 $f(\boldsymbol{X})$ 相对于 $m \times n$ 变元矩阵 $\boldsymbol{X}$ 的 Jacobian 矩阵由 $\boldsymbol{A}$ 直接给出。

业已证明[72]，Jacobian 矩阵 $\boldsymbol{A}$ 是唯一确定的：若存在 $\boldsymbol{A}_1$ 和 $\boldsymbol{A}_2$ 满足 $\mathrm{d}f(\boldsymbol{X}) = \boldsymbol{A}_i\mathrm{d}\boldsymbol{X}, i = 1, 2$，则 $\boldsymbol{A}_1 = \boldsymbol{A}_2$。

由于标量函数 $f(\boldsymbol{X})$ 相对于 $m \times n$ 矩阵变元 $\boldsymbol{X}$ 的 Jacobian 矩阵和梯度矩阵之间存在转置关系，所以命题 7.2.1 也意味着

$$\mathrm{d}f(\boldsymbol{X}) = \mathrm{tr}(\boldsymbol{A}\mathrm{d}\boldsymbol{X}) \iff \nabla_{\boldsymbol{X}} f(\boldsymbol{X}) = \boldsymbol{A}^{\mathrm{T}} \tag{7.2.25}$$

由于 Jacobian 矩阵 $\boldsymbol{A}$ 是唯一确定的，故梯度矩阵也是唯一确定的。

考察二次型函数 $f(\boldsymbol{x}) = \boldsymbol{x}^{\mathrm{T}}\boldsymbol{A}\boldsymbol{x}$，其中 $\boldsymbol{A}$ 是一个正方的常数矩阵。首先将标量函数写成迹函数形式，然后利用矩阵乘积的微分易得

$$\begin{aligned}\mathrm{d}f(\boldsymbol{x}) &= \mathrm{d}(\mathrm{tr}(\boldsymbol{x}^{\mathrm{T}}\boldsymbol{A}\boldsymbol{x})) = \mathrm{tr}[(\mathrm{d}\boldsymbol{x})^{\mathrm{T}}\boldsymbol{A}\boldsymbol{x} + \boldsymbol{x}^{\mathrm{T}}\boldsymbol{A}\mathrm{d}\boldsymbol{x}] \\ &= \mathrm{tr}\left([\mathrm{d}\boldsymbol{x}^{\mathrm{T}}\boldsymbol{A}\boldsymbol{x}]^{\mathrm{T}} + \boldsymbol{x}^{\mathrm{T}}\boldsymbol{A}\mathrm{d}\boldsymbol{x}\right) = \mathrm{tr}(\boldsymbol{x}^{\mathrm{T}}\boldsymbol{A}^{\mathrm{T}}\mathrm{d}\boldsymbol{x} + \boldsymbol{x}^{\mathrm{T}}\boldsymbol{A}\mathrm{d}\boldsymbol{x}) \\ &= \mathrm{tr}(\boldsymbol{x}^{\mathrm{T}}(\boldsymbol{A} + \boldsymbol{A}^{\mathrm{T}})\mathrm{d}\boldsymbol{x})\end{aligned}$$

由命题 7.2.1 直接得二次型函数 $f(\boldsymbol{x})=\boldsymbol{x}^{\mathrm{T}}\boldsymbol{A}\boldsymbol{x}$ 关于变元向量 $\boldsymbol{x}$ 的梯度向量为

$$\nabla_{\boldsymbol{x}}(\boldsymbol{x}^{\mathrm{T}}\boldsymbol{A}\boldsymbol{x})=\frac{\partial \boldsymbol{x}^{\mathrm{T}}\boldsymbol{A}\boldsymbol{x}}{\partial \boldsymbol{x}}=\left[\boldsymbol{x}^{\mathrm{T}}(\boldsymbol{A}+\boldsymbol{A}^{\mathrm{T}})\right]^{\mathrm{T}}=(\boldsymbol{A}^{\mathrm{T}}+\boldsymbol{A})\boldsymbol{x} \tag{7.2.26}$$

显然，若 $\boldsymbol{A}$ 为对称矩阵，则 $\nabla_{\boldsymbol{x}}(\boldsymbol{x}^{\mathrm{T}}\boldsymbol{A}\boldsymbol{x})=\dfrac{\partial \boldsymbol{x}^{\mathrm{T}}\boldsymbol{A}\boldsymbol{x}}{\partial \boldsymbol{x}}=2\boldsymbol{A}\boldsymbol{x}$。

3. 矩阵的标量函数：迹

对于 $\mathrm{tr}(\boldsymbol{X}^{\mathrm{T}}\boldsymbol{X})$，注意到 $\mathrm{tr}(\boldsymbol{A}^{\mathrm{T}}\boldsymbol{B})=\mathrm{tr}(\boldsymbol{B}^{\mathrm{T}}\boldsymbol{A})$，有

$$\begin{aligned}\mathrm{d}\,\mathrm{tr}(\boldsymbol{X}^{\mathrm{T}}\boldsymbol{X})&=\mathrm{tr}\left(\mathrm{d}(\boldsymbol{X}^{\mathrm{T}}\boldsymbol{X})\right)=\mathrm{tr}\left((\mathrm{d}\boldsymbol{X})^{\mathrm{T}}\boldsymbol{X}+\boldsymbol{X}^{\mathrm{T}}\mathrm{d}\boldsymbol{X}\right)\\&=\mathrm{tr}\left((\mathrm{d}\boldsymbol{X})^{\mathrm{T}}\boldsymbol{X}\right)+\mathrm{tr}(\boldsymbol{X}^{\mathrm{T}}\mathrm{d}\boldsymbol{X})\\&=\mathrm{tr}\left(2\boldsymbol{X}^{\mathrm{T}}\mathrm{d}\boldsymbol{X}\right)\end{aligned}$$

故由命题 7.2.1 直接得 $\mathrm{tr}(\boldsymbol{X}^{\mathrm{T}}\boldsymbol{X})$ 关于 $\boldsymbol{X}$ 的梯度矩阵为

$$\frac{\partial \mathrm{tr}(\boldsymbol{X}^{\mathrm{T}}\boldsymbol{X})}{\partial \boldsymbol{X}}=(2\boldsymbol{X}^{\mathrm{T}})^{\mathrm{T}}=2\boldsymbol{X} \tag{7.2.27}$$

考虑三个矩阵乘积的迹函数 $\mathrm{tr}(\boldsymbol{X}^{\mathrm{T}}\boldsymbol{A}\boldsymbol{X})$，其微分

$$\begin{aligned}\mathrm{d}\,\mathrm{tr}(\boldsymbol{X}^{\mathrm{T}}\boldsymbol{A}\boldsymbol{X})&=\mathrm{tr}\left(\mathrm{d}(\boldsymbol{X}^{\mathrm{T}}\boldsymbol{A}\boldsymbol{X})\right)\\&=\mathrm{tr}\left((\mathrm{d}\boldsymbol{X})^{\mathrm{T}}\boldsymbol{A}\boldsymbol{X}+\boldsymbol{X}^{\mathrm{T}}\boldsymbol{A}\mathrm{d}\boldsymbol{X}\right)\\&=\mathrm{tr}\left((\mathrm{d}\boldsymbol{X})^{\mathrm{T}}\boldsymbol{A}\boldsymbol{X}\right)+\mathrm{tr}(\boldsymbol{X}^{\mathrm{T}}\boldsymbol{A}\mathrm{d}\boldsymbol{X})\\&=\mathrm{tr}\left((\boldsymbol{A}\boldsymbol{X})^{\mathrm{T}}\mathrm{d}\boldsymbol{X}\right)+\mathrm{tr}(\boldsymbol{X}^{\mathrm{T}}\boldsymbol{A}\mathrm{d}\boldsymbol{X})\\&=\mathrm{tr}\left(\boldsymbol{X}^{\mathrm{T}}(\boldsymbol{A}^{\mathrm{T}}+\boldsymbol{A})\mathrm{d}\boldsymbol{X}\right)\end{aligned}$$

从而得梯度矩阵

$$\frac{\partial \mathrm{tr}(\boldsymbol{X}^{\mathrm{T}}\boldsymbol{A}\boldsymbol{X})}{\partial \boldsymbol{X}}=\left[\boldsymbol{X}^{\mathrm{T}}(\boldsymbol{A}^{\mathrm{T}}+\boldsymbol{A})\right]^{\mathrm{T}}=(\boldsymbol{A}+\boldsymbol{A}^{\mathrm{T}})\boldsymbol{X} \tag{7.2.28}$$

再看一个包含了逆矩阵的迹函数 $\mathrm{tr}(\boldsymbol{A}\boldsymbol{X}^{-1})$。计算得

$$\begin{aligned}\mathrm{d}\,\mathrm{tr}(\boldsymbol{A}\boldsymbol{X}^{-1})&=\mathrm{tr}\left[\mathrm{d}(\boldsymbol{A}\boldsymbol{X}^{-1})\right]=\mathrm{tr}\left[\boldsymbol{A}\mathrm{d}\boldsymbol{X}^{-1}\right]\\&=-\mathrm{tr}\left[\boldsymbol{A}\boldsymbol{X}^{-1}(\mathrm{d}\boldsymbol{X})\boldsymbol{X}^{-1}\right]=-\mathrm{tr}\left(\boldsymbol{X}^{-1}\boldsymbol{A}\boldsymbol{X}^{-1}\mathrm{d}\boldsymbol{X}\right)\end{aligned}$$

由此得梯度矩阵

$$\frac{\partial \mathrm{tr}(\boldsymbol{A}\boldsymbol{X}^{-1})}{\partial \boldsymbol{X}}=-(\boldsymbol{X}^{-1}\boldsymbol{A}\boldsymbol{X}^{-1})^{\mathrm{T}} \tag{7.2.29}$$

对于四个矩阵乘积的迹函数 $\mathrm{tr}(\boldsymbol{X}\boldsymbol{A}\boldsymbol{X}\boldsymbol{B})$，其微分矩阵

$$\begin{aligned}\mathrm{d}\,\mathrm{tr}(\boldsymbol{X}\boldsymbol{A}\boldsymbol{X}\boldsymbol{B})&=\mathrm{tr}[\mathrm{d}(\boldsymbol{X}\boldsymbol{A}\boldsymbol{X}\boldsymbol{B})]\\&=\mathrm{tr}[(\mathrm{d}\boldsymbol{X})\boldsymbol{A}\boldsymbol{X}\boldsymbol{B}+\boldsymbol{X}\boldsymbol{A}(\mathrm{d}\boldsymbol{X})\boldsymbol{B}]\\&=\mathrm{tr}[(\boldsymbol{A}\boldsymbol{X}\boldsymbol{B}+\boldsymbol{B}\boldsymbol{X}\boldsymbol{A})\mathrm{d}\boldsymbol{X}]\end{aligned}$$

由此得梯度矩阵

$$\frac{\partial \mathrm{tr}(\boldsymbol{XAXB})}{\partial \boldsymbol{X}} = (\boldsymbol{AXB} + \boldsymbol{BXA})^{\mathrm{T}} \tag{7.2.30}$$

以上举例可以总结出应用命题 7.2.1 的要点如下：

(1) 标量函数 $f(\boldsymbol{X})$ 总可以写成迹函数的形式，因为 $f(\boldsymbol{X}) = \mathrm{tr}(f(\boldsymbol{X}))$；

(2) 无论 $\mathrm{d}\boldsymbol{X}$ 出现在迹函数内的任何位置，总可以通过迹函数的性质 $\mathrm{tr}[\boldsymbol{A}(\mathrm{d}\boldsymbol{X})\boldsymbol{B}] = \mathrm{tr}(\boldsymbol{BA}\mathrm{d}\boldsymbol{X})$，将 $\mathrm{d}\boldsymbol{X}$ 写到迹函数变量的最右端，从而得到迹函数微分矩阵的规范形式。

(3) 对于 $(\mathrm{d}\boldsymbol{X})^{\mathrm{T}}$，总可以通过迹函数的性质 $\mathrm{tr}[\boldsymbol{A}(\mathrm{d}\boldsymbol{X})^{\mathrm{T}}\boldsymbol{B}] = \mathrm{tr}(\boldsymbol{A}^{\mathrm{T}}\boldsymbol{B}^{\mathrm{T}}\mathrm{d}\boldsymbol{X})$，写成迹函数微分矩阵的规范形式。

表 7.2.1 汇总了几种典型的迹函数的微分矩阵与梯度矩阵的对应关系。

表 7.2.1 几种迹函数的微分矩阵与 Jacobian 矩阵 [72]

迹函数 $f(\boldsymbol{X})$	微分矩阵 $\mathrm{d}f(\boldsymbol{X})$	Jacobian 矩阵 $\partial f(\boldsymbol{X})/\partial \boldsymbol{X}^{\mathrm{T}}$
$\mathrm{tr}(\boldsymbol{X})$	$\mathrm{tr}(\boldsymbol{I}\mathrm{d}\boldsymbol{X})$	$\boldsymbol{I}$
$\mathrm{tr}(\boldsymbol{X}^{-1})$	$-\mathrm{tr}(\boldsymbol{X}^{-2}\mathrm{d}\boldsymbol{X})$	$-\boldsymbol{X}^{-2}$
$\mathrm{tr}(\boldsymbol{AX})$	$\mathrm{tr}(\boldsymbol{A}\mathrm{d}\boldsymbol{X})$	$\boldsymbol{A}$
$\mathrm{tr}(\boldsymbol{X}^2)$	$2\mathrm{tr}(\boldsymbol{X}\mathrm{d}\boldsymbol{X})$	$2\boldsymbol{X}$
$\mathrm{tr}(\boldsymbol{X}^{\mathrm{T}}\boldsymbol{X})$	$2\mathrm{tr}(\boldsymbol{X}^{\mathrm{T}}\mathrm{d}\boldsymbol{X})$	$2\boldsymbol{X}^{\mathrm{T}}$
$\mathrm{tr}(\boldsymbol{X}^{\mathrm{T}}\boldsymbol{AX})$	$\mathrm{tr}\left[\boldsymbol{X}^{\mathrm{T}}(\boldsymbol{A}+\boldsymbol{A}^{\mathrm{T}})\mathrm{d}\boldsymbol{X}\right]$	$\boldsymbol{X}^{\mathrm{T}}(\boldsymbol{A}+\boldsymbol{A}^{\mathrm{T}})$
$\mathrm{tr}(\boldsymbol{XAX}^{\mathrm{T}})$	$\mathrm{tr}\left[(\boldsymbol{A}+\boldsymbol{A}^{\mathrm{T}})\boldsymbol{X}^{\mathrm{T}}\mathrm{d}\boldsymbol{X}\right]$	$(\boldsymbol{A}+\boldsymbol{A}^{\mathrm{T}})\boldsymbol{X}^{\mathrm{T}}$
$\mathrm{tr}(\boldsymbol{XAX})$	$\mathrm{tr}\left[(\boldsymbol{AX}+\boldsymbol{XA})\mathrm{d}\boldsymbol{X}\right]$	$\boldsymbol{AX}+\boldsymbol{XA}$
$\mathrm{tr}(\boldsymbol{AX}^{-1})$	$-\mathrm{tr}\left(\boldsymbol{X}^{-1}\boldsymbol{AX}^{-1}\mathrm{d}\boldsymbol{X}\right)$	$-\boldsymbol{X}^{-1}\boldsymbol{AX}^{-1}$
$\mathrm{tr}(\boldsymbol{AX}^{-1}\boldsymbol{B})$	$-\mathrm{tr}\left(\boldsymbol{X}^{-1}\boldsymbol{BAX}^{-1}\mathrm{d}\boldsymbol{X}\right)$	$-\boldsymbol{X}^{-1}\boldsymbol{BAX}^{-1}$
$\mathrm{tr}\left[(\boldsymbol{X}+\boldsymbol{A})^{-1}\right]$	$-\mathrm{tr}\left[(\boldsymbol{X}+\boldsymbol{A})^{-2}\mathrm{d}\boldsymbol{X}\right]$	$-(\boldsymbol{X}+\boldsymbol{A})^{-2}$
$\mathrm{tr}(\boldsymbol{XAXB})$	$\mathrm{tr}\left[(\boldsymbol{AXB}+\boldsymbol{BXA})\mathrm{d}\boldsymbol{X}\right]$	$\boldsymbol{AXB}+\boldsymbol{BXA}$
$\mathrm{tr}(\boldsymbol{XAX}^{\mathrm{T}}\boldsymbol{B})$	$\mathrm{tr}\left[(\boldsymbol{AX}^{\mathrm{T}}\boldsymbol{B}+\boldsymbol{A}^{\mathrm{T}}\boldsymbol{X}^{\mathrm{T}}\boldsymbol{B}^{\mathrm{T}})\mathrm{d}\boldsymbol{X}\right]$	$\boldsymbol{AX}^{\mathrm{T}}\boldsymbol{B}+\boldsymbol{A}^{\mathrm{T}}\boldsymbol{X}^{\mathrm{T}}\boldsymbol{B}^{\mathrm{T}}$
$\mathrm{tr}(\boldsymbol{AXX}^{\mathrm{T}}\boldsymbol{B})$	$\mathrm{tr}\left[\boldsymbol{X}^{\mathrm{T}}(\boldsymbol{BA}+\boldsymbol{A}^{\mathrm{T}}\boldsymbol{B}^{\mathrm{T}})\mathrm{d}\boldsymbol{X}\right]$	$\boldsymbol{X}^{\mathrm{T}}(\boldsymbol{BA}+\boldsymbol{A}^{\mathrm{T}}\boldsymbol{B}^{\mathrm{T}})$
$\mathrm{tr}(\boldsymbol{AX}^{\mathrm{T}}\boldsymbol{XB})$	$\mathrm{tr}\left[(\boldsymbol{BA}+\boldsymbol{A}^{\mathrm{T}}\boldsymbol{B}^{\mathrm{T}})\boldsymbol{X}^{\mathrm{T}}\mathrm{d}\boldsymbol{X}\right]$	$(\boldsymbol{BA}+\boldsymbol{A}^{\mathrm{T}}\boldsymbol{B}^{\mathrm{T}})\boldsymbol{X}^{\mathrm{T}}$

表中，$\boldsymbol{A}^{-2} = \boldsymbol{A}^{-1}\boldsymbol{A}^{-1}$。

4. 矩阵的标量函数: 行列式

由矩阵微分 $\mathrm{d}|\boldsymbol{X}| = |\boldsymbol{X}|\mathrm{tr}(\boldsymbol{X}^{-1}\mathrm{d}\boldsymbol{X})$ 和命题 7.2.1，立即得行列式的梯度矩阵为

$$\frac{\partial|\boldsymbol{X}|}{\partial \boldsymbol{X}}=|\boldsymbol{X}|(\boldsymbol{X}^{-1})^{\mathrm{T}}=|\boldsymbol{X}|\boldsymbol{X}^{-\mathrm{T}} \tag{7.2.31}$$

又如，考虑行列式的对数 $\log|\boldsymbol{X}|$，其矩阵微分为

$$\mathrm{d}\log|\boldsymbol{X}|=|\boldsymbol{X}|^{-1}\mathrm{d}|\boldsymbol{X}|=|\boldsymbol{X}|^{-1}\mathrm{tr}(|\boldsymbol{X}|\boldsymbol{X}^{-1}\mathrm{d}\boldsymbol{X})=\mathrm{tr}(\boldsymbol{X}^{-1}\mathrm{d}\boldsymbol{X}) \tag{7.2.32}$$

故行列式对数函数 $\log|\boldsymbol{X}|$ 的梯度矩阵为

$$\frac{\partial \log|\boldsymbol{X}|}{\partial \boldsymbol{X}}=\boldsymbol{X}^{-\mathrm{T}} \tag{7.2.33}$$

考虑 $\boldsymbol{X}^2$ 的行列式。由矩阵函数 $\boldsymbol{U}=\boldsymbol{F}(\boldsymbol{X})$ 的行列式的微分 $\mathrm{d}|\boldsymbol{U}|=|\boldsymbol{U}|\mathrm{tr}(\boldsymbol{U}^{-1}\mathrm{d}\boldsymbol{X})$ 知，$\mathrm{d}|\boldsymbol{X}^2|=\mathrm{d}|\boldsymbol{X}|^2=2|\boldsymbol{X}|\mathrm{d}|\boldsymbol{X}|=2|\boldsymbol{X}|^2\mathrm{tr}\left(\boldsymbol{X}^{-1}\mathrm{d}\boldsymbol{X}\right)$。应用命题 7.2.1，立即得

$$\frac{\partial|\boldsymbol{X}|^2}{\partial \boldsymbol{X}}=2|\boldsymbol{X}|^2(\boldsymbol{X}^{-1})^{\mathrm{T}}=2|\boldsymbol{X}|^2\boldsymbol{X}^{-\mathrm{T}} \tag{7.2.34}$$

更一般地，$|\boldsymbol{X}^k|$ 的矩阵微分为

$$\mathrm{d}|\boldsymbol{X}^k|=|\boldsymbol{X}^k|\mathrm{tr}(\boldsymbol{X}^{-k}\mathrm{d}\boldsymbol{X}^k)=|\boldsymbol{X}^k|\mathrm{tr}(\boldsymbol{X}^{-k}\cdot k\boldsymbol{X}^{k-1}\mathrm{d}\boldsymbol{X})=k|\boldsymbol{X}^k|\mathrm{tr}(\boldsymbol{X}^{-1}\mathrm{d}\boldsymbol{X})$$

由此得梯度矩阵

$$\frac{\partial|\boldsymbol{X}^k|}{\partial \boldsymbol{X}}=k|\boldsymbol{X}^k|\boldsymbol{X}^{-\mathrm{T}} \tag{7.2.35}$$

令 $\boldsymbol{X}\in\mathbb{R}^{m\times n}$，且 $\mathrm{rank}(\boldsymbol{X})=m$ 即 $\boldsymbol{X}\boldsymbol{X}^{\mathrm{T}}$ 可逆，则对于矩阵乘积 $\boldsymbol{X}\boldsymbol{X}^{\mathrm{T}}$ 的行列式，有

$$\begin{aligned}\mathrm{d}|\boldsymbol{X}\boldsymbol{X}^{\mathrm{T}}|&=|\boldsymbol{X}\boldsymbol{X}^{\mathrm{T}}|\mathrm{tr}\left((\boldsymbol{X}\boldsymbol{X}^{\mathrm{T}})^{-1}\mathrm{d}(\boldsymbol{X}\boldsymbol{X}^{\mathrm{T}})\right)\\&=|\boldsymbol{X}\boldsymbol{X}^{\mathrm{T}}|\left[\mathrm{tr}\left((\boldsymbol{X}\boldsymbol{X}^{\mathrm{T}})^{-1}(\mathrm{d}\boldsymbol{X})\boldsymbol{X}^{\mathrm{T}}\right)+\mathrm{tr}\left((\boldsymbol{X}\boldsymbol{X}^{\mathrm{T}})^{-1}\boldsymbol{X}(\mathrm{d}\boldsymbol{X})^{\mathrm{T}}\right)\right]\\&=|\boldsymbol{X}\boldsymbol{X}^{\mathrm{T}}|\left[\mathrm{tr}\left(\boldsymbol{X}^{\mathrm{T}}(\boldsymbol{X}\boldsymbol{X}^{\mathrm{T}})^{-1}\mathrm{d}\boldsymbol{X}\right)+\mathrm{tr}\left(\boldsymbol{X}^{\mathrm{T}}(\boldsymbol{X}\boldsymbol{X}^{\mathrm{T}})^{-1}\mathrm{d}\boldsymbol{X}\right)\right]\\&=\mathrm{tr}\left(2|\boldsymbol{X}\boldsymbol{X}^{\mathrm{T}}|\boldsymbol{X}^{\mathrm{T}}(\boldsymbol{X}\boldsymbol{X}^{\mathrm{T}})^{-1}\mathrm{d}\boldsymbol{X}\right)\end{aligned}$$

式中，使用了迹的性质公式 $\mathrm{tr}(\boldsymbol{AB})=\mathrm{tr}(\boldsymbol{BA})$ 和 $\mathrm{tr}(\boldsymbol{A}^{\mathrm{T}}\boldsymbol{B})=\mathrm{tr}(\boldsymbol{B}^{\mathrm{T}}\boldsymbol{A})$。由命题 7.2.1 立即得梯度矩阵

$$\frac{\partial|\boldsymbol{X}\boldsymbol{X}^{\mathrm{T}}|}{\partial \boldsymbol{X}}=2|\boldsymbol{X}\boldsymbol{X}^{\mathrm{T}}|(\boldsymbol{X}\boldsymbol{X}^{\mathrm{T}})^{-1}\boldsymbol{X} \tag{7.2.36}$$

类似地，令 $\boldsymbol{X}\in\mathbb{R}^{m\times n}$。若 $\mathrm{rank}(\boldsymbol{X})=n$ 即 $\boldsymbol{X}^{\mathrm{T}}\boldsymbol{X}$ 可逆，则有

$$\mathrm{d}|\boldsymbol{X}^{\mathrm{T}}\boldsymbol{X}|=\mathrm{tr}\left(2|\boldsymbol{X}^{\mathrm{T}}\boldsymbol{X}|(\boldsymbol{X}^{\mathrm{T}}\boldsymbol{X})^{-1}\boldsymbol{X}^{\mathrm{T}}\mathrm{d}\boldsymbol{X}\right) \tag{7.2.37}$$

由此得

$$\frac{\partial|\boldsymbol{X}^{\mathrm{T}}\boldsymbol{X}|}{\partial \boldsymbol{X}}=2|\boldsymbol{X}^{\mathrm{T}}\boldsymbol{X}|\boldsymbol{X}(\boldsymbol{X}^{\mathrm{T}}\boldsymbol{X})^{-1} \tag{7.2.38}$$

对于对数函数 $\log|\boldsymbol{X}^{\mathrm{T}}\boldsymbol{X}|$，矩阵微分为

$$\mathrm{d}\log|\boldsymbol{X}^{\mathrm{T}}\boldsymbol{X}|=|\boldsymbol{X}^{\mathrm{T}}\boldsymbol{X}|^{-1}\mathrm{d}|\boldsymbol{X}^{\mathrm{T}}\boldsymbol{X}|=2\mathrm{tr}\left((\boldsymbol{X}^{\mathrm{T}}\boldsymbol{X})^{-1}\boldsymbol{X}^{\mathrm{T}}\mathrm{d}\boldsymbol{X}\right) \tag{7.2.39}$$

故有

$$\frac{\partial \log|\boldsymbol{X}^{\mathrm{T}}\boldsymbol{X}|}{\partial \boldsymbol{X}} = 2\boldsymbol{X}(\boldsymbol{X}^{\mathrm{T}}\boldsymbol{X})^{-1} \tag{7.2.40}$$

令 $f(\boldsymbol{X}) = |\boldsymbol{X}\boldsymbol{A}\boldsymbol{X}^{\mathrm{T}}|$，则其微分为

$$\begin{aligned}
\mathrm{d}|\boldsymbol{X}\boldsymbol{A}\boldsymbol{X}^{\mathrm{T}}| &= |\boldsymbol{X}\boldsymbol{A}\boldsymbol{X}^{\mathrm{T}}|\mathrm{tr}\left((\boldsymbol{X}\boldsymbol{A}\boldsymbol{X}^{\mathrm{T}})^{-1}\mathrm{d}(\boldsymbol{X}\boldsymbol{A}\boldsymbol{X}^{\mathrm{T}})\right)\\
&= |\boldsymbol{X}\boldsymbol{A}\boldsymbol{X}^{\mathrm{T}}|\left[\mathrm{tr}\left((\boldsymbol{X}\boldsymbol{A}\boldsymbol{X}^{\mathrm{T}})^{-1}(\mathrm{d}\boldsymbol{X})\boldsymbol{A}\boldsymbol{X}^{\mathrm{T}}\right) + \mathrm{tr}\left((\boldsymbol{X}\boldsymbol{A}\boldsymbol{X}^{\mathrm{T}})^{-1}\boldsymbol{X}\boldsymbol{A}(\mathrm{d}\boldsymbol{X})^{\mathrm{T}}\right)\right]\\
&= |\boldsymbol{X}\boldsymbol{A}\boldsymbol{X}^{\mathrm{T}}|\left[\mathrm{tr}\left(\boldsymbol{A}\boldsymbol{X}^{\mathrm{T}}(\boldsymbol{X}\boldsymbol{A}\boldsymbol{X}^{\mathrm{T}})^{-1}\mathrm{d}\boldsymbol{X}\right) + \mathrm{tr}\left((\boldsymbol{X}\boldsymbol{A})^{\mathrm{T}}(\boldsymbol{X}\boldsymbol{A}^{\mathrm{T}}\boldsymbol{X}^{\mathrm{T}})^{-1}\mathrm{d}\boldsymbol{X}\right)\right]\\
&= |\boldsymbol{X}\boldsymbol{A}\boldsymbol{X}^{\mathrm{T}}|\,\mathrm{tr}\left([\boldsymbol{A}\boldsymbol{X}^{\mathrm{T}}(\boldsymbol{X}\boldsymbol{A}\boldsymbol{X}^{\mathrm{T}})^{-1} + (\boldsymbol{X}\boldsymbol{A})^{\mathrm{T}}(\boldsymbol{X}\boldsymbol{A}^{\mathrm{T}}\boldsymbol{X}^{\mathrm{T}})^{-1}]\mathrm{d}\boldsymbol{X}\right)
\end{aligned}$$

于是，命题 7.2.1 给出梯度

$$\begin{aligned}
\frac{\partial|\boldsymbol{X}\boldsymbol{A}\boldsymbol{X}^{\mathrm{T}}|}{\partial \boldsymbol{X}} &= |\boldsymbol{X}\boldsymbol{A}\boldsymbol{X}^{\mathrm{T}}|\left[(\boldsymbol{X}\boldsymbol{A}^{\mathrm{T}}\boldsymbol{X}^{\mathrm{T}})^{-1}\boldsymbol{X}\boldsymbol{A}^{\mathrm{T}} + (\boldsymbol{X}\boldsymbol{A}\boldsymbol{X}^{\mathrm{T}})^{-1}\boldsymbol{X}\boldsymbol{A}\right]\\
&= 2|\boldsymbol{X}\boldsymbol{A}\boldsymbol{X}^{\mathrm{T}}|(\boldsymbol{X}\boldsymbol{A}\boldsymbol{X}^{\mathrm{T}})^{-1}\boldsymbol{X}\boldsymbol{A}, \quad \text{若 } \boldsymbol{A} \text{ 为对称矩阵}
\end{aligned} \tag{7.2.41}$$

类似地，行列式 $|\boldsymbol{X}^{\mathrm{T}}\boldsymbol{A}\boldsymbol{X}|$ 的梯度为

$$\frac{\partial|\boldsymbol{X}^{\mathrm{T}}\boldsymbol{A}\boldsymbol{X}|}{\partial \boldsymbol{X}} = |\boldsymbol{X}^{\mathrm{T}}\boldsymbol{A}\boldsymbol{X}|[\boldsymbol{A}\boldsymbol{X}(\boldsymbol{X}^{\mathrm{T}}\boldsymbol{A}\boldsymbol{X})^{-1} + \boldsymbol{A}^{\mathrm{T}}\boldsymbol{X}(\boldsymbol{X}^{\mathrm{T}}\boldsymbol{A}^{\mathrm{T}}\boldsymbol{X})^{-1}] \tag{7.2.42}$$

表 7.2.2 汇总了一些典型的行列式函数的微分矩阵与梯度矩阵的对应关系。

表 7.2.2 几种行列式函数的实微分矩阵与 Jacobian 矩阵

行列式 $f(\boldsymbol{X})$	实微分矩阵 $\mathrm{d}f(\boldsymbol{X})$	Jacobian 矩阵 $\partial f(\boldsymbol{X})/\partial\boldsymbol{X}$
$\|\boldsymbol{X}\|$	$\|\boldsymbol{X}\|\,\mathrm{tr}(\boldsymbol{X}^{-1}\mathrm{d}\boldsymbol{X})$	$\|\boldsymbol{X}\|\boldsymbol{X}^{-1}$
$\log\|\boldsymbol{X}\|$	$\mathrm{tr}(\boldsymbol{X}^{-1}\mathrm{d}\boldsymbol{X})$	$\boldsymbol{X}^{-1}$
$\|\boldsymbol{X}^{-1}\|$	$-\|\boldsymbol{X}^{-1}\|\mathrm{tr}(\boldsymbol{X}^{-1}\mathrm{d}\boldsymbol{X})$	$-\|\boldsymbol{X}^{-1}\|\boldsymbol{X}^{-1}$
$\|\boldsymbol{X}^2\|$	$2\|\boldsymbol{X}\|^2\mathrm{tr}\left(\boldsymbol{X}^{-1}\mathrm{d}\boldsymbol{X}\right)$	$2\|\boldsymbol{X}\|^2\boldsymbol{X}^{-1}$
$\|\boldsymbol{X}^k\|$	$k\|\boldsymbol{X}\|^k\mathrm{tr}(\boldsymbol{X}^{-1}\mathrm{d}\boldsymbol{X})$	$k\|\boldsymbol{X}\|^k\boldsymbol{X}^{-1}$
$\|\boldsymbol{X}\boldsymbol{X}^{\mathrm{T}}\|$	$2\|\boldsymbol{X}\boldsymbol{X}^{\mathrm{T}}\|\,\mathrm{tr}\left(\boldsymbol{X}^{\mathrm{T}}(\boldsymbol{X}\boldsymbol{X}^{\mathrm{T}})^{-1}\mathrm{d}\boldsymbol{X}\right)$	$2\|\boldsymbol{X}\boldsymbol{X}^{\mathrm{T}}\|\boldsymbol{X}^{\mathrm{T}}(\boldsymbol{X}\boldsymbol{X}^{\mathrm{T}})^{-1}$
$\|\boldsymbol{X}^{\mathrm{T}}\boldsymbol{X}\|$	$2\|\boldsymbol{X}^{\mathrm{T}}\boldsymbol{X}\|\,\mathrm{tr}\left((\boldsymbol{X}^{\mathrm{T}}\boldsymbol{X})^{-1}\boldsymbol{X}^{\mathrm{T}}\mathrm{d}\boldsymbol{X}\right)$	$2\|\boldsymbol{X}^{\mathrm{T}}\boldsymbol{X}\|(\boldsymbol{X}^{\mathrm{T}}\boldsymbol{X})^{-1}\boldsymbol{X}^{\mathrm{T}}$
$\log\|\boldsymbol{X}^{\mathrm{T}}\boldsymbol{X}\|$	$2\mathrm{tr}\left((\boldsymbol{X}^{\mathrm{T}}\boldsymbol{X})^{-1}\boldsymbol{X}^{\mathrm{T}}\mathrm{d}\boldsymbol{X}\right)$	$2(\boldsymbol{X}^{\mathrm{T}}\boldsymbol{X})^{-1}\boldsymbol{X}^{\mathrm{T}}$
$\|\boldsymbol{A}\boldsymbol{X}\boldsymbol{B}\|$	$\|\boldsymbol{A}\boldsymbol{X}\boldsymbol{B}\|\,\mathrm{tr}\left(\boldsymbol{B}(\boldsymbol{A}\boldsymbol{X}\boldsymbol{B})^{-1}\boldsymbol{A}\mathrm{d}\boldsymbol{X}\right)$	$\|\boldsymbol{A}\boldsymbol{X}\boldsymbol{B}\|\boldsymbol{B}(\boldsymbol{A}\boldsymbol{X}\boldsymbol{B})^{-1}\boldsymbol{A}$
$\|\boldsymbol{X}\boldsymbol{A}\boldsymbol{X}^{\mathrm{T}}\|$	$\|\boldsymbol{X}\boldsymbol{A}\boldsymbol{X}^{\mathrm{T}}\|\,\mathrm{tr}\left([\boldsymbol{A}\boldsymbol{X}^{\mathrm{T}}(\boldsymbol{X}\boldsymbol{A}\boldsymbol{X}^{\mathrm{T}})^{-1} + (\boldsymbol{X}\boldsymbol{A})^{\mathrm{T}}(\boldsymbol{X}\boldsymbol{A}^{\mathrm{T}}\boldsymbol{X}^{\mathrm{T}})^{-1}]\mathrm{d}\boldsymbol{X}\right)$	$\|\boldsymbol{X}\boldsymbol{A}\boldsymbol{X}^{\mathrm{T}}\|\left[\boldsymbol{A}\boldsymbol{X}^{\mathrm{T}}(\boldsymbol{X}\boldsymbol{A}\boldsymbol{X}^{\mathrm{T}})^{-1} + (\boldsymbol{X}\boldsymbol{A})^{\mathrm{T}}(\boldsymbol{X}\boldsymbol{A}^{\mathrm{T}}\boldsymbol{X}^{\mathrm{T}})^{-1}\right]$
$\|\boldsymbol{X}^{\mathrm{T}}\boldsymbol{A}\boldsymbol{X}\|$	$\|\boldsymbol{X}^{\mathrm{T}}\boldsymbol{A}\boldsymbol{X}\|\mathrm{tr}\left([(\boldsymbol{X}^{\mathrm{T}}\boldsymbol{A}\boldsymbol{X})^{-\mathrm{T}}(\boldsymbol{A}\boldsymbol{X})^{\mathrm{T}} + (\boldsymbol{X}^{\mathrm{T}}\boldsymbol{A}\boldsymbol{X})^{-1}\boldsymbol{X}^{\mathrm{T}}\boldsymbol{A}]\mathrm{d}\boldsymbol{X}\right)$	$\|\boldsymbol{X}^{\mathrm{T}}\boldsymbol{A}\boldsymbol{X}\|\left[(\boldsymbol{X}^{\mathrm{T}}\boldsymbol{A}\boldsymbol{X})^{-\mathrm{T}}(\boldsymbol{A}\boldsymbol{X})^{\mathrm{T}} + (\boldsymbol{X}^{\mathrm{T}}\boldsymbol{A}\boldsymbol{X})^{-1}\boldsymbol{X}^{\mathrm{T}}\boldsymbol{A}\right]$

7.2.3 矩阵微分的应用举例

矩阵微分在流形计算、几何物理、微分几何、统计以及工程中具有广泛得应用。这里介绍一个应用例子。

在控制系统中，经常会遇到矩阵微分方程

$$\boldsymbol{x}'(t) = \boldsymbol{A}\boldsymbol{x}(t) + \boldsymbol{b} \tag{7.2.43}$$

其中，$\boldsymbol{A}$ 为 $n \times n$ 非奇异矩阵，而 $\boldsymbol{b}$ 为 $n \times 1$ 参数向量。

控制系统通常要求参数向量 $\boldsymbol{b}$ 是稳定的。当且仅当矩阵 $\boldsymbol{A}$ 的所有特征值都具有负的实部，参数向量 $\boldsymbol{b}$ 是稳定的。

系统的稳定状态 $\boldsymbol{x}^*$ 可以通过令 $\boldsymbol{x}'(t) = \boldsymbol{0}$ 求出

$$\boldsymbol{x}^* = -\boldsymbol{A}^{-1}\boldsymbol{b} \tag{7.2.44}$$

于是，原矩阵微分方程 $\boldsymbol{x}'(t) = \boldsymbol{A}\boldsymbol{x}(t) + \boldsymbol{b}$ 可以用稳定状态的偏差 $\boldsymbol{x}(t) - \boldsymbol{x}^*$ 表示为

$$\boldsymbol{x}'(t) = \boldsymbol{A}[\boldsymbol{x}(t) - \boldsymbol{x}^*] \tag{7.2.45}$$

其解可以用矩阵指数形式表示为

$$\boldsymbol{x}(t) = \boldsymbol{x}^* + \mathrm{e}^{\boldsymbol{A}(t)}[\boldsymbol{x}(0) - \boldsymbol{x}^*] \tag{7.2.46}$$

矩阵指数函数可以用第 3 章的数字矩阵的相似变换的 Jordan 标准型、多项式矩阵的相抵变换的 Smith 标准型、Cayley-Hamilton 定理等计算。这里介绍矩阵指数计算的另外一种方法——Putzer 算法。

算法 7.2.1 计算 $\mathrm{e}^{\boldsymbol{A}(t)}$ 的 Putzer 算法 [105]

给定 $n \times n$ 非奇异矩阵 $\boldsymbol{A}$，其特征值 $\lambda_1, \lambda_2, \cdots, \lambda_n$，则

$$\mathrm{e}^{\boldsymbol{A}(t)} = \sum_{j=0}^{n-1} r_{j+1}(t)\boldsymbol{P}_j \tag{7.2.47}$$

式中

$$\begin{aligned}
&\boldsymbol{P}_0 = \boldsymbol{I} \\
&\boldsymbol{P}_j = \prod_{k=1}^{j}(\boldsymbol{A} - \lambda_k \boldsymbol{I}) = \boldsymbol{P}_{j-1}(\boldsymbol{A} - \lambda_j \boldsymbol{I}), \quad j = 1, 2, \cdots, n-1 \\
&\dot{r}_1(t) = \lambda_1 r_1(t) \\
&r_1(0) = 1 \\
&\dot{r}_j(t) = \lambda_j r_j(t) + r_{j-1}(t), \quad j = 2, 3, \cdots, n \\
&r_j(0) = 0, \quad j = 2, 3, \cdots, n
\end{aligned}$$

Putzer 算法避免了矩阵 $\boldsymbol{A}$ 的相似变换等，但需要求解一阶非齐次常微分方程

$$\dot{r}_1(t) = \lambda_1 r_1(t), \quad r_1(0) = 1$$

和

$$\dot{r}_j(t) = \lambda_j r_j(t) + r_{j-1}(t), \quad r_j(0) = 0, \quad j = 2, 3, \cdots, n$$

以便得到 $r_j(t), j = 1, 2, \cdots, n$。容易求得

$$r_1(t) = \mathrm{e}^{\lambda_1 t}, \qquad r_2(t) = \frac{1}{\lambda_1 - \lambda_2}(\mathrm{e}^{\lambda_1 t} - \mathrm{e}^{\lambda_2 t})$$

但求出 $r_j(t), j = 3, 4, \cdots, n$ 要麻烦一些。

本节的分析与举例充分说明，一阶矩阵微分的确是辨识实值函数的 Jacobian 矩阵和梯度矩阵的有效数学工具，它运算简单，并且易于掌握。

7.3 实变函数无约束优化的梯度分析

考虑典型的最优化问题

$$\min_{\boldsymbol{x} \in \mathcal{D}} f(\boldsymbol{x}) \tag{7.3.1}$$

其中，$\mathcal{D} = \mathrm{dom}\, f(\boldsymbol{x})$ 表示函数 $f(\boldsymbol{x})$ 的定义域；变元向量 $\boldsymbol{x} \in \mathbb{R}^n$ 称为最优化问题的优化向量，代表需要作出的一种选择；函数 $f : \mathbb{R}^n \to \mathbb{R}$ 称为目标函数 (objective function)，表示选择优化向量 $\boldsymbol{x}$ 时所付出的成本或者代价，故又常称为代价函数 (cost function)。相反，代价函数的负值 $-f(\boldsymbol{x})$ 则可理解成选择 $\boldsymbol{x}$ 所得到的价值 (value) 或者效益 (utility)。于是，最优化问题式 (7.3.1) 的求解对应于使代价最小化或者使效益最大化。因此，极小化问题 $\min\limits_{\boldsymbol{x} \in \mathcal{D}} f(\boldsymbol{x})$ 与负目标函数的极大化问题 $\max\limits_{\boldsymbol{x} \in \mathcal{D}} -f(\boldsymbol{x})$ 二者等价。

上述优化问题没有约束条件，故称为无约束优化问题。求解无约束优化问题的大多数非线性规划方法都是基于松弛和逼近的思想 [84]。

松弛：称序列 $\{a_k\}_{k=0}^{\infty}$ 为松弛序列 (relaxation sequence)，若 $a_{k+1} \leqslant a_k, \forall k \geqslant 0$。因此，在迭代求解最优化问题式 (7.3.1) 的过程中，需要产生一个松弛序列

$$f(\boldsymbol{x}_{k+1}) \leqslant f(\boldsymbol{x}_k), \quad k = 0, 1, \cdots$$

逼近：逼近一个目标函数意味着，使用一个接近原始目标的简化目标函数代替原目标函数。

松弛的目的是：松弛序列 $f(\boldsymbol{x}_{k+1}) \leqslant f(\boldsymbol{x}_k)$ 可以加快代价函数最小化的进程，并可避免最小化过程对初始值选择的依赖，以实现代价函数的最速下降。

逼近的目的是：使非线性目标函数 $f(\boldsymbol{x})$ 的极小化可以用数值方法实现，并且逼近精度足够高。

7.3.1 单变量函数 $f(x)$ 的平稳点与极值点

目标函数的平稳点和极值点在优化问题中起着关键作用。平稳点分析依赖于目标函数的梯度向量 (一阶梯度)，极值点分析则取决于目标函数的 Hessian 矩阵 (二阶梯度)。因此，目标函数的梯度分析分为一阶梯度分析 (平稳点分析) 和二阶梯度分析 (极值点分析)。

在最优化中，通常希望得到目标函数的全局极小点，函数 $f(x)$ 在该点取最小值。

定义 7.3.1 定义域 $\mathcal{D}$ 中的点 $x^\star$ 称为函数 $f(x)$ 的全局极小点 (global minimum point)，若 $f(x^\star)$ 是整个定义域内的最小函数值，即

$$f(x^\star) \leqslant f(x), \quad \forall x \in \mathcal{D}, x \neq x^\star \tag{7.3.2}$$

然而，根据定义 7.3.1 判断一个点是否为全局极小点是不现实的，因为我们无法将函数值 $f(x^\star)$ 与定义域 $\mathcal{D}$ 上的所有函数值逐一进行比较。容易联想，若目标函数在定义域的某点取最小值，则它在该点的附近一个小区域也一定是最小值。由此引出了邻域和局部极小点的概念。

定义 7.3.2 以点 c 为中心、r 为半径的邻域记作 $B(c;r)$，定义为

$$B(c:r) = \{x | \, |x-c| \leqslant r\} \tag{7.3.3}$$

点 c 称为函数 $f(x)$ 在邻域 $B(c;r)$ 的局部极小 (或极大) 点，若 $f(c) \leqslant f(x)$ (或 $f(c) \geqslant f(x)$) 对满足 $x \in B(c;r)$ 的所有点 x 均成立。

函数的极小点和极大点合称极值点，函数在该极值点的取值称为函数的极值 (极小值或者极大值)。

显然，局部极小点要比全局极小点容易判断得多，因为函数值之间的比较是在一个小得多的邻域内进行的。但是，将函数值 $f(c)$ 与一个邻域内的所有函数值进行比较，仍然不现实。幸运的是，函数的 Taylor 级数展开为解决这个问题提供了一种简单而有效的方法。

如果函数 $f(x)$ 具有连续的各阶导数，则 $f(x)$ 在 c 点的 Taylor 级数展开为

$$f(c+\Delta x) = f(c) + f'(c)\Delta x + \frac{1}{2}f''(c)(\Delta x)^2 + \cdots + \frac{1}{k!}f^k(c)(\Delta x)^k + \cdots \tag{7.3.4}$$

式中，$f^k(c) = f^k(x)\big|_{x=c}$，而 $f^k(x) = \frac{\mathrm{d}^k f(x)}{\mathrm{d}x^k}, k=1,2,\cdots$ 是函数 $f(x)$ 的 k 阶导数。

当半径 r 足够小时，在该邻域内的高次项 $(\Delta x)^k, k \geqslant 3$ 可以忽略。于是，函数 $f(x)$ 在点 c 的邻域内可以用二阶 Taylor 级数展开

$$f(c+\Delta x) \approx f(c) + f'(c)\Delta x + \frac{1}{2}f''(c)(\Delta x)^2, \quad \Delta x \in B(c:r) \tag{7.3.5}$$

进行逼近。

然后，将 Δx 进一步缩小为一个更加小的区域 $|\Delta x| < \varepsilon$，其中 ε 足够小，以至于二次项 $(\Delta x)^2$ 也可以忽略不计。此时，有函数的一阶逼近 $f(c+\Delta x) \approx f(c) + f'(c)\Delta x$。显然，如果 $f'(c) > 0$，则 $f(c) \leqslant f(c+\Delta x)$ 只有对 $\Delta x > 0$ 成立。反之，若 $f'(c) < 0$，则 $f(c) < f(c+\Delta x)$ 只对 $\Delta x < 0$ 成立。因此，为了保证 $f(c) \leqslant f(c+\Delta x)$ 对邻域 $|\Delta x| < \varepsilon$ 内的所有 Δx 恒成立，唯一合理的选择就是令 $f'(c) = 0$。

满足 $f'(c)=0$ 的点 $x=c$ 称为函数 $f(x)$ 的平稳点 (stationary point)。

平稳点只是极值点的候选点，需要进一步确定它是否确实为一个极小点。为此，有必要在一个稍大一些的邻域 $|\Delta x|<r$ 内考虑函数 $f(c+\Delta x)$ 的取值。由于 $f'(c)=0$，故 $f(c+\Delta x)=f(c)+\frac{1}{2}f''(c)(\Delta x)^2$。显然，若 $f''(c)\geqslant 0$，则一定有 $f(c)\leqslant f(c+\Delta x)$ 对邻域 $B(c;r)$ 内的所有 Δx 恒成立。因此，函数 $f(x)$ 在点 c 有局部极小值的条件为

$$f'(c)=0 \quad 和 \quad f''(c)=\left.\frac{\mathrm{d}^2 f(x)}{\mathrm{d}x^2}\right|_{x=c}\geqslant 0 \tag{7.3.6}$$

注释 1 若 $f'(c)=0$ 和 $f''(c)>0$ 同时满足，则 c 是函数 $f(x)$ 在邻域 $B(c;r)$ 内的一个严格局部极小点。

注释 2 若 $f'(c)=0$ 和 $f''(c)\leqslant 0$ 同时满足，则一定有 $f(c)\geqslant f(x)$ 对位于邻域 $B(c;r)$ 的所有 $f(c+\Delta x)$ 成立。因此，c 是函数 $f(x)$ 在邻域 $B(c;r)$ 内的一个局部极大点。特别地，若 $f'(c)=0$ 和 $f''(c)<0$ 同时满足，则一定有 $f(c)>f(x)$ 对位于邻域 $B(c;r)$ 的所有 $f(c+\Delta x)$ 成立，即 c 是函数 $f(x)$ 在定义域 $\mathcal{D}$ 内的一个严格局部极大点。

注释 3 若 $f'(c)=0$ 和 $f''(c)=0$，并且 $f''(c+\Delta x)\geqslant 0$ 对位于邻域 $B(c;r)$ 内的某些 $f(c+\Delta x)$ 满足，而对另一些 $f(c+\Delta x)$ 却有 $f''(c+\Delta x)\leqslant 0$，则 c 不可能是函数 $f(x)$ 在定义域 $\mathcal{D}$ 内的一个极值点。这样的平稳点称为函数 $f(x)$ 的一个鞍点 (saddle point)。

为方便理解平稳点和极值点之间的关系，图 7.3.1 画出了一个单变量函数 $f(x)$ 的曲线，函数的定义域为 $\mathcal{D}=[0,6]$。

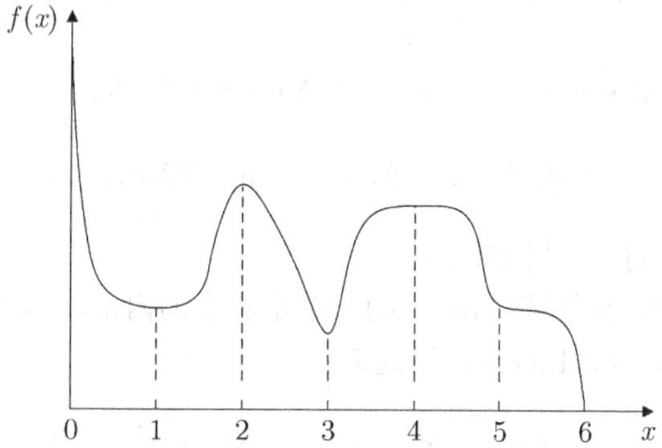

图 7.3.1 单变量函数的平稳点与极值点

在图 7.3.1 中，点 $x=0$ 和 $x=6$ 分别是该函数的严格全局极大点和严格全局极小点，$x=1$ 和 $x=4$ 分别为一个 (非严格) 局部极小点和一个 (非严格) 局部极大点，$x=2$ 和 $x=3$ 分别是一个严格局部极大点和一个严格局部极小点，而 $x=5$ 则只是一个鞍点。注意，$x=0$ 和 $x=6$ 虽然分别是函数 $f(x)$ 在定义域 $[0,6]$ 的严格全局极大点和严格局部极小点，但一阶导数 $f'(0)$ 和 $f'(6)$ 显然都不等于零。

函数 $f(x)$ 在某点 $x=c$ 的一阶导数 $f'(c)=f'(x)|_{x=c}$ 反映函数在该点的变化率，故一阶导数 $f'(x)$ 称为函数 $f(x)$ 的梯度函数，$f'(c)$ 称为函数 $f(x)$ 在点 $x=c$ 的梯度值。

7.3.2 多变量函数 $f(\boldsymbol{x})$ 的平稳点与极值点

考虑实向量 $\boldsymbol{x}=[x_1,x_2,\cdots,x_n]^{\mathrm{T}}$ 作变元的实值函数 $f(\boldsymbol{x}):\mathbb{R}^n\rightarrow\mathbb{R}$ 的无约束极小化问题 $\min\limits_{\boldsymbol{x}\in S} f(\boldsymbol{x})$，其中 $S\in\mathbb{R}^n$ 是 n 维向量空间 $\mathbb{R}^n$ 的一个子集合。

定义 7.3.3 给定一个点 $\bar{\boldsymbol{x}}\in\mathbb{R}^n$ 和半径 r，点 $\bar{\boldsymbol{x}}$ 的邻域记作 $B(\bar{\boldsymbol{x}};r)$，定义为满足 $\|\boldsymbol{x}-\bar{\boldsymbol{x}}\|_2\leqslant r$ (其中 $r>0$) 的所有点 $\boldsymbol{x}$ 的集合，即

$$B(\bar{\boldsymbol{x}};r)=\{\boldsymbol{x}|\,\|\boldsymbol{x}-\bar{\boldsymbol{x}}\|_2\leqslant r\}\tag{7.3.7}$$

令 $\Delta\boldsymbol{x}=\boldsymbol{x}-\boldsymbol{c}$，则在半径 r 足够小的邻域 $B(\boldsymbol{c};r)$ 内，实变函数 $f(\boldsymbol{x})$ 在点 $\boldsymbol{c}$ 的二阶 Taylor 级数逼近为

$$\begin{aligned}f(\boldsymbol{c}+\Delta\boldsymbol{x})&=f(\boldsymbol{c})+\left(\frac{\partial f(\boldsymbol{c})}{\partial\boldsymbol{c}}\right)^{\mathrm{T}}\Delta\boldsymbol{x}+\frac{1}{2}(\Delta\boldsymbol{c})^{\mathrm{T}}\frac{\partial^2 f(\boldsymbol{c})}{\partial\boldsymbol{c}\partial\boldsymbol{c}^{\mathrm{T}}}\Delta\boldsymbol{x}\\&=f(\boldsymbol{c})+(\nabla f(\boldsymbol{c}))^{\mathrm{T}}\Delta\boldsymbol{x}+\frac{1}{2}(\Delta\boldsymbol{x})^{\mathrm{T}}\boldsymbol{H}(f(\boldsymbol{c}))\Delta\boldsymbol{x}\end{aligned}\tag{7.3.8}$$

式中

$$\nabla f(\boldsymbol{c})=\frac{\partial f(\boldsymbol{c})}{\partial\boldsymbol{c}}=\left.\frac{\partial f(\boldsymbol{x})}{\partial\boldsymbol{x}}\right|_{\boldsymbol{x}=\boldsymbol{c}}\tag{7.3.9}$$

$$\boldsymbol{H}(f(\boldsymbol{c}))=\frac{\partial^2 f(\boldsymbol{c})}{\partial\boldsymbol{c}\partial\boldsymbol{c}^{\mathrm{T}}}=\left.\frac{\partial^2 f(\boldsymbol{x})}{\partial\boldsymbol{x}\partial\boldsymbol{x}^{\mathrm{T}}}\right|_{\boldsymbol{x}=\boldsymbol{c}}\tag{7.3.10}$$

分别是函数 $f(\boldsymbol{x})$ 在点 $\boldsymbol{c}$ 的的梯度向量和 Hessian 矩阵。

将单变量函数的极值点的定义加以推广，即可得到以实向量为变元的实值函数 $f(\boldsymbol{x})$ 的极小点的定义如下。

定义 7.3.4 令标量 $r>0$，并且 $\boldsymbol{x}=\boldsymbol{c}+\Delta\boldsymbol{x}$ 是向量空间 $\mathbb{R}^n$ 的子集合 S 的点。若

$$f(\boldsymbol{c})\leqslant f(\boldsymbol{c}+\Delta\boldsymbol{x}),\quad\forall\, 0<\|\Delta\boldsymbol{x}\|_2\leqslant r\tag{7.3.11}$$

则称点 $\boldsymbol{c}$ 是函数 $f(\boldsymbol{x})$ 的一个局部极小点。

由式 (7.3.21) 易知，在邻域 $B(\boldsymbol{c};r)$ 的一个足够小的内部区域 $\|\Delta\boldsymbol{x}\|_2<\varepsilon$，二阶项可以忽略的情况下，函数的一阶 Taylor 级数逼近为

$$f(\boldsymbol{c}+\Delta\boldsymbol{x})\approx f(\boldsymbol{c})+(\nabla f(\boldsymbol{c}))^{\mathrm{T}}\Delta\boldsymbol{x}\tag{7.3.12}$$

显然，为了保证 $f(\boldsymbol{c})\leqslant f(\boldsymbol{c}+\Delta\boldsymbol{x})$ 对满足 $\|\Delta\boldsymbol{x}\|_2<\varepsilon$ 的所有 $\Delta\boldsymbol{x}$ 恒成立，必须选择

$$\nabla f(\boldsymbol{c})=\left.\frac{\partial f(\boldsymbol{x})}{\partial\boldsymbol{x}}\right|_{\boldsymbol{x}=\boldsymbol{c}}=\boldsymbol{0},\quad\forall\, 0<\|\Delta\boldsymbol{x}\|_2<r\tag{7.3.13}$$

满足一阶条件 $\nabla f(\boldsymbol{c})=\boldsymbol{0}$ 的点称为目标函数 $f(\boldsymbol{x})$ 的一个平稳点。

为了判断一个平稳点是否为极值点，考察二阶项不能忽略的邻域 $\|\Delta\boldsymbol{x}\|_2<r$ 内函数 $f(\boldsymbol{x})$ 的二阶 Taylor 级数逼近

$$f(\boldsymbol{c}+\Delta\boldsymbol{x})\approx f(\boldsymbol{c})+\frac{1}{2}(\Delta\boldsymbol{x})^{\mathrm{T}}\boldsymbol{H}(f(\boldsymbol{c}))\Delta\boldsymbol{x}\tag{7.3.14}$$

由此容易得出以下结论：

(1) 平稳点 $\boldsymbol{c}$ 是满足条件 $f(\boldsymbol{c}) \leqslant f(\boldsymbol{c}+\Delta\boldsymbol{x})$ 的一个局部极小点，若二次型

$$(\Delta\boldsymbol{x})^{\mathrm{T}}\boldsymbol{H}(f(\boldsymbol{c}))\Delta\boldsymbol{x} \geqslant 0, \quad \forall \Delta\boldsymbol{x} \in B(\boldsymbol{c};r)$$

或 Hessian 矩阵半正定

$$\boldsymbol{H}(f(\boldsymbol{c})) = \left.\frac{\partial^2 f(\boldsymbol{x})}{\partial\boldsymbol{x}\partial\boldsymbol{x}^{\mathrm{T}}}\right|_{\boldsymbol{x}=\boldsymbol{c}} \succeq 0 \tag{7.3.15}$$

(2) 平稳点 $\boldsymbol{c}$ 是满足条件 $f(\boldsymbol{c}) < f(\boldsymbol{c}+\Delta\boldsymbol{x})$ 的一严格局部极小点，若 Hessian 矩阵正定

$$\boldsymbol{H}(f(\boldsymbol{c})) = \left.\frac{\partial^2 f(\boldsymbol{x})}{\partial\boldsymbol{x}\partial\boldsymbol{x}^{\mathrm{T}}}\right|_{\boldsymbol{x}=\boldsymbol{c}} \succ 0 \tag{7.3.16}$$

(3) 平稳点 $\boldsymbol{c}$ 是满足条件 $f(\boldsymbol{c}) \geqslant f(\boldsymbol{c}+\Delta\boldsymbol{x})$ 的一个局部极大点，若 Hessian 矩阵半负定

$$\boldsymbol{H}(f(\boldsymbol{c})) = \left.\frac{\partial^2 f(\boldsymbol{x})}{\partial\boldsymbol{x}\partial\boldsymbol{x}^{\mathrm{T}}}\right|_{\boldsymbol{x}=\boldsymbol{c}} \preceq 0 \tag{7.3.17}$$

(4) 平稳点 $\boldsymbol{c}$ 是满足条件 $f(\boldsymbol{c}) > f(\boldsymbol{c}+\Delta\boldsymbol{x})$ 的一严格局部极大点，若 Hessian 矩阵负定

$$\boldsymbol{H}(f(\boldsymbol{c})) = \left.\frac{\partial^2 f(\boldsymbol{x})}{\partial\boldsymbol{x}\partial\boldsymbol{x}^{\mathrm{T}}}\right|_{\boldsymbol{x}=\boldsymbol{c}} \prec 0 \tag{7.3.18}$$

(5) 平稳点只是一个鞍点，若 Hessian 矩阵

$$\boldsymbol{H}(f(\boldsymbol{c})) = \left.\frac{\partial^2 f(\boldsymbol{x})}{\partial\boldsymbol{x}\partial\boldsymbol{x}^{\mathrm{T}}}\right|_{\boldsymbol{x}=\boldsymbol{c}} \quad \text{不定} \tag{7.3.19}$$

7.3.3 多变量函数 $f(\boldsymbol{X})$ 的平稳点与极值点

现在考虑以矩阵为变元的实值函数 $f(\boldsymbol{X}): \mathbb{R}^{m\times n} \to \mathbb{R}$。此时，需要先通过向量化，将变元矩阵 $\boldsymbol{X} \in \mathbb{R}^{m\times n}$，变成一个 $mn \times 1$ 向量 $\mathrm{vec}(\boldsymbol{X})$。

令 S 是矩阵空间 $\mathbb{R}^{m\times n}$ 的一个子集合，它是 $m\times n$ 矩阵变元 $\boldsymbol{X}$ 的定义域，即 $\boldsymbol{X} \in S$。

函数 $f(\boldsymbol{X})$ 以点 $\mathrm{vec}(\boldsymbol{C})$ 为中心，r 为半径的邻域记作 $B(\boldsymbol{C};r)$，定义为

$$B(\boldsymbol{C};r) = \{\boldsymbol{X}|\boldsymbol{X} \in \mathbb{R}^{m\times n},\ \|\mathrm{vec}(\boldsymbol{X}) - \mathrm{vec}(\boldsymbol{C})\|_2 < r\} \tag{7.3.20}$$

于是，函数 $f(\boldsymbol{X})$ 在点 $\boldsymbol{C}$ 的二阶 Taylor 级数逼近公式为

$$\begin{aligned} f(\boldsymbol{C}+\Delta\boldsymbol{X}) =& f(\boldsymbol{C}) + (\nabla_{\mathrm{vec}\,\boldsymbol{C}} f(\boldsymbol{C}))^{\mathrm{T}}\,\mathrm{vec}(\Delta\boldsymbol{X}) \\ & + \frac{1}{2}(\mathrm{vec}(\Delta\boldsymbol{X}))^{\mathrm{T}}\boldsymbol{H}(f(\boldsymbol{C}))\mathrm{vec}(\Delta\boldsymbol{X}) \end{aligned} \tag{7.3.21}$$

式中

$$\nabla_{\text{vec}\,\boldsymbol{C}} f(\boldsymbol{C}) = \left.\frac{\partial f(\boldsymbol{X})}{\partial \text{vec}\,(\boldsymbol{X})}\right|_{\boldsymbol{X}=\boldsymbol{C}} \in \mathbb{R}^{mn} \tag{7.3.22}$$

$$\boldsymbol{H}(f(\boldsymbol{C})) = \left.\frac{\partial^2 f(\boldsymbol{X})}{\partial \text{vec}\,(\boldsymbol{X})\partial(\text{vec}\,\boldsymbol{X})^{\mathrm{T}}}\right|_{\boldsymbol{X}=\boldsymbol{C}} \in \mathbb{R}^{mn\times mn} \tag{7.3.23}$$

分别是函数 $f(\boldsymbol{X})$ 在 (矩阵) 点 $\boldsymbol{C}$ 的梯度向量和 Hessian 矩阵。

满足一阶条件 $\nabla_{\text{vec}\,\boldsymbol{C}} f(\boldsymbol{C}) = \boldsymbol{0}$ 的 (矩阵) 点 $\boldsymbol{C}$ 为目标函数的一个平稳点。

在选择 $\nabla_{\text{vec}\,\boldsymbol{C}} f(\boldsymbol{C}) = \boldsymbol{0}$ 的条件下，考虑二次项 $(\text{vec}(\Delta\boldsymbol{X}))^{\mathrm{T}}\boldsymbol{H}(f(\boldsymbol{C}))\text{vec}(\Delta\boldsymbol{X})$ 不可忽略的邻域 $B(\boldsymbol{C};r)$。此时，有二阶 Taylor 级数逼近

$$f(\boldsymbol{C}+\Delta\boldsymbol{X}) \approx f(\boldsymbol{C}) + \frac{1}{2}(\text{vec}(\Delta\boldsymbol{X}))^{\mathrm{T}}\boldsymbol{H}(f(\boldsymbol{C}))\text{vec}(\Delta\boldsymbol{X}) \tag{7.3.24}$$

由此容易得出以下结论：

(1) 平稳点 $\boldsymbol{C}$ 是满足条件 $f(\boldsymbol{C}) \leqslant f(\boldsymbol{C}+\Delta\boldsymbol{X})$ 的一个局部极小点，若二次型

$$(\text{vec}\,\Delta\boldsymbol{X})^{\mathrm{T}}\boldsymbol{H}(f(\boldsymbol{C}))\text{vec}\,(\Delta\boldsymbol{X}) \geqslant 0, \quad \forall \Delta\boldsymbol{X} \in B(\boldsymbol{C};r)$$

或 Hessian 矩阵半正定

$$\boldsymbol{H}(f(\boldsymbol{C})) = \left.\frac{\partial^2 f(\boldsymbol{X})}{\partial \text{vec}(\boldsymbol{X})\partial(\text{vec}\,\boldsymbol{X})^{\mathrm{T}}}\right|_{\boldsymbol{X}=\boldsymbol{C}} \succeq 0 \tag{7.3.25}$$

(2) 平稳点 $\boldsymbol{C}$ 是满足条件 $f(\boldsymbol{C}) < f(\boldsymbol{C}+\Delta\boldsymbol{X})$ 的一个严格局部极小点，若 Hessian 矩阵正定

$$\boldsymbol{H}(f(\boldsymbol{C})) = \left.\frac{\partial^2 f(\boldsymbol{X})}{\partial \text{vec}(\boldsymbol{X})\partial(\text{vec}\,\boldsymbol{X})^{\mathrm{T}}}\right|_{\boldsymbol{X}=\boldsymbol{C}} \succ 0 \tag{7.3.26}$$

(3) 平稳点 $\boldsymbol{C}$ 是满足条件 $f(\boldsymbol{C}) \geqslant f(\boldsymbol{C}+\Delta\boldsymbol{X})$ 的一个局部极大点，若 Hessian 矩阵半负定

$$\boldsymbol{H}(f(\boldsymbol{C})) = \left.\frac{\partial^2 f(\boldsymbol{X})}{\partial \text{vec}(\boldsymbol{X})\partial(\text{vec}\,\boldsymbol{X})^{\mathrm{T}}}\right|_{\boldsymbol{X}=\boldsymbol{C}} \preceq 0 \tag{7.3.27}$$

(4) 平稳点 $\boldsymbol{C}$ 是满足条件 $f(\boldsymbol{C}) > f(\boldsymbol{C}+\Delta\boldsymbol{X})$ 的一个严格局部极大点，若 Hessian 矩阵负定

$$\boldsymbol{H}(f(\boldsymbol{C})) = \left.\frac{\partial^2 f(\boldsymbol{X})}{\partial \text{vec}(\boldsymbol{X})\partial(\text{vec}\,\boldsymbol{X})^{\mathrm{T}}}\right|_{\boldsymbol{X}=\boldsymbol{C}} \prec 0 \tag{7.3.28}$$

(5) 平稳点 $\boldsymbol{C}$ 只是函数 $f(\boldsymbol{X})$ 的一个鞍点，若 Hessian 矩阵

$$\boldsymbol{H}(f(\boldsymbol{C})) = \left.\frac{\partial^2 f(\boldsymbol{X})}{\partial \text{vec}(\boldsymbol{X})\partial(\text{vec}\,\boldsymbol{X})^{\mathrm{T}}}\right|_{\boldsymbol{X}=\boldsymbol{C}} \text{不定} \tag{7.3.29}$$

表 7.3.1 归纳了无约束优化函数的平稳点和极值点的条件。

表 7.3.1 实变函数的平稳点和极值点的条件

实变函数	$f(x):\mathbb{R}\to\mathbb{R}$	$f(\boldsymbol{x}):\mathbb{R}^n\to\mathbb{R}$	$f(\boldsymbol{X}):\mathbb{R}^{m\times n}\to\mathbb{R}$
平稳点	$\left.\frac{\partial f(x)}{\partial x}\right\|_{x=c}=0$	$\left.\frac{\partial f(\boldsymbol{x})}{\partial \boldsymbol{x}}\right\|_{\boldsymbol{x}=\boldsymbol{c}}=\boldsymbol{0}$	$\left.\frac{\partial f(\boldsymbol{X})}{\partial \boldsymbol{X}}\right\|_{\boldsymbol{X}=\boldsymbol{C}}=\boldsymbol{O}_{m\times n}$
局部极小点	$\left.\frac{\partial^2 f(x)}{\partial x\partial x}\right\|_{x=c}\geqslant 0$	$\left.\frac{\partial^2 f(\boldsymbol{x})}{\partial \boldsymbol{x}\partial \boldsymbol{x}^{\mathrm{T}}}\right\|_{\boldsymbol{x}=\boldsymbol{c}}\succeq 0$	$\left.\frac{\partial^2 f(\boldsymbol{X})}{\partial \mathrm{vec}(\boldsymbol{X})\partial (\mathrm{vec}\,\boldsymbol{X})^{\mathrm{T}}}\right\|_{\boldsymbol{X}=\boldsymbol{C}}\succeq 0$
严格局部极小点	$\left.\frac{\partial^2 f(x)}{\partial x\partial x}\right\|_{x=c}> 0$	$\left.\frac{\partial^2 f(\boldsymbol{x})}{\partial \boldsymbol{x}\partial \boldsymbol{x}^{\mathrm{T}}}\right\|_{\boldsymbol{x}=\boldsymbol{c}}\succ 0$	$\left.\frac{\partial^2 f(\boldsymbol{X})}{\partial \mathrm{vec}(\boldsymbol{X})\partial (\mathrm{vec}\,\boldsymbol{X})^{\mathrm{T}}}\right\|_{\boldsymbol{X}=\boldsymbol{C}}\succ 0$
局部极大点	$\left.\frac{\partial^2 f(x)}{\partial x\partial x}\right\|_{x=c}\leqslant 0$	$\left.\frac{\partial^2 f(\boldsymbol{x})}{\partial \boldsymbol{x}\partial \boldsymbol{x}^{\mathrm{T}}}\right\|_{\boldsymbol{x}=\boldsymbol{c}}\preceq 0$	$\left.\frac{\partial^2 f(\boldsymbol{X})}{\partial \mathrm{vec}(\boldsymbol{X})\partial (\mathrm{vec}\,\boldsymbol{X})^{\mathrm{T}}}\right\|_{\boldsymbol{X}=\boldsymbol{C}}\preceq 0$
严格局部极大点	$\left.\frac{\partial^2 f(x)}{\partial x\partial x}\right\|_{x=c}< 0$	$\left.\frac{\partial^2 f(\boldsymbol{x})}{\partial \boldsymbol{x}\partial \boldsymbol{x}^{\mathrm{T}}}\right\|_{\boldsymbol{x}=\boldsymbol{c}}\prec 0$	$\left.\frac{\partial^2 f(\boldsymbol{X})}{\partial \mathrm{vec}(\boldsymbol{X})\partial (\mathrm{vec}\,\boldsymbol{X})^{\mathrm{T}}}\right\|_{\boldsymbol{X}=\boldsymbol{C}}\prec 0$
鞍　点	$\left.\frac{\partial^2 f(x)}{\partial x\partial x}\right\|_{x=c}$ 不定	$\left.\frac{\partial^2 f(\boldsymbol{x})}{\partial \boldsymbol{x}\partial \boldsymbol{x}^{\mathrm{T}}}\right\|_{\boldsymbol{x}=\boldsymbol{c}}$ 不定	$\left.\frac{\partial^2 f(\boldsymbol{X})}{\partial \mathrm{vec}(\boldsymbol{X})\partial (\mathrm{vec}\,\boldsymbol{X})^{\mathrm{T}}}\right\|_{\boldsymbol{X}=\boldsymbol{C}}$ 不定

7.3.4 实变函数的梯度分析

多变量函数 $f(\boldsymbol{x})$ 的平稳点与极值点分析可以总结为局部极值点的下列必要条件。

定理 7.3.1 (极值点一阶必要条件) 若 $\boldsymbol{c}$ 是 $f(\boldsymbol{x})$ 的局部极值点，并且 $f(\boldsymbol{x})$ 在点 $\boldsymbol{c}$ 的邻域 $B(\boldsymbol{c};r)$ 内是连续可微分的，则

$$\nabla_{\boldsymbol{c}}f(\boldsymbol{c})=\left.\frac{\partial f(\boldsymbol{x})}{\partial \boldsymbol{x}}\right|_{\boldsymbol{x}=\boldsymbol{c}}=\boldsymbol{0} \tag{7.3.30}$$

事实上，式 (7.3.30) 只是平稳点的一阶必要条件，而非一阶充分条件，因为正如图 7.3.1 所例示的那样，有的平稳点可能只是一个鞍点。

定理 7.3.2 (局部极小点二阶必要条件)[72, 88] 若 $\boldsymbol{c}$ 是 $f(\boldsymbol{x})$ 的局部极小点，$f(\boldsymbol{x})$ 在 $\boldsymbol{c}$ 点是可微分的，$\nabla_{\boldsymbol{x}}^2 f(\boldsymbol{x})$ 在 $\boldsymbol{c}$ 的邻域 $B(\boldsymbol{c};r)$ 内连续，则

$$\nabla_{\boldsymbol{c}}f(\boldsymbol{c})=\left.\frac{\partial f(\boldsymbol{x})}{\partial \boldsymbol{x}}\right|_{\boldsymbol{x}=\boldsymbol{c}}=\boldsymbol{0}\quad 和\quad \nabla_{\boldsymbol{c}}^2 f(\boldsymbol{c})=\left.\frac{\partial^2 f(\boldsymbol{x})}{\partial \boldsymbol{x}\partial \boldsymbol{x}^{\mathrm{T}}}\right|_{\boldsymbol{x}=\boldsymbol{c}}\succeq 0 \tag{7.3.31}$$

式中，$\nabla_{\boldsymbol{c}}^2 f(\boldsymbol{c})\succeq 0$ 表示 Hessian 矩阵 $\nabla_{\boldsymbol{x}}^2 f(\boldsymbol{x})$ 在 $\boldsymbol{c}$ 点的值 $\nabla_{\boldsymbol{c}}^2 f(\boldsymbol{c})$ 是一个半正定矩阵。

注释 1 如果将定理 7.3.2 的条件式 (7.3.31) 换成

$$\nabla_{\boldsymbol{c}}f(\boldsymbol{c})=\left.\frac{\partial f(\boldsymbol{x})}{\partial \boldsymbol{x}}\right|_{\boldsymbol{x}=\boldsymbol{c}}=\boldsymbol{0}\quad 和\quad \nabla_{\boldsymbol{c}}^2 f(\boldsymbol{c})=\left.\frac{\partial^2 f(\boldsymbol{x})}{\partial \boldsymbol{x}\partial \boldsymbol{x}^{\mathrm{T}}}\right|_{\boldsymbol{x}=\boldsymbol{c}}\preceq 0 \tag{7.3.32}$$

则定理 7.3.2 给出 $\boldsymbol{c}$ 点是函数 $f(\boldsymbol{x})$ 的局部极大点的二阶必要条件。式中，$\nabla_{\boldsymbol{c}}^2 f(\boldsymbol{c}) \preceq 0$ 表示在 $\boldsymbol{c}$ 点的 Hessian 矩阵 $\nabla_{\boldsymbol{c}}^2 f(\boldsymbol{c})$ 半负定。

注释 2　对于一个以 $m \times n$ 矩阵 $\boldsymbol{X}$ 为变元的实变函数 $f(\boldsymbol{X})$，定理 7.3.2 的相应叙述为：若 $\boldsymbol{C}$ 是函数 $f(\boldsymbol{X})$ 的一个局部极小点，$f(\boldsymbol{X})$ 在 $\boldsymbol{X}$ 点是可微分的，并且 $\nabla_{\mathrm{vec}\boldsymbol{X}}^2 f(\boldsymbol{X})$ 在 $\boldsymbol{C}$ 的邻域 $B(\boldsymbol{C};r)$ 内连续，则

$$\nabla_{\mathrm{vec}\boldsymbol{C}} f(\boldsymbol{C}) = \left.\frac{\partial f(\boldsymbol{X})}{\partial \mathrm{vec}(\boldsymbol{X})}\right|_{\boldsymbol{X}=\boldsymbol{C}} = \boldsymbol{0}_{mn\times 1} \tag{7.3.33}$$

和

$$\nabla_{\mathrm{vec}\boldsymbol{C}}^2 f(\boldsymbol{C}) = \left.\frac{\partial^2 f(\boldsymbol{X})}{\partial(\mathrm{vec}\,\boldsymbol{X})\partial(\mathrm{vec}\,\boldsymbol{X})^{\mathrm{T}}}\right|_{\boldsymbol{X}=\boldsymbol{C}} \succeq 0 \tag{7.3.34}$$

需要强调的是：定理 7.3.2 只是实变函数 $f(\boldsymbol{x})$ 的局部极小点的必要条件，而不是充分条件。然而，对于一个无约束优化算法，我们往往希望能够直接判断算法收敛的点 $\boldsymbol{c}$ 或者 $\boldsymbol{C}$ 是否就是给定的目标函数 $f(\boldsymbol{x})$ 或者 $f(\boldsymbol{X})$ 的一个极值点。下面的定理提供了这一问题的解决途径。

定理 7.3.3 (*局部极小点二阶充分条件*)[72, 88]　假设 $\nabla_{\boldsymbol{x}}^2 f(\boldsymbol{x})$ 在 $\boldsymbol{c}$ 的开邻域 $B(\boldsymbol{c};r) = \{\boldsymbol{x} \mid \|\boldsymbol{x}-\boldsymbol{c}\|_2 < r\}$ 内连续，并且

$$\nabla_{\boldsymbol{c}} f(\boldsymbol{c}) = \left.\frac{\partial f(\boldsymbol{x})}{\partial \boldsymbol{x}}\right|_{\boldsymbol{x}=\boldsymbol{c}} = \boldsymbol{0} \quad \text{和} \quad \nabla_{\boldsymbol{c}}^2 f(\boldsymbol{c}) = \left.\frac{\partial^2 f(\boldsymbol{x})}{\partial \boldsymbol{x}\partial \boldsymbol{x}^{\mathrm{T}}}\right|_{\boldsymbol{x}=\boldsymbol{c}} \succ 0 \tag{7.3.35}$$

则 $\boldsymbol{c}$ 是函数 $f(\boldsymbol{x})$ 的一个严格局部极小点。式中，$\nabla_{\boldsymbol{x}}^2 f(\boldsymbol{c}) \succ 0$ 表示 $\boldsymbol{c}$ 点的 Hessian 矩阵 $\nabla_{\boldsymbol{c}}^2 f(\boldsymbol{c})$ 正定。

注释 1　如果将定理 7.3.3 的条件式 (7.3.35) 换成

$$\nabla_{\boldsymbol{c}} f(\boldsymbol{c}) = \left.\frac{\partial f(\boldsymbol{x})}{\partial \boldsymbol{x}}\right|_{\boldsymbol{x}=\boldsymbol{c}} = \boldsymbol{0} \quad \text{和} \quad \nabla_{\boldsymbol{c}}^2 f(\boldsymbol{c}) = \left.\frac{\partial^2 f(\boldsymbol{x})}{\partial \boldsymbol{x}\partial \boldsymbol{x}^{\mathrm{T}}}\right|_{\boldsymbol{x}=\boldsymbol{c}} \prec 0 \tag{7.3.36}$$

则定理 7.3.3 给出 $\boldsymbol{c}$ 点是函数 $f(\boldsymbol{x})$ 的一个严格局部极大点的二阶充分条件。式中 $\nabla_{\boldsymbol{c}}^2 f(\boldsymbol{c}) \prec 0$ 表示在 $\boldsymbol{c}$ 点的 Hessian 矩阵 $\nabla_{\boldsymbol{c}}^2 f(\boldsymbol{c})$ 负定。

注释 2　对于一个以 $m \times n$ 矩阵 $\boldsymbol{X}$ 为变元的实变函数 $f(\boldsymbol{X})$，定理 7.3.3 的相应叙述如下：假定 $f(\boldsymbol{X})$ 在 $\boldsymbol{X}$ 点是可微分的，$\nabla_{\mathrm{vec}\boldsymbol{X}}^2 f(\boldsymbol{X})$ 在 $\boldsymbol{C}$ 的邻域 $B(\boldsymbol{C};r)$ 内连续，并且

$$\nabla_{\mathrm{vec}\boldsymbol{C}} f(\boldsymbol{C}) = \left.\frac{\partial f(\boldsymbol{X})}{\partial \mathrm{vec}(\boldsymbol{X})}\right|_{\boldsymbol{X}=\boldsymbol{C}} = \boldsymbol{0}_{mn\times 1} \tag{7.3.37}$$

$$\nabla_{\mathrm{vec}\boldsymbol{C}}^2 f(\boldsymbol{C}) = \left.\frac{\partial^2 f(\boldsymbol{X})}{\partial(\mathrm{vec}\,\boldsymbol{X})\partial(\mathrm{vec}\,\boldsymbol{X})^{\mathrm{T}}}\right|_{\boldsymbol{X}=\boldsymbol{C}} \succ 0 \tag{7.3.38}$$

则 $\boldsymbol{C}$ 是函数 $f(\boldsymbol{X})$ 的一个严格局部极小点。

注释 3　只要 Hessian 矩阵 $\nabla_{\boldsymbol{c}}^2 f(\boldsymbol{c})$ 或 $\nabla_{\mathrm{vec}\boldsymbol{C}}^2 f(\boldsymbol{C})$ 不定，则 $\boldsymbol{c}$ 或 $\boldsymbol{C}$ 点就不能保证是函数 $f(\boldsymbol{x})$ 或 $f(\boldsymbol{X})$ 的一个极值点，它有可能只是一个鞍点。

7.4 平滑凸优化的一阶算法

上节讨论了实变函数无约束优化的梯度分析。无约束平滑优化的关键问题是，希望优化算法能够给出全局极小点，代价函数在该点取最小值。然而，优化算法通常能够给出局部极小点。如果代价函数设计成一个凸函数，则优化算法将能够给出全局极小点。

7.4.1 凸集与凸函数

凸函数的无约束优化称为凸优化。凸优化涉及目标函数必须是凸函数，目标函数的定义域必须是凸集。因此，有必要先介绍凸集和凸函数的概念。

定义 7.4.1 一个集合 $S \in \mathbb{R}^n$ 称为凸集 (合)，若对任意两个点 $\boldsymbol{x}, \boldsymbol{y} \in S$，连接它们的线段也在集合 S 内，即

$$\boldsymbol{x}, \boldsymbol{y} \in S, \quad \theta \in [0,1] \quad \Longrightarrow \quad \theta \boldsymbol{x} + (1-\theta)\boldsymbol{y} \in S \tag{7.4.1}$$

图 7.4.1 画出了凸集和非凸集的示意图。

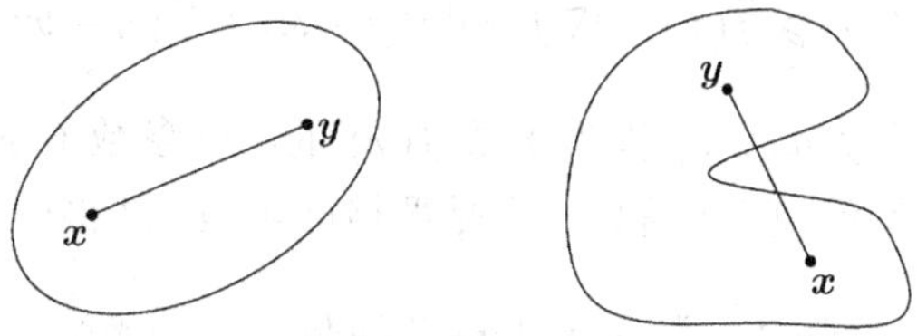

(a) 凸集　　(b) 非凸集

图 7.4.1 凸集与非凸集

凸集的基本性质：一个集合是凸集，当且仅当集合中任意两点的连线全部包含在该集合内。直观上，凸集就是凸的集合，没有凹进去的部分。在一维空间中，凸集是单点或一条不间断的线 (包括直线、射线、线段)。二、三维空间中的凸集就是直观上凸的图形。例如，二维中的扇面、圆、椭圆等都是凸集；三维中的实心球体等也是凸集，但空心球体和球面等不是凸集。

向量空间也是凸集。假设向量 $\boldsymbol{x}, \boldsymbol{y}$ 在向量空间中，则对于任意实数 $0 \leqslant a \leqslant 1$，$a\boldsymbol{x} + (1-a)\boldsymbol{y}$ 也属于向量空间。向量 $\boldsymbol{x}, \boldsymbol{y}$ 可视为向量空间中的两个点，而 $a\boldsymbol{x} + (1-a)\boldsymbol{y}$ 则可理解成 $\boldsymbol{x}, \boldsymbol{y}$ 之间的连线。

下面是两种常用的凸集：

(1) 单位球体 (unit ball) $S = \{\boldsymbol{x} : \|\boldsymbol{x}\|_2 \leqslant 1\}$。

(2) 非负象限 (nonnegative orthant) $\mathbb{R}_+^n$。

定义 7.4.2[84] 给定一个凸集 $S \in \mathbb{R}^n$ 和函数 $f : S \to \mathbb{R}$，则：

(1) 函数 $f : \mathbb{R}^n \to \mathbb{R}$ 称为凸函数 (convex function)，当且仅当其定义域 $S = \mathrm{dom}(f)$ 是凸集，并且对于所有 $\boldsymbol{x}, \boldsymbol{y} \in S$ 和每一个标量 $\alpha \in (0,1)$，函数满足 Jensen 不等式

$$f(\alpha \boldsymbol{x} + (1-\alpha)\boldsymbol{y}) \leqslant \alpha f(\boldsymbol{x}) + (1-\alpha) f(\boldsymbol{y}) \tag{7.4.2}$$

(2) 函数 $f(\boldsymbol{x})$ 称为严格凸函数 (strictly convex function)，当且仅当 $S = \text{dom}(f)$ 是凸集，并且对于所有 $\boldsymbol{x},\boldsymbol{y} \in S$ 和每一个标量 $\alpha \in (0,1)$，函数满足不等式

$$f(\alpha\boldsymbol{x} + (1-\alpha)\boldsymbol{y}) < \alpha f(\boldsymbol{x}) + (1-\alpha)f(\boldsymbol{y}) \tag{7.4.3}$$

在凸优化中，常要求目标函数为强凸函数 (strongly convex function)，它有 3 种定义：

(1) 函数 $f(\boldsymbol{x})$ 称为强凸函数，若[84]

$$f(\alpha\boldsymbol{x} + (1-\alpha)\boldsymbol{y}) \leqslant \alpha f(\boldsymbol{x}) + (1-\alpha)f(\boldsymbol{y}) - \frac{\mu}{2}\alpha(1-\alpha)\|\boldsymbol{x}-\boldsymbol{y}\|_2^2 \tag{7.4.4}$$

对所有 $\boldsymbol{x},\boldsymbol{y} \in S$ 及 $\alpha \in [0,1]$ 成立。

(2) 函数 $f(\boldsymbol{x})$ 称为强凸函数，若[8]

$$(\nabla f(\boldsymbol{x}) - \nabla f(\boldsymbol{y}))^{\mathrm{T}}(\boldsymbol{x}-\boldsymbol{y}) \geqslant \mu\|\boldsymbol{x}-\boldsymbol{y}\|_2^2 \tag{7.4.5}$$

对所有 $\boldsymbol{x},\boldsymbol{y} \in S$ 及某个 $\mu > 0$ 成立。

(3) 函数 $f(\boldsymbol{x})$ 称为强凸函数，若[84]

$$f(\boldsymbol{y}) \geqslant f(\boldsymbol{x}) + [\nabla f(\boldsymbol{x})]^{\mathrm{T}}(\boldsymbol{y}-\boldsymbol{x}) + \frac{\mu}{2}\|\boldsymbol{y}-\boldsymbol{x}\|_2^2 \tag{7.4.6}$$

上述三种定义中，常数 $\mu\,(>0)$ 称为函数 $f(\boldsymbol{x})$ 的凸性参数 (convexity parameter)。

三种凸函数之间的关系：强凸函数一定是严格凸函数，严格凸函数一定是凸函数，即有

$$\text{强凸函数} \Longrightarrow \text{严格凸函数} \Longrightarrow \text{凸函数} \tag{7.4.7}$$

在工程应用中，如果遇到一个定义在凸集 S 上的目标函数 $f(\boldsymbol{x}): S \to \mathbb{R}$，那么如何判断该函数是否是凸函数? 凸函数辨识的方法分为一阶梯度辨识法和二阶梯度辨识法。

1. 凸函数辨识的一阶充分必要条件

定理 7.4.1[111] 令 $f: S \to \mathbb{R}$ 是定义在 n 维向量空间 $\mathbb{R}^n$ 内的凸集 S 上的函数，并且可微分，则

$$f(\boldsymbol{x})\ \text{凸} \Leftrightarrow \langle \nabla_{\boldsymbol{x}} f(\boldsymbol{x}) - \nabla_{\boldsymbol{x}} f(\boldsymbol{y}), \boldsymbol{x}-\boldsymbol{y}\rangle \geqslant 0,\ \forall\, \boldsymbol{x},\boldsymbol{y} \in S \tag{7.4.8}$$

$$f(\boldsymbol{x})\ \text{严格凸} \Leftrightarrow \langle \nabla_{\boldsymbol{x}} f(\boldsymbol{x}) - \nabla_{\boldsymbol{x}} f(\boldsymbol{y}), \boldsymbol{x}-\boldsymbol{y}\rangle > 0,\ \forall\, \boldsymbol{x},\boldsymbol{y} \in S\ \text{和}\ \boldsymbol{x} \neq \boldsymbol{y} \tag{7.4.9}$$

$$f(\boldsymbol{x})\ \text{强凸} \Leftrightarrow \langle \nabla_{\boldsymbol{x}} f(\boldsymbol{x}) - \nabla_{\boldsymbol{x}} f(\boldsymbol{y}), \boldsymbol{x}-\boldsymbol{y}\rangle \geqslant \mu\|\boldsymbol{x}-\boldsymbol{y}\|_2^2,\ \forall\, \boldsymbol{x},\boldsymbol{y} \in S \tag{7.4.10}$$

定理 7.4.2[11] 若 $f: S \to \mathbb{R}$ 在凸定义域是可微分的，则 f 为凸函数，当且仅当

$$f(\boldsymbol{y}) \geqslant f(\boldsymbol{x}) + \langle \nabla_{\boldsymbol{x}} f(\boldsymbol{x}), \boldsymbol{y}-\boldsymbol{x}\rangle \tag{7.4.11}$$

2. 凸函数辨识的二阶充分必要条件

定理 7.4.3[72] 令 $f: S \to \mathbb{R}$ 是定义在 n 维向量空间 $\mathbb{R}^n$ 内的凸集 S 上的函数，并且可二次微分，则 $f(\boldsymbol{x})$ 是凸函数，当且仅当 Hessian 矩阵半正定

$$\boldsymbol{H}_{\boldsymbol{x}} f(\boldsymbol{x}) = \frac{\partial^2 f(\boldsymbol{x})}{\partial \boldsymbol{x} \partial \boldsymbol{x}^{\mathrm{T}}} \succeq 0, \quad \forall\, \boldsymbol{x} \in S \tag{7.4.12}$$

注释 令 $f: S \to \mathbb{R}$ 是一个定义在 n 维向量空间 $\mathbb{R}^n$ 内的凸集 S 上的函数，并且可二次微分，则 $f(\boldsymbol{x})$ 是严格凸函数，当且仅当 Hessian 矩阵正定

$$\boldsymbol{H}_{\boldsymbol{x}} f(\boldsymbol{x}) = \frac{\partial^2 f(\boldsymbol{x})}{\partial \boldsymbol{x} \partial \boldsymbol{x}^{\mathrm{T}}} \succ 0, \quad \forall\, \boldsymbol{x} \in S \tag{7.4.13}$$

与严格极小点的充分条件要求 Hessian 矩阵在 $\boldsymbol{c}$ 一点正定不同，这里要求 Hessian 矩阵在整个凸集 S 的所有点均正定。

下面的基本性质对于判断一个函数的凸性非常有用 [37]：

(1) 函数 $f: \mathbb{R}^n \to \mathbb{R}$ 是凸函数，当且仅当它在所有线段上是凸的，即 $\tilde{f}(t) \stackrel{\text{def}}{=} f(\boldsymbol{x}_0 + t\boldsymbol{h})$ 对 $t \in \mathbb{R}$ 和所有 $\boldsymbol{x}_0, \boldsymbol{h} \in \mathbb{R}^n$ 都是凸的。

(2) 凸函数的非负求和是凸函数

$$\alpha_1, \alpha_2 \geqslant 0 \text{ 且 } f_1(\boldsymbol{x}), f_2(\boldsymbol{x}) \text{ 为凸函数} \Longrightarrow \alpha_1 f_1(\boldsymbol{x}) + \alpha_2 f_2(\boldsymbol{x}) \text{ 是凸函数}$$

(3) 凸函数的无穷求和、积分为凸函数

$$p(y) \geqslant 0,\ q(\boldsymbol{x}, y) \text{ 在 } \boldsymbol{x} \in S \text{ 是凸函数} \Longrightarrow \int p(y) q(\boldsymbol{x}, y) \mathrm{d}y \text{ 在 } \boldsymbol{x} \in S \text{ 是凸函数}$$

(4) 凸函数各点的上确界 (最小上界) 为凸函数

$$f_\alpha(\boldsymbol{x}) \text{ 为凸函数} \Longrightarrow \sup_{\alpha \in \mathcal{A}} f_\alpha(\boldsymbol{x}) \text{ 是凸函数}$$

(5) 凸函数的仿射变换为凸函数

$$f(\boldsymbol{x}) \text{ 为凸函数} \Longrightarrow f(\boldsymbol{A}\boldsymbol{x} + \boldsymbol{b}) \text{ 为凸函数}$$

值得指出的是，除 L_0 范数以外，向量的所有范数

$$\|\boldsymbol{x}\|_p = \left(\sum_{i=1}^n |\, x_i|^p \right)^{1/p}, p \geqslant 1; \quad \|\boldsymbol{x}\|_\infty = \max_i |\, x_i| \tag{7.4.14}$$

都是凸函数。

7.4.2 无约束凸优化的一阶算法

考虑平滑目标函数 $f(\boldsymbol{x})$ 的无约束凸优化。

定理 7.4.4 [88,p.16] 无约束凸函数 $f(\boldsymbol{x})$ 的任何局部极小点 $\boldsymbol{x}^\star$ 都是该函数的一个全局极小点。若凸函数 $f(\boldsymbol{x})$ 是平滑的 (即可微分的)，则满足 $\frac{\partial f(\boldsymbol{x})}{\partial \boldsymbol{x}} = \boldsymbol{0}$ 的平稳点 $\boldsymbol{x}^\star$ 是 $f(\boldsymbol{x})$ 的一个全局极小点。

引理 7.4.1 [86] 如果 $f(\boldsymbol{x})$ 是强凸函数，则极小化问题 $\min_{\boldsymbol{x} \in Q} f(\boldsymbol{x})$ 是可解的，且其解 $\boldsymbol{x}$ 是唯一的，并有

$$f(\boldsymbol{x}) \geqslant f(\boldsymbol{x}^*) + \frac{1}{2}\mu \|\boldsymbol{x} - \boldsymbol{x}^*\|_2^2, \quad \forall \boldsymbol{x} \in Q \tag{7.4.15}$$

其中 μ 是强凸函数 $f(\boldsymbol{x})$ 的凸性参数。

上述定理和引理表明，在工程应用中，如果我们将目标函数设计成强凸函数，则对应的优化算法将给出一个全局极小点。下面介绍无约束凸优化的几种一阶算法。

1. 梯度下降法

下降法 (descent method) 是一种最简单的一阶优化方法，其求解无约束凸函数最小化问题 $\min f(\boldsymbol{x})$ 的基本思想是：当 $Q = \mathbb{R}^n$ 时，利用优化序列

$$\boldsymbol{x}_{k+1} = \boldsymbol{x}_k + \mu_k \Delta \boldsymbol{x}_k, \qquad k = 1, 2, \cdots \tag{7.4.16}$$

寻找最优点 $\boldsymbol{x}_{\text{opt}}$。式中，$k = 1, 2, \cdots$ 表示迭代次数，$\mu_k \geqslant 0$ 称为第 k 次迭代的步长 (step size 或 step length)，用于控制更新 $\boldsymbol{x}$ 寻优的步伐；Δ 和 $\boldsymbol{x}$ 的连体符号 (concatenated symbols) $\Delta \boldsymbol{x}$ 表示 $\mathbb{R}^n$ 内的一个向量，称为步行方向 (step direction) 或搜索方向 (search direction)，而 $\Delta \boldsymbol{x}_k = \boldsymbol{x}_{k+1} - \boldsymbol{x}_k$ 表示目标函数 $f(\boldsymbol{x})$ 在第 k 次迭代的搜索方向。

由于最小化算法设计要求迭代过程中目标函数是下降的，即

$$f(\boldsymbol{x}_{k+1}) < f(\boldsymbol{x}_k) \tag{7.4.17}$$

所以这种方法称为下降法。这就要求对所有 k，必须有 $\boldsymbol{x}_k \in \text{dom}\, f$。

由目标函数在 $\boldsymbol{x}_k$ 的一阶 Taylor 近似表达式

$$f(\boldsymbol{x}_{k+1}) \approx f(\boldsymbol{x}_k) + (\nabla f(\boldsymbol{x}_k))^{\mathrm{T}} \Delta \boldsymbol{x}_k \tag{7.4.18}$$

易知，若

$$(\nabla f(\boldsymbol{x}_k))^{\mathrm{T}} \Delta \boldsymbol{x}_k < 0 \tag{7.4.19}$$

则 $f(\boldsymbol{x}_{k+1}) < f(\boldsymbol{x}_k)$，故满足 $(\nabla f(\boldsymbol{x}_k))^{\mathrm{T}} \Delta \boldsymbol{x}_k < 0$ 的搜索方向 $\Delta \boldsymbol{x}_k$ 称为目标函数 $f(\boldsymbol{x})$ 在第 k 次迭代的下降步 (descent step) 或下降方向 (descent direction)。

显然，为使 $(\nabla f(\boldsymbol{x}_k))^{\mathrm{T}} \Delta \boldsymbol{x}_k < 0$ 成立，应当取

$$\Delta \boldsymbol{x}_k = -\nabla f(\boldsymbol{x}_k) \cos \theta \tag{7.4.20}$$

其中 $0 \leqslant \theta < \pi/2$ 是下降方向与负梯度方向 $-\nabla f(\boldsymbol{x}_k)$ 之间的夹角，为锐角。

$\theta = 0$ 意味着 $\Delta \boldsymbol{x}_k = -\nabla f(\boldsymbol{x}_k)$，即搜索方向直接取目标函数 f 在点 $\boldsymbol{x}_k$ 的负梯度方向。此时，下降步的长度 $\|\Delta \boldsymbol{x}_k\|_2 = \|\nabla f(\boldsymbol{x}_k)\|_2$ 取最大值，故称下降方向 $\Delta \boldsymbol{x}_k$ 具有最大的下降步伐或速率，与此对应的下降法则称为最速下降法 (steepest descent method)

$$\boldsymbol{x}_{k+1} = \boldsymbol{x}_k - \mu_k \nabla f(\boldsymbol{x}_k), \qquad k = 1, 2, \cdots \tag{7.4.21}$$

最速下降法也可利用函数的二次逼近解释。函数 $f(\boldsymbol{x})$ 在 $\boldsymbol{y}$ 点的二次 Taylor 展开为

$$f(\boldsymbol{y}) \approx f(\boldsymbol{x}) + (\nabla f(\boldsymbol{x}))^{\mathrm{T}} (\boldsymbol{y} - \boldsymbol{x}) + \frac{1}{2} (\boldsymbol{y} - \boldsymbol{x})^{\mathrm{T}} \nabla^2 f(\boldsymbol{x}) (\boldsymbol{y} - \boldsymbol{x}) \tag{7.4.22}$$

若用 $\frac{1}{t}\boldsymbol{I}$ 代替 Hessian 矩阵 $\nabla^2 f(\boldsymbol{x})$，则有

$$f(\boldsymbol{y}) \approx f(\boldsymbol{x}) + (\nabla f(\boldsymbol{x}))^{\mathrm{T}} (\boldsymbol{y} - \boldsymbol{x}) + \frac{1}{2t} \|\boldsymbol{y} - \boldsymbol{x}\|_2^2 \tag{7.4.23}$$

上式为函数 $f(\boldsymbol{x})$ 在点 $\boldsymbol{y}$ 的二次逼近 (quadratic approximation, QA)。易求得梯度向量

$$\nabla f(\boldsymbol{y})=\frac{\partial f(\boldsymbol{y})}{\partial \boldsymbol{y}}=\nabla f(\boldsymbol{x})+\frac{1}{t}(\boldsymbol{y}-\boldsymbol{x})$$

令 $\nabla f(\boldsymbol{y})=\boldsymbol{0}$，便得到解为 $\boldsymbol{y}=\boldsymbol{x}-t\nabla f(\boldsymbol{x})$。令 $\boldsymbol{y}=\boldsymbol{x}_{k+1}$ 和 $\boldsymbol{x}=\boldsymbol{x}_k$，立即得最速下降法的更新公式 $\boldsymbol{x}_{k+1}=\boldsymbol{x}_k-t\nabla f(\boldsymbol{x}_k)$。

最速下降方向 $\Delta\boldsymbol{x}=-\nabla f(\boldsymbol{x})$ 只使用目标函数 $f(\boldsymbol{x})$ 的一阶梯度信息。如果能够再利用目标函数的二阶梯度即 Hessian 矩阵 $\nabla^2 f(\boldsymbol{x}_k)$，则有望找到更好的下降方向。此时，最优下降方向 $\Delta\boldsymbol{x}$ 应该是使 $f(\boldsymbol{x})$ 的二阶 Taylor 逼近函数最小化问题的解

$$\min_{\Delta\boldsymbol{x}} f(\boldsymbol{x}+\Delta\boldsymbol{x})=f(\boldsymbol{x})+(\nabla f(\boldsymbol{x}))^{\mathrm{T}}\Delta\boldsymbol{x}+\frac{1}{2}(\Delta\boldsymbol{x})^{\mathrm{T}}\nabla^2 f(\boldsymbol{x})\Delta\boldsymbol{x} \tag{7.4.24}$$

在最优点，相对于参数向量 $\Delta\boldsymbol{x}$ 的梯度必须等于零，即

$$\frac{\partial f(\boldsymbol{x}+\Delta\boldsymbol{x})}{\partial\Delta\boldsymbol{x}}=\nabla f(\boldsymbol{x})+\nabla^2 f(\boldsymbol{x})\Delta\boldsymbol{x}=\boldsymbol{0} \quad\Leftrightarrow\quad \Delta\boldsymbol{x}_{\mathrm{nt}}=-\left(\nabla^2 f(\boldsymbol{x})\right)^{-1}\nabla f(\boldsymbol{x}) \tag{7.4.25}$$

其中 $\Delta\boldsymbol{x}_{\mathrm{nt}}$ 称为 Newton 步或 Newton 下降方向，相应的寻优方法称为 Newton 法。Newton 法也称 Newton-Raphson 法。

算法 7.4.1 梯度下降算法及其变型

初始化 选择一个起始点 $\boldsymbol{x}_1\in\mathrm{dom}\,f$ 和允许精度 $\varepsilon>0$，并且令 $k=1$。

步骤 1 计算目标函数在点 $\boldsymbol{x}_k$ 的梯度 $\nabla f(\boldsymbol{x}_k)$ (以及 Hessian 矩阵 $\nabla^2 f(\boldsymbol{x}_k)$)，并选择下降方向

$$\Delta\boldsymbol{x}_k=\begin{cases}-\nabla f(\boldsymbol{x}_k) & \text{(最速下降法)}\\ -\left(\nabla^2 f(\boldsymbol{x}_k)\right)^{-1}\nabla f(\boldsymbol{x}_k) & \text{(Newton 法)}\end{cases}$$

步骤 2 选择步长 $\mu_k>0$。

步骤 3 进行更新

$$\boldsymbol{x}_{k+1}=\boldsymbol{x}_k+\mu_k\Delta\boldsymbol{x}_k \tag{7.4.26}$$

步骤 4 判断停止准则是否满足：若 $|f(\boldsymbol{x}_{k+1})-f(\boldsymbol{x}_k)|\leqslant\varepsilon$，则停止迭代，并输出 $\boldsymbol{x}_k$；若不满足，则令 $k\leftarrow k+1$，并返回步骤 1，进行下一轮迭代，直至停止准则满足为止。

2. 共轭梯度法及其变型

考虑矩阵方程 $\boldsymbol{A}\boldsymbol{x}=\boldsymbol{b}$ 的迭代求解，其中 $\boldsymbol{A}\in\mathbb{R}^{n\times n}$ 是一非奇异矩阵。这一矩阵方程可以等价写作

$$\boldsymbol{x}=(\boldsymbol{I}-\boldsymbol{A})\boldsymbol{x}+\boldsymbol{b} \tag{7.4.27}$$

由此启发了下面的迭代算法

$$\boldsymbol{x}_{k+1}=(\boldsymbol{I}-\boldsymbol{A})\boldsymbol{x}_k+\boldsymbol{b} \tag{7.4.28}$$

这一迭代称为 Richardson 迭代，它可以写作更加一般的形式

$$\boldsymbol{x}_{k+1}=\boldsymbol{M}\boldsymbol{x}_k+\boldsymbol{c} \tag{7.4.29}$$

其中 $\boldsymbol{M}$ 是一个 $n\times n$ 矩阵，称为迭代矩阵 (iteration matrix)。

具有式 (7.4.29) 一类形式的迭代称为固定迭代法 (stationary iterative methods)，但它没有非固定迭代法 (nonstationary iterative methods) 有效。

所谓非固定迭代法就是 $\boldsymbol{x}_{k+1}$ 与前面的迭代 $\boldsymbol{x}_k,\boldsymbol{x}_{k-1},\cdots,\boldsymbol{x}_0$ 都有关的一种迭代方法。最典型的非固定迭代法是 Krylov 子空间方法

$$\boldsymbol{x}_{k+1}=\boldsymbol{x}_0+\mathcal{K}_k \tag{7.4.30}$$

式中

$$\mathcal{K}_k=\text{span}(\boldsymbol{r}_0,\boldsymbol{A}\boldsymbol{r}_0,\cdots,\boldsymbol{A}^{k-1}\boldsymbol{r}_0) \tag{7.4.31}$$

称为第 k 次 Krylov 子空间，其中 $\boldsymbol{x}_0$ 是迭代的初始值，而 $\boldsymbol{r}_0$ 表示初始残差 (向量)。

Krylov 子空间方法存在多种形式，下面依次介绍三种最常用的 Krylov 子空间方法：共轭梯度法、双共轭梯度法和预处理共轭梯度法。

(1) 共轭梯度法

共轭梯度法 (conjugate gradient method) 使用 $\boldsymbol{r}_0=\boldsymbol{A}\boldsymbol{x}_0-\boldsymbol{b}$ 作为初始残差向量。

共轭梯度法的适用对象限定为对称正定方程组 $\boldsymbol{A}\boldsymbol{x}=\boldsymbol{b}$，其中 $\boldsymbol{A}$ 是一个 $n\times n$ 的对称正定矩阵。

称非零向量组合 $\{\boldsymbol{p}_0,\boldsymbol{p}_1,\cdots,\boldsymbol{p}_k\}$ 是 $\boldsymbol{A}$- 正交或共轭的，若

$$\boldsymbol{p}_i^{\mathrm{T}}\boldsymbol{A}\boldsymbol{p}_j=0,\quad \forall i\neq j \tag{7.4.32}$$

式 (7.4.32) 描述的性质常常简称为一组向量的 $\boldsymbol{A}$- 正交性或共轭性 (conjugacy)。显然，若 $\boldsymbol{A}=\boldsymbol{I}$，则向量的共轭性退化为普通的向量正交。

凡使用共轭向量作为更新方向的算法统称共轭方向算法。若共轭向量 $\boldsymbol{p}_0,\boldsymbol{p}_1,\cdots,\boldsymbol{p}_{n-1}$ 不是预先设定的，而是在迭代过程中利用梯度下降法更新，则称目标函数 $f(\boldsymbol{x})$ 的最小化算法为共轭梯度算法。

算法 7.4.2　共轭梯度 (CG) 算法 [46, 53]

输入　$n\times n$ 对称矩阵 $\boldsymbol{A}$ 和 $n\times 1$ 向量 $\boldsymbol{b}$，最大迭代步数 $k_{\max}$，允许误差 ε。

初始化　选择 $\boldsymbol{x}_0\in\mathbb{R}^n$，令 $\boldsymbol{r}=\boldsymbol{A}\boldsymbol{x}_0-\boldsymbol{b}$ 和 $\rho_0=\|\boldsymbol{r}\|_2^2$。

迭代　$k=1,2,\cdots,k_{\max}$

1. 若 $k=1$，则 $\boldsymbol{p}=\boldsymbol{r}$。否则，令 $\beta=\rho_{k-1}/\rho_{k-2}$ 和 $\boldsymbol{p}=\boldsymbol{r}+\beta\boldsymbol{p}$;

2. $\boldsymbol{w}=\boldsymbol{A}\boldsymbol{p}$;

3. $\alpha=\rho_{k-1}/\boldsymbol{p}^{\mathrm{T}}\boldsymbol{w}$;

4. $\boldsymbol{x}=\boldsymbol{x}+\alpha\boldsymbol{p}$;

5. $\boldsymbol{r}=\boldsymbol{r}-\alpha\boldsymbol{w}$;

6. $\rho_k=\|\boldsymbol{r}\|_2^2$;

7. 若 $\sqrt{\rho_k}<\varepsilon\|\boldsymbol{b}\|_2$ 或者 $k=k_{\max}$，则停止迭代，并输出 $\boldsymbol{x}$；否则，令 $k=k+1$，并返回步骤1，继续迭代。

由上述算法可以看出，在共轭梯度法的迭代过程中，矩阵方程 $\boldsymbol{Ax}=\boldsymbol{b}$ 的解为

$$\boldsymbol{x}_k=\sum_{i=1}^{k}\alpha_i\boldsymbol{p}_i=\sum_{i=1}^{k}\frac{\langle\boldsymbol{r}_{i-1},\boldsymbol{r}_{i-1}\rangle}{\langle\boldsymbol{p}_i,\boldsymbol{Ap}_i\rangle}\boldsymbol{p}_i \tag{7.4.33}$$

即 $\boldsymbol{x}_k$ 属于第 k 次 Krylov 子空间

$$\boldsymbol{x}_k\in\text{span}\{\boldsymbol{p}_1,\boldsymbol{p}_2,\cdots,\boldsymbol{p}_k\}=\text{span}\{\boldsymbol{r}_0,\boldsymbol{Ar}_0,\cdots,\boldsymbol{A}^{k-1}\boldsymbol{r}_0\}$$

与固定迭代法的迭代矩阵 $\boldsymbol{M}$ 需要构造和存储不同，算法 7.4.2 中的矩阵 $\boldsymbol{A}$ 只是参与矩阵与向量的相乘 $\boldsymbol{Ap}$。因此，Krylov 子空间法又称为无矩阵 (matrix-free) 方法 [53]。

(2) 双共轭梯度法

若矩阵 $\boldsymbol{A}$ 不是实对称矩阵，则可使用 Fletcher [35] 提出的双共轭梯度法 (biconjugate gradient method) 求解矩阵方程 $\boldsymbol{Ax}=\boldsymbol{b}$。顾名思义，在这种方法中，有两个搜索方向 $\boldsymbol{p},\bar{\boldsymbol{p}}$ 与矩阵 $\boldsymbol{A}$ 共轭

$$\left.\begin{aligned}\bar{\boldsymbol{p}}_i^{\mathrm{T}}\boldsymbol{Ap}_j=\boldsymbol{p}_i^{\mathrm{T}}\boldsymbol{A}\bar{\boldsymbol{p}}_j&=0,\quad i\neq j\\ \bar{\boldsymbol{r}}_i^{\mathrm{T}}\boldsymbol{r}_j=\boldsymbol{r}_i^{\mathrm{T}}\bar{\boldsymbol{r}}_j^{\mathrm{T}}&=0,\quad i\neq j\\ \bar{\boldsymbol{r}}_i^{\mathrm{T}}\boldsymbol{p}_j=\boldsymbol{r}_i^{\mathrm{T}}\bar{\boldsymbol{p}}_j^{\mathrm{T}}&=0,\quad j<i\end{aligned}\right\} \tag{7.4.34}$$

算法 7.4.3 双共轭梯度法 [35, 58]

初始化 $\boldsymbol{p}_1=\boldsymbol{r}_1,\bar{\boldsymbol{p}}_1=\bar{\boldsymbol{r}}_1$。

迭代 对 $k=0,1,\cdots,k_{\max}$，计算

$$\begin{aligned}\alpha_k&=\bar{\boldsymbol{r}}_k^{\mathrm{T}}\boldsymbol{r}_k/(\bar{\boldsymbol{p}}_k^{\mathrm{T}}\boldsymbol{Ap}_k)\\ \boldsymbol{r}_{k+1}&=\boldsymbol{r}_k-\alpha_k\boldsymbol{Ap}_k\\ \bar{\boldsymbol{r}}_{k+1}&=\bar{\boldsymbol{r}}_k-\alpha_k\boldsymbol{A}^{\mathrm{T}}\bar{\boldsymbol{p}}_k\\ \beta_k&=\bar{\boldsymbol{r}}_{k+1}^{\mathrm{T}}\boldsymbol{r}_{k+1}/(\bar{\boldsymbol{r}}_k^{\mathrm{T}}\boldsymbol{r}_k)\\ \boldsymbol{p}_{k+1}&=\boldsymbol{r}_{k+1}+\beta_k\boldsymbol{p}_k\\ \bar{\boldsymbol{p}}_{k+1}&=\bar{\boldsymbol{r}}_{k+1}+\beta_k\bar{\boldsymbol{p}}_k\end{aligned}$$

输出

$$\boldsymbol{x}_{k+1}=\boldsymbol{x}_k+\alpha_k\boldsymbol{p}_k,\qquad\bar{\boldsymbol{x}}_{k+1}=\bar{\boldsymbol{x}}_k+\alpha_k\bar{\boldsymbol{p}}_k$$

(3) 预处理共轭梯度法

1988 年，Bramble 与 Pasciak [12] 针对对称不定鞍点问题 (symmetric indefinite saddle point problems)

$$\begin{bmatrix}\boldsymbol{A}&\boldsymbol{B}^{\mathrm{T}}\\ \boldsymbol{B}&\boldsymbol{O}\end{bmatrix}\begin{bmatrix}\boldsymbol{x}\\ \boldsymbol{q}\end{bmatrix}=\begin{bmatrix}\boldsymbol{f}\\ \boldsymbol{g}\end{bmatrix}$$

开创性地提出了预处理共轭梯度 (preconditioned conjugate gradient) 迭代。其中，$\boldsymbol{A}$ 是一个 $n\times n$ 实对称正定矩阵，$\boldsymbol{B}$ 是一个 $m\times n$ 实矩阵，具有满行秩 $m\ (\leqslant n)$，而 $\boldsymbol{O}$ 是一个 $m\times m$ 零矩阵。

预处理共轭梯度迭代的基本思想是：通过灵巧选择标量积的形式，使得预处理后的鞍点矩阵变成对称正定矩阵。

为了简化讨论，假定需要将一个条件数大的矩阵方程 $\boldsymbol{Ax}=\boldsymbol{b}$ 转换成另外一个具有相同解的对称正定方程。令 $\boldsymbol{M}$ 是一个可以逼近 $\boldsymbol{A}$ 的对称正定矩阵，但比 $\boldsymbol{A}$ 更容易求逆。于是，原矩阵方程 $\boldsymbol{Ax}=\boldsymbol{b}$ 可以转换成 $\boldsymbol{M}^{-1}\boldsymbol{Ax}=\boldsymbol{M}^{-1}\boldsymbol{b}$，两者具有相同的解。然而，矩阵方程 $\boldsymbol{M}^{-1}\boldsymbol{Ax}=\boldsymbol{M}^{-1}\boldsymbol{b}$ 存在一个隐患：$\boldsymbol{M}^{-1}\boldsymbol{A}$ 一般既不是对称的，也不是正定的，即使 $\boldsymbol{M}$ 和 $\boldsymbol{A}$ 都是对称正定的。因此，直接用矩阵 $\boldsymbol{M}^{-1}$ 作为矩阵方程 $\boldsymbol{Ax}=\boldsymbol{b}$ 的预处理器是不可靠的。

令 $\boldsymbol{S}$ 是对称矩阵 $\boldsymbol{M}$ 的平方根，即 $\boldsymbol{M}=\boldsymbol{SS}^{\mathrm{T}}$，其中 $\boldsymbol{S}$ 是对称正定的。现在，使用 $\boldsymbol{S}^{-1}$ 代替 $\boldsymbol{M}^{-1}$ 作为预处理器，将原矩阵方程 $\boldsymbol{Ax}=\boldsymbol{b}$ 变成 $\boldsymbol{S}^{-1}\boldsymbol{Ax}=\boldsymbol{S}^{-1}\boldsymbol{b}$。若令 $\boldsymbol{x}=\boldsymbol{S}^{-\mathrm{T}}\hat{\boldsymbol{x}}$，则预处理后的矩阵方程为

$$\boldsymbol{S}^{-1}\boldsymbol{AS}^{-\mathrm{T}}\hat{\boldsymbol{x}}=\boldsymbol{S}^{-1}\boldsymbol{b} \tag{7.4.35}$$

与矩阵 $\boldsymbol{M}^{-1}\boldsymbol{A}$ 一般缺乏对称正定性不同，若 $\boldsymbol{A}$ 是对称正定的，则 $\boldsymbol{S}^{-1}\boldsymbol{AS}^{-\mathrm{T}}$ 一定是对称正定的。这是因为，$\boldsymbol{S}^{-1}\boldsymbol{AS}^{-\mathrm{T}}$ 的对称性很容易看出，正定性也容易验证：检验二次型函数易知，$\boldsymbol{y}^{\mathrm{T}}(\boldsymbol{S}^{-1}\boldsymbol{AS}^{-\mathrm{T}})\boldsymbol{y}=\boldsymbol{z}^{\mathrm{T}}\boldsymbol{Az}$，其中 $\boldsymbol{z}=\boldsymbol{S}^{-\mathrm{T}}\boldsymbol{y}$。由于 $\boldsymbol{A}$ 是对称正定的，故 $\boldsymbol{z}^{\mathrm{T}}\boldsymbol{Az}>0,\ \forall\boldsymbol{z}\neq\boldsymbol{0}$，从而 $\boldsymbol{y}^{\mathrm{T}}(\boldsymbol{S}^{-1}\boldsymbol{AS}^{-\mathrm{T}})\boldsymbol{y}>0,\forall\boldsymbol{y}\neq\boldsymbol{0}$。即是说，$\boldsymbol{S}^{-1}\boldsymbol{AS}^{-\mathrm{T}}$ 一定是正定的。

这样一来，共轭梯度法可以应用于求解矩阵方程式 (7.4.35)，得到 $\hat{\boldsymbol{x}}$，然后再由 $\boldsymbol{x}=\boldsymbol{S}^{-\mathrm{T}}\hat{\boldsymbol{x}}$ 即可恢复 $\boldsymbol{x}$。

算法 7.4.4　使用预处理器的预处理共轭梯度算法 [113]

输入　$\boldsymbol{A},\boldsymbol{b}$，预处理器 $\boldsymbol{S}^{-1}$ (也许隐定义)，最大迭代步数 $k_{\max}$，容许误差 $\varepsilon<1$。

初始化　$k=0,\ \boldsymbol{r}=\boldsymbol{Ax}-\boldsymbol{b},\ \boldsymbol{d}=\boldsymbol{S}^{-1}\boldsymbol{r},\ \delta_{\text{new}}=\boldsymbol{r}^{\mathrm{T}},\ \delta_0=\delta_{\text{new}}$。

迭代　若 $k=k_{\max}$ 或者 $\delta_{\text{new}}<\varepsilon^2\delta_0$，则停止迭代；否则，进行以下计算。

1. $\boldsymbol{q}=\boldsymbol{Ad}$;
2. $\alpha=\delta_{\text{new}}/(\boldsymbol{d}^{\mathrm{T}}\boldsymbol{q})$;
3. $\boldsymbol{x}=\boldsymbol{x}+\alpha\boldsymbol{d}$;
4. 若 k 能够被 50 整除，则 $\boldsymbol{r}=\boldsymbol{b}-\boldsymbol{Ax}$。否则，$\boldsymbol{r}=\boldsymbol{r}-\alpha\boldsymbol{q}$;
5. $\boldsymbol{s}=\boldsymbol{S}^{-1}\boldsymbol{r}$;
6. $\delta_{\text{old}}=\delta_{\text{new}}$;
7. $\delta_{\text{new}}=\boldsymbol{r}^{\mathrm{T}}\boldsymbol{s}$;
8. $\beta=\delta_{\text{new}}/\delta_{\text{old}}$;
9. $\boldsymbol{d}=\boldsymbol{s}+\beta\boldsymbol{d}$;
10. $k=k+1$，并重复以上迭代。

预处理器可以避免被使用，因为容易看出矩阵方程 $\boldsymbol{Ax}=\boldsymbol{b}$ 与 $\boldsymbol{S}^{-1}\boldsymbol{AS}^{-\mathrm{T}}\hat{\boldsymbol{x}}=\boldsymbol{S}^{-1}\boldsymbol{b}$ 的变元之间存在下列对应关系 [53]

$$\boldsymbol{x}_k=\boldsymbol{S}^{-1}\hat{\boldsymbol{x}}_k,\quad \boldsymbol{r}_k=\boldsymbol{S}\hat{\boldsymbol{r}}_k,\quad \boldsymbol{p}_k=\boldsymbol{S}^{-1}\hat{\boldsymbol{p}}_k,\quad \boldsymbol{z}_k=\boldsymbol{S}^{-1}\hat{\boldsymbol{r}}_k$$

利用这些对应关系，可以由共轭梯度法得到下面的预处理共轭梯度算法。

算法 7.4.5　不用预处理器的预处理共轭梯度算法 [53]

输入　$n\times n$ 对称矩阵 $\boldsymbol{A}$ 和 $n\times 1$ 向量 $\boldsymbol{b}$，最大迭代步数 $k_{\max}$，允许误差 ε。

初始化 $\boldsymbol{x}_0 \in \mathbb{R}^n, \boldsymbol{r} = \boldsymbol{A}\boldsymbol{x}_0 - \boldsymbol{b}, \rho_0 = \|\boldsymbol{r}\|_2^2$。

迭代 $k = 1, 2, \cdots, k_{\max}$

1. $\boldsymbol{z} = \boldsymbol{M}\boldsymbol{r}$;
2. $\tau_{k-1} = \boldsymbol{z}^{\mathrm{T}}\boldsymbol{r}$;
3. 若 $k = 1$，则 $\beta = 0$ 和 $\boldsymbol{p} = \boldsymbol{z}$。否则，令 $\beta = \tau_{k-1}/\tau_{k-2}$ 和 $\boldsymbol{p} = \boldsymbol{z} + \beta\boldsymbol{p}$;
4. $\boldsymbol{w} = \boldsymbol{A}\boldsymbol{p}$;
5. $\alpha = \tau_{k-1}/\boldsymbol{p}^{\mathrm{T}}\boldsymbol{w}$;
6. $\boldsymbol{x} = \boldsymbol{x} + \alpha\boldsymbol{p}$;
7. $\boldsymbol{r} = \boldsymbol{r} - \alpha\boldsymbol{w}$;
8. $\rho_k = \boldsymbol{r}^{\mathrm{T}}\boldsymbol{r}$;
9. 若 $\sqrt{\rho_k} < \varepsilon\|\boldsymbol{b}\|_2$ 或者 $k = k_{\max}$，则停止迭代，并输出 $\boldsymbol{x}$；否则，令 $k = k + 1$，并返回步骤1，继续迭代。

文献 [113] 给出了共轭梯度法的精彩导论。

对于复矩阵方程 $\boldsymbol{A}\boldsymbol{x} = \boldsymbol{b}$，其中 $\boldsymbol{A} \in \mathbb{C}^{n\times n}, \boldsymbol{x} \in \mathbb{C}^n, \boldsymbol{b} \in \mathbb{C}^n$，可以将它按照实部和虚部变成下面的实矩阵方程

$$\begin{bmatrix} \boldsymbol{A}_{\mathrm{R}} & -\boldsymbol{A}_{\mathrm{I}} \\ \boldsymbol{A}_{\mathrm{I}} & \boldsymbol{A}_{\mathrm{R}} \end{bmatrix} = \begin{bmatrix} \boldsymbol{b}_{\mathrm{R}} \\ \boldsymbol{b}_{\mathrm{I}} \end{bmatrix} \tag{7.4.36}$$

若 $\boldsymbol{A} = \boldsymbol{A}_{\mathrm{R}} + \mathrm{j}\boldsymbol{A}_{\mathrm{I}}$ 是 Hermitian 正定矩阵，则式 (7.4.36) 是对称正定矩阵。因此，共轭梯度算法和预处理共轭梯度算法即可用于求出 $(\boldsymbol{x}_{\mathrm{R}}, \boldsymbol{x}_{\mathrm{I}})$。

预处理共轭梯度法是求解偏微分方程的一种广泛适用的技术，在优化控制中有着重要的应用 [50]。事实上，正如后面将介绍的那样，求解优化问题的 KKT 方程和 Newton 方程也经常需要利用预处理共轭梯度法，以提高求解优化搜索方向的数值稳定性。

7.5 约束凸优化算法

上一节讨论了无约束优化问题，本节将讨论约束优化问题。求解约束优化问题的基本思想是将其变为无约束优化问题。

7.5.1 标准约束优化问题

考虑标准形式的约束优化问题

$$\min_{\boldsymbol{x}} \ f_0(\boldsymbol{x}) \quad \text{subject to } f_i(\boldsymbol{x}) \leqslant 0,\ i = 1, 2, \cdots, m; \boldsymbol{A}\boldsymbol{x} = \boldsymbol{b} \tag{7.5.1}$$

若定义 $h_i(\boldsymbol{x})$ 是列向量 $\boldsymbol{A}\boldsymbol{x} - \boldsymbol{b}$ 的第 i 个元素，则标准形式的优化问题可以改写为

$$\min_{\boldsymbol{x}} \ f_0(\boldsymbol{x}) \quad \text{subject to } f_i(\boldsymbol{x}) \leqslant 0,\ i = 1, 2, \cdots, m; h_i(\boldsymbol{x}) = 0,\ i = 1, 2, \cdots, q \tag{7.5.2}$$

约束优化问题中的变量 $\boldsymbol{x}$ 为优化变量或决策变量，函数 $f_0(\boldsymbol{x})$ 称为目标函数 (或代价函数)，而

$$f_i(\boldsymbol{x}) \leqslant 0,\ \boldsymbol{x} \in \mathcal{I} \quad \text{和} \quad h_i(\boldsymbol{x}) = 0,\ \boldsymbol{x} \in \mathcal{E} \tag{7.5.3}$$

分别称为不等式约束条件和等式约束条件。其中，$\mathcal{I}$ 和 $\mathcal{E}$ 分别是不等式约束函数和等式约束函数的定义域

$$\mathcal{I} = \bigcap_{i=1}^{m} \text{dom}\ f_i \quad \text{和} \quad \mathcal{E} = \bigcap_{i=1}^{q} \text{dom}\ h_i \tag{7.5.4}$$

不等式约束 $f_i(\boldsymbol{x}) \leqslant 0 (i = 1, 2, \cdots, m)$ 和等式约束 $h_i(\boldsymbol{x}) = 0 (i = 1, 2, \cdots, q)$ 表示对 $\boldsymbol{x}$ 的可能选择进行限制的 $m + q$ 个严格要求或规定。目标函数 $f_0(\boldsymbol{x})$ 表示选择 $\boldsymbol{x}$ 所付出的代价。相反，负目标函数 $-f_0(\boldsymbol{x})$ 则可以理解成选择 $\boldsymbol{x}$ 所获得的价值或者收获的效益。因此，约束优化问题式 (7.5.2) 的解对应于选择 $\boldsymbol{x}$，以便在满足 $m+q$ 个严格要求的所有被选 $\boldsymbol{x}$ 中，使代价最小化或者使效益最大化。

满足所有不等式约束和等式约束的点 $\boldsymbol{x}$ 称为一个可行点。所有可行点组成的集合称为可行域或可行集，定义为

$$\mathcal{F} = \mathcal{I} \cap \mathcal{E} = \{\boldsymbol{x} | f_i(\boldsymbol{x}) \leqslant 0,\ i = 1, 2, \cdots, m; h_i(\boldsymbol{x}) = 0,\ i = 1, 2, \cdots, q\} \tag{7.5.5}$$

可行集以外的点统称非可行点 (infeasible point)。于是，目标函数的定义域 dom f_0 和可行域 $\mathcal{F}$ 的交集

$$\mathcal{D} = \text{dom}\ f_0 \cap \bigcap_{i=1}^{m} \text{dom}\ f_i \cap \bigcap_{i=1}^{p} \text{dom}\ h_i = \text{dom}\ f_0 \cap \mathcal{F} \tag{7.5.6}$$

称为优化问题的定义域。

通常，一个约束最优化问题是很难求解的，特别是当 $\boldsymbol{x}$ 中的决策变量个数很大时，问题的求解尤为困难。这一困难的产生有以下几个主要原因 [37]：

(1) 优化问题的定义区域可能弥漫着局部最优解。

(2) 可能非常难于求出一个可行点。

(3) 一般优化算法中使用的停止准则往往在约束优化问题中失效。

(4) 优化算法的收敛速率可能很差。

(5) 数值问题可能使极小化算法要么完全停止不前，要么徘徊不止，无法正常收敛。

约束优化问题的上述困难可以借助凸优化技术加以克服。所谓凸优化，就是在凸集的约束下，凸 (或凹) 目标函数的极小化 (或极大化)。凸优化是最优化、凸分析和数值计算三门学科的融合。

获得约束优化问题的一个可行点 $\boldsymbol{x}$ 并不困难，但问题是如何判断这个可行点是否是一个最优点。

最小值原理　若 $f(\boldsymbol{x})$ 是凸优化问题的目标函数，则可行点 $\boldsymbol{x}$ 是最优解点的充分必要条件是

$$\langle \nabla f(\boldsymbol{x}), \boldsymbol{y} - \boldsymbol{x} \rangle \geqslant 0, \quad \forall\ \boldsymbol{y} \in K \tag{7.5.7}$$

7.5.2 极小 – 极大化与极大 – 极小化方法

目标函数为凸函数，并且其定义域为凸集的优化问题称为无约束凸优化问题。目标函数和不等式约束函数均为凸函数，等式约束函数为仿射函数，并且定义域为凸集的优化问题则称为约束凸优化问题。

考虑标准约束极小化问题式 (7.5.2)，并作如下假定：

(1) 不等式约束函数 $f_i(\boldsymbol{x}), i = 1, 2, \cdots, m$ 均为凸函数。

(2) 等式约束函数 $h_i(\boldsymbol{x})$ 具有仿射函数形式 $\boldsymbol{h}(\boldsymbol{x}) = \boldsymbol{A}\boldsymbol{x} - \boldsymbol{b}$。

(3) 原始目标函数 $f_0(\boldsymbol{x})$ 为平滑函数 (可微分)，但不是凸函数。

定义 Lagrangian 目标函数

$$L(\boldsymbol{x}, \boldsymbol{\lambda}, \boldsymbol{\nu}) = f_0(\boldsymbol{x}) + \sum_{i=1}^{m} \lambda_i f_i(\boldsymbol{x}) + \sum_{i=1}^{q} \nu_i h_i(\boldsymbol{x}) \tag{7.5.8}$$

式中，$\lambda_i (i = 1, 2, \cdots, m)$ 和 $\nu_i (i = 1, 2, \cdots, q)$ 分别是针对不等式约束 $f_i(\boldsymbol{x}) \leqslant 0$ 和等式约束 $h_i(\boldsymbol{x}) = 0$ 的 Lagrangian 乘子，$\boldsymbol{\lambda}, \boldsymbol{\nu}$ 为 Lagrangian 乘子向量。向量 $\boldsymbol{x}$ 有时称为优化变量 (optimization variable) 或决策变量 (decision variable) 或原始变量 (primal variable)，而 $\boldsymbol{\lambda}$ 也称对偶变量 (dual variable)。

于是，利用 Lagrangian 乘子法 (或 Lagrangian 松弛法)，约束优化问题式 (7.5.2) 可以松弛为无约束优化问题

$$\min_{\boldsymbol{x}, \boldsymbol{\lambda}, \boldsymbol{\nu}} L(\boldsymbol{x}, \boldsymbol{\lambda}, \boldsymbol{\nu}) = \min_{\boldsymbol{x}, \boldsymbol{\lambda}, \boldsymbol{\nu}} \left(f_0(\boldsymbol{x}) + \sum_{i=1}^{m} \lambda_i f_i(\boldsymbol{x}) + \sum_{i=1}^{q} \nu_i h_i(\boldsymbol{x}) \right) \tag{7.5.9}$$

原约束优化问题式 (7.5.2) 称为原始问题，而无约束优化问题式 (7.5.9) 则称为对偶问题。

由于优化变量 $\boldsymbol{x}$ 和 Lagrangian 乘子向量 $(\boldsymbol{\lambda}, \boldsymbol{\nu})$ 耦合在一起，求解无约束优化问题式 (7.5.9) 的基本思路是解耦为两个子优化问题：一个关于变量 $\boldsymbol{x}$ 的优化问题，另一个关于 Lagrangian 乘子向量 $(\boldsymbol{\lambda}, \boldsymbol{\nu})$ 的优化问题。根据两个子优化问题求解的顺序，存在求解无约束优化问题式 (7.5.9) 的两种方法。

1. 极小 – 极大化方法

先考虑对 Lagrangian 乘子向量 $(\boldsymbol{\lambda}, \boldsymbol{\nu})$ 的约束优化。为了避免违背不等式约束的情况 $\sum\limits_{j=1}^{m} \lambda_j f_j(\boldsymbol{x}) \geqslant 0$ 的出现，对 Largangian 乘子向量 $\boldsymbol{\lambda} = [\lambda_1, \lambda_2, \cdots, \lambda_m]^{\mathrm{T}}$ 的每一个元素，都必须约束它们是非负的，即 $\lambda_j \geqslant 0 \, (j = 1, 2, \cdots, m)$。向量元素的非负性约束可以用符号

$$\boldsymbol{\lambda} \succeq \mathbf{0} \tag{7.5.10}$$

简记之。对等式约束 $h_j(\boldsymbol{x}) = 0$，则无须对 Lagrangian 乘子向量 $\boldsymbol{\nu}$ 加任何限制。

由于 Lagrangian 乘子向量必须满足非负性约束，所以 Lagrangian 目标函数表达式 (7.5.8) 的第二项一定小于或者等于零，于是有

$$L(\boldsymbol{x}, \boldsymbol{\lambda}, \boldsymbol{\nu}) \leqslant f_0(\boldsymbol{x}) \tag{7.5.11}$$

显然，对 Lagrangian 目标函数的优化应该为极大化，即

$$J_1(\boldsymbol{x}) = \max_{\boldsymbol{\lambda} \succeq \mathbf{0}, \boldsymbol{\nu}} L(\boldsymbol{x}, \boldsymbol{\lambda}, \boldsymbol{\nu}) = \max_{\boldsymbol{\lambda} \succeq \mathbf{0}, \boldsymbol{\nu}} \left(f_0(\boldsymbol{x}) + \sum_{i=1}^{m} \lambda_i f_i(\boldsymbol{x}) + \sum_{i=1}^{q} \nu_i h_i(\boldsymbol{x}) \right) \tag{7.5.12}$$

于是，无约束优化问题式 (7.5.9) 的求解变成 $J_1(\boldsymbol{x})$ 的极小化，即

$$J_{\mathrm{P}}(\boldsymbol{x}) = \min_{\boldsymbol{x}} J_1(\boldsymbol{x}) = \min_{\boldsymbol{x}} \max_{\boldsymbol{\lambda}\succeq \mathbf{0},\boldsymbol{\nu}} L(\boldsymbol{x},\boldsymbol{\lambda},\boldsymbol{\nu}) \tag{7.5.13}$$

这是一个极小 – 极大化问题。由于 $\max_{\boldsymbol{\lambda}\succeq \mathbf{0},\boldsymbol{\nu}} L(\boldsymbol{x},\boldsymbol{\lambda},\boldsymbol{\nu})$ 得到的是 Lagrangian 目标函数 $L(\boldsymbol{x},\boldsymbol{\lambda},\boldsymbol{\nu})$ 的上界。因此，$\min_{\boldsymbol{x}} \max_{\boldsymbol{\lambda}\succeq \mathbf{0},\boldsymbol{\nu}} L(\boldsymbol{x},\boldsymbol{\lambda},\boldsymbol{\nu})$ 给出的是 $L(\boldsymbol{x},\boldsymbol{\lambda},\boldsymbol{\nu})$ 的最小上界即上确界 (supremum)：

$$J_{\mathrm{P}}(\boldsymbol{x}) = \sup\left(f_0(\boldsymbol{x}) + \sum_{i=1}^{m}\lambda_i f_i(\boldsymbol{x}) + \sum_{i=1}^{q}\nu_i h_i(\boldsymbol{x})\right) \tag{7.5.14}$$

这是原始约束极小化问题变成无约束极小化问题后的代价函数，简称原始代价函数。

由式 (7.5.14) 和式 (7.5.12) 易知，原始约束极小化问题的最优值

$$p^\star = J_{\mathrm{P}}(\boldsymbol{x}^\star) = \min_{\boldsymbol{x}} f_0(\boldsymbol{x}) = f_0(\boldsymbol{x}^\star) \tag{7.5.15}$$

简称最优原始值 (optimal primal value)。

极小 – 极大化方法的主要问题是：任何一个非凸函数的极小化都不可能转变为另外一个凸函数的极小化。如果原始目标函数 $f_0(\boldsymbol{x})$ 不是凸函数，那么 $J_{\mathrm{P}}(\boldsymbol{x})$ 也不可能是凸函数。因此，即使我们设计了一种优化算法，可以得到原始代价函数的某个局部极值点 $\tilde{\boldsymbol{x}}$，也不能保证它是一个全局极值点。换言之，最优原始值 $p^\star$ 通常无法利用优化算法实际获得。

2. 极大 – 极小化方法

考虑另一个目标函数

$$J_2(\boldsymbol{\lambda},\boldsymbol{\nu}) = \min_{\boldsymbol{x}} L(\boldsymbol{x},\boldsymbol{\lambda},\boldsymbol{\nu}) = \min_{\boldsymbol{x}}\left(f_0(\boldsymbol{x}) + \sum_{i=1}^{m}\lambda_i f_i(\boldsymbol{x}) + \sum_{i=1}^{q}\nu_i h_i(\boldsymbol{x})\right) \tag{7.5.16}$$

由于未考虑对 Lagrangian 乘子向量 $\boldsymbol{\lambda}$ 的任何约束，所以有可能出现某个或者某些 Lagrangian 乘子 $\lambda_j < 0$ 的情况，以至于 $\sum_{j=1}^{m}\lambda_j f_j(\boldsymbol{x}) > 0$。此时，Lagrangian 目标函数

$$L(\boldsymbol{x},\boldsymbol{\lambda},\boldsymbol{\nu}) \geqslant f_0(\boldsymbol{x}) \tag{7.5.17}$$

因此，$L_2(\boldsymbol{\lambda},\boldsymbol{\nu})$ 取 Lagrangian 目标函数 $L(\boldsymbol{x},\boldsymbol{\lambda},\boldsymbol{\nu})$ 的下界。

此时，应该对下界函数 $L_2(\boldsymbol{\lambda},\boldsymbol{\nu})$ 极大化，以得到 Lagrangian 目标函数 $L(\boldsymbol{x},\boldsymbol{\lambda},\boldsymbol{\nu})$ 的最大下界即下确界 (infimum)：

$$\begin{aligned} J_{\mathrm{D}}(\boldsymbol{\lambda},\boldsymbol{\nu}) &= \max_{\boldsymbol{\lambda}\succeq \mathbf{0},\boldsymbol{\nu}} J_2(\boldsymbol{\lambda},\boldsymbol{\nu}) = \max_{\boldsymbol{\lambda}\succeq \mathbf{0},\boldsymbol{\nu}} \min_{\boldsymbol{x}} L(\boldsymbol{x},\boldsymbol{\lambda},\boldsymbol{\nu}) \\ &= \inf\left(f_0(\boldsymbol{x}) + \sum_{i=1}^{m}\lambda_i f_i(\boldsymbol{x}) + \sum_{i=1}^{q}\nu_i h_i(\boldsymbol{x})\right) \end{aligned} \tag{7.5.18}$$

函数 $J_2(\boldsymbol{\lambda},\boldsymbol{\nu})$ 称为原始问题的对偶目标函数。

由式 (7.5.18) 定义的对偶目标函数具有以下特点：

(1) 对偶目标函数 $J_{\mathrm{D}}(\boldsymbol{\lambda},\boldsymbol{\nu})$ 是 Lagrangian 目标函数 $L(\boldsymbol{x},\boldsymbol{\lambda},\boldsymbol{\nu})$ 的极大 – 极小化函数即最大下界。

(2) 对偶目标函数 $J_{\mathrm{D}}(\boldsymbol{\lambda},\boldsymbol{\nu})$ 是极大化的目标函数，因此它不是代价函数，而是价值或收益函数。

(3) 对偶目标函数 $J_{\mathrm{D}}(\boldsymbol{\lambda},\boldsymbol{\nu})$ 是下无界的：其下界为 $-\infty$。因此，$J_{\mathrm{D}}(\boldsymbol{\lambda},\boldsymbol{\nu})$ 是变元 $\boldsymbol{x}$ 的凹函数，即使 $f_0(\boldsymbol{x})$ 不是凸函数。

由于约束极小化问题通过 Lagrangian 乘子法，变成了无约束凹函数的极大化问题，所以常称这一方法为 Lagrangian 对偶法。

记对偶目标函数的最优值 (简称为最优对偶值) 为

$$d^\star = J_{\mathrm{D}}(\boldsymbol{\lambda}^\star,\boldsymbol{\nu}^\star) \tag{7.5.19}$$

由于对偶目标函数 $J_{\mathrm{D}}(\boldsymbol{\lambda},\boldsymbol{\nu})$ 属于凹函数的极大化，根据定理 7.5.4 知，其任何一个局部极值点都是一个全局极值点。

由于一个函数的最大下界总是小于或者等于该函数的最小上界，故

$$d^\star \leqslant \min_{\boldsymbol{x}} f_0(\boldsymbol{x}) = p^\star \tag{7.5.20}$$

最优原始值 $p^\star$ 与最优对偶值 $d^\star$ 之差 $p^\star - d^\star$ 称为原始极小化问题与对偶极大化问题的对偶间隙 (duality gap)。

若 $d^\star \leqslant p^\star$，则称 Lagrangian 对偶法具有弱对偶性 (weak duality)；而当 $d^\star = p^\star$ 时，则称 Lagrangian 对偶法满足强对偶性 (strong duality)。

令 $\boldsymbol{x}^\star$ 和 $(\boldsymbol{\lambda}^\star,\boldsymbol{\nu}^\star)$ 分别表示具有零对偶间隙 $\varepsilon = p^\star - d^\star = 0$ 的任意原始最优点和对偶最优点。由于 $\boldsymbol{x}^\star$ 使 Lagrangian 目标函数 $L(\boldsymbol{x},\boldsymbol{\lambda}^\star,\boldsymbol{\nu}^\star)$ 在所有原始可行点 $\boldsymbol{x}$ 中最小化，所以 Lagrangian 目标函数在点 $\boldsymbol{x}^\star$ 的梯度向量必然等于零向量

$$\nabla f_0(\boldsymbol{x}^\star) + \sum_{i=1}^{m}\lambda_i^\star \nabla f_i(\boldsymbol{x}^\star) + \sum_{i=1}^{q}\nu_i^\star \nabla h_i(\boldsymbol{x}^\star) = \boldsymbol{0}$$

将有关条件综合起来，Lagrangian 对偶无约束优化问题的原始最优点 $\boldsymbol{x}^\star$ 应该满足局部极小解的一阶必要条件如下 [88]：

$$\left.\begin{aligned} f_i(\boldsymbol{x}^\star) \leqslant 0, &\quad i=1,2,\cdots,m \quad (\text{原始不等式约束}) \\ h_i(\boldsymbol{x}^\star) = 0, &\quad i=1,2,\cdots,q \quad (\text{原始等式约束}) \\ \lambda_i^\star \geqslant 0, &\quad i=1,2,\cdots,m \quad (\text{非负性}) \\ \lambda_i^\star f_i(\boldsymbol{x}^\star) = 0, &\quad i=1,2,\cdots,m \quad (\text{互补松弛性}) \\ \nabla f_0(\boldsymbol{x}^\star) + \sum_{i=1}^{m}\lambda_i^\star \nabla f_i(\boldsymbol{x}^\star) + \sum_{i=1}^{q}&\nu_i^\star \nabla h_i(\boldsymbol{x}^\star) = \boldsymbol{0} \end{aligned}\right\} \tag{7.5.21}$$

这些条件合称 Karush-Kuhn-Tucker (KKT) 条件。满足 KKT 条件的点 $\boldsymbol{x}$ 称为 KKT 点。

注释　如果约束优化问题式 (7.5.2) 中的不等式约束 $f_i(\boldsymbol{x}) \leqslant 0 (i=1,2,\cdots,m)$ 改变为 $c_i(\boldsymbol{x}) \geqslant 0 (i=1,2,\cdots,m)$，则 Lagrangian 函数需修改为

$$L(\boldsymbol{x},\boldsymbol{\lambda},\boldsymbol{\nu}) = f_0(\boldsymbol{x}) - \sum_{i=1}^{m}\lambda_i c_i(\boldsymbol{x}) + \sum_{i=1}^{q}\nu_i h_i(\boldsymbol{x})$$

并且 KKT 条件式 (7.5.21) 中所有的不等式约束函数 $f_i(\boldsymbol{x})$ 均需要替换为 $-c_i(\boldsymbol{x})$。

下面对各个 KKT 条件进行解读。

(1) 第 1 个和第 2 个 KKT 条件分别是原始不等式和等式约束条件。

(2) 第 3 个 KKT 条件是 Lagrangian 乘子 λ_i 的非负性条件，它是 Lagrangian 对偶法的一个关键约束。

(3) 第 4 个 KKT 条件 (互补松弛性，complementary slackness) 也称双互补性 (dual complementary)，是 Lagrangian 对偶法的另一个关键约束。这一条件意味着，对于违法约束 $f_i(\boldsymbol{x}) > 0$，对应的 Lagrangian 乘子 λ_i 必须等于零，从而可以完全避免违法约束。这一作用宛如在不等式约束条件的边界 $f_i(\boldsymbol{x}) = 0 (i = 1, 2, \cdots, m)$ 树立起一道障碍，阻止违法约束 $f_i(\boldsymbol{x}) > 0$ 的发生。

(4) 第 5 个 KKT 条件是极小化 $\min_{\boldsymbol{x}} L(\boldsymbol{x}, \boldsymbol{\lambda}, \boldsymbol{\nu})$ 的平稳点条件。

约束凸优化的一阶算法就是如何求解 KKT 方程 (7.5.21)? 很自然地，希望这种算法在快速收敛的意义上是最优的。

7.5.3　Nesterov 最优梯度法

令 $Q \subset \mathbb{R}^n$ 是向量空间 $\mathbb{R}^n$ 的一个凸集。考虑无约束优化问题 $\min_{\boldsymbol{x}\in Q} f(\boldsymbol{x})$。

定义 7.5.1[84]　称目标函数 $f(\boldsymbol{x})$ 在定义域 Q 上是 Lipschitz 连续的，若

$$|f(\boldsymbol{x}) - f(\boldsymbol{y})| \leqslant L\|\boldsymbol{x} - \boldsymbol{y}\|_2, \quad \forall \boldsymbol{x}, \boldsymbol{y} \in Q \tag{7.5.22}$$

对某个 $L > 0$ (Lipschitz 常数) 成立。类似地，称一个可微分的函数 $f(\boldsymbol{x})$ 的梯度 $\nabla f(\boldsymbol{x})$ 在定义域 Q 上是 Lipschitz 连续的，若

$$\|\nabla f(\boldsymbol{x}) - \nabla f(\boldsymbol{y})\|_2 \leqslant L\|\boldsymbol{x} - \boldsymbol{y}\|_2, \quad \forall \boldsymbol{x}, \boldsymbol{y} \in Q \tag{7.5.23}$$

对某个 Lipschitz 常数 $L > 0$ 成立。

1. Lipschitz 连续函数与连续函数的关系

称函数 $f(\boldsymbol{x})$ 在点 $\boldsymbol{x}_0$ 连续，若 $\lim_{\boldsymbol{x}\to\boldsymbol{x}_0} f(\boldsymbol{x}) = f(\boldsymbol{x}_0)$。当我们称 $f(\boldsymbol{x})$ 是连续函数时，意指 $f(\boldsymbol{x})$ 在定义域每一点都连续。

一个 Lipschitz 连续的函数 $f(\boldsymbol{x})$ 一定是连续函数，但是一个连续函数不一定是 Lipschitz 连续函数。例如，函数 $f(x) = \frac{1}{\sqrt{x}}$ 是一个在开区间 $(0, 1)$ 上的连续函数。若假定它也是一个 Lipschitz 连续函数，则必须满足 $|f(x_1) - f(x_2)| = \left|\frac{1}{\sqrt{x_1}} - \frac{1}{\sqrt{x_2}}\right| \leqslant L\left|\frac{1}{x_1} - \frac{1}{x_2}\right|$ 即 $\left|\frac{1}{\sqrt{x_1}} + \frac{1}{\sqrt{x_2}}\right| \leqslant L$。但是，对于 $x \to 0$ 点，并且 $x_1 = \frac{1}{n^2}$，$x_2 = \frac{9}{n^2}$ 时，却有 $L \geqslant \frac{n}{4} \to \infty$。因此，连续函数 $f(x) = \frac{1}{\sqrt{x}}$ 在开区间 $(0, 1)$ 不是 Lipschitz 连续函数。

2. Lipschitz 连续函数与可微分函数的关系

一个处处可微分的函数称为平滑函数。一个平滑函数一定是连续函数，但连续函数不一定可微分。一个典型的例子是在某点尖锐的连续函数不可微分。因此，一个 Lipschitz 函数不一定可微分，但是在定义域 Q 上具有 Lipschitz 连续梯度的函数 $f(\boldsymbol{x})$ 一定是定义域 Q 上的平滑函数，因为定义规定 $f(\boldsymbol{x})$ 在定义域 Q 上是可微分的。

凸优化中常用的两类目标函数:

(1) $\mathcal{F}_L^{k,p}(Q)$ 表示可 k 次微分，其 p 阶导数为 Lipschitz 连续的凸函数，并且 Lipschitz 常数为 L。

(2) $\mathcal{S}_{\mu,L}^{k,p}(Q)$ 表示可 k 次微分，其 p 阶导数为 Lipschitz 连续的强凸函数。其中，$\mathcal{S}_{\mu,L}^{1,1}(\mathbb{R}^n)$ 是最重要的强凸函数类

$$\langle\nabla f(\boldsymbol{x})-\nabla f(\boldsymbol{y}),\boldsymbol{x}-\boldsymbol{y}\rangle\geqslant\mu\|\boldsymbol{x}-\boldsymbol{y}\|_2^2 \tag{7.5.24}$$

$$\|\nabla f(\boldsymbol{x})-\nabla f(\boldsymbol{y})\|\leqslant L\|\boldsymbol{x}-\boldsymbol{y}\|_2^2 \tag{7.5.25}$$

收敛分析表明，对于凸函数 $f(\boldsymbol{x})\in\mathcal{F}_L^{1,1}(\mathbb{R}^n)$ 和强凸函数 $f(\boldsymbol{x})\in\mathcal{S}_{\mu,L}^{1,1}(\mathbb{R}^n)$，梯度法远没有达到最优收敛速率。梯度法的这一缺陷促使人们致力于如何加速梯度法。20 世纪 80 年代初期，Nesterov 提出了最优梯度法 (optimal gradient method)，解决了梯度法的收敛问题。

算法 7.5.1 Nesterov 第 1 最优梯度法 [82]

初始化 令 $\boldsymbol{y}_0=\boldsymbol{x}_{-1}\in\mathbb{R}^n$ 和 $\alpha_0=1$。

对 $k=1,2,\cdots$，进行以下迭代，直到 $\boldsymbol{x}_k$ 收敛:

$$\boldsymbol{x}_k=\boldsymbol{y}_k-\frac{1}{L}\nabla f(\boldsymbol{y}_k) \tag{7.5.26}$$

$$\alpha_{k+1}=\frac{1}{2}\left(1+\sqrt{4\alpha_k^2+1}\right) \tag{7.5.27}$$

$$\boldsymbol{y}_{k+1}=\boldsymbol{x}_k+\frac{\alpha_k-1}{\alpha_{k-1}}(\boldsymbol{x}_k-\boldsymbol{x}_{k-1}) \tag{7.5.28}$$

Nesterov 最优梯度法产生两个序列 $\{\boldsymbol{x}_k\}$ 和 $\{\boldsymbol{y}_k\}$，其中 $\{\boldsymbol{x}_k\}$ 是逼近解序列，而 $\{\boldsymbol{y}_k\}$ 是搜索点序列。

上述 Nesterov 最优梯度法只适用于无约束最小化 $\min f(\boldsymbol{x})$，其中 $\boldsymbol{x}\in\mathbb{R}^n$，并且 f 是具有 Lipschitz 连续梯度的凸函数。

Nesterov 第 1 最优梯度法的两个主要缺点是: ① $\boldsymbol{y}_k$ 有可能位于 Q 外，因此要求 $f(\boldsymbol{x})$ 必须是在每一点都是明确定义的 (well-defined)。② 只适用于 Euclidean 范数。为了克服这两个缺点，Nesterov 又提出了以下两种算法。

算法 7.5.2 Nesterov 第 2 最优梯度法 [83]

$$\begin{aligned}
\boldsymbol{y}_k&=\theta_k\boldsymbol{z}_k+(1-\theta_k)\boldsymbol{x}_k\\
\boldsymbol{z}_{k+1}&=\arg\min_{\boldsymbol{z}\in Q}\left[f(\boldsymbol{y}_k)+\langle\nabla f(\boldsymbol{y}_k),\boldsymbol{z}-\boldsymbol{y}_k\rangle+\theta_k LD(\boldsymbol{z},\boldsymbol{z}_k)\right]\\
\boldsymbol{x}_{k+1}&=\theta_k\boldsymbol{z}_{k+1}+(1-\theta_k)\boldsymbol{x}_k
\end{aligned}$$

算法 7.5.3 Nesterov 第 3 最优梯度法 [85]

$$\begin{aligned}
\boldsymbol{y}_k&=\theta_k\boldsymbol{z}_k+(1-\theta_k)\boldsymbol{x}_k\\
\boldsymbol{z}_{k+1}&=\arg\min_{\boldsymbol{z}\in Q}\left(\sum_{i=1}^k\frac{1}{\alpha_i}[f(\boldsymbol{y}_i)+\langle\nabla f(\boldsymbol{y}_i),\boldsymbol{z}-\boldsymbol{y}_i\rangle]+\theta_k Ld(\boldsymbol{z})\right)\\
\boldsymbol{x}_{k+1}&=\theta_k\boldsymbol{z}_{k+1}+(1-\theta_k)\boldsymbol{x}_k
\end{aligned}$$

Nesterov 的上述三种最优梯度法都具有 $O(1/k^2)$ 的收敛速率。

Nesterov 最优梯度法的应用条件是：目标函数 $f(\boldsymbol{x})$ 必须是 Lipschitz 连续的，并且 $f(\boldsymbol{x})$ 的梯度也必须是 Lipschitz 连续的。

本章小结

本章针对实矩阵微分，依次介绍了实变函数相对于实矩阵变元的 Jacobian 矩阵和梯度矩阵、一阶实矩阵微分与 Jacobian 矩阵辨识。

围绕优化理论和算法，本章重点介绍了凸优化理论。针对一阶优化算法，本章依次介绍了平滑函数优化的梯度法和 Nesterov 最优梯度法。

习 题

7.1 证明：若 $\phi(\boldsymbol{x}) = (\boldsymbol{f}(\boldsymbol{x}))^{\mathrm{T}}\boldsymbol{g}(\boldsymbol{x})$，则

$$\mathrm{D}_{\boldsymbol{x}}\phi(\boldsymbol{x}) = (\boldsymbol{g}(\boldsymbol{x}))^{\mathrm{T}}\mathrm{D}_{\boldsymbol{x}}\boldsymbol{f}(\boldsymbol{x}) + (\boldsymbol{f}(\boldsymbol{x}))^{\mathrm{T}}\mathrm{D}_{\boldsymbol{x}}\boldsymbol{g}(\boldsymbol{x})$$

7.2 证明：若 $\phi(\boldsymbol{x}) = (\boldsymbol{f}(\boldsymbol{x}))^{\mathrm{T}}\boldsymbol{A}\boldsymbol{g}(\boldsymbol{x})$，则

$$\mathrm{D}_{\boldsymbol{x}}\phi(\boldsymbol{x}) = (\boldsymbol{g}(\boldsymbol{x}))^{\mathrm{T}}\boldsymbol{A}^{\mathrm{T}}\mathrm{D}_{\boldsymbol{x}}\boldsymbol{f}(\boldsymbol{x}) + (\boldsymbol{f}(\boldsymbol{x}))^{\mathrm{T}}\boldsymbol{A}\mathrm{D}_{\boldsymbol{x}}\boldsymbol{g}(\boldsymbol{x})$$

7.3 令实值实标量函数 $f(\boldsymbol{X}) = \boldsymbol{a}^{\mathrm{T}}\boldsymbol{X}\boldsymbol{X}^{\mathrm{T}}\boldsymbol{b}$，其中 $\boldsymbol{X} \in \mathbb{R}^{m\times n}, \boldsymbol{a}, \boldsymbol{b} \in \mathbb{R}^{n\times 1}$。利用矩阵变元的元素之间的独立性假设，证明

$$\frac{\partial \boldsymbol{a}^{\mathrm{T}}\boldsymbol{X}^{\mathrm{T}}\boldsymbol{X}\boldsymbol{b}}{\partial \boldsymbol{X}} = \boldsymbol{X}(\boldsymbol{a}\boldsymbol{b}^{\mathrm{T}} + \boldsymbol{b}\boldsymbol{a}^{\mathrm{T}})$$

7.4 证明

$$\mathrm{d}(\boldsymbol{UVW}) = (\mathrm{d}\boldsymbol{U})\boldsymbol{VW} + \boldsymbol{U}(\mathrm{d}\boldsymbol{V})\boldsymbol{W} + \boldsymbol{UV}(\mathrm{d}\boldsymbol{W})$$

7.5 证明

$$\mathrm{d}[\mathrm{tr}(\boldsymbol{X}^{\mathrm{T}}\boldsymbol{X})] = 2\mathrm{tr}(\boldsymbol{X}^{\mathrm{T}}\mathrm{d}\boldsymbol{X})$$

7.6 求迹函数 $\mathrm{tr}[(\boldsymbol{X}^{\mathrm{T}}\boldsymbol{C}\boldsymbol{X})^{-1}\boldsymbol{A}]$ 的微分矩阵与梯度矩阵。

7.7 求迹函数 $\mathrm{tr}[(\boldsymbol{A} + \boldsymbol{X}^{\mathrm{T}}\boldsymbol{C}\boldsymbol{X})^{-1}(\boldsymbol{X}^{\mathrm{T}}\boldsymbol{B}\boldsymbol{X})]$ 的微分矩阵和梯度矩阵。

7.8 证明

$$\begin{aligned}
&\frac{\partial \mathrm{tr}[(\boldsymbol{X}^{\mathrm{T}}\boldsymbol{C}\boldsymbol{X})^{-1}(\boldsymbol{X}^{\mathrm{T}}\boldsymbol{B}\boldsymbol{X})]}{\partial \boldsymbol{X}} \\
&\quad = -(\boldsymbol{C} + \boldsymbol{C}^{\mathrm{T}})\boldsymbol{X}(\boldsymbol{X}^{\mathrm{T}}\boldsymbol{C}^{\mathrm{T}}\boldsymbol{X})^{-1}(\boldsymbol{X}^{\mathrm{T}}\boldsymbol{B}^{\mathrm{T}}\boldsymbol{X})(\boldsymbol{X}^{\mathrm{T}}\boldsymbol{C}^{\mathrm{T}}\boldsymbol{X})^{-1} \\
&\quad\quad + (\boldsymbol{B} + \boldsymbol{B}^{\mathrm{T}})\boldsymbol{X}(\boldsymbol{X}^{\mathrm{T}}\boldsymbol{C}^{\mathrm{T}}\boldsymbol{X})^{-1}
\end{aligned}$$

7.9 求实标量函数 $f(\boldsymbol{x}) = \boldsymbol{a}^{\mathrm{T}}\boldsymbol{x}$ 和 $f(\boldsymbol{x}) = \boldsymbol{x}^{\mathrm{T}}\boldsymbol{A}\boldsymbol{x}$ 的 Hessian 矩阵。

7.10 求行列式对数 $\log|\boldsymbol{X}^{\mathrm{T}}\boldsymbol{A}\boldsymbol{X}|, \log|\boldsymbol{X}\boldsymbol{A}\boldsymbol{X}^{\mathrm{T}}|$ 和 $\log|\boldsymbol{X}\boldsymbol{A}\boldsymbol{X}|$ 的 Hessian 矩阵。

7.11 求矩阵函数 $\boldsymbol{A}\boldsymbol{X}\boldsymbol{B}$ 和 $\boldsymbol{A}\boldsymbol{X}^{-1}\boldsymbol{B}$ 的 Jacobian 矩阵。

7.12 求下列迹函数的梯度矩阵:

(1) $\mathrm{tr}(\boldsymbol{A}\boldsymbol{X}^{-1}\boldsymbol{B})$。

(2) $\mathrm{tr}(\boldsymbol{A}\boldsymbol{X}^{\mathrm{T}}\boldsymbol{B}\boldsymbol{X}\boldsymbol{C})$。

7.13 求行列式 $|\boldsymbol{X}^{\mathrm{T}}\boldsymbol{A}\boldsymbol{X}|, |\boldsymbol{X}\boldsymbol{A}\boldsymbol{X}^{\mathrm{T}}|, |\boldsymbol{X}\boldsymbol{A}\boldsymbol{X}|$ 和 $|\boldsymbol{X}^{\mathrm{T}}\boldsymbol{A}\boldsymbol{X}^{\mathrm{T}}|$ 的梯度矩阵。

7.14 求行列式对数 $\log|\boldsymbol{X}^{\mathrm{T}}\boldsymbol{A}\boldsymbol{X}|, \log|\boldsymbol{X}\boldsymbol{A}\boldsymbol{X}^{\mathrm{T}}|$ 和 $\log|\boldsymbol{X}\boldsymbol{A}\boldsymbol{X}|$ 的 Jacobian 矩阵与梯度矩阵。

7.15 证明: 若 $\boldsymbol{F}$ 是矩阵函数，并且可二次微分，则

$$\mathrm{d}^2\log|\boldsymbol{F}| = -\mathrm{tr}(\boldsymbol{F}^{-1}\mathrm{d}\boldsymbol{F})^2 + \mathrm{tr}(\boldsymbol{F}^{-1})\mathrm{d}^2\boldsymbol{F}$$

7.16 通过 $\mathrm{d}(\boldsymbol{X}^{-1}\boldsymbol{X})$ 求逆矩阵的微分 $\mathrm{d}\boldsymbol{X}^{-1}$。

7.17 证明: $m \times n$ 实矩阵 $\boldsymbol{X}$ 的 Moore-Penrose 广义逆的微分为

$$\begin{aligned}\mathrm{d}(\boldsymbol{X}^{\dagger}) = & -\boldsymbol{X}^{\dagger}(\mathrm{d}\boldsymbol{X})\boldsymbol{X}^{\dagger} + \boldsymbol{X}^{\dagger}(\boldsymbol{X}^{\dagger})^{\mathrm{T}}(\mathrm{d}\boldsymbol{X}^{\mathrm{T}})(\boldsymbol{I}_m - \boldsymbol{Z}\boldsymbol{Z}^{\dagger}) \\ & + (\boldsymbol{I}_n - \boldsymbol{X}^{\dagger}\boldsymbol{X})(\mathrm{d}\boldsymbol{X}^{\mathrm{T}})(\boldsymbol{X}^{\dagger})^{\mathrm{T}}\boldsymbol{X}^{\dagger}\end{aligned}$$

7.18 令 $\boldsymbol{X} \in \mathbb{R}^{m\times n}$，且 $\boldsymbol{X}^{\dagger}$ 是 $\boldsymbol{X}$ 的 Moore-Penrose 广义逆。证明:

$$\mathrm{d}(\boldsymbol{X}^{\dagger}\boldsymbol{X}) = \boldsymbol{X}^{\dagger}(\mathrm{d}\boldsymbol{X})(\boldsymbol{I}_n - \boldsymbol{X}^{\dagger}\boldsymbol{X}) + [\boldsymbol{X}^{\dagger}(\mathrm{d}\boldsymbol{X})(\boldsymbol{I}_n - \boldsymbol{X}^{\dagger}\boldsymbol{X})]^{\mathrm{T}}$$

和

$$\mathrm{d}(\boldsymbol{X}\boldsymbol{X}^{\dagger}) = (\boldsymbol{I}_m - \boldsymbol{X}\boldsymbol{X}^{\dagger})(\mathrm{d}\boldsymbol{X})\boldsymbol{X}^{\dagger} + [(\boldsymbol{I}_m - \boldsymbol{X}\boldsymbol{X}^{\dagger})(\mathrm{d}\boldsymbol{X})\boldsymbol{X}^{\dagger}]^{\mathrm{T}}$$

提示: 矩阵 $\boldsymbol{X}^{\dagger}\boldsymbol{X}$ 和 $\boldsymbol{X}\boldsymbol{X}^{\dagger}$ 均是幂等矩阵和对称矩阵。

参考文献

[1] Abatzoglos T J, Mendel J M, Harada G A. The Constrained Total Least Squares Technique and Its Applications to Harmonic Superresolution[J]. IEEE Trans. Signal Processing, 1991, 39: 1070-1087.

[2] Abed-Meraim K, Chkeif A, Hua Y. Fast Orthonormal PAST Algorithm[J]. IEEE Signal Processing Letters, 2000, 7(3): 60-62.

[3] Alter O, Brown P O, Botstein D. Generalized Singular Value Decomposition for Comparative Analysis of Genome-scale Expression Data Sets of Two Different Organisms[C]. Proc. of the National Academy of Sciences of the United States of America, 2003, 100(6): 3351-3356.

[4] Autonne L. Sur les groupes lineaires, reelles et orthogonaus[J]. Bull Soc. Math., France, 1902, 30: 121-133.

[5] Barbarossa S, Daddio E, Galati G. Comparison of Optimum and Linear Prediction Technique for Clutter Cancellation[C]. Proc IEE, Part F, 1987, 134: 277-282.

[6] Bellman R. Introduction to Matrix Analysis[M]. 2nd ed. New York: McGraw-Hill, 1970.

[7] Beltrami E. Sulle funzioni bilineari, Giomale di Mathematiche ad Uso Studenti Delle Uninersita. 1873, 11: 98-106. An English translation by D Boley is available as University of Minnesota, Department of Computer Science, Technical Report 90-37, 1990.

[8] Bertsekas D P, Nedich A, Ozdaglar A. Convex Analysis and Optimization[M]. Belmont, MA: Athena Scientific, 2003.

[9] Blumensath T, Davis M E. Gradient Pursuits[J]. IEEE Trans. Signal Processing, 2008, 56(6): 2370-2382.

[10] Boot J. Computation of the Generalized Inverse of Singular or Ractangular Matrices[J]. Amer Math Monthly, 1963, 70: 302-303.

[11] Boyd S, Vandenberghe L. Convex Optimization[M]. Cambridge: Cambridge Univ. Press, 2004.

[12] Bramble J, Pasciak J. A Preconditioning Technique for Indefinite Systems Resulting from Mixed Approximations of Elliptic Problems[J]. Mathematics of Computation, 1988, 50(181): 1-17.

[13] Brewer J W. Kronecker Products and Matrix Calculus in System Theory[J]. IEEE Trans. Circuits and Systems, 1978, 25: 772-781.

[14] Cadzow J A. Spectral Estimation: An Overdetermined Rational Model Equation Approach[C]. Proc IEEE, 1982, 70: 907-938.

[15] Chan R H, Ng M K. Conjugate Gradient Methods for Toepilitz Systems[J]. SIAM Review, 1996, 38(3): 427-482.

[16] Chatelin F. Eigenvalues of Matrices[M]. New York: Wiley, 1993.

[17] Chen S S, Donoho D L, Saunders M A. Atomic Decomposition by Basis Pursuit[J]. SIAM J. Science Computations, 1998, 20(1): 33-61.

[18] Chen S S, Donoho D L, Saunders M A. Atomic Decomposition by Basis Pursuit[J]. SIAM Rev., 2001, 43(1): 129-159.

[19] Chua L O. Dynamic Nonlinear Networks: State-of-the-art[J]. IEEE Trans. Circuits and Systems, 1980, 27: 1024-1044.

[20] Dai W, Milenkovic O. Subspace Pursuit for Compressive Sensing Signal Reconstruction[J]. IEEE Trans. Inform. Theory, 2009, 55(5): 2230-2249.

[21] Davis G. A Fast Algorithm for Inversion of Block Toeplitz[J]. Signal Processing, 1995, 43: 3022-3025.

[22] Davis G, Mallat S, Avellaneda M. Adaptive greedy approximation[J]. J. Constr. Approx., 1997, 13(1): 57-98.

[23] Doclo S, Moonen M. GSVD-based Optimal Filtering for Single and Multimicrophone Speech Enhancement[J]. IEEE Trans. Signal Processing, 2002, 50(9): 2230-2244.

[24] Donoho D L. Compressed Sensing[J]. IEEE Trans. Information Theory, 2006, 52(4): 1289-1306.

[25] Donoho D L. For Most Large Underdetermined Systems of Linear Equations, the Minimal ℓ^1 Solution Is Also the Sparsest Solution[J]. Communications on Pure and Applied Mathematics. 2006, vol.LIX: 797-829.

[26] Donoho D L, Tsaig Y. Fast Solution of l_1-norm Minimization Problems When the Solution May be Sparse[J]. IEEE Trans. Inform. Theory, 2008, 54(11): 4789-4812.

[27] Drmac Z. Accurate Computation of the Product-induced Singular Value Decomposition With Applications[J]. SIAM J Numer Anal, 1998, 35(5): 1969-1994.

[28] Drmac Z. A Tangent Algorithm for Computing the Generalized Singular Value Decomposition[J]. SIAM J Numer Anal, 1998, 35(5): 1804-1832.

[29] Drmac Z. New Accurate Algorithms for Singular Value Decomposition of Matrix Triplets[J]. SIAM J Matrix Anal Appl, 2000, 21(3): 1026-1050.

[30] Eckart C, Young G. A Principal Axis Transformation for Non-Hermitian Matrices[J]. Null Amer. Math. Soc., 1939, 45: 118-121.

[31] Efron B, Hastie T, Johnstone I, Tibshirani R. Least Angle Regression[J]. Ann. Statist., 2004, 32: 407-499.

[32] Eldar Y C, Oppenheim A V. MMSE Whitening and Subspace Whitening[J]. IEEE Trans. Inform Theory, 2003, 49(7): 1846-1851.

[33] Fernando K V, Hammarling S J. A Product Induced Singular Value Decomposition (PSVD) for Two Matrices and Balanced Relation[C]. In: Proc Conference on Linear Algebra in Signals, Systems and Controls, Society for Industrial and Applied Mathematics (SIAM). PA: Philadelphia, 1988, 128-140.

[34] Field D J. Relation Between the Statistics of Natural Images and the Response Properties of Cortical Cells[J]. J. Opt. Soc. Amer. A, 1984, 4: 2370-2393.

[35] Fletcher R. Conjugate Gradient Methods for Indefinite Systems[C]. In: Watson G A. ed. Proc Dundee Conf on Num Anal. New York: Springer-Verlag, 1975, 73-89.

[36] Fuhrmann D R. An Algorithm for Subspace Computation With Applications in Signal Processing[J]. SIAM J. Matrix Anal. Appl., 1988, 9: 213-220.

[37] Hindi H. A Tutorial on Convex Optimization[C]. in: Proceeding of the 2004 American Control Conference, Boston, Massachusetts June 30-July 2, 2004, pp.3252-3265.

[38] Horn R A, Johnson C R. Topics in Matrix Analysis[M]. Cambridge: Cambridge University Press, 1991.

[39] Howland P, Jeon M, Park H. Structure Preserving Dimension Reduction for Clustered Text Data Based on the Generalized Singular Value Decomposition[J]. SIAM J. Matrix Anal. Appl, 2003, 25(1): 165-179.

[40] Howland P, Park H. Generalizing Discriminant Analysis Using the Generalized Singular Value Decomposition[J]. IEEE Trans. Pattern Analysis and Machine Intelligence, 2004, 26(8): 995-1006.

[41] Huffel S V, Vandewalle J. The Total Least Squares Problems: Computational Aspects and Analysis[M]. Fronties Appl Math 9, Philadelphia: SIAM, 1991.

[42] Gersho A, Gray R M. Vector Quantization and Signal Compression[M]. Kluwer Acad. Press, 1992.

[43] Gillies A W. On the Classfication of Matrix Generalized Inverse[J]. SIAM Review, 1970, 12(4): 573-576.

[44] Gleser L J. Estimation in a Multivariate "Errors in Variables" Regression Model: Large Sample Results[J]. Ann. Statist., 1981, 9: 24-44.

[45] Golub G H, Van Loan C F. An Analysis of the Total Least Squares Problem[J]. SIAM J. Numer Anal, 1980, 17: 883-893.

[46] Golub G H, Van Loan C F. Matrix Computation[M]. 2nd ed. Baltimore: The John Hopkins University Press, 1989.

[47] Graybill F A, Meyer C D, Painter R J. Note on the Computation of the Generalized Inverse of a Matrix[J]. SIAM Review, 1966, 8(4): 522-524.

[48] Greville T N E. Some Applications of the Pseudoinverse of a Matrix[J]. SIAM Review, 1960, 2: 15-22.

[49] Griffiths J W. Adaptive Array Processing: A Tutorial[C]. Proc IEE, Part F, 1983, 130: 137-142.

[50] Herzog R, Sachs E. Preconditioned Conjugate Gradient Method for Optimal Control Problems With Control and State Constraints[J]. SIAM. J. Matrix Anal. and Appl., 2010, 31(5): 2291-2317.

[51] Horn R A, Johnson C R. Matrix Analysis[M]. Cambridge: Cambridge University Press, 1985.

[52] Hoyer P O. Non-negative Matrix Factorization With Sparseness Constraints[J]. J. Machine Learning Research, 2004, 5: 1457-1469.

[53] Kelley C T. Iterative Methods for Linear and Nonlinear Equations[M]. Frontiers in Applied Mathematics, vol.16, 1995, SIAM: Philadelphia, PA.

[54] Kim S J, Koh K, Lustig M, Boyd S, Gorinevsky D. An Interior-point Method for Large-scale ℓ_1-regularized Least Squares[J]. IEEE Journal of Selected Topics in Signal Processing, 2007, 1(4): 606-617.

[55] Klemm R. Adaptive Airborne MTI: An Auxiliary Channel Approach[C]. Proc IEE, Part F, 1987, 134: 269-276.

[56] Kumar R. A Fast Algorithm for Solving a Toeplitz System of Equations[J]. IEEE Trans Acoust, Speech, Signal Processing, 1985, 33: 254-267.

[57] Jain S K, Gunawardena A D. Linear Algebra: An Interactive Approach[M]. Thomson Learning, 2003.

[58] Jennings A, McKeown J J. Matrix Computations[M]. New York: John Wiley & Sons, 1992.

[59] Johnson D H, Dudgeon D E. Array Signal Processing: Concepts and Techniques[M]. Englewood Cliffs, NJ: PTR Prentice Hall, 1993.

[60] Johnson L W, Riess R D, Arnold J T. Introduction to Linear Algebra[M]. 5th Ed. New York: Prentice-Hall, 2000.

[61] Jordan C. Memoire sur les formes bilineaires[J]. J. Math Pures Appl, Deuxieme Serie, 1874, 19: 35-54.

[62] Lancaster P, Tismenetsky M. The Theory of Matrices with Applications[M]. 2nd Ed. New York: Academic, 1985.

[63] Langville A N, Meyer C D, Albright R, Cox J, Duling D. Algorithms, Initializations, and Convergence for the Nonnegative Matrix Factorization[R]. 2006. Available at http: //langvillea.people.cofc.edu/NMFInitAlgConv.pdf.

[64] Laub A J, Heath M T, Paige C C, Ward R C. Computation of System Balancing Transformations and Other Applications of Simultaneous Diagonalization Algorithms[J]. IEEE Trans. Automatic Control, 1987, 32: 115-122.

[65] Lay D C. Linear Algebra and Its Applications[M]. 2nd Edition. New York: Addison-Wesley, 2000.

[66] Lee D D, Seung H S. Learning the Parts of Objects by Non-negative Matrix Factorization[J]. Nature, 1999, 401: 788-791.

[67] Lee D D, Seung H S. Algorithms for Non-negative Matrix Factorization[C]. Advances in Neural Information Processing 13 (Proc. of NIPS 2000), MIT Press, 2001, 13: 556-562.

[68] Van Loan C F. Generalizing the Singular Value Decomposition[J]. SIAM J. Numer. Anal., 1976, 13: 76-83.

[69] Van Loan C F. Matrix Computations and Signal Processing[C]. In: Haykin S ed. Selected Topics in Signal Processing, Englewood Cliffs: Prentice-Hall, 1989.

[70] Lütkepohl H. Handbook of Matrices[M]. New York: John Wiley & Sons, 1996.

[71] MacDuffee C C. The Theory of Matrices[M]. Berlin: Springer-Verlag, 1933.

[72] Magnus J R, Neudecker H. Matrix Differential Calculus with Applications in Statistics and Econometrics[M]. Revised ed. Chichester: Wiley 1999.

[73] Mahalanobis P C. On the Generalised Distance in Statistics[C]. Proc. of the National Institute of Sciences of India, 1936, 2(1): 49-55.

[74] Mallat S G, Zhang Z. Matching Pursuits with Time-frequency Dictionaries[J]. IEEE Trans. Signal Processing, 1993, 41(12): 3397-3415.

[75] Mathew G, Reddy V. Development and Analysis of a Neural Network Approach to Pisarenko's Harmonic Retrieval Method[J]. IEEE Trans. Signal Processing, 1994, 42: 663-667.

[76] Mathew G, Reddy V. Orthogonal Eigensubspaces Estimation Using Neural Networks[J]. IEEE Trans. Signal Processing, 1994, 42: 1803-1811.

[77] Moore E H. General Analysis, Part 1[J]. Mem Amer Philos Sic, 1935, 1: 1.

[78] Natarajan B K. Sparse Approximate Solutions to Linear Systems[J]. SIAM J. Comput., 1995, 24: 227-234.

[79] Neagoe V E. Inversion of the Van der Monde Matrix[J]. IEEE Signal Processing Letters, 1996, 3: 119-120.

[80] Needell D, Vershynin R. Uniform Uncertainty Principle and Signal Recovery via Regularized Orthogonal Matching Pursuit[J]. Found. Comput. Math., 2009, 9(3): 317-334.

[81] Needell D, Vershynin R. Signal Recovery from Incomplete and Inaccurate Measurements via Regularized Orthogonal Matching Pursuit[J]. IEEE J. Sel. Topics Signal Process., 2009, 4(2): 310-316.

[82] Nesterov Y. A Method for Solving a Convex Programming Problem with Rate of Convergence $O(\frac{1}{k^2})$[J]. Soviet Math. Doklady, 1983, 269(3): 543-547.

[83] Nesterov Y, Nemirovsky A. A General Approach to Polynomial-time Algorithms Design for Convex Programming[R]. Report, Central Economical and Mathematical Institute, USSR Academy of Sciences, Moscow, 1988.

[84] Nesterov Y. Introductory Lectures on Convex Optimization: A Basic Course[M]. Boston, MA: Kluwer Academic, 2004.

[85] Nesterov Y. Smooth Minimization of Nonsmooth Functions (CORE Discussion Paper #2003/12, CORE 2003)[J]. Math. Program. 2005, 103(1): 127-152.

[86] Nesterov Y. Primal-dual Subgradient Methods for Convex Problems[J]. Math. Program., Ser. B, 2009, 120: 221-259.

[87] Neumaier A. Solving Ill-conditioned and Singular Linear Systems: A Tutorial on Regularization[J]. SIAM Review, 1998, 40(3): 636-666.

[88] Nocedal J, Wright S J. Numerical Optimization[M]. New York: Springer-Verlag, 1999.

[89] Nour-Omid B, Parlett B N, Ericsson T, Jensen P S. How to Implement the Spectral Transformation[J]. Math Comput, 1987, 48: 663-673.

[90] Oja E. The Nonlinear PCA Learing Rule in Independent Component Analysis[J]. Neurocomputing, 1997, 17: 25-45.

[91] Osborne M, Presnell B, Turlach B. A New Approach to Variable Selection in Least Squares Problems[J]. IMA J. Numer. Anal., 2000, 20: 389-403.

[92] Paige C C, Saunders N A. Towards a Generalized Singular Value Decomposition[J]. SIAM J. Numer. Anal., 1981, 18: 269-284.

[93] Paige C C. Computing the Generalized Singular Value Decomposition[J]. SIAM J. Sci. Stat. Comput., 1986, 7: 1126-1146.

[94] Pajunnen P, Karhunen J. Least-Squares Methods for Blind Source Separation Based on Nonlinear PCA[J]. Int. J. of Neural Systems, 1998, 8: 601-612.

[95] Parlett B N. The Symmetric Eigenvalue Problem[M]. Englewood Cliffs, NJ: Prentice-Hall, 1980.

[96] Pearson K. On Lines and Planes of Closest Fit to Points in Space[J]. Phil Mag, 1901, 559-572.

[97] Penrose R A. A Generalized Inverse for Matrices[J]. Proc. Cambridge Philos. Soc., 1955, 51: 406-413.

[98] Petersen K B, Petersen M S. The Matrix Cookbook[M]. 2008 [Online]. Available at http: //matrixcookbook.com.

[99] Pisarenko V F. The Retrieval of Harmonics from a Covariance Function[J]. Geophysics, J Roy Astron Soc, 1973, 33：347-366.
[100] Piziak R, Odell P L. Full Rank Factorization of Matrices[J]. Mathematics Magazine, 1999, 72(3)：193-202.
[101] Ponnapalli S P, Saunders M A, Van Loan C F, Alter O. A Higher-order Generalized Singular Value Decomposition for Comparison of Global mRNA Expression from Multiple Organisms[R]. PLOS ONE, 2011. Available at http：//www.plosone.org/article/info
[102] Poularikas A D. The Handbook of Formulas and Tables for Signal Processing[M]. New York：CRC Press, Springer, IEEE Press, 1999.
[103] Price C. The Matrix Pseudoinverse and Minimal Variance Estimates[J]. SIAM Review, 1964, 6：115-120.
[104] Pringle R M, Rayner A A. Generalized Inverse of Matrices with Applications to Statistics[M]. London：Griffin 1971.
[105] Putzer E J. Avoiding the Jordan Canonical Form in the Discussion of Linear Systems with Constant Coefficients[J]. The American Mathematical Monthly, 1966, 73(1): 2-7.
[106] Rado R. Note on Generalized Inverse of Matrices[J]. Proc. Cambridge Philos Soc, 1956, 52：600-601.
[107] Rao C R, Mitra S K. Generalized Inverse of Matrices[M]. New York：John Wiley & Sons, 1971.
[108] Roy R, Kailath T. ESPRIT — Estimation of Signal Parameters via Rotational Invariance Techniques[J]. IEEE Trans. Acoust, Speech, Signal Processing, 1989, 37：297-301.
[109] Saad Y. Numerical Methods for Large Eigenvalue Problems[M]. New York：Machester University Press, 1992.
[110] Schmidt R O. Multiple Emitter Location and Signal Parameter Estimation[J]. IEEE Trans. Antennas Propagat., 1986, 34: 276～280.
[111] Scutari G, Palomar D P, Facchinei F, Pang J S. Convex Optimization, Game Theory, and Variational Inequality Theory[J]. IEEE Signal Processing Magazine, 2010, 27(3)：35-49.
[112] Searle S R. Matrix Algebra Useful for Statististics[M]. New York：John Wiley & Sons, 1982.
[113] Shewchuk J R. An Introduction to the Conjugate Gradient Method Without the Agonizing Pain[R]. Available at http：//quake-papers/painless-conjugate-gradient-pics.ps.
[114] Speiser J, and Van Loan C. Signal Processing Computations Using the Generalized Singular Value Decomposition[C]. In：Proc. of SPIE, Vol495, SPIE International Symposium, San Diego, 1984.
[115] Stewart G W. On the Early History of the Singular Value Decomposition[J]. SIAM Review, 1993, 35(4)：551-566.
[116] Tikhonov A. Solution of Incorrectly Formulated Problems and the Regularization Method[J]. Soviet Math. Dokl., 1963, 4：1035-1038.
[117] Tou J T, Gonzalez R C. Pattern Recognition Principles[M]. London：Addison-Wesley Publishing Comp, 1974.
[118] Tropp J A. Greed is Good：Algorithmic Results for Sparse Approximation[J]. IEEE Trans. Information Theory, 2004, 50(10)：2231-2242.
[119] Tropp J A. Just Relax：Convex Programming Methods for Identifying Sparse Signals in Noise[J]. IEEE Trans. Information Theory, 2006, 52(3)：1030-1051.

[120] Tropp J A, Wright S J. Computational Methods for Sparse Solution of Linear Inverse Problems[J]. Proc. IEEE, 2010, 98(6): 948-958.

[121] Utschick W. Tracking of Signal Subspace Projectors[J]. IEEE Trans. Signal Processing, 2002, 50(4): 769-778.

[122] Van Huffel S, Vandewalle J. Analysis and Properties of the Generalized Total Least Squares Problem $Ax = b$ When Some or All Columns in A Are Subject to Error[J]. SIAM J. Matrix Anal Appl, 1989, 10: 294-315.

[123] Wang Y, Ouillon G, Woessner J, Sornette D, Husen S. Automatic Reconstruction of Fault Networks from Seismicity Catalogs Including Location Uncertainty[J]. Journal of Geophysical Research: Solid Earth, 2013, 118(22): 5956-5975.

[124] Watkins D S. Understanding the QR Algorithm[J]. SIAM Review, 1982, 24(4): 427-440.

[125] Welling M, Weber M. Positive Tensor Factorization[J]. Pattern Recognition Letters, 2001, 22: 1255-1261.

[126] Wilkinson J H. The Algerbaic Eigenvalue Problem[M]. Oxford: Clarendon Press, 1965.

[127] Xu G, Cho Y, Kailath T. Application of Fast Subspace Decomposition to Signal Processing and Communication Problems[J]. IEEE Trans. Signal Processing, 1994, 42: 1453-1461.

[128] Xu G, Kailath T. Fast Subspace Decomposition[J]. IEEE Trans. Signal Processing, 1994, 42: 539-551.

[129] Xu L, Oja E, Suen C. Modified Hebbian Learning for Curve and Surface Fitting[J]. Neural Networks, 1992, 5: 441-457.

[130] Yang B. Projection Approximation Subspace Tracking[J]. IEEE Trans. Signal Processing, 1995, 43: 95-107.

[131] Yang B. An Extension of the PASTd Algorithm to Both Rank and Subspace Tracking[J]. IEEE Signal Processing Letters, 1995, 2(9): 179-182.

[132] Zha H. The Restricted Singular Value Decomposition of Matrix Triplets[J]. SIAM J. Matrix Anal Appl, 1991, 12: 172-194.

[133] 黄琳. 系统与控制理论中的线性代数 [M]. 北京：科学出版社，1984.

[134] 王萼芳，石生明. 高等代数 [M]. 北京：高等教育出版社，2003.

[135] 张贤达. 左、右伪逆矩阵的数值计算 [J]. 科学通报，1982，27(2)：126.

[136] 张贤达. 矩阵分析与应用 [M]. 2 版. 北京：清华大学出版社，2013.

[137] 依理正夫，児玉慎三，須田信英. 特異值分解とそのシステム制御への応用 [J]. 計測と制御，1982，21：763-772.